水处理科学与技术

SBR 法污水生物脱氮除磷及过程控制

彭永臻 著

科学出版社

北 京

内 容 简 介

本书以作者二十多年的研究成果和工程实践为基础,对 SBR 法脱氮除磷与过程控制的基本理论、试验研究和应用等内容进行了较系统的归纳和总结,并通过大量的试验和实践数据,重点论述了 SBR 法的脱氮除磷新理论、新技术以及过程控制理论与方法在 SBR 法中的应用。还列举了 SBR 法节能降耗关键技术在城市污水处理提标改造工程中的具体应用实例。

本书还把当前国内外污水处理领域关注的重点和热点融入 SBR 法研究,全面总结了 SBR 法的关键技术要点和最新研究进展,既可作为污水处理领域设计和运行人员的培训教材,也可作为相关科研人员以及高等院校给水排水工程和环境工程专业师生的参考书。

图书在版编目 CIP 数据

SBR 法污水生物脱氮除磷及过程控制/彭永臻著 . —北京:科学出版社,2012

ISBN 978-7-03-033329-2

Ⅰ.①S⋯　Ⅱ.①彭⋯　Ⅲ.①污水处理-SBR 工艺　Ⅳ.①X703

中国版本图书馆 CIP 数据核字(2012)第 005035 号

责任编辑:朱　丽 / 责任校对:包志虹
责任印制:张　伟 / 封面设计:铭轩堂

科　学　出　版　社 出版
北京东黄城根北街 16 号
邮政编码:100717
http://www.sciencep.com

北京虎彩文化传播有限公司 印刷
科学出版社发行　各地新华书店经销

*

2012 年 1 月第　一　版　　开本:B5(720×1000)
2021 年 7 月第四次印刷　　印张:30　插页:1
字数:586 000

定价:198.00元
(如有印装质量问题,我社负责调换)

序

SBR 法即序批式活性污泥法。早在 1914 年，活性污泥法在产生之初就是采用间歇进水、排水的方式运行的，但由于其运行操作繁琐，当时又缺乏自动控制设备和技术，它很快被连续式活性污泥法所取代，并几乎被淘汰与遗忘。直到 20 世纪 80 年代以后，自动监测与控制的硬件设备与软件技术，特别是电子计算机的飞速发展，为 SBR 法的应用与发展注入了新的活力。目前，由于该工艺具有工艺流程简单、处理效率高、运行方式灵活和不易发生污泥膨胀等优点，已成为中小型污水处理厂的首选工艺，并在全世界广泛应用。在我国，有 30%～40% 日处理 5 万吨以下的污水处理厂都采用 SBR 法。近年来，随着城镇污水处理厂排放标准的日趋严格，对于出水氮磷的排放提出了更高的要求。如何提高 SBR 工艺的脱氮除磷效率，并在此基础上节能降耗，对于该工艺的应用与发展具有重要意义，同时出版一本关于 SBR 法运行、控制和优化方面的专著是很必要的。

彭永臻教授是国内最早系统开展 SBR 法污水处理理论研究与应用的研究者之一，围绕着 SBR 法的基础研究、技术研发、设备集成、过程控制、推广应用等，先后完成了 10 余项国家和省部级的科研项目，取得了一些创新性的研究成果。2009 年"SBR 法污水处理工艺与设备及实时控制技术"还荣获了国家科学技术进步二等奖和省部级自然科学二等奖；他培养的博士生关于 SBR 法脱氮除磷和过程控制的博士学位论文，有 2 篇获得"全国百篇优秀博士学位论文"奖，1 篇获得提名奖。该书总结了作者二十多年来的研究成果和实践以及近年来 SBR 工艺的发展，对 SBR 的基础理论、脱氮除磷、运行优化、过程控制和实践应用等做了较系统的归纳和分析。相信该书的内容不仅对水污染控制的研究人员有所借鉴，对污水处理领域的工程技术人员也会有很好的参考价值。

中国工程院院士　　钱　易
清华大学教授
2011 年 11 月

前　言

近年来,虽然我国污水处理率不断提高,但是由氮和磷污染引起的水体富营养问题不仅没有解决,而且有日益严重的趋势。这就要求我们在提高污水处理率的同时,进一步严格控制污水处理厂氮和磷的排放。因此,在我国污水处理工艺中应用脱氮除磷新技术,并应用过程控制系统,实现污水厂稳定、高效、低耗运行至关重要。

SBR(Sequencing Batch Reactor)法是一种序批式运行的活性污泥法,具有工艺流程简单、运行方式灵活、可控性好、不易发生污泥膨胀与抗污水水质水量的冲击能力强等优点,已经成为中小城镇污水及工业废水的首选处理工艺。目前,国内40%左右的中小城镇污水及20%左右的工业废水处理都采用SBR法。

为了加强与同行的交流,向我国污水处理领域的设计、运行、管理和研究人员介绍SBR法污水处理工艺的最新理论、研究进展和应用经验等情况,提高污水处理技术人员的操作水平、增强其常见问题的分析能力,从理论层次上提出基本的解决方法,出版一本关于SBR法运行、控制和优化方面的专著是很必要的。

笔者自20世纪80年代末就开始从事SBR法的研究和实践,围绕SBR法的基础理论、技术研发、设备集成、推广应用等,先后完成了20余项国家和省部级的科研项目。本书是在笔者主持的国家自然科学基金重点项目、国家自然科学基金国际重大合作项目以及国家"863计划"等项目研究的归纳与总结基础上完成的,并融入了多年来对SBR法的理解和分析。希望本书的出版能够对促进我国污水处理领域理论和技术的进步做一点贡献,特别是能为SBR法的稳定高效运行提供一些借鉴。

全书共分为6章。第1章SBR法的发展和理论基础,由序批式反应器的基本原理引出SBR法,介绍了SBR法的产生与发展沿革,并对SBR法的基本原理、流程、运行模式、优缺点做了分析与归纳。第2章SBR法生化反应动力学,主要从动力学角度分析了SBR工艺硝化反硝化和除磷等过程的反应机理与影响因素。第3章SBR法的控制理论和方法,是本书的重点章节之一,详细介绍了SBR法控制理论与研究进展,归纳了实时控制技术在SBR法处理生活污水、啤酒废水、含盐废水及垃圾渗滤液等中的应用研究成果,给出了其控制参数DO、ORP和pH的变化规律。第4章SBR法污水生物脱氮除磷新理论和新方法,是本书的又一重点章节,主要介绍了目前国内外生物脱氮除磷新理论新技术在SBR法中的应用,涉及短程硝化反硝化与实时控制策略、SBR法反硝化除磷原理与影响因素、同步硝化反硝化和好氧反硝化以及厌氧氨氧化等基本理论与技术方法。第 5 章 SBR 法的研究新进展,以近年来 SBR 法的试验研究为基础,介绍了 SBR 法在运行方式、好氧颗粒污泥技术和活性污泥种群优化等方面的研究新进展。第 6 章 SBR 法脱氮除磷提标改造工程案例,本章结合多年的研究成果,通过三个典型示范工程,详细介绍了 SBR 法运行时序的优化和鼓风机的节能变频控制等节能降耗关键技术在提标改造中的应用。

北京工业大学水污染控制研究团队的学术骨干杨庆、张为堂、顾升波、孙洪伟、张树军、刘秀红、张良长、吴蕾、张宇坤、王希明、郭春艳、王赛、刘甜甜及其他研究生参加了相关课题的研究及书稿的部分编辑、图表制作与文献整理等工作,杨庆和张为堂对全书进行了校对,在此深表谢意!多年来,本团队的 40 余名博士和硕士研究生先后参与了相关的科研工作和工程应用实践,发表了大量学术论文,积累了宝贵的 SBR 法运行与调试的经验,为本书的出版做出了重要的贡献,对此一并表示感谢!

还要感谢国家自然科学基金委员会、科技部、教育部、住建部、北京市科学技术委员会、北京市教育委员会、北京城市排水集团有限责任公司和安徽国祯环保节能科技股份有限公司等部门与单位多年来的资助、帮助、支持和合作!

能够得到中国科学院科学出版基金及时和重要的资助,深表谢意!同时要感谢哈尔滨工业大学李圭白院士、张杰院士和清华大学蒋展鹏教授积极推荐本书申请中国科学院科学出版基金!感谢科学出版社朱丽编辑为书稿的修改和出版所付出的辛勤劳动!

在此,还要特别感谢清华大学钱易院士为拙作作序,并为书稿的内容、编排和技术术语等的修改提出了宝贵的意见!

由于笔者才疏学浅,书中不足和错漏之处难免,恳请同行专家与广大读者不吝指教。

彭永臻
2011 年 11 月于北京工业大学

目　录

第 1 章　SBR 法的发展与理论基础

1.1　引　　言

水污染控制工程中污染物的去除,从根本上说,属于化工中的分离过程,就是通过物理、化学和生物方法,借助反应器实现污染物与水的分离,可分为物理单元,化学单元和生物单元。反应器理论是 20 世纪 70 年代,为了建立各种水处理方法间的联系,提高水处理学科的理论水平而引入的。一般说来,水处理工艺中的一切池子都称为反应器,如调节池、沉淀池和曝气池等。反应器按照操作方式的不同主要分为连续流反应器和序批式反应器。其中连续流反应器又称为返混反应器,可分为连续全混反应器和平推流反应器[1,2]。

1.1.1　连续流反应器

1.1.1.1　连续全混反应器

连续全混反应器由一个有进流和出流的容器组成,反应物连续流入反应器,混合物连续流出反应器,是一种开放式反应器。反应器通常在稳态条件下运行,反应器内物料充分混合,物质含量在整个反应器内均匀一致,排出物的成分与反应器中的成分相同,反应器内的反应物浓度不随时间变化,也不随空间变化;通常情况下(但不一定全是),其进出流量平衡。理想状态下,对只含单一流体的情况,假设流体相中的物料混合都非常迅速,从而各组分在整个容器中的浓度都是均匀的;对含有多种流体的容器,假设混合完全,并且对每一种流体其混合都是瞬间完成的,因此流出反应器中的产物组分浓度等于该物料在整个反应器内的浓度。如图 1-1所示。

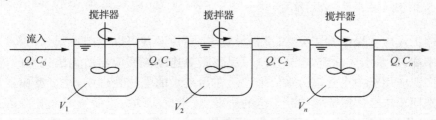

图 1-1　连续全混反应器示意图

1.1.1.2　平推流反应器

平推流反应器也称活塞流反应器,连续稳定流入反应器的流体,在垂直于流动方向的任一截面,各质点的流速完全相同,平行向前流动。进入反应器的物料之间完全没有混合,并且沿反应器轴向上物料之间也完全没有混合,而径向上物料之间混合均匀。这种流动形式近似于很少或没有纵向分散的、长宽比很大的长形敞开池或封闭的管式反应器中的流动形式。稳态操作时,反应器内物料的参数,如浓度、温度等,不随时间发生变化,而沿长度方向发生变化,即反应器内物系参数可随位置而变。如图 1-2 所示。

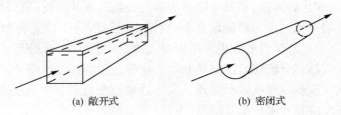

(a) 敞开式　　　　　　　　　　(b) 密闭式

图 1-2　平推流反应器示意图

1.1.2　序批式反应器

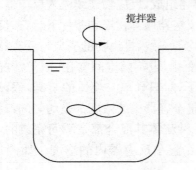

搅拌器

图 1-3　序批反应器示意图

反应物在封闭式反应器内"一罐一罐"地进行反应操作,反应完成卸料后,再进料进行下一批的生产,也称为分批操作或序批操作,一般用于小批量、多品种的均质液相反应系统。序批反应器是在非稳态条件下操作的,尽管容器中的成分随反应时间而变化,但是反应器内的成分在任一时刻都是均匀的,浓度、温度处处相等。在废水处理中,序批操作过程就在反应过程中既无水流入,也无水流出(也就是,水流流入,进行反应,然后排出,如此重复循环)。如图 1-3 所示。

序批反应器操作方式灵活,设备投资省,同一设备可以生产不同品种,具有反应速率高,出水水质稳定,容易控制污泥膨胀等连续流反应器所无法比拟的优点,已经广泛应用于中小规模污水处理厂。在污废水的生物处理中,序批反应器还经常被选用于未经实践检验的新工艺的研发、化学反应动力学研究以及各单因素试验,如短程硝化反硝化、厌氧氨氧化、好氧颗粒污泥等污水处理新工艺新技术都是基于序批反应器提出并实现的。

1.2　序批操作反应器的理论基础

序批反应器的操作方式是将反应物料按一定比例一次加入反应器,然后开始搅拌,使反应器内物料的浓度和温度保持均匀,经过一定时间,达到反应要求的转化率后,将反应产物一次卸出,所有物料经历的反应时间都相同;之后再加入物料,进行下一轮操作,生产为间歇的分批进行。反应器中的液体组分完全混合,反应过程中反应体系的各种参数(如浓度、温度、pH、DO 等)随着反应时间逐步变化,但不随反应器内空间位置而变化。

1.2.1　序批操作反应器的物料衡算

物料衡算是质量守恒定律的一个具体应用,与反应器中实际流态、混合程度以及操作方法密切相关。物料衡算是反应器动力学计算和反应器设计的基础,通过物料衡算,可推导出反应器的基本方程。

在对反应器进行物料衡算时,必须考虑反应器的流态特点,应尽量选取反应组分浓度、温度等均一的单元,尽量简化计算。例如,对于完全混合式反应器,由于反应器内部各处状态均一,可以把反应器整体作为一个单元来考虑,物料衡算在整个反应器范围内进行;对于推流式反应器,在流体流动方向(轴向)上存在浓度变化,可取垂直于轴向的一个微小体积单位作为物料衡算的基本单元。

对于如图 1-4 所示的反应器内一个微小单元,单位时间内反应物 A 的物料衡算式为:

$$A \text{ 的流入量} = A \text{ 的排出量} + A \text{ 的反应量} + A \text{ 的积累量} \tag{1-1}$$

$$q_{nA_0} = q_{nA} + R_A + \frac{dn_A}{dt} \tag{1-2}$$

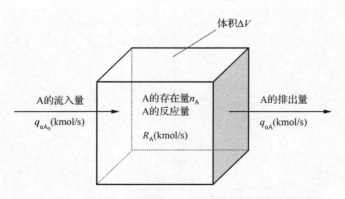

图 1-4　反应器一微小单元内反应物 A 的物料衡算图

式中：q_{nA_0}，q_{nA}——单位时间内反应物 A 的流入量和排出量，kmol/s；

　　　　R_A——单位时间内反应物 A 的反应量，kmol/s；

　　　　n_A——微小单元内反应物 A 的物质的量，kmol；

　　　　t——反应时间，s。

　　将 $R_A = (-r_A)\Delta V$ 代入式(1-2)，可以得到反应器的基本方程：

$$q_{nA_0} = q_{nA} + (-r_A)\Delta V + \frac{dn_A}{dt} \tag{1-3}$$

式中：ΔV——微小单元的体积，m³；

　　　　$-r_A$——反应物 A 的反应速率，kmol/(s·m³)。

1.2.2　序批操作反应器的基本方程

　　序批操作反应器的基本方程是序批反应动力学特性研究的基础。通过反应器物料衡算，分析反应器内各组分浓度的变化以及影响反应速率的各种因素，可以计算生物化学反应的转化率、反应速率以及目的产物的得率，可以确定反应时间，进而揭示序批反应的机理。

1.2.2.1　基本方程的一般形式

　　序批反应操作是一个非稳态操作，反应器内各组分的浓度随反应时间变化而变化，但在任一瞬间，反应器内混合液的成分均一，反应期间没有物料的进入和排出。

　　对于图 1-5 所示的序批反应器，物料分批加入，反应物分批排出，式(1-1)中前两项为零，即单位时间内进入的物料量和单位时间内排出的物料量为零，此时，

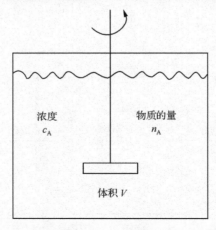

图 1-5　序批反应器的物料衡算图

$q_{nA_0} = 0$，$q_{nA} = 0$，反应物 A 的物料衡算关系如下：

反应物 A 的积累速率 + 反应物 A 的消耗速率 = 0

其中，

反应物 A 消耗速率 $= (-r_A)V$

反应物 A 积累速率 $= \dfrac{dn_A}{dt}$

因此，序批反应器物料衡算式可简化为：

$$-\frac{dn_A}{dt} = -r_A V \tag{1-4}$$

式中：n_A——反应器内反应物 A 的物质的量，kmol；

　　　V——反应器内反应混合物的体积，通常指反应器的有效体积，m³；

　　　r_A——反应物 A 的反应速率；

　　　t——反应时间，s。

式(1-4)即为序批反应器的基本方程。

以 x_A 表示反应物 A 的转化率，将 $n_A = n_{A_0}(1 - x_A)$ 代入式(1-4)，可得到以转化率表示的序批反应器的基本方程：

$$n_{A_0} \frac{dx_A}{dt} = -r_A V \tag{1-5}$$

式中：n_{A_0}——反应器内反应物 A 的初始量，kmol；

　　　x_A——反应物 A 的转化率，无量纲。

对式(1-5)进行积分，可得到转化率与时间的关系式如下：

$$t = n_{A_0} \int_0^{x_A} \frac{dx_A}{-r_A V} \tag{1-6}$$

1.1.2.2　序批恒容反应器的基本方程

对于序批恒容反应器，序批反应过程中，反应混合物的体积不发生变化，这时 $n_A = V \cdot c_A$，$dn_A = V \cdot dc_A$，则式(1-4)和式(1-6)可分别变形为：

$$-\frac{dc_A}{dt} = -r_A \tag{1-7}$$

$$t = c_{A_0} \int_0^{x_A} \frac{dx_A}{-r_A} \tag{1-8}$$

式中：c_{A_0}——反应器内反应物 A 的初始浓度，kmol/m³；

　　　c_A——任一反应时间反应物 A 的浓度，kmol/m³；

　　　x_A——反应物 A 的转化率，无量纲。

式(1-7)和式(1-8)为序批恒容反应器的基本方程。

对式(1-8)积分，可得：

$$t = -\int_{c_{A_0}}^{c_A} \frac{dc_A}{-r_A} \tag{1-9}$$

可以看出，序批反应器中达到一定转化率所需的反应时间仅与反应速率有关，与反应器的容积无关。几种简单的反应速率方程的积分式见表1-1。

表 1-1   单一反应(恒温恒容)的速率方程

反应	反应速率方程	速率方程的积分形式	半衰期 $t_{1/2}$
A→P (0级)	$-r_A = k$	$kt = c_{A_0} - c_A$	$\dfrac{c_{A_0}}{2k}$
A→P (1级)	$-r_A = kc_A$	$kt = \ln\dfrac{c_{A_0}}{c_A}$	$\dfrac{\ln 2}{k}$
A→P (2级)	$-r_A = kc_A^2$	$kt = \dfrac{1}{c_A} - \dfrac{1}{c_{A_0}}$	$\dfrac{1}{kc_{A_0}}$
$\alpha_A A + \alpha_B B \to P$ (2级)	$-r_A = kc_A c_B$	$kt = \dfrac{\alpha_A \ln[(c_{A_0}/c_A)(c_B/c_{B_0})]}{\alpha_A c_{B_0} - \alpha_B c_{A_0}}$	$\dfrac{\alpha_A}{k(\alpha_A c_{B_0} - \alpha_B c_{A_0})} \ln\left(2 - \dfrac{\alpha_B c_{A_0}}{\alpha_A c_{B_0}}\right)$
$nA \to P$ (n级, $n \neq 1$)	$-r_A = kc_A^n$	$kt = \dfrac{1}{n-1}\left(\dfrac{1}{c_A^{n-1}} - \dfrac{1}{c_{A_0}^{n-1}}\right)$	$\dfrac{2^{n-1} - 1}{kc_{A_0}^{n-1}(n-1)}$

根据以上各式，可以计算达到某一转化率(或浓度)时所需要的反应时间，也可以计算任一反应时间时的转化率或反应物的浓度。

1.2.3   序批操作反应器的性能分析

1.2.3.1   具有序批全混合反应器的某些特性

序批全混合反应器是一种封闭系统，反应物投入空的容器中，反应进行到预期程度后排出混合液。在这种系统中，在设定的反应时间内，没有物料流入或流出反应器，混合液成分随时间变化，但在任一时刻，整个容器内混合液的成分是均匀的。对于该反应器，可建立如下物料平衡方程：

反应物 A 的质量变化速率 = 反应物 A 的反应速率 (1-10)

如果以 C 表示任一时刻 t 时反应物 A 的浓度，以 V 表示反应器容积，并假定反应速率可用一级动力学描述，则式(1-10)可以用数学式表示为

$$V\left(\frac{dC}{dt}\right)_{\text{净}} = V\left(\frac{dC}{dt}\right)_{\text{反应}} = V(KC) \tag{1-11}$$

消去容积项，式(1-11)简化为：

$$\frac{dC}{dt} = KC \tag{1-12}$$

如果所考察的是反应物,其浓度随时间而降低,则式(1-12)左边给出负值;如果所考察是生成物,其浓度随时间而提高,则这一项给出正值。

为了计算使反应物达到预期转化率所需要的反应时间,可将式(1-12)在积分限 C_0 和 C_e 之间积分。这里,C_0 表示反应物 A 的初始浓度;C_e 表示反应物 A 的预期浓度。经过数学处理,可以得到式(1-13)。

$$t = \frac{1}{K}\ln\left(\frac{C_0}{C_e}\right) \tag{1-13}$$

由式(1-13)可知,在序批全混合反应器中,所需的反应时间与反应物初始浓度 C_0 和预期浓度 C_e 有关。

在反应阶段,没有废水的流入或流出,引起基质浓度变化的唯一原因是生物转化,序批式反应器的工作模式接近序批全混合反应器。因此,所需的反应时间也可以用式(1-13)来计算。

但是,序批式反应器并非等同于序批全混合反应器。在序批式反应器的运行过程中,除了反应阶段外,还有进水阶段、沉淀阶段、滗水阶段和闲置阶段,所需的实际反应时间一般长于序批全混合反应器。此外,在滗水阶段,序批式反应器的混合液并不完全排除;在下一个循环开始时(进水阶段),反应器并非呈空罐状态,不可能完全以新鲜废水注满整个装置。

1.2.3.2　具有连续流全混合反应器的某些特性

连续流全混合反应器代表了返混的极端情况,反应器入口处的最高反应物浓度瞬时下降为反应器出口处的最低反应物浓度。连续流全混合反应器的流程如图1-6 所示,反应器通常以稳定状态运行,反应器内基质浓度均匀一致且不随时间变化,反应物连续流入,生成物连续流出。图中,V 表示反应器容积,Q 表示流入和流出反应器的流量,C_0 为进水的初始反应物 A 的浓度,C_e 为出水的生成物浓度。

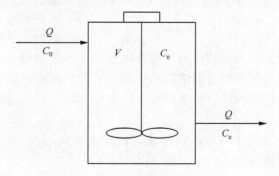

图 1-6　连续流全混合反应器流程示意图

对于连续流反应器的物料平衡,不仅要考虑反应所致的反应物浓度变化,而且要考虑水力特性对反应物浓度变化的影响。分析反应器时,既要搞清反应物浓度与时间的关系,也要搞清反应物与反应器位置的关系。在连续流全混合反应器内,反应物浓度为常数,无须考虑反应物浓度随反应器位置的变化。于是,对于反应器内反应物 A 的质量变化速率,可建立如下物料平衡方程:

$$[A 的净变化速率] = [进水造成的 A 增加速率] - [反应引起的 A 减少速率]$$
$$- [出水导致的 A 减少速率] \tag{1-14}$$

把方程(1-14)写成数学式,如下:

$$V\left(\frac{\mathrm{d}C}{\mathrm{d}t}\right)_{净} = QC_0 - QC_e - V\left(\frac{\mathrm{d}C}{\mathrm{d}t}\right)_{反应} \tag{1-15}$$

假定反应器内 A 的反应服从一级反应动力学,则方程(1-15)变为:

$$V\left(\frac{\mathrm{d}C}{\mathrm{d}t}\right)_{净} = QC_0 - QC_e - VKC_e \tag{1-16}$$

在稳态条件下,反应器内反应物 A 的质量净变化速率等于零。在这种条件下,方程(1-16)简化为:

$$0 = QC_0 - QC_e - VKC_e \tag{1-17}$$

方程(1-17)可以移项为下面的形式:

$$\frac{C_e}{C_0} = \frac{1}{1 + K(V/Q)} \tag{1-18}$$

如果将连续流全混合反应器的理论水力停留时间定义为:

$$t_c = \frac{V}{Q} \tag{1-19}$$

则方程(1-18)可以表示为:

$$\frac{C_e}{C_0} = \frac{1}{1 + Kt_c} \tag{1-20}$$

将方程(1-20)移项后,即可计算达到预期反应物浓度所需的理论水力停留时间 t_c:

$$t_c = \frac{1}{K}\left(\frac{C_0}{C_e} - 1\right) \tag{1-21}$$

由于连续流全混合反应器内的反应物浓度低于序批全混合反应器(反应物浓度是初期的最高浓度与末期最低浓度的中间值),因此要完成同样的反应量,连续流全混合反应器的反应时间将长于序批全混合反应器。下面,通过案例,给出具体差别。

设进水氨氮浓度为 1000mg/L,出水氨浓度为 100mg/L,由式(1-13)知,采用序批全混合反应器所需的反应时间为:

$$t = \frac{1}{K}\ln\left(\frac{C_0}{C_e}\right) = \frac{1}{K}\ln\left(\frac{1000}{100}\right) = \frac{2.303}{K} \tag{1-22}$$

由式(1-21)知道,采用连续流全混合反应器所需的反应时间为:

$$t_c = \frac{1}{K}\left(\frac{C_0}{C_e} - 1\right) = \frac{1}{K}\left(\frac{1000}{100} - 1\right) = \frac{9}{K} \tag{1-23}$$

比较式(1-22)和式(1-23)可知,连续流全混合反应器所需的反应时间明显较长。这种反应器效能的差别可以通过反应物在反应器内的反应过程得到解释[3]。

连续流全混反应器内,物料连续进入反应器,产物连续离开反应器。进入反应器的物料被立即分散,新老物料立刻混合,反应器内的反应物浓度总是处在一个低于进料浓度的水平上;另外,虽然物料同时进入反应器,但在反应器内各物料分子团的停留时间并不相等,空间各点的物料性状不同。连续流完全混合操作使停留时间不同的物料之间发生返混,部分新进入物料马上离开反应器,停留时间很短;而另一些物料则滞留在反应器内,停留时间很长。

而在序批式全混合反应器内,物料同时进入反应器,同时离开反应器,全部物料在反应器内的停留时间相等。反应开始后,反应器内的反应物浓度逐渐下降,物料中所有分子团随时间的变化历程相同。由于空间各点的物料性状相同,物料混合只是停留时间相等的物料之间的混合,本质上只是物料空间位置的交换,混合不会导致物料性质变化。

可以看出,与序批反应相比,连续流全混反应过程发生了质的变化,使得连续流全混反应器反应功效不升反降。

序批式反应器具有许多类似于连续流全混合反应器的特性。例如,反应器内的反应物浓度均匀一致,不随反应器位置而改变,这种性状有助于分散负荷,提高反应器对毒物耐受能力;在前后两个循环之间,序批式反应器也存在一定的返混作用,这种返混作用与进水量和滗水量密切相关,进水量和滗水量越小,返混作用越大。

1.2.3.3　具有推流式反应器的某些特性

在连续流全混合反应器的操作中,要努力保持混合液的均匀性,而在推流式反应器的操作中,则要努力避免混合液的均一化。所谓推流(plug flow)就是前后相邻的流体单元之间不发生纵向混合的流动模式。在这种类型的反应器中,每一个流体单元都类似于一个沿时间坐标运动的全混合序批反应器,即推流反应器中的位置变量与全混合序批反应器中的时间变量相对应。因此,在推流式反应器中,反应物浓度随时间和空间的变化都很重要。换句话说,推流式反应器中,反应物浓度不仅随时间变化,还沿反应器长度方向发生变化。如图 1-7 所示。

在推流式反应器中,主要涉及三个变量:浓度、时间和距离(反应器中流体单元相对于入口的距离)。以时间为基准变量,在稳态条件下,反应物 A 的浓度变化速率可以表示为:

dt 内反应引起 A 浓度的变化 = dt 内流体单元位置变化引起 A 浓度的变化

$$\tag{1-24}$$

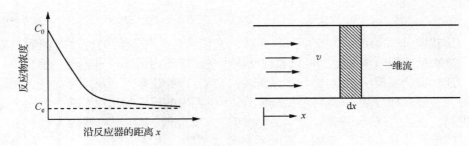

图 1-7　推流式反应器反应示意图

假定反应遵循一级反应动力学,且反应使得 A 浓度下降,则式(1-24)可以表示为:

$$-\frac{\mathrm{d}C}{KC} = \frac{\mathrm{d}x}{v} \tag{1-25}$$

式中:v 为流体通过反应器的速度,$\mathrm{d}x$ 为沿反应器长度方向的微分变量。

将方程(1-25)左端在积分限 C_0 和 C_e 之间积分,右端沿反应器的全部长度 L 积分,得:

$$-\int_{C_0}^{C_e}\frac{\mathrm{d}C}{KC} = \int_0^L \frac{\mathrm{d}x}{v} \tag{1-26}$$

$$\frac{1}{K}\left[\ln\left(\frac{C_0}{C_e}\right)\right] = \frac{L}{v} = \frac{LR}{vR} = \frac{V}{Q} \tag{1-27}$$

式中:R 表示反应器的横截面积。

因理论水力停留时间 $t_p = V/Q$,故方程(1-27)可改写为:

$$t_p = \frac{1}{K}\ln\left(\frac{C_0}{C_e}\right) \tag{1-28}$$

比较方程(1-13)和(1-28)可知,推流式反应器所需的反应时间与序批全混合反应器完全相同。

序批式反应器具有许多类似于推流式反应器的特性。在推流式反应器中,物料连续输入或输出反应器;在序批式反应器中,物料分批输入或输出反应器,输入或输出次数越多,越接近连续流反应器。在推流式反应器中,前后流体单元之间的混合(返混)受到严格限制;在序批式反应器中,前后循环之间的物料混合也受到一定限制,序批式反应器的转化效率介于连续流全混合反应器和推流式反应器之间。在推流式反应器中,反应物浓度随位置变化,但每个位置的反应物浓度不随时间变化;在序批式反应器中,反应物浓度随时间变化,但每个时间的反应物浓度不随位置变化。换言之,序批式反应器中反应物浓度随时间的变化,相当于推流反应器中反应物浓度随位置的变化。

1.2.4　序批操作反应器的动力学实验

　　动力学实验的主要目的包括确定反应速率常数、确定反应速率与反应物浓度之间的关系、确定反应速率与 DO、pH、ORP、温度、共存物质等反应条件的关系。利用序批反应器进行动力学实验时首先保持温度及其他条件恒定,向反应器中加入一定体积的、各组分浓度已知的反应物料;然后,在反应开始后的某一时刻开始测定不同反应时间时的关键组分的浓度,并根据需要改变反应物料中关键组分的浓度,考察不同初始浓度时,关键组分浓度随反应时间的变化;最后,通过以上实验得到的不同反应时间的关键组分的浓度,进而进行实验数据的解析[4]。

1.2.4.1　实验数据的积分解析法

　　积分解析法是基于积分形式的反应速率方程进行数据解析的一种方法,首先假设一个反应速率方程,求出浓度随时间变化的积分形式,然后把实验得到的不同时间的浓度数据与之相比较,若两者相符,则认为假设的方程式是正确的;若不相符,可再假设另外一个反应速率方程,进行比较,直到找到合适的方程为止。比较时一般先把假设的反应速率方程线性化,利用作图法进行,也可以进行非线性拟合。

　　反应速率方程的一般形式为:

$$- r_A = kf(C_A) \tag{1-29}$$

$$- r_A = kg(X_A) \tag{1-30}$$

　　在积分法中,首先假设一个反应速率方程,求出它的积分式,然后利用序批反应器测得不同时间的关键组分的浓度(或转化率),继而通过积分式计算出不同反应时间时的 C_A 或 X_A 的函数关系 $F(C_A)$ 或 $G(X_A)$。由表 1-1 可以看出,对于恒容序批反应器,其反应速率方程的积分式可表达为

$$F(C_A) = \lambda(k)t \tag{1-31}$$

$$G(X_A) = \lambda(k)t \tag{1-32}$$

　　上面两式的左边为 C_A 或 X_A 的函数,其形式随反应速率方程变化而变化,右边的 $\lambda(k)$ 为包含 k 的常数。

　　以 $F(C_A)$ 或 $G(X_A)$ 对时间作图,如果得到一条通过原点的直线,说明假设是正确的,则可以从该直线的斜率求出反应速率常数 k(图 1-8)。

　　利用反应的半衰期也可以确定反应级数并求出相应的动力学参数。改变反应物的初始浓度,测得不同初始浓度时的半衰期,以图 1-9 的形式对实验数据进行作图,即可求得反应级数 n。然后根据 n 和任一 C_{A0} 时的 $t_{1/2}$,可求得反应速率常数 k。

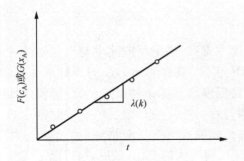

图 1-8　利用序批反应器和积分
　　解析法确定反应速率方程

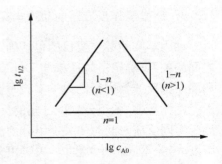

图 1-9　半衰期法确定速率方程式

根据表 1-1,对于一级反应,半衰期可表示为 $t_{\frac{1}{2}} = \ln \dfrac{2}{k}$,$t_{1/2}$ 与初始浓度无关。以 $\lg C_{A0}$ 对 $\lg t_{1/2}$ 作图,若得一水平直线,则可判断该反应为一级反应。

对于 n 级反应($n \neq 1$)的半衰期可表示为:

$$t_{1/2} = 2^{n-1} - 1/kc_{A0}^{n-1}(n-1) \tag{1-33}$$

将上式两边取对数,整理可得:

$$\lg t_{\frac{1}{2}} = b + (1-n)\lg c_{A0} \tag{1-34}$$

式中:b 为常数,无量纲,$b = \lg \dfrac{2^{n-1} - 1}{k(n-1)}$。

由式(1-34)可以看出,半衰期与反应物浓度之间存在对数直线关系,直线斜率为($1-n$)。

1.2.4.2　实验数据的微分解析法

微分解析法是利用反应速率方程的微分形式进行数据解析的一种方法,首先根据浓度随时间的变化数据,用图解微分法或数值微分法计算出不同浓度时的反应速率,然后以反应速率对浓度作图,根据反应速率与反应物浓度的关系确定反应速率方程,进而确定动力学参数(图 1-10)。对于恒容反应,具体步骤如下:

(1) 单一反应物时的微分解析

对于简单的不可逆反应,若其反应速率只是某一个反应物的浓度的函数时,反应可表达为 nA→P,可将反应速率方程线性化。此时反应速率方程为 $-r_A = kc_A^n$,两边取对数可得:

$$\ln(-r_A) = \ln k + n\ln C_A \tag{1-35}$$

以 $\ln C_A$ 为横坐标、$\ln(-r_A)$ 为纵坐标将实验数据作图,可得一直线,该直线的斜率为反应级数 n,截距为 $\ln k$(图 1-11)。

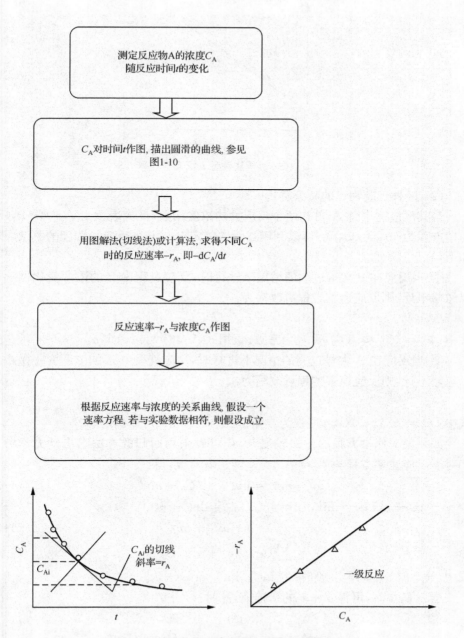

图 1-10　利用微分法确定反应速率方程的方法

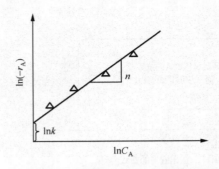

图 1-11　微分解析法确定 n 级反应速率方程

（2）两种反应物时的微分解析

若其反应速率是 A 和 B 两个反应物的浓度函数，反应表示为 A＋B→P，反应速率方程为$-r_A=kC_A^aC_B^b$，可以利用过量法确定$-r_A$与各反应物浓度的关系，步骤如下：

① 当反应在 B 大量过剩的情况下进行时，反应过程中 B 的浓度变化微小，可以忽略不计，则反应速率方程可改写为：

$$-r_A = k'C_A^a \tag{1-36}$$

式中：$k'=kC_B^b\approx kC_{B0}^b$，可视为常数。根据式（1-36）可以确定 a。

② 当反应在 A 大量过剩的情况下进行时，反应过程中 A 的浓度变化微小，可以忽略不计，则反应速率方程可改写为：

$$-r_A = k''C_B^b \tag{1-37}$$

式中：$k''=kC_A^a\approx kC_{A0}^a$，可视为常数。根据式（1-37）可以确定 b。

如果反应速率方程的形式较复杂，还可以采用回归的方法求出动力学参数。如对于反应速率方程$-r_A=kC_A^aC_B^b$，两边取对数，得：

$$\ln(-r_A) = \ln k + a\ln C_A + b\ln C_B \tag{1-38}$$

令 $y=\ln(-r_A)$，$\alpha=\ln k$，$x_1=\ln C_A$，$x_2=\ln C_B$，则

$$y = \alpha + ax_1 + bx_2 \tag{1-39}$$

令

$$\Delta = \sum(\alpha + ax_1 + bx_2 - y_{实测})^2 \tag{1-40}$$

式中：x_1、x_2、$y_{实测}$ 为实验获得的 $\ln C_A$、$\ln C_B$ 和 $\ln(-r_A)$。

当 Δ 最小时，可得 α、a、b 的最佳值，此时：

$$\frac{\partial\Delta}{\partial\alpha}=0;\quad \frac{\partial\Delta}{\partial a}=0;\quad \frac{\partial\Delta}{\partial b}=0 \tag{1-41}$$

举例：污染物 A 在某序批反应器中发生分解反应，反应器中反应物 A 的浓度 C_A 随反应时间的变化如表 1-2 所示。试分别利用积分解析法和微分解析法求出 A 的反应速率方程表达式。

表 1-2 反应器不同时刻 A 的浓度变化

t/min	0	7.5	15	22.5	30
C_A /(mg/L)	50.8	32.0	19.7	12.3	7.6

（1）积分解析法：假设该反应为零级反应，则 $-r_A = k$，即 $\mathrm{d}C_A/\mathrm{d}t = -k$，$C_A = -kt + C_{A0}$。根据表中数据作 C_A-t 曲线，如图 1-12 所示，发现没有线性关系，假设错误！

假设该反应为一级反应 $-r_A = kC_A$，即 $\mathrm{d}C_A/\mathrm{d}t = -kC_A$，$\ln C_A = -kt + \ln C_{A0}$。根据表中数据作 $\ln C_A$-t 的曲线如图 1-13 所示，发现有线性关系 $\ln C_A = 3.934 - 0.063\,41t$，假设正确！且 $k = 0.063\,41$，即 $-r_A = 0.063\,41C_A$。

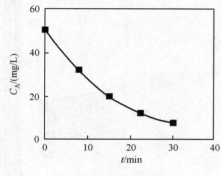

图 1-12 例题附图 1

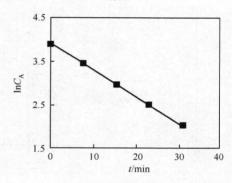

图 1-13 例题附图 2

（2）微分解析法：根据表中数据作 C_A-t 曲线，如图 1-14 所示，利用切线法求出不同 C_A 对应的反应速率 $-r_A$。以 $-r_A$ 对 C_A 作图，如图 1-15 所示，得到线性关系 $-r_A = 0.063\,41C_A$。所以该反应为一级反应，反应速率常数为 $0.063\,41\mathrm{min}^{-1}$。

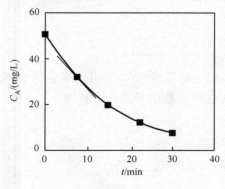

图 1-14 例题附图 3

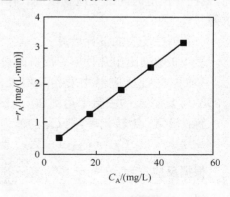

图 1-15 例题附图 4

1.2.5　序批操作反应器和半序批操作反应器的设计

1.2.5.1　序批操作反应器

序批反应器的设计主要是确定反应物达到一定的转化率时需要的反应时间，根据反应时间确定反应物转化率或反应后的浓度。序批反应器的设计主要根据反应器的基本方程进行，也可用图解法[4]。

对于恒容反应，根据式(1-9)，以 X_A 对 $-1/r_A$ 作图，如图 1-16(a)所示，则图中阴影部分与 t/C_{A0} 相等，由此可以求得达到一定反应时间时的 X_A 或达到一定 X_A 需要的时间。

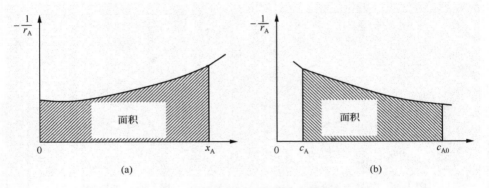

图 1-16　恒容序批反应器的图解计算

同理，根据式(1-9)，以 C_A 对 $-1/r_A$ 作图，如图 1-16(b)所示，图中阴影部分的面积与反应时间 t 相等。由该图可以求出反应物浓度减少到某一数值所需的时间，或任一反应时间的反应物浓度。作图法所需要的 $-r_A$ 值可根据反应速率方程求得。

（1）单一反应的设计计算

表 1-3 中列出了几种单一反应的设计方程。

举例：序批反应器中发生一级反应 A→P（恒容反应），反应速率常数 k 为 $0.35h^{-1}$，要使 A 的去除率达到 90%，试求 A 在反应器中所需反应时间。

解：设 X_A 为转化率，则 C_A 的值为：

$$C_A = C_{A0}(1 - X_A) = C_{A0}(1 - 0.9) = 0.1C_{A0}$$

根据反应方程：$\dfrac{C_A}{C_{A0}} = e^{-kt}$，有 $\dfrac{0.1C_{A0}}{C_{A0}} = e^{-0.35t}$

得：$t = 6.58h$。

表 1-3　恒容恒温序批反应器设计方程

反　应	反应速率方程	设计方程
A ⟶ P	$-r_A = k$	$c_{A0} - c_A = c_{A0}x_A = kt\,(t < c_{A0}/k)$ $c_A = 0\,(t \geqslant c_{A0}/k)$
	$-r_A = kc_A$	$-\ln\dfrac{c_A}{c_{A0}} = -\ln(1-x_A) = kt$ $C_A/C_{A0} = \mathrm{e}^{-kt}$
	$-r_A = kc_A^2$	$\dfrac{1}{c_A} - \dfrac{1}{c_{A0}} = kt$
	$-r_A = kc_A^n$	$c_A^{1-n} - c_{A0}^{1-n} = c_{A0}^{1-n}\left[(1-x_A)^{1-n} - 1\right]$ $= (n-1)kt \quad (n \neq 1)$
	$-r_A = \dfrac{V_m c_A}{K_m + c_A}$	$t = \dfrac{1}{V_m}\left[c_{A0}x_A - K_m\ln(1-x_A)\right]$
$A + \alpha_B B \longrightarrow P$	$-r_A = kc_A c_B$	$\ln\dfrac{c_{A0}c_B}{c_{B0}c_A} = \ln\dfrac{c_{B0} - \alpha_B c_{A0}x_A}{c_{B0}(1-x_A)}$ $= (c_{B0} - \alpha_B c_{A0})kt$

（2）复杂反应的设计计算

对于复杂反应的操作设计,涉及两个或两个以上的反应速率方程,计算变得复杂,需要根据联立微分方程来求解(必要时可采取数值计算法求解)。

对于微生物的序批培养,在培养过程中随着时间的推移,营养物质逐渐减少,微生物浓度也随之发生变化。在设计过程中要同时考虑营养物质和微生物浓度的变化。

1.1.5.2　半序批操作反应器

（1）半序批反应器的操作方法

半序批操作亦称半连续操作,有两种基本的操作方法:一种是将两种或两种以上的反应物或其中的一些组分一次性放入反应器中,然后将其他反应物连续加入反应器;另一种是把反应物料一次性加入反应器,在反应过程中将某个产物连续取出。前一种操作方式可以使连续加入的成分,在反应器中的浓度保持在较低的水平,便于控制反应速率。在微生物培养中利用该种形式的半序批操作可以控制基质浓度,从而达到控制微生物生长速率的目的。后一种操作方式可以使反应产物维持在低浓度水平,利于可逆反应向生成产物的正方向进行。在微生物培养中,连续取出代谢物,可以防止代谢产物对微生物生长的抑制作用,有利于微生物的高浓度培养。

与序批操作一样,反应过程中强力搅拌,使反应器内部混合均匀;与序批操作不同的是,反应混合液的体积随时间而变化。

(2) 半序批反应器的设计计算

① 转化率的定义

对于二级不可逆反应 A + B→P,其反应速率方程可表示为 $-r_A = kc_Ac_B$。设反应开始时反应器内 A 和 B 的量分别为 n_{A0} 和 n_{B0},体积为 V_0,连续加入浓度为 c_{A0}、体积流量为 q_V 的物料。在操作开始后 t 时刻的体积为 V,反应器内的 A、B 的量和浓度分别为 n_A、n_B、c_A 和 c_B,则 A 的转化率定义为:

$$x_A = \frac{t \text{ 时间内反应消耗掉的 A 量}}{\text{A 的起始量} + t \text{ 时间内加入的 A 量}}$$

$$= \frac{(n_{A0} + q_{nA0}t) - n_A}{n_{A0} + q_{nA0}t}$$

$$= 1 - \frac{n_A}{n_{A0} + q_{nA0}t} \tag{1-42}$$

即:

$$n_A = (n_{A0} + q_{nA0}t)(1 - x_A) \tag{1-43}$$

式中:q_{nA0} ——流入反应器的 A 的摩尔流量,kmol/s。

② 设计计算方程

对于图 1-17 所示的半序批反应器,反应物 A 的物料衡算如下:

单位时间内 A 的加入量:$q_{nA0} = q_V c_{A0}$

单位时间内 A 的排出量:0

反应量:$(-r_A)V$

积累量:$\dfrac{dn_A}{dt} = \dfrac{d(c_A v)}{dt} = c_A \dfrac{dV}{dt} + V \dfrac{dc_A}{dt}$

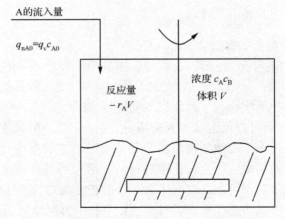

A的流入量

$q_{nA0} = q_v c_{A0}$

反应量 $-r_A V$

浓度 $c_A c_B$ 体积 V

图 1-17　半序批式反应器的物料衡算图(反应 A+B→P)

$$q_V c_{A0} = (-r_A)V + c_A \frac{dV}{dt} + V \frac{dc_A}{dt} \tag{1-44}$$

$$q_V c_{A0} = (-r_A)V + c_A q_V + V \frac{dc_A}{dt} \tag{1-45}$$

把 $V = V_0 + q_{vt}$，$-r_A = kc_A c_B$ 代入式(1-45)，然后根据数值解析法即可计算出任一反应时间 t 的 c_A 和 x_A。

举例：

对于由以下两个反应构成的反应系统，

$$A + B \rightarrow P, \quad r_1 = k_1 c_A c_B$$
$$A + P \rightarrow Q, \quad r_2 = k_2 c_A c_P$$

试定性说明在下述半序批操作时,反应系统中各组分的浓度变化。

a) 先向反应器中加入 A,之后连续加入 B;

b) 先向反应器中加入 B,之后连续加入 A。

解：两种不同操作方式下各组分的浓度变化曲线如图 1-18 所示。

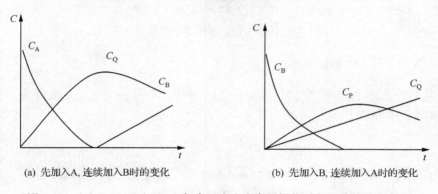

(a) 先加入A, 连续加入B时的变化　　　　(b) 先加入B, 连续加入A时的变化

图 1-18　A+B→P, A+P→Q 复合反应在半序批操作时各组分的浓度变化

1.3　SBR 法的基本原理和特点

1.3.1　SBR 法的发展沿革

1.3.1.1　污水生物处理技术发展概述

在 2007 年由 *British Medical Journal* 发起的评比中,卫生设施的进步被评为过去 166 年中最伟大的医疗进步[5]。在这 100 余年发展历程中,污水处理的理论和技术有了巨大发展,如图 1-19 所示。20 世纪 70 年代前,污水处理的主要去除对象是降解有机污染物,去除 BOD、COD 和 SS 等;20 世纪 80 年代以后,N、P 营养元

素对环境的威胁越来越大,一些缓流河道、湖泊甚至海湾都出现了富营养化,同时随着机械制造和电气工程的进步,推动了水污染治理工艺技术的革新,在传统污水处理技术的基础上,发展了以 A/O、A/A/O 等为代表的脱氮除磷工艺,使二级生物处理技术进入了具有脱氮除磷功能的深度处理阶段。现在的城市污水处理厂的处理对象,既包括 COD、BOD、SS,也包括 N、P 等植物性营养物质。目前,污水生物处理技术正朝着快速、高效、低耗、多功能等方面发展。

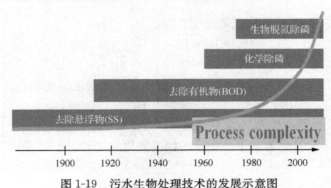

图 1-19　污水生物处理技术的发展示意图

1.3.1.2　SBR 法的产生与发展

最早的 SBR 法产生于 1914 年,至今已有近 100 年的历史,大致分为三个时期,如图 1-20 所示。

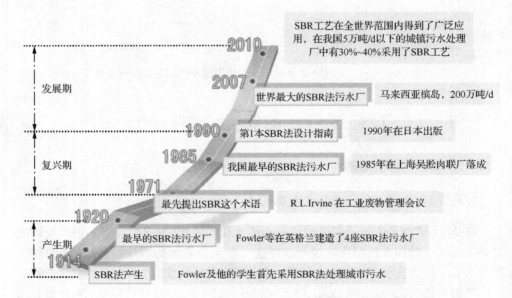

图 1-20　SBR 法产生与发展示意图

（1）SBR 法的产生期

活性污泥法诞生于美国和英格兰，并在随后的一百多年里一直作为污水处理的主流技术。最初对于活性污泥法的研究采用的就是序批式序批运行反应器。1912 年前后，在英格兰的曼彻斯特，Fowler 采用曝气的方法利用池塘内的"烂泥"处理反应池内的污水，曝气后的污水进行沉淀，沉淀池内的生物体回流至曝气池，获得了非常清澈的出水。

1914 年，Fowler 的两个学生 Ardern 和 Lockett，在一个序批式运行的城市污水处理系统中，为了获得较高的污泥浓度，对在曝气阶段积累的腐殖质或沉淀物，不进行排放。经过一段时间的运行，获得了现在被人们称之为"活性污泥"的微生物絮体。他们的试验过程描述如下：首先采用曼彻斯特城市的生活污水，在约 2.4L 的容器内进行曝气试验，每个运行周期直至硝化完成后才停止曝气。第一次试验大约进行了 5 周左右的连续曝气，硝化反应才完成，然后沉淀，排掉清澈的上清液，沉淀物完全保留在容器内。重新加入原污水，并与容器内上一周期留下来的沉淀物充分接触，随后进行曝气直至硝化反应充分完成。此后，他们多次重复这种运行方式。试验结果清楚表明：随着容器内沉淀物的增加，有机物完全氧化的时间逐渐减少。最后，24h 内便可完全氧化序批注入的原污水。Ardern 和 Lockett 将反应过程中形成的沉淀物命名为"活性污泥"。

在活性污泥法的发展史上，Ardern 和 Lockett 的发现具有里程碑式的意义，其重要性可归结为六个方面，其中与序批式序批系统最为相关的有以下两方面：

① 为维持反应器内活性污泥始终处于最高效率的"工作状态"，在任何时候系统内都不应使未被氧化的颗粒状污染物得到积累。

② 如果仅通过适宜的曝气量来维持污泥的活性，那么就应该使反应器内的污水与活性污泥充分接触。

Ardern 和 Lockett 采用充排式反应器处理曼彻斯特市的生活污水时，保持活性污泥与污水的充分接触，曝气 6～9h，便可获得较好的出水水质。检测结果表明 SBR 工艺对生活污水中污染物的去除率与生物滤池相当，且 SBR 工艺的曝气时间长短主要取决于污水中的污染物浓度和所要求的污染物去除率。

1914～1920 年，Ardern 和 Lockett 的试验验结果在实际工程中被迅速、广泛的应用，在英格兰共建造了 4 个不同规模、不同曝气方式、阶段进水的 SBR 污水处理系统。

Ardern 和 Lockett 通过对 SBR 系统的工艺参数、影响因素等进行的大量试验，基于大量的试验数据和对 SBR 系统的深入理解，建立了 SBR 系统的运行方案，如表 1-4 所示。

表 1-4　Ardern 和 Lockett 提出的典型运行方案

运行过程	运行时间/min	
	污泥体积为 20％的情况	污泥体积为 40％的情况
进水	60	40
反应	240	120
沉淀	120	120
排水	60	40

1915 年,在美国威斯康星州密尔沃基建成了世界上第一座 SBR 工艺的污水处理厂。该污水处理厂的工艺参数如下:周期时间为 6h,其中进水 60min,曝气反应 210min,沉淀 30min,排水 60min。在 1915～1916 年,在美国的布鲁克林(纽约州),芝加哥(伊利诺伊州),克利夫兰(俄亥俄州)和休斯敦(得克萨斯州)等地进行了一系列的 SBR 系统处理城市污水的试验研究。在 1915～1916 年,美国建造了一大批采用 SBR 工艺的污水处理厂,并且该污水工艺的优势也非常明显。

1923 年,O'Shaughnessy 的研究发现,分别采用连续流系统和 SBR 系统处理相同的城市污水,在达到相同净化效率的时,前者所需的时间是后者的两倍。然而事实上,在 1914～1920 年,几乎所有采用 SBR 系统的污水厂全部被改造成了连续流污水处理系统。

Ardern(1927)针对这一现象进行了深入分析,认为以下三方面是导致这一现象的本质原因:①排水阶段能量浪费较大(与进水流速相比,排水流速较大);②由于活性污泥黏附于大气泡空气扩散器上,从而容易导致空气扩散器的堵塞;③由于需要进行多个开关阀门的转换及空气扩散器的清洗,所以操作者需要始终保持较高的注意力。Ardern 提出了解决上述问题相应的办法,即采用多个反应池的 SBR 系统、改进曝气设备及采用自动控制系统等。尽管这些措施能够十分有效的解决上述问题,但是由于当时自动控制技术的落后,严重制约了 SBR 法在污水处理系统中的应用。

(2) SBR 法的复兴期

在美国直到 20 世纪 40 年代后期,在欧洲直到 1959 年,伴随着自动控制技术的日益成熟,SBR 法才逐渐又被人们重新认识。在 1951～1953 年,Hoover 等在美国东部地区宾夕法尼亚州实验室首次采用 SBR 系统处理牛奶工业废水。1959年,Pasveer 将 SBR 工艺引入荷兰。上述两项应用均取得了较大的成功,对 SBR法的发展起到了巨大的推动作用。1965～1975 年,衍生出多种变形工艺。

20 世纪 70 年代中期,在澳大利亚新南威尔士,序批排水延迟曝气(inter-

mitently decanted extended aeration，IDEA）系统对 SBR 工艺的广泛应用起到了非常重要的作用。IDEA 系统的反应池是一个简单的、长方形的反应池。采用连续进水、间歇曝气和序批排水的运行模式。该污水处理系统由于可获得较好的出水水质，并可高效去除废水中的 BOD_5，SS 和氮化合物，因此被广泛应用于实际工程中。

此外，随着工业废水和城市污水中营养物（氮，磷）排放标准的不断提高，IDEA 系统及其改进工艺在污水脱氮除磷方面的优势更加明显，所以被越来越多的应用到实际工程中。在 20 世纪 90 年代期间，为了满足废水中营养物去除（BNR）的需要，人们将 IDEA 系统进行了改进，在反应器的前端增加了厌氧选择区。这样，既可以有效的控制污泥膨胀，又为厌氧释磷创造了非常好的环境。与此同时，澳大利亚的邻国也对 IDEA 污水处理系统进行了深入研究和设计。可以说，这些国家和地区促进了 IDEA 系统的深入研究和广泛应用，更加有力的推动了新型 SBR 工艺的诞生。

为了考察 IDEA 系统对污水中营养物的去除性能，澳大利亚的研究人员以其内陆水和海水为研究对象，进行了大量的试验研究。结果表明：IDEA 系统可以非常有效的去除污水中营养物，可满足非常严格的出水水质要求，一年中至少有一半时间内出水 TN＜5mg/L，TP＜1mg/L。即使现在，新南威尔士州的一些污水处理厂仍然采用 IDEA 污水处理系统。在澳大利亚，虽然这种序批式污水处理技术的分布还具有一定的局限性，但在污水厂中的应用数量却呈现增长的趋势。这主要是因为在满足同样出水水质的条件下，IDEA 系统的基建费用要低于连续流系统。

20 世纪 60 年代，Irvine 和他的合作者们通过对 SBR 系统不断地研究，进一步推进了序批式活性污泥处理技术的发展。此外，具有重要历史意义的是，在 1971 年，Irvine 和 Davis 第一次将 Irvine（1969）设计的单池序批式反应池应用于美国得克萨斯州的科珀斯克里斯蒂工业废水处理厂，并首次将该工艺命名为 SBR 工艺。在以后整个 20 世纪 70 年代，Irvine 在他发表的有关废水中有机物、氮等污染物去除和控制污泥膨胀等内容的相关文献中，一直采用"SBR"这个专业术语。

1979 年，在实验室研究的基础上，Dennis 和 Irvine 首次报道了如何通过控制进水时间与反应时间的比值来创造利于絮状生物体快速生长的环境。在污水处理领域，这是一个非常重要的发现，有力证明了静态进水（不搅拌、不曝气）能够创造一个适于微生物生存的"富营养"环境，并且能够有效的控制污泥膨胀。

在整个 20 世纪 70 年代期间，Irvine 在实验室研究方面获得了大量关于 SBR 工艺的经验。根据 Irvine 等的报道，1980 年 5 月，他们在美国印第安纳州 Culver 污水处理厂，成功地将连续流系统改造成了 SBR 系统。美国环保局对卡尔弗污水处理厂 SBR 工艺的性能进行了测试,结果表明:相对于连续流污水处理系统,SBR 工艺具有相对较短的水力停留时间(少于 14h)和较大的有机物负荷[大于 0.1kgBOD/(kgVSS·d)]。而在此之前,人们普遍认为 SBR 系统的水力停留时间应在 48h 左右,有机负荷与延迟曝气活性污泥系统相接近。

从 20 世纪 70 年代以后,污水处理领域衍生了许多序批性、周期运行的污水处理工艺[6],SBR 法在国内外得到广泛应用。1985 年我国第一座 SBR 法污水处理厂在上海吴淞肉联厂落成。

(3) SBR 法的发展期

近二十多年来,随着对 SBR 法生物反应和净化机理的广泛深入研究,以及该法在生产应用技术上的不断改进和完善,SBR 工艺得到了迅速发展,相继出现了多种工艺方法,应用范围逐渐扩大,处理效果不断提高,工艺设计和运行管理日益科学。1990 年日本出版了第一本 SBR 法的设计指南,2007 年世界上最大的 SBR 法污水处理厂在马来西亚落成,日处理量 200 万吨。目前 SBR 工艺在全世界范围内得到了广泛应用,在我国 5 万吨/d 以下的城镇污水处理厂中有 30%～40% 采用了 SBR 工艺。

SBR 法能重新成为城市污水、工业有机废水的有效处理方法,除了污水处理技术发展的内在规律外,还具有一些客观的需求背景[7]。

(1) 中小型化和分散化正在成为当前城市污废水处理厂的发展趋势。几十年前朝着大型化、超大型化发展,当时许多处理能力达 $50\times10^4 m^3/d$、$100\times10^4 m^3/d$、$200\times10^4 m^3/d$ 乃至 $500\times10^4 m^3/d$ 级别的城市废水处理厂到处拔地而起,基建费用的投入极为惊人,运行管理十分复杂,净化水的出路也受到极大限制。现在随着人们对生态环境的要求,住宅区趋向分散化、农村化发展。在这种背景下,城市废水处理厂的发展也趋向于小型(中小型)化及分散化,由此提出了对相应适宜的工艺技术的需求。废水处理厂的中小型化、分散化反映了高新技术的发展,反映了人们掌握高新技术能力的提高与技术的普及化。这种在新条件下回归初始,正如 SBR 法的再生一样,体现了事物发展的规律。中小型化和分散化废水处理厂净化出水易于就地分散回用与处置,基建投资易于筹措,运行管理简易可行。SBR 法应运而再生,反映了这种客观需要。

(2) 过去水污染控制重点在于有机污染物的去除,而如今为了防止湖泊、河口、海湾等缓流水体富营养化,对出水水质中如氮、磷等的标准越来越严格,控制要求越来越高。在此情况下,开发出既能高效去除 BOD、COD,又能高效除磷脱氮的工艺技术备受关注,SBR 法在改进后能够满足这方面的要求,SBR 法技术可靠,出水水质良好。

（3）中小型废水处理厂操作灵活方便，具有去除 BOD、COD、N、P 等综合功能，占地面积小，而 SBR 法符合此类要求。

（4）电子计算机的广泛应用，SBR 反应池的进水、曝气以及排水等的自动控制技术的进步，相应软件技术的开发应用，都使 SBR 法日趋完善和成熟。

（5）DO 计、pH 计、ORP 计、水位计、电-气动阀门等过程监控所需的仪器仪表日益完善，且在经济上可以承受，SBR 法在这些仪器仪表装备下如虎添翼，技术上日益精细可靠。

1.3.2　SBR 法的基本原理与操作流程

1.3.2.1　SBR 法的基本运行模式及其原理

序批式活性污泥法（sequencing batch activated process）是活性污泥法的一种，又被命名为序列式序批反应器法，在序批式反应器（sequencing batch reactor，SBR）中完成污废水中污染物的去除。

SBR 法的运行工况是以序批操作为主要特征的。所谓序批式有两种含义：一是运行操作在空间上按序批方式运行。由于多数情况下污水都是连续排放的且流量波动很大，这时，SBR 处理系统至少需要两个反应器交替运行（见图 1-21），污水按序列连续进入不同反应器，它们运行时的相对关系是有次序的，也是序批的；二是对于每一个 SBR 来说，运行操作在时间上也是按次序排列的、序批的，SBR 工艺一个完整的典型的运行周期分 5 个阶段，依次为进水、反应、沉淀、排水和闲置，所有的操作都在一个反应器中完成[8]（见图 1-22）。

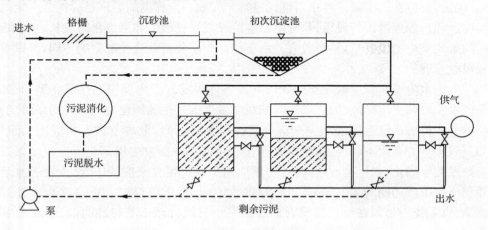

图 1-21　处理生活污水的三池 SBR 系统示意图

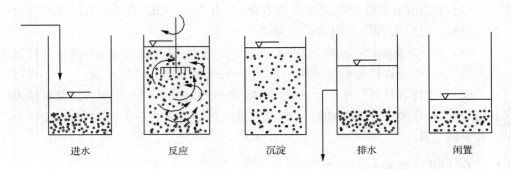

图 1-22　序批式活性污泥法基本运行操作的 5 个工序示意图

（1）进水阶段

运行周期从废水进入反应器开始。进水时间由设计人员确定，取决于多种因素包括设备特点和处理目标等。进水阶段的主要作用在于确定反应器的水力特征。如果进水阶段时间短，其特征就像是瞬时工艺负荷，系统类似于多级串联构型的连续流处理工艺，所有微生物短时间内接触高浓度的有机物及其他组分，随后各组分的浓度随着时间逐渐降低；如果进水阶段时间长，瞬时负荷就小，系统性能类似于完全混合式连续流处理工艺，微生物接触到的是浓度比较低且相对稳定的废水。

（2）反应阶段

进水阶段之后是反应阶段，微生物主要在这一阶段与废水各组分进行反应。实际上，这些反应（即微生物的生长和基质的利用过程）在进水阶段也在进行，随着污水流入，微生物对污染物的利用也即开始。所以进水阶段应该被看作"进水＋反应"阶段，反应在进水阶段结束后继续进行。完成一定程度的处理目标需要一定的反应过程。如果进水阶段短，单独的反应阶段就长；反之，如果进水阶段长，要求相应的单独反应阶段就短，甚至没有。由于这两个阶段对系统性能影响不同，所以需要单独解释。

在进水阶段和反应阶段所建立的环境条件决定着发生反应的性质。例如，如果进水阶段和反应阶段都是好氧的，则只能发生碳氧化和硝化反应。此时 SBR 的性能介于传统活性污泥法和完全混合活性污泥法之间，取决于进水阶段的长短。如果只进行混合而不曝气，在硝态氮存在的条件下就会发生反硝化反应。如果反应阶段发生硝化，产生硝酸盐，并且在周期结束时仍留在反应器中，那么在进水阶段和反应阶段初期增加一个只混合而不曝气的间隙，就可以使 SBR 法类似于连续流 A/O 系统。如果在反应阶段后期增加一个只混合而不曝气的间隙，SBR 法就变得与 Berdenpho 工艺类似。另一方面，如果 SBR 法在比较短的 SRT 下运行，没有硝酸盐产生，在进水阶段和反应阶段只搅拌而不曝气，就可以筛选出聚磷菌，SBR 法就变得与 phoredox 或 An/O 连续系统类似。这几个例子清楚地表明，SBR

法可以通过调整设计和运行方式来模拟多种不同的连续处理工艺,感兴趣的话可以参考 Irvine 和 Ketchum 的综述性文章。

（3）沉淀阶段

反应阶段完成之后,停止混合和曝气,使生物污泥沉淀,完成泥水分离。与连续处理工艺相同,沉淀有两个作用:澄清出水达到排放要求和保留微生物以控制 SRT。剩余污泥可以在沉淀阶段结束时排除,类似于传统的连续处理工艺;或者剩余污泥可以在反应阶段结束时排出,类似于 Garrett 工艺。

（4）排水阶段

不管剩余污泥在什么阶段排出,经过有效沉淀后的上清液作为出水在排放阶段被排出,留在反应器中的混合液用于下一个循环。如果为了向进水阶段的反硝化提供硝酸盐而保留了相对于进水大得多的液体和微生物,那么所保留的这部分就类似于连续流处理中的污泥回流和内循环工艺。

（5）闲置阶段

闲置阶段主要是提高每个运行周期的灵活性。闲置阶段对于多池 SBR 系统尤其重要,它可以协同进行几个操作以达到最佳处理效果。闲置阶段是否进行混合和曝气取决于整个工艺的目的。闲置阶段的长短可以根据系统的需要而变化。闲置阶段之后就是新的进水阶段,新一轮循环就启动了。

在一个运行周期中,各个阶段的运行时间、反应器内混合液体积的变化以及运行状态等都可以根据具体污水性质、出水质量与运行功能要求等灵活掌握。比如在进水阶段,可按只进水不曝气(搅拌或不搅拌)方式运行,也可按边进水边曝气方式运行,前者称限制性曝气,后者称非限制性曝气。在反应阶段,可以始终曝气;为了生物脱氮也可曝气不搅拌,或者曝气搅拌交替进行;其剩余污泥量可以在闲置阶段排放,也可在排水阶段或反应阶段后期排放。可见,对于某一单一 SBR 来说,不存在空间上控制的障碍;在时间上,SBR 也可灵活的调整程序控制器,控制泵和风机的开关,进行有效的变换,达到多种功能。这种灵活性是序批式反应器有别于连续流反应器的独特优点。

1.3.2.2　SBR 法的分类

SBR 法主要有 4 种分类方法[9]。

（1）按进水方式分

按进水方式可分为序批进水式和连续进水式,如图 1-23 所示。

序批进水方式,由于沉淀阶段和排水阶段不进水,所以较易保证出水的水质,但需几个反应池组合起来运行,以处理连续流入污水处理厂的污废水。连续进水方式,虽可采用一个反应池连续地处理废水,但由于在沉淀阶段和排水阶段污水的流入,会引起活性污泥上浮或与处理水相混合,所以可能使处理水质变差。如果在沉淀阶段和排水阶段减少进水水量,可减少其影响。

完全混合序批反应器内有机物浓度、MLSS浓度以及溶解氧浓度较为均匀。循环式水渠型反应器溶解氧随混合液的流向变化而变化,但有机物浓度、MLSS浓度在各点大致也是均匀的。

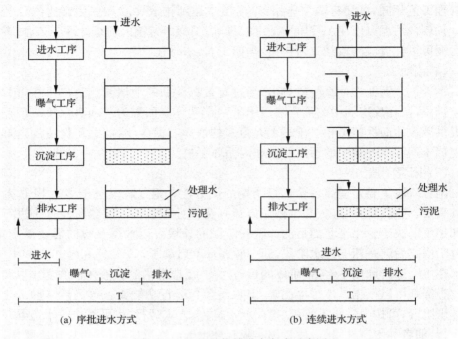

(a) 序批进水方式　　　　　(b) 连续进水方式

图 1-23　SBR工艺的进水方式示意图

（2）按反应器的形式分

按反应器的形式可分为完全混合序批反应器与循环式水渠型反应器,见图 1-24。

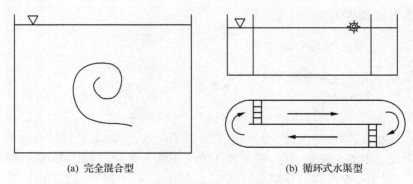

(a) 完全混合型　　　　　(b) 循环式水渠型

图 1-24　反应器型式示意图

（3）按污泥负荷分

关于 SBR 的污泥负荷的定义目前还不统一。SBR 法每日的曝气时间是受到限制的，所以，一般把曝气时间作为反应时间来定义污泥负荷，则污泥负荷 L_s 可按下式计算：

$$L_s = \frac{QS_0}{eXV} \tag{1-46}$$

式中：L_s——以曝气时间定义的污泥负荷，kgBOD/(kgSS · d)；

　　　Q——处理厂设计处理水量，m^3/d；

　　　S_0——进水 BOD 浓度，mg/L；

　　　X——混合液 MLSS 浓度，mg/L；

　　　V——反应器总有效容积，m^3；

　　　e——曝气时间比（$0 < e < 1$）。即一个周期中的曝气时间与整个周期所需运行时间之比：

$$e = (nt_a)/24 \tag{1-47}$$

其中，n——每日运行周期数；

　　　t_a——一个周期的曝气时间，h。

将（1-47）代入式（1-46）得污泥负荷 L_s 表达式：

$$L_s = \frac{QS_0}{eXV} = \frac{24QS_0}{nt_aXV} \tag{1-48}$$

按污泥负荷 SBR 可分为高负荷和低负荷两种。高负荷方式与普通活性污泥法相当，低负荷与氧化沟或延时曝气相当。高负荷一般为 0.1～0.4kgBOD/(kgSS · d)，低负荷为 0.03～0.05kgBOD/(kgSS · d)。

（4）按进水阶段是否曝气分

按进水阶段曝气与否可分为限制曝气、非限制曝气和半限制曝气。

限制曝气：进水阶段不曝气，多用于处理易降解有机污水，如生活污水，限制曝气的反应时间较短；

非限制曝气：进水同时进行曝气，多用于处理较难降解的有机废水，非限制曝气的反应时间较长；

半限制曝气：进水一定时间后开始曝气，多用于处理城市污水。

1.3.3　SBR 法的特点

1.3.3.1　SBR 法的优点

（1）工艺流程简单，节省基建与运行费用

原则上 SBR 法的主体工艺设备只有一个序批反应器（SBR），可见其工艺流程之简单。SBR 法与普通活性污泥法工艺流程相比，如图 1-25 所示，不需要二次沉淀池、回流污泥及其设备,一般情况下不必设调节池,多数情况下可省去初次沉淀池。纵观污水人工生物处理各种工艺方法,像SBR法这样简易的工艺绝无仅有。因此,SBR法污水处理厂能够节约基建与运行费用是理所当然的。Ketchum等统计结果表明,采用SBR法处理小城镇污水要比用普通活性污泥法节省基建投资30%多。此外,采用如此简洁的SBR法工艺的污水处理系统还有布置紧凑、节省占地面积的优点。

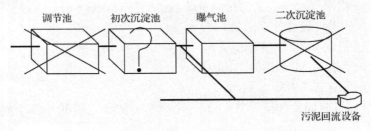

图1-25 SBR法与传统活性污泥法比较示意图

(2) 反应阶段在时间上属于理想的推流状态,生化反应推动力大、效率高

这是SBR法最大的优点之一。SBR法反应器中的底物和微生物浓度是变化的,而且是不连续的,因此SBR的运行是典型的非稳定状态。在其连续曝气的反应阶段,也属非稳定状态,但其底物(作为底物之一的有机物可用BOD表示,由于主要研究有机物浓度的变化,以下将底物与有机物或BOD等价)和微生物(以下用MLSS表示)浓度的变化是连续的。这期间,虽然反应器内的混合液呈完全混合状态,但是其底物与微生物浓度的变化对于时间来说是一个推流(plug flow)过程,并且呈现出理想的推流状态。

在连续流反应器中,有完全混合式与推流式两种极端的流态。在连续流完全混合式曝气池中(见图1-26),底物浓度等于出水底物浓度,根据生化反应动力学

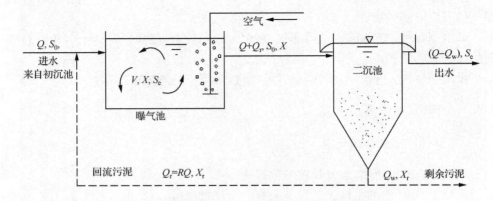

图1-26 完全混合式活性污泥法的基本流程示意图

可知,由于曝气池中的底物浓度很低,其生化反应推动力也很小,反应速率与去除有机物效率都低。在理想的推流式曝气池中,污水与回流污泥形成的混合液从池首端进入,以推流状态沿曝气池流动,从池末端流出,此间在曝气池的各断面上只有垂直于流动方向的截面上混合,反应物浓度相同,不随时间变化;在沿着流体流动方向上,反应物浓度不断变化,但前后截面间不发生反应物的"返混"。在这样理想的推流式曝气池中,作为生化反应推动力的底物浓度从进水的最高逐渐降解至出水时的最低浓度,在整个反应过程,由于物料没有返混,底物浓度没被稀释,反应物始终处在较高的浓度下进行反应,尽可能保持了最大的推动力,因此反应速率较快[3]。

实际上,在连续流活性污泥法中,可以维持曝气池接近理想的完全混合式状态,如圆形表面加速曝气池等,但是,理想的推流状态是不能实现的。曝气池中剧烈地曝气使严重的返混现象不可避免。许多人认为,普通推流式曝气池中的流态更接近完全混合。这样,推流式的生化反应速率及其推动力大的优越性在连续流活性污泥法中远远没能发挥出来。

在 SBR 法连续曝气的反应阶段,虽然其底物浓度与微生物浓度在反应器的空间变化呈完全混合状态,但是随时间变化却呈理想的推流状态,不会出现连续流曝气池中的返混现象。下面从反应动力学角度论证 SBR 的反应速率。

先考虑稳定状态下完全混合式曝气池生化反应动力学,并计算在特定条件下生化反应所需要曝气时间(即水力停留时间 θ_h)。生化反应遵循一级反应时,对曝气池中的底物作物料平衡:

$$V\left(\frac{\mathrm{d}S}{\mathrm{d}t}\right) = QS_0 - QS_e - VXKS_e \qquad (1-49)$$

式中: V——完全混合曝气池容积,L;

　　　X——曝气池中微生物浓度,mg/L;

　　　$\mathrm{d}S/\mathrm{d}t$——底物浓度的变化速率,mg/(L·d);

　　　Q——进水流量,L/d;

　　　S_0——进水中底物浓度,mg/L;

　　　S_e——曝气池即出水中的底物浓度,mg/L;

　　　K——底物比降解速率常数,L/(mg·d)。

稳定状态下曝气池中底物与微生物浓度都不变化,有 $\mathrm{d}S/\mathrm{d}t=0$, X 为常数,整理式(1-49)得:

$$\frac{Q(S_0 - S_e)}{V} = XKS_e \qquad (1-50)$$

式(1-50)是完全混合式活性污泥法降解有机物的基本公式。将完全混合式曝气池的水力停留时间 $\theta_h = V/Q$,代入式(1-50)得:

$$\theta_h = \frac{1}{KX}\left(\frac{S_0}{S_e} - 1\right) \tag{1-51}$$

再考虑序批反应器底物降解动力学，也计算出在接受同样进水底物浓度为 S_0，流量为 Q 的污水，并使出水底物浓度为 S_e 时，所需要的曝气时间 T_A。对于没有进出水的序批反应，反应器中的底物浓度变化速率就是其降解速率，有：

$$\frac{\mathrm{d}S}{\mathrm{d}t} = -KX_T S \tag{1-52}$$

式中：S 为 SBR 中某一时刻的底物浓度，其他符号同上。虽然微生物浓度 X_T 在反应阶段有所增大，但增大的幅度很小，这里假定为常数。将式(1-52)积分，并在 $t = 0$，$S = S_0$ 的初始条件下，求出其常数 $C = \ln S_0$，整理后得：

$$\ln S = -KX_T t + \ln S_0 \tag{1-53}$$

设 SBR 中底物浓度为 S_e 时所需的曝气时间为 T_A，将 S_e 和 T_A 代入式(1-53)经整理后得：

$$T_A = \frac{1}{KX_T} \ln \frac{S_0}{S_e} \tag{1-54}$$

式(1-51)和式(1-54)分别表示完全混合式曝气池和序批反应器为使出水底物浓度降至 S_e 时所需要的反应时间，这两个反应时间的比值 θ_h/T_A 可以通过式(1-51)除以式(1-54)得到：

$$\frac{\theta_h}{T_A} = \left(\frac{S_0}{S_e} - 1\right)\Big/ \ln \frac{S_0}{S_e} \tag{1-55}$$

根据式(1-55)来分析这两种反应器降解有机底物的效率。假如都要求 BOD_5 去除率达 90%，则有：

$$\frac{\theta_h}{T_A} = \left(\frac{100}{10} - 1\right)\Big/ \ln \frac{100}{10} = 3.91 \tag{1-56}$$

同理，当 BOD 去除率为 95% 时，$\theta_h/T_A = 6.34$。这清楚地说明了在相同条件下使 BOD 去除率大于 90% 时，用完全混合式曝气池所需要的水力停留时间 θ_h 或有效容积 V 要比序批反应器相应的 T_A 和 V_T 大 3 倍以上。Ng Wun-Jern 指出，如果为了去除生活污水中的有机物用 SBR 法曝气 15min 就够了。笔者用 SBR 法处理啤酒废水的试验研究也表明，经 2h 曝气便将反应器中的 COD 浓度由 2000mg/L 降至 150mg/L 左右。

由此可见，在各种活性污泥法工艺中只有 SBR 法才具有理想的推流式反应过程，其较大的生化反应推动力和反应速率，无论从理论上还是在实践中都是毋庸置疑的。这一点又决定了 SBR 法是高效节能的。

（3）运行方式灵活，脱氮除磷的效果好

SBR 法不仅工艺流程简单，而且可以通过不同的控制手段，以各种方式灵活地运行，达到不同的净化目的。例如为了维持反应器内好氧或厌氧状态，进水时可曝气、不曝气或只是搅拌;反应阶段也可曝气、搅拌或二者交替进行,也可改变曝气强度来改变其溶解氧浓度;还可以调整和改变各运行阶段的时间,来改变污泥龄大小或沉淀效率等。

更重要的是,上述不同的运行方式不是在不同的空间(指不同的反应器或同一反应器不同的部位)中进行的,而是在同一反应器不同的时间内来实现的,这是 SBR 法的独特优点。显然,这种时间上的控制要比空间上的控制,对工艺设备的要求更简单、更容易实现、更灵活,达到的运行状态更理想。这些优点可从下面谈到的脱氮除磷中略见一斑。

SBR 法的这种时间上的灵活控制为其实现脱氮除磷提供了极有利的条件。它不仅很容易实现生物脱氮除磷所需要的交替的好氧($DO>0$)、缺氧($DO\approx0$,$NO_x^->0$)与厌氧($DO=0$,$NO_x^-\approx0$)状态,而且很容易在好氧条许下通过增大曝气量、反应时间与污泥龄来强化硝化反应与聚磷菌过量摄磷的顺利完成;也可以在缺氧条件下方便地投加原污水(或甲醇等)提供充足的有机碳源作为电子供体或提高污泥浓度等方式使反硝化过程更快的完成;还可以在进水阶段通过搅拌维持厌氧状态,促进聚磷菌充分释磷。

应当强调指出,上述复杂的脱氮除磷过程只有在 A/A/O(厌氧/缺氧/好氧)工艺中才能完成,而在 SBR 法单一反应器的一个运行周期内便可一气呵成。具体操作过程、运行状态与功能如下:进水阶段,搅拌(厌氧状态释放磷)→反应阶段,曝气(好氧状态降解有机物,硝化与摄取磷)、排泥(除磷)、搅拌与投加少量有机碳源(缺氧状态反硝化脱氮)、再曝气(好氧状态去除剩余的有机物)→排水阶段→闲置阶段,然后进水再进入另一个运行周期。我们曾做过在进水与反应阶段用曝气与搅拌交替进行的运行方式脱氮的试验研究,其脱氮效率更高。

笔者认为,如果原污水中的 P/BOD 值太高,用普通厌氧/好氧法难于提高除磷效率时,根据 Phostrip 法除磷的原理,在 SBR 法中,只增加一个混凝沉淀池即可实现,而不必回流污泥。可见 SBR 法本身的工艺特性很容易满足脱氮除磷的工艺要求,而它在时间上灵活的控制又能大大提高脱氮除磷的效率与效果。

(4) 防止污泥膨胀的最好工艺

污泥膨胀分丝状性和很少发生的非丝状性膨胀,一般丝状性污泥膨胀简称膨胀。膨胀是由丝状菌大量繁殖并在活性污泥中占优势而引起的。膨胀导致污泥在二沉池中难于沉淀分离,污泥易于流失、回流污泥浓度太低等,是污水处理厂运行中常出现的最难解决的问题。

目前,已经得到公认,在活性污泥法中,序批式最不易发生膨胀,完全混合式最容易引起膨胀。按照发生膨胀难易程度的排列顺序是:序批式、传统推流式、阶段曝气式和完全混合式。同时还惊奇地发现,反应器内微生物降解有机物(对易降解污水)速率或效率的高低也遵循这个排列顺序。那么,为什么 SBR 法能有效地控制丝状菌的过量繁殖呢？可以从以下四个方面来说明。

① 底物浓度梯度大

实践表明,曝气池中的有机底物浓度变化的梯度(也是 F/M 梯度)是控制膨胀的重要因素。完全混合式基本没有梯度,非常易膨胀,推流式曝气池的梯度较大,不易膨胀。而 SBR 法在时间上的理想推流状态,使 F/M 梯度也达到理想的最大,因此,最不易膨胀。研究进一步证实:缩短 SBR 法的进水时间,反应前底物浓度更高,其后的梯度更大,SVI 值更低,更不易膨胀。

② 缺氧好氧状态并存

绝大多数丝状菌如球衣菌属等都是专性好氧菌,而活性污泥中的细菌有半数以上是兼性菌。与普通活性污泥法不同的是 SBR 法中进水与反应阶段的缺氧(或厌氧)与好氧状态的交替,能抑制专性好氧的丝状菌的过量繁殖,而对多数微生物不会产生不利影响。正因为如此,SBR 法中限制曝气比非限制曝气更不易膨胀。

③ 反应器中底物浓度较大

丝状菌在竞争生长中取胜的一个重要原因是,它比絮凝胶团的比表面积大,摄取低浓度底物的能力强,所以在低底物浓度的环境中(如完全混合式曝气池)往往占优势。在 SBR 法的整个反应阶段,不仅底物浓度梯度大,而且浓度也较高,只有反应即将结束进入沉淀阶段前的较短时间内,其底物浓度才与具有同样处理效果的完全混合式曝气池的相同。因此,可以说 SBR 法创造了一个不利于丝状菌竞争生长的生态环境。

④ 污泥龄短,污泥比增长速率大

一般丝状菌的比增长速率比其他细菌小。在稳定状态下,污泥龄的倒数在数值上等于污泥比增长速率,故污泥龄较长的完全混合法易于丝状菌繁殖。由于 SBR 法所具有的理想推流状态与快速降解有机物的特点,它在污泥龄较短的条件下就能满足出水水质要求,而污泥龄短致使剩余污泥的排放速率大于丝状菌的增长速率,丝状菌无法大量繁殖。

当然,处理某些工业废水或特殊的环境条件时,SBR 法也易引起污泥膨胀,但是至少可以说,SBR 法所具有的抑制丝状菌膨胀的四个优势,使它在处理同样废水及条件下,比其他活性污泥法更不易发生膨胀。

(5) 耐冲击负荷,处理有毒或高浓度有机废水的能力强

完全混合式曝气池比推流式曝气池的耐冲击负荷以及处理有毒或高浓度有机废水的能力强。SBR 法虽然对于时间来说是一个理想的推流式,但是就反应器中本身的混合状态来说仍属于典型的完全混合式,因此它具有耐冲击负荷和反应推动力大这两个方面的优点。不仅如此,而且由于 SBR 法在沉淀阶段属于静止沉淀,加上其污泥沉降性能好,不需要污泥回流,进而可以使反应器中维持较高的 MLSS 浓度又不必担心增加回流污泥的费用。在同样条件下,较高的 MLSS 能降

低 F/M 值,显然具有更强的耐冲击负荷和处理有毒或高浓度有机废水的能力。

采用边进水边曝气的非限制曝气运行方式更能大幅度增加 SBR 法承受废水的毒性和高有机物浓度。这不仅在于进水阶段反应器中的全部活性泥(推流式曝气池仅是回流的污泥)承受逐渐加入的高浓度废水,使 F/M 值不大,而且非限制曝气运行方式在进水开始以后就不断降解有机物或有毒物质,大大缓解了反应阶段的有机负荷 F/M,国外用 SBR 法处理有毒和高浓度有机废水的实例不胜枚举,这也是 SBR 法研究与开发的一个热点。

(6) 其他优点

上面谈到的五大优点是 SBR 法特征的核心,它粗线条地描绘了 SBR 法的优越性,也表现了其强大的生命力与广阔的应用前景。除此之外,SBR 法还具有以下不容忽视的优点。

① 在沉淀阶段,反应器内无水流的干扰属于理想静态沉淀,无异重流或短流现象,污泥也不会被冲走,所以泥水分离效果好,出水悬浮物相对少,污泥浓缩得好,也可缩短沉淀时间。

② 由于 SBR 法序批运行的特点,它特别适合于废水流量变化大甚至序批排放的工业废水处理,在流量很小或无废水排入时,可延长进水时间或闲置时间,节省运行费用。

③ 具有较高的氧转移推动力。在进水和反应初期,反应器内溶解氧(DO)浓度很低。根据活性污泥法动力学,在 DO 浓度很低的条件下,利用游离氧作为最终电子受体的污泥产率较低。此外在缺氧时反硝化以 NO_x^- 作为电子受体进行无氧呼吸时其污泥产率更低。这就减少剩余污泥量及其处理费用。还有 DO 浓度低时,反应阶段氧的浓度梯度大、氧转移效率高。

④ Ivine 等的研究还表明 SBR 法中微生物的 RNA 含量是传统活性污泥法中的 3~4 倍,因 RNA 含量是评价微生物活性最重要的指标,所以这也是 SBR 法降解有机物效率高的一个重要原因。

⑤ 可控性好,SBR 法可以根据进水水质和水量,灵活地改变曝气时间以至于一个运行周期所需要的时间,保证处理效果和效率,也可降低反应器内的有效水深,节省曝气费用。此外,SBR 系统本身也适合于组件式的构造方式,有利于废水处理厂的扩建与改建。

1.3.3.2　SBR 法存在的问题

从 SBR 法的诞生到现在,许多影响和限制其大规模应用的因素依然存在,并且随着对污水处理技术和反应器结构和运行方面特点的深入研究,一些新的问题还在不断的被我们提出。目前,除一些研究论文不系统的论证了 SBR 的某些缺点以外,国际上许多地区在制定相应的 SBR 技术规范时也提到了其存在的问题和不足。美国国家环境保护局(EPA)于 1999 年在 SBR 技术说明书中总结了 SBR 工艺控制系统复杂、曝气设施易堵塞等缺点[10]。

为了不断完善该工艺,国内学者王凯军[11]、李军等从理论和应用方面详细论述了 SBR(不包括 SBR 的各种变型)存在的几个问题或不足。

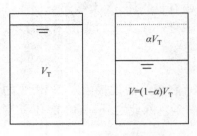

图 1-27　容积利用率示意图

(1) SBR 反应器容积利用率较低

容积利用率是指污水处理反应器或构筑物实际使用的有效容积与其总有效容积的比值。SBR 反应器的整个运行周期中,除闲置期外,进水期和滗水期的部分池容也没有充分利用,反应器内的水位并不是始终处于最高水平,使 SBR 反应器池容的利用效率大大降低,如图 1-27 所示。

假定反应器的总有效容积为 V_T,在某时刻反应器中实际运行的有效容积为 V,则此时的容积利用率为 $\eta_v = V/V_T$。对 SBR 反应器而言,由于在进水和滗水阶段反应器的实际容积都要发生变化,各时期容积利用率也不同,因此,应该采用周期平均容积利用率来表述。

假设 SBR 反应器中进水和滗水容积为 αV_T,其中 α 为换容系数。根据容积利用率的定义,则 SBR 在一个完整周期里的平均容积利用率 $\overline{\eta_v}$ 可表示为:

$$\overline{\eta_v} = \frac{1}{T_C}\left[\int_0^{T_F} \frac{(1-\alpha)V_0 + Qt}{V_0}\mathrm{d}t + 100\%(T_A + T_S) + \int_0^{T_D}\left(\frac{V_0 - qt}{V_0} + \frac{(1-\alpha)V_0}{V_0}T_B\right)\mathrm{d}t\right]$$

$$(1-57)$$

式中: Q——进水流量,$\mathrm{m^3/h}$;

$\quad\quad q$——滗水流量,$\mathrm{m^3/h}$;

$\quad\quad T_C$——一个完整周期的运行时间,$T_C = T_F + T_A + T_S + T_D + T_B$,h。其中 T_F、T_A、T_S、T_D、T_B 分别为一个运行周期内进水、反应、沉淀、滗水和闲置时间,h。

当进水流量 Q 和滗水流量 q 恒定时,则公式简化为:

$$\overline{\eta_v} = 1 - \frac{\alpha(T_F + T_S + 2T_B)}{2T_C}$$

$$(1-58)$$

由此可以看出:减少进水、滗水和闲置时间,可增加 SBR 反应器容积利用率,其中闲置时间对容积利用率的影响权重较大。

式(1-58)可作为 SBR 容积利用率的一般计算公式。举例: $T_C = 8.0\mathrm{h}$, $T_F = 1.5\mathrm{h}$, $T_A + T_S = 4.0\mathrm{h}$, $T_D = 1.5\mathrm{h}$, $T_B = 1.0\mathrm{h}$, $\alpha = 1/3$,则可得 $\overline{\eta_v} = 89.6\%$。

由于一个周期内沉淀和滗水时间是一定的,增加周期数必然造成实际反应时间缩短。周期数越多,池容越大,投资越高。见图 1-28。

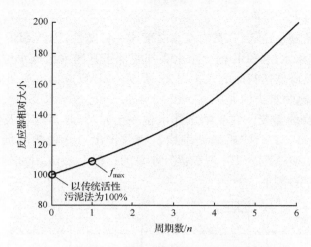

图 1-28　周期数对于 SBR 反应器池容的影响
（假设 $\theta_h = 24h$，沉淀和滗水总时间为 2.0h）

（2）控制设备较复杂，运行维护要求高

SBR 反应器数目的增加将大大增加 SBR 系统需要配套的电动和自控等设备，从而增加管理的难度和系统的故障率，也就需要更高水平的操作和管理人员。SBR 反应器中进水、进气、搅拌和滗水等电动设备的频繁操作动作，使大部分阀门损坏几率高，大幅度降低设备使用寿命。因此，与传统连续流活性污泥法相比，SBR 系统对电动阀门等机械和控制设备的要求更高，这些设备的好坏直接影响到处理厂的处理效果。德国巴伐利亚州污水处理厂的调查报告[12]中显示：SBR 厂的机械设备平均投资价格达到总价格的 27.3%，而相同处理规模的连续流污水处理厂则为 22.2%。

另外，根据 SBR 的运行方式，曝气控制阀、曝气管路和曝气机不允许任何泄漏，否则会破坏 SBR 作为沉淀池时的泥水分离过程。SBR 系统的沉淀和滗水阶段（有时候也包括进水阶段），由于停止曝气，空气扩散装置需要承受相当于曝气池深度的水压，如果不采取适当的措施，会有大量的污水杂质和污泥进入空气扩散装置内，造成扩散装置的堵塞，降低曝气系统的氧传质效率。

（3）变水位运行，水头损失大，与后续处理工段难协调

① 需增加调节池

由于 SBR 的序批运行，进水、排水都不连续，使原水流量与单池处理能力间存在水量不均衡的问题，一般需要根据进水变化情况在 SBR 池前设置调节池。另外，许多研究发现 SBR 序批集中排水对一些受纳水体具有一定的冲击作用，所以许多 SBR 厂不得不在 SBR 池后设置一个缓冲池或塘，使其均匀排水，以减少序批集中排水对水体的影响。

② 水头损失大

由于 SBR 的变水位运行,具有滗水高度这一特殊性,因此 SBR 池进水水头必须大于其最高滗水水位,SBR 池出水水头却要低于其滗水最低水位。滗水深度直接决定了 SBR 反应器运行时的水头损失,所以,SBR 反应器水头损失至少在 1.5～2.5m(普通曝气池的水头损失只有 0.3～0.4cm)。且这个水头损失不属于阻力损失,而是工艺本身的需要。在受纳水体水位一定时,SBR 反应器及前处理工段的反应器必须抬高 1～2m,或后续处理构筑物或排出口水位的降低(如图 1-29 所示),这样就要求相应提高 SBR 池前提升水泵的扬程 1～2m。同时,构筑物抬高后土建工程投资也会增加。

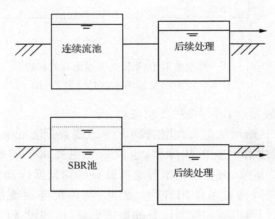

图 1-29　工艺流程水头损失示意图

③ 与后续处理工段协调困难

随着对出水水质要求的提高和污水处理回用的发展,许多情况下需要进行三级处理。常规的三级处理工艺如混凝、过滤、吸附、高级氧化和消毒等基本都是连续运行的,这些工艺置于 SBR 之后,由序批到连续显然存在水量均衡问题,为满足深度处理连续取水的需要,必须设计一个较大的调节池。

(4) 不宜大规模化

SBR 一开始就是针对小规模的污水处理厂,适用于出水水质要求较高,又需要节约用地的生活和工业污废水处理。SBR 工艺发展到今天,也逐渐应用在一些规模较大的污水处理厂,但相对数量仍然很少。而且一般都属于改进型 SBR 工艺。从综合效益来看,SBR 工艺不宜用于大型污水处理厂,主要体现在以下两个方面:

① SBR 单池面积不宜过大

在 SBR 工艺中多采用方形反应池,其沉淀原理与圆形辐流式沉淀池一致,沉淀池的设计限制了工艺的放大规模。辐流式沉淀池的直径最大不宜超过 50m,依据沉淀池表面负荷选取,方形辐流沉淀池的单元处理规模为 $26000\sim44000m^3/d$。SBR 反应器面积还受到受配套设备和沉淀所需池型的制约,单个 SBR 反应器不能建的太大,在遇到较大规模的污水处理厂,只能增加反应池的组数。另外,SBR 单池面积过大还会造成进水和滗水不均匀。

② SBR 池数量不宜过多

多池 SBR 系统中每个反应器均需配备相应的配水、配气和滗水等设备,且要求频繁控制和转换。SBR 工艺设备的复杂性和维护难度在大型污水处理厂时将显得更加明显。若大型污水处理厂不采用连续进水,则进水管线及配套阀门的数量将不得不增加许多。

(5) 缺乏适合 SBR 特点的实用设计方法、规范、经验和认识

SBR 工艺的发展和大量应用也只是在近二十年,仍然缺乏成熟的规范和指导,缺乏管理和操作经验。在全球也仅有几个地区近来对 SBR 厂的设计、运行做过全面的调查,并制定了相应的规范和指导文件。国际上专门介绍 SBR 技术的书籍也是近几年才出版。而大部分对 SBR 厂的调查报告显示,缺乏成熟的规范、经验和深刻认识是 SBR 厂存在的普遍问题,SBR 反应器许多机理和运行模式仍然处在研究和探索之中,各种适合于 SBR 的设备也仍需进行改进。

SBR 工艺与传统的活性污泥工艺相比,在运行方式、沉淀方式以及微生物的生长过程等方面存在很大差别。经典的 SBR 反应器的运行过程由进水、曝气、沉淀、排水和闲置等阶段构成一个循环,而传统活性污泥法则是连续进水、连续出水、连续回流污泥,传统活性污泥法的容积利用率 η_v 基本上为 100%;经典的 SBR 反应器沉淀阶段属于理想沉淀,不受任何干扰,而传统活性污泥法则为连续的非稳定的干扰沉淀,SBR 反应器沉淀负荷较高;SBR 中微生物的生长是一个变化的非稳态过程,而在传统活性污泥法中微生物的生长是一个相对稳定的稳态过程。这些都要求在设计 SBR 时进行适当修正,特别是用动力学方法进行设计时,所采用的公式和概念应该与传统活性污泥法有所不同,要求 SBR 工艺设计研究人员能找到适合于 SBR 反应器特点的、方便的设计方法。

同时,由于缺少 SBR 运行、操作的培训和技术交流,管理和操作人员往往不能充分地发挥 SBR 法本身的优点。而非稳态的运行方式一方面可有效地控制处理水质,但另一方面却给操作者带来更多的困难,控制不好反而影响处理效果。

一些认识上的误区也同样影响着 SBR 工艺的应用和发展。例如:

① 人们大都认为 SBR 省去了沉淀池。而事实上应该是在空间上无须设置专门的二沉池,但在时间上二沉池是存在的。当 SBR 作为沉淀池时是基本不起生物降解作用的,也就是虽不占用专门的空间,却要占用专门的时间。

② 一般认为 SBR 不会出现污泥膨胀问题。而事实上,当 SBR 工艺的进水时间占到运行周期的 40% 以上,且换容率很低时,仍然存在严重的污泥膨胀现象[13]。

　　③ 有人认为 SBR 池可以维持很高的污泥浓度,并能生长世代时间较长的微生物。而事实上 SBR 仍然属于活性污泥法,其污泥浓度也仍然受供氧和泥水分离的要求限制,一般可以维持在 1800～5000mg/L[14]。

参 考 文 献

[1]　张近. 化工基础[M]. 北京:高等教育出版社,2002.

[2]　许保玖,龙腾锐. 当代给水与废水处理原理[M]. 北京:高等教育出版社,2000.

[3]　郑平,冯孝善. 废物生物处理[M]. 北京:高等教育出版社,2006.

[4]　胡洪营,张旭,黄霞,王伟. 环境工程原理[M]. 北京:高等教育出版社,2005.

[5]　Ferriman A. BMJ readers choose the "sanitary revolution" as greatest medical advance since 1840 (2007) British Medical Journal, 334 (111), doi:10.1136/bmj.39097.611806.DB.

[6]　Peter A Wilderer, Robert L Irvine, Mervyn C Goronszy. Sequencing Batch Reactor Technology[J], USA:IWA,2001.1-3.

[7]　张忠祥,钱易. 废水生物处理新技术[M]. 北京:清华大学出版社,2004.

[8]　彭永臻. SBR 法的五大优点[J]. 中国给水排水,1993,9(2):29-31.

[9]　张自杰. 废水处理理论与设计[M]. 北京:中国建筑工业出版社,2003

[10]　EPA. Wastewater technology fact sheet sequencing batch reactors. USA.1999.

[11]　王凯军,宋英豪,崔志峰. SBR 反应器发展的历史、现状和趋势[J]. 中国水污染防治技术装备论文集,2004,11:1-14.

[12]　Schleypen P, Michel I, Siewert H E. Sequencing batch reactors with continuous inflow for small communities in rural areas in Bavaria[J]. Wat. Sci. Tech., 1997, 35(1): 269-276.

[13]　Helmreich B, Schref D, Wilderer P A. Full scale experiment with small sequencing batch reactor plants in Bavaria [J]. Wat. Sci. Tech., 2000, 41(1):97-104.

[14]　White D M, Schnabel W. Treatment of cyamide waste in a sequencing batch biofilm reactor [J]. Wat. Res., 1998, 32(1):254-257.

第 2 章　SBR 法生化反应动力学

2.1　生化反应动力学基础

在生化反应过程中,具有催化作用的酶扮演着极其重要的角色。换句话说,生化反应是一种酶促反应,其反应速率的快慢取决于酶的活性。因此,了解酶促反应动力学的基础知识对研究 SBR 法生化反应动力学具有重要的理论价值和工程意义。

2.1.1　酶促反应动力学基础

2.1.1.1　酶促反应动力学方程

(1) Michaelis-Menten 方程

1913 年,Michaelis 和 Menten 根据中间复合物学说提出米-门方程[1]。他们以酶为底物,进行了大量的动力学试验,提出了酶促反应方程(式 2-1):

$$E + S \overset{K_S}{\longleftrightarrow} ES \overset{k}{\longrightarrow} E + P \tag{2-1}$$

基于式(2-1),Michaelis 和 Menten 进一步推导出反应过程中底物浓度与反应速率之间的关系的公式(式(2-2)),称为米-门(Michaelis-Menten)方程,也可以称为米氏方程。

$$v = \frac{v_{max}S}{K_S + S} \tag{2-2}$$

式中:v ——酶促反应速率;

v_{max} ——最大酶反应速率;

S ——底物浓度;

K_S ——半速率常数,即 K_S 是 $v = \frac{1}{2}v_{max}$ 时的底物浓度。

(2) Briggs-Haldane 方程

米-门方程被提出之后,1925 年 Briggs 和 Haldane 对该方程进行了完善和补充,提出了稳态理论条件下的酶促反应动力学方程(式(2-3)),称为 Briggs-Haldane 方程[2]。该方程主要是基于 Briggs 和 Haldane 假定的稳态理论,并假设式(2-1)所示的酶反应方程是分 2 步进行的条件下获得的。

$$v = \frac{v_{\max}S}{K_{\mathrm{m}} + S} \qquad\qquad (2\text{-}3)$$

式中符号与(2-2)一致,K_{m} 称为米氏常数。为纪念 Michaelis 和 Menten,人们将式(2-2)和式(2-3)都称为米-门方程。对于式(2-3),如果以 S 为横坐标,v 为纵坐标,可得如图 2-1 所示的曲线。

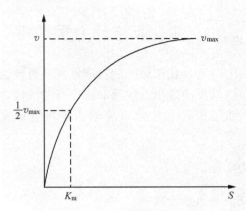

图 2-1　米-门方程曲线示意图

对于式(2-3)和图 2-1,可以获得以下 2 方面结论:

① 当 S 很大时,即 $S \gg K_{\mathrm{m}}$,分母中可以略去 K_{m},则公式变形为 $v = v_{\max}$,v 达到最大值,v 与 S 无关,反应为零级反应;

② 当 S 很小时,即 $S \ll K_{\mathrm{m}}$,分母中 S 可以略去,则公式变形为 $v = \dfrac{v_{\max}}{K_{\mathrm{m}}}S$,$v$ 与 S 成正比关系,反应为一级反应。

2.1.1.2　动力学参数的物理意义

(1) K_{m} 的物理意义

在污水生物处理过程中,主要从以下 4 方面来分析 K_{m} 的物理意义:

① K_{m} 是酶的特性常数。K_{m} 的大小只与酶的性质有关,而与酶浓度无关,但与底物、温度、pH 及离子强度有关;

② 可通过 K_{m} 判断酶的专一性和天然底物。K_{m} 最小的底物称为该酶的最适底物或天然底物。$1/K_{\mathrm{m}}$ 近似表示酶与底物的亲和力。$1/K_{\mathrm{m}}$ 越小,酶与底物的亲和力越小;

③ 当 K_{m} 值已知时,根据式(2-3)可获得某一底物浓度时,v 相当于 $v_{\max}$ 的百分数。图 2-2 给出了当 S 为 K_{m} 值的不同倍数时,v 和 $v_{\max}$ 两者的相关性;

④ 对于一个多步骤且不同酶催化的生化反应过程,基于每一种酶的 K_{m} 值和底物浓度,可以判断出反应的限速步骤,K_{m} 值最大的酶催化的步骤为限速步骤。

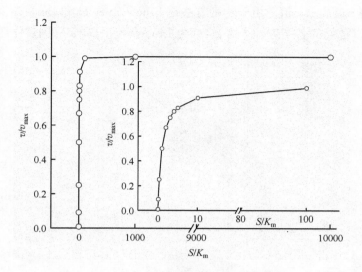

图 2-2　S/K_m 与 v/v_{max} 的相关性示意图

（2）v_{max} 的物理意义

在酶促反应过程中，v_{max} 与 K_m 的性质相似，即在特定的酶和底物条件下，v_{max} 也是一个常数。

2.1.1.3　动力学参数求解——v_{max} 和 K_m

由于米-门方程中的 v_{max} 和 K_m 可反映酶的特性，因此，v_{max} 和 K_m 对酶促反应过程非常重要。基于此原因，众多学者对如何获得准确 v_{max} 和 K_m 的求解方法进行了广泛和深入的研究。目前，应用较为广泛的是 Lineweaver-Burk 双倒数作图法，Eadie-Hofstee 作图法，Hanes-Woolf 作图法和 Eisenthl-Cornish-Bowden 线性作图法。这些方法求解 v_{max} 和 K_m 的思路是将米-门方程进行变化，使其成为直线方程，然后用图解法。

（1）Lineweaver-Burk 双倒数作图法

1934 年，Lineweaver H 和 Burk D 将米-门方程（式（2-3））进行了变形，转化为倒数形式：

$$\frac{1}{v} = \frac{K_m}{v_{max}} \cdot \frac{1}{S} + \frac{1}{v_{max}} \tag{2-4}$$

为了求解 v_{max} 和 K_m 值，以 $\frac{1}{v}$ 为横坐标，$\frac{1}{S}$ 为纵坐标作图，可获得一直线关系，如图 2-3 所示。直线的斜率为 $\frac{K_m}{v_{max}}$，纵坐标截距为 $\frac{1}{v_{max}}$，横坐标截距为 $-\frac{1}{K_m}$。

据此可求得 v_{max} 和 K_m 值。由于这种方法是 Lineweaver H 和 Burk D 两位科学家发明的,故以他们的名字进行了命名,称为 Lineweaver-Burk 双倒数作图法[3]。

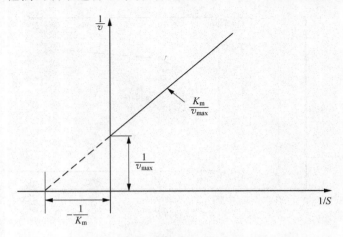

图 2-3　Lineweaver-Burk 双倒数作图法示意图

(2) Eadie-Hofstee 作图法

在 Lineweaver 和 Burk 的研究基础上,Hofstee 将 Lineweaver-Burk 双倒数方程(2-4)两边同乘以 $S \cdot v_{max}$,整理可得方程(2-5):

$$v = v_{max} - K_m \cdot \frac{v}{S} \qquad (2-5)$$

基于方程(2-5)可以发现,如果以 v 为纵坐标,$\frac{v}{S}$ 为横坐标,作图为一直线(图 2-4),直线的斜率为 $-K_m$,纵坐标截距为 v_{max},因此直接获得动力学参数值[4]。

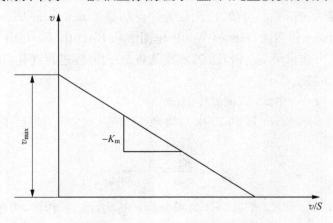

图 2-4　Eadie-Hofstee 作图法示意图

（3）Hanes-Woolf 作图法

在 Lineweaver 和 Burk 的研究基础上，Hanes-Woolf 将 Lineweaver-Burk 双倒数方程（2-4）两边同乘以 S，可得：

$$\frac{S}{v} = \frac{S}{v_{max}} + \frac{K_m}{v_{max}} \tag{2-6}$$

基于方程（2-6）可以发现，如果以 S 为横坐标，$\frac{S}{v}$ 为纵坐标，作图可得一直线[5]（图 2-5），直线的斜率为 $1/v_{max}$，横坐标截距为 $-K_m$。

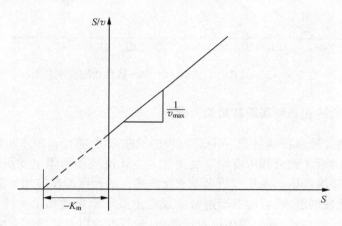

图 2-5　Hanes-Woolf 作图法示意图

（4）Eisenthal-Cornish-Bowden 线性作图法

Eisenthal R 和 Cornish-Bowden A 两位学者基于米-门方程，提出了关于动力学常数的新的求解方法，称为 Eisenthal-Cornish-Bowden 线性作图法[6]。该方法的原理如下：

首先，将米-门方程改写为：

$$v_{max} = v + \frac{v}{S} \cdot K_m \tag{2-7}$$

其次，在横坐标上分别标出不同 S 值的点，在纵坐标上分别标出不同 S 值条件下测得的 v 值点，然后将相应的一组 S 和 v 两点连成一条直线，得到一簇直线相交于一点。

最后，直线交点的横、纵坐标分别为 K_m 和 v_{max}（图 2-6），从而获得动力学常数值。

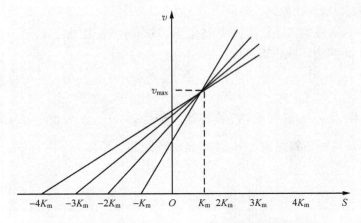

图 2-6　Eisenthal 和 Cornish-Bowden 线性作图法示意图

2.1.2　微生物的生长和基质利用动力学

　　废水生物处理过程通常在一个定容积的反应器中进行。废水生物处理过程中，反应器内的废水成分和浓度均发生变化。生化反应动力学主要研究生化反应速率、反应速率影响因素及反应机理等方面内容。活性污泥反应动力学是从 20 世纪 50、60 年代发展起来的，能够通过数学式定量或半定量地揭示活性污泥系统内有机物降解、污泥增长、耗氧等各项设计参数、运行参数以及环境因素之间的关系，对工程设计与优化运行管理有着一定的指导意义。

　　对 SBR 反应动力学进行研究讨论的目的是，明确各项因素（如底物浓度、活性污泥微生物量、溶解氧浓度等）对反应速率的影响，使人们能够创造更适宜于活性污泥系统内生化反应进行的环境条件，使反应能够在比较理想的速率下进行，使活性污泥法处理系统的设计和运行更合理化和科学化。对活性污泥反应动力学更深一层研讨的目的，则是对反应机理进行研究，探讨活性污泥对有机物的代谢、降解过程，揭示这一反应过程的本质，使人们能够对反应速率加以调控。

2.1.2.1　微生物生长和基质利用动力学基础——Monod 模型

　　1942 年，莫诺特（Monod）在以纯菌种对单一底物分批培养基础上，将米-门方程应用于微生物增殖上，提出了采用式(2-8)描述底物浓度（S）与微生物增殖速率（μ）的关系。莫诺特曾两次用纯种的微生物在单一底物的培养基上进行微生物增殖速率与底物浓度直接关系的试验。在 1949 年，Monod 发表了在静态反应器中经过系统研究得出的 Monod 模型，试验结果如图 2-7 所示。这一关系后来被引入污水处理领域，用含一种微生物的活性污泥对单一底物进行活性污泥增长试验，结果发现基本符合 Monod 模型关系[7]。

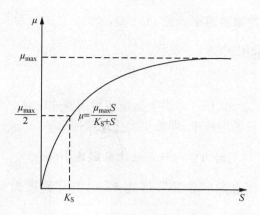

图 2-7　微生物增殖速率与底物浓度的关系示意图

对比式(2-3)可知,Monod 模型与米-门方程在形式上几乎相同,然而表示的物理含义却完全不同。Monod 模型是描述底物浓度(S)与微生物比增殖速率(μ)之间的关系,即:

$$\mu = \mu_{max} \frac{S}{K_S + S} \tag{2-8}$$

式中：μ——微生物比增殖速率,d^{-1}；

　　　μ_{max}——微生物最大比增殖速率,d^{-1}；

　　　S——底物浓度,mg/L；

　　　K_S——半饱和常数,当 $\mu = \frac{1}{2}\mu_{max}$ 时的底物浓度,也称半速率常数,mg/L。

由式(2-8)可知,Monod 模型是用来描述底物浓度和微生物比增殖速率之间的关系。在污水处理中,应用更为广泛的、更能直接反映污水处理性能的是微生物比增殖速率和底物比降解速率两个动力学参数,下面从物理含义角度对它们进行推导。

2.1.2.2　微生物生长动力学——微生物比增殖速率(μ)

微生物生长过程中,经过时间 Δt 后,微生物增量 Δx 与原有生物量呈正比,即:

$$\Delta x \propto x \cdot \Delta t \tag{2-9}$$

引入比例常数 μ,即微生物比增殖速率,上式表示为:

$$\Delta x = \mu \cdot x \cdot \Delta t \tag{2-10}$$

将式(2-10)两边同除以 Δt,并取 $\Delta t \rightarrow 0$ 的极限,得微分式:

$$\frac{\mathrm{d}x}{\mathrm{d}t} = \mu \cdot x \tag{2-11}$$

式中：$\dfrac{\mathrm{d}x}{\mathrm{d}t}$ ——微生物增殖速率，mg/(L·d)。

式(2-11)还可采用式(2-12)表示：

$$\frac{\mathrm{d}x/\mathrm{d}t}{x} = \mu \tag{2-12}$$

从式(2-12)可以看出，任一时刻生物量相对增殖速率是一个常数(μ)。换句话说，μ 表示单位生物量的增殖率，即微生物比增殖速率。

2.1.2.3　基质利用动力学——底物比降解速率(v)

另一个重要的概念是底物比降解速率，根据其物理含义，采用公式(2-13)表示：

$$v = \frac{\mathrm{d}S/\mathrm{d}t}{x} \tag{2-13}$$

式中：v——底物比降解速率，d^{-1}，其他符号定义同前。

假设微生物比增殖速率(μ)与底物比降解速率(v)之间存在如下的比例关系：

$$\mu = av \tag{2-14}$$

式中：a——比例常数，其他符号定义同前。

由于微生物比增殖速率(μ)可采用 Monod 模型表示(式(2-8))，因此与之成相应比例关系的底物比降解速率(v)也可用 Monod 公式的形式来描述：

$$v = v_{\max} \frac{S}{K_{\mathrm{S}} + S} \tag{2-15}$$

式中：v——底物比降解速率，d^{-1}；

$v_{\max}$——底物最大比降解速率，d^{-1}；

S——底物浓度，mg/L；

K_{S}——半速率常数，mg/L，即 $v=1/2\,v_{\max}$ 时的底物浓度值。

对于污水处理来说，底物即为污水中的有机污染物，而且底物的比降解速率较微生物的比增殖速率更实际，应用性更强。应特别指出的是，由 Monod 关系式演变过来的式(2-15)在废水生物处理中有更重要的意义，这是因为对于废水生物处理来说，有机物(底物)去除是生物处理的基本任务。

如污水中存在微生物不可降解的有机物，则式(2-15)将改写成：

$$v = v_{\max} \frac{S - S_{\mathrm{n}}}{K_{\mathrm{S}} + (S - S_{\mathrm{n}})} \tag{2-16}$$

式中：S_{n}——生物不可降解有机物浓度，mg/L。

图 2-8(a)，(b)是式(2-15)和式(2-16)基于序批试验得到的 v 与 S 关系示意图。

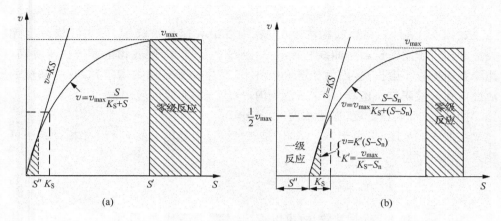

图 2-8　v-S 关系曲线示意图

式(2-16)中，S_n 为废水中生物不可降解有机物的浓度，一些研究者认为，S_n 的存在是由于活性污泥处理后出水中含有原水中没有的有机物。日本学者岩井、北尾等研究活性污泥法对葡萄糖的降解时指出，有机物被微生物吸取分解时将产生中间产物，并向污水中溶出，故污水中残存的有机物包括了剩余的葡萄糖和代谢中间产物。Dennis 和 Irrvine 也提出了中间产物的蓄积和溶出的概念。Daigger 和 Grady 指出，出水中可溶性有机物除底物外，还有微生物的代谢产物，并提出微生物既是有机物的净化者，又是微生物生产者的假说。麦金尼指出微生物的代谢产物是内源呼吸的残留物质，属生物不可降解的有机物。Weston 认为有机物经相当长时间曝气后，仍有一部分 BOD 不能被去除，这是因为从污水中去除有机物和回到污水中的有机物之间存在一个平衡关系。穗积准则认为这是由于有机物被生物体吸取和生物体放出之间呈动态平衡关系。林荣忱等也提出了有机物再污染的机理，认为在活性污泥的吸收分解过程中，污水中的有机物一方面由于活性污泥的吸收分解而减少，另一方面由于微生物排出的代谢产物和溶出菌体中有机物一级菌体等再污染而增加。前者称为吸取分解过程，后者称为再污染过程。通过试验，林荣忱等认为，S_n 实质上是有机物的降解达到平衡时的平衡浓度[8]。

2.1.2.4　关于动力学方程的几点讨论

基于上述分析可知，Monod 方程可分别用来描述微生物比增殖速率(μ)或底物比降解速率(v)与底物浓度(S)之间的函数关系。对于这种函数关系，结合图(2-8)可得出以下 3 方面推论：

推论 1：高底物浓度(底物浓度＞S)

在高底物浓度时，由于 $S \gg K_S$，于是式(2-15)中，分母上的 K_S 与 S 相比甚小而可略去，所以可得：

$$v = v_{max} \tag{2-17}$$

式(2-17)表明：在高底物浓度时，底物以最大速率被降解，而与底物浓度无关。这相应于图 2-8(a)中曲线右端从 S' 到 S 的范围，即使底物浓度进一步提高，比降解速率也不会提高，因为在这一条件下，微生物处于对数增殖期，其酶系统的活性位置都被底物所饱和，在这一范围内，反应遵循零级反应。

推论 2：低底物浓度(底物浓度 $< S''$)

在低底物浓度时，由于 $S \ll K_S$，于是式(2-15)中分母上的 S 与 K_S 相比甚小可略去，所以可得：

$$v = v_{max} \frac{S}{K_S} \tag{2-18}$$

由于 v_{max} 和 K_S 都是常数，故可以 $K = \dfrac{v_{max}}{K_S}$ 常数代之，得到：

$$v = KS \tag{2-19}$$

式(2-19)表明：在低底物浓度时，底物的降解速率与底物浓度近似遵循一级反应，底物浓度已经成为底物降解的限制因素。因为在这种条件下，混合液中底物浓度已经不高，微生物增殖处于衰减增殖期或内源呼吸期，微生物的酶系统多未被饱和，在图 2-8a 中，它相当于 $0 \sim S''$ 这样一个范围。在这一范围内，曲线基本上可由通过坐标原点的直线来代替，而直线的斜率即为 K。

推论 3：底物浓度介于 S'' 和 S' 之间

当底物浓度介于 S'' 和 S' 之间时，排除上述两种极端情况，底物比降解速率应属于混合级反应。在这种情况下，底物比降解速率随其浓度的降低而呈现曲线下降趋势，但其下降速率应小于低底物浓度条件下的底物降低速率。此外，我们可以发现，对于 SBR 反应器，当底物降解时，底物浓度随着时间而逐步降低，也就是说在整个 SBR 底物降解过程中，底物浓度存在一个浓度梯度。基于 Monod 方程可知，每一个浓度值对应于一个反应速率，所以对 SBR 反应器来说，其底物的降解过程应是 Monod 曲线上的一段。这明显有别于连续流完全混合式系统。在连续流完全混合式系统的底物降解过程中，其反应器内的底物浓度几乎为一恒定值(等于出水浓度)，不存在浓度梯度，因此反应速率也为一恒定值。并且连续流反应器内较低的底物浓度(由出水浓度决定)导致了系统始终处于较低的反应速率阶段。

应当指出，这里所谓的底物浓度，对于混合底物如生活污水来说，一般在300mg/L 以下，一般的活性污泥系统是在比它低得多的情况下运行的，故这种低底物浓度的情况常常可在连续运行稳定状态下的完全混合活性污泥法中出现。此外，城市污水属于低底物浓度的污水，COD 值一般在 400mg/L 以下，BOD_5 值则在300mg/L 以下，在曝气池中，有机物的浓度更低。

2.2　SBR 法硝化反硝化反应动力学

由于酶促反应动力学(米-门方程)和基质利用动力学(莫诺特方程)均是建立在 SBR 序批试验、营养底物一次投加的基础之上的,因此,SBR 法在污水生物处理过程中,扮演着极其重要的角色。此外,研究污水中营养物去除动力学,也是对 Monod 方程的完善和补充。因此,本节基于 Monod 方程,主要讨论 SBR 法硝化反硝化反应动力学。

2.2.1　SBR 法硝化反应动力学

在活性污泥系统中,硝化反应是由两类独立细菌(氨氧化菌和亚硝酸盐氧化菌)催化完成的两步生化反应。第一步,氨氧化菌将氨氮氧化为亚硝态氮的亚硝化过程;第二步,亚硝酸盐氧化菌将亚硝态氮氧化为硝态氮。必须注意这两组细菌是截然不同的。硝化反应是微生物增殖和基质利用两类反应的综合,因此硝化反应动力学主要基于这两方面。

2.2.1.1　微生物生长动力学

在硝化反应过程中,自养型的硝化菌的增殖与底物的去除动力学也可采用 Monod 方程表示[9]:

$$\mu_N = \mu_{N,\max} \frac{N}{K_N + N} - k_{dn} \tag{2-20}$$

式中:μ_N——硝化菌比增殖速率,d^{-1};

　　　$\mu_{N,\max}$——硝化菌最大比生长速率,d^{-1};

　　　N——氮浓度(NH_4^+-N 或 NO_2^--N),mg/L;

　　　K_N——半速率常数,mg/L;

　　　k_{dn}——硝化菌内源代谢系数,d^{-1}。

文献报道,硝化菌最大比生长速率($\mu_{N,\max}$)在较宽范围内是温度的函数,并且硝化菌的 $\mu_{N,\max}$ 值均低于异养菌的相应值。相对于异养菌的 μ 和 K_S 值,硝化菌的 μ_N 和 K_N 要低一个数量级以上,因此硝化菌的 μ_N 非常小。表 2-1 列出了硝化菌(氨氧化菌和亚硝酸盐氧化菌)的动力学常数值。

表 2-1　20℃条件下硝化菌的动力学参数[10,11]

微生物	基质	动力学参数				
		$\mu_{N,\max}/d^{-1}$	$Y_{N,\max}$	k_{dn}/d^{-1}	$K_N/(mg/L)$	$K_O/(mg/L)$
氨氧化菌	NH_4^+-N	0.6~0.8	0.10~0.12	0.03~0.06	0.3~0.7	0.5~1.0
亚硝酸盐氧化菌	NO_2^--N	0.6~1.0	0.05~0.07	0.03~0.06	0.8~1.2	0.5~1.5

注:$Y_{N,\max}$ 为硝化菌的最大产率系数;K_O 为硝化菌的溶解氧抑制系数。

2.2.1.2　基质利用动力学

由于硝化反应是由两类独立细菌完成的两类生化反应,硝化菌生长可利用的基质包括氨氮(NH_4^+-N)和亚硝态氮(NO_2^--N)两种,即 NH_4^+-N 作为氨氧化菌的可利用基质,NO_2^--N 作为亚硝酸盐氧化菌可利用的基质。因此如果考察基质利用速率应分别进行研究,但两者的计算方法是相同的。此外,因为氨氧化过程是硝化反应的限速步骤,故通常情况下仅计算 NH_4^+-N 的比利用速率。因此,基于 NH_4^+-N 降解的物理含义及底物比利用速率方程,NH_4^+-N 比利用速率可用下式表示:

$$v = -\frac{1}{x}\frac{dN}{dt} = v_{max}\frac{N}{K_N + N} \tag{2-21}$$

式中:v ——NH_4^+-N 比利用速率,d^{-1};

　　　v_{max}——NH_4^+-N 最大比利用速率,d^{-1};

　　　N ——NH_4^+-N 浓度,mg/L;

　　　K_N——半速率常数,mg/L。

2.2.1.3　硝化反应动力学的影响因素

(1)温度

温度是影响硝化反应进行的重要因素,硝化菌对温度的变化非常敏感。温度不但影响硝化菌的比增殖速率,而且还影响硝化菌的活性。硝化反应可以在 4～45℃的温度范围内进行。表 2-2 为不同温度下氨氧化菌的最大比增殖速率 μ_N 值。

表 2-2　不同温度下氨氧化菌的最大比增殖速率

温度℃	μ_N/d^{-1}
10	0.3
20	0.65
30	1.2

温度不但影响硝化菌的比增长速率,而且影响硝化菌的活性。硝化反应的适宜温度范围是 20～30℃。μ_N 与温度的关系遵从 Arrhenius 方程,即温度每升高 10℃,μ_N 值增加一倍。在 5～35℃范围内,随着温度的升高,硝化反应速率也增加。但达到 30℃时增加幅度减少,这是因为温度超过 30℃时,蛋白质的变性降低了硝化菌的活性。当温度低于 5℃时,硝化菌的生命活动几乎停止。对于同时去除有机物和进行硝化反应的系统,温度低于 15℃时,硝化反应速率急剧下降[11]。

(2)溶解氧

硝化菌是好氧菌,因此硝化反应须在好氧条件下进行。为了使硝化反应顺利进行,通常情况下,生化系统内的 DO 浓度应大于 2mg/L。为考虑 DO 的影响,将硝化菌比增殖速率方程(式(2-20))进行修正,表达式如下[9]:

$$\mu_N = \left(\frac{\mu_{N,max} N}{K_N + N} \right) \left(\frac{DO}{K_o + DO} \right) - k_{dn} \qquad (2-22)$$

式中：DO ——溶解氧浓度,mg/L;

K_o ——溶解氧饱和常数,mg/L。

Stenstrom 等[12]研究表明：DO 对硝化反应的影响会受活性污泥絮体大小、密度以及混合液总需氧量的影响。硝化菌分布在含有异养菌和其他固体的絮体中,絮体的直径介于 $100 \sim 400 \mu m$。低 DO 浓度(<0.5mg/L)条件下,硝化速率受到明显抑制,并且低 DO 对硝化菌属的抑制作用较亚硝化单胞菌属更为明显。

孙洪伟等[13]采用单级 UASB-SBR 生化系统处理实际高氮晚期渗滤液时发现,经过 500 天的试验表明,SBR 反应器在温度 $15.2 \sim 31.4 \, ^\circ\!C$ 条件下,DO 始终小于 1.0 mg/L,SBR 系统内 90% 以上的氨氮通过亚硝化途径去除,硝化速率始终维持在 $0.41 \sim 0.72 kgN/(m^3 \cdot d)$,硝化速率并未受抑制。因此,对于硝化反应中建议 DO>2mg/L 且当 DO<0.5mg/L 条件下硝化速率受到明显抑制这个大家普遍公认的说法也不完全准确。

对于同时去除有机物和进行硝化反硝化的工艺,不可忽略溶解氧浓度对硝化菌增长速率的影响。在这样的工艺系统中,硝化菌在活性污泥中约占 5% 左右,大部分硝化菌处于生物絮体内部。在这种情况下,溶解氧浓度的增加将提高溶解氧对生物絮体的穿透力,因此可以提高硝化反应的速率。在较低污泥泥龄条件下,由于含碳有机物氧化速率的增加使耗氧速率也增加,因而减少了溶解氧对生物絮体的穿透力,使硝化反应速率减小。相反,在较长污泥龄条件下,由于耗氧速率较低,即使溶解氧浓度较低,也可保证溶解氧对生物絮体的穿透能力,从而维持了较高的硝化速率。因此,为了维持较高的硝化速率,污泥龄降低时应提高溶解氧浓度。

(3) pH

硝化反应过程中,每氧化 1g 氨氮需要消耗 7.14g 碱度(以 $CaCO_3$ 计)。因此,在硝化反应过程中,pH 会迅速降低。硝化菌对 pH 的变化非常敏感,氨氧化菌和亚硝酸盐氧化菌适宜的 pH 范围分别为 $7.0 \sim 7.8$ 和 $7.7 \sim 8.1$,当 pH 超出这个范围,硝化菌活性迅速降低。当 pH 降到 $5 \sim 5.5$ 时,硝化反应几乎停止。

pH 对氨氧化菌比增殖速率的影响,Hultamn(1971)建议采用下式来描述[11]:

$$\mu_N = \mu_{N,max} \frac{1}{1 + 0.04(10^{pH_o - pH} - 1)} \qquad (2-23)$$

式中：μ_N ——某一 pH 条件下氨氧化菌比增殖速率,d^{-1};

$\mu_{N,max}$ ——最佳 pH 条件下,硝化菌最大比增殖速率,d^{-1};

pH_o ——氨氧化菌增殖的最佳 pH,$pH_o = 8.0 \sim 8.4$。

当 pH 低于 7.2 时，Downing 提出氨氧化菌比增殖速率与 pH 关系式[11]：

$$\mu_{N} = \mu_{N,max}[1 - 0.833 \times (7.2 - pH)] \qquad (2\text{-}24)$$

基于上述分析，氨氮浓度，溶解氧浓度和 pH 都是影响硝化菌增殖速率的重要因素，因此，三者对 μ_N 值的综合影响，可采用统一的公式（2-25）来表示：

$$\mu_{N} = \mu_{N,max} \frac{N}{K_N + N} \cdot \frac{DO}{K_O + DO}[1 - 0.833 \times (7.2 - pH)] \qquad (2\text{-}25)$$

2.2.2　SBR 法反硝化反应动力学

2.2.2.1　微生物增殖速率

在反硝化系统中，异养和自养微生物都具有反硝化能力，实际中起反硝化作用的菌属以异养菌为主。因此反硝化菌比增长速率与一般好氧异养菌比增长速率相近，比硝化菌的比增长速率要大得多。如果仅从反硝化过程角度研究反硝化菌增殖动力学，那么可利用的底物仅为硝态氮（$NO_3^- \text{-} N$）和亚硝态氮（$NO_2^- \text{-} N$）。反硝化菌对两种底物的还原能力并未表现出差异性。因此研究反硝化菌比增殖速率和底物比利用速率，无论采用 $NO_3^- \text{-} N$ 作为基质，还是以 $NO_2^- \text{-} N$ 作为基质，反应机理和计算方法都是相同的。本节以 $NO_3^- \text{-} N$ 作为基质为例，来研究 SBR 法反硝化反应动力学。

对于反硝化过程，反硝化菌比增殖速率和硝态氮浓度的关系，可采用 Monod 方程描述：

$$\mu_{DN} = \mu_{DN,max} \frac{N}{K_{NO_3^- \text{-} N} + N} \qquad (2\text{-}26)$$

式中：μ_{DN} ——反硝化菌比增殖速率，d^{-1}；

　　　$\mu_{DN,max}$ ——反硝化菌最大比增殖速率，d^{-1}；

　　　N ——底物 $NO_3^- \text{-} N$ 浓度，mg/L；

　　　$K_{NO_3^- \text{-} N}$ ——半速率常数，mg/L，

2.2.2.2　基质利用动力学

基于底物比降解速率式（2-15），$NO_3^- \text{-} N$ 比利用速率可表示为：

$$v_{DN} = v_{DN,max} \frac{N}{K_{NO_3^- \text{-} N} + N} \qquad (2\text{-}27)$$

式中：v_{DN} ——$NO_3^- \text{-} N$ 比利用速率，d^{-1}；

　　　$v_{DN,max}$ ——$NO_3^- \text{-} N$ 最大比利用速率，d^{-1}；

　　　N ——$NO_3^- \text{-} N$ 浓度，mg/L；

　　　$K_{NO_3^- \text{-} N}$ ——半速率常数，mg/L。

应该强调指出，式（2-27）适用于单一和可快速生物降解有机物作为电子供体

的情况。如果应用于较复杂的电子供体时,应假定反硝化菌可利用其中可快速生物降解部分,而慢速生物降解的颗粒型有机物在水解为快速生物降解有机物后才能作为反硝化菌的碳源有机物。

此外,根据 Barnard[14] 的研究,针对不同的碳源,反硝化过程中反应速率的变化分为三个阶段,如图 2-9 所示。第一阶段为快速反硝化阶段,此阶段反硝化菌主要利用厌氧发酵产物(快速生物降解可溶性有机物)作为碳源;在第二阶段,反硝化菌主要以不溶或复杂的可溶性有机物(中速生物降解有机物)作为碳源,且延续到外加碳源耗尽,此阶段反硝化速率较低;第三阶段,反硝化菌以微生物内源代谢产物作为碳源,因此反硝化速率最低。

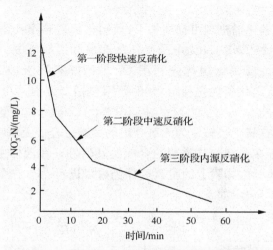

图 2-9　反硝化反应的三个不同阶段示意图

2.2.2.3　反硝化动力学影响因素

① 碳源类型

反硝化是由异养微生物完成的生化反应,在溶解氧浓度极低的条件下利用硝酸盐中的氧作为电子受体,以有机物作为碳源及电子供体。碳源不同,反硝化速率差异较大(见表 2-3)。

表 2-3　不同碳源条件下,反硝化速率比较

碳源	反硝化速率/d^{-1}	温度/℃
啤酒废水	0.2～0.22	20
甲醇	0.21～0.32	25
甲醇	0.12～0.9	20
甲醇	0.18	19～24

续表

碳源	反硝化速率/d^{-1}	温度/℃
挥发酸	0.36	20
糖蜜	0.1	10
糖蜜	0.036	16
生活污水	0.03~0.11	15~27
生活污水	0.072~0.72	—
内源代谢产物	0.017~0.048	12~20

② 溶解氧浓度

溶解氧抑制反硝化的机理可描述如下：反硝化菌是异养兼性厌氧菌，能够分别进行以 O_2 和 $NO_3^- $-N/$NO_2^-$-N 为电子受体的有氧和无氧呼吸。当反应体系内共存上述电子受体时，反硝化菌优先利用 O_2 进行好氧呼吸，从而阻碍 NO_3^--N/NO_2^--N 的还原。反硝化菌优先利用 O_2 的原因包括二方面：(1)O_2 的氧化还原电势(+0.82V)高于 NO_3^--N/NO_2^--N 的还原电势(+0.42)，具有更强捕获电子的能力；(2)反硝化菌从有氧呼吸转变为无氧呼吸的关键是合成无氧呼吸的硝酸盐还原酶，而分子态氧的存在会抑制这类酶的合成及其活性。在液体主流中 DO 浓度很低时，活性污泥絮体及生物膜上的脱氮过程仍可以进行[15]。硝酸盐和 DO 浓度对生物动力学的影响可表示如下：

$$v_{DN} = -\left(\frac{kxS}{K_S+S}\right)\left(\frac{N}{K_{NO_3^-}+N}\right)\left(\frac{K_o'}{K_o'+DO}\right) \tag{2-28}$$

式中：K_o'——DO 对硝酸盐还原过程的抑制系数，mg/L；其他符号定义同前。

溶解氧抑制系数(K_o')是系统的特征系数，国际水协会(IAWQ)所提出的活性污泥数学模型(ASM)中，建议值为 0.1~0.2mg/L，Barker 等建议 K_o' 值为 0.1 mg/L。假定 K_o' 值为 0.1 mg/L，在 DO 浓度为 0.1，0.2 和 0.5 mg/L 时，以硝酸盐为电子受体的基质利用速率分别为最大速率的 50%、30% 和 17%[16]。

孙洪伟等[17]以高氨氮渗滤液为研究对象，采用单级 UASB-SBR 生化系统进行处理，考察了 DO 对 SBR 反应器内短程生物脱氮反硝化过程溶解氧抑制系数的影响。

试验方案：从 SBR 反应器内取 7L 污泥，分装入 7 个 2L 的锥形瓶内。采用 $NaNO_2$ 配制 10mg/mL 的 NO_2^--N 溶液，使每个锥形瓶内初始 NO_2^--N 浓度为 40mg/L。人为投加 0.1mol/mL 稀 HCl，使 pH 维持在(8.0±0.1)范围内。试验温度(28±0.6)℃，VSS(1.25±0.11)g/L。

整个试验 DO 浓度范围内，缺氧、DO 为 0.6 mg/L 和 0.82 mg/L 条件下，NO_2^--N 比还原速率分别为 0.443，0.072 和 0.041gN/(gVSS·d)。可以看出，

$NO_2^- $-N 比还原速率随 DO 浓度的增加而逐步降低,因此 DO 能够显著影响 $NO_2^- $-N 还原速率,对 $NO_2^- $-N 还原过程存在明显抑制。图 2-10 清楚表明,DO 能够明显抑制微生物的 $NO_2^- $-N 还原活性。随着 DO 浓度的增加,微生物的还原活性逐渐降低。当 DO 浓度分别为 0.4,0.6 和 0.82 mg/L 时,微生物还原活性相应降低 49.2%,16.3% 和 9.2%。需要指出,当 DO 浓度为 0.19 mg/L 时,反硝化菌仍然维持了 79% 的亚硝酸盐还原活性。图 2-10b 还清楚表明,在 DO<0.6 mg/L 和 0.62 mg/L <DO<1.03 mg/L 范围内,微生物的还原活性随 DO 的增加而线性降低,具有很好的相关性,相关系数在 0.9 以上。

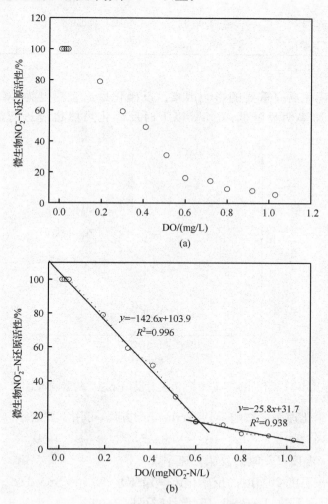

图 2-10　DO 对微生物亚硝酸盐还原活性的抑制作用

在此基础上,通过将 DO 分段,求解 K'_o 值,如表 2-4 所示。可以看出,在不同

DO 浓度范围内，K'_o 值差异较大，也就是说，DO 对 K'_o 的影响存在明显的分段现象。DO 越大，K'_o 值越小，DO 越小，K'_o 值越大。K'_o 值的大小反映了 DO 对 $NO_2^- $-N 还原过程影响的程度。在较高的 DO 浓度范围内，K'_o 值较小表明 $NO_2^- $-N 还原速率受 DO 的影响大。在较低 DO 浓度范围内，K'_o 值较大表明 $NO_2^- $-N 还原速率受 DO 影响较小。

表 2-4　不同 DO 浓度范围内的溶解氧抑制系数

DO 浓度范围/(mg/L)	回归方程	K'_o/(mg/L)	相关系数 R^2
DO≤0.4	$y=0.83+2.8x$	0.351	0.975
0.4≤DO≤0.72	$y=-4.9+16.9x$	0.059	0.927
0.72≤DO≤1.03	$y=-15.8+32.0x$	0.031	0.944

③ 温度

温度是反硝化反应重要的影响因素。反硝化最适宜温度为 20～30℃，低于 15℃时反硝化速率明显降低，在 5℃ 以下时反硝化虽然也能进行，但速率极低（图 2-11）。

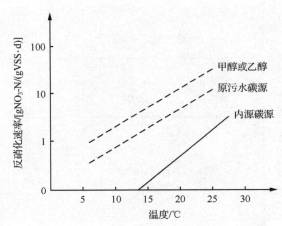

图 2-11　不同碳源条件下，温度对反硝化速率的影响示意图

温度对反硝化速率的影响遵从 Arrhenius 方程，可用下式表示[18]

$$v_{D,T} = v_{D,20}\theta^{(T-20)} \tag{2-29}$$

式中：$v_{D,T}$——温度 T℃时的反硝化速率，d^{-1}；

$v_{D,20}$——温度 20℃时的反硝化速率，$gNO_3^- $-N/(gVSS·d)；

θ——温度系数，1.03～1.15，设计时可取 1.09。

马娟等[19]研究温度对反硝化过程的影响。试验方案：采用 5 个同样容积的 SBR 反应器，反应器内温度分别维持在 30,25,20,15,10℃，污泥浓度约为

3600mg/L,分别以 NO_3^--N 和 NO_2^--N 为电子受体,起始浓度均为 40mg/L。为保证反硝化不受碳源限制,初始 COD 均为 400mg/L。试验得出以下二方面结论:

结论 1:温度对以 NO_3^--N 和 NO_2^--N 为电子受体比反硝化速率(r_{DN})影响如图 2-12 所示。在环境温度为 10～30℃时,温度降低,2 种电子受体的 r_{DN} 随温度降低而下降。但 10～20℃时的温度转变导致 2 个 r_{DN} 值的下降更加明显。不同温度下以 NO_2^--N 为电子受体的 r_{DN} 值整体较高。各温度下 NO_2^--N 的 r_{DN} 平均值约为 NO_3^--N 的 1.3 倍,即以 NO_2^--N 为电子受体的反硝化较以 NO_3^--N 为电子受体的反硝化用时减少 24%。

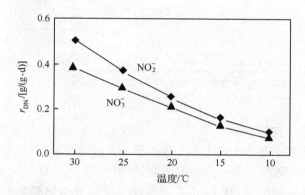

图 2-12　温度对以 NO_3^--N 和 NO_2^--N 为电子受体比反硝化速率(r_{DN})影响

结论 2:不同温度下以 NO_3^--N 和 NO_2^--N 为电子受体的温度系数(θ)如表 2-5 所示。当温度为 10～15℃时,全程反硝化 θ 值最高,说明反硝化效果受温度影响最大,且 NO_3^--N 向 NO_2^--N 为的转化过程受到抑制。温度对反硝化速率的影响可以由 θ 来解释。对于 2 种电子受体,10～20℃时的 θ 值均明显高于 20～30℃时的,这说明降低温度,2 种电子受体的 r_{DN} 均会下降,但 10～20℃时温度转变较 20～30℃时的转变影响显著,并且低温(10～15℃)条件下,NO_3^--N 向 NO_2^--N 的转化过程也受到抑制。

表 2-5　以 NO_3^--N 和 NO_2^--N 为电子受体反硝化的温度系数(θ)

温度/℃	电子受体	
	NO_3^--N	NO_2^--N
10 ～ 15	1.13 ± 0.01	1.11 ± 0.01
15 ～ 20	1.10 ± 0.01	1.10 ± 0.01
20 ～ 25	1.07 ± 0.01	1.08 ± 0.01
25 ～ 30	1.06 ± 0.01	1.07 ± 0.01

此外,温度对反硝化速率的影响与反硝化设备的类型(微生物悬浮生长型和附着生长型)及硝酸盐负荷有关。表 2-6 表明,温度对生物流化床硝化的影响比生物

转盘和悬浮活性污泥的明显小得多。当温度从 20℃降到 5℃时，达到同样的反硝化效果，生物流化床的水力停留时间需要增加 1.1 倍，而生物转盘和活性污泥法则分别需要增加 3.6 和 3.3 倍。可见，温度对流化床反硝化速率的影响要小。硝酸盐负荷较低时，温度对反硝化速率的影响较小；硝酸盐负荷较高时，温度对硝酸盐反硝化速率影响较大。为在低温条件下提高反硝化速率，可以采用较长的泥龄、降低硝酸盐负荷或增加水力停留时间等措施。

表 2-6　不同生化反应器温度对反硝化速率的影响

温度/℃	C_0^a　C_0^b /(mg/L)	水力停留时间/min		
		生物流化床	生物转盘	活性污泥法
20	20.0　1.0	7	46	59
5	20.0　1.0	15	213	256

注：① C_0^a、C_0^b 为进出水 $NO_3^- $-N 浓度；②SRT=9d，MLVSS=2500mg/L。

④ pH

反硝化过程适宜的 pH 为 7.0～7.5。pH 过高或过低时，都将影响反硝化菌的增殖和酶的活性。当 pH 低于 6.0 或高于 8.0 时，反硝化反应受到强烈的抑制。为了深入分析 pH 对反硝化动力学的影响，孙洪伟等[20]用 UASB-SBR 生化系统处理实际高氨氮垃圾渗滤液，在 SBR 系统实现稳定短程生物脱氮的基础上，考察了pH 对微生物还原活性和不同 pH 条件下以 $NO_2^- $-N 为电子受体的反硝化动力学常数的影响。

试验方案：从 SBR 反应器内取 7L 污泥，分装入 7 个 2L 批次试验反应器。通过设定不同的初始 $NO_2^- $-N 浓度进行反硝化批次试验。采用 $NaNO_2$ 配制 10mg/mL的 $NO_2^- $-N 溶液，加入相应锥形瓶内，使每个锥形瓶内 $NO_2^- $-N 浓度分别 5，10，20，40，60，80 和 100 mg/L。甲醇作为反硝化碳源，为不使碳源投量成为反硝化过程限制因素，COD/$NO_2^- $-N 控制在 5～6。反硝化过程通过投加 0.5mol/L 的稀 HCl溶液使 pH 维持在 pH±0.05 范围内。

试验结果包括三方面结论：

结论 1：pH 对 $NO_2^- $-N 还原过程存在明显影响。表 2-7 为初始 $NO_2^- $-N＝60 mg/L，4 种 pH 条件下的 $NO_2^- $-N 还原速率（$r_{DN}$）。由此可看出，pH 对 r_{DN} 影响较大。本试验在 pH=8.0 条件下，r_{DN} 最大，达到 0.435g$NO_2^- $-N/(gVSS·d)，这与大多数生化反应系统最大 r_{DN} 应出现在系统适宜的中性 pH 条件不一致。分析原因认为，本试验 SBR 系统内的活性污泥处理高氨氮渗滤液，在整个运行期间，SBR 反硝化过程的 pH 几乎始终维持在 7.5～9.0（数据未列出），长期驯化使得微生物对较高 pH 产生了适应性。张树军等采用两级 UASB＋A/O 系统处理垃圾渗滤液时，A/O 池第 1 格室的 pH 从 UASB2 出水的 8.12 提高到 8.68，但仍然获得了几乎 100％的反硝化率。本试验的结果较好地吻合这一结论。因此,作者认为对于任何一个污水生物处理系统,均有一个适宜的 pH 条件,而这个 pH 可能与文献报道的差异较大。因此,应在充分研究各自生化系统特性的基础上,获得本生化系统最适宜的 pH 条件,从而实现系统的高效运行。

表 2-7　不同 pH 下 NO_2^--N 比反硝化速率(初始 NO_2^--N 为 60 mg/L)

pH	6.5	7.0	8.0	8.5
$r_{DN}/[gNO_2^-\text{-}N/(gVSS \cdot d)]$	0.228	0.284	0.435	0.292

结论 2：pH 对反硝化菌的还原活性具有明显影响,适宜 pH 是保证系统高效运行的重要因素。图 2-13 表明了 pH 对亚硝酸盐还原菌还原活性的影响。不同 pH 条件下曲线变化规律表明,在较低 NO_2^--N 浓度范围内,亚硝酸盐还原菌的活性受 NO_2^--N 浓度影响较大,随着浓度的增加而迅速降低。而在较高 NO_2^--N 浓度范围内,亚硝酸盐还原菌的活性相对恒定。此外,pH 为 6.5,7.0 和 8.5 下的 r_{DN} 分别降低了 49％,61％和 63％左右(以 pH8.0 为基准)。

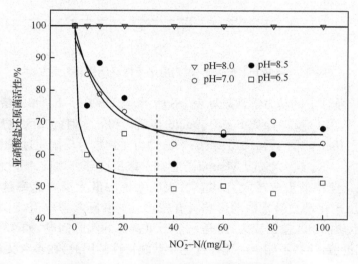

图 2-13　pH 对亚硝酸盐还原菌活性的影响

结论 3：pH 对反硝化动力学常数具有明显影响。pH 为 6.5,7.0,8.0 和 8.5 条件下的 r_{DN} 与初始 NO_2^--N 浓度的关系如图 2-14 所示。首先,4 种 pH 条件下,r_{DN} 与初始 NO_2^--N 浓度的拟合关系符合 Monod 方程。即在较低 NO_2^--N 浓度时,随着基质浓度增加,r_{DN} 增大,随后 r_{DN} 几乎恒定。其次,不同 pH 下 Monod 方程曲线一级反应部分的长短不同,由此导致半饱和常数(K_S)和最大比反硝化速率(k)差异较大。pH8.0 与其他 3 个 pH 条件下的反硝化动力学方程在曲线一级反应部分长短表现出较大差异性,pH8.0 的一级反应部分最长,则其 K_S 和 k 最大。这进一步表明,在本试验所设定的 4 个 pH 条件下,pH8.0 是本生化系统最适宜的 pH 条件。pH6.5 条件下的动力学方程一级反应部分最短,零级反应区长且平缓,因此底物在相对较长的时间段内均以最大比反硝化速率进行降解。

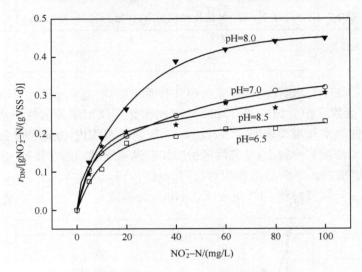

图 2-14　不同 pH 下 $NO_2^- $-N 为电子受体反硝化动力学方程

4 种 pH 条件下的动力学常数见表 2-8 所示。pH8.0 下 K_S 和 k 最大,分别为 15.8 mg/L 和 0.435gN/(gVSS · d)。pH6.5,7.0 和 8.5 时的最大比反硝化速率 (k) 分别为 pH8.0 时的 49%,61% 和 63%。动力学常数对反硝化过程具有一定的理论指导意义。K_S 越大,表明 Monod 方程的一级反应部分越长,同时也反映基质浓度对反硝化速率的影响越大。k 越大,表明系统的最大反应速率越快,效率越高。pH 对反硝化动力学常数的影响具有较重要的实际参考价值,因为在污水处理中,不同水质的 pH 差别较大,这是一个不可避免的实际问题,如果仅仅参照文献提供的理论值,势必不能全面地评价生化系统特性。因此,在参考文献给出的动力学常数范围的基础上,求解适宜本生化系统实际条件下的动力学参数,才会对系统的高效运行起到更加有效的指导作用。

表 2-8　不同 pH 下反硝化动力学常数

pH	回归方程	K_S/(mg/L)	k/[gN/(gVSS · d)]	相关系数 R^2
6.5	$y=47.84x+3.94$	12.15	0.254	0.993
7.0	$y=32.34x+3.18$	10.17	0.314	0.985
8.0	$y=30.958x+1.96$	15.77	0.435	0.992
8.5	$y=36.2x+3.09$	11.7	0.323	0.975

⑤ C/N 比

基于生化反应方程式可知,理论上将 1g NO_3^--N 还原为 N_2 需要 2.86g BOD_5。一般认为,当 BOD_5/TKN 值大于 4~6 时,可认为碳源充足。在单污泥系统单一缺氧池前置反硝化(A/O)工艺中,C/N 比需要高达 8,这是因为城市污水中成分复杂,只有部分快速生物降解的 BOD_5 可被利用作为反硝化的碳源。一些工程实践认为,城市污水脱氮除磷 A^2O 工艺只要进水 BOD_5/TKN 值大于 3,即可达到充分反硝化(95% NO_3^--N 还原为 N_2)。此值可作为反硝化设计值。表 2-9 为生物脱氮效率与进水(有机物/氮)比值间的关系。

表 2-9　生物脱氮效率与进水(有机物/氮)比值间的关系

脱氮效率	COD/TKN	BOD_5/NH_4^+-N	BOD_5/TKN
差	<5	<4	<2.5
中等	5~7	4~6	2.5~3.5
好	7~9	6~8	3.5~5
优	>9	>8	>5

孙洪伟等[21]采用单级 UASB-SBR 生化系统处理高氨氮渗滤液,考察了 C/N 比对 SBR 内全程生物脱氮反硝化过程的影响。试验方案:取 SBR 内活性污泥,分装入 5 个 2L 锥形瓶。采用 $NaNO_3$ 配制 10mg/mL 的 NO_3^--N 溶液,使每个锥形瓶内初始 NO_2^--N 浓度为 49mg/L。投加甲醇为电子供体,使每个反应器内的 C/N 分别为 2.25∶1,3.75∶1,6∶1,9∶1,12∶1,MLVSS=2.55g/L,试验温度=14.2℃。试验结果如图 2-15 所示,可清楚看出,在 5 种 C/N 条件下,反硝化反应

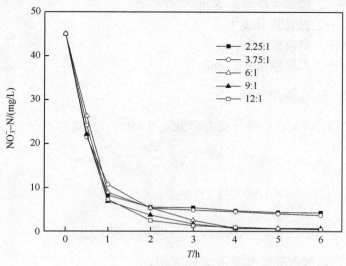

图 2-15　C/N 对反硝化过程的影响

顺利进行,最终出水质量浓度分别为 4.21mg/L,3.65mg/L,0.72mg/L,0.61mg/L 和 0.46 mg/L,反硝化率分别为 91%,92%,98%,99% 和 99%。因此本试验所考察的 5 种 C/N 条件下,当 C/N 不高于 3.75:1 时,相对 $NO_3^- \text{-N} \rightarrow N_2$ 的全程反硝化,碳源不充足。

2.3　SBR 法除磷反应动力学

2.3.1　生物除磷反应动力学

生物除磷是一个由特异储磷微生物(反硝化聚磷菌和好氧聚磷菌)完成的复杂生化反应过程。换句话说,生物除磷是利用聚磷微生物具有在厌氧条件下释放磷及好氧(或缺氧)条件下过量吸收磷的特性,使磷在好氧或缺氧段的含量降低,最终通过排放富磷污泥而使磷从废水中削减。也就是说,生物除磷包括厌氧释磷和好氧/缺氧吸磷两个过程。因此,SBR 法除磷反应动力学的研究主要从厌氧阶段和好氧/缺氧二方面进行。

2.3.1.1　厌氧阶段

厌氧阶段时,聚磷菌吸收乙酸的动力学可用 Monod 公式表示[22]:

$$r_{HAc} = k_{HAc} \frac{S_{HAc}}{K_{S,HAc} + S_{HAc}} X_{B,PAO} \tag{2-30}$$

式中:r_{HAc}——乙酸吸收速率,mg/(L·d);

　　　k_{HAc}——乙酸最大吸收速率,d^{-1};

　　　S_{HAc}——乙酸浓度,mg/L;

　　　$X_{B,PAO}$——聚磷菌浓度,mg/L;

　　　$K_{S,HAc}$——乙酸饱和常数,mg/L。

2.3.1.2　好氧/缺氧阶段

好氧条件下,磷酸盐的吸收动力学也采用 Monod 公式描述[22]:

$$r_{PO_4} = \frac{\mu_{max,P}}{Y_{max,P}} \cdot \frac{S_{PO_4}}{S_{PO_4} + K_{S,PO_4}} X_{B,PAO} \tag{2-31}$$

如令 $K_{max,P} = \dfrac{\mu_{max,P}}{Y_{max,P}}$,则式(2-31)变成:

$$r_{PO_4} = K_{max,P} \cdot \frac{S_{PO_4}}{S_{PO_4} + K_{S,PO_4}} X_{B,PAO} \tag{2-32}$$

式中:r_{PO_4}——磷酸盐吸收速率,mg/(L·d);

　　　$\mu_{max,P}$——聚磷菌最大比增殖速率,d^{-1};

S_{PO_4}——磷酸盐浓度,mg/L;

$X_{B,PAO}$——聚磷菌浓度,mg/L;

K_{S,PO_4}——磷酸酸盐饱和常数,mg/L;

$Y_{max,P}$——聚磷菌最大产率系数;

$K_{max,P}$——磷酸盐最大吸收速率,d^{-1}。

表 2-10 给出了 20℃时生物除磷反应动力学参数。

表 2-10 20℃时生物除磷反应动力学常数[22]

参数	符号	单位	数值
聚磷菌最大比增殖速率	$\mu_{max,P}$	d^{-1}	2～4
聚磷菌最大产率系数	$Y_{max,P}$	kgSS/kgCOD(HAc)	0.6～0.8
聚磷菌最大产率系数	$Y_{max,P}$	kgP/kgCOD(HAc)	0.07～0.1
聚磷菌最大产率系数	$Y_{max,P}$	kgCOD/kgCOD(HAc)	0.5～0.6
乙酸吸收的饱和常数	$K_{S,HAc}$	gHAc/m³	2～6
磷酸盐吸收的饱和常数	K_{S,PO_4}	gP/m³	0.1～0.5
乙酸吸收速率常数	k_{HAc}	kgCOD(HAc)/[kgCOD(X)·d]	0.5～2

2.3.2 环境因素对生物除磷的影响

2.3.2.1 温度

温度对生物除磷的影响,目前尚无定论。各研究结果和不同废水处理的运行结果相差较大,有的甚至得出完全相反的结论。例如,有的污水处理厂发现除磷效果随温度降低而提高,而有的污水处理厂则发现随温度降低而降低。一般认为,在 5～30℃的范围内,除磷均能正常运行。因而一般城市污水温度的变化范围,不会影响生物除磷的效果。对于良好的生物除磷工艺,无论水温高低,都能成功运行。王亚宜等[23]总结了温度对除磷的影响一些不同的观点:① Shapiro(1967)所做的活性污泥样品静态试验结果表明:水温从 10℃升到 30℃时磷的比释放速率提高了 4 倍,这一结果意味着低温运行时厌氧区的停留时间要更长一些,以保证发酵作用的完成和基质的吸收;② 朱还兰等在四个不同温度下对 SBR 生物除磷工艺的试验结果表明:温度对污泥的厌氧释磷有较大的影响,0℃时磷的释放量很小,温度为 17℃、27℃、37℃时,前 3 小时平均放磷速率分别为 0.87、1.23、2.6mg/(L·h)。温度每升高 10℃,放磷速率增加近一倍;③ 顾夏声认为:在一定范围内除磷速率一般随温度的增加而下降,并解释其原因为除磷菌是嗜冷性细菌。

2.3.2.2 pH

pH 对磷的释放和吸收有不同的影响。当 pH=4.0 时,磷的释放速率最快,当

pH>4.0 时,释放速率下降,pH>8.0 时,释放速率非常慢。在厌氧段,兼性菌将部分有机物分解为脂肪酸,会使 pH 下降,这对磷的释放是有利的。pH 在 6.5～8.5 的范围内,聚磷菌在好氧条件下能有效地吸收磷,且 pH=7.3 时,吸收速率最快。综上所述,低 pH 有利于磷的释放,而高 pH 有利于磷的吸收。因为生物除磷是磷的释放和吸收两个过程,所以在活性污泥法生物除磷工艺中,混合液的 pH 宜控制在 6.5～8.0 范围内。当 pH<6.5 时,可向污水中投加石灰等调整 pH。

对于反硝化吸磷系统,pH 对反硝化聚磷菌(DPB)厌氧释磷影响较大,随着 pH 增大则 P/C 值也随之提高(即消耗单位乙酸将会有更多的磷释放),但当 pH 过高时 P/C 值会有所降低,这主要是由磷酸盐沉淀引起的。Kuba 等[24]在研究 pH 对 A_2SBR 工艺处理效果的影响时得到了类似的结果,同时还指出,pH 对 DPB 反硝化除磷系统的影响和其对传统除磷系统的影响有相似之处,但由于在 pH = 8 时会出现磷酸盐沉淀,所以实际的 P/C 值比理论值少 20%,他的发现和 Smolders 等[25]研究 pH 对 A/OSBR 工艺运行影响的结果一致。

2.3.2.3　溶解氧

控制生物除磷工艺中厌氧段(即释磷区)的厌氧条件极为重要,它直接影响聚磷菌在此段的释磷能力、合成 PHB 的能力以及好氧段的超量摄磷能力。据资料报道,厌氧段的溶解氧应控制在 0.2mg/L 以下,好氧段的溶解氧应控制在 1.5～2.5mg/L。厌氧段保持严格的厌氧状态。因为聚磷菌只有在严格厌氧状态,才能进行磷的充分释放。如果存在溶解氧,就会影响磷的释放和吸收。只有保证聚磷菌在厌氧段有效地释放磷,才能在好氧段充分地吸收磷,从而保证除磷效果。在好氧段应维持较高的溶解氧浓度,因为聚磷菌只有在绝对好氧条件下,才能有效地吸收磷。另外,为防止聚磷菌进入二沉池后,由于厌氧而产生磷的释放,好氧段的溶解氧浓度应保持在 2.0mg/L 以上,一般控制在 2.0～3.0mg/L。

王亚宜等[23]认为在反硝化除磷工艺中控制释磷的厌氧条件极为重要。厌氧段的溶解氧(<0.2 mg/L)通常用氧化还原电势(ORP)来度量。研究表明,ORP 值和磷含量之间呈良好的相关关系,能直观地反映 PO_4^{3-}-P 浓度的变化,从而能定量反映聚磷菌的性能特征,因此可把它作为厌氧释磷过程扰动的一个实时指标。当 ORP 值为正值时,聚磷菌不释磷,而当 ORP 值为负值时,绝对值越高则其释磷能力就越强,一般认为应把 ORP 值控制在−200～−300 mV。但是,在实际运行中因污泥或污水回流以及厌氧段未在封闭条件下运行而常会将氧气带入厌氧段,为此可在原工艺基础上前置一个厌氧段和实现厌氧段封闭运行来解决该问题。

2.3.2.4　C/P 比和 C/N 比

一般认为,要保证生物除磷效果,进入厌氧段污水的 BOD/TP 应大于 20。聚磷菌只能摄取易分解的有机物,例如乙酸等挥发性脂肪酸。对于 BOD_5 中的大部分有机物,例如固态的 BOD_5 和胶态的 BOD_5,聚磷菌是不能吸收的。因而在实际运行中,如能测定易分解有机物量,将是非常有用的,但实际很难办到。国外一些污水处理厂,将 $SBOD_5/TP$ 作为 C/P 比的控制指标,$SBOD_5$ 为溶解性 BOD_5 或过滤性 BOD_5,用 $SBOD_5/TP$ 控制比 BOD_5/TP 准确得多。有些污水处理厂运行表明,要使出水 TP$<$1mg/L,应控制 $SBOD_5/TP>$10,而出水 TP$<$0.5mg/L,应控制 $SBOD_5/TP>$20。

对于反硝化除磷系统,首先要求提供给厌氧段足够的可降解 COD,其(如乙酸,HAc)越充足则合成的 PHB 越多。缺氧条件下的吸磷率、反硝化率是聚磷菌体内 PHB 储量的函数;HAc 的消耗量(PHB 合成量)与缺氧段的反硝化率及吸磷率存在一定的线性关系;缺氧条件下的吸磷率是 PHB 的一阶方程。从这些函数关系可见,厌氧段提供的 COD(HAc)充足与否直接关系着缺氧段反硝化和吸磷能力的强弱。

按照理想的除磷理论,碳源(电子供体)和氧化剂(电子受体)不能同时出现,否则脱氮和除磷的效果都会受到影响。但在实际工程中不可能达到完全的理想条件,所以在提供给厌氧段充足碳源及缺氧段足量硝酸盐的同时应注意适度原则,使进水的 C、N 和 P 符合最佳比例关系以达到最佳的处理效果。反硝化除磷中,当进水 C/N 值较高时,一方面 NO_3^- 量不足将导致吸磷不完全而使出水的磷含量偏高;另一方面有可能使厌氧段的 HAc 投量超过了反硝化聚磷菌合成 PHB 所需要的碳源量,过剩碳源在后续缺氧段被反硝化菌用于反硝化而未进行吸磷。进水 C/N 值较低时则会因 NO_3^- 过量而造成反硝化不彻底。

2.3.2.5　碳源种类

聚磷菌在利用不同基质的过程中对磷的释放率存在着明显的差异。研究表明,在厌氧段投加丙酸、乙酸、葡萄糖等简单有机物能诱发磷的释放,但以乙酸的效果为最佳。因此,可以在厌氧段投加乙酸等易降解的低分子有机物来提高微生物的释磷量,增加其体内有机物储存,为缺氧阶段的大量吸磷创造条件。值得注意的是,碳源只有投加在厌氧段才能使出水的磷含量减少,如将碳源投加在缺氧段则会优先支持反硝化而使出水硝酸盐和亚硝酸盐的浓度降低却不发生吸磷反应。

侯红勋等[26] 以 A^2/O 氧化沟工艺好氧末端活性污泥为研究对象,投加乙酸钠、丙酸钠、葡萄糖、甲醇和乙醇等碳源,在厌氧和缺氧状态下进行释磷试验研究。结果表明:① 在厌氧条件下,聚磷菌(PAOs)以乙酸钠或丙酸钠为碳源释放磷速率很快,120 min 平均比释放磷速率分别为 290.5 和 236.7 mgP/(gVSS·d);PAOs 利用葡萄糖、乙醇和甲醇释放磷速率较低,比释放磷速率分别为 49.4、38.8 和 8.91 mgP/(gVSS·d);② 在缺氧条件下,PAOs 以乙酸钠或丙酸钠为碳源释放磷速率与厌氧状态下释放磷速率相差不大,而其他 3 种碳源作用下,PAOs 并不释放磷。

王亚宜等[27]采用 A_2N 系统中的反硝化聚磷污泥(DPB 污泥),以生活污水、乙酸以及细胞内碳源作为有机底物,利用批量静态试验开展污水有机碳源对反硝化聚磷影响的对比研究。有机碳源种类对 DPB 释磷、反硝化吸磷特征的影响如表 2-11 所示。

表 2-11　厌氧段投加的碳源特征对反硝化除磷的影响

反应时间/min	碳源类型			
	生活污水		乙酸	
	厌氧放磷速率 /[mg/(g·h)]	缺氧吸磷速率 /[mg/(g·h)]	厌氧放磷速率 /[mg/(g·h)]	缺氧吸磷速率 /[mg/(g·h)]
0～15	6.07	12.20	9.86	23.36
0～30	4.94	9.94	8.92	18.99
0～60	3.87	7.05	7.59	12.79
60～120	1.06	0.99	1.93	1.10
120～180	0.37	0.51	0.51	—
180～240	0.26	0.001	0.38	—
240～300	0.21		0.37	—

通过试验研究发现,乙酸引发的磷释放速率比较大,而纯污水引发磷的释放速率则略微偏低。污水中的挥发性有机物含量越高,厌氧段初始的放磷速率越快,放磷越充分,后续反硝化脱氮和缺氧吸磷效果也将明显提高;而内源反硝化脱氮速率决定于细胞内 PHB 储存量,当反硝化聚磷微生物细胞体内的 PHB 被耗尽,微生物处于极度饥饿状态,内源反硝化速率很低,同时也不发生吸磷反应。

2.3.2.6　硝酸盐和亚硝酸盐

进入厌氧反应池的池水不应含有硝酸盐。笔者研究发现,硝酸盐不仅对聚磷菌的代谢有很大影响,而且在厌氧反应池内,反硝化菌会与聚磷菌争夺污水中易分解有机物进行反硝化,导致易分解有机物的减少,使除磷效果下降。

资料表明,只要厌氧段存在 NO_3^-,则反硝化菌就能优先利用碳源进行反硝化反应而抑制聚磷菌的释磷和 PHB 的合成。但另一方面,缺氧段的吸磷量和硝酸盐投量有关。Merzouki 等[28]在考察硝酸盐投量对 A_2NSBR 工艺除磷效果的影响时发现,系统的除磷效果主要依赖于缺氧段所投加的硝酸盐量及污泥龄(SRT)。设定 SRT 为 15d,当硝酸盐的浓度从 100mg/L 升高到 120mg/L 时,磷的去除率从 63%升高到 93%;当硝酸盐浓度达到 140mg/L 时,除磷率接近 100%,但这会导致硝酸盐的过量。此外,NO_2^- 的积累对除磷会起到抑制作用。Peter[29]在研究固定生物膜反应器厌氧/缺氧交替运行条件下的释磷、吸磷情况时发现:当缺氧段的硝酸盐负荷增高时能观察到亚硝酸盐的积累,同时随着硝酸盐量的减少则吸磷也相应减少,一旦系统中的硝酸盐被消耗尽,即使系统中还存在大量的亚硝酸盐吸磷也随之停止,取而代之的是开始放磷。这一现象表明,系统中的聚磷菌无法以亚硝酸盐作为电子受体进行吸磷。同时,随着亚硝酸盐的形成则释磷量和硝酸盐耗量的比值减少,作者对其解释是:只有硝酸盐转化为亚硝酸盐过程中产生的那部分能量才可被聚磷菌用作吸磷所需的能量,亚硝酸盐的积累是由缺氧段初期过高的硝酸盐浓度造成的。所以,在实际研究中硝酸盐应分批、数次、小剂量投加,或使好氧时间尽量长来达到完全硝化反应,以免造成亚硝酸盐的积累。但 Meinhold 持不同观点,他认为当亚硝酸盐浓度不是很高($\leqslant 4\sim 5\mathrm{mgNO_2^- -N/L}$)时,其可作为吸磷的电子受体;然而,只有当亚硝酸盐浓度较高时($\geqslant 8\ \mathrm{mgNO_2^- -N/L}$),亚硝酸盐才会对缺氧生物吸磷起到抑制作用。

Zhou 等[30]提出了反硝化除磷过程的抑制剂是游离亚硝酸 HNO_2(FNA),而不是 NO_2^-。侯红勋等认为,反硝化吸磷过程与 NO_2^--N 的浓度有关,抑制过程受 pH 影响较大,两者的协同作用共同影响反硝化吸磷过程。侯红勋等依据试验数据从理论方面进行了推导,与 Zhou 等的结论一致,即 NO_2^--N 和 pH 共同对反硝化吸磷过程产生抑制,或者 FNA 是反硝化除磷过程真正的抑制剂。

侯红勋等[31]提出了 NO_2^- 与 pH 协同作用对反硝化吸磷的动力学模型,即 NO_2^- 作为反硝化吸磷的电子受体时,NO_2^- 和 pH 协同作用抑制反硝化吸磷,恒定 pH 下,反应速率与初始 NO_2^--N 符合 Andrews 抑制动力学。该模型发现:① 在 6.5<pH<8.0,pH 越低,NO_2^- 对反硝化吸磷过程抑制越强,pH 越高,抑制越弱;② Andrews 抑制动力学参数为:吸磷过程最大比吸磷速率 $r_{\mathrm{P,max}}$ 为 3.06mg/(g・h),半饱和常数 K_{SP} 为 2.64mg/L;③ 在 6.5<pH<8.0,抑制系数 K_I 随 pH 的变化而变化,吸磷反应抑制系数 K_{IP} 与 pH 的关系符合 $K_{\mathrm{IP}}=6\times 10^{-7}\times \mathrm{e}^{2.35\mathrm{pH}}$;④ 在 6.5<pH<8.0,$NO_2^-$ 与 pH 协同作用抑制反硝化除磷,也就是说,比吸磷速率为 NO_2^- 与 pH 两者的函数,其抑制模型表示如下:

$$r_{\mathrm{P}} = r_{\mathrm{P,max}} \frac{S_{\mathrm{SN}}}{K_{\mathrm{SP}} + S_{\mathrm{SN}} + S_{\mathrm{SN}}^2/(6\times 10^{-7}\times \mathrm{e}^{2.53\times \mathrm{pH}})}$$

2.3.2.7 污泥龄(SRT)

由于生物除磷系统主要是通过排除剩余污泥去除磷的,因此,处理系统中泥龄的长短对污泥摄磷作用及剩余污泥的排放量有直接的影响,从而决定系统的除磷效果,以除磷为目的的污水处理系统的污泥龄一般应控制在 3.5~7d[23]。

SRT 对除磷效果的影响主要表现在两方面:① 脱氮污泥龄与除磷污泥龄的

协调,根据生物除磷理论,要获得好的除磷效果通常需要控制较短的污泥龄,而较短的污泥龄不利于硝化反应的顺利进行;② 污泥龄对聚磷菌活性的影响,通常认为:污泥龄较长时,聚磷菌吸磷和放磷的能力下降且污泥的含磷率也会下降,除磷效果也会相应降低;污泥龄较短时,聚磷菌活性较高,除磷效果较好。但目前有一种观点认为:长污泥龄系统(SRT>50d)仍然能获得很好的除磷效果。

作为一种异养菌,PAO 存在的一个必要条件就是要满足其生长所需的最小泥龄。由于 PAO 是在好氧条件下生长繁殖,因此其最小泥龄指的是好氧泥龄。PAO 的生长速率介于其他异养菌和自养菌(硝化菌)之间,因此其生长所需的最小泥龄也介于两者之间。若在好氧段发生硝化反应,硝酸盐会随着回流污泥进入厌氧段,使得反硝化细菌同 PAO 争夺 VFAs,从而破坏了 PAO 的选择性优势。另外,回流到厌氧段的硝酸盐还会干扰发酵反应,因为反硝化细菌在厌氧条件下会直接利用易降解有机物,从而破坏了其通过发酵反应转化为 VFAs 的过程。因此,当好氧段发生硝化反应时确定厌氧段泥龄应考虑到由此引起的有机物的额外需求。此外,当温度较低时 PAO 和硝化菌生长所需的最小泥龄相差较大,设计或运行时很容易使系统满足 PAO 生长而抑制硝化菌的生长,但随着温度的升高两者逐渐接近(>25℃时两者相等)。在满足最小泥龄的情况下系统的除磷效率会随着泥龄的增加而降低,这是由于:① 泥龄增大导致产泥率降低,从而使通过排除剩余污泥去除的磷数量减少;② PAO 为维持其生命活动而分解聚磷导致了磷的二次释放。因此,生物除磷系统在满足 PAO 生长所需的条件下应选用较短的泥龄。

PAO 在厌氧段完成 VFAs 的吸附、转移以及体内磷的释放。它在好氧段吸收磷的数量与其在厌氧段吸附 VFAs 的数量密切相关。若进水中有大量 VFAs 存在,则 PAO 对 VFAs 的吸附可迅速完成,此时厌氧段需要较小的泥龄;而如果进水中仅有一部分 VFAs,则需要有机物在厌氧段进行发酵反应产生 VFAs,由于发酵反应速率慢,因此发酵反应将成为厌氧段泥龄大小的控制因素。在 20℃时若进水中存在所需要的 VFAs,则厌氧泥龄可短至 0.5d;若进水中不含有 VFAs,但含有的易降解有机物通过发酵反应足以产生所需要的 VFAs,则厌氧泥龄大约为1.5d(20℃);若进水中含有部分 VFAs(仍需要部分发酵)则泥龄为 0.5~1.5d。另一方面,若易降解物质数量不足,则慢速降解有机物尚需先水解,然后再通过发酵反应生成 VFAs,厌氧污泥龄更长(2.5~3d)。此时,若能把发酵产物(如初沉污泥发酵产物)投入到厌氧池,则会改善除磷效果。城市污水可根据进水 COD 浓度来确定厌氧段 MLSS 数量与系统总的 MLSS 数量之比。在 MLSS 浓度统一的情况下,该数量比为厌氧泥龄和系统总泥龄之比。

此外,SRT 也对反硝化除磷工艺的除磷特性产生重要影响。反硝化除磷脱氮工艺的双、单污泥系统由于硝化段设置方式的不同,其对 SRT 的要求也不同。在UCT 工艺中最小泥龄需优先考虑硝化菌而非 DPB;在常温下虽然 UCT 工艺中

PAO$_S$/DPB 的最小 SRT 小于硝化菌的最小 SRT,但可将 DPB 的最小污泥龄和硝化菌的最小泥龄视为相同;但如果出现温度较低情况(冬季)时,由于 PAO$_S$/DPB 对低温很敏感,故它们的最小泥龄大于硝化菌的最小泥龄。而 A$_2$N 工艺就不用考虑硝化菌的 SRT,只需注意 DPB 的 SRT。HAO(2001 年)在对 UCT 和 A$_2$N 工艺基于动力学模型基础上的评价时发现:当进水 TN = 68 mg/ L、P = 9 mg/L 时,若要达到 TN ≤10mg/ L、P <1mg/ L 的排放标准,则 UCT 工艺在 $T=$ 10℃时的最小 SRT= 15 d,$T=$ 20℃时的最小 SRT<10d;对于 A$_2$N 工艺(好氧硝化段的 SRT 固定为 30d,这里讨论的为 DPB 的 SRT),由于硝化污泥和 DPB 污泥是独立的,所以它能获得较稳定的脱氮率,且出水 TN<10mg/ L,但为了获得磷浓度较低的出水,在 $T=$ 5℃时 DPB 的 SRT 需延长至 32d (此时 UCT 所需 SRT=25d)。由模拟试验结果可知,当温度较低时(如 $T=$5℃) PAOS/DPB 需要较长 SRT 才能在系统中存活,并且 A$_2$N 工艺的反硝化率受温度影响较大,而 DPB 污泥的泥龄变化对反硝化率没有大的影响;当 SRT≥15d、T≥10℃时,UCT 工艺的脱氮率最高。Merzouki 等报道:SBR 反硝化除磷系统的 SRT 为 15d 时对除磷更有利(此时的除磷率比 SRT= 7.5 d 时高 1.8 倍),这是因为较短的 SRT 使反应器中的聚磷菌被淘汰。另一方面,SRT 过长会出现磷的“自溶”现象。综合考虑上述情况,反硝化除磷系统的最佳 SRT 值与温度变化、工艺组合方式和工艺运行要求等有关,应通过具体试验来获得。

2.4　SBR 法反应动力学数据分析

基于 SBR 反应动力学分析发现,建立生物脱氮和生物除磷动力学方程的基础是反应速率,因此如何求解 SBR 生物脱氮和除磷生化反应过程的反应速率非常重要。本节主要讨论针对 SBR 反应器获得反应速率数据的方法,从而推导出所需要的速率方程式。在 SBR 反应器试验中,将反应物一次性投入反应器中,反应过程中,根据不同的反应时间来记录 SBR 反应器内反应物浓度的变化值。

对于分析 SBR 反应速率数据的方法,主要包括微分法和积分法。微分法或积分法通过分批式反应器获得实验数据,这种数据是以浓度与时间的关系出现,并且没有提供一个作为浓度函数的反应速率的直接量度。所以,速率方程式的导出必须将浓度-时间数据进行微分,以获得相关的速率-浓度数据,或是将假设的速率方程式进行积分,通过拟合获得浓度-时间数据关系曲线。

2.4.1　微分法

分析 SBR 反应器数据的微分方法主要是通过对浓度随时间的变化曲线进行微分,从而获得反应速率。依据反应速率变化的物理含义,可得:

$$r_A = \frac{dS_A}{dt} \tag{2-33}$$

式中，r_A——反应时刻 t 时反应物 A 的反应速率；

　　　S_A——反应时刻 t 时反应物 A 的浓度值；

　　　t——反应时刻。

下面，通过一种反应物简单反应的过程来详细说明微分法的一般步骤。

第 1 步：进行一次或多次 SBR 分批运转试验，并且记录反应物浓度随时间的变化（表 2-12）。为了获得准确的瞬时实验数据，应尽可能多的取样分析。

表 2-12　分批式数据的微分分析

反应时间	不同时刻反应物浓度	反应速率
0	S_{A0}	$-r_{A0}$
t_1	S_{A1}	$-r_{A1}$
t_2	S_{A2}	$-r_{A2}$
t_3	S_{A3}	$-r_{A3}$
…	…	…
t_n	S_{An}	$-r_{An}$

第 2 步：估算浓度与时间变化关系曲线的斜率，计算各种不同反应物浓度下消耗 A 的速率 r_{Aj}。

$$r_{Aj} = - dS_A/dt \tag{2-34}$$

第 3 步：基于反应速率与反应物浓度的相关性，获得速率方程式。

下面根据表 2-13 所列出的分批式反应数据，来详细说明微分法在动力学分析中的具体应用。

表 2-13　分批式数据的微分分析

反应时间/min	不同时刻反应物浓度/(mol/L)
0	1
5	0.44
10	0.29
15	0.21
30	0.11
60	0.062
90	0.043
100	0.032

第 1 步：这一步已经作为问题说明的一部分给出。

第 2 步：根据试验数据点，拟合时间与反应物浓度关系的光滑曲线，如图 2-16 所示。

第 3 步：根据拟合方程，得拟合曲线：

$$S = 0.40 \times \exp(-t/17.7) + 0.56 \times \exp(-t/2.9) + 0.038$$

第 4 步：对拟合曲线进行求导数，可得：

$$\frac{\mathrm{d}S}{\mathrm{d}t} = -\frac{0.4}{17.7} \times \exp(-t/17.7) - \frac{0.56}{2.9} \times \exp(-t/2.9) \tag{2-35}$$

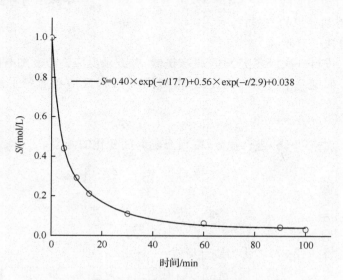

图 2-16　反应物浓度随时间的变化曲线

因为，$r_i = -\mathrm{d}S/\mathrm{d}t$，所以可以算出不同时刻的反应速率，也就是说，可以获得相对于不同反应物浓度条件下的反应速率，列举的试验速率结果如表 2-14 所示，该速率是根据图 2-16 求解的。

表 2-14　根据图 2-16 求解反应速率数据

不同时刻反应物浓度 $S/(\mathrm{mol/L})$	反应速率 $-r_i/[\mathrm{mol/(L \cdot min)}]$
1	0.21
0.5	0.063
0.3	0.023
0.2	0.01
0.1	0.0025
0.05	0.0006
0.04	0.0004
0.03	0.00023

2.4.2　积分法

分析 SBR 反应器数据积分法原理：第一步，假设一个 SBR 反应速率方程式，根据这个方程式进行积分，得出时间-浓度理论方程式，然后将方程式转换成线性形式。最后，根据这个线性形式标出实验数据点，如果通过这些点画出一条较为合理的直线，便可认为所假设的速率方程适合于模拟这些实验数据。反之，如果实验数据明显地与预期的线性关系不一致，就需要另外假设一个速率方程式，并重复上述过程直到得到理想的方程式。

(1) 积分法一般步骤

第 1 步：进行一次或多次 SBR 批次试验，并记录反应物浓度随时间的变化；

第 2 步：假定一个速率方程式，并将其代入 SBR 反应器质量平衡方程式(2-36)，则有：

$$dS/dt = r_j = f(S) \tag{2-36}$$

第 3 步：对式(2-36)进行积分，得到 S 随时间变化的函数；

$$\int_{S_0}^{S} dS/f(S) = \int_{0}^{t} dt$$

即：

$$\int_{S_0}^{S} dS/f(S) = t \tag{2-37}$$

第 4 步：将式(2-37)转化为线性形式；

第 5 步：将实验数据标成线性形式，看它是否为直线。如果拟合较好，那么假设的速率方程 $f(S)$ 是合适的。如果拟合不好，需要进一步的改进，假设另一个 r，比如 $f_1(S)$，并且重复这个过程(第 3~5 步)，直到得出合适的拟合。

(2) 积分法的应用

下面以零级反应、一级反应和二级反应为例，描述积分法的应用。假设已知分批的数据，因此可省略第 1 步。

① 零级反应

第 2 步：设 $r = -k$，则：

$$\frac{dS}{dt} = r = -k \tag{2-38}$$

第 3 步：对式(2-38)进行积分：

$$\int_{S_0}^{S} dS = -k \int_{0}^{t} dt$$

即，

$$S - S_0 = -kt \tag{2-39}$$

第 4 步：将式(2-39)移项成线性形式：

$$S = S_0 - kt \tag{2-40}$$

第 5 步：由于 S 与 t 的关系为直线，斜率为 $-k$，截距为 S_0，如图 2-17 所示。

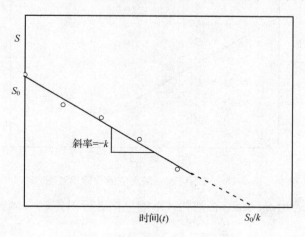

图 2-17　对零级反应的检验示意图

② 一级反应

假定反应式为：　　　　　　　A→生成物

第 2 步：假定 $r = kS$，那么：

$$\frac{\mathrm{d}S}{\mathrm{d}t} = -kS \tag{2-41}$$

第 3 步：对式(2-41)进行积分：

$$\ln \frac{S}{S_0} = -kt \tag{2-42}$$

第 4 步：将式(2-42)改变成线性形式：

$$\ln S - \ln S_0 = -kt \tag{2-43}$$

第 5 步：如图 2-18 所示，以 $\ln S$ 的形式绘出在第 1 步中所得的试验数据与时间的关系曲线。如果所设速率方程式是正确的，那么其结果将为直线，斜率为 $-k$，一级反应速率常数和截距为 $\ln S_0$。用最小二乘法拟合可获得 k 的最佳估计值。

③ 二级反应

假定反应式为　　　　　　　A＋B→生成物

第 1 步：进行分批式运行，并记录反应物浓度 S_A 和 S_B，作为时间的函数。

第 2 步：假定 $r_A = kS_A S_B$，那么：

$$\frac{\mathrm{d}S}{\mathrm{d}t} = -kS_A S_B \tag{2-44}$$

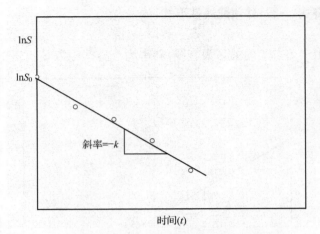

图 2-18　对不可逆一级反应的检验示意图

除非以 S_A 表示 S_B 表示，否则此式不能直接进行积分。

$$\frac{dS}{dt} = -k(S_A - S_{A0} + S_{B0}) \tag{2-45}$$

第 3 步：对式（2-45）进行积分：

$$\ln[S_{A0}(S_A - S_{A0} + S_{B0})/S_A S_{B0}] = (S_{B0} - S_{A0})kt \tag{2-46}$$

或

$$\ln[(S_{A0}/S_{B0})(S_B/S_A)] = (S_{B0} - S_{A0})kt \tag{2-47}$$

第 4 步：将式（2-47）改变成线性形式：

$$\ln(S_B/S_A) = \ln(S_{B0}/S_{A0}) + (S_{B0} - S_{A0})kt \tag{2-48}$$

式（2-48）中，$\ln(S_B/S_A)$ 与时间（t）的关系为线性的。

第 5 步：绘出 $\ln(S_B/S_A)$ 与时间的关系如图 2-19 所示。

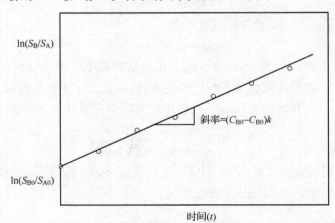

图 2-19　对双分子反应的检验示意图

当 $S_{B0} = S_{A0}$ 时,反应相当于 A+A→生成物。积分可得:

$$1/S_A = 1/S_{A0} + kt \tag{2-49}$$

根据此式,$1/S_A$ 与时间的关系应为直线,其斜率为 k,截距为 $1/S_{A0}$。如图 2-20 所示。

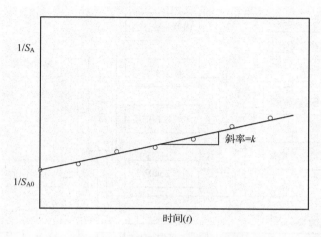

图 2-20　对 2A→生成物反应的检验示意图

2.5　SBR 法数学模型研究进展及其应用

自 20 世纪 70 年代末以来,序批式活性污泥法(SBR)法在世界范围内获得了突飞猛进的发展和应用,这主要归功于其占地面积小,反应推动力大和运行方式灵活多变等优点,以及污水处理设备制造水平、自动化控制技术的快速发展。在中小型水量的工业废水和城镇生活污水生物处理中,SBR 工艺取得了巨大的成功。随着对 SBR 的机理过程的深入研究及自动化控制技术的发展,越来越多的数学模型开发出来并成功应用于研究水平 SBR 工艺(中试或小试)及实际应用水平的 SBR 污水处理厂,极大地促进了 SBR 工艺运行过程的优化控制。

本节主要回顾了近二十多年来数学模型在 SBR 工艺中的研究进展和应用现状,总结了 SBR 各种数学模型的优点和不足,并分析了 SBR 数学模型在应用中存在的问题。最后根据 SBR 数学模型的研究和应用现状,指出了未来 SBR 数学模型发展方向[32]。

2.5.1　SBR 法建模基本步骤

通常,仿真第 1 步是建立研究对象或过程的数学模型,以描述研究对象或过程内部各变量间的相互关系。建立 SBR 数学模型的步骤大致可以分为 7 步:①模型定义,②系统模拟,③模型实现,④模型验证,⑤模型简化,⑥模型校正,⑦模型应用,其流程如图 2-21 所示。

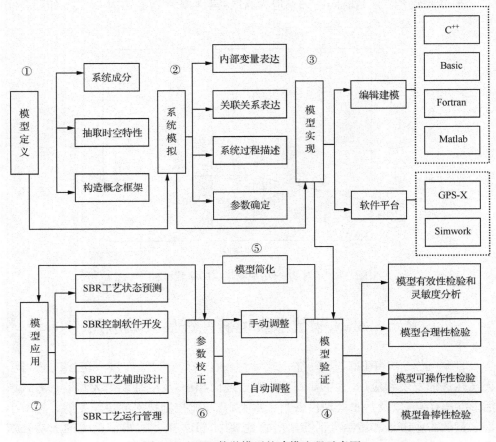

图 2-21　SBR 数学模型的建模流程示意图

2.5.2　数学模型的分类

　　SBR 数学模型可以分为机理模型、统计模型和混合模型三种类型:机理模型是依据 SBR 过程的质量、能量及动量守恒的原则,以及反应动力学等原理为基础建立 SBR 数学模型,属"白箱模型";统计模型是依据过程输入、输出数据,利用一定的统计方法对数据进行分析来建立模型,属"黑箱模型";混合模型,把前两种模型结合,既利用过程机理又利用测试数据来建立模型,使其两者优势互补。一般来说,侧重工艺的技术人员认为机理模型有坚实的理论基础而倾向于使用机理模型;而侧重控制的技术人员则倾向于使用统计模型,因为根据计算机识别技术及过程数据即可建模。在 SBR 数学模型的模拟与仿真过程中主要以机理模型为主流,统计模型和混合模型次之。

2.5.3　机理模型的研究进展和应用现状

2.5.3.1　机理模型发展历程

机理模型的发展历程如图 2-22 所示。

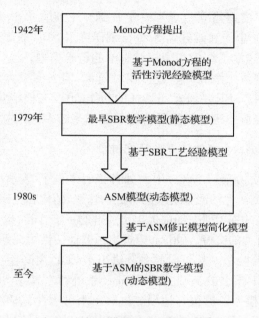

图 2-22　机理模型的发展历程示意图

2.5.3.2　传统代谢模型的研究进展

最早关于 SBR 代谢模型的报道要追溯到 20 世纪 70 年代后期,Dennis 和 Ir-vine 提出 SBR 进水和反应阶段的底物质量平衡表达式:

$$\frac{\mathrm{d}(VC_\mathrm{S})}{\mathrm{d}t} = qC_\mathrm{SO} + Vr_\mathrm{fs} \tag{2-50}$$

式中:C_SO——已知底物起始浓度,mg/L;

　　　V ——反应器的体积,L;

　　　C_S——底物浓度,mg/L;

　　　q ——进水流速,L/d;

　　　r_fs——底物的利用速率,mg/(L·d)。

随后,Silverstein 和 Schroeder 于 1983 年建立了一个 SBR 动力学模型,通过基质、溶解性总有机碳和生物量的质量平衡来模拟曝气进水阶段的有机物去除,不过该模型缺乏对于进水之后各阶段运行情况的描述。从此以后针对 SBR 开发的数学模型有不少文献介绍过。这些模型预测 SBR 系统运行过程都有不同程度的成功。Ibrahim 等在 Artan 等研究基础上考虑了可溶性剩余产物(SRP)的影响,使类似系统建模研究向前推进了一大步。Abasaeed 在 Ibrahim 等研究基础上,进一步考察了几种模型参数对该模型预测 COD 性能的影响。

笔者也对数学模型进行了研究,探讨了活性污泥法动力学及相关参数的确定和计算,为 SBR 经验模型建立奠定了一定基础。王亚宜等[33]建立了反硝化除磷的代谢模型。之后马勇[34]和候红勋等[31]分别研究了 SBR 脱氮过程和反硝化除磷过程反硝化动力学,建立了结构功能相对简单的经验模型。

以上模型虽然参数求解和计算过程相对简单,但大多数为只考虑有机物去除的静态模型,缺乏模拟 SBR 系统动态特征的功能,也没有模拟营养物去除的功能,所以这种传统的半经验半理论模型的应用受到越来越多地限制。

2.5.3.3 基于 ASM 机理模型的研究进展

1986 年国际水质协会(IAWQ)生物处理设计与运行数学模型课题组提出了 ASM1 模型,它能预测活性污泥系统中的有机物降解,硝化和反硝化反应过程。该模型的提出使类似系统的模拟研究向前迈出了关键的一步,同时也为 SBR 系统数学模型的建立提供了强有力的支持。Orhon 等提出了普通活性污泥系统建模过程中的可溶性剩余产物 SRP 的概念。根据 SBR 系统进出水 COD 之间存在不平衡关系,1990 年 Artan 等在 ASM1 模型的基础上建立 SBR 系统时考虑了 SRP 的影响,改进了 ASM1 模型,该简化模型能够很好地预测试验出水可溶性化学需氧量(SCOD)。

SBR 工艺的运行过程比较复杂,为了达到预期的设计目标,通过数学建模与仿真的方法来进行辅助设计和优化控制是非常必要的。随着 ASM2,ASM2d,ASM3 模型的相继推出,不断有研究人员将其应用到 SBR 工艺中。

2.5.3.4 ASM 修正模型的研究进展

由于 ASM 模型并不是针对 SBR 工艺开发的,ASM 模型通常经过修正才能用于 SBR 工艺,不过也有直接应用于 SBR 工艺的报道。Oles 和 Wilderer 通过修正 ASM1 模型中的好氧和缺氧条件下溶解性有机氮的氨化过程速率参数,结果表明该模型能很好地预测 SBR 操作过程中 COD、氨氮、硝酸盐氮的变化。针对 ASM1 模型假设硝化反硝化反应均为一步反应的不合理现象,很多研究人员在建立 SBR 模型时把 ASM1 模型中硝化反硝化反应改进为二步反应。同时 Brenner A 等采用同样的修正方法在 ASM2 基础上建立了 SBR 系统的氮磷转换模型,该模型通过一个兼氧系数控制硝化反硝化反应的初始状态。另外很多研究报道了针对 SBR 脱氮除磷工艺的 ASM2d 修正模型。利用 ASM1 模型的 SBR 建模研究还可以与其他类型的模型(沉淀模型,除磷模型)有机结合,使其更好的符合 SBR 的特性,达到更好的模拟性能。

2.5.3.5　ASM 简化模型的研究进展

对复杂模型进行简化可带来许多方便,既可保留过程的基本特征,又易于通过少量实验数据并结合仿真计算实现模型校准。简化模型可分为简化反应机理(如 SMP 模型)和简化模型结构(如 SLM 模型)两种。

Zhao 等提出了三种模型:ASM2 模型、ASM2 的 SMP 模型及其混合模型,并对比了 ASM2 模型,SMP 模型与混合模型在 SBR 工艺中的预测性能。结果显示:ASM2 适合对过程细节进行模拟,SMP 比 ASM2 的除磷预测性能强,混合模型适合在线预测与控制,不需要频繁的校正,增强了鲁棒性。但是 ASM2 校正过程困难且频繁,SPM 的预测性能不够理想,混合模型的神经网络模块需要精确的数据进行训练才能发挥好的性能。Kim 等对 ASM2 进行线性化处理,得到了 SBR 营养物去除系统的线性化模型,在此模型基础上建立的控制系统,能够实现曝气阶段长度的最优化控制。与 ASM2 相比,该线性化模型的校准与仿真的计算时间显著减少。Gujer 提出基于 ASM3 的两种简化模型,宏观模型和微观模型。宏观模型应用范围较窄,微观模型能应用于所有包括 SBR 在内的活性污泥系统。

尽管通过简化模型来模拟 SBR 系统的反应过程,在整体上能够获得较好的效果,但实际应用中可能会出现诸多问题,如简化、近似和外部干扰等因素会引起简化模型的模拟数据与实测数据之间存在较大误差,需要通过各种补偿算法来修正与优化。而且 ASM 模型在改良 SBR 工艺中的应用也有一些研究报道,比如CASS(Cyclic Activated Sludge System),CAST(Cyclic Activated Sludge Technology)、ICEAS(Intermittent Cyclic Exteded Aeration System)等工艺。

2.5.3.6　机理模型的应用现状

以上提出的机理模型大多以实验室小试为模拟研究对象,大多没有应用到实际污水处理厂进行实际检验。不论是传统代谢机理模型还是基于 ASM 的机理模型在实际运用中都存在计算成本过高,反应时间长,鲁棒性差等缺陷,严重制约了两者在实际中的推广和应用。

Mikosz J 等利用简化的机理模型确定最佳的曝气时间长度,指导实际 SBR 污水处理厂的运行,低温条件下实现有效的脱氮除磷,提高氮磷去除率。另外,Wett B 和 Ingerle K 还建立了针对包括 SBR 工艺的组合污水处理系统的数学模型,该模型在 ASM1 基础上,以氨氮负荷和曝气时间的相互关系结合三层沉淀模型进行建模,优化曝气阶段时间,减少能耗,通过反馈控制策略,控制实际的污水处理厂。

表 2-15 总结了 SBR 机理模型的优缺点。从表 2-15 中可以看出,机理模型在

表 2-15 SBR 工艺机理数学模型总结

模型种类	去除有机物	除磷	硝化	反硝化	模型补充说明	模型的优点	模型存在的不足
代谢模型	+					有一定预测出水 COD 能力	静态模型，不能动态模拟，只能对出水 COD 进行仿真
代谢模型	+				以连续流序地运行模型为基础	有较好的预测出水 COD 的能力	模型的鲁棒性差
代谢模型	+					在较宽泛的条件下能很好的预测出水 COD	模型过于简单
代谢模型	+				以代谢模型为参考	在代谢模型[8]研究的基础上进一步研究几种动力学参数对出水 COD 的影响	模型属于静态模型，不能动态仿真
代谢模型	+	+			利用模型调整 SBR 周期结构和长度	低温条件下提高脱氮除磷去除率，有效的指导实际污水处理厂运行	模型只能在稳态条件下进行参数校正
ASM1 模型	+	+				考虑可溶性剩余产物（SRP）对出水 COD 的影响	假设 SRP 为惰性物质，与实际情况不符
ASM1 模型	+		+		考虑了游离氨和亚硝酸对 AOB 的抑制，及游离氨对 NOB 抑制	改进好氧和缺氧条件下的溶解性有机氮氨化过程速率	利用 OUR 作为模型控制参数，很难维护
ASM1 模型	+		+	+	ASM1 模型结合三层沉淀模型	优化曝气阶段时间，减少能耗，通过反馈控制策略，指导实际的污水处理厂运行	模型不能用于实时控制模式仿真
ASM1 模型	+		+	+		模型把硝化反硝化过程分为两步，应用于实际 SBR 污水处理厂运行	模型参数众多，难于校正，鲁棒性有待提高
ASM1 模型	+	+	+	+	ASM1 模型结合 Went-zel 模型	用于实际污水处理厂的运行监控	模型较复杂，计算量大，反应时间比较长
ASM1 模型	+		+	+	ASM1 号模型和沉淀模型	模型在小试上进行测试，在中试上进行优化验证，优化 SBR 周期结构	模型鲁棒性需要进一步加强，抗干扰能力较弱

续表

模型种类	去除有机物	除磷	硝化	反硝化	模型补充说明	模型的优点	模型存在的不足
ASM2 模型	+	+	+	+		稳定地预测出 TOC, NH$_4$-N, NO$_3$-N, NO$_2$-N, PO$_4$-P 的变化	模型众多的参数值和不同有机物的组分难于直接监测,度量或测定
ASM2 模型	+	+	+	+	比较 ASM2 模型及其简化模型(SPM)	ASM2 能很好的模拟脱氮, SPM 比 ASM2 的除磷预测性能强	ASM2 的校正过程困难且预测, SPM 模型的预测性能不够理想
ASM2d 模型	+	+	+	+	模型硝化分为二步,改进除磷动力学部分	通过 Simulink™软件平台实现 SBR 运行能实时能动态优化	厌氧除磷结束时与实际值不符
ASM2d 模型	+	+	+	+		能较好的预测有机物的去除和脱氮过程	模型中除磷的部分还没达到足够可靠的应用程度
ASM2d 模型	+	+	+	+		能很好的模拟脱氮和有机物去除过程	除磷方面的仿真与实际有一定差距
ASM2d 模型	+	+	+	+	模型硝化分为二步进行	很好的预测 SBR 分段水工艺中的短程脱氮过程及有机物去除过程	假设 AOB, NOB 动力学参数一致与实际不符
ASM3 模型	+		+	+	提出两个模型宏观和微观模型	结构都较简单,微观模型考虑了个体微生物的代谢影响	实际运用中计算成本过高,宏观模型应用范围较窄
代谢模型	+		+		硝化过程分为两步氨氧化和亚硝酸氧化过程	比较了 AOB, NOB 的动力学参数对 SBR 短程工艺形成和稳定的影响	模型用于预测全程硝化过程结果不理想
代谢模型		+				有效的描述和预测 PAO-GAO 种群之间竞争的关键因素对温度和 pH 等的影响	不能很好的预测反应过程中糖原的变化
混合模型			+		ASM2 简化模型结合神经网络模型	混合模型在所有情况下显示了较精确的预测性能,不需要频繁的校正	混合模型的神经网络模块需要精确的数据进行训练才能发挥好的性能
混合模型	+		+	+	简单代谢模型结合反馈神经网络	有较强的鲁棒性,即使模型与实际数据之间有一定的差距	不能实时更新数据,必须离线才能对模型参数进行校正

应用中存在较大缺陷,因此鲁棒性强的 SBR 数学模型仍有待研究人员深入研究。与此同时,研究人员从另一方面入手,尝试应用统计学方法应用到 SBR 工艺的建模中,建立针对 SBR 工艺特点的统计模型,极大促进了 SBR 工艺数学模型的发展和应用。

2.5.4　统计模型的研究进展

各种统计学方法在工业批次过程中已经得到普遍的研究开发和广泛应用。根据这些统计学方法建立统计模型,根据统计模型开发控制系统,从而达到优化控制工业批次生产的目的。SBR 工艺具有化工、制药等工业过程类似的批次特征,但是又存在这些工业过程所不具备的非线性。很多学者吸取统计模型在工业批次过程中的得到成功应用的经验,尝试把统计学方法应用到 SBR 工艺中,尝试建立对应的统计模型,最终实现 SBR 工艺的优化控制。

2.5.4.1　神经网络模型研究进展

神经网络模型是统计模型(黑箱模型)是最常用的一种 SBR 数学模型。特别是人工神经网络模型(ANN 模型)可以代替传统数学模型完成由输入到输出空间的映射,直接根据对象的输入、输出数据进行建模,需要的对象先验知识较少,其较强的学习能力对模型校正非常有利。典型的神经网络模型如表 2-16 所示。

表 2-16　典型神经网络模型的比较

前向反馈网络模型类型	简要说明	优缺点
反向传播神经网络 (BPNN)	实时预测连续流 SBR 运行过程中 ORP 和 pH 等曲线非稳态变化点	精确的预测实时过程控制需要的信息,保证系统运行的稳定性。学习过程收敛速率慢;不能在线校正;新训练数据输入进行权值调整时可能破坏网络权值对已经训练数据的匹配情况
径向基函数神经网络 (RBFNN)	实时预测 SBR 系统的出水 COD、BOD、氨氮和硝态氮等指标	神经网络在数据丢失和建模数据新数据相似情况(容易导致外推问题)下依然能有效预测

与此同时,多元统计技术由于具有能有效提取过程监控采集的测量数据信息等特点,开始逐渐应用于 SBR 工艺的数学建模中,并体现出神经网络模型所不具有的优势。

2.5.4.2　PCA 统计模型研究进展

很多研究人员尝试把 PCA 技术应用到 SBR 工艺中,建立相应的统计模型。下面主要介绍 PCA 统计模型的研究进展。由于 SBR 运行数据具有(批次×变量×

时间)三维特征,且 PCA 技术只能对二维数据结构进行分析,所以传统 PCA 技术不能直接应用于 SBR 工艺。很多研究报道都只是尝试对 PCA 技术进行改进,使其适合用于监控工艺批次生产过程,并不是针对 SBR 工艺开发的。总结的 PCA 模型如表 2-17 所示。

表 2-17　SBR 的 PCA 模型总结

算法类型	一般性描述
自适应 PCA 技术和多模块 PCA 结合	改进 PCA 算法,成功地应用于小试 SBR 的在线监控运行
通用的 PCA 算法	用于自适应污水处理过程监测,与传统 MPCA 模型预测途径不同,其监测性能与 MPCA 模型一致
多路独立成分分析技术(MICA)	克服 MPCA 技术要求所有批次长度必须相等,测量变量必须正态分布,及估计的当前批次的未来值必须允许在线监控的缺点
多路核心主成分分析技术(MKPCA)	应用于解决非线性问题,有助于解决 SBR 系统的非线性特征带来的建模难的问题

同样,PCA 统计模型也存在过于复杂、计算量大、响应时间长等与生俱来的缺陷。为了克服 PCA 统计模型和神经网络各自的不足和缺点,研究人员开始把 PCA 技术和神经网络有机结合建立混合模型,达到互补的效果和作用。

2.5.4.3　主元分析-神经网络混合模型研究进展

将统计学原理应用到神经网络建模过程体现一种新的研究思路,基本原理如图 2-23 所示。

Sung 等采用人工神经网络(ANN)模型预测小试 SBR 出水氨氮、磷酸盐和硝态氮浓度。作者将 ANN 模型一分为二分别对厌氧、好氧条件系统进行模拟,有助于提高 ANN 模型的性能。同时 ANN 模型依靠 MPCA 技术检测运行异常情况的性能在一定程度上克服 ANN 模型存在的外推问题。樊立萍等也尝试将建立的主元分析-神经网络混合模型应用于 SBR 系统。

虽然 PCA-NN 模型在污水处理数据分析和模拟仿真方面具有一定的优势,不过该模型对污水生物处理机理的研究不够深入,缺乏定量地分析和完备的理论基础支持,导致模型的结构复

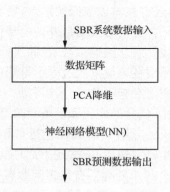

图 2-23　主元分析-神经网络模型基本原理

杂,训练时间较长。因此近年来人们开始尝试建立机理模型和神经网络模型结合的混合模型,这类模型既能把握与系统性能相关的关键变量,简化了模型结构,又具有神经网络黑箱模型的优点,极大地节省了响应时间。

2.5.4.4　混合模型的研究进展

将传统数学模型与统计模型有机结合起来,同时适合 SBR 工艺特点的混合模型是 SBR 系统建模的一种新思路。混合模型利用传统数学模型机理方面的优势为统计模型(神经网络模型)提供系统的真实信息,避免大量无用的信息干扰统计模型的预测,从而节省模型的计算时间。

Zhao 等提出由简化的代谢模型和人工神经网络组成的混合模型。该混合模型依赖于对输出量的初步预测(比如出水磷浓度),并且过程偏差通过一个"驯化"的神经网络得到修正,故此只需要对较少的参数进行校正。之后该学者又提出了一种混合模型,该模型是将神经网络引入 ASM2 简化模型中形成的,这种模型适合在线预测与控制,不需要频繁校正,具有较强鲁棒性,详细信息可以参考文献。

此外,Zyngier D 等采用扩展 Kalman 过滤器(EKF)建立 SBR 混合模型,该模型在 SBR 机理简化模型的基础上耦合了反馈神经网络模型,简化模型用来预测氨氮和硝态氮,反馈神经网络推断有机物。该模型具有较强的鲁棒性,即使模型与实际数据之间存在一定的偏差对模型预测性能影响也不大。

2.5.4.5　统计模型和混合模型的应用现状

相对于机理模型来说,统计模型和混合模型在 SBR 污水处理厂的实际应用比较少见。这主要是统计模型和混合模型属于新开发的技术,该技术还不是非常成熟,还存在难以克服的缺点,极大限制了两者在实际中的推广和应用。

神经网络模型是统计模型中应用最普遍的一种,由于其可以实现对现实工况的线性或非线性拟合,在非线性对象静态或动态识别中的应用非常广泛。虽然统计模型在工业批次过程中得到广泛应用,但是应用统计模型模拟 SBR 工艺运行的研究还在起步阶段,同时再加上 SBR 工艺过程具有高度非线性、时变性和受水力变化、成分的变化和设备故障等波动的影响很大等特征,这些因素进一步加大了统计模型应用于 SBR 工艺运行和控制过程的难度。因此 SBR 统计模型主要还停留在实验室规模(中试或小试)研究阶段,如果要把统计模型真正用到实际规模中的SBR 污水处理厂有很多问题有待进一步研究。

同样的,混合模型虽然结合了统计模型和机理模型两者的优点,但是迄今为止这种针对 SBR 工艺的混合模型还没有得到深入研究,也没有应用到实际工程中通过实践进行检验。

不过随着可靠的在线测量仪器和设备的开发、计算机仿真技术的进步以及控制技术的进步,统计模型和混合模型在将来很可能会得到更加广泛的应用。

2.6　数学模型在 SBR 法中的应用前景与展望

2.6.1　当前 SBR 法污水处理数学模型存在的主要问题

尽管针对 SBR 污水处理工艺已经做过很多研究,取得了一定的成功,但是仍然存在以下一些问题:

(1) 由于 SBR 污水处理过程是极其复杂的动态过程,具有高度非线性、时变性、不确定性和时滞性等特点,建立符合 SBR 工艺特性的数学模型非常困难,因此现有的 SBR 数学模型大多具有一定局限性和缺陷。

(2) 对于 SBR 工艺脱氮除磷的机理至今还没有统一的完善知识体系,影响了模型的正确性和仿真能力。

(3) 研究者建立的各种 SBR 模型多是根据传统活性污泥法的数学模型简化或修正而来的,简化或修正过程至今没有建立统一的标准和评价体系,影响了模型的推广应用。

(4) 由于 ASM 本身的局限性,导致基于 ASM 的 SBR 机理模型与生俱来的缺陷,这使得建立的 SBR 模型在更广泛的领域中应用(尤其是工业废水)受到很大限制。

(5) SBR 工艺过程比较复杂,模型中存在较多参数,在应用数学模型进行辅助设计、优化控制 SBR 污水处理厂的运行时,校正这些参数,需要消耗大量的时间和精力。

(6) 我国目前污水处理厂的设计、运行和水质监测水平,与国外发达国家相比,还存在很大的差距,所以直接应用这些复杂的数学模型还是有一定困难。

2.6.2　SBR 法数学模型的发展方向

近二十几年来,尽管国内外学者已经建立了许多针对 SBR 及其变型工艺的数学模型,但是基于这些数学模型的控制策略大多没有在实际污水处理厂应用。另外,这些数学模型大多根据普通活性污泥数学模型简化或修正而来,同时将 SBR 数学模型应用于 SBR 变型工艺中同样需要修正原模型,甚至需要对原来的模型进行较大程度的修正。这些修正或简化步骤如何有效进行也需要进一步研究,以期待建立一套合理科学的标准和评价体系。

通过加强对 SBR 数学模型研究,充分深入了解 SBR 脱氮除磷的机理,将有助于模型预测能力的改进。如何建立规范适用的模型参数测量方法体系,如何通过理论和应用研究确定 SBR 污水处理工艺中的各种变量之间的关系及对系统性能的影响,最终确定与系统密切相关的变量,这可能是一个需要解决的关键问题。

数学模型建模的最终目的都是改善 SBR 污水处理工艺的设计和运行,促进 SBR 数学模型广泛应用到实际中,如何根据我国污水处理行业的国情和实际发展情况来建立适合我国国情的 SBR 数学模型体系是污水处理行业今后的发展方向。

参 考 文 献

[1] Michaelis L, Menten M L. Die Kinetic der invertinwirkung [J]. Biochemistry , 1913, 49: 333-369.

[2] Briggs G E, Haldane J B. A note on the kinetics of enzyme Action [J]. Biochemistry, 1925, 19: 338-339.

[3] Lineweaver H, Burk D. The determination of enzyme dissociation constants [J]. Journal of the American Chemical Society, 1934, 56: 658-666.

[4] Hofstee B H J. Non-inverted versus inverted plots in enzyme kinetics [J]. Nature, 1959, 184(10): 1296-1298.

[5] Hanes C S. Studies on plant amylases: The effect of starch concentration upon the velocity of hydrolysis by the amylase of germinated barley [J]. Journal of Biochemistryl, 1932, 26(5): 1420-1421.

[6] Eisenthal R, Cornish-Bowden A. The direct linear plot: A new graphical procedure for estimating enzyme kinetic parameters [J]. Biochemical Journal, 1974, 139(3): 715-720.

[7] Monod J. The growth of bacterial cultures [J]. Annual Review Microbiology, 1949, 3: 371-394.

[8] 张自杰. 活性污泥生物学与反应动力学 [M]. 北京:中国环境科学出版社,1989.

[9] Chobanoglous G, Burton F B, Stensel H D. Wastewater engineering treatment and reuse [M]. (Fourth Edition) USA: McGraw-Hill Companies, 2003.

[10] 叶剑锋. 废水生物脱氮新技术 [M]. 北京:化学工业出版社,2006.

[11] 李亚新. 活性污泥法理论与技术 [M]. 北京:中国建筑工业出版社,2007.

[12] Stenstrom M K, Song S S. Effects of oxygen transport limitation on nitrification in the activated sludge process [J]. Journal of Water Pollution Control Federation, 1991, 63(3): 208-219.

[13] 孙洪伟,王淑莹,张树军,等. 高氮渗滤液短程深度脱氮及反硝化动力学 [J]. 环境科学,2010, 31(1): 130-134.

[14] Barnard J. Biological nutrient removal without the addition of chemicals [J]. Water Research, 1975, 9(5-6):485-493.

[15] Ekama G A, Marais G V R. Theory design and operation of nutrient removal activated sludge processes [J]. Water Research Commission of South Africa, South Africa. 1984.

[16] Bark P S, Dold P L. General model for biological nutrient removal in activated sludge system: Model Presentation [J]. Water Environmenal Research, 1997, 69(5): 969-984.

[17] 孙洪伟,魏东洋,王淑莹,等. DO 对高氨氮渗滤液短程生物脱氮反硝化过程动力学的影响 [J]. 环境科学学报,2010, 30(5): 935-940.

[18] Henze C M, Grady C P L. Biological denitrification for sewage [J]. Program Water Technology, 1977, 8(4/5): 509-555.

[19] 马娟,彭永臻,王丽,等. 温度对反硝化过程的影响以及 pH 值变化规律[J]. 中国环境科学,2008, 28(11):694-698.

[20] 孙洪伟,王淑莹,魏东洋,等. pH 对高氨氮渗滤液短程生物脱氮反硝化过程动力学的影响 [J]. 环

境科学学报，2010，30(4)：742-748.

[21] 孙洪伟，杨庆，彭永臻，等．SBR 法处理垃圾渗滤液的反硝化过程中 NO_2 积累的研究(英文)[J]. Chinese Journal of Chemical Engineering，2009，17(6)：1027-1031.

[22] 孙培德，宋英琦，王如意，等．活性污泥动力学数学模型及数值模型[M]．北京：化学工业出版社，2009.

[23] 王亚宜，彭永臻，王淑莹，等．反硝化除磷理论、工艺及影响因素[J]．中国给水排水，2003，19(1)：33-36.

[24] Kuba T，Wachameister A，van Loosdrecht M C M．Effect of nitrate on phosphorus release in biological phosphorusremoval system[J]．Water Science and Technology，1994，30(6)：263-269.

[25] Smolders G J F，van der M J，van Loosdrecht M C M，et al．Model of the anaerobic metabolism of the biological phosphorus removal process：stoichionetry and pH influence[J]．Biotechnology and Bioengineering，1994，43(3)：461-470.

[26] 侯红勋，王淑莹，闫骏，等．不同碳源类型对生物除磷过程释放磷的影响[J]．化工学报，2007，158(18)：2081-2086.

[27] 王亚宜，王淑莹，彭永臻，等．污水有机碳源特征及温度对反硝化聚磷的影响[J]．环境科学学报，2006，26(2)：186-192.

[28] Merzouki M，Bernet N，Delgenes J P，et al．Effect of prefermentation on denitrifying phosphorus removal in slaughterhouse wastewater[J]．Bioresource Technology，2005，96(12)：1317-1322.

[29] Peter J，Jespersen K，Henze M．Biological phosphorus uptake under anoxic and aerobic conditions[J]．Water Research，1994，28(5)：1253-1255.

[30] Zhou Y，Pijuan M，Yuan Z G．Free nitrous acid inhibition on anoxic phosphorus uptake and dentrification by poly-phosphate accumulate organisms[J]．Biotechnolology and Bioengineering，2007，98(4)：903-912.

[31] 侯红勋，彭永臻，殷芳芳，等．NO_2^- 作为电子受体对反硝化吸磷影响动力学研究[J]．环境科学，2008，29(7)：1874-1879.

[32] 王淑莹，顾升波．SBR 工艺数学模型研究进展及其应用[J]．环境工程学报，2009，3(12)：2113-2122.

[33] 王亚宜，王淑莹，彭永臻．反硝化除磷的生物化学代谢模型[J]．中国给水排水，2006，22(6)：4-7.

[34] 马勇，彭永臻．A/O 生物脱氮工艺的反硝化动力学试验[J]．中国环境科学，2006，26(4)：464-468.

第 3 章　SBR 法的控制理论和方法

3.1　SBR 法的过程控制理论和方法概述

3.1.1　过程控制的基本理论和方法

在污水处理系统中,自动控制技术开始发挥越来越重要的作用。特别是对自动化水平要求高的 SBR 法来说,自动控制技术的水平直接影响着 SBR 法在全世界范围内的大规模推广应用。在欧美发达国家已经出现无人值守的全自动化污水处理厂,节约了大量的人力成本。随着自动控制技术与污水处理系统技术的不断进步,污水处理系统的自动化水平必将不断提高,并且不断推动水工业技术现代化的进程,并带来更多的社会效益和经济效益。

什么叫过程控制?过程控制即为过程的自动控制,自动控制是指在人不直接参与的情况下,利用外加的设备或装置(自动控制装置)使整个生产过程(被控对象)自动地按预定规律运行或使其某个参数(被控量)按预定要求变化。过程控制主要目标有三个:一要抑制外部扰动对污染物处理过程的影响;二要确保过程的稳定性,增强系统的鲁棒性;三要使过程的经济指标最优化。缓解过程输入信号变化所产生扰动的控制系统,称为自动调节系统;缓解设定值变化所产生扰动的控制系统,称为随动控制系统[1]。

3.1.1.1　自动控制系统的组成

根据控制对象和使用要求的不同,控制系统有不同的组成结构,但从控制功能角度看,控制系统一般均由以下基本环节组成。如图 3-1 所示。

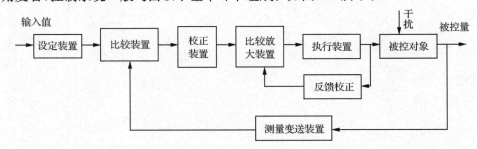

图 3-1　自动控制系统的组成

（1）设定装置。设定与被控量相对应的给定量，并要求给定量与测量变送装置输出的信号在种类和量纲上一致。

（2）比较放大装置。首先将给定量与测量值进行计算，得到偏差值，然后将其放大以推动下一级的动作。

（3）执行装置。根据前面环节的输出信号，直接对被控对象作用，以改变被控量的值，从而减小或消除偏差。

（4）测量装置。检测被控量，并将检测值转换为便于处理的信号（如电压、电流等），然后将该信号输入到比较装置。

（5）校正装置。当自动系统由于自身结构及参数问题而导致控制结果不符合工艺要求时，必须在系统中添加一些装置以改善系统的控制性能。这些装置就称为校正装置。

（6）被控对象。指控制系统中所要求控制的对象，一般指工作机构或生产设备。

3.1.1.2　自动控制系统的分类

（1）按给定量的特征划分

① 恒值控制系统。其控制输入量为一恒定值。控制系统的任务是排除各种内外干扰因素的影响，维持被控量恒定不变。污水处理厂中温度、压力、流量、液位等参数的控制及各种调速系统都属此类。

② 随动控制系统。其控制输入量是随机变化的，控制任务是使被控量快速、准确地跟随给定量的变化而变化。

③ 程序控制系统。其输入按事先设定的规律变化，其控制过程由预先编制的程序载体按一定的时间顺序发出指令，使被控量随给定的变化规律而变化。

（2）按系统中元件的特征划分

① 线性控制系统。其特点是系统中所有元件都是线性元件，分析这类系统时可以应用叠加原理，系统的状态和性能可以用线性微分方程描述。

② 非线性控制系统。其特点是系统中含有一个或多个非线性元件。

（3）按系统电信号的形式划分

① 连续控制系统。其特点是系统中所有的信号都是连续的时间变化函数。

② 离散控制系统。其特点是系统中各种参数及信号以离散的脉冲序列或数据编码形式传递。

3.1.1.3　过程控制系统的基本控制方式

（1）开环控制系统

开环控制是最简单的一种控制方式，其控制量与被控制量之间只有前向通道而没有反向通道。控制作用的传递具有单向性。由图 3-2 开环控制结构图可以看出,输出直接受输入控制的影响。

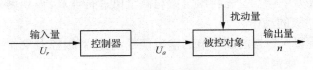

图 3-2　开环控制系统结构图

开环控制系统的特点:系统结构和控制过程简单,但抗干扰能力弱,一般仅用于控制精度不高且对控制性能要求较低的场合。

开环控制的实例如下:

① 空气压缩机的定时开、关——一般用定时器来控制空气压缩机的定时开、关。有时用 DO 传感器进行空压机的开/关反馈控制;

② 排泥——尤其是初沉池的排泥,一般使用定时器控制,而不是根据污泥的浓度和污泥斗中污泥高度进行;

③ 剩余污泥排放泵的控制——一般使用定时器控制,高级一点的控制根据泥龄计算来控制污泥排放量,有时候也用比例控制;

④ 隔栅的清洗——使用定时器进行隔栅清洗控制。

(2) 闭环控制系统

凡是系统输出信号对控制作用产生直接影响的系统,都称为闭环控制系统,如图 3-3 所示。在闭环控制系统中,输入电压 U_r 减去主反馈电压 U_{cf} 得到偏差电压 U_e,经控制器,输出电压 U 加在被控对象两端。闭环控制系统的特点:系统的响应对外部的干扰和系统内部的参数变化不敏感,系统可具备较高的控制精度和较强的抗干扰能力。

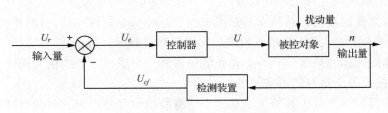

图 3-3　闭环控制系统结构图

3.1.1.4　SBR 工艺过程控制系统的特点与功能

(1) 污水处理自动控制系统特点

污水处理控制系统具有环路多、系统庞大、连接复杂的特点。它除具有一般控制系统所具有的共同特征之外,比如模拟量和数字量共存,顺序控制和实时控制共存,开环控制和闭环控制共存;还有不同于一般控制系统的个性特征,如最终控制对象是 COD、BOD、SS、TN、TP 和 pH,为使这些参数达标,必须对众多设备的运行状态、各池的进水量和出水量、进泥量和排泥量、加药量、各段处理时间等进行综合调整和控制。一个污水处理厂控制系统涉及数百个开关量、模拟量,而且这些被控量常常要根据一定的时间顺序和逻辑关系运行,许多参数需要精确调节,所以选择污水处理自动控制系统要充分考虑到系统的复杂性、控制变量的多样性等,尽可能实现闭环控制。

（2）污水处理自动控制系统的功能

在污水处理厂中,自动控制系统主要是对污水处理过程进行自动控制和自动调节,使处理后的水质指标达到预期要求。污水处理自动控制系统通常应具有如下功能:

① 控制功能。在中心控制室能对被控设备进行在线实时控制,如启停某一设备,调节某些模拟输出量的大小,在线设置 PLC 的某些参数等。

② 显示功能。用图形实时地显示各现场被控设备的运行工况,以及各现场的状态参数。

③ 数据管理。利用实时数据库和历史数据库中的数据进行比较和分析,可得出一些有用的经验参数,有利于优化处理过程和参数控制。

④ 报警功能。当某一模拟量(如电流、电压、水位等)测定值超过给定范围或某一开关量(如电机启停、阀门开关)发生变位时,可根据不同的需要发出不同等级的报警。

⑤ 打印功能。具有定时打印和事件触发打印功能。可以实现报表和图形打印以及各种事件和报警实时打印。

3.1.2　常见的过程控制结构

3.1.2.1　反馈控制

在污水处理过程中,要抑制外部扰动对处理过程的影响,确保过程的稳定性,并使过程的经济指标优化,目前最普遍采用的方法是反馈控制,即当对过程的扰动已经发生并产生后果以后,根据后果的大小和方向来确定控制的方案。

反馈控制系统一般由被控对象即被控过程、检测器、变送器、控制器及执行器所组成。图 3-4 是反馈控制系统的控制回路示意图。

假设被控过程为废水生物处理中的曝气过程,被控变量是溶解氧,则可用 DO 探头作为检测器,获得曝气池内 DO 数值作为检测信号。该检测信号经变送器转换成标准信号(如 0～10mA 电流、1～5V 电压、0.02～0.1MPa 气压),然后送入控

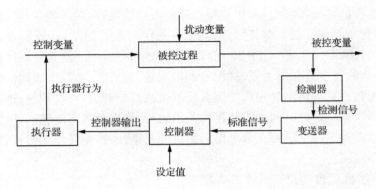

图 3-4　反馈控制系统的控制回路示意图

制器与所设定的 DO 值标准信号进行比较。若送入的标准信号与设定值有偏差，则控制器会根据偏差的大小利用已存入的控制规律计算出控制器的输出值。该输出值进入执行器，使执行器如空气控制阀产生一定的动作，改变阀门开启的大小，使控制变量即曝气池的空气输入量产生变化，由此使曝气池内的被控变量即 DO 值产生相应的变化。

在反馈控制中，污水处理厂的控制规律主要有两种：一种是开关算法；另一种是 PID 控制算法，即比例控制（P）、积分控制（I）、微分控制（D）及三者之间的组合（PI，PD，PID）。

（1）开关控制

开关控制在城市污水处理厂的控制中随处可见，如 pH 设定值、DO 设定值控制，如果低于设定值就投加碱性物质或增大曝气量，反之，投加酸性物质或降低曝气量。

开关控制简单易行，但是容易导致 pH 或 DO 设定值处于周期性上升和下降，这种现象称为"极限环"。其循环的速度和幅度取决于过程对开和关两种控制命令的响应速度。如果过程对开关控制响应很快，则控制器会快速地开和关，控制器很容易损坏。为了避免这一问题，开关控制器一般都设有"死区"。即为设定值设置一个区域，在这个区域内控制器无动作，既不开，也不关。

（2）比例控制

比例控制，即 P（proportional）控制，就是过程的控制变量或控制的输出的大小，与过程受扰动产生的后果成正比。具体与受控变量、设定值两者之间偏差的大小成正比。偏差越大，则控制器的输出值越大，执行器的动作范围越大，控制变量的变化值越大。偏差为正值时，控制器的输出能使控制变量朝消除偏差的方向移动；偏差为负值时，控制器的输出方向相反，但其效果同样使控制变量朝消除偏差的方向移动。

　　比例控制作用的特点之一,是控制器对受控变量的偏差立即作出反应,不存在滞后。如果输入呈正弦波变化,则输出也为正弦波,且无相位差(或相位差为 $180°$,由输入输出之间的数值关系确定)。需注意的是,由于受控过程是由多个部分所组成,因而包括比例控制器在内的整个过程,对于外界的扰动的响应,仍可能存在时间滞后现象。比例控制作用的另一特点,是存在余差,即受控变量在受到外界扰动后不能完全恢复到原来的设定值。

　　积分控制,即 I(integral)控制,就是过程的控制变量或控制器输出的大小,与过程受扰动的时间成正比。具体的说,就是和受控变量与设定值之间偏差存在的时间长短成正比。时间越长,则积分控制器的输出值越大,执行器的动作范围也越大,控制变量的变化值也越大。这一过程要达到积分控制器的极限输出为止。因此,相比于比例控制作用存在余差的情况,积分控制作用具有消除余差的性质。

　　微分控制,即 D(derivative)控制,就是过程的控制变量或控制器输出的大小与受控变量与设定值的之间偏差的变化速度成正比。受控变量与设定值之间偏差变化速度越快,则微分控制器的输出值越大,执行器的动作范围也越大,控制变量的变化值也越大。

　　尽管反馈控制系统已经获得广泛应用,但若被控过程干扰幅度大、纯滞后时间长、时间常数大,则反馈控制结果不够理想。主要原因为,一是偏差存在时间较长,二是校正作用起步较晚。干扰幅度大时,被控变量偏差也较大,此时调节阀开启度须相应有较大的改变才能给予有效的控制,因此调节器须有较强的积分作用,而较强的积分作用意味着被控变量偏差存在时间较长。对象的纯滞后时间长、时间常数大时,反馈调节器须等待较长时间才能获得被控变量的偏差值,然后再改变输出,因此校正作用起步较晚。此外,若被控过程的工艺参数难以测定时,没有合适的检测仪表来构成闭合的反馈系统,也不能使用反馈控制系统。

3.1.2.2　前馈控制

　　反馈控制的上述问题,可以通过使用前馈控制来部分解决。与反馈控制相比,前馈控制的检测信号是干扰量而不是被控量,前馈控制的控制依据是干扰量大小而不是被控变量偏差的大小,前馈控制作用发生的时间是在被控变量偏差出现之前而不是出现之后。由此可见,反馈控制是闭环控制,而前馈控制是开环控制。图 3-5 显示的是前馈控制的详细示意图。从图中可以看出,传感器的作用加上补偿器的作用再加上操作变量的作用应该与干扰的动态作用等值反向,即为前馈补偿器的基本原理。

　　为了克服干扰,必须设计补偿器,也就是需要传感器模型、干扰变量的动力学与操作变量的动力学的信息,因此前馈控制也可以称为基于模型的控制。实现前馈控制的一些物理条件:①必须能够直接测定干扰,或者通过其他测定来估计干

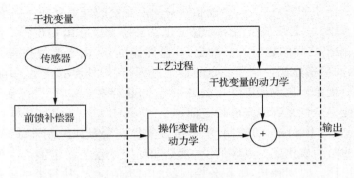

图 3-5　前馈控制结构图

扰;②传感器、补偿器和操作变量的动态变化必须与干扰的动态变化同步。

　　前馈控制包括:①单纯前馈控制。单纯前馈控制又称静态前馈控制,指前馈调节器的输出量只是其输入量的函数,与时间无关。静态前馈控制器一般使用比例控制规律。动态前馈控制也是一种单纯前馈控制,但其模型复杂,对设备装置要求严格,一般不常使用。②前馈反馈控制。很难用单纯前馈控制方法解决干扰问题,但可在前馈控制中引入反馈机制,由反馈控制来解决前馈控制不能处理的干扰。

　　与单纯前馈控制相比,前馈反馈控制具有以下优点:①通过反馈控制可以保证受控变量的控制精度,即保证受控变量稳定后的数值,能克服前馈控制回路之外的各种扰动的影响;②引入反馈控制后,可以降低对前馈控制模型精度的要求,便于简化和实施前馈控制模型;③由于存在反馈控制回路,提高了前馈控制模型的适应性。因此,在工程设计中宜将前馈控制和反馈控制结合使用。

3.1.2.3　串级控制

　　在污水处理过程中,一些工艺对象具有较大的时间常数和纯滞后,为了保证过程变量在预定的控制精度范围之内,可以采用引入辅助过程变量的办法来克服外部干扰,以弥补简单控制系统的不足,串级控制系统就是根据这个原理构成的。串级控制是反馈控制的一种变化形式,使用相当广泛,它由两个(或更多)反馈控制环路组成,但只有一个输出。

　　串级控制系统可应用在容量滞后较大、纯时延较大、扰动幅度大且变化大和参数互相关联系统的控制,以求获得比单回路控制系统更好的效果。

　　当过程的容量滞后较大时,若采用单回路控制,系统的过渡时间长,超调量大,控制质量往往不能满足生产要求。若采用串级控制系统,可以选择一个时延较小的副参数,构成一个副回路,使等效过程的时间常数较小,以提高系统的工作频率,加快系统对扰动的反应速率,从而得到较好的控制质量。以温度为受控参数的过程,其容量时延往往较大,而生产上对这些参数的控制质量的要求又比较高,此时宜采用串级控制系统。

采用串级反馈控制有以下三个原因：

（1）干扰抑制。通过操作变量串联反馈控制可以抑制过程的干扰。经常在流量控制器或压力控制器的基础上串联 DO 控制器，这样会避免供气压力变化导致的干扰，从而使 DO 浓度变化不受其影响。

（2）增益调度。当引入了从属控制器时，就主控制环路而言，主控制器即原控制器的增益特性就替代了从属控制器的增益特性，这是对主控制环路增益的一种线性化或修整。

（3）消除滞后。一般需要较强的控制信号才能克服由于机械摩擦或诸如由于通过阀门而导致的液体压力的下降。这会导致滞后以及相应环路缓慢的振荡。可以增加从属控制器，以加强控制信号，消除振荡。

3.1.3　污水处理厂控制系统的概述和分类

3.1.3.1　污水处理控制系统概述

随着水处理工艺由简单过程向大型化，连续化，复杂化方向发展，控制系统由简单控制系统（如 PID，串级，比值，前馈，反馈等）发展到先进控制系统（如多变量预测，神经元，模糊，鲁棒等控制）和综合自动化系统（生产流程，管理，决策一体化）。以计算机为主的控制系统也经历了单机控制系统（DDC），集散控制系统（DCS），现场总线控制系统（FCS），计算机集成过程控制系统（CIPS）和企业生产过程实时数据采集与监控系统（SCADA）五个发展阶段。

3.1.3.2　单机控制系统（DDC）

20 世纪 60 年代，过程控制的体系结构是基于 $4 \sim 20\text{mA}$ 的模拟标准信号，出现了模拟式电子仪表与电动单元组合的自动控制系统。直到 70 年代，人们在测量、模拟和逻辑控制领域率先使用了数字计算机，从而产生了集中式数字控制（direct digital control），又称单机控制系统。单机控制系统以一台控制器为中心，通过扩展的 I/O 接口实现各个传感器、执行器之间的通信。控制器最早采用个人计算机或通用的工业控制计算机，后来开始采用可编程控制器（PLC）和单片机作为控制器。同时，扩张的 I/O 接口模板按不同的适用总线分成不同的系列，从最初的 S-100 总线、PC 总线发展到后来被广泛采用的 STD 总线和 Multibus 等。单机控制系统在控制器内部传输的是数字信号，因此克服了模拟仪表控制系统中模拟信号精度低、易受干扰的缺陷，提高了系统的抗干扰能力。

然而，在 DDC 系统中，由于控制器与过程装置之间的双向信号流动是通过硬性物理连接装置来实现的，其中流动的信号都是电气信号，因此控制器不可能与现场装置离得太远,所以每台控制器所控制和管理的过程装置数量很少。当单个控制器控制着几十甚至几百个回路时,不仅运算量大,计算机负荷过载,而且危险也集中了。一旦控制器发生故障,将导致整个系统无法工作。因此 DDC 在多数情况下的应用为单回路控制。

3.1.3.3　分布控制系统(DCS)

分布控制系统(DCS)最早出现于 20 世纪 70 年代后期,在 20 世纪 80 年代以后占据主导地位。其核心思想是集中管理、分散控制,即管理和控制相分离,把上位机控制站用于集中监视管理,而把若干台下位机下放到现场实现分布式控制,上下位机之间用控制网络互连以实现相互之间的信息传递。

DCS 是单环控制器和直接数字控制器(DDC)之间的一个折中系统。DDC 在单一的计算机芯片上应用了大量的单环控制器,并且具有显示和报表功能。但是在 20 世纪 70~80 年代,由于电子计算机的性能并没有发展到今天这么可靠,DDC 在当时的有效性简直可以说是一个梦魇。DCS 相对 DDC 而言,只是在较小规模上应用单环控制器组,每组控制器拥有自己的微处理器,并且相同的微处理器一般都配有两个。微处理器通过数据总线与一个或多个中心显示屏相连接。相同功能的数据总线一般不止一条。因此 DCS 克服了集中控制对控制器处理能力和可靠性要求高的缺陷。

DCS 可以同时满足以下要求:一是可以像单环控制器那样完成控制要求(同时满足了投资和有效性),又可以具备集中显示、调整和报表等易于运行操作的功能。DCS 比较适合在中大型处理厂(分别需要数十个和上百个单环控制器)使用,而且还可在大型的序批式处理厂(SBR 污水处理厂)应用。

但是其自身也存在难以克服的缺点。首先,不同的 DCS 制造商为达到垄断经营的目的而对控制通信网络采用各自专用的封闭形式,不同制造商(如 Honeywell、Bailey、Yokogawa、Foxboro、ABB、Siemens)的 DCS 之间以及与上层 Intranet、Internet 信息网络之间难以实现网络互连和信息共享,而且必须花费很高的费用,才能将它们与通用计算机连接起来互通信息。控制器之间的互相连接的问题在近年来已经有所改善,但是使用不同控制器的运行操作人员之间的交流还是非常困难,甚至是不可能的。其次,DCS 控制站仍然是集中的,现场信号的检测、传输和控制还是采用 4~20mA 的模拟信号,并没有彻底做到分散控制、集中管理。最后,DCS 采用的是普通商业网络的通信协议和网络结构,在解决工业控制系统的可靠性方面没有做出实质性的改进,布线复杂,费用高。因此总体来说,DCS 是一种封闭专用的、不具有可互操作性的、不彻底的分布式控制系统。在这种情况下,用户对网络控制系统提出了开放性、低成本的迫切要求。由此可见,DCS 在 SBR 工艺中的应用还有很长的路要走,需要克服兼容和通信困难等一系列软件问题,才能最终在 SBR 工艺中获得广泛应用。

3.1.3.4　现场总线控制系统(FCS)

根据国际电工委员会 IEC61158 标准定义,现场总线是指安装在生产过程区域的现场设备和仪表与控制室内的自动控制装置和系统之间数字式、串行、多点、双向通信的数据总线。基于现场总线的控制系统被称为现场总线控制系统(FCS)[2]。

现场总线技术的开发始于 20 世纪 80 年代。现场总线是综合运用微处理器技术、网络技术、通信技术和自动控制技术的产物。它把微处理器置入现场自控设备,使设备具有数字计算和数字通信能力,一方面提高了信号的测量、控制和传输精度,同时为丰富控制信息的内容、实现其远程传送创造了条件。该系统既是一个开放的网络通信系统,又是一个全分布的自动控制系统。现场总线作为智能设备的联系纽带,把挂接在总线上并作为网络节点的智能设备连接为网络系统,并进一步构成自动化系统,实现基本控制、参数修改、报警、显示、监控、优化及控管一体化的综合自动化功能。FCS 与 DCS 相比,有以下特点:

(1) 总线式结构。一对传输线(总线)挂接多台现场设备,双向传输多个数字信号。这种结构与一对一的单向模拟信号传输结构相比,布线简单,安装费用低,维护简便。

(2) 开放性、互操作性和互换性。现场总线采用统一的协议标准,是开放式的互联网,对用户是透明的。在传统的 DCS 中,不同厂家的设备是不能相互访问的。而 FCS 采用统一的标准,不同厂家的网络产品可以方便地接入同一网络,在同一控制系统中进行互操作,而互换性意味着不同厂家的性能类似的设备可实现相互替换,因此简化了系统集成。

(3) 彻底的分散控制。现场总线将控制功能下放到作为网络节点的现场智能仪表和设备中,做到彻底的分散控制,提高了系统的灵活性、自治性和安全可靠性,减轻了分布式控制中控制器的计算负担。

(4) 信息综合、组态灵活。通过数字化传输现场数据,FCS 能获取现场仪表的各种状态、诊断信息,实现实时的系统监控和管理以及故障诊断。此外,FCS 引入了功能块的概念,通过统一的组态方法,使系统组态简单灵活,不同现场设备中的功能块可以构成完整的控制回路。

(5) 多种传输介质和拓扑结构。FCS 由于采用数字通信方式,因此可用多种传输介质进行通信。根据控制系统中节点的空间分布情况,可应用多种网络拓扑结构。这种传输介质和网络拓扑结构的多样性给自动化系统的施工带来了极大的方便。据统计,FCS 与传统 DCS 的主从结构相比,只计算布线工程一项即可节省40％的经费。

目前为止市场上存在几十个各种各样的现场总线标准,这在一定程度上阻碍了现场总线系统的应用。

3.1.3.5　计算机集成过程控制系统(CIPS)

计算机集成过程控制系统(CIPS),即工业生产控制论系统。其主要硬件系统除原生产系统中的基础自控装置如 DCS,PLC 等外,还有计算机网络构架及服务器,网络交换机等。软件系统包括各相关的系统软件及数据库系统。集常规控制、先进控制、在线优化、生产调度、企业管理、经营决策等功能于一体的综合自动化系统(CIPS)是当前自动化发展的趋势和热点。CIPS 是在计算机通信网络和分布式数据库的支持下,实现信息与功能的集成、综合管理与决策,最终形成一个适应过程环境下不确定性和市场需求多变性的全局最优的高质量、高柔性、高效益的智能生产系统。

根据连续生产过程控制与工程总体优化、信息集成的需求,CIPS 工程可由过程控制分系统、综合管理分系统、集成支持分系统、人与组织分系统 4 个分系统及相应的下层子系统组成。只有获得过程的大量信息,CIPS 才能进行系统的优化、综合管理与决策。

3.1.3.6　企业生产过程实时数据采集与监控系统(SCADA)

SCADA 技术又称为计算机四遥(遥测、遥控、遥信、遥调)技术,是以计算机为基础的生产过程控制与调度自动化系统。它可以对远程现场的运行设备进行监视和控制,以实现远程数据采集、传输、设备控制、测量、参数调节以及各类信号报警等各项功能。一个完善的 SCADA 系统的建立,依托于高精度、智能化的一次仪表获取信息,准确无误的通讯手段传输数据和高效快捷的计算机处理能力。SCADA 系统所涉及的技术比较广泛,有仪表技术、检测技术、通讯技术和网络技术等。

SCADA 系统数据分布在多级服务器上。中央服务器处理重要的和带有统计性质的数据,并提供全局实时数据服务、重要参数的历史数据服务和全局报警服务;各子服务器集中处理本子系统的数据,并提供本子系统的全部实时数据、事件信息和全历史库访问服务;I/O 通信控制器处理本采集站的实时数据。

SCADA 系统数据类型一般有以下几种:实时数据、历史数据、日志和报警、事故查询、装置报告等事件记录。网络上的远程数据服务常有 3 种模式:"同步请求-应答"模式、"数据订阅"模式、"事件变化通知"模式。

SCADA 系统一般由企业生产调度指挥中心、分厂测控站、管网测压点等组成。它所具有的功能一般包括:数据采集控制功能,数据传输功能,数据显示及分析功能,报警功能,历史数据的存储、检索、查询功能,报表显示及打印功能,遥控功能,网络功能等[3]。

3.1.4　过程控制的优点和意义

SBR 法有机物去除机理与传统的活性污泥法相同,唯一不同只是运行方式。与传统活性污泥法类似,加强 SBR 系统过程控制具有重要的意义,总结如下:

(1) 可以提高污水处理厂性能、可靠性、灵活性和运行效率;

(2) 可降低污水处理厂改造或扩建所需要的基建费用,在现有反应器容积下,通过优化控制可以增大污水处理厂处理负荷;

(3) 污水处理的运行费用是庞大的、长期的,如果通过有效的控制能将城市污水处理厂的运行费用节省 1%,也是个天文数字,因此,加强城市污水处理系统过程控制非常必要;

(4) 污水处理系统是一个典型的非线性、多变量、非稳定、时变系统,因此对污水处理厂运行管理提出了更高要求,迫切需要实现污水处理过程的过程控制,从而实现达标、稳定、高效、低耗的目标;

(5) 可提高和促进污水处理厂运行管理人员水平。城市污水处理厂的一个显著发展趋势是工艺运行由经验判断走向定量分析,将在线仪表与 PLC 应用于各种污水处理工艺过程中,来确定工艺参数、优化运行方案、预测运行过程中可能出现的问题及采取的防止措施;

(6) 与发达国家相比,我国在污水处理的基本理论、工艺流程和工程设计等方面并不明显落后,但是在运行管理与过程控制方面却存在着较大的差距。目前,我国城市污水处理厂的吨水耗电量是发达国家的两倍,而运行管理人员数却是其若干倍,大部分已建的污水处理厂仍处于人工操作状态,这严重影响了城市污水处理的质量,带来了不可预料的后果。

3.1.5　SBR 法过程控制的发展历程

3.1.5.1　原始开发阶段

SBR 法最早可以追溯到 Arden 和 Lockett 于 1914 年和 1915 年所做的著名的 Manchester 试验,该试验定义了最初的活性污泥的概念,试验中所用的小试反应器称为进水和排水反应器(fill and draw reactors),该反应器即为 SBR 工艺的最初原型。1914~1920 年六年间在世界上建成了众多的 SBR 污水处理设施。这期间 SBR 工艺的过程控制大多采用简单的时间控制,由于当时的液位计等设备质量不达标,自动控制技术水平落后等因素使得工艺的运行操作复杂、成本较高,最终导致大部分 SBR 污水处理设施全部改造为连续流工艺。从 20 世纪早期到 70 年代,SBR 工艺在全世界范围内应用罕见,几乎被世人遗忘。

3.1.5.2 发展与复兴阶段

自 20 世纪 70 年代末以来,随着污水处理自动化水平迅速提高,SBR 工艺重新被人们认识,研究和应用。在此基础上,SBR 法用于处理序批排放的水质水量变化较大的工业废水及中小城镇污水取得了巨大成功,并在世界范围内得到了迅速发展和应用。目前在日本、美国以及澳大利亚已有数百座 SBR 法污水处理厂正在成功运行。此外近 10 年来中国新建的日处理能力在 50 000m³/d 以下的城镇污水处理厂中有 30%～40%采用了 SBR 工艺。这期间建成的 SBR 污水处理厂大多采用时间控制策略,实时过程控制理论和系统的开发和研究多集中在实验室规模或中试规模中,在实际中应用的案例较少。

3.1.5.3 新的进展

近年来随着现代控制技术和计算机技术的飞速进步、传感器性能的提升,特别是人工智能技术的发展,模糊控制、神经网络、专家系统等智能控制技术逐渐被应用于 SBR 法的过程控制中。由于智能控制系统具有自学习、自适应和自组织功能,因此特别适用于复杂的 SBR 法污水处理动态过程的控制。虽然目前大部分有关 SBR 法智能控制的研究还多处于理论研究阶段,但智能控制必将是未来 SBR 法过程控制的发展方向。

3.1.6 SBR 法过程控制的分类

SBR 法计算机过程自动控制可分为两个层次:第一,普通自动控制,它是根据水量与设定的时间,实现 SBR 法自动控制;第二,以出水水质为目标的自动控制,它是在普通自动控制基础上,根据进水和反应器内的有机物、氮和磷的浓度变化来灵活地控制反应时间的自动控制。

3.1.6.1 时间控制

这种控制策略的基本思想是将人工手动控制和操作作用自动控制来实现。从自动控制理论的角度来看,属于开关型自动控制。通常在一个 SBR 反应池的所有周期中,至少需要开关管道和电源等闸阀六次,而污水处理厂是若干个 SBR 池组成,每个 SBR 每天还需要运行若干个周期,可见手工操作极其繁琐且容易出错。SBR 法时间控制可以通过水位继电器来控制进水时间,用时间继电器控制反应时间和沉淀时间,用水位继电器或其他方法控制排水量和排水时间等,进出水管和空气管路上可用电磁阀或电动阀与定时器及继电器来控制开启和关闭。

3.1.6.2　实时控制

SBR 法可处理不同水质的污水,如果以同一反应时间运行,那么当进水有机物、氮和磷的浓度很高时,处理水质可能达不到要求,当进水有机物、氮和磷的浓度很低时,则反应时间可能过长,既浪费了能量,又易于发生污泥膨胀。显然,在反应阶段根据反应器内有机物、氮和磷浓度变化来控制反应时间将很好地克服此问题。这就是实时控制的基本思想。一般来说,实时控制又分为反馈控制和智能控制。其中反馈控制可分为:基于直接参数传感器(COD,氨氮,硝态氮和磷酸盐)的反馈控制和基于间接参数(DO,ORP,pH)的反馈控制。而智能控制可以分为模糊控制,神经网络和专家系统三类。SBR 过程控制的发展如图 3-6 所示。

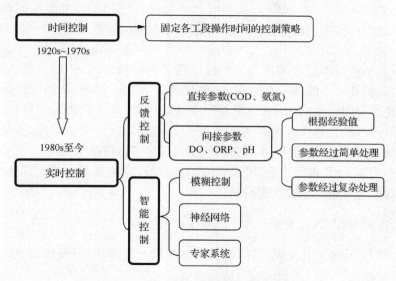

图 3-6　SBR 法过程控制发展历程

3.2　传统控制理论和方法在 SBR 法中的研究和应用

3.2.1　定时控制的概述

由于 SBR 工艺发展早期的测量手段比较欠缺、自控设备和仪表稳定性不够,对 SBR 反应体系的系统研究受到限制,SBR 工艺操作大多仍停留在人工手动控制水平,基于时间控制策略的自动控制应用比较少见。直到 20 世纪 70 年代末期,自动化技术快速发展,设备稳定性得到了极大的提高,SBR 工艺才重新焕发活力,时间控制策略才开始广泛应用到 SBR 污水处理厂。现今大部分的 SBR 污水处理厂仍然采用时间控制策略。

3.2.2　SBR 定时控制的设计

3.2.2.1　时间控制策略的基本参数

传统的时序控制方法多根据经验确定运行周期参数,国内外已经建成的 SBR 反应池一天之内的周期数都采用整数,最常用的周期数是 4、5、6(d^{-1}),每周期运行时间分别为 6h、4.8h 和 4h。SBR 工艺参数具体包括周期长 T_c、周期数 N、各周期中的进水时间 T_f、非限制性曝气进水时间 T_{af}、反应时间 T_r、沉淀时间 T_s、滗水时间 T_d 和闲置时间 T_i。

一般情况下,在一个 SBR 周期中有进水时间、反应时间、沉淀时间和滗水时间。进水时间可根据进水水量和水质的变化波动具体确定。反应时间是根据处理目标具体制定。沉淀时间根据系统中污泥的沉降性能确定,一般为 0.5～1h。滗水时间依据系统排水量和滗水器滗水速率两者同时确定的,一般该值是固定的。只有当情况特殊时才改变滗水时间:如果 SVI 和 MLSS 都很低,污泥沉降性能特好,可将滗水时间改为 0.5h,相应增加反应时间;如果 SVI 和 MLSS 都很高,污泥沉降性能特差,则应延长滗水时间至 1.5～2.0h,相应减少反应时间,或选用较长的周期。闲置阶段可有可无,闲置时间长度可根据实际情况来确定,如果处理水量突然增加,大于 SBR 设计水量,可以省去闲置阶段;如果处理水量大幅减少,远小于设计水量,可以适当延长闲置阶段。

3.2.2.2　时间控制策略的基本设计原理

对于单池 SBR 工艺来说,时间控制策略的设计很简单,只要依据设定好的周期以及各阶段的持续时间表运行反应器就能实现简单的时间自动控制。如果有两个 SBR 反应池的话,其控制策略会复杂一点,其关键在于如何调整两座 SBR 池的运行次序,提高工作效率是一个重要的现实问题。下面提出一种控制策略作为设计参考,假设整个运行周期为 4h,每个池进水、曝气 2h,沉淀 1h,排水 1h。SBR 池运行状态如表 3-1 所示。

为了进一步提高 SBR 工艺的进水连续性和效率,SBR 工艺采用三池或多池结构设计能更有效的处理高峰期水量,而不需要进水排水阶段重叠来提高系统的处理能力和效率。在多池 SBR 系统中,单池一个周期内的反应,沉淀,排水和闲置四阶段的时间与所有其他池的进水总时间相同。因此,随着池体数量的增加,任一池中进水的时间比例减小,而反应,沉淀,排水和闲置部分所占的比例增加。如表 3-2,表 3-3 所示,表中分别列出了日处理流量为 100 000 m^3/d 和 10 000 m^3/d,进水 BOD_5 均为 200mg/L,反应池的总体积均为 62500m^3 的 SBR 城市污水处理厂的设计实例[4]。

表 3-1　SBR 双池运行的控制策略

时间	1#SBR 池	2#SBR 池
0:00～1:00	进水、曝气、污泥回流 停 1#滗水器、停 1#排泥泵、开 1#进水阀、 开 1#进气阀、开 1#污泥回流泵	沉淀 关 2#进气阀、停 2#污泥回流泵、 关 2#进水阀
1:00～2:00	进水、曝气、污泥回流 维持原状	出水、闲置、排泥 开 2#滗水器、开 2#排泥泵
2:00～3:00	沉淀 关 1#进气阀、停 1#污泥回流泵、 关 1#进水阀	进水、曝气、污泥回流 停 2#滗水器、停 2#排泥泵、开 2#进水阀、 开 2#进气阀、开 2#污泥回流泵
3:00～4:00	出水、闲置、排泥 开 1#滗水器、开 1#排泥泵	进水、曝气、污泥回流 维持原状

表 3-2　处理量 100 000 m³/d 的 SBR 城市污水处理厂设计实例

池体数量	单池体积/m³	每个阶段所需时间/h						进出水流速比
		静态进水	非限制性进水	反应时间	沉淀时间	排水时间	闲置时间	
2	31 250	3.00	0.75	1.17	0.75	0.75	0.33	4
4	15 625	1.50	0.50	1.42	0.75	0.75	1.58	2
5	12 500	1.20	0.33	1.59	0.75	0.75	1.71	1.6
10	6250	0.60	0.00	1.92	0.75	0.75	1.98	0.8
20	3125	0.30	0.00	1.92	0.75	0.75	2.28	0.4

表 3-3　处理量 10 000 m³/d 的 SBR 城市污水处理厂设计实例

池体数量	单池体积/m³	每个阶段时间/h					
		静态进水时间	反应曝气时间	沉淀时间	排水时间	闲置时间	总的周期时间
4	15 625	1.5	1.92	0.75	0.75	1.08	6
5	12 500	1.2	1.92	0.75	0.75	1.38	6
10	6250	0.6	1.92	0.75	0.75	1.98	6
20	3125	0.3	1.92	0.75	0.75	2.28	6

　　同时表 3-4 总结了池体总体积为 62500 m³ 的多池系统在负荷为 0.4kgBOD₅/(kg MLSS·d)条件下没有闲置阶段的运行策略。

表 3-4　多池 SBR 系统中省却闲置阶段的运行控制策略

池体数量	每个阶段时间/h							
	静态进水	反应时间	沉淀时间	排水时间	闲置时间	周期时间	流速/(m³/d)	停留时间 h
4	1.14	1.92	0.75	0.75	0.00	4.75	131 500	11.4
5	0.86	1.92	0.75	0.75	0.00	4.28	140 350	10.7
10	0.38	1.92	0.75	0.75	0.00	3.80	157 900	9.5
20	0.18	1.92	0.75	0.75	0.00	3.60	166 670	9.0

对大型 SBR 污水处理厂来说,更符合实际的做法是增加池体的数量而不是拥有两个超大型的池体。因为池体过大会导致其具有高度的复杂性和冗余性,特别是当双池 SBR 中的一池需离线维修的情况下,很难保证 SBR 系统正常的处理能力。因此,SBR 时间控制策略应遵循合理分配时间,便于维修,操作简单的原则进行设计。这样才能最大限度地扬长避短,增强时间控制策略的实用性,促进时间控制策略的广泛推广和实际应用[5]。

3.2.3　SBR 定时控制在国内外的应用

国外采取固定时序控制策略的 SBR 工程应用最早可追溯到 1914 年,当时最先在英国索尔福德建立的 SBR 污水处理工程,日处理量为 303m³。平均每个周期的运行时间为 7h,其中进水 0.75h、反应 3h、沉淀 2h、排水 1h 和闲置 0.25h[4]。随后 1915 年在美国威斯康星州密尔沃基建成的 SBR 污水处理厂的运行周期为 6h,其中进水 1 h、反应 3.5 h、沉淀 0.5 h 和排水 1 h。运行周期中没有闲置阶段。1914~1920 年之间建成了很多 SBR 污水处理系统,其中大部分的 SBR 工程最终都改造成连续流系统运行。随着科技的发展,通过对曝气装置和控制系统的改进,克服了 SBR 系统的缺陷,为 SBR 工艺在全世界范围内的广泛应用打下了良好的基础。同时在其他很多国家也有很多 SBR 实际应用的例子,表 3-5 和表 3-6 分别列出了美国等采用时间控制策略的 SBR 工艺在工业废水和生活污水领域的工程应用实例。

目前在中国对 SBR 处理工业废水,城市污水和生活污水的研究也很多,不过大多数研究还处于初级阶段,即固定周期各阶段时间的控制研究阶段。表 3-7 列出了中国采用 SBR 处理不同废水的具体时间控制策略。从表 3-7 中可以看出,定时控制模式在 SBR 工艺处理城市污水或工业废水中仍然占很大比例,处于主导地位。因此,SBR 工艺控制方式由定时控制向实时控制甚至智能控制转变是中国污水处理行业未来发展的必然趋势。

表 3-5　国外 SBR 处理各种工业废水的工程应用实例

工业废水工程应用实例	废水种类	设计流量/(m³/d)	控制方式
美国俄克拉荷马州艾达 Ada	屠宰废水	未知	定时控制
美国俄勒冈州波特兰市 Alphenrose 奶制品工厂	奶制品废水	未知	定时控制
美国密歇根州布莱顿市 Burrough 农场	生活废水	150	定时控制
美国纽约州尼亚加拉瀑布国际 CECOS 中心	化学渗滤液和有毒废水	380	定时控制
美国密歇根州弗林特市 Dominos	食品加工厂	80	定时控制
美国堪萨斯州 Doskocil 香肠制品公司	食品加工厂	1140	定时控制
美国田纳西州 Kingsport 市 Holston 军工厂	爆炸废水	40	定时控制
美国加利福尼亚州 Ontario 市 Inland 包装公司	造纸废水	3790	定时控制
美国田纳西州 Lynchburg 市 Jack Daniels Dist	酒精废水	910	定时控制
美国加利福尼亚州 Loma Linda 食品厂	食品加工废水	570	定时控制
美国得克萨斯州 Conroe 牧场	奶制品废水	830	定时控制
美国佛罗里达州 Monroe 郡	渗滤液	150	定时控制
美国北卡罗来纳州 Fayetteville Monsanto	除草剂废水	40	定时控制
美国纽约尼亚加拉瀑布 Occidental 化学试剂厂	化学废水	380	定时控制
美国俄克拉荷马州俄克拉荷马市	汽车冲洗废水	未知	定时控制
美国俄亥俄州 Newark 欧文玻璃纤维公司	未知	1890	定时控制
美国怀俄明州 Thayne Star Vally 奶酪公司	食品加工废水	570	定时控制

表 3-6　SBR 处理城市废水的工程应用实例

生活污水工程应用实例	设计流量/(m³/d)	控制方式
美国俄克拉荷马州 Armada	1320	定时控制
美国密歇根州 Armada	450	定时控制
美国密歇根州商业草场	1500	定时控制
美国印第安纳州 Culver	11400	定时控制
美国俄克拉荷马州 Dell city	7570	定时控制
美国密歇根州 Flushing	1890	定时控制
美国明尼苏达州 Granite Falls	3150	定时控制
美国爱德华州 Grundy 中心	1440	定时控制
美国俄克拉荷马州 Harriman	5680	定时控制
美国田纳西州 Harriman	570	定时控制
美国堪萨斯州堪萨斯城 Johnson 联合工业航空公司	190	定时控制

续表

生活污水工程应用实例	设计流量/(m³/d)	控制方式
美国俄克拉荷马州 Kaw 城	3900	定时控制
美国密歇根州 Manchester	23000	定时控制
美国俄克拉荷马州俄克拉荷马市	2270	定时控制
美国马里兰州 Poolesville	19000	定时控制
美国加利福尼亚州 Temecula	95000	定时控制
美国北卡罗来纳州 Rowland	950	定时控制
加拿大魁北克省 St. Georges	20000	定时控制
加拿大魁北克省 Thetford	19000	定时控制
美国密歇根州 Union Lake Plaza	570	定时控制
法属波利尼西亚塔希提	50	定时控制

表 3-7　我国 SBR 处理各种类型废水的固定时序控制方式

处理对象	固定时序控制方式	处理效果
印染废水[17]	充水曝气 3h,沉淀 1 h,排水 0.5h,闲置 2h	进水 CODcr 为 976mg/L, BOD₅ 为 226mg/L, 色度为 2500;去除率分别为 91.8%,90%和 96.6%
造纸废水[18]	进水 1h(非限制曝气),反应 3h,沉淀 1h,排水 0.5h,闲置 0h	进水 CODcr 2400mg/L;去除率为 81.9%
十三碳二元酸发酵有机废水[19]	间歇曝气,有一系列曝气和闲置阶段组成(曝气 3h,闲置 2h)	进水 CODcr 1000~2000mg/L,BOD₅ 550~1100mg/L;去除率分别为 90%和 95%
城市生活污水[20]	进水 1.5h,曝气 4h,沉淀 2h,排水 0.5h,闲置 0h	进水 COD 为 533.2mg/L,BOD 为 324.3mg/L,TN 为 39.8mg/L,TP 为 6.3mg/L;去除率分别为 95.8%,99.3%,75.7%和 94.8%
麦芽生产废水[21]	进水 1.5h,曝气 7.5h,沉淀 1.5h,排水 1h,闲置 0.5h	进水 CODcr 800~1500mg/L,BOD₅ 450~1000mg/L;去除率分别为 92.5%和 99.25%
合成洗涤剂废水[22]	进水 0.5h,搅拌 1.5h,排水 1h,闲置 0.5h	进水 CODcr 3790mg/L,BOD₅ 为 1389mg/L;去除率 CODcr 90%,BOD₅ 95%
聚酰胺废水[5]	进水 1h,反应 5h,沉淀 3h,排水排泥 1h,闲置 2h	进水 CODcr 为 2901~3923mg/L,NH₃-N 为 201~223mg/L,聚酰胺 1504~1636mg/L;去除率各为 97%,91%和 98%
油田采出[23]	进水 1h,反应 5h,沉淀 1h,排水排泥 1h,闲置 0h	进水 CODcr 为 230mg/L;去除率为 82.6%
屠宰废水[24]	进水 2h(进水 1h 后,开始曝气),曝气 8h,沉淀 1h,排水 1h,闲置 1h	进水 CODcr 为 900~1100mg/L,BOD₅ 为 550~700mg/L,出水 COD<150mg/L,BOD₅<60mg/L
化学药剂废水[25]	进水 0h,曝气 10h,沉淀 2h,排水 0h,闲置 11h	进水 CODcr 为 240~1100mg/L,NH₃-N 为 14~55mg/L;去除率分别为 90%和 77%

3.2.4　SBR 定时控制的特点和局限性

利用传统固定时序对 SBR 进行控制管理,虽然方法简单,操作方便,但如果只按照时间运行,出水水质和能耗就不能根据相应情况进行调整,尤其是在曝气阶段,鼓风机通常保持一定的供风量不间断运行,不能根据曝气需氧量实时调节供气量,既不利于提高工艺处理能力,极大地降低了工作效率,也造成极大的能源浪费,难于实现节能降耗。

3.3　基于传感器的 SBR 法在线实时控制

3.3.1　基于污染物传感器的 SBR 的实时控制

基本原理:基于直接参数的 SBR 法实时控制策略的原理非常简单,简要来说就是根据污染物感应器直接检测污染物的浓度变化,当污染物浓度降低到排放标准范围内及时进行阶段转换,实现 SBR 工艺的优化运行。

此控制方法的优点如下:①直接测定系统状态参数,如氨氮、磷酸盐、硝酸盐、亚硝酸盐、总悬浮物 TSS、化学需氧量 COD 等,能够准确监测系统的状态,从而根据系统运行的状态确定周期各阶段的长度;②避免不必要的能量消耗和药品消耗。同时,该控制方法也存在不可忽视的缺点:①价格昂贵,由于运行维护复杂,需要专业的技术人员进行操作,提高了运行成本,中小水量的 SBR 污水处理厂难以承担运行费用;②检测精度也不是很令人满意,需要频繁校正,抗干扰能力差。

基于污染物参数的 SBR 实时控制方法中应用最普遍的是在线氨氮、磷酸盐、硝酸盐 3 种传感器,其中在线氨氮传感器的使用能最大限度的降低曝气阶段的长度,磷酸盐、硝酸盐 2 种在线传感器同样在沉淀阶段和排水阶段的持续时间设计上具有很重要的影响[6]。Wiese 等研究人员分别对 SBR 污水处理厂和整合排水系统的 SBR 污水处理厂的综合处理系统建立实时控制方法,该控制方法主要建立在氨氮、硝酸盐、TSS 等在线探头的应用基础上,不仅能使污水处理厂处理能力提高 50%,而且也极大地提高了总氮、总磷、氨氮的去除率[7,8]。另外,某些研究人员开始尝试把排水系统监测中普遍使用的潜水型紫外/可见光分光计应用到 SBR 污水处理厂的控制过程中。该仪器能在线检测出系统中硝酸盐、有机物、悬浮物等过程控制参数。如图 3-7 所示:随着进水阶段的进行,COD 逐渐增加,硝态氮(NO_3^--N)由于反硝化作用逐渐下降,点 4 指示着进水过程中微生物反硝化反应结束;随着反应阶段的进行,COD 开始先快速后缓慢的下降,同时 NO_3^--N 浓度开始缓慢上升,点 5 指示着该周期反应阶段的结束,此时可以停止曝气,进入沉淀阶段。该方法虽然简单直接,但也存在很大的缺陷,严重影响这些参数的推广应用[9]。开发经济实用、检测准确度高、操作简单方便、运行稳定可靠的检测设备是今后的发展趋势和方向。由于污染物直接传感器探头费用昂贵,大多数中小型污水厂不能承担,因此,很多研究者和工程师开始尝试采用相对廉价、性能更稳定的间接参数指示器来间接指示工艺过程中系统的状态,最终建立以间接参数为基础的实时控制策略。

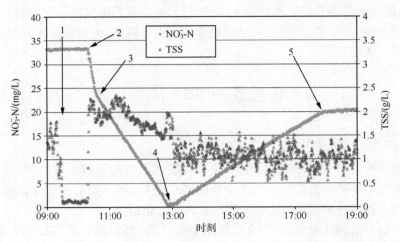

图 3-7　典型 SBR 的周期中 $NO_3^- \text{-} N$ 和 TSS 随时间变化曲线

3.3.2　基于间接参数传感器的 SBR 实时控制

SBR 处理工艺由于其在运行时间上的灵活控制,较易实现好氧、缺氧及厌氧状态交替的环境,为其实现去除有机物及脱氮除磷提供了极为有利的条件。目前,SBR 工艺急需解决的就是对上述各反应过程的过程控制问题,即根据原水水质水量的变化以及工艺处理要求控制各个生化反应的所需时间,在保证出水水质的前提下节省能耗。

通过对 SBR 污水处理工艺及其控制系统的长期研究和探索,选择了易于在线检测、响应时间短、精度较高的氧化还原电位(ORP)、溶解氧(DO)和 pH 等参数作为该工艺处理过程的被控制变量。实践证明,SBR 法在有机物降解、硝化和反硝化以及生物除磷过程中 DO 浓度、ORP 和 pH 有显著的变化规律,在有机物降解完成、硝化反硝化结束时出现明显的特征点,不同进水氨氮浓度和进水有机物浓度的试验进一步验证了特征点的重现性,可以作为 SBR 有机物去除、脱氮除磷的过程控制参数,从而实现反应时间的精确控制,既能在进水有机物浓度波动大的情况下,保证其处理水水质,又能避免因过度曝气而浪费电能和引起污泥膨胀。

3.3.2.1　DO、ORP、pH 曲线的特征变化点概述

国内外学者通过对 SBR 法污水处理工艺及其控制系统的长期研究与探索,发

现溶解氧(DO)浓度、氧化还原电位(ORP)和 pH 等变量不但具有易于实现在线检测、响应时间短、精度较高等优点,而且这些参数的变化曲线还与 SBR 工艺去除有机物及硝化反硝化过程存在良好的相关性,在各阶段反应结束时,这些控制参数的变化曲线上会出现图 3-8 和图 3-9 所示的特征点,因此,可以根据这些控制变量的变化点对反应过程进行实时控制。

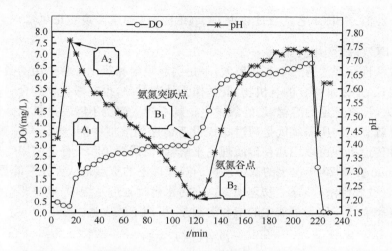

图 3-8　SBR 法去除有机物及硝化过程中典型的 DO、pH 变化规律

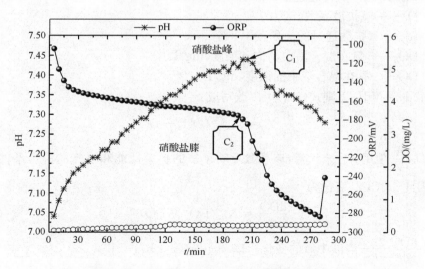

图 3-9　SBR 法反硝化过程中典型的 ORP、pH 变化规律

　　如图 3-8 所示在 SBR 法去除有机物过程中,当有机物降解结束时,DO 曲线会出现一个小的跃升变化点 A_1,DO 此时并没有上升至很高的水平,pH 曲线在去除

有机物过程结束时会出现由上升转下降的变化点 A_2。进入硝化阶段,在 SBR 法硝化过程中,硝化结束时在 DO 曲线上会出现"氨氮突跃点"(ammonia break point) B_1,而在 pH 曲线上会出现由下降转上升的"氨氮谷点"(ammonia valley) B_2。如图 3-9 所示在 SBR 法反硝化过程中,反硝化结束时在 ORP 曲线上会出现"硝酸盐膝"(nitrate knee) C_2,而在 pH 曲线上会出现"硝酸盐峰"(nitrate apex) C_1。

3.3.2.2　SBR 工艺反应过程中 DO、ORP、pH 曲线常规变化规律

(1) DO 曲线变化规律

构成活性污泥法有三个基本要素:一是引起吸附和氧化分解作用的微生物,即活性污泥;二是废水所含的有机物,既是作为处理对象,也是微生物的食料;三是溶解氧(DO),没有充足的溶解氧,好氧微生物既不能生存也不能发挥氧化分解作用。微生物降解有机物所需氧气是通过曝气设备传递到溶液中的,然后再被微生物利用。这种传递机理可以用几种传质理论来解释,但最简单和最普遍使用的是 Lewis 和 Whitman 在 1923 年提出的双膜理论。双膜理论的基点是认为在气液界面存在着两层膜(气膜和液膜)这一物理现象。在污水生物处理系统中,氧是难溶气体,它的传递速率通常正比于溶液中的饱和溶液差,可用下式表达:

$$\frac{dm}{dt} = D_L A(DO_S - DO) \tag{3-1}$$

式中:dm/dt——氧传递速率,$kgO_2/(m \cdot h)$;

D_L——氧扩散系数,m^2/h;

A——氧扩散通过的面积,m^2;

DO_S——氧在混合液中的饱和浓度,mg/L;

DO——氧在混合液中的浓度,mg/L。

而 $dm = VdDO$,则式(3-1)可以改写成:

$$\frac{dDO}{dt} = D_L \frac{A}{V}(DO_S - DO) \tag{3-2}$$

通常 $D_L \frac{A}{V}$ 项用 K_{La} 来代替,该系数反映了氧的扩散性能和曝气的混合条件等因素。因此,式(3-2)变化为

$$\frac{dDO}{dt} = K_{La}(DO_S - DO) \tag{3-3}$$

式中:$\frac{dDO}{dt}$——溶液中氧的变化速率,$mgO_2/(L \cdot h)$;

K_{La}——氧总转移系数,$1/h$。

将式(3-3)进行积分,可得到氧总转移系数:

$$\int_{DO_1}^{DO_2} \frac{dDO}{DO_S - DO} = K_{La} \int_{t_1}^{t_2} dt$$

$$K_{La} = 2.3 \times \frac{1}{t_2 - t_1} \times \lg \frac{DO_S - DO_2}{DO_S - DO_1} \tag{3-4}$$

式中：DO_1 和 DO_2 分别为 t_1 和 t_2 时刻时混合液中溶解氧浓度。

K_{La} 值受污水水质影响，用清水测定出来的值如果用于污水，必须采用修正系数 α，同样，清水的 DO_S 值用于污水中也要一个 β 值进行修正，因此式(3-3)变为

$$\frac{dDO}{dt} = \alpha K_{La}(\beta DO_S - DO) \tag{3-5}$$

其中：$\alpha = \dfrac{K_{La}(污水)}{K_{La}(清水)}$；$\beta = \dfrac{DO_S(污水)}{DO_S(清水)}$。

生活污水的 α 值为 0.4~0.5，城市污水厂出水的 α 值为 0.9~1.0。

污水生物处理过程中，根据污水中溶解氧浓度变化，可以把供氧方式分为恒定曝气量和恒定 DO。所谓恒定曝气量是指污水中的溶解氧是随时间变化的。由于污水中的微生物要耗氧，因而氧的传递方程变为

$$\frac{dDO}{dt} = \alpha K_{La}(DO_{SW} - DO) - \gamma \ 或 \frac{dDO}{dt} = \alpha K_{La}(\beta DO_S - DO) - \gamma \tag{3-6}$$

将式(3-6)变换可得

$$\frac{dDO}{dt} = (\alpha K_{La} \times \beta \times DO_S - \gamma) - \alpha \times K_{La} \times DO \tag{3-7}$$

式中：DO_{SW}——污水中的溶解氧饱和浓度，mg/L；

γ——微生物的需氧速率，$mgO_2/(L \cdot h)$。

式(3-7)中，在一定条件下，α、K_{La} 和 γ 都为常数，因而测得 DO 随时间变化的曲线，即可求得 K_{La} 值。α、DO_{SW} 和 γ 应同时进行测定。

所谓恒定 DO，是通过外力控制污水中的溶解氧不随时间而变化。这种情况下，曝气设备的供氧速率恰好满足微生物的需氧速率，$dDO/dt = 0$，氧传递方程为

$$\alpha K_{La}(DO_{SW} - DO) - \gamma = 0 \tag{3-8}$$

此时只要测出 α、DO_{SW}、DO 和 γ，即可算出 K_{La}。当曝气量和 K_{La} 不变时，反应器内混合液的实际溶解氧浓度越小，单位容积内氧的传递速率越大，转移的氧都被微生物利用降解有机物，耗氧速率增大，间接地反映出有机物降解速率的增大。微生物对氧的需求不仅仅在降解有机物时，同样微生物为了维持自身的生命及生长繁殖而进行新陈代谢活动也需要氧，即内源呼吸。因此，可以看到，DO 在整个生物处理过程中，起着非常重要的作用，DO 的变化必将对生物反应的进程产生影响。

在去除有机物反应初期，因供氧速率远远大于异养菌的耗氧速率(OUR)，DO 开始上升。在去除 COD 的过程，DO 缓慢下降，在 COD 达到难去除程度之前，DO 基本不变或者变化不大。在 SBR 中，当有机物接近其难去除浓度时，异养菌的 OUR 迅速降低，由于曝气量恒定，供氧远远大于异养菌的 OUR，所以会出现 DO

的跃升。随着 DO 浓度的增加,氧转移速率及供氧速率也逐渐随之减少,此时 COD 浓度比较低,硝化菌的竞争对手异养菌因为缺少底物而失去竞争力,系统内的硝化菌开始大量进行新陈代谢。在氨氮去除的初始阶段,自养菌的 OUR 较大,所以 DO 并没有上升至很高的水平,只是跃升了一下以后进入硝化阶段。硝化反应过程 DO 不断上升直至硝化结束,在硝化反应结束时,DO 出现第二次跃升或者上升的速率加快。

(2) ORP 曲线变化规律

对于污水生物处理系统,往往同时进行着大量的生化反应,是一个相当复杂的体系。因此,该系统的氧化还原电位(ORP)是多种氧化物质和还原物质进行氧化还原反应的综合结果。来自污水和有细菌代谢作用产生的许多氧化还原物质也对 ORP 有影响。而且生物处理中的氧化还原反应有的可能达到平衡,有的没有达到平衡。因此,对生物处理系统而言,ORP 不再是一个热力学概念,也不能作为某种氧化物和还原物的浓度指标,但它对整个系统的氧化还原状态给出一个综合指标,这为讨论 ORP 与生化反应进程的相关关系提供了理论依据。

氧化还原反应的实质是氧化剂和还原剂之间进行电子交换的过程,对于只有一个氧化还原电对的体系,其氧化还原反应可表示为:

$$\text{Red} \longleftrightarrow \text{O}_x + ne$$

$$\text{还原态　氧化态　电子} \tag{3-9}$$

该体系的平衡氧化还原电位可以用能斯特方程表示

$$E = E_0 + \frac{RT}{nF} \ln \frac{[\text{O}_x]}{[\text{Red}]} \tag{3-10}$$

式中:E——体系的平衡氧化还原电位,mV;

E_0——标准氧化还原电位,mV;

R——摩尔气体常量;

T——热力学温度,K;

F——法拉第常数;

n——参加反应的电子数。

污水生物处理过程中最基本的反应是微生物的合成和呼吸活动,可简单用以下方程式表达:

$$\text{合成反应} \qquad \text{A}_{\text{red-H}} = \text{A}_{\text{ox}} + m\text{CO}_2 + n\text{H}^+ + ne \tag{3-11}$$

$$\text{呼吸反应} \qquad \frac{n}{4}\text{O}_2 + n\text{H}^+ + ne = \frac{1}{2}n\text{H}_2\text{O} \tag{3-12}$$

式中:$\text{A}_{\text{red-H}}$ 为微生物进行合成代谢所利用的有机物;A_{ox} 为新合成的细胞物质。

以上反应的平衡氧化还原电位可以用能斯特方程表示:

$$E_{h(1)} = E_{h(1)}^0 + \frac{RT}{nF} \ln \frac{[\text{A}_{\text{ox}}][\text{CO}_2]^m[\text{H}^+]^n}{[\text{A}_{\text{red-H}}]} \tag{3-13}$$

$$E_{h(2)} = E_{h(2)}^0 + \frac{RT}{nF}\ln\frac{[O_2]^{\frac{n}{4}}[H^+]^n}{[H_2O]^{\frac{n}{2}}} \tag{3-14}$$

当反应处于平衡状态时，

$$E_h = E_{h(1)} = E_{h(2)} = \frac{1}{2}\left[E_{h(1)}^0 + E_{h(2)}^0 + \frac{RT}{nF}\ln\frac{[A_{ox}][CO_2]^m[H^+]^{2n}[O_2]^{\frac{n}{4}}}{[A_{red-H}][H_2O]^{\frac{n}{2}}}\right]$$

$$\tag{3-15}$$

式(3-15)描述了好氧微生物在平衡状态下的 ORP。

J. Charpentier 等根据 15 年来研究 ORP 规律的经验，指出实际测量的 ORP 数值与电化学平衡理论预测的数值相一致[10]。ORP 读数的范围可以对曝气池中的物理或生物活动提供有用的信息，如图 3-10 所示[11]。

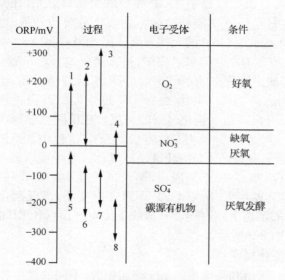

图 3-10　ORP 范围和微生物新陈代谢的关系
1. 有机物氧化；2. 聚磷；3. 硝化；4. 反硝化；5. 释磷；6. 产生硫化氢；7. 产酸；8. 产甲烷

图 3-10 表示去除溶解性污染物的先后顺序。污水中的碳、硫和氮化合物是唯一经历氧化还原转化的物质，碳化合物还原性最强，大部分 C 源在曝气阶段较低的 ORP 范围被去除，其余的被絮体吸附继续缓慢氧化，而氮化合物最难被氧化。试验表明曝气阶段终点观察到的 ORP 值：ORP（铂/AgCl 电极）很低时约－100mV，COD 去除效果很好；硝化反硝化脱氮仅在 ORP（铂/AgCl 电极）接近＋100mV 时发生，而在 ORP（铂/AgCl 电极）接近＋200mV 达到最佳；投加大量铁盐时 ORP（铂/AgCl 电极）接近－130mV；硫化氢出现的范围是 ORP（铂/AgCl 电极）接近－250～－300mV。

ORP 规律可以用于优化交替硝化和反硝化周期保证脱氮；对有机物浓度变化

（工业或季节引起的变化）做出响应；在高还原性有机物开始将硫酸盐还原成硫化物以前启动鼓风机，防止 H_2S 的释放；防止生物除磷系统出现 $NO_3^- -N$。ORP 规律可以帮助向活性污泥中投加化学药剂用于特殊处理，如投加铁盐除磷、向回流污泥投氯防止和抑制污泥膨胀等，适用于瞬时大量投加，如果分散投加化学药剂，那么 ORP 没有显著影响。ORP 信号变化还可以判断处理厂的非正常运行工况，如曝气装置故障、冲击负荷等。

ORP 在厌氧生物处理工艺中也是一个重要的控制参数，可以用于判断和控制生物厌氧的营养代谢途径和能量代谢途径，达到控制代谢产物的目的，使整个生物系统向精确可控系统方向发展。如发生乙醇型发酵时，ORP 在 $-250mV$ 左右，可以通过向水中投加氧化性或还原性物质比如铁粉进行控制。

在 SBR 法去除有机物过程中，ORP 曲线的变化特点是：在 COD 去除过程中 ORP 不断上升，这是还原态污染物被微生物氧化分解的结果；当 COD 降解结束时，DO 迅速大幅升高引起 ORP 的大幅升高。因此当 COD 已达到难降解浓度时，ORP 的跃升，可以指示有机物降解已完成，进入硝化过程。在硝化过程中，由于系统中 $NH_4^+ -N$ 被还原成氧化态的 $NO_x^- -N$，ORP 不断缓慢升高；当系统中 $NH_4^+ -N$ 全部被还原成氧化态的 $NO_x^- -N$ 时，由于 DO 迅速大幅升高再次引起 ORP 的跃升；因此 ORP 的跃升可以指示硝化过程的完成。在反硝化过程，ORP 一开始就迅速下降，这是由于 DO 的迅速耗尽，在随后的反应过程中，ORP 不断减速下降，ORP 的下降原因是氧化态的 $NO_x^- -N$ 被还原成 N_2，整个反应器中的 ORP 不断降低；随着反应的进行，$NO_x^- -N$ 不断减少，整个反应器中的氧化还原状态的变化不如反硝化初期的变化幅度大，所以 ORP 下降速率变小；当反硝化结束时，$NO_x^- -N$ 的消失导致 ORP 的迅速下降，在 ORP 曲线上出现一拐点（ORP 曲线上 C_2 点），指示反硝化结束，如图 3-9 所示。

（3）pH 曲线变化规律

微生物的生长、繁殖和环境中的 pH 密切相关，不同的微生物有不同的 pH 适应范围。因此，在污水生物处理系统中，保持适宜微生物的 pH 显得十分重要。另外，通过对污水处理反应机理的研究及实践表明，反应器内生化反应的进行导致了 pH 上升或下降。下面以异养微生物降解有机物和生物脱氮除磷为例说明 pH 作为污水生物处理控制参数的可行性。异养微生物对有机物的分解代谢和合成代谢见方程式（3-16）和（3-17）。

$$C_x H_y O_z + \left(x + \frac{y}{4} - \frac{z}{2}\right) O_2 \rightarrow x CO_2 + \frac{y}{2} H_2 O \tag{3-16}$$

$$n C_x H_y O_z + n NH_3 + n\left(x + \frac{y}{4} - \frac{z}{2}\right) O_2 \rightarrow (C_5 H_7 NO_2)_n$$
$$+ n(x-5) CO_2 + \frac{y}{2}(y-4) H_2 O$$

$$\tag{3-17}$$

从上式可以看出，微生物在降解有机物时都要形成 CO_2，CO_2 溶解在水中会导致 pH 下降，同时随着曝气的进行，又会不断地将产生的 CO_2 吹脱出去，这样就导致 pH 不断上升。因此，微生物在降解有机物时，可以应用 pH 来间接反映有机物的降解情况。

生物脱氮机理是在微生物的作用下，将有机氮和氨氮转化为 N_2、N_2O 和 NO 气体的过程，整个过程包括硝化和反硝化两个阶段。

硝化反应指在好氧条件下，将 NH_4^+-N 转化为 NO_2^- 和 NO_3^- 的过程。此过程由氨氧化菌（AOB）和亚硝酸盐氧化菌（NOB）共同完成。这两种菌属于化能自养型微生物。其反应如下：

$$NH_4^+ + 1.5O_2 \xrightarrow{AOB} NO_2^- + 2H^+ + H_2O$$

$$NO_2^- + 0.5O_2 \xrightarrow{NOB} NO_3^- \tag{3-18}$$

从反应方程式可以看出，在硝化反应过程中，有 H^+ 释放出来，使 pH 下降。

反硝化反应是指在无氧条件下，反硝化菌将硝酸盐氮（NO_3^-）和亚硝酸盐氮（NO_2^-）还原为氮气的过程。反应如下：

$$6NO_3^- + 2CH_3OH \xrightarrow{AOB} 6NO_2^- + 2CO_2 + 4H_2O \tag{3-19}$$

$$6NO_2^- + 3CH_3OH \xrightarrow{NOB} 3N_2 + 3H_2O + 6OH^- + 3CO_2 \tag{3-20}$$

反硝化菌属于异养型兼性厌氧菌，在有氧存在时，它会以 O_2 作为电子受体进行好氧呼吸；在无氧而有 NO_3^- 或 NO_2^- 存在时，则以 NO_3^- 或 NO_2^- 为电子受体，以有机碳为电子供体和营养源进行反硝化反应。

在反硝化作用同时，伴随着反硝化菌的生长繁殖，即菌体合成过程，其反应如下：

$$3NO_3^- + 14CH_3OH + CO_2 + 3H^+ \longrightarrow 3C_5H_7O_2N + 19H_2O \tag{3-21}$$

式中：$C_5H_7O_2N$ 为反硝化微生物的化学组成。反硝化还原和微生物合成的总反应式为：

$$NO_3^- + 1.08CH_3OH + H^+ \longrightarrow 0.065C_5H_7O_2N + 0.47N_2 + 0.76CO_2 + 2.44H_2O \tag{3-22}$$

从以上的过程可知，约 96% 的 NO_3^--N 经异化过程还原，4% 经同化过程合成微生物。由方程 3-20 可知，在反硝化微生物还原 NO_3^--N 时，产生了 OH^-，使反应体系的 pH 升高。因此，在硝化过程中，反应混合液的 pH 随时间逐渐减小，而在反硝化过程中，反应混合液的 pH 随时间应逐渐增大。由此可以应用 pH 的变化间接判断出硝化和反硝化的进程。

通过对 SBR 法反应过程中 DO、ORP 和 pH 变化规律的分析可知，通过探测 DO、ORP 和 pH 的特征点可以实现去除有机物、硝化和反硝化过程的实时控制。

3.3.3　根据参数经验值

ORP参数固定值作为早期SBR控制策略的控制点,已经有很多研究报道[12,13]。Demoulin G等[13]在进行CASS工艺污水处理厂低温条件下实现SND和除磷功能的研究时发现,运行过程中在低溶解氧条件下(0.2~1.5mg/L)可根据ORP参数的变化范围(50~-200mV)来进行周期阶段的控制,优化周期持续时间。结果显示:利用ORP参数控制可以实现污水处理厂的稳定运行,处理效果达到本地排放标准。但是,这和Akin等[14]提出来的缺氧阶段结束时ORP值为-50mV不太一致。另外,Tomlins等[15]通过OGAR控制系统对SBR进行过程控制,OGAR是利用在线测量ORP控制活性污泥工艺中的曝气顺序的工业过程控制系统;相比于利用DO的传统过程控制系统而言,OGAR在好氧、缺氧条件下利用ORP作为控制参数,硝化结束时ORP为400mV,反硝化结束时ORP为150mV。这些经验值与早期的研究者提出的经验值相似[16-18]。

综上所述,ORP参数的常用设计值没有一成不变的固定值,这应该根据SBR系统的实际情况来确定。同理,pH控制参数的固定值也很少有文献报道。这是因为利用参数经验值存在许多问题。其一,以参数经验值为基础的控制策略在SBR处理过程中不能灵活随进水水质波动而变化,导致出水水质不稳定;其二,基于参数经验值的控制策略大多鲁棒性不强。为了改进以上缺点和不足,很多研究人员开发出对间接参数进行简单处理之后的控制策略。

3.3.4　参数经过简单处理

3.3.4.1　参数经过简单处理基本原理及分类

以经过简单处理参数为基础的控制策略的基本原理:常规间接参数(诸如DO、ORP、pH和OUR等)在SBR反应过程会随着污染物(COD、TOC、氨氮、硝态氮、亚硝态氮、磷酸盐和有毒物质)的降解而变化,这些参数的变化曲线具有一定的变化规律,一般存在一些变化点;或者对这些间接参数的变化曲线进行简单处理(比如用过滤器过滤,一阶求导,二阶求导)之后可得到变化点。通过这些变化点可对SBR工艺进行周期内的阶段控制和转换,从而达到优化控制周期反应阶段时间的目的。这样既节省了周期时间,增加了日处理能力,也节省了曝气阶段供氧量,实现了节能降耗的目的。

一般来说,在SBR工艺运行中以常规间接参数作为简单参数处理控制策略的应用最为广泛,可分为:①基于单一参数的控制策略,②基于多种参数联合(至少2种参数)的控制策略。

3.3.4.2　基于单一参数控制策略

根据常规间接参数类型可以分为以下四种控制策略：①DO 类型；②OUR 类型；③ORP 类型；④pH 类型。图 3-11 是典型的单一参数控制策略的流程图。

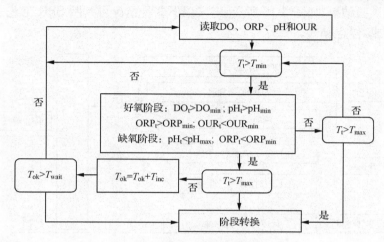

图 3-11　典型的单一参数控制策略的流程图

T—时间；DO—溶解氧；ORP—氧化还原电位；pH—酸碱度；OUR—耗氧速率；

下标：inc—探头检测间隔；wait—信号稳定；f—反应阶段；ok—正常运行；min—最小值；max—最大值

（1）DO 类型

① DO 类型控制策略综述

DO 传感器是最早在活性污泥法中广泛应用的传感器之一。在早期活性污泥法的发展和应用过程中 DO 参数应用特别广泛。由于当时活性污泥法只用于去除污水有机物，因此工艺流程以曝气池为主，DO 参数广泛应用在工艺控制中，但这些研究和应用主要以 DO 参数变化的固定值为主，这部分在前面第一部分已经详细论述过。

随着现代工业的快速发展，同时不可避免地伴随着各种有毒有害废水的产生，由于 SBR 工艺与生俱来的优点，使之成为处理各种工业废水的优先选择工艺之一。工业废水大多不需要脱氮除磷，而是以降解各种有毒有害的化学有机物为目的。因此，单一 DO 控制策略重新应用到 SBR 工艺中。但是，此时的控制策略不再局限于固定参数值水平的简单控制，而是以 DO 在反应阶段曲线的突跃变化点为基础建立可变时间控制策略，主要原理就是根据 DO 曲线与微生物新陈代谢速率之间的关系，DO 曲线出现的突跃点即为有毒物质降解结束的终点，此时可以停止曝气，进入沉淀和排水阶段[19]。不过，单一 DO 参数控制策略的报道比较少，主要还是作为辅助参数配合其他参数组成综合的实时控制策略。

② 基于 DO 参数 SBR 法去除有机物控制策略

在只考虑去除有机物的 SBR 法反应过程中,由于 ORP 和 pH 曲线一直在上升,即使有机物降解结束时,也不会出现明显变化点。DO 在有机物降解结束时,会出现跃升的变化点,故 SBR 法去除有机物过程的控制策略采用 DO 作为控制参数。根据试验结果,如图 3-12 所示,定义以下 3 种情况可判断 SBR 工艺去除有机物过程完成,停止曝气。

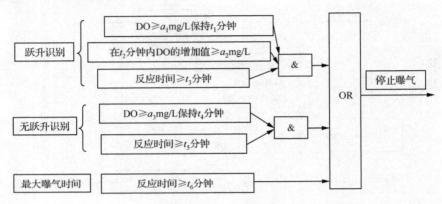

图 3-12   基于 DO 参数的 SBR 法去除有机物控制策略

I. DO 跃升特征点的识别

在无其他环境因素干扰的情况下,当 SBR 工艺去除有机物反应过程结束时,由于微生物的需氧量降低,故 DO 曲线会出现上升速率快速增加的突跃特征点。这一特征点通过下面的条件 A、B、C 来识别并去除干扰。

A. DO≥$a_1$mg/L 保持 t_1 分钟

DO 值在反应段 t_1 时间内一直≥a_1,即满足条件。

B. 在 t_2 分钟内 DO 的增加值≥$a_2$mg/L

DO 值在 t_2 时间内的增加值≥a_2,即满足条件;

C. 最小曝气时间≥t_3 分钟

此曝气时间为条件 A、B 起始计时时间,从反应段开始时计时,≥t_3 即满足条件;

以上三个条件为"与"的关系,三个条件都满足则停止曝气。

以上策略中,条件 B 是识别 DO 突跃点的关键策略,条件 A、C 用来去除干扰。由于在 SBR 法去除有机物反应过程中,进水期结束刚开始曝气时有机物浓度较高,微生物由于经过闲置期尚未复苏,刚一曝气时可能会出现供氧速率大于异养菌耗氧速率的现象,DO 曲线呈上升趋势,但 DO 浓度不会升到较高水平,随着反应的进行 DO 会有所下降,并达到"平衡 DO 浓度",此时微生物的耗氧速率与供氧速率基本相当,有机物降解结束时 DO 值将再次跃升。由于反应一开始可能会出现一次 DO 的跃升,而且很有可能满足条件 B 在 t_2 分钟内 DO 的增加值 $\geqslant a_2 mg/L$,为了系统不造成误判断,需将可能出现的第一次跃升忽略掉。通过试验估计出现第一次跃升的时间(即 t_3),并根据条件 C 设定系统在 t_3 时间后再考察条件 B,以去除第一次跃升对控制策略的影响。条件 A 也是为了避免误判断而设计的,即要求在达到"平衡 DO 浓度"t_1 时间后出现的 DO 跃升才被认为是有效的 DO 跃升。

II. 无 DO 跃升特征点的识别策略

在某些情况下,虽然 SBR 工艺去除有机物反应过程已经结束,但 DO 曲线仍然缓慢上升,并没有出现跃升点,这可能与曝气量的影响有关,这种情况可通过下面的条件 D、E 来识别并去除干扰。

D. DO $\geqslant a_3 mg/L$ 保持 t_4 分钟

DO 值一直 $\geqslant a_3$,并保持 t_4 时间以上即满足条件;

E. 最小曝气时间 $\geqslant t_5$ 分钟

此曝气时间为条件 D 的起始计时时间,从反应段开始时计时,$\geqslant t_5$ 即满足条件;

以上 2 个条件为"与"的关系,2 个条件都满足则停止曝气。

该种情况下,我们通过试验找到一个较合适的 DO 浓度 a_3,并认定当系统的 DO 浓度始终都保持在 a_3 以上时,就认为有机物降解过程结束,而这种过程一定要发生在反应进行较长时间(大于 t_5)以后才被认可。

III. 最长曝气时间策略

如果上述情况都没有出现,则通过条件 F 来停止曝气。

F. 最大曝气时间 $\geqslant t_6$ 分钟

此曝气时间为反应段的最大曝气时间,从反应段开始时计时,$\geqslant t_6$ 即满足条件,则停止曝气。

各参数的取值应根据不同水质通过试验确定,本试验的参数参考取值如表 3-8 所示。

表 3-8　控制参数的参考取值

参数	a_1	a_2	a_3	t_1	t_2	t_3	t_4	t_5	t_6
参考取值 (生活污水)	0.5mg/L	1mg/L	5.5mg/L	10min	5min	3min	10min	30min	120min

(2) OUR 类型

OUR 参数与 DO 参数之间有很密切的联系。耗氧速率(OUR)参数的定义为单位时间内 DO 浓度的变化值。OUR 在一定程度上反映了生物反应过程中微生物的活性,这也为 OUR 控制策略的建立提供了理论基础。

OUR 类型控制策略基本原理非常简单：根据 DO 探头检测出来的数据以及 DO 与 OUR 之间的公式，通过试验校正公式中的相关系数，最后利用计算机或 PLC 程序计算出 OUR 值；接着根据 OUR 曲线的变化规律对 SBR 曝气阶段进行控制[20,21]。OUR 类型控制策略已被应用到 SBR 的新工艺中，如短程硝化工艺[22,23]、强化生物除磷（EBPR）工艺[24]。Guisasola 等[25]尝试建立 EBPR 启动控制策略，该控制策略主要以 OUR 及 dOUR 信号为控制参数，根据 OUR 曲线变化点与聚磷菌吸磷结束点的对应关系，同时辅以 dOUR 信号由负转为正的变化点指示吸磷结束点。此类控制策略由于与 DO 参数有密切联系，同样也存在与 DO 类型控制策略类似的缺陷，即不能应用于 SBR 缺氧或厌氧阶段的控制。

随着水体富营养化的加剧，各国污水排放标准的日趋严格，污水脱氮除磷开始提上日程，并引起各国研究人员的重视。SBR 脱氮除磷工艺开始受到广泛研究和实际应用，此时，单一 DO 或 OUR 参数由于不能指示缺氧阶段或厌氧阶段工艺状态，已经不能满足 SBR 过程控制的需要，此时很多研究人员把目光转向 ORP 参数控制。

（3）ORP 类型

与污水处理有关的最早的 ORP 测量可追溯到 1906 年[26]。20 世纪 40 年代研究人员对 ORP 作为控制参数产生了广泛的兴趣，对许多污水处理厂进行了大量的 ORP 检测，并一致认为，随着污水中有机物的氧化分解，ORP 有所增加。几乎所有的研究者都提倡 ORP 作为"新"的过程控制变量，其中一些研究者甚至还提出了利用 ORP 控制来解决运行问题，为处理厂的运行提供指导，特别是如何合理的控制曝气量。之后 DO 传感器研制成功，由于其性能更稳定、指示作用更明显，DO 控制在曝气系统中得到成功应用；而 ORP 作为"新"开发的参数，研究人员大多认为难以实现可靠的 ORP 测定，而且其定义及其指示意义都得不到合理的解释，这导致对 ORP 参数的研究出现了停滞。但是，随着水体富营养化的日益严重，活性污泥法工艺普遍通过增加缺氧和厌氧段实现脱氮除磷的功能，由于缺氧和厌氧段 DO 浓度低，DO 参数的指示作用不大，此时 ORP 参数重新引起人们的兴趣和重视。ORP 类型控制策略从 20 世纪 80 年代开始在活性污泥法工艺（包括 SBR 工艺）中应用较普遍[16,27,28]。但是，这些研究大多应用在普通活性污泥法工艺中。Wang 等[29]利用反硝化除磷污泥（DPBS）进行 SBR 小试批次研究，发现 ORP 曲线只能作为厌氧阶段放磷结束的指示点，而不能作为用于缺氧反硝化和吸磷结束的控制参数。如果该控制策略应用到 SBR 系统中存在一定的局限性。Li 和 Irvin 提出了 ORP 作为硝化反硝化指示器的控制思想，该思想为控制策略的实施提供强有力支持[30]。但是，由于 ORP 类型参数在硝化反硝化阶段受外来电子受体，比如硫酸根离子（SO_4^{2-}）的干扰很大，导致 ORP 参数指示作用不稳定，甚至 ORP 曲线不出现变化点，故 ORP 类型的控制策略存在抗干扰能力差、性能不稳定的缺陷。很多研究结果表明：pH 参数比 ORP 参数更加稳定可靠[31,32]。

（4）pH 类型

① pH 类型控制策略综述

一般认为 pH 参数是目前为止实际应用和研究中最稳定、最可靠的一种间接控制参数。在 SBR 整个运行周期中，pH 参数既没有 DO 和 OUR 不能应用于缺氧或厌氧阶段的缺陷和不足，也没有 ORP 参数那种容易受到外部干扰的特性。pH 类型的控制策略相对于其他单一间接参数控制策略鲁棒性更强，性能更稳定。

pH 类型控制策略按信号处理难易程度可分为 2 种：一种是以 pH 曲线变化点（最高点、最低点）为基础的控制策略；一种是以 pH 一阶或二阶微分信号（dpH/dt，d^2pH/dt^2）变化点为基础的控制策略。

第一种控制策略不论是 SBR 工业废水处理[33]还是生活废水处理[34-36]过程中都有广泛的应用。其中 Peng 等[34]提出了 pH 间接参数指示硝化阶段结束点的模糊控制策略；结果表明，不论碱度是否过量，pH 曲线都会出现指示点指示硝化反应的结束。由此可以看出，pH 参数比其他间接参数鲁棒性更强。

第二种控制策略主要应用于 SBR 新工艺的运行和启动，比如分段进水工艺[37]，短程硝化反硝化工艺[38]等。其中 Qing Yang 等[38]采用 pH 及其一阶微分信号（dpH/dt）作为控制参数建立实时控制策略，实现了低温条件下 SBR 短程工艺长期稳定运行，运行过程中主要依赖 pH 参数实时控制同时维持较短的有效固体停留时间（SRT＝13d）实现硝化菌种群优化，逐渐把亚硝酸菌（NOB）从 SBR 系统中淘汰出去，实现中试 SBR 长期稳定短程脱氮。图 3-13 为此研究中采用的实时控制策略。

虽然 pH 类型控制策略具有稳定可靠的性能，但还是会受一些外部未知因素的影响；pH 类型控制策略在实际应用中还是会出现一些偶然的故障和事故，如 pH 变化点不出现、pH 感应器失灵、测量值准确度随时间推移逐渐降低。因此，很多研究报道开始向多种参数联合的控制策略演变，综合多个单一控制参数的优点，以增强控制策略抗干扰能力及稳定性。

最后对不同类型的单一参数控制策略进行比较分析和归纳，如表 3-9 所示。

表 3-9　比较不同类型的单一参数控制策略

参数	简单描述	优点	缺点	文献
DO	根据 DO 曲线出现"氨肘"，指示好氧阶段结束的终点，从而进行 SBR 阶段转换	DO 控制策略执行方便，应用普遍	不能应用于 SBR 缺氧和厌氧阶段的实时控制策略	[19]

续表

参数	简单描述	优点	缺点	文献
OUR	根据好氧结束时 OUR 曲线出现的急剧下降变化点，指示有机物或氨氮的降解终点，从而进行阶段转换	OUR 控制策略简单直观，指示性强	不能应用于 SBR 工艺的缺氧和好氧阶段的控制策略	[20-23]
ORP	根据 ORP 曲线出现的"氨肘"和"硝酸盐膝"分别指示好氧结束和缺氧结束终点，从而实现实时控制	ORP 控制策略适用性强，应用广泛	ORP 探头性能不够稳定，有时不出现变化点，受外来电子受体干扰大	[27-30]
pH	根据 pH 曲线出现的"氨谷"和"硝酸盐峰"分别指示好氧和缺氧结束终点，从而实现实时控制	控制策略鲁棒性强，性能稳定可靠	pH 探头需要定期维护，准确度随时间推移下降	[33-36]

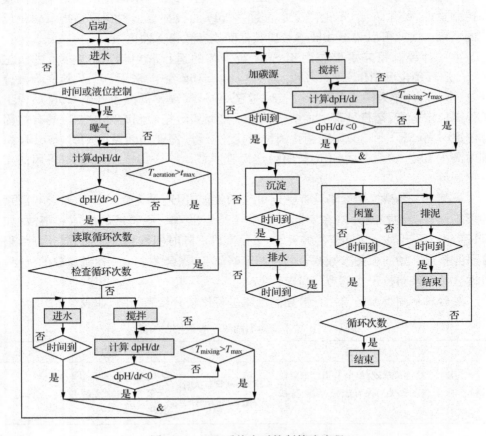

图 3-13　SBR 系统实时控制策略流程

② 基于 pH 参数的 SBR 法硝化过程控制策略

对于考虑硝化过程的 SBR 法反应过程来说,选择 pH 作为控制参数是比较合适的,因为 pH 曲线的特征点最为明显,容易识别。在 SBR 法硝化过程中,ORP 曲线一直在上升,硝化结束时,ORP 曲线不会出现明显变化点,而是出现平台。DO 曲线则是出现跃升,由于 DO 曲线在反应起始阶段、有机物降解结束、硝化反应结束都会出现跃升的变化点,故在定义控制策略时容易出现误判,而且 pH 曲线转折点的判断相对于 DO 跃升点的判断容易。根据试验经验总结,如图 3-14 所示,定义以下 3 种情况可判断 SBR 工艺硝化反应过程完成,停止曝气。

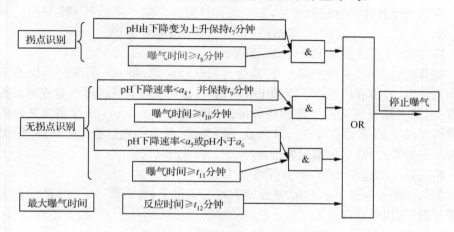

图 3-14　基于 pH 参数的 SBR 法硝化过程控制策略

I. pH 曲线拐点的识别

在无其他环境因素干扰的情况下,当 SBR 工艺硝化反应过程结束时,由于氨氧化过程结束,系统不再产生 H^+,随着 CO_2 的吹脱,pH 曲线上会出现由下降转上升的拐点。这一特征点通过下面的条件 A、B 来识别并去除干扰。

A. pH 由下降变为上升保持 t_7 分钟

识别拐点的策略可以通过计算,$N+1$ 时间的 pH>N 时间的 pH<$N-1$ 时间的 pH,且 $N+n \geqslant N+1$,即满足条件。取数据库中保存的三个值,$N-1$ 为当前值的前两个值;N 为当前值的前一个值;$N+1$ 为当前值。也可以通过将 pH 求导,当导数由小于零变为大于零时即满足停止曝气条件。为了去除 pH 曲线上出现的扰动,上面的策略需保持 t_7 分钟内均稳定出现,才被认为是真实的信号。

B. 曝气时间≥t_8 分钟

SBR 法反应过程中,通常是先去除有机物再进行硝化反应,而去除有机物的时候,pH 可能会出现上升的趋势,因此为了更加准确的指示硝化反应的结束,设定在 t_8 分钟后出现满足条件 A 的信号才是真正的特征点。该条件的曝气时间从反应段开始计时,大于或等于 t_8 即满足条件。

以上两个条件为"与"的关系,两个条件都满足则停止曝气。

如果处理水质 C/N 值比较高,去除有机物的时间较长,为了更加精确地判断硝化反应进程,可设计如下条件作为硝化开始检测 pH 的控制策略。其基本思想与前面以去除有机物为目标的 SBR 控制策略类似。

C. $DO \geqslant a_1' mg/L$ 保持 t_1' 分钟

D. 在 t_2' 分钟内 DO 的增加值 $\geqslant a_2' mg/L$

E. 最小曝气时间 $\geqslant t_3'$ 分钟

以上三个条件为"或"的关系,三个条件任何一个满足则检测 pH 开始。条件 C,D,E 中,a_1'、a_2'、t_1'、t_2'、t_3' 的取值范围与 a_1、a_2、t_1、t_2、t_3 类似。

II. 无 pH 曲线拐点出现时的识别策略

在某些情况下,虽然 SBR 工艺硝化过程已经结束,但 pH 曲线仍然缓慢下降或出现平台,并没有出现由下降转上升的拐点,这可能与系统的曝气量或碱度的影响有关,这种情况可通过下面的条件来识别并去除干扰。pH 曲线出现平台的情况通过条件 F、G 来停止曝气;pH 曲线下降变缓,虽然硝化过程已经结束,但仍未出现上升的变化点,这种情况通过条件 H、I 来停止曝气。

F. pH 下降速率小于 a_4,并保持 t_9 分钟

如果 pH 下降速率小于 a_4 并保持 t_9 分钟以上,那么即可认定 pH 曲线上出现了平台,可以停止曝气。

G. 曝气时间 $\geqslant t_{10}$ 分钟

在 SBR 法反应过程中,有的时候受到外界环境的影响,pH 可能会出现一段平台或下降速率很低的情况,因此为了更加准确地指示硝化反应的结束,设定在 t_{10} 分钟后出现满足条件 F 的信号才是真正的特征点。从反应段开始时计时,大于或等于 t_{10} 即满足条件;

以上两个条件为"与"的关系,两个条件都满足则停止曝气。

H. pH 下降速率 $< a_5$ 或 pH $< a_6$:通过试验确定,设定 2 个 pH 的极限数值,当 pH 下降速率 $< a_5$ 或 pH $< a_6$ 时,即可认为硝化反应已经结束,停止曝气。

I. 曝气时间 $\geqslant t_{11}$ 分钟

同理,设定在 t_{11} 分钟后出现满足条件 F 的信号才是真正的特征点。从反应段开始时计时,大于或等于 t_{11} 分钟即满足条件;

以上两个条件为"与"的关系,两个条件都满足则停止曝气。

III. 最长曝气时间策略

如果上述情况都没有出现,则通过条件 J 来停止曝气。

J. 最大曝气时间 $\geqslant t_{12}$ 分钟

此曝气时间为反应段的曝气时间,从反应段开始时计时,大于或等于 t_{12} 分钟

即满足条件;则停止曝气。

各参数的取值应根据不同水质通过试验确定,本试验的参数参考取值如表 3-10 所示。

表 3-10　控制参数的参考取值

参数	a_4	a_5	a_6	t_7	t_8	t_9	t_{10}	t_{11}	t_{12}
参考取值 (生活污水)	0.01/min	0.005/min	6.5min	10min	15min	30min	360min	360min	480min

③ 基于 pH 参数的 SBR 法反硝化过程控制策略

类似于 SBR 法硝化反应过程,SBR 法反硝化过程仍然选择 pH 作为控制参数,因为 pH 曲线的特征点最为明显,容易识别。在 SBR 法反硝化过程中,ORP 曲线一直在下降,反硝化过程结束时,ORP 曲线下降速率加快,会出现"硝酸盐膝"的明显变化点。在缺氧阶段 DO 值始终等于 0,DO 参数只适用于好氧过程。pH 曲线上由上升转下降转折点的判断相对于 ORP 特征点的判断容易。根据试验经验总结,如图 3-15 所示,定义以下 3 种情况可判断 SBR 工艺反硝化反应过程完成,停止搅拌。

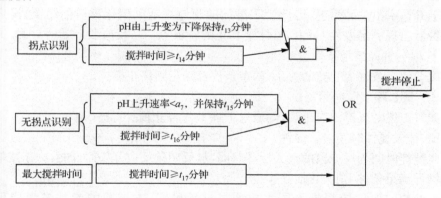

图 3-15　基于 pH 参数的 SBR 法反硝化过程控制策略

I. pH 曲线拐点的识别

在无其他环境因素干扰的情况下,当 SBR 工艺反硝化反应过程结束时,由于系统不再产生碱度,且系统处于厌氧状态,污泥产酸,pH 曲线上会出现由上升转下降的拐点。这一特征点通过下面的条件 A、B 来识别并去除干扰。

A. pH 由上升变为下降保持 t_{13} 分钟

识别拐点的策略可以通过计算,$N+1$ 时间的 pH < N 时间的 pH > $N-1$ 时间的 pH,且 $N+n \leqslant N+1$,即满足条件。取数据库中保存的三个值,$N-1$ 为当前值的前两个值;N 为当前值的前一个值;$N+1$ 为当前值。也可以通过将 pH 求导,当导数由大于零变为小于零时即满足停止搅拌条件。为了去除 pH 曲线上出现的扰动,上面的策略需保持 t_{13} 分钟内均稳定出现,才被认为是真实的信号。

B. 搅拌时间≥t_{14}分钟

为了更加准确地指示反硝化反应的结束,设定在 t_{14} 分钟后出现满足条件 A 的信号才是真正的特征点。该条件的搅拌时间从反硝化反应开始时计时,大于或等于 t_{14} 分钟即满足条件。

以上两个条件为"与"的关系,两个条件都满足则停止搅拌。

II. 无 pH 曲线拐点出现时的识别策略

在某些情况下,虽然 SBR 工艺反硝化过程已经结束,但 pH 曲线仍然缓慢上升或出现平台,并没有出现由上升转下降的拐点,这种情况可通过下面的条件来识别并去除干扰。pH 曲线出现上升变缓或平台的情况通过条件 C、D 来停止搅拌。

C. pH 上升速率小于 a_7,并保持 t_{15} 分钟

如果 pH 上升速率小于 a_7 并保持了 t_{15} 分钟以上,那么即可认定 pH 曲线上出现了上升变缓或平台,可以停止搅拌。

D. 搅拌时间≥t_{16}分钟

在 SBR 法反应过程中,有的时候受到外界环境的影响,pH 可能会出现一段平台或上升速率很低的情况,因此为了更加准确地指示反硝化反应的结束,设定在 t_{16} 分钟后出现满足条件 C 的信号才是真正的特征点。从反应段开始时计时,大于或等于 t_{16} 分钟即满足条件。

以上两个条件为"与"的关系,两个条件都满足则停止搅拌。

III. 最长曝气时间策略

如果上述情况都没有出现,则通过条件 E 来停止搅拌。

E. 最大搅拌时间≥t_{17}分钟

此搅拌时间为反应段的最大搅拌时间,从反硝化反应开始时计时,大于或等于 t_{17} 分钟即满足条件,则停止搅拌。

各参数的取值应根据不同水质通过试验确定,本试验的参数参考取值如表 3-11 所示。

表 3-11　控制参数的参考取值

参数	a_7	t_{13}	t_{14}	t_{15}	t_{16}	t_{17}
参考取值 (生活污水)	0.01/min	10min	20min	20min	120min	180min

3.3.4.3　基于多种参数联合(至少两种参数)的控制策略

此种控制策略大致可以分为 2 大类:两种间接参数类型、三种或三种以上间接

参数类型。

（1）两种间接参数类型

理论上说 DO、pH、ORP 和 OUR 4 种常规间接参数两两结合建立 SBR 控制策略，形成的类型应该有 16 种，但实际上文献中报道的控制策略类型大多集中于 ORP 和 pH 类型[39-49]，ORP 和 OUR 类型[50,51]，ORP 和 DO 类型[52]，pH 和 DO 类型[53,54] 4 种。这 4 种类型主要以 ORP 和 pH 类型为主，其他 3 种类型控制策略应用和研究报道较少。ORP 和 pH 类型占主导地位的原因，主要可以归结为 ORP 和 pH 2 种参数无论处于 SBR 的缺氧、厌氧还是好氧阶段都能够稳定地检测和反映系统内微生物的实时状态。两者可以互为辅助、互相促进，除非 2 种参数同时出现问题和故障（这种情况非常罕见），一般来说 ORP 和 pH 类型的控制策略不会出现异常情况，可以保证 SBR 工艺稳定高效运行。ORP 和 pH 类型按信号处理的难易程度同样可分为 2 种：一种是以 pH 和 ORP 曲线变化点（最高点、最低点）为基础的控制策略；一种以 pH 和 ORP 一阶或二阶微分信号（$\mathrm{dpH}/\mathrm{d}t$，$\mathrm{dORP}/\mathrm{d}t$，$\mathrm{d}^2\mathrm{pH}/\mathrm{d}t^2$，$\mathrm{d}^2\mathrm{ORP}/\mathrm{d}t^2$）变化点为基础的控制策略。前者控制策略比较简单，根据应用的 SBR 工艺类型划分除了传统 SBR 脱氮除磷工艺[43,49]之外，还包括 ICEAS 工艺[41]、CAST 工艺[48]、短程硝化反硝化工艺[45,47]、分段进水工艺[40]。后一种策略较前种策略复杂，研究和应用也更为深入。Lee 等[42]不仅比较了实时控制策略与定时控制策略之间的性能，而且对比了 ORP 和 pH 曲线与它们一阶、二阶微分曲线的指示变化点，发现采用实时控制策略的系统比采用定时控制策略的系统具有更好的脱氮除磷性能。ORP 和 pH 的二阶导数零点，一阶导数零点分别对应氨氧化结束终点和吸磷结束终点。不过 Chang 和 Hao 研究结果表明[39]：pH 曲线及其一阶、二阶微分变化点比 ORP 曲线及其一阶、二阶微分变化点的指示作用更稳定更可靠，控制策略主要以 pH 间接参数为主，ORP 曲线只是作为辅助手段。之后 Peng 等[44]开发出针对 SBR 工艺反硝化阶段的模糊控制参数，以 ORP、pH 2 种模糊控制参数为基础建立稳定的控制策略。Kim 等[46]建立了处理养猪废水的控制策略，该策略除了采用 ORP、pH 及其一阶微分信号分别作为反硝化、硝化作用的控制参数之外，还能应付高 C/N 比或低 C/N 比进水水质波动等复杂条件变化，达到良好的处理效果。下面以 pH 和 ORP 类型为代表给出 2 种间接参数控制策略的流程图，如图 3-16 所示。

（2）三种或三种以上间接参数类型

此类控制策略主要以 DO、ORP 和 pH 三种常规间接参数为主。理论依据就是批次周期中间接参数（DO、pH、ORP）的变化规律体现出一些能指示生物过程终点的特征。通过检测这些特征就能及时调整 SBR 运行周期反应阶段的时间，对 SBR 污水处理厂的性能进行优化，最大限度地缩短周期长度，提高日处理量的同

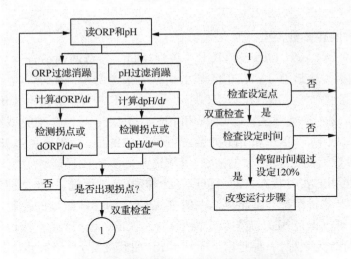

图 3-16　典型的两种间接参数控制策略的流程图

时节省能源消耗,实现 SBR 工艺的长期稳定节能运行。间接参数控制策略的理论基础就是利用这些过程参数特征点的指示性作用。下面具体通过图 3-17 对该理论基础进行详细的阐述[38]。由于异养菌降解有机物的速率很快,在反应开始后 30min 内间接参数曲线(DO、pH、ORP)几乎同时出现了变化点,该点指示 SBR 反应过程有机物降解终点。之后,随着硝化反应阶段的进行,硝化反应终点开始出现。pH 曲线上的"氨谷"、DO 曲线上的"突跃点"以及 ORP 曲线上开始出现的平台折点,这些变化点都能指示 SBR 工艺中硝化反应的结束,此时 COD 中易生物降解部分几乎全部被微生物利用,氨氮代谢过程也已经结束,氨氮大多转化成了硝酸盐和亚硝酸盐两种形态。如果控制系统及时捕捉到 B 点并及时作出停止曝气指令,风机自动关闭。这体现着实时控制策略的核心思想,不仅节省 SBR 周期的反应时间和提高工艺处理量,而且在不影响出水水质的基础上最大限度的节省曝气阶段的能耗。风机关闭之后,搅拌器自动开启,系统进入反硝化阶段,此时异养菌利用硝化阶段产生的硝酸盐和亚硝酸盐进行反硝化反应,将其转化成氮气而溢出。pH 曲线上的"硝酸盐峰"和 ORP 曲线上的"硝酸盐膝",则指示着 SBR 反硝化反应的终点,此时 SBR 控制系统及时识别该变化点,并作出停止搅拌的指令,搅拌器自动关闭,反应阶段结束,SBR 系统进入沉淀阶段。由于反硝化阶段 DO 信号值几乎一直为零,无法给出有效的指示信息,所以 DO 不能作为 SBR 反硝化阶段的控制参数,但是结合 DO,pH 和 ORP 三种控制参数的指示变化点能够对 SBR 工艺进行有效地过程控制。

　　此外 DO,ORP,pH 一阶或二阶导数曲线上的零点同样能指示 SBR 周期中氨

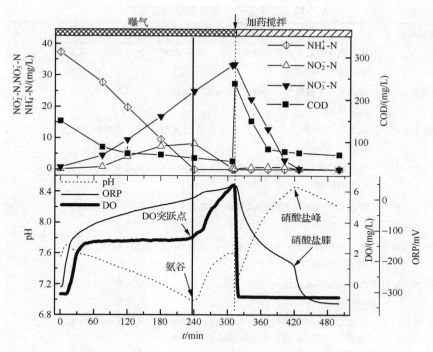

图 3-17　SBR 周期中 DO、ORP、pH 与脱氮过程中氮浓度之间的关系

氮、硝酸盐、亚硝酸盐浓度的变化情况，这些点同样能用于 SBR 工艺的实时控制过程。下面以 pH 参数为例进行说明。其他的间接参数 ORP 和 DO 的一阶或二阶导数曲线零点与氨氮等污染物浓度之间的关系就不详细介绍了。

　　此类控制策略的报道不仅包括传统 SBR 工艺[14, 55]，还有分段进水工艺[56,57]以及短程硝化反硝化工艺[58,59]。其中值得一提的是 Kishida 等[55]建立的针对养猪废水的控制策略同样采用了猪粪作为外加碳源，该策略不仅提高了脱氮效率，还极大节省了 SBR 反硝化阶段所需碳源，值得在养猪废水处理工艺中进行推广应用。此类控制策略在应用于处理含甲醛防腐剂的木材加工废水的 SBR 工艺中同样能达到良好处理效果，而且还优化了 SBR 周期时间，使日处理水量增加 1倍[56]。Pavšelj 等[60]详细介绍了控制策略的建立和设计以及控制策略的验证；作者主要介绍了缺氧、好氧阶段的优化控制，其依据的主要间接参数为 DO、ORP、pH，其中设计的控制算法先对原始数据进行过滤再简单预处理（微分处理）之后，通过算法识别曲线特征点，从而进行阶段转换，达到节能降耗的目的。

　　最后对基于多种间接参数的控制策略不同类型进行总结和归纳，如表 3-12所示。

表 3-12　基于多种间接参数控制策略的总结

控制策略类型	SBR 控制策略概述	应用范围及目标	参考文献
ORP 和 pH	通过间接参数曲线变化点及一阶、二阶导数零点进行实时控制	针对 SBR 传统工艺	[42]
ORP 和 pH	通过间接参数信号的一阶、二阶导数零点进行实时控制	针对 SBR 传统工艺	[44]
ORP 和 pH	根据间接参数一阶微分信号零点进行实时控制	用于处理养猪废水	[46]
ORP 和 pH	通过间接参数曲线变化点(最高点、最低点)进行实时控制	针对 ICEAS 系统开发	[41]
ORP 和 pH	通过间接参数曲线变化点(最高点、最低点)进行实时控制	针对 SBR 短程工艺	[45, 47]
ORP 和 pH	通过间接参数曲线变化点(最高点、最低点)进行实时控制	针对 CAST 变型工艺	[48]
ORP 和 pH	根据间接参数曲线变化点实现实时控制	针对制药废水的 SBR 分段进水工艺	[40]
ORP 和 OUR	建立随进水水质波动自动调整周期长度的控制算法。根据此算法识别间接参数曲线变化点,实现实时控制	针对 SBR 分段进水工艺	[50]
ORP 和 DO	高氨氮浓度水质影响 ORP 曲线变化点出现,DO 却不受影响,通过 ORP 和 DO 两参数互相配合,实现稳定实时控制	针对养猪废水 SBR 传统工艺	[52]
pH 和 DO	考察 pH、DO 曲线和氨氮等之间的关系,根据 pH、DO 曲线变化点达到实时控制	针对生活污水 SBR 短程工艺	[53]
pH 和 DO	通过 pH 的"氨谷"和 DO 曲线突跃点及时停曝气,使曝气阶段控制在氨氧化结束终点,及时进行阶段转换	针对屠宰废水分段进水工艺和短程硝化反硝化工艺	[54]
pH、DO 和 ORP	通过简单的 DO、pH 和 ORP 曲线变化控制	针对养猪废水 SBR 传统工艺	[55]
pH、DO 和 ORP	通过简单的 DO、pH 和 ORP 曲线变化(最低点、最高点)控制	针对 SBR 传统工艺	[14]
pH、DO 和 ORP	根据 DO、pH 和 ORP 曲线变化点优化硝化反硝化阶段长度,使日处理水量提高一倍	针对木材加工废水的 SBR 分段进水工艺	[56]
pH、DO 和 ORP	通过简单的 DO、pH 和 ORP 曲线变化点控制	针对生活污水 SBR 短程硝化反硝化工艺	[58]
pH、DO 和 ORP	通过简单的 DO、pH 和 ORP 曲线变化点控制	针对生活污水 SBR 短程硝化反硝化工艺	[59]

3.3.5　参数经过复杂处理

3.3.5.1　基本原理

SBR 运行数据具有三维特征(批次×变量×时间),而 PCA 技术只能对二维数据结构进行分析,所以传统 PCA 技术不能直接应用于 SBR 工艺。之后现代多元统计过程控制技术(MSPC)快速发展并广泛应用到工业批次生产。由于 SBR 工艺具有典型的批次特征,研究人员开始尝试建立以 MSPC 技术为核心的控制策略。此类控制策略基本原理为:利用 MSPC 技术有效提取 SBR 过程监控所采集的测量数据的相关信息,通过控制算法对获得的信息进行分析和诊断,根据所得结果对 SBR 工艺进行优化控制。

3.3.5.2　常见类型

MSPC 按技术类型大致可以分为主成分分析技术(PCA)、部分最小二乘法(PLS)、主元回归(PCR)等几种。其中应用最普遍还是主成分分析技术(PCA)及其改良 PCA 技术(比如 MPCA 技术,MICA 技术,MKPCA 技术)。

Lee 和 Vanrolleghem 提出了自适应 PCA 技术和多模块 PCA 技术两者相结合的控制算法,基于此算法建立的控制策略成功地应用于 SBR 小试的在线监控运行[61]。Yoo 等[62]针对 MPCA 技术要求所有批次长度必须相等,测量变量必须为正态分布,以及估计的当前批次的未来值必须允许在线监控的缺点,开发出基于多路独立成分分析(MICA)技术的控制策略,在线监测 SBR 工艺过程,以优化工艺周期运行。同时,Lee 和 Vanrolleghem[63]提出一种用于污水处理过程监测的通用 PCA 算法,这种算法有别于传统 MPCA 技术[64],基于此算法的 PCA 控制策略与 Nomikos 和 MacGregor[65]提出的 MPCA 控制策略性能一致。随后一种新型非线性批次监测技术多路核心主成分分析技术(MKPCA)出现并开始应用于解决非线性问题[66]。Yoo 等[67]尝试利用 MKPCA 技术建立控制策略用于监测中试 SBR 的运行,在线监测结果显示这种基于自适应和非线性监测模型的控制策略具有很强的鲁棒性。

Aguado 等[68]尝试建立以主元回归(PCR)、最小二乘(PLS)和人工神经网络(ANNs)3 种预测模型为基础的 SBR 控制策略,控制策略的算法采用批次展开和变量展开 2 种方式。结果显示,PLS 类型控制策略表现出优于其他类型控制策略的性能。

另外,Aguado 等[69]采用 MSPC 方法建立了 2 个强化除磷统计模型,其中的 AT 模型采用变量展开,预处理之后通过 PLS 方法建模;而 WKFH 模型是批次展开,预处理之后再进行变量展开,最后通过 PCA 方法建模。根据这 2 种模型尝试建立基于 PLS 和 PCA 技术的 2 种控制策略。结果表明：PLS 控制策略相对于 PCA 控制策略性能更稳定。主要原因在于 PCA 模型过于复杂，计算量大，响应时间长，导致 PCA 控制策略应用受到一定的限制。

3.3.5.3　存在问题

由于 SBR 过程具有高度非线性、时变性，以及受水力变化、成分的变化和设备故障等波动的影响很大等特征，这些因素加大了 MSPC 技术应用于 SBR 工艺运行和控制过程的难度。同时，虽然 MSPC 技术广泛应用到各种工业批次生产过程中，但这种技术最近才开始应用到 SBR 的工艺中，基于此种技术的 SBR 控制策略的开发、设计和验证方法都有待于进一步研究，相信将来结合 MSPC 技术的控制策略能在 SBR 工艺控制过程中得到广泛应用。

3.3.6　应用其他类型传感器对 SBR 进行实时控制

3.3.6.1　基于质子产率、产量传感器的实时控制

传统滴定法大多用于离线测量，测量结果在时间上具有严重的滞后性。近年来随着仪器技术的发展和进步，传统滴定法发展到能够在线测量水平。生物脱氮除磷过程中都存在着氢离子（H^+）的产生和消耗，与此相关的间接参数质子产量（HP）和质子产率（HPR）开始应用到活性污泥法工艺的过程控制中，同样包括在 SBR 工艺中的应用。

Guisasola A 等[24]建立了在线监测 OUR 和滴定测量 HPR 的方法，为完善 EBPR 控制策略提供了理论依据。之后不久，Vargas M. 等[70]用相似的思路探讨了在线滴定法测量质子产量 HP 作为 EBPR 的检测工具。结果发现，HP 的曲线变化规律能指示放磷结束和挥发性脂肪酸（VFA）消耗终点，以及间接指示硝酸盐和亚硝酸盐缺氧阶段的浓度。虽然这些研究中提出的控制思想还不够完善，还无法作为控制策略指导 SBR 系统的实际运行，但是这些都为 SBR 控制策略的完善提供了一些理论依据。此类控制策略的开发还需要进一步深入研究。

3.3.6.2　通过吸磷潜力间接控制参数实现 SBR 强化生物除磷工艺

强化生物除磷工艺（EBPR）相对于化学除磷等工艺具有成本低廉等巨大优势，而 EBPR 工艺难点在于启动时间较长，影响因素较多，从而导致 EBPR 工艺启动阶段复杂且所需时间长。有研究者通过可靠的实时控制策略能快速地启动 EBPR 系统，富集大量聚磷菌，实现稳定的深度除磷性能。

Manning 和 Irvine[71]就提出了促进 PAO 富集和启动 SBR 强化生物除磷工艺（EBPR）的控制策略。在此基础上，Dassanayake 和 Irvine[72]根据吸磷的潜力

(PRP)指示作用实现 EBPR 系统的优化运行,保证 SBR 系统达到稳定的强化生物除磷性能。作者考察了进水 COD、进水 P 浓度和曝气时间等因素对曝气反应阶段 PHA 利用和 P 的吸收能力的影响。此控制策略与 Manning 和 Irvine[71]建立的选择和富集控制策略相似,都是为了尽快实现稳定的 EBPR 性能,优化曝气阶段时间,节省能源。

3.3.6.3　以电导率为基础的 SBR 实时控制

电导率是指示系统中液相导电性能大小的参数指标,通过电阻的倒数计算得到。这意味着电导率越大,电阻越小,水中离子态物质越多,从而间接指示水体受污染程度或者系统运行过程中水质变化情况。

在此思想指导下,Spagni 等[43]研究了电导率曲线作为间接控制参数的稳定性,以及该间接参数用于建立控制策略的可行性。之后,Kim 等[73]考察了电导率(cond)与磷浓度之间的关系。结果发现电导率作为间接控制参数的指示作用有限,厌氧阶段在没有硝酸盐离子存在的条件下电导率与磷浓度成正比;而在硝酸盐存在的情况下,电导率与磷浓度之间的关系变化很大。同时还研究了单位磷浓度的变化与金属离子钾和镁之间的变化关系。虽然研究结果还不足以建立完善的控制策略,但是这为 EBPR 系统控制策略建立积累了机理方面的理论依据和参考。

3.3.6.4　基于频率变化规律的实时控制

（1）自动控制原理

曝气阶段是 SBR 工艺运行周期的主要反应阶段。曝气阶段 DO 浓度控制对 SBR 处理过程稳定性有重要意义。DO 过低,则好氧菌活性会下降,微生物难以形成易沉降的絮体。DO 过高,则不仅会增加能耗,还会造成混合液絮体分散和破碎,使沉淀阶段时间延长,工艺日处理量下降。

曝气池供氧量的大小与池中有机物的含量有关,也与进水水质水量和微生物活性有关。如果有工业废水进入,则可能影响废水生物可降解性。如果废水是流量很大且有机物含量变化很大的暴雨径流,则 DO 的控制就很困难。

由于曝气池很大,DO 的有效控制有一定困难。在用风机直接鼓风曝气时,因曝气和 DO 的变化之间存在时间滞后,因此难以实现有效的 DO 控制,造成处理过程的不稳定。DO 的自动控制包括鼓风压力和氧的溶解两个独立的控制回路,以减少两者之间的相互作用。

鼓风控制回路的目标是维持曝气头恒定的空气压力,以保证 DO 控制回路的稳定工作。曝气头压力为第一受控变量、空气流量为第二受控变量的多级控制系统可提供稳定的曝气头压力。风机转速、进气口导流叶片、吸气管进口阀门位置是控制单个风机的因素。为启动和关闭风机,可使用顺序控制逻辑。

　　将曝气阶段 DO 浓度作为第一受控变量、以空气流量作为第二受控变量的独立的多级控制系统可有效地用于 DO 控制。一个缓慢作用控制器将测量获得的 DO 浓度与设定 DO 值进行比较,发出加大或减小风量的指令。风机的风量通常由流量控制器控制,该控制器的设定值则周期性地由缓慢反应溶解氧控制器来调节。

　　(2) 变频技术原理

　　随着控制技术的发展,曝气阶段 DO 浓度控制逐渐演变为变频控制。变频控制技术具有操作简便,稳定性强,滞后时间短等优点。其原理与传统自动控制相似,唯一的区别在于第二受控变量变成鼓风机的频率(f)值,频率(f)与曝气过程 DO 浓度形成闭环控制回路,而不是两个独立的控制回路。变频控制原理如图 3-18所示。

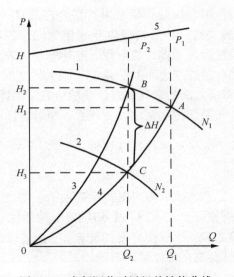

图 3-18　变频调节时风机的性能曲线

　　变频调速技术是通过改变电机频率和改变电机电压来达到电机调速的。图 3-18中曲线 1 和 2 表示调速时的压力流量曲线,曲线 3 和 4 表示节流调节时管路阻力特性曲线,曲线 5 表示恒速时功率-流量曲线,设 A 点为风机最大工况点,当风量需从 Q_1 减少到 Q_2 时,如果采用节流调节法,工况点由 A 到 B,风压增加到 H_2,由图中可看出轴功率 P_2 下降,但减少的不太多,如果采用变频调节方式,风机工况点由 A 到 C,可见在满足同样风量 Q_2 情况下,风压 H_3 将大幅度下降,功率 P_3 随着显著减少,节省的功率损耗 $\Delta P = \Delta H Q_2$ 与图中面积 BH_2H_3C 成正比。由以上分析可知,变频调节是一种高效的调节方式,鼓风机采用变频调节,不会产生附加压力损失,节能效果显著,调节风量范围 0%～100%,适合调节范围宽,且经常处于

低负荷下运行的场合,但当风机转速下降,风量减小时,风压将发生很大变化,由风机比例定律:

$$\frac{Q_1}{Q_2} = \frac{n_1}{n_2}, \frac{H_1}{H_3} = \left(\frac{n_1}{n_2}\right)^2, \frac{P_1}{P_3} = \left(\frac{n_1}{n_2}\right)^3 \tag{3-23}$$

可知,当其转速降低到原额定转速的一半时,对应工况点的流量、压力、轴功率各下降到原来的 1/2、1/4、1/8,这就是变频调节方式可以大幅度节电的原因。

传统的污水处理厂鼓风机采用恒定的转速工作,调节曝气量通过改变阀门或挡板的开度来实现。这种运行方式存在许多缺点:

① 不少单位曝气池的供氧量过大,用人工方式来关闭罗茨风机(或一般鼓风机)的开动台数,这样不能及时有效的调节,存在电能浪费;

② 供氧气量应与排水量及污水处理的质量,与一年四季气温变化,白天晚上温度变动有关。当不能自动调速时,存在着电能的浪费;

③ 过量的供氧量往往还影响污水处理的质量,造成微生物的内源呼吸,使出水中的悬浮物及浊度等指标升高,处理效果往往变差,同时也存在电能的浪费;

④ 污水排放只要达标或略高于标准就可,由于曝气供氧气过量,亦是不经济,存在电能浪费。

综上所述,在污水处理领域调节曝气量具有一定的实际意义。一般曝气池供氧主要使用的设备是罗茨风机,它是定压变流量控制的,在不需要过大的气流量时,只要降速就能将流量变小,通过变频调速技术可有效地实现此目的,且能做到既经济合理地处理污水,又有可观的节电效果,一般可节电 30％以上。

(3) 变频控制的研究进展

SBR 工艺的显著特点是可在同一个反应器内完成多种生化反应,简化处理流程,节省基建投资,在工业废水的处理中得到广泛应用。但其操作运行复杂,实现 SBR 的自动化是提高其运行效率的关键。传统的 SBR 是按时间进行控制,如果按相同的反应时间控制 SBR 的运行,当进水负荷高时,出水不达标,当进水负荷低时曝气时间过长,浪费能源还易造成污泥膨胀。国内外许多学者利用在线传感器实现 SBR 的自动控制。如以 pH、DO 及 ORP 实现 SBR 的自动控制,但都是在不控制曝气量条件下的小型试验。在反应后期 DO 都很高,供氧量远远超过了微生物耗氧反应的需氧量,造成大量的能源浪费,在全球能源短缺的形势下,开发高效、节能的工艺有着广泛的应用前景。根据 DO 浓度调节 SBR 反应器曝气量有一定的实际应用价值。

以杨岸明等变频试验研究为例[74],对 SBR 工艺中的变频控制进行详细说明。该研究以 SBR 中试系统为研究对象,反应器容积 60m³,采用微孔曝气。进水完成后,启动鼓风机进行曝气,反应过程中在线检测 DO、pH 及变频器频率 f。DO 与变频器构成了闭环控制回路,通过 DO 信号(4～20mA 电流)的大小调节风机电机工作频率,以实现风机鼓风量的自动调节;硝化完全后,停止曝气,启动加药泵为系统补充外碳源进行反硝化。杨岸明等研究发现频率 f 曲线具有一定的变化规律,能够作为过程控制参数进行实时过程控制,考察了不同恒 DO 浓度条件下频率 f 作为硝化结束控制参数的可行性。结果显示:频率 f 具有较强鲁棒性,能有效克服 pH 参数变化点突然不出现等问题。在此基础上,顾升波等考察了温度对变频控制 DO 调节下 SBR 中试系统性能和节能效果的影响,建立基于频率和 pH 曲线的 SBR 实时控制策略。

　　试验过程中发现频率 f 曲线在曝气阶段即硝化过程终点时会出现变化点(A点)。与 A 点对应出现的变化点还有 pH 曲线上出现的"氨谷",实时控制系统通过在线检测 f 和 pH,实时识别 A 点或氨谷,及时停止曝气。但是,低温条件下 pH 曲线指示点"氨谷"和频率曲线变化点(A 点)均不出现的情况经常发生。根据总结的温度和 T_{aermax},f_{min} 的关系式,可以初步预测出不同温度下,系统硝化结束终点时鼓风机频率值 f_{min} 及曝气时间 T_{aermax}。如果发生 pH 和频率曲线硝化结束变化点均没有出现的情况,控制系统在线检测曝气时间和频率值,当两者均达到预测频率值 f_{min} 和曝气时间 T_{aermax} 时,强制停止曝气。系统停止曝气后进入反硝化阶段,通过识别 pH 曲线上出现的变化点"硝酸盐峰"达到及时停止缺氧阶段的目的,如图 3-19 所示。基于以上分析,根据频率 f_{min} 和 pH 曲线规律及低温条件下温度与频率及曝气时间的关系建立低温实时控制策略,如图 3-20 所示。

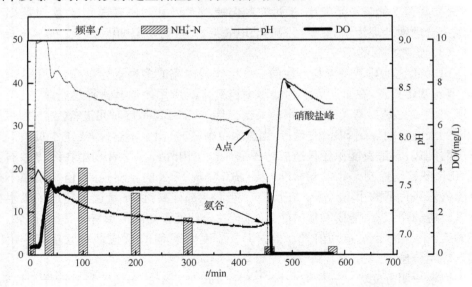

图 3-19　变频条件下 SBR 典型周期中 DO,频率 f, pH 和氨氮浓度的变化规律

　　控制策略运行的主要流程分为进水、反应、沉淀、排水、闲置 5 个阶段,系统启

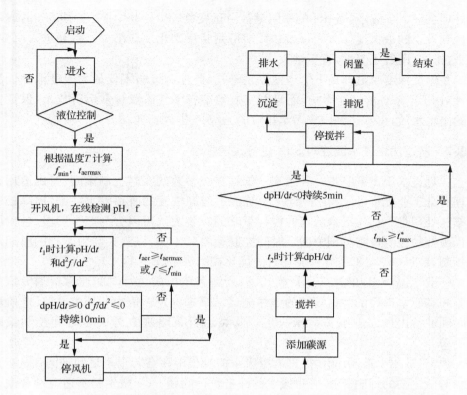

图 3-20 变频控制 DO 条件下基于频率 f 和 pH 两种控制参数的实时控制策略

t_{aer}—曝气时间，t_{aermax}—预测的好氧段最长时间，t_{mix}—搅拌时间，

t_{max}^*—设定的缺氧段最长时间，f—频率值，f_{min}—预测的硝化终点频率值，T—系统温度

动后，进水泵开启，向反应器内充水，进水阶段通过液位计控制，当反应器内液位达到设定水位时，进水泵自动关闭，系统进入反应阶段，开始曝气。

为了避免反应刚开始时 pH 和频率 f 波动及去除有机物时 pH 和 f 参数上升过程对控制系统的影响，设置在曝气开始 t_1 时间后再读取 pH 探头采集的 pH 和温度信号，以及变频器反馈回来的风机频率 f 信号。pH，f 和温度信号经过 A/D 转换变为数字信号后，输入实时过程控制器，首先经过滤波处理，采用移动平均的方法消除在线参数曲线上的干扰，然后进行求导计算，得到过程实时控制变量同时根据温度 T 预测鼓风机频率值 f_{min} 及曝气时间 t_{aermax}。当 pH 的一阶导数由负变正（dpH/dt>0）或 f 值的二阶导数由负变正（d^2f/dt^2<0）并维持 10min，停止曝气。如果 pH 和 f 值均没有出现变化点，则系统达到设定的最大曝气时间 t_{aermax} 且频率 f 值低于 f_{min} 时，系统强制关闭风机，进入反硝化阶段。

反硝化开始时，系统启动搅拌器。同时开启加药泵，达到设定时间后自动关闭。为了去除碳源投加之后 pH 的波动，设置在搅拌开始 t_2 时间后，再开始采集并处理在线 pH 信号,当 pH 的一阶导数由正变负($\mathrm{dpH}/\mathrm{d}t < 0$)并持续 5min,或系统达到设定的最大搅拌时间(t_{max}^{*})时,即可判断反硝化反应结束。接着进入沉淀,滗水,排泥,闲置等工序,直至结束。

在保证深度脱氮前提下恰当地停止曝气,此控制策略不仅最大限度消除低温条件对 SBR 系统的性能影响,而且能有效地节省曝气阶段日常运行成本,保证良好的出水水质,出水达到国家污水排放的一级 A 排放标准。

3.3.7　通过优化进水流速对 SBR 进行实时控制

优化进水流速策略是一种区别于依赖在线参数的实时控制策略,特别适用于处理有毒工业废水,原因在于 SBR 系统能适应高浓度的有毒废水冲击,提高处理效率和处理量。优化进水流速的控制策略的发展大致可以分为三个阶段,各阶段的代表性的控制策略分别为固定时间控制策略(FTC),以观察器为基础的时间优化控制策略(OB-TOC),事件驱动时间优化控制策略(ED-TOC)。

一般来说,SBR 的标准运行模式下,周期各阶段的运行时间通常根据专家的经验和实验室进行的中试规模的详尽测试结果来确定。值得一提的是,反应阶段的时间通常由最大进水负荷来决定。此类运行策略称之为固定时间控制策略(FTC)。

但 FTC 用于控制 SBR 处理有毒废水的过程中存在若干不足和缺陷:① 有毒废水对微生物的抑制。② 有毒废水的冲击负荷问题。③ 微生物不适应性及缺乏食物的问题。④ 低去除率。为了克服 FTC 以上的缺陷和不足,研究者尝试开发出 OB-TOC 控制策略。

OB-TOC 控制策略的核心理论是 OB-TOC 自控系统使微生物始终处于最大比生长速率(μ^{*})。该速率是通过针对有毒基质降解的 Haldane 等式[75]得到的。在此速率下,有毒物质达到最大的降解速率。通过进水泵注入基质维持反应器基质浓度处于最小临界浓度(S^{*})的方法实现最优控制。Moreno 和 Buitrón 提出一种用于 SBR 的处理有毒废水反应阶段时间控制优化的方法和数学仿真模型[76]。此数学模型此后发展成为观察器。Vargar 等[77]提出一种观察器的校正方法并对 OB-TOC 控制策略进行了试验验证。之后 Buirtrón 等详细演示了 OB-TOC 的实际运行过程[19]。

虽然 OB-TOC 解决了 FTC 固有的缺陷和不足,但其本身也存在一定的缺陷,如需要精确了解进水基质浓度和 Haldane 模型的常数。这些都不利于 OB-TOC 在工业环境中广泛应用。因此为了克服 OB-TOC 的缺陷,ED-TOC 控制策略应运而生。

ED-TOC 控制策略与 OB-TOC 的控制思想大致相同,主要的差别在于该控制策略利用溶解氧的在线测量来使反应速率始终处于最大值,因此该控制策略不需要准确知道进水基质的浓度值。I. Moreno-Andrade 等[78]和 G. Buitrón 等[79]都采用 ED-TOC 控制 SBR 处理 4-氯酚有毒废水,进水浓度分别达到了 7000 和 1000mg4-CP/L。此外,G. Buitrón 等[19]比较了 OB-TOC 和 VTC 控制策略在 SBR 处理 4-氯酚废水过程中的效果和优缺点。其中 VTC 控制策略的思想就是根据反应阶段 DO 曲线的突跃点指示降解反应的终点来控制。OB-TOC 和 VTC 控制策略处理 4-氯酚有毒废水最高浓度分别为 1400 和 1050mg/L。

此类控制策略与上述基于间接参数控制策略的途径不同。一类是根据非常规的间接控制参数(吸磷潜力,质子产率,质子产量,电导率等)建立控制策略实现 SBR 法处理污染物的目的。另一类是根据优化进水流速的方法建立控制策略达到令 SBR 法处理含有毒物质等生物抑制性废水过程优化运行的目的。但是最终的目的都是为了实现 SBR 运行的优化控制,节省曝气阶段时间,增大系统处理能力,提高系统抗负荷冲击与抗水质变化的性能,实现 SBR 工艺的节能降耗。

3.4　处理不同废水过程中 DO、pH、ORP 等控制参数的变化规律

3.4.1　啤酒废水

3.4.1.1　DO 的变化规律

(1) 不同进水有机物浓度条件下 DO 变化规律

图 3-21 给出不同有机物浓度(COD=308,493,738mg/L)条件下 DO 的变化曲线。从图 3-21 中可以看出:曝气阶段初期 DO 浓度维持较低水平(DO<0.5mg/L),此阶段持续时间分别为 15,30 和 60min。原因主要归结为异养菌的耗氧速率远远大于曝气系统充氧速率,从而液相中 DO 浓度始终维持在很低的水平。同时初始有机物浓度越低,DO 首次出现平台的时间越晚,分别为 30,120 和 200min。此"平台"特征点指示着有机物降解过程进入难降解有机物去除阶段。由此可见:COD 浓度越大,DO 曲线出现平台的时间和维持低水平的持续时间会逐渐延长。进水中 COD 浓度影响 SBR 工艺有机物去除过程 DO 曲线上"平台"指示点的出现。

(2) 不同曝气量条件下 DO 变化规律

图 3-22 和表 3-13 给出四个水平试验过程中 DO 变化规律的对比。由此可知,随着曝气量的增加,去除有机物的时间不断的减少,曝气量为 1.2m³/h 时 COD_{Cr} 的去除速率为 0.3m³/h 时的 3 倍左右;在去除有机物的过程中,随着曝气量的增加,平衡 DO 浓度也有所增加,由表 3-13 可以看出,曝气量为 0.8m³/h,1.2m³/h

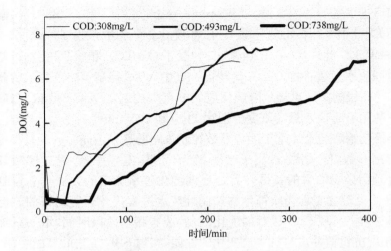

图 3-21 不同进水有机物浓度下,SBR 法硝化过程中 DO 的变化规律

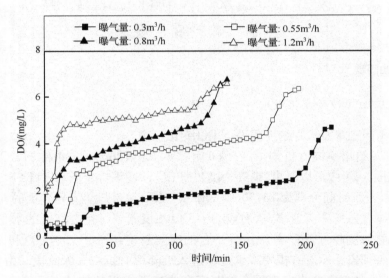

图 3-22 不同曝气量条件下,SBR 法硝化过程中 DO 的变化规律

时,去除有机物过程中的 DO 基本满足要求。随着曝气量的增加,硝化过程中的 DO 浓度也在不断的增加,但是并不成比例,曝气量 $0.55m^3/h$ 和 $0.8m^3/h$ 在硝化过程中 DO 的数值比较接近,而当曝气量达到 $1.2m^3/h$ 时,硝化过程中的 DO 在 $4.02 \sim 5.58mg/L$,DO 的数值过高。随着曝气量的增加,硝化速率也在不断的增加,曝气量达到 $0.8m^3/h$ 之后,硝化速率基本不再增加,并且其速率为曝气量为 $0.55m^3/h$ 和 $0.3m^3/h$ 的 1.19 倍和 1.53 倍。

表 3-13　不同曝气量条件下, SBR 法好氧阶段 DO 变化规律

曝气量 /(m³/h)	去除有机物 的时间/min	平衡 DO 浓度	硝化时间 /min	硝化过程中 DO 范围	硝化速率*
0.30	25	0.4	200	1.20~2.45	0.066
0.55	15	0.6	150	2.70~4.30	0.085
0.80	10	1.4	130	2.65~4.88	0.101
1.20	8	2.3	132	4.02~5.58	0.101

* 硝化反应的速率单位为: $mgNH_4^+-N/(gMLSS \cdot min)$。

硝化细菌是自养型的绝对好氧菌, 溶解氧是其生长繁殖降解氨氮的不可缺少的重要条件之一。笔者的研究结果表明随着曝气量的增加, 硝化速率会不断地增加, 这与传统的结论一致。一般认为硝化过程中的溶解氧应该大于 2.0mg/L。从这几组试验结果中可以看出, 当曝气量过大时, 在硝化过程中的 DO 浓度过高, 这不仅浪费能量, 而且还会使得在硝化结束时, DO 上升速度的加快或跃升的现象越来越不明显, 因为曝气量过高, 硝化过程中的 DO 就会越接近饱和值, DO 上升的余地就不大了, 因此在过量曝气的情况下, 不利于终点的判断。但是在过量曝气的情况下, 如果碱度适宜, 即使 DO 的信号不明显, 还可以利用 pH 进行终点的判断。过量曝气还会引起污泥膨胀。因此这 3 个参数必须结合使用才能确保准确地判断硝化的终点。

（3）不同进水氨氮浓度下 DO 变化规律

图 3-23 给出不同氨氮浓度（$[NH_4^+-N]$ = 48, 80, 113, 156, 184mg/L）条件下 DO 的变化曲线。

从图中可以看出: 曝气阶段初期 DO 曲线首次出现平台的时间几乎一致（30min）。原因为五个氨氮水平下初始有机物浓度相同。随着进水氨氮浓度的逐渐升高, DO 曲线第二次出现平台的时间逐渐延长, 分别为 80, 110, 130, 180, 210min。该"平台"特征点指示着硝化作用终点。由此可见: 氨氮浓度增大, DO 曲线出现第二次平台的时间会增加, 进而影响 SBR 工艺硝化过程中 DO 曲线上"二次平台"指示点的出现。

（4）不同污泥浓度条件下 DO 变化规律

图 3-24 给出不同污泥浓度（MLSS = 1621, 2479, 4274, 7066mg/L）条件下 DO 的变化曲线。

从图中可以看出: MLSS 浓度越高, DO 曲线"平台"特征点逐渐延迟出现。污泥浓度处于低水平（MLSS < 2000mg/L）, MLSS 对 DO"平台"特征点的出现影响不大; 污泥浓度处于高水平（MLSS > 2500mg/L）, DO"平台"特征点的出现均出现延迟的现象, 且不同污泥浓度之间延迟的时间长短并无明显规律, 并不随 MLSS

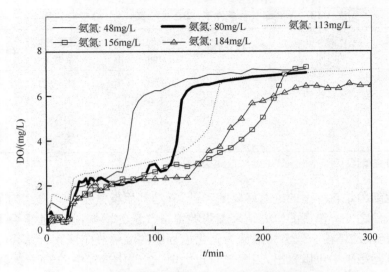

图 3-23　不同进水氨氮浓度下，SBR 法硝化过程中 DO 变化规律

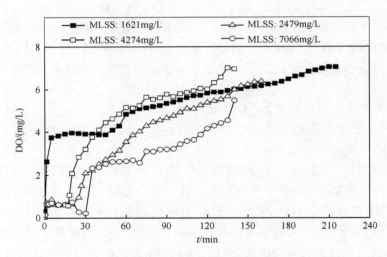

图 3-24　不同污泥浓度条件下，SBR 法硝化过程中 DO 的变化规律

浓度增加而增大。因此，污泥浓度过高会对 DO 特征点产生一定影响。

（5）不同初始重碳酸盐碱度条件下 DO 变化规律

图 3-25 给出不同初始重碳酸盐碱度（重碳酸盐碱度＝585，1165，1707，3163，5146mg/L）条件下 DO 的变化曲线。

从图中可以看出：五个初始重碳酸盐碱度水平下 DO 曲线类似，出现"平台"特征点的时间几乎一致；唯一不同的是，DO 曲线"平台"对应的 DO 最高点有所波动，这可能与曝气量波动相关。可见初始重碳酸盐碱度对 DO"平台"特征点的出现几乎没有影响。

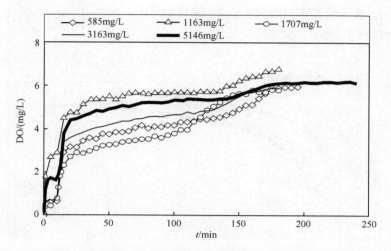

图 3-25　不同初始重碳酸盐碱度条件下,SBR 法硝化过程中 DO 的变化规律

3.4.1.2　ORP 的变化规律

（1）不同进水有机物浓度条件下 ORP 变化规律

图 3-26 显示的是不同进水有机物水平（COD＝308,493,738mg/L）下 SBR 工艺硝化过程中 ORP 曲线。从图中可知：ORP 曲线具有相似的特征,随着进水有机物浓度的增加,ORP 曲线出现"平台"特征点的时间逐渐延长,分别为 180,220,350min。同时,ORP 曲线上的"平台"特征点不明显,不适合作为实时控制特征点。

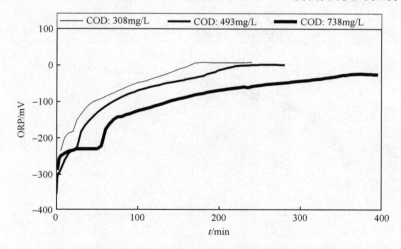

图 3-26　不同进水有机物浓度下,SBR 法硝化过程中 ORP 的变化规律

（2）不同曝气量条件下 ORP 变化规律

图 3-27 显示的是不同曝气量水平（曝气量＝0.3,0.55,0.8,1.2m³/h）下 SBR 工艺硝化过程中 ORP 曲线。

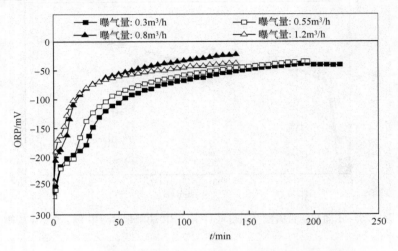

图 3-27　不同曝气量下,SBR 法硝化过程中 ORP 的变化规律

从图中可知：尽管曝气量水平存在很大差异,但是 ORP 曲线却大同小异,具有类似的特征。相对于低曝气量（0.3 和 0.55m³/h）来说,高曝气量（0.8 和 1.2m³/h）条件下,ORP 曲线出现"平台"变化点所需时间更短,仅为 15min。总体来说,曝气量对 ORP 曲线影响不大,ORP 作为硝化阶段或有机物去除阶段实时控制参数有一定的潜力。

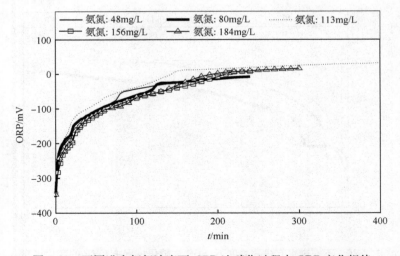

图 3-28　不同进水氨氮浓度下,SBR 法硝化过程中 ORP 变化规律

（3）不同进水氨氮浓度下 ORP 变化规律

图 3-28 显示的是不同进水氨氮水平（NH_4^+-N＝48,80,113,156,184m^3/h）下 SBR 工艺硝化过程中 ORP 曲线。从图中可知：不同进水氨氮浓度下 ORP 曲线几乎重叠，由此可见进水氨氮浓度对 ORP 曲线的影响很小。

（4）不同初始重碳酸盐碱度条件下 ORP 的变化规律

图 3-29 显示的是不同重碳酸盐碱度水平（重碳酸盐碱度＝585,1165,1707,3163,5146mg/L）下 SBR 工艺硝化过程中 ORP 曲线。从图中可知：不同初始重碳酸盐碱度浓度下 ORP 曲线几乎重叠，由此可见初始重碳酸盐碱度浓度对 ORP 曲线的影响很小，可以忽略不计。

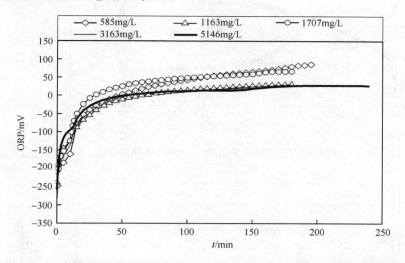

图 3-29　不同初始重碳酸盐碱度条件下，SBR 法硝化过程中 ORP 的变化规律

3.4.1.3　不同初始重碳酸盐碱度条件下 DO、ORP、pH 变化规律

图 3-30～图 3-36 分别显示了不调节碱度，碱度不足，五个重碳酸盐碱度水平（碱度＝586mg/L、1163mg/L、1707mg/L、3163mg/L、5146mg/L）条件下 SBR 工艺反应过程中 DO,ORP,pH 变化规律。不调节碱度的情况下，DO、ORP、pH 变化规律与前面章节分析的 DO、ORP、pH 一般变化规律相似，这里就不再赘述，见图 3-30。

重碳酸盐碱度不足的条件下 DO、ORP 和 pH 在硝化过程中的变化规律，如图 3-31所示：pH 在硝化结束时，没有出现上升的转折点，而是出现了下降速率变小甚至出现平台的现象；DO 在硝化结束时也没有出现斜率上升或者突然跃升的现象而是出现了平台，ORP 的变化规律没有变化，但是这 3 个参数的过程特征点比较模糊，pH 的下降速率变化之间存在过渡，DO 和 ORP 上升的速率与最终的平台之间也存在着过渡,并且这 3 个参数特征点出现的时间存在提前或滞后的现象,虽然这些特征点与前述试验的结果相比不是特别有利于实时控制,但是这正适合于用模糊控制来实现对反应过程的控制。

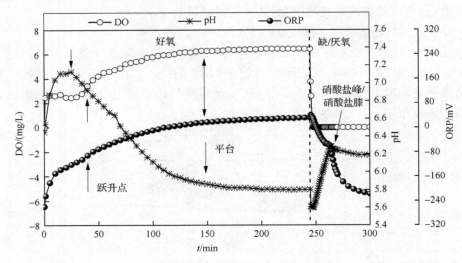

图 3-30　不投加任何物质调节碱度,SBR 法一个反应周期内 DO、ORP 和 pH 变化规律

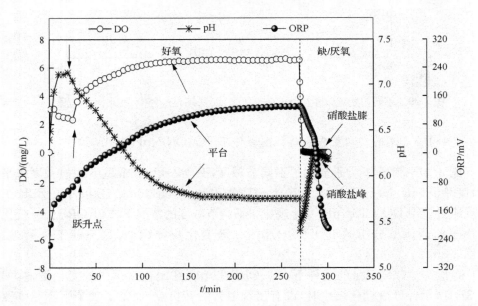

图 3-31　初始重碳酸盐碱度为 95mg/L,SBR 法一个反应周期内 DO、ORP 和 pH 变化规律

如图 3-32 所示,进水重碳酸盐碱度为 586mg/L 时,碱度基本满足要求,硝化

作用顺利进行,并且 pH 能够及时给出硝化结束的终点,可以作为硝化反应时间的控制参数;同时 DO 也及时准确地给出了控制信号;ORP 的控制信号比较模糊,但是在曲线上通过适当的划分模糊控制参数的论域还是可以将其作为一个模糊控制参数。

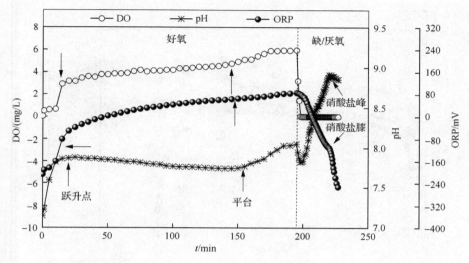

图 3-32　初始重碳酸盐碱度为 585mg/L,SBR 法一个反应周期内 DO、ORP 和 pH 的变化规律

如图 3-33 所示,进水重碳酸盐碱度为 1163mg/L 时,碱度是所需碱度的 2.74 倍,硝化作用顺利进行,但是 pH 曲线随着硝化的进行逐渐上升,与碱度不足和不

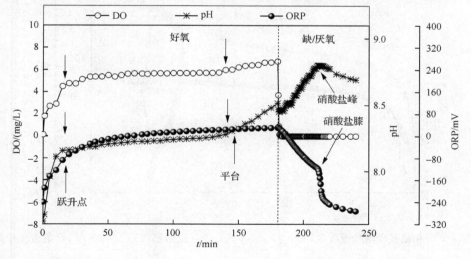

图 3-33　初始重碳酸盐碱度 1 163mg/L,SBR 法一个反应周期内 DO、ORP 和 pH 的变化规律

调节碱度的情况相反,不过硝化结束的时候 pH 曲线出现与 DO"平台"类似的特征点,同样能够及时指示硝化结束的终点,可以作为硝化反应时间的控制参数;同时 DO 也及时准确地给出了控制信号;ORP 的控制信号比较模糊,但是在曲线上通过适当的划分模糊控制参数的论域还是可以将其作为一个模糊控制参数的。

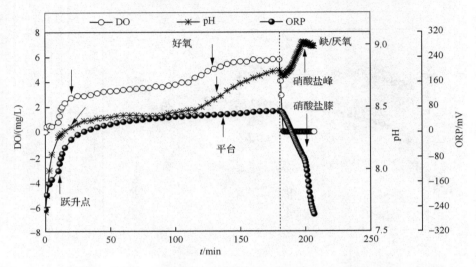

图 3-34 初始重碳酸盐碱度 1 707mg/L,SBR 法一个反应周期内 DO、ORP 和 pH 的变化规律

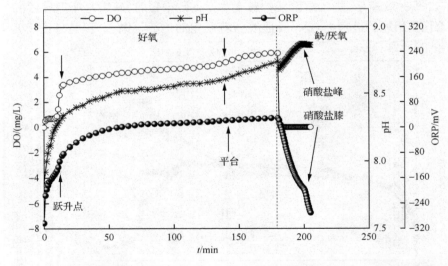

图 3-35 初始重碳酸盐碱度 3 163mg/L,SBR 法一个反应周期内 DO、ORP 和 pH 的变化规律

如图 3-34 和图 3-35 所示,进水重碳酸盐碱度为 1707mg/L 和 3163mg/L 时,碱度是所需碱度的 4.03 和 7.06 倍。两种碱度条件下的 DO、ORP 和 pH 的变化

与进水重碳酸盐碱度为 1163mg/L 的试验结果类似。但是 DO、ORP 和 pH 的特征点都有不同程度的提前,并且 pH 上升斜率的差别,虽然可以辨识,但是速率差别越来越小。碱度过分充足的情况下,pH 不适宜作为实时过程控制参数。

进水重碳酸盐碱度为 5146mg/L 的试验结果见图 3-36,进水重碳酸盐碱度为所需的 12.1 倍。DO 和 ORP 均出现"平台"特征点,可以作为这种进水条件下硝化过程的时间控制参数。而 pH 的变化规律却与以往的情形不一致,随着进水重碳酸盐碱度的增加,在硝化过程中,pH 从不断下降,转变为缓慢上升,到达现在这个进水重碳酸盐碱度的时候,pH 在硝化过程中以及硝化结束之后没有任何信号,只是一直以相差不多的速率不断上升。因此,不同重碳酸盐碱度条件下 SBR 硝化过程中 pH 曲线会出现一定的差异,甚至影响 pH 曲线"氨谷"特征点的出现。除此之外,重碳酸盐碱度对硝化过程中的 DO 和 ORP 曲线的影响不大。

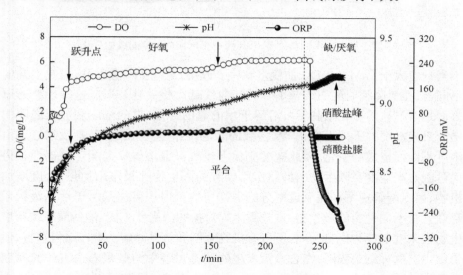

图 3-36　初始重碳酸盐碱度 5 146mg/L,SBR 法一个反应周期内 DO、ORP 和 pH 的变化规律

各种重碳酸盐碱度条件下,SBR 反硝化过程中 ORP 和 pH 的变化规律重现性非常好,分别出现"硝酸盐膝"和"硝酸盐峰"两个特征点,这两个特征点可以很好的指示反硝化过程终点。由此可见,重碳酸盐碱度对反硝化过程中 ORP 和 pH 曲线几乎没有影响。

3.4.2　含盐生活污水

3.4.2.1　不同盐度条件下 DO 变化规律

图 3-37 是各盐度下系统稳定运行时 DO 曲线的变化情况,可以看出 DO 曲线不再呈现出较好的平台和规律性。

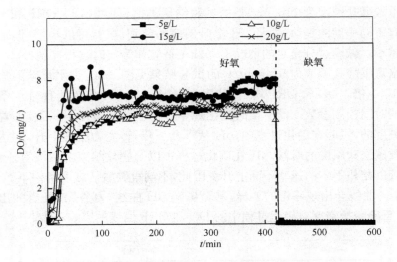

图 3-37　在不同盐度下 SBR 法一个周期内 DO 曲线的变化

当盐度大于 5g/L 时，DO 曲线形状完全改变，总体上一直攀升，只是上升的速度不同，且氨氮降解时间曲线与 DO 时间曲线毫无相关性。造成这种现象的原因一方面是溶解盐的存在限制了可溶解于水的氧的含量，氧的浓度和分压之间的关系随着溶液盐度的不同而变化[80]，多数的测定仪都提供人工调节盐度来修正由离子浓度不同而造成的变化，因此盐度变化下较难保证溶解氧的测定精确性。另一方面可能是高盐度对微生物的抑制作用导致的微生物呼吸作用加强，盐度增加后有机物、氨氮降解速率和耗氧速率急剧下降所致。但还可能是由于活性污泥系统中存在大量不同种属的微生物，这些微生物对盐的耐受性不同，能适应恶劣环境的微生物还未发展成为优势菌属，所以有机物降解和氨氮降解一直在缓慢进行，但耗氧量很少。这种结果表明，在含盐污水生物脱氮过程中溶解氧不适宜作为模糊控制参数。

3.4.2.2　pH 的变化规律

(1) 相同进水氨氮浓度，不同盐度下 pH 变化规律

图 3-38 是系统在相同进水氨氮浓时，各盐度下稳定运行时 pH 变化曲线。可以看出在整个反应过程中，尽管盐度不同但是氨氮变化的时间曲线和 pH 的时间曲线都有很好的规律性，而且两个曲线有很好的相关联系。随着盐度的增加，有机物和氨氮的降解程度和降解速度都逐渐降低，这是因为一方面随着盐度的升高，因不能适应环境而被淘汰的微生物逐渐增多；另一方面适应了环境生存下来的微生物虽然种群内耐盐的菌种得以保留，但仍需要更多的能量来增加活性去抵抗高渗透压的毒害作用[81]，从而减慢了新陈代谢的速度。无机盐浓度对生物脱氮过程的

影响特性在 pH 曲线上得到了很好的反映。在不同盐度驯化系统内,pH 在各个反应周期的变化规律基本相同,pH 时间曲线上的三个特征点:跃升点、氨谷、硝酸盐峰依然明显出现,并且与有机物降解结束、硝化完成和反硝化完成有很好的对应关系,只是随着盐度的升高前两个特征点出现的时间逐渐推后。

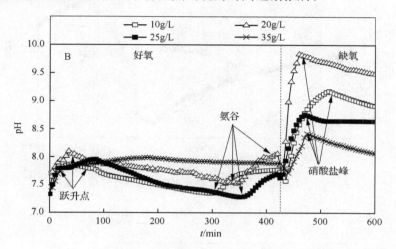

图 3-38　在不同盐度下 SBR 法一个周期内 pH 曲线的变化

（2）不同进水氨氮浓度,相同盐度下 pH 变化规律

在每一盐度水平稳定运行条件下,将进水氨氮调整为 35mg/L 和 65mg/L 两个水平进行试验。研究了在相同盐度驯化下不同进水氨氮浓度下 pH 随时间的降解规律,验证以 pH 作为含盐污水生物脱氮过程控制参数的可行性。

此处列出了 10g/L 盐度下的 pH 变化曲线,从图 3-39 可以看出不同进水氨氮浓度下 pH 曲线的形状基本相同。三个特征点依然明显:跃升点出现的时间与进水氨氮浓度关系不大,该点主要指示有机物降解的终点;氨谷出现的时间随着氨氮浓度的升高而推迟出现,因为进水氨氮浓度越高其完全降解所需要的时间也越长;硝酸盐峰的出现不只与氨氮浓度的高低有关还与系统是否是短程反硝化有关。其他盐度下的 pH 变化规律基本与此相同。由此可见,在经过盐度驯化的生物系统中,盐度对污水生物脱氮过程中 pH 过程控制参数的变化规律影响不大,pH 参数能够提供有效地指示信息用于 SBR 工艺的过程控制。

（3）盐度冲击条件下 pH 变化规律

在实际处理污水时盐度时刻都在发生变化。因此,判断能否以 pH 作为含盐污水处理的控制参数,必须考虑在盐度冲击期间,pH 与氨氮降解之间的相关性。从图 3-40 中可以看出,当盐度冲击盐度低于 30g/L 时 pH 曲线仍具有相似的变化规律,只是氨谷出现的时间逐渐推后,这是因为盐度的升高和突变抑制了微生物的

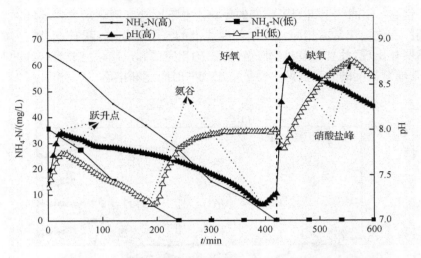

图 3-39　10g/L 盐度时不同进水氨氮浓度下 pH 变化曲线

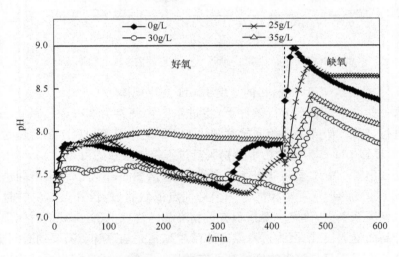

图 3-40　盐度冲击期间 pH 曲线的变化规律

活性,导致氨氮降解速率逐渐降低,完全降解所需要的时间也更多;当盐度升高到
35g/L 时,pH 曲线的形状发生变化,表明 COD 降解完毕的特征点已经不明显,而
氨氮谷点已经消失。这主要是降解有机物的异养菌被严重抑制导致有机物降解速
度和程度大幅度下降,7h 的曝气已经不能完成硝化反应了,氨谷没有出现。但转
换为反硝化时,硝酸盐峰点依然明显,这说明反硝化并没有被抑制。造成这种现象
的原因可能主要是由于主导反硝化作用的反硝化菌群对盐度的耐受能力最好,在
充足碳源的存在下其依然具有很好的活性。在 35g/L 盐度冲击下,当充分延长曝

气时间时,氨谷点依然能够出现,pH 曲线的变化依然符合规律性。其他盐度下也具有类似规律只是冲击范围有所不同。因此在 SBR 法处理含盐污水的过程中只有尽量避免大范围高盐度的冲击才能以 pH 作为自控参数。

3.4.3　垃圾渗滤液

由图 3-41 可看出,在温度为 15.5～13.5℃条件下,对于 4 种不同 $NO_3^- $-N 初始浓度开始的反硝化过程,在反应开始的一段时间内,由于 $NO_2^- $-N 还原速率小于 $NO_3^- $-N 的还原速率,因此作为电子受体的 $NO_3^- $-N 被迅速还原的同时,$NO_2^- $-N 浓度逐渐增加,实现了一定量的积累。当反应分别进行到 3、2、1、2h 时,$NO_2^- $-N 浓度达到峰值,分别为 37.8、21.5、25.2、18.8mg/L。同时可看出,ORP 曲线先后出现"硝酸盐膝"和"亚硝酸盐膝"2 个拐点。对于分别以 $NO_3^- $-N、$NO_2^- $-N 为电子受体的反硝化过程,ORP 曲线上的"硝酸盐膝"、"亚硝酸盐膝"拐点可作为反硝化终点的指示参数。然而,在低温条件下,SBR 反硝化过程 ORP 曲线上先后出现"硝酸盐膝"和"亚硝酸盐膝"尚未见文献报道。当 $NO_3^- $-N、$NO_2^- $-N 浓度几乎为零时,ORP 曲线先后出现"硝酸盐膝"和"亚硝酸盐膝"2 个拐点,分别指示 $NO_3^- $-N、$NO_2^- $-N 还原反应结束。

整个反硝化过程,随着反应的不断进行,系统内 ORP 不断降低,因此从"亚硝酸盐膝"拐点后,ORP 曲线急剧下降,系统进入厌氧产酸状态。这是图 3-41 中"亚硝酸盐膝"拐点后 ORP 曲线急剧下降的原因。需要指出的是,对于一个生化反应系统,包含着多种非常复杂的生化反应过程,ORP 曲线的变化规律应是体系内各种氧化还原反应综合作用的结果,可根据 Nerst 方程计算 E 值。

$$E = E^{\ominus} - \frac{2.303RT}{nF} \lg \frac{[\text{Red}]}{[\text{Ox}]} \qquad (3-24)$$

式中,$E^{\ominus}$——标准电极电位;

　　　n——反应中转移的电子总数;

　　　R——气体常数;

　　　T——温度;

　　　F——法拉第常数;

　　　$[\text{Red}]$——反应体系中所有还原态物质浓度的乘积;

　　　$[\text{Ox}]$——反应体系中所有氧化态物质浓度的乘积。

反硝化过程中,虽然体系内并存着多种氧化态和还原态物质,但起主导作用的是 $NO_3^- $-N、$NO_2^- $-N,因此 ORP 曲线的变化规律可反映 $NO_3^- $-N、$NO_2^- $-N 浓度变化。此外,基于 $NO_3^- $-N、$NO_2^- $-N 氧化还原半反应方程式[82],计算得出 E_{NO_2/NO_3},E_{NO_3/N_2} 分别为 0.43V 和 0.956V,这 2 个数值之差决定"硝酸盐膝"和"亚硝酸盐膝"拐点出现的先后顺序。

$$NO_3^- + 2H + 2e \xrightarrow{NaR} NO_2^- + H_2O - 82.9kJ/mol \tag{3-25}$$

$$NO_2^- + 4H + 3e \xrightarrow{NaR} \frac{1}{2}N_2 + 2H_2O - 277kJ/mol \tag{3-26}$$

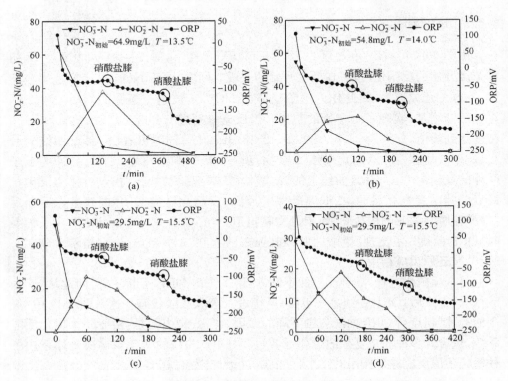

图 3-41　不同初始 NO_3^--N 浓度条件下，SBR 反硝化过程 NO_3^--N、
NO_2^--N 的变化与 ORP 的相关性

3.4.4　豆制品废水

3.4.4.1　ORP 变化规律

（1）不同曝气量下 ORP 的变化规律

ORP 受温度的影响，如图 3-42 显示，随着反应器内水温的不断下降，ORP 的变化趋势与恒定温度下的基本相同，存在一个凹点和平台区。但是，从 ORP 凹点出现的时间、凹点的高低以及凹带的宽窄来看，不同曝气量下测定的 ORP 变化也存在着差异，随着曝气量的增大，ORP 凹点出现的时间缩短，凹点升高，凹带变窄。当有机物达到难降解程度时，三种曝气量下的 ORP 均出现平台区，预示有机物降解反应结束。

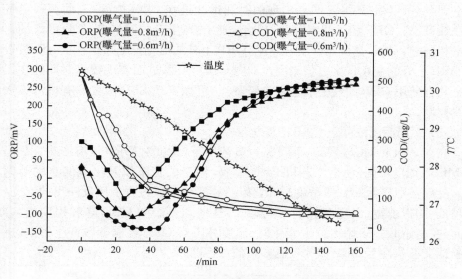

图 3-42　不同曝气量下 ORP 受温度的影响

（2）不同进水 COD 浓度下 ORP 的变化规律

图 3-43 显示出变温度下 ORP 的变化规律及其与 COD 降解情况的相关关系，从图中可以看出，温度并没有影响 ORP 的变化规律，即 ORP 凹点的出现代表了大部分 COD 已被降解，ORP 平台区代表了 COD 难降解阶段的出现。从不同进水 COD 浓度对反应器内 ORP 变化的冲击来分析，随着进水 COD 浓度的增大，ORP 凹点出现的时间延长。

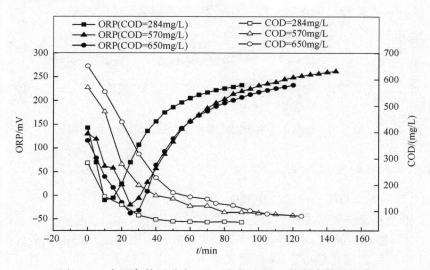

图 3-43　变温条件下进水 COD 浓度对 ORP 控制参数的影响

　　因此,可以根据 ORP 凹点出现的时间预测进水 COD 浓度,进而实现曝气量的在线调控。ORP 经过凹点以后,开始快速上升,上升的速率与 COD 降解的速率基本相同,当 COD 达到难降解程度时,ORP 上升的变化量越来越小,因此,可以根据 ORP 上升的变化量实时预测反应器内 COD 浓度,进而实现曝气时间的在线调控。联合使用 ORP 曲线上的这两个特征点,可以实现 SBR 法去除有机污染物的在线控制。

　　(3)不同污泥浓度下 ORP 的变化规律

　　在图 3-44 中,可以看到,不同 MLSS 浓度下,温度对 ORP 没有影响。只是由于 MLSS 浓度不同,使得 ORP 凹点的高低、凹带的宽窄以及出现凹点的时间不同。反应器中初始 MLSS 浓度越高,微生物降解 COD 过程中所反映出的 ORP 凹点越低、凹带越宽,出现凹点的时间越长,这些均不影响 COD 降解程度的判断。因此,在初始 MLSS 浓度发生变化时,温度并不对 ORP 控制参数产生影响,进一步验证变温条件下 ORP 作为控制参数的可行性。

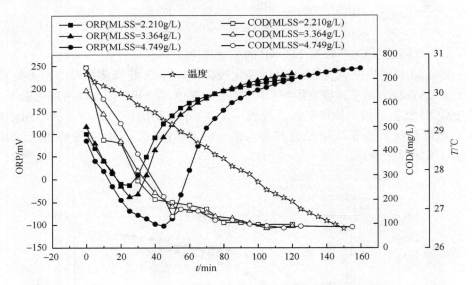

图 3-44　变温条件下 MLSS 浓度对 ORP 控制参数的影响

3.4.4.2　DO 变化规律

(1)不同曝气量下 DO 的变化规律

　　首先,分析 DO 受温度的影响,从图 3-45 我们看出,随着反应器内水温的不断下降,DO 传感器所测的 DO 值连续上升,没有出现恒温状态下的两个平台区。并且,从 DO 曲线的变化趋势看,不同曝气量下所测定的 DO 变化也存在着差异。曝气量为 1.0 m³/h 时,反应器内 DO 从反应开始到结束几乎沿着一个速率增长,根本找不出判断 COD 降解情况的两个平台区；然而，当曝气量为 0.6 m³/h 时，反应初始阶段 DO 上升缓慢，然后快速上升，到反应后期，DO 的上升速率又减缓；曝气量为 0.8 m³/h 时的 DO 变化介于二者之间。分析原因，主要是由于水温变化，造成饱和溶解氧升高，引起反应器内溶解氧缓慢上升。

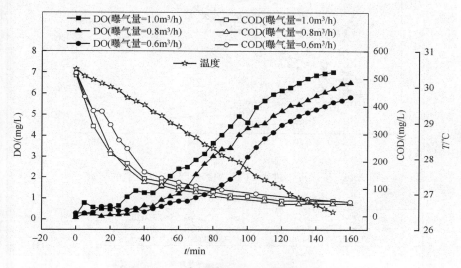

图 3-45　不同曝气量下 DO 受温度的影响

由以上分析，不同曝气量下，DO 受环境温度影响较明显，很难判断 COD 降解情况的两个平台，然而，随着曝气量的减小，表征 COD 降解情况的两个平台逐渐出现，但很不明显。由此得知，当选择小曝气量时，DO 受环境温度影响小，但曝气量过小，又带来处理效率低和易发生污泥膨胀等问题。

（2）不同进水 COD 浓度下 DO 的变化规律

从图 3-46 可以看出，三种进水 COD 浓度下的 DO 变化趋势基本相同，均没有出现表示 COD 降解情况的两个平台，而是按照几乎相等的速率上升。究其原因，仍是系统温度变化造成的。反应器内 COD 的变化与前面试验结果完全相同，即存在两个阶段（快速降解阶段和难降解阶段）。从不同进水 COD 浓度对 DO 的影响来看，进水 COD 浓度越高，同一时间测定的 DO 值越低。

（3）不同污泥浓度下 DO 的变化规律

不同 MLSS 浓度下，温度均对 DO 产生不同程度的影响，MLSS 浓度越低，影响越严重。从图 3-47 可以看出，当 MLSS 浓度分别为 2.210g/L 和 3.364g/L 时，在整个降解 COD 过程中，几乎看不到 DO 的两个平台区；而 MLSS 浓度为 4.749g/L 时，在降解 COD 过程中，DO 出现快速增长期，然后缓慢增长，可以依此判断 COD 降解情况，但不很准确。况且，在 SBR 处理系统中，MLSS 浓度不应过

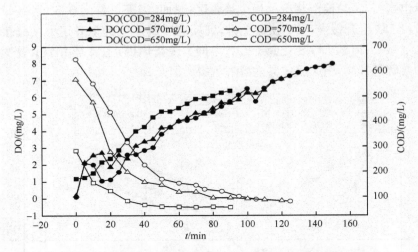

图 3-46　变温度下进水 COD 浓度对 DO 控制参数的影响

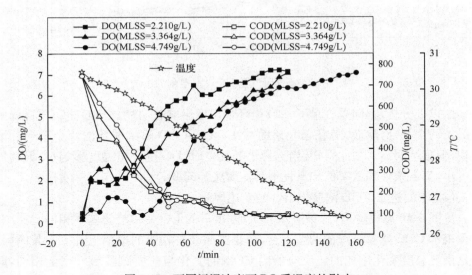

图 3-47　不同污泥浓度下 DO 受温度的影响

大,如果 MLSS 浓度高,它占反应器的体积就大,影响处理水量,另外,它产生的代谢产物就多,而一般微生物的代谢产物都属于难降解有机物,所以,污泥浓度将影响最终出水水质。

3.4.5　制药废水

3.4.5.1　不同进水 COD 浓度下 DO,ORP,pH 的变化规律

进水 COD 浓度分别为 268mg/L、427mg/L、635mg/L 和 842mg/L 时,反应过程中 DO、ORP 和 pH 的变化情况分别如图 3-48～图 3-51 所示。虽然进水有机物浓度不同,但在有机物的去除过程中,DO 的变化表现出相同的规律。在有机物的氧化阶段,DO 波动不大,在有机物去除结束后都有一个明显的跃升。但 ORP 则表现出不完全相同的规律,在进水有机物浓度分别为 268mg/L 和 427mg/L 时,和 DO 的变化相似 ORP 曲线上也出现了明显的跃升,但在进水有机物浓度为 635mg/L 和 842mg/L 时,ORP 不是出现跃升,而是表现为上升速率加快。当进水 COD 浓度分别为 268mg/L、427mg/L 和 635mg/L 时,去除有机物过程中,pH 缓慢下降,但下降速率随着进水有机物浓度的增加而逐渐减小。在进水 COD 浓度达到 842mg/L 时,pH 在开始阶段表现为缓慢上升,在第 75 分钟到达一个最高点 9.11,之后开始缓慢下降。但第 75 分钟出现的最高点并不对应着有机物在反应体系中降解到难降解阶段。从图 3-51 可知有机物去除终点在 120 分钟左右。pH 出现的这个最高点可能是因为制药废水中不同的有机物在不同的氧化阶段对反应体系混合液的酸度贡献不一样所导致。这个最高点的出现不能作为有机物去除结束的标志。在硝化阶段,尽管进水 COD 浓度有所不同,但在硝化结束时,DO 都出现明显的跃升,ORP 也都出现上升速率加快的现象,pH 曲线上则都出现"谷点",这

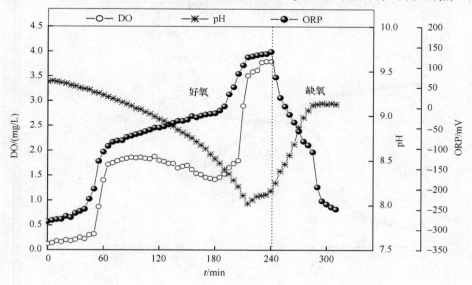

图 3-48　进水 COD 浓度为 268mg/L 时一个周期内 DO、ORP 和 pH 的变化规律

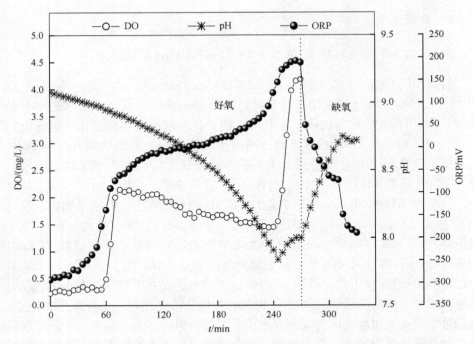

图 3-49　进水 COD 浓度为 427mg/L 时一个周期内 DO、ORP 和 pH 的变化规律

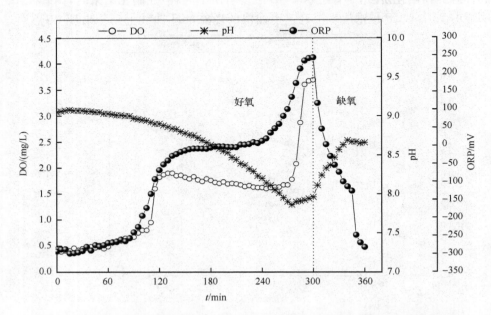

图 3-50　进水 COD 浓度为 635mg/L 时一个周期内 DO、ORP 和 pH 的变化规律

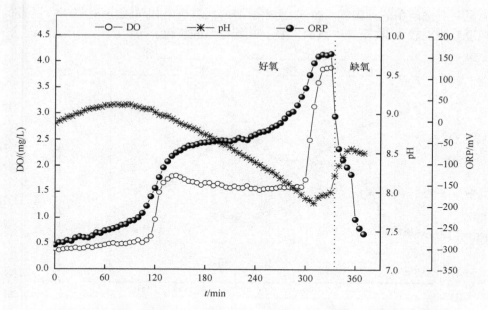

图 3-51　进水 COD 浓度为 842mg/L 时—个周期内 DO、ORP 和 pH 的变化规律

些特征点都指示着硝化反应的结束。因此,进水 COD 浓度的改变并不影响 DO、ORP 和 pH 作为硝化过程的控制参数。进水 COD 浓度的变化对反硝化过程也没有任何影响,ORP 和 pH 都出现反硝化结束的特征点,可以作为反硝化过程的控制参数。

3.4.5.2　不同进水氨氮浓度下 DO,ORP,pH 的变化规律

进水氨氮浓度分别为 52.4mg/L、88.3mg/L、112.7mg/L 和 144.2mg/L 时,反应过程中 DO、ORP 和 pH 的变化情况分别如图 3-52~图 3-55 所示。虽然进水氨氮浓度逐渐提高,但在硝化结束时,DO 都有一个明显的跃升,ORP 都表现为上升速率加快,pH 则都出现谷点。这些都可以作为硝化反应结束的可靠信号。在有机物去除结束后,DO 都有一个明显的跃升,指示反应体系中有机物降解到难降解程度。但随进水氨氮浓度的不同,这个跃升的幅度表现出一定的差别。在进水氨氮浓度分别为 52.4mg/L、88.3mg/L、112.7mg/L 和 144.2mg/L 时,当有机物降解到难降解阶段,DO 分别跃升至 1.67mg/L、2.18mg/L、2.52mg/L 和 2.84mg/L,表现出逐渐增加的趋势。这反映了不同进水游离氨浓度对自养微生物不同程度的抑制。在进水氨氮浓度较低时,游离氨浓度也相对较低,游离氨对亚硝酸菌的抑制相对较弱,亚硝酸菌的耗氧速率相对较大,这样 DO 跃升较小的幅度后即进入氨氮的氧化阶段。在进水氨氮浓度较大时,游离氨浓度也处于较高水平,游

离氨对亚硝酸菌的抑制相对较强,亚硝酸菌的耗氧速率相对较小,这样 DO 跃升的幅度就相对较大,在更高一点的水平上开始氨氮的氧化。

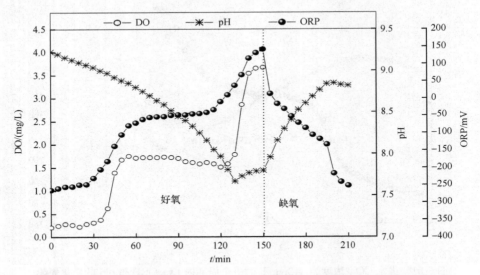

图 3-52　进水氨氮浓度为 52.4mg/L 时一个周期内 DO、ORP 和 pH 的变化规律

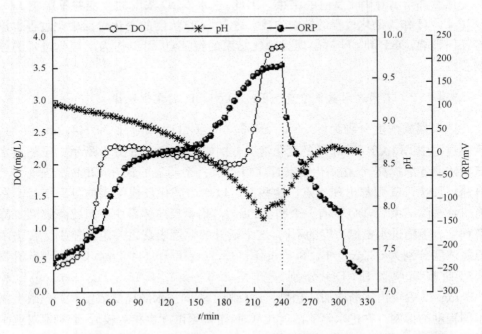

图 3-53　进水氨氮浓度为 88.3mg/L 时一个周期内 DO、ORP 和 pH 的变化规律

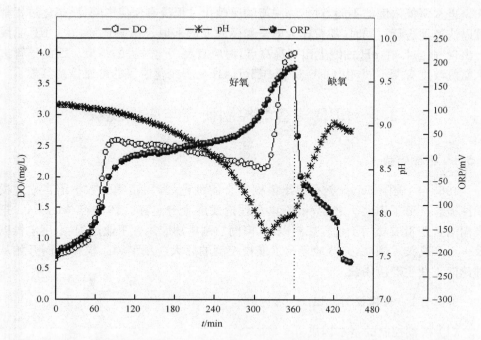

图 3-54 进水氨氮浓度为 112.7mg/L 时一个周期内 DO、ORP 和 pH 的变化规律

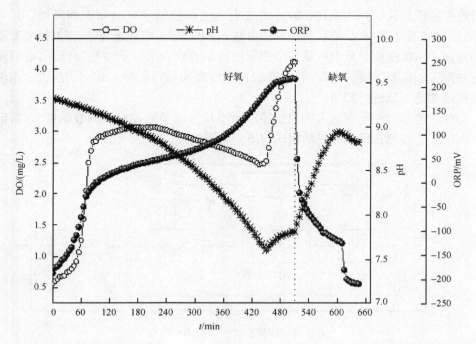

图 3-55 进水氨氮浓度为 144.2mg/L 时一个周期内 DO、ORP 和 pH 的变化规律

进水氨氮浓度的不同,对生物脱氮的反硝化过程没有任何影响,反硝化过程都可以快速地进行。同时,随着作为电子受体的亚硝酸氮逐渐被还原,在ORP曲线上出现"膝点",在pH曲线上出现最高点,对应着反硝化过程的结束。因此尽管进水氨氮浓度有所不同,但ORP和pH都可以作为反硝化阶段的可靠控制参数。

3.5　SBR法智能控制研究与应用现状

3.5.1　模糊控制

1965年,美国Zadeh教授提出模糊集合的理论,为用精确的数学语言描述模糊性概念开辟了道路。之后,模糊集合理论发展十分迅速。1974年Mamdani把模糊语言逻辑成功用于过程控制以后,模糊控制成功应用在工业过程、家用电器以及一系列高技术领域,充分地显示了模糊控制的巨大应用潜力。模糊控制开始从理论向工业生产应用演变。

3.5.1.1　模糊控制概述

(1) 模糊控制的基本构成

模糊控制是一种对系统的宏观控制方法,其核心是用语言描述的控制规则。语言控制规则通常用If-Then的方式来表达过程控制专家的知识和经验。If部分,即条件部分,涉及受控变量构成的命题;Then部分,即理论部分,涉及控制变量的命题。模糊控制的最大特征是将专家的控制经验表示成语言控制规则,然后用这些规则去控制系统。因此,具有非线性系统最典型特征的SBR系统,适合用模糊控制理论对其进行控制。

模糊控制主要是模仿人的控制经验而不是依赖于被控对象的数学模型,实现了人的某些智能。模糊控制的组成与原理见图3-56[83-85]。

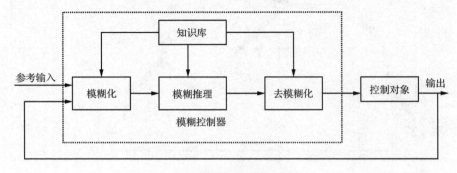

图3-56　模糊控制技术的基本原理

　　模糊控制的核心部分是图中虚线框中的模糊控制器,模糊控制器主要由以下四部分组成:

　　① 模糊化

　　这部分的作用是将输入的精确量转换成模糊量。其中输入量包括外界的参考输入、系统的输出或状态等。模糊化的具体过程如下:

　　I. 首先对这些输入量进行处理以变成模糊控制器要求的输入量。

　　II. 将上述已经处理过的输入量进行尺度变换,使其变换到各自的论域范围。

　　III. 将已经变换到论域范围的输入量进行模糊处理,使原先精确的输入量变成模糊量,并用相应的模糊集合来表示。

　　② 知识库

　　知识库中包含了具体应用领域中的知识和要求的控制目标。它通常由数据库和模糊控制规则库两部分组成。

　　I. 数据库

　　主要包括各语言变量的隶属度函数、尺度变换因子以及模糊空间的分级数等。隶属函数的确定方法具有一定的主观性,但它又不是随意给出的,它反映着人们的共同认识,具有一定的客观性。隶属函数的确定方法主要有模糊直接统计法、多相模糊统计法、择优统计法、绝对比较法和优先关系定序法等。

　　II. 模糊规则库

　　包括了用模糊语言变量表示的一系列控制规则。它们反映了控制专家的经验和知识。正如前面所说,模糊控制是模仿人的一种控制方法。在模糊控制中,通过用一组语言描述的规则来表示专家的知识,专家知识通常具有如下的形式:

　　if(满足一组条件)then(可以推出一组结论)

　　在 if-then 规则中的前提和结论均是模糊的概念。如"若 DO 上升速率偏高,则以较大的幅度减小曝气量",其中"偏高"和"较大"均为模糊量。常常称这样的 if-then 规则为模糊条件句。因此在模糊控制中,模糊控制规则也就是模糊条件句。其中前提为具体应用领域中的条件,结论为要采取的控制行动。If-then 的模糊控制规则为表示控制领域的专家知识提供了方便的工具。对于多输入多输出(MIMO)模糊系统,则有多个前提和多个结论。所有规则组合在一起构成了规则库。

　　Takagi 和 Sugeno 指出,模糊控制规则可以由三种方法求得:

　　A. 基于人的操作经验或控制工程师的知识;

　　B. 基于人的操作控制行为的模糊建模;

　　C. 基于生产过程的模糊模型。

　　③ 模糊推理

　　模糊推理是模糊控制器的核心,它具有模拟人的基于模糊概念的推理能力。

该推理过程是基于模糊逻辑中的蕴含关系及推理规则来进行的。

模糊推理是模糊控制的基础,模糊推理方法主要有 CRI 法(compositional rule of inference)、TVR 法(truth values reasoning)、直接法、精确值法和强度转移法等。

④ 去模糊化

去模糊化的作用是将模糊推理得到的控制量(模糊量)变换为实际用于控制的清晰量。它包含以下两部分内容:

I. 将模糊的控制量经清晰化变换变成表示在论域范围的清晰量。

II. 将表示在论域范围的清晰量经尺度变换变成实际的控制量。

去模糊化的方法主要有最大隶属度法、中位数法和重心法等。

(2) SBR 法去除有机物和硝化模糊控制的基本思想

① SBR 法反应阶段需氧量特点

无论在 SBR 去除有机物还是硝化的过程中,通常是限制性曝气。在 SBR 法曝气阶段,虽然反应器内混合液的流态呈完全混合状态,但其底物浓度随时间的变化却呈理想的推流态势,其浓度一直在减小,不存在普通曝气池中的“返混”现象,因此,其耗氧速率(OUR)变化与底物的变化同步,也随时间呈理想的推流态势,即 OUR 随曝气时间增加而减少。而传统的鼓风曝气的供气量都是均匀供给,这就势必导致反应阶段供氧量和需氧量不均衡,在反应阶段初期可能供氧量不足,后期供氧量过剩。

通过比较恒 DO 和恒曝气量两种条件下去除有机物过程,发现在反应阶段初期和末期其需氧量相差近 30 倍;反应阶段按恒 DO 方式运行,其 COD 降解速率明显大于恒曝气量条件下的降解速率,尤其在前 2 小时内,这是因为采用非均匀供气时,即使在反应阶段初期 DO 浓度也很充足,并没有阻碍生化反应的顺利进行。当反应时间超过 5 小时,上述两种运行方式的反应器内有机物浓度大致相同。另外,每个周期内恒 DO 运行的总供气量比较小。由此可见,恒定曝气量存在很多弊端:

I. 在反应阶段初期供气量可能不能满足微生物生化反应的需氧量,这将阻碍去除有机物的生化反应速率,即不能高效地去除有机物;

II. 在反应阶段末期供氧速率大于 OUR,DO 浓度高达 5mg/L 以上,在这样高的 DO 浓度下其氧转移的效率和动力效率都很低,实质上是浪费了能量;

III. 反应器长时间在低底物浓度和高 DO 浓度下运行将存在污泥膨胀的严重隐患。此后若沉淀和闲置阶段时间过长,则很容易发生污泥膨胀[86]。

在去除有机物的过程中,OUR 与供氧量基本可以持平,出现“平衡 DO 浓度”现象。但是在曝气量过低的时候,去除有机物过程中,DO 浓度过低,影响对有机物的去除;而在曝气量过高时,去除有机物过程中,DO 浓度过高,能量浪费严重。

在硝化过程中,DO 不断地上升(上升的速度可能较快也可能较慢),这更是由于恒定曝气量,供氧和耗氧不平衡的原因。硝化过程中恒定曝气量不仅具有以上3 个缺点,而且在曝气量过大的情况下,还导致应用 DO 进行硝化终点的判断越来越不明显。

因此不论从能量利用效率和节能的角度而言,还是从反应时间的判断而言,都应该对曝气量进行调节,或者说调节混合液中的 DO 浓度,使之既有利于终点的判断又有利于节能降耗。

② SBR 法硝化过程模糊控制基本思想

一般认为,去除有机物过程中曝气池中的 DO 浓度维持在 1.5～2.0mg/L 就能基本满足生化反应所需。而在硝化过程中 DO 应该维持在 2mg/L 以上。在本模糊控制系统中,选择去除有机物过程中,DO 维持在 1.5mg/L,硝化过程中 DO 维持在 2.5mg/L。

不论在去除有机物还是在硝化过程中都要对 DO 进行模糊调控,模糊控制规则相同,只是被控变量 DO 对不同的生化反应论域不相同。

SBR 进水之后,给定某一曝气量开始反应,首先进行的是去除有机物,模糊过程控制分为两部分:第一,模糊调控曝气量,维持恒定的 DO 浓度,间歇调控;第二,用 DO 模糊控制反应时间。

进入硝化反应阶段之后,在不调节曝气量的条件下,DO 在硝化过程中的变化可以分为 3 种情况。其中无论哪一种情形都存在很大程度上的能量浪费。后两种情形还不利于对终点的判断,第一种情况虽然可以用 DO 判断终点,但是随着曝气量的升高,终点越来越不明显。因此决定在硝化过程中必须进行曝气量的调节。采用模糊控制来将整个硝化过程中的 DO 维持在 2.5mg/L 左右。

模糊调控 DO 的方式分为间歇调控和连续调控两种形式。

间歇调控是以 DO 为模糊控制参数,调节一段时间,然后停止调节,在停止调节的这段时间内用 DO 模糊判断终点,若没有到达终点,则继续调节曝气量维持DO 恒定,这样交替间歇调节判断,既可以尽量的节能,又可以判断终点。这种方法对 DO 任何一种变化情形都可以既控制终点又节能。

连续调控是在硝化的整个过程中一直调节曝气量使 DO 维持在 2.5mg/L 左右。连续调控不能用 DO 模糊控制反应时间,反应时间的控制用 pH。

无论间歇调控曝气量还是连续调控曝气量,因为反应过程中 OUR 不断减小,所以曝气量会不断地减小,在这两种方式中,曝气量都设定一个最低值,来维持泥水混合均匀。在达到这个最低值后,维持此曝气量不变,停止调节曝气量,实际上,这时反应已经基本结束了,此后可以应用 DO 对终点进行控制。

pH 的变化受曝气量的影响较小,它与污水中碱度的关系最大。根据 pH 的变化特点可以将硝化的过程分为下降型和上升型。下降型是碱度够用和碱度不足两种情况,可通过 pH 来判定终点。上升型是碱度过分充足的情况,它可以通过 DO

来控制终点。

因此在硝化开始之后先调节曝气量,同时根据 pH 的变化进行模糊推理硝化过程是什么类型,如果是上升型,则不用 pH 来控制过程的终点,使用间歇曝气调节,用 DO 判断终点;也可以连续调节曝气量,直至不可调节,然后用 DO 来判断终点。如果是下降型,可以连续调节曝气量,用 pH 判断终点;也可以间歇调整曝气量,用 DO 和 pH 联合来判断终点或单独用 pH 来进行终点判断,保守的做法是联合 DO 和 pH 一同进行控制。

可以任意选择连续型还是序批型模糊调节曝气量,以便实现整个硝化过程中曝气量和时间的模糊控制。

在 pH 下降型中的碱度不足型,如果在判断出终点之后,应该结束曝气,进行反硝化,反硝化结束之后,再投加物质调节碱度,再次进行硝化反应,直至出水水质达标。

3.5.1.2　模糊控制在 SBR 中的研究进展

(1) 模糊控制研究进展概述

针对 SBR 工艺的模糊控制方法开发发展迅速。根据间接参数类型在线模糊控制可分为以下类型:在线 DO 模糊控制[87,88]和在线 ORP 和 pH 模糊控制[89,90]。其中 Wang 等[89]比较了三种运行模式:SBR 短程工艺传统控制模式、两段交替好氧/厌氧 SBR 定时控制模式和两段交替好氧/厌氧 SBR 实时控制模式处理大豆废水的处理效果与运行性能。结果发现采用了在线 pH 和 ORP 模糊控制策略的两段交替好氧/缺氧 SBR 实时控制模式具有最好的运行效果。此后采用类似的控制思路,A. Traore 等[87]对 SBR 中试装置反应过程的 DO 参数进行模糊逻辑控制。采用三种方法进行控制:开/关控制,PID 控制,模糊控制器。基于开/关控制和 PID 的控制策略很难适应 SBR 进水水质的变化及 SBR 系统的高度非线性特征,但是应用模糊控制器建立合理的模糊逻辑控制策略实现了对 DO 更稳定的控制。但是以上在线模糊控制系统鲁棒性仍有待提高,易受参数信号噪声波动的干扰。因此模糊控制策略需要加强其抗干扰能力和识别能力。

此后 S. Marsili-Libelli 等[91]通过模糊类型识别进行 SBR 转化的控制,控制策略的核心和关键在于引入了模糊聚类技术,建立了合理的模糊干涉机制,从而成功地实现了根据简单的间接过程参数(ORP,DO,pH)实现 SBR 的模糊控制。图 3-57 是模糊干涉机制的总体结构。干涉机制确定不同的模糊聚类运算规则进行实时控制。首先应用一个逻辑算法的持续时间检查器,来防止这个阶段的过早结束或过分延长。基于一套详细的模糊运算法则、机制识别出实时阶段(好氧或厌氧),最终根据机制输出的结果转化变量执行硬性的开关转化命令。

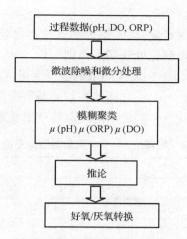

图 3-57　典型的 SBR 模糊控制策略的流程图

同时模糊运算法则能够适应进水波动和生物量改变引起的过程变化,保持其识别能力。此外,Kim 等[92]开发出基于规则的模糊干涉算法,以及基于模糊规则的控制策略,利用建立的模糊控制系统处理 SBR 工艺过程在线数据,并对 SBR 设备故障进行诊断。该控制系统显示出快速检测和诊断各种错误的良好性能,同时使诊断出来的各种错误及时纠正成为可能。

(2) SBR 法硝化过程模糊控制器的设计

① SBR 法硝化过程中曝气量的模糊控制

当曝气量过大时,在硝化过程中的 DO 浓度过高,这不仅浪费能量,影响生物絮体的沉降性,而且还会使得在硝化结束时,DO 上升速度的加快或跃升的现象越来越不明显,不利于终点的判断。而曝气量过小,DO 过低,反应速率又会太小,效率太低,不利于硝化细菌的生长,还会引起污泥膨胀。因此有必要对硝化过程中的曝气量进行调控。

硝化过程中的 DO 浓度是温度、pH、曝气量、氨氮浓度、污泥浓度以及污泥的性态等因素的复杂函数,应该用神经网络对其进行预测。但是可以根据反应过程中实时检测的 DO 浓度,使其维持在某一范围内,既不太高又不太低,同时还可以根据 DO 的变化控制反应时间。根据试验结果确定将硝化过程中 DO 浓度的标准值(DO_S)控制在 2.5mg/L(去除有机物过程中 DO 浓度的标准值 DO_S 取 1.5mg/L)。

选择 DO 的偏差(用 E_{DO} 表示)和 DO 的导数 dDO/dt(用 CE_{DO} 表示)作为模糊控制的输入变量。E_{DO} 是指以 $DO_S = 2.5mg/L$ 为标准值,在线检测的 DO_{OFF} 与 DO_S 的差作为 DO 的偏差。输出变量有一个:曝气量的变化量,用 ΔU_A 表示。控制目的是将硝化过程中的 DO 偏差控制在零附近。

I. 输入变量的模糊化

模糊控制器的输入是确定量,而模糊控制算法本身要求模糊变量。因此根据经验将精确的输入变量经模糊化处理变为模糊变量。

将 E_{DO} 非均匀量化为 $[-6,6]$ 之间离散的整型变量 X_{DO},如表 3-14 所示。

将 CE_{DO} 非均匀量化为 $[-6,6]$ 之间的离散的整型变量 CX_{DO},如表 3-15 所示。

将 ΔU_A 非均匀量化为 $[-6,6]$ 之间的离散的整型变量 $X_{\Delta U_A}$,如表 3-16 所示。

表 3-14　将偏差 E_{DO} 化为离散的整型变量 X_{DO}

X_{DO}	-6	-5	-4	-3	-2	-1	0
E_{DO}/(mg/L)	0～1.8	1.8～2.0	2.0～2.1	2.1～2.2	2.2～2.3	2.3～2.4	2.4～2.5
X_{DO}	$+0$	$+1$	$+2$	$+3$	$+4$	$+5$	$+6$
E_{DO}/(mg/L)	2.5～2.6	2.6～2.7	2.7～2.8	2.8～2.9	2.9～3.0	3.0～3.2	3.2～$+\infty$

表 3-15　将 CE_{DO} 化为离散的整型变量 CX_{DO}

CX_{DO}	-6	-5	-4	-3	-2	-1	0
CE_{DO}/(mg/L/min)	$-\infty$～-0.06	-0.06～-0.04	-0.04～-0.03	-0.03～-0.02	-0.02～-0.01	-0.01～-0.005	-0.005～$+0.005$
CX_{DO}	$+1$	$+2$	$+3$	$+4$	$+5$	$+6$	—
CE_{DO}/(mg/L/min)	0.005～0.010	0.010～0.020	0.020～0.030	0.030～0.040	0.040～0.060	0.060～$+\infty$	—

表 3-16　将 ΔU_A 化为离散的整型变量 $X_{\Delta U_A}$

$X_{\Delta U_A}$	-6	-5	-4	-3	-2	-1	0
ΔU_A/(m³/h)	-0.3	-0.25	-0.2	-0.15	-0.1	-0.05	0
$X_{\Delta U_A}$	$+1$	$+2$	$+3$	$+4$	$+5$	$+6$	—
ΔU_A/(m³/h)	0.05	0.1	0.15	0.2	0.25	0.3	—

E_{DO}、CE_{DO} 和 ΔU_A 在表 3-14～表 3-16 中的实际论域都是通过大量的试验确定的,它与传感器的精度,测定速度和采样时间等都有关。

由于模糊控制器的控制规则表现为一组模糊条件语句,在条件语句中通常用 7 个或 8 个表示大小的模糊语言变量来描述输入输出变量的大小,如:

NB=NegativeBig(负大);

PB=PositiveBig(正大);

NM=Negative Medium(负中);

PM=Positive Medium(正中);

NS=Negative Small(负小);

PS＝Positive Small(正小)；

NO＝Negative Zero(负零)；

PO＝Positive Zero(正零)；

O＝Zero(零)。

E_{DO} 和 ΔU_{A} 的模糊集分别为 $\{NB, NM, NS, NO, PO, PS, PM, PB\}$ 和 $\{NB, NM, NS, O, PS, PM, PB\}$；$CE_{\mathrm{DO}}$ 的模糊集均为 $\{NB, NM, NS, O, PS, PM, PB\}$。

模糊变量必须用隶属函数来表示。隶属函数的具体形式取决于被控制系统本身的特性。本模糊控制系统各模糊集的隶属函数如图 3-58，图 3-59。虽然各模糊集的隶属函数形状基本相同，但是它们的论域的划分是不同的。而且选择三角形的隶属函数可以尽量减少内存的占用，并且与采用其他复杂形式的隶属函数相比，在达到控制要求方面并无大的差别。

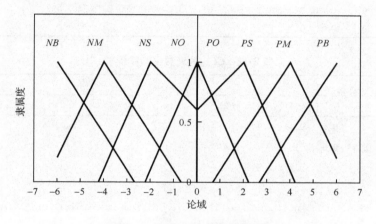

图 3-58　EDO 的隶属函数图

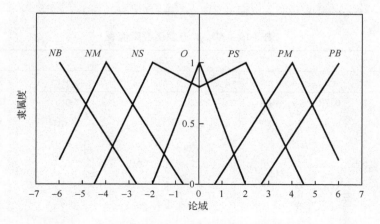

图 3-59　CEDO 和 ΔU_{A} 的隶属函数图

　　由各输入变量和输出变量的隶属函数可以得到各输入变量的隶属函数表（见表 3-17～表 3-19）。

表 3-17　E_{DO} 的隶属函数赋值表

模糊集		X_{DO}												
	−6	−5	−4	−3	−2	−1	−0	0	1	2	3	4	5	6
NB	1	0.7	0.4	0.1	0	0	0	0	0	0	0	0	0	0
NM	0.2	0.6	1	0.7	0.4	0.1	0	0	0	0	0	0	0	0
NS	0	0	0.1	0.55	1	0.8	0.6	0	0	0	0	0	0	0
NO	0	0	0	0	0.1	0.55	1	0	0	0	0	0	0	0
PO	0	0	0	0	0	0	0	1	0.55	0.1	0	0	0	0
PS	0	0	0	0	0	0	0	0.6	0.8	1	0.55	0.1	0	0
PM	0	0	0	0	0	0	0	0	0.1	0.4	0.7	1	0.6	0.2
PB	0	0	0	0	0	0	0	0	0	0	0.1	0.4	0.7	1

（隶属度）

表 3-18　CE_{DO} 的隶属函数赋值表

模糊集		CX_{DO}												
	−6	−5	−4	−3	−2	−1	0	1	2	3	4	5	6	
NB	1	0.7	0.4	0.1	0	0	0	0	0	0	0	0	0	
NM	0.2	0.6	1	0.7	0.4	0.1	0	0	0	0	0	0	0	
NS	0	0	0.2	0.6	1	0.9	1	0	0	0	0	0	0	
O	0	0	0	0	0	0.5	1	0.5	0	0	0	0	0	
PS	0	0	0	0	0	0	1	0.9	1	0.6	0.2	0	0	
PM	0	0	0	0	0	0	0	0.1	0.4	0.7	1	0.6	0.2	
PB	0	0	0	0	0	0	0	0	0	0.1	0.4	0.7	1	

（隶属度）

表 3-19　ΔU_A 的隶属函数赋值表

模糊集		ΔU_A												
	−6	−5	−4	−3	−2	−1	0	1	2	3	4	5	6	
NB	1	0.7	0.4	0.1	0	0	0	0	0	0	0	0	0	
NM	0.2	0.6	1	0.7	0.4	0.1	0	0	0	0	0	0	0	
NS	0	0	0.2	0.6	1	0.9	1	0	0	0	0	0	0	
O	0	0	0	0	0	0.5	1	0.5	0	0	0	0	0	
PS	0	0	0	0	0	0	1	0.9	1	0.6	0.2	0	0	
PM	0	0	0	0	0	0	0	0.1	0.4	0.7	1	0.6	0.2	
PB	0	0	0	0	0	0	0	0	0	0.1	0.4	0.7	1	

（隶属度）

II. 模糊控制规则的建立

通过分析 DO 与硝化反应及曝气量之间的关系,总结出不依赖于数学模型的接近最优控制的控制规律,建立以模糊语言表示的模糊控制推理的合成规则和模糊控制规则。根据操作过程中可能遇到的各种情况和系统的运行数据,将相应的控制策略归纳为表 3-20。这是一组根据系统输出的误差及误差的变化趋势来消除误差的双输入单输出模糊控制规则。

表 3-20　SBR 法好氧硝化曝气量的模糊控制规则

E_{DO}	CE_{DO}						
	NB	NM	NS	O	PS	PM	PB
	ΔU_A						
NB	PB	PB	PB	PB	PM	PS	O
NM	PB	PB	PB	PM	PS	O	NS
NS	PB	PM	PM	PS	O	NS	NM
NO	PM	PM	PS	O	NS	NS	NM
PO	PM	PS	PS	O	NS	NM	NM
PS	PM	PS	O	NS	NM	NM	NB
PM	PS	O	NS	NM	NB	NB	NB
PB	O	NS	NM	NB	NB	NB	NB

在表 3-20 中共包含了 56 条规则,由于 E_{DO} 的模糊分割数为 8,CE_{DO} 的模糊分割数为 7,所以该表包含了最大可能的规则数。表 3-20 中所表示的规则依次为:

if $E_{DO} = NB$ and $CE_{DO} = NB$ then $\Delta U_A = PB$

if $E_{DO} = NB$ and $CE_{DO} = NM$ then $\Delta U_A = PB$

……

if $E_{DO} = PB$ and $CE_{DO} = PB$ then $\Delta U_A = NB$

上述选取控制量变化的原则是:当误差大或较大时,选择控制量以尽快消除误差为主;而当误差较小时,选择控制量要注意防止超调,以系统的稳定性为主要出发点。例如,当 DO 偏差以及导数均为负大时,这意味着 SBR 反应器内的 DO 浓度很低,而且有进一步降低的趋势,如果不加调整,势必造成反应时间过长或引起污泥膨胀,为尽快提高 DO 浓度,消除偏差,必须增大曝气量,所以 ΔU_A 取正大。当偏差为负小,偏差变化为正小时,系统本身具有消除误差的能力,可以不调整曝气量。

上述模糊控制规则所确定的每一条模糊条件语句都可以计算出相应的模糊控制量 ΔU_{Ai}。例如,由第 1 条语句所确定的模糊关系可用公式表示:

$$R = [(NB_{E_{DO}} + NM_{E_{DO}}) \times PB_{\Delta U_A}] \cdot [(NB_{CE_{DO}} + NM_{CE_{DO}}) \times PB_{\Delta U_A}]$$

$$\text{(3-27)}$$

如果此刻采样所得到的实际误差模糊变量为 E_{DO}，误差变化的模糊变量为 CE_{DO}，根据推理的合成规则进行模糊决策，得到模糊控制量为 ΔU_{A1}：

$$\Delta U_{A1} = E_{DO} \circ \left[(NB_{E_{DO}} + NM_{E_{DO}}) \times PB_{\Delta U_A} \right]$$
$$\cdot CE_{DO} \circ \left[(NB_{CE_{DO}} + NM_{CE_{DO}}) \times \Delta PB_{\Delta U_A} \right] \tag{3-28}$$

同理，可由其余模糊条件语句计算出相应的模糊控制量 ΔU_{A2}，ΔU_{A3}…，由于各条件语句之间是或的关系，则控制量的模糊集合 ΔU_A 表示为：

$$\Delta U_A = \Delta U_{A1} + \Delta U_{A2} + \Delta U_{A3} + \Delta U_{A4} + \Delta U_{A5} + \cdots + \Delta U_{An} \tag{3-29}$$

由上式所计算出的控制量是一个模糊子集，不能直接应用于被控对象，必须经过去模糊化处理转化为精确量。为了对被控制对象 SBR 处理系统施加精确的控制，还需要将模糊控制变量 ΔU_A 转化为可执行的精确量，即曝气量变化量的准确量，这就是去模糊化处理过程。去模糊化的方法主要有最大隶属度法、中位数法和重心法等，其中重心法最常用。通过去模糊化将预先计算好的控制量制成控制表，存储在计算机中，在进行实时控制时，从计算机中查询即得所需采取的控制策略，这部分工作的计算量较大，可用单片机开发成 PLC 控制程序来完成。

② DO 作为硝化反应时间的模糊控制参数

基于 DO 参数 SBR 法的模糊控制不仅可以实现自动控制，而且可以节省运行费用和避免曝气量不足或反应时间过长而引起的污泥膨胀。在 SBR 工艺初始曝气量均为 $0.6 m^3/L$ 条件下，以在线检测的 DO 值作为被控制变量，以曝气量的变化量（ΔU）为控制变量。在模糊控制系统的设计时，以在线检测的 DO_i 与设定的 DO 标准浓度（记为 DO_S）的偏差 E_{DO_i} 作为模糊控制器的一个输入变量，然后确定采样周期所需时间。一个采样周期后该偏差 E_{DO_i} 的变化量 CE_{DO_i} 作为模糊控制器的另一个输入变量。

$$E_{DO_i} = DO_i - DO_S \qquad\qquad i = 1,2,3\cdots \tag{3-30}$$
$$CE_{DO_i} = E_{DO_i} - E_{DO_{i-1}} \qquad\qquad i = 1,2,3\cdots \tag{3-31}$$

式中：角标 i 表示第 i 次采样的相应数据，$E_{DO_{i-1}}$ 表示第 $i-1$ 次采样处理水 DO_i 的偏差。根据这两个输入变量，经过模糊控制器的计算，判断与决策，作为模糊控制系统输出变量的则是曝气量的变化量 ΔU。确定了模糊控制器的输入与输出变量后，根据模糊控制理论按照以下步骤建立模糊控制系统。

I. 精确量的模糊化

将 DO 的偏差及偏差的变化量用模糊变量来表示，即将被控制变量进行模糊化处理，得到模糊集合向量。

对误差 E_{DO}，误差变化 CE_{DO} 及控制量 ΔU 的模糊集及其论域定义如下：

CE_{DO} 和 ΔU 的模糊集 ce_{DO} 和 Δu 均为：$\{NB, NM, NS, O, PS, PM, PB\}$

E_{DO} 的模糊集 e_{DO} 为：$\{NB, NM, NS, NO, PO, PS, PM, PB\}$

上述模糊语言变量的意义：

$NB=$Negative Big 　　　　（负大）　　　　　$PB=$Positive Big 　　　　（正大）

$NM=$Negative Medium 　（负中）　　　　　$PM=$Positive Medium 　（正中）

$NS=$Negative Small 　　（负小）　　　　　$PS=$Positive Small 　　（正小）

$NO=$Negative Zero 　　（负零）　　　　　$PO=$Positive Zero 　　（正零）

$O=$Zero

e_{DO} 和 ce_{DO} 的论域均为：$\{-6,-5,-4,-3,-2,-1,0,+1,+2,+3,+4,+5,+6\}$

Δu 的论域为：$\{-7,-6,-5,-4,-3,-2,-1,0,+1,+2,+3,+4,+5,+6,+7\}$

将由式(3-30)所确定的连续检测的 DO 的偏差 E_{DO} 化为在 $[-6,+6]$ 之间变化的离散的整型变量 XE_{DO}，即整型化处理，如表 3-21 所示。在此设定 $DO_S=2.0$mg/L，是相对于 COD $=1\,000$mg/L 左右，曝气量为 0.6m³/h，反应 9min 左右时的 DO 浓度。

表 3-21　将偏差 E_{DO} 化为离散的整型变量 XE_{DO}

XE_{DO}	-6	-5	-4	-3	-2	-1	-0
$E_{DO}/$(mg/L)	$-\infty\sim-1.2$	$-1.2\sim-1.0$	$-1.0\sim-0.8$	$-0.8\sim-0.6$	$-0.6\sim-0.4$	$-0.4\sim-0.2$	$-0.2\sim0$
XE_{DO}	$+0$	$+1$	$+2$	$+3$	$+4$	$+5$	$+6$
$E_{DO}/$(mg/L)	$0\sim0.2$	$0.2\sim1.0$	$1.0\sim1.5$	$1.5\sim2.0$	$2.0\sim2.5$	$2.5\sim3.3$	$3.3\sim+\infty$

模糊变量误差 e_{DO}，误差变化 ce_{DO} 及控制量 Δu 的模糊集和论域确定后，须对模糊语言变量确定隶属函数，即所谓对模糊变量赋值，就是确定论域内元素对模糊语言变量的隶属度。上述的论域 e_{DO}，ce_{DO}，Δu 上的模糊变量均假定为正态型模糊变量，其正态函数为：

$$F(x) = \exp\left[-\left(\frac{x-a}{\sigma}\right)^2\right] \tag{3-32}$$

式中：x 为论域中的元素；a 为隶属度为 1 时 x 的值；σ 为隶属函数的范围。

此函数确定了模糊隶属函数曲线的形状。将确定的隶属函数曲线离散化，就得到了有限个点上的隶属度，便构成了一个相应的模糊变量的模糊子集。

将偏差 E_{DO} 经整型化处理后变为离散的整型数 XE_{DO}，再经隶属函数曲线离散化处理后得到模糊变量 e_{DO} 的隶属函数赋值 $\mu_{E_{DO}}$，如表 3-22 所示。

由式(3-31)所确定的偏差变化量 CE_{DO} 和曝气量的变化量 ΔU 与偏差 E_{DO} 的数据处理方法相同，即整型化处理和隶属函数曲线离散化处理，得到相应的隶属函数赋值 $\mu_{cE_{DO}}$，$\mu_{\Delta U}$，如表 3-23，表 3-24 所示。

表 3-22　模糊变量 e_{DO} 的隶属函数赋值 $\mu_{E_{DO}}$

e_{DO}	XE_{DO}													
	−6	−5	−4	−3	−2	−1	−0	+0	+1	+2	+3	+4	+5	+6
	$\mu_{E_{DO}}$													
PB	0	0	0	0	0	0	0	0	0	0	0.1	0.4	0.8	1.0
PM	0	0	0	0	0	0	0	0	0	0.2	0.7	1.0	0.7	0.2
PS	0	0	0	0	0	0	0	0.3	0.8	1.0	0.5	0.1	0	0
PO	0	0	0	0	0	0	0	1.0	0.6	0.1	0	0	0	0
NO	0	0	0	0	0.1	0.6	1.0	0	0	0	0	0	0	0
NS	0	0	0.1	0.5	1.0	0.8	0.3	0	0	0	0	0	0	0
NM	0.2	0.7	1.0	0.7	0.2	0	0	0	0	0	0	0	0	0
NB	1.0	0.8	0.4	0.1	0	0	0	0	0	0	0	0	0	0

表 3-23　模糊变量 ce_{DO} 的隶属函数赋值 $\mu_{CE_{DO}}$

ce_{DO}	XCE_{DO}												
	−6	−5	−4	−3	−2	−1	0	+1	+2	+3	+4	+5	+6
	$\mu_{CE_{DO}}$												
PB	0	0	0	0	0	0	0	0	0	0.1	0.4	0.8	1.0
PM	0	0	0	0	0	0	0	0	0.2	0.7	1.0	0.7	0.2
PS	0	0	0	0	0	0	0	0.9	1.0	0.7	0.2	0	0
O	0	0	0	0	0	0.5	1.0	0.5	0	0	0	0	0
NS	0	0	0.2	0.7	1.0	0.9	0	0	0	0	0	0	0
NM	0.2	0.7	1.0	0.7	0.2	0	0	0	0	0	0	0	0
NB	1.0	0.8	0.4	0.1	0	0	0	0	0	0	0	0	0

II. 建立模糊控制规则

通过分析 DO 与有机物降解及曝气量之间的关系,建立以模糊语言表示的模糊控制推理的合成规则和模糊控制规则。

根据操作过程中可能遇到的各种可能出现的情况和系统的运行数据,将相应的控制策略归纳为表 3-25,这是一组根据系统输出的误差及误差的变化趋势来消除误差的模糊控制规则。这些模糊控制规则可以用模糊条件语句来描述,例如:

A if $e_{DO}=NB$ or NM and $CE_{DO}=NB$ or NM then $\Delta u=PB$ 　　or $\cdots$

B if $e_{DO}=NB$ or NM and $CE_{DO}=NS$ then $\Delta u=PB$ 　　or $\cdots$

上述选取控制量变化的原则是:当误差大或较大时,选择控制量以尽快消除误差为主;而当误差较小时,选择控制量要注意防止超调,以系统的稳定性为主要出发点。

表 3-24　模糊变量 Δu 的隶属函数赋值 $\mu_{\Delta U}$

Δu	$X\Delta U$														
	−7	−6	−5	−4	−3	−2	−1	0	+1	+2	+3	+4	+5	+6	+7
	$\mu_{\Delta U}$														
PB	0	0	0	0	0	0	0	0	0	0	0	0.1	0.4	0.8	1.0
PM	0	0	0	0	0	0	0	0	0.2	0.7	1.0	0.7	0.2	0	0
PS	0	0	0	0	0	0	0.4	1.0	0.8	0.4	0.1	0	0	0	0
O	0	0	0	0	0	0.2	1.0	0.2	0	0	0	0	0	0	0
NS	0	0	0.1	0.4	0.8	1.0	0.4	0	0	0	0	0	0	0	0
NM	0	0.2	0.7	1.0	0.7	0.2	0	0	0	0	0	0	0	0	0
NB	1.0	0.8	0.4	0.1	0	0	0	0	0	0	0	0	0	0	0

表 3-25　SBR 曝气量的模糊控制规则表

e_{DO}	ce_{DO}						
	NB	NM	NS	O	PS	PM	PB
	Δu						
NB	PB	PB	PB	PB	PM	PS	O
NM	PB	PB	PB	PM	PS	O	NS
NS	PB	PM	PM	PS	O	NS	NM
NO	PM	PM	PS	O	NS	NS	NM
PO	PM	PS	PS	O	NS	NM	NM
PS	PM	PS	O	NS	NM	NM	NB
PM	PS	O	NS	NM	NB	NB	NB
PB	O	NS	NM	NB	NB	NB	NB

III. 模糊推理及其模糊量的非模糊化

在模糊控制规则的指导下,经过模糊决策后,得到模糊控制变量 Δu。为了对被控制对象 SBR 处理系统施加精确地控制,还需要将模糊控制变量 Δu 转化为可执行的精确量,即曝气量的变化量的准确量,这就是非模糊化处理过程。

上述模糊控制规则所确定的每一条模糊条件语句都可以计算出相应的模糊控制量 Δu。例如,由第 A 条语句所确定的模糊关系可用式(3-33)表示:

$$R = \left[(NB_E + NM_E) \times PB_u \right] \cdot \left[(NB_{CE} + NM_{CE}) \times PB_u \right] \qquad (3\text{-}33)$$

如果此刻采样所得到的实际误差模糊变量为 e_{DO},误差变化的模糊变量为 ce_{DO},根据推理的合成规则进行模糊决策,得到模糊控制量为 Δu_1:

$$\Delta u_1 = e_{DO} \circ [(NB_E + NM_E) \times PB_u] \cdot ce_{DO} \circ [(NB_{CE} + NM_{CE}) \times PB_u]$$
$$(3-34)$$

同理,可由其余模糊条件语句计算出相应的模糊控制量 Δu_1,Δu_2,$\cdots$,由于各条件语句之间是或的关系,则控制量的模糊集合 Δu 表示为:

$$\Delta u = \Delta u_1 + \Delta u_2 + \cdots + \Delta u_n \qquad (3-35)$$

由式(3-35)所计算出的控制量是一个模糊子集,不能直接应用于被控对象,必须经过非模糊化处理转化为精确量。通常采用的非模糊化方法中比较简单的一种是选择最大隶属度法,就是选取模糊子集中隶属度最大的元素作为控制量,这种方法虽然简单,但丢掉了一些有用信息。另外一种方法是加权平均法,计算式如下:

$$Z_{\Delta \mu} = \frac{\sum_{i=1}^{n} \mu_u(z_i) \cdot z_i}{\sum_{i=1}^{n} \mu_u(z_i)} \qquad (3-36)$$

这种方法可以充分利用模糊推理结果模糊子集提供的有用信息量。可根据模糊控制器设计需要,选取相应的非模糊化方法,得到模糊控制表,储存在计算机中,进行实时控制时,从表中查询所需的控制策略。

上述过程根据在线检测的反应初期(8～10min)DO浓度,对曝气量进行调整,模糊控制的每一步都是以前面大量试验数据为基础。在正常情况下,反应初期将曝气量调整到合适的水平后,后续反应过程中在此恒定曝气量下运行,DO浓度不会产生较大波动,直到反应结束时DO迅速大幅度升高,因此,可以减少调控次数。但是,如果原水水质或微生物状态发生突变,反应初期的DO浓度不足以反映后续过程的DO水平,随着COD降解,DO可能产生大幅度变化,超出正常水平,此时需要对曝气量再一次调整,以保证正常的DO水平。调整主要应根据在线监测的DO情况,同时也应该参考反应时间的长短,避免将反应结束时的DO大幅度升高当作是反应过程中的DO波动。因为在有机物达到难降解程度时,DO迅速大幅度升高,这是应当停止曝气,结束反应阶段的信号。如果在反应过程中,频繁调整曝气量,势必使DO始终维持在2.0mg/L左右,而不会发生DO迅速大幅度升高的现象,进而影响反应时间的控制。根据表3-21的试验结果,初始调节的曝气量越大,说明原水的COD浓度越高,相应的反应时间也越长,反应时间与曝气量之间有一定的相关性。在初始阶段对曝气量进行调节后,便可粗略估计出大致的反应时间。距离反应结束大约1h的时间范围内,不再对曝气量进行调节,这样可以避免对反应时间控制的干扰。

③ 碱度充足但不过量时硝化时间的模糊控制

碱度充足但不过量时,忽略参数的上下波动,选择 pH 的导数 dpH/dt 作为模糊控制器的输入变量,用 CE_{pH} 表示。而对输出变量 U_A(即曝气量)而言,只有两种选择:一种是维持原来的曝气量不变,继续等待,用 0 表示;另一种是立即停止曝气,不存在改变曝气量大小的问题,用 1 表示。

将精确的输入变量经模糊化处理变为模糊变量。根据经验,采样周期为 5min。

将 CE_{pH} 非均匀量化为 $[-2,+2]$ 之间的离散的整型变量 CX_{pH},如表 3-26 所示。

表 3-26　将 CE_{pH} 化为离散的整型变量 CX_{pH}

CX_{pH}	-2	-1	0	$+1$	$+2$
CE_{pH}/min^{-1}	$-\infty\sim-0.002$	$-0.002\sim-0.001$	$-0.001\sim0.001$	$0.001\sim0.002$	$0.002\sim+\infty$

CE_{pH} 的模糊集为 $\{N,O,P\}$;CE_{pH} 的隶属函数的图形见图 3-60。由此可得 CE_{pH} 的隶属函数表 3-27。应用 CE_{pH} 进行硝化过程的终点的模糊控制规则见表 3-28。

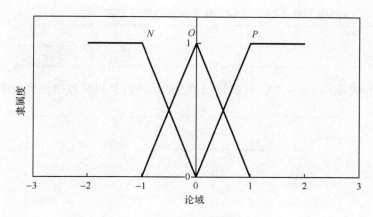

图 3-60　CE_{pH} 的隶属函数

表 3-27　CE_{pH} 的隶属函数赋值表

模糊集		CX_{pH}				
		-2	-1	0	1	2
N	隶	1	1	0	0	0
O	属	0	0	1	0	0
P	度	0	0	0	1	1

表 3-28　应用 CE_{pH} 进行硝化终点判断的模糊控制规则

输出变量	CX_{pH}		
	N	O	P
U_A	0	0	1

④ 碱度不足时硝化时间的模糊控制

碱度不足时,选择 pH 的导数 dpH/dt 和延续时间作为模糊控制器的输入变量,用 CE_{pH} 和 E_T 表示。而对输出变量 U_A(即曝气量)而言,只有两种选择:一种是维持原来的曝气量不变,继续等待,用 0 表示;另一种是立即停止曝气,不存在改变曝气量大小的问题,用 1 表示。

将精确的输入变量经模糊化处理变为模糊变量。根据经验,采样周期为 5min。

由于 CE_{pH} 均为负,所以将 CE_{pH} 非均匀量化为[−2,0]之间的离散的整型变量 CX_{pH},如表 3-29 所示。

表 3-29　将 CE_{pH} 化为离散的整型变量 CX_{pH}

CX_{pH}	−2	−1	0
CE_{pH}/min^{-1}	$-\infty$	$-0.005\sim-0.002$	$-0.002\sim0.001$

CE_{pH} 的模糊集为 $\{N,O\}$,其隶属函数见图 3-61,隶属函数赋值表见表 3-30。

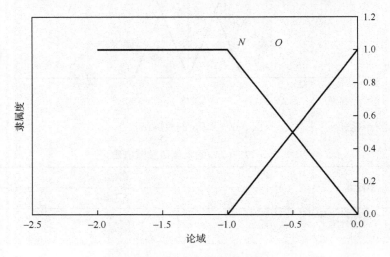

图 3-61　CE_{pH} 的隶属函数

表 3-30　CE_{pH} 的隶属函数赋值表

模糊集		CX_{pH}		
		−2	−1	0
N	隶	1	1	0
	属			
O	度	0	0	1

在 CE_{pH} 达到 O 时，开始计时，E_T 均为正，将其非均匀量化为 $[0,2]$ 之间的离散的整型变量 X_T，如表 3-31 所示。

表 3-31　将 E_T 化为离散的整型变量 X_T

X_T	0	1	2
E_T/min	0~10	10~20	20~+∞

E_T 的模糊集为 $\{O,PS,PB\}$，其隶属函数见图 3-62，其隶属函数赋值表见表 3-32。

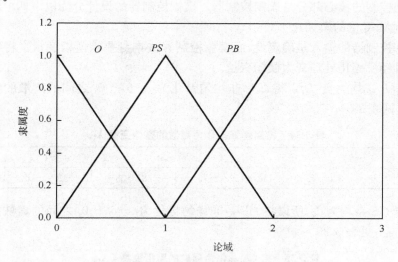

图 3-62　E_T 的隶属函数

表 3-32　E_T 的隶属函数赋值表

模糊集		X_T		
		0	1	2
O	隶	1	0	0
PS	属	0	1	0
PB	度	0	0	1

应用 CE_{pH} 和 E_T 进行硝化过程终点的模糊控制规则见表 3-33。

表 3-33　应用 CE_{pH} 和 E_T 进行硝化终点判断的模糊控制规则

CX_{pH}	O	X_T PS U_A	PB
N	0	0	0
O	0	0	1

上述各表只是简单地给出了 SBR 法硝化过程中曝气量和过程控制的模糊控制规则,具体到将模糊控制应用到实际的工程中,还需要进行中试和实际工程试验,并且在模糊控制方面还有非常多的工作需要进行。

ORP 在硝化结束时的平台可以辅助判断硝化终点,此处略去其模糊控制规则的建立。

(3) SBR 法反硝化过程模糊控制器的设计

模糊控制的核心部分是模糊控制器。模糊控制器的设计分为以下四个步骤:

① 输入变量的模糊化

模糊控制器的输入是确定量,而模糊控制算法本身要求模糊变量。将精确的输入变量经模糊化处理变为模糊变量。

由于 E_{ORP} 均为负,所以将 E_{ORP} 非均匀量化为 $[-6, -0]$ 之间的离散的整型变量 X_{ORP},见表 3-34。

表 3-34　将偏差 E_{ORP} 化为离散的整型变量 X_{ORP}

X_{ORP}	-6	-5	-4	-3	-2	-1	-0
E_{ORP}/mV	$-\infty \sim -300$	$-300 \sim -150$	$-150 \sim -75$	$-75 \sim -38$	$-38 \sim -18$	$-18 \sim -10$	$-10 \sim +\infty$

由于 CE_{ORP} 均为负,所以将 CE_{ORP} 非均匀量化为 $[-6, -0]$ 之间的离散的整型变量 CX_{ORP},见表 3-35。

表 3-35　将 CE_{ORP} 化为离散的整型变量 CX_{ORP}

CX_{ORP}	-6	-5	-4	-3	-2	-1	-0
CE_{ORP} $/(\text{mV/min})$	$-\infty \sim -30$	$-30 \sim -25$	$-25 \sim -20$	$-20 \sim -15$	$-15 \sim -10$	$-10 \sim -5$	$-5 \sim 0$

将 CE_{pH} 非均匀量化为 $[-4, +4]$ 之间的离散的整型变量 CX_{pH},见表 3-36。

表 3-36　将 CE_{pH} 化为离散的整型变量 CX_{pH}

CX_{pH}	-4	-3	-2	-1	-0
$CE_{pH}/(1/min)$	$-\infty\sim-0.06$	$-0.06\sim-0.04$	$-0.04\sim-0.02$	$-0.02\sim-0.01$	$-0.01\sim0$
CX_{pH}	$+0$	$+1$	$+2$	$+3$	$+4$
$CE_{pH}/(1/min)$	$0\sim0.01$	$0.01\sim0.02$	$0.02\sim0.04$	$0.04\sim0.06$	$0.06\sim+\infty$

将 $C2E_{pH}$ 非均匀量化为 $[-2,+2]$ 之间的离散的整型变量 $C2X_{pH}$，见表 3-37。

表 3-37　将 $C2E_{pH}$ 化为离散的整型变量 $C2X_{pH}$

$C2X_{pH}$	-2	-1	0	1	2
$C2E_{pH}$ /(min^{-2})	$-\infty\sim-0.013$	$-0.013\sim-0.005$	$-0.005\sim0.005$	$0.005\sim0.013$	$0.013\sim+\infty$

E_{ORP}，CE_{ORP}，CE_{pH}，$C2E_{pH}$ 在表 3-34～表 3-37 中的实际论域都是通过大量的试验确定的，它与传感器的精度，测定速度和采样时间等都有关。E_{ORP} 和 CE_{ORP} 的模糊集分别为 $\{NB,NM,NS\}$；$\{NB,NM,NS,NO\}$；CE_{pH} 的模糊集为 $\{NB,NS,NO,PO,PS,PB\}$；$C2E_{pH}$ 的模糊集为 $\{N,O,P\}$。

模糊变量必须用隶属函数来表示。隶属函数的具体形式取决于被控制系统本身的特性。本模糊控制系统各模糊集的隶属函数如图 3-63～图 3-65。由各输入变量的隶属函数可以得到各输入变量的隶属函数表（见表 3-38～表 3-40）。

对控制变量 U_M 而言只有两种选择：继续搅拌或结束搅拌。对 U_D 而言也只有两种选择：维持原态或按步长投加一定量的碳源。对这样的控制变量无需进行去模糊化。

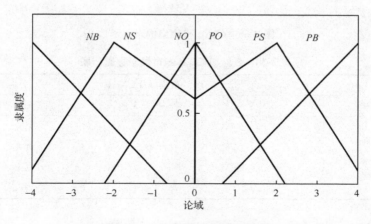

图 3-63　CE_{pH} 模糊集的隶属函数

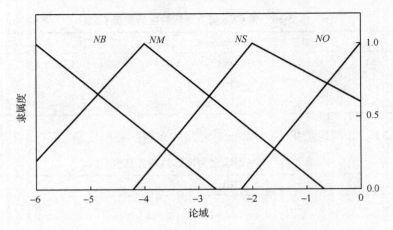

图 3-64　EO_{RP} 和 CE_{ORP} 模糊集的隶属函数

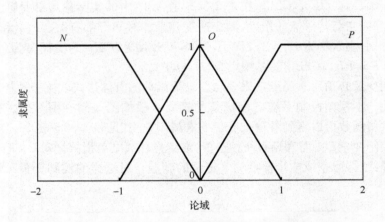

图 3-65　$C2E_{pH}$ 模糊集的隶属函数

表 3-38　E_{ORP} 和 CE_{ORP} 的隶属函数赋值表

模糊集		X_{ORP} 以及 CX_{ORP}						
		—6	—5	—4	—3	—2	—1	—0
NO	隶属度	0	0	0	0	0.1	0.55	1
NS		0	0	0.1	0.55	1	0.8	0.6
NM		0.2	0.6	1	0.7	0.4	0.1	0
NB		1	0.7	0.4	0.1	0	0	0

表 3-39　CE_{pH}的隶属函数赋值表

模糊集		CX_{pH}									
		−4	−3	−2	−1	−0	+0	+1	+2	+3	+4
PB		0	0	0	0	0	0	0	0.4	0.7	1
PS		0	0	0	0	0	0.6	0.8	1	0.55	0.1
PO	隶属度	0	0	0	0	0	1	0.55	0.1	0	0
NO		0	0	0.1	0.55	1	0	0	0	0	0
NS		0.1	0.55	1	0.8	0.6	0	0	0	0	0
NB		1	0.7	0.4	0	0	0	0	0	0	0

表 3-40　$C2E_{pH}$的隶属函数赋值表

模糊集		$C2X_{pH}$				
		−2	−1	0	1	2
P	隶属度	0	0	0	1	1
O		0	0	1	0	0
N		1	1	0	0	0

②　模糊控制规则的建立

通过分析 ORP、pH、碳源与反硝化之间的相关关系,总结出不依赖于数学模型的接近最优控制的控制规律,建立以模糊语言表示的模糊控制推理的合成规则和模糊控制规则。根据操作过程中可能遇到的各种情况和系统的运行数据,将相应的控制策略归纳为表 3-41,表 3-42。

表 3-41　SBR 反硝化时间的模糊控制规则

CE_{pH}	E_{ORP}											
	NB				NM				NS			
	CE_{ORP}				CE_{ORP}				CE_{ORP}			
	NB	NM	NS	NO	NB	NM	NS	NO	NB	NM	NS	NO
	U_M											
NB	0*	0	0	0	0	0	0	0	0	0	0	0
NS	1*	1	0	0	1	1	0	0	0	0	0	0
NO	1	1	0	0	1	1	0	0	0	0	0	0
PO	0	0	0	0	0	0	0	0	0	0	0	0
PS	0	0	0	0	0	0	0	0	0	0	0	0
PB	0	0	0	0	0	0	0	0	0	0	0	0

＊0 表示维持原态,无动作;1 表示结束搅拌,结束反硝化。

上述模糊控制规则所确定的每一条模糊条件语句都可以计算出相应的模糊控制量 U_M 和 U_D。例如，

if $E_{ORP}=NS$ and $CE_{ORP}=NO$ and $CE_{pH}=NB$ then $U_M=0$

or···if $E_{ORP}=NS$ and $CE_{ORP}=NO$ and $CE_{pH}=NS$ then $U_M=0$

or···if $E_{ORP}=NM$ and $CE_{ORP}=NM$ and $CE_{pH}=NS$ then $U_M=1$···

if $E_{ORP}=NB$ and $CE_{ORP}=NO$ and $CE_{pH}=NB$ then $U_M=0$···

表 3-42　SBR 法反硝化碳源投加的模糊控制规则表

CE_{pH}	$C2E_{pH}$		
	N	O	P
	U_D		
NB	0*	0	0
NS	0	1*	0
NO	0	1	0
PO	0	1	0
PS	0	0	0
PB	0	0	0

注：0 表示维持原态，无动作；1 表示按步长投加一定量的碳源。

模糊控制规则的建立完全依赖于前述的基本试验所得到的经验。对反硝化时间的控制来说，只有当 E_{ORP} 达到 NM 和 NB，并且 CE_{ORP} 达到 NM 或 NB，同时 CE_{pH} 达到 NO 或 NS，此时才能结束反硝化。首先，这种控制规则既避免了刚开始反硝化的时候，CE_{ORP} 达到 NM 或 NB，如果投加酸性碳源会导致 CE_{pH} 达到 NB 的时候容易误判为应该结束反硝化，这主要是通过将 E_{ORP} 控制在 NB，NM 达到的。其次，当反应过程中再次投加碳源时，如果碳源显酸性也会导致 CE_{pH} 达到 NB 或 NM，并且此时 E_{ORP} 已经在 NB，NM，为避免误判应该结束反硝化，采用了三输入的模糊控制系统，要求此时 CE_{ORP} 必须达到 NM 或 NB，避免误判。这也就是同时应用 ORP 和 pH 曲线的转折点共同进行反硝化时间的模糊控制。

对反硝化过程中，针对碳源不足需要再次投加，当 CE_{pH} 为 NO 或 PO，并且 $C2E_{pH}$ 达到 O 时，就按照一定的步长投加碳源，解除碳源对反硝化的限制，促进反硝化尽快结束。这就是根据当碳源不足的时候反硝化细菌利用内源呼吸碳源进行反硝化的速度很慢，表现在 pH 上就是 pH 在一段时间内上升速率很小，此时就应该再次投加碳源。

反硝化结束后进行曝气，去除多余的有机物，吹脱 N_2，此部分应用课题组开发的好氧去除有机物的模糊控制规则进行控制。

③ 模糊推理及模糊量的去模糊化

模糊推理方法采用 Min-Max 法。目前广泛使用的模糊推理系统有三种：Mamdani 模糊模型、Sugeno 模糊模型、Tsukamoto 模糊模型。这三种模糊推理系统的差别在于模糊规则的后件不同。因此它们合成和去模糊化的过程也相应有所不同。去模糊化有 5 种常用的方法：面积中心法、面积等分法、极大平均法、极大最小法、极大极大法。去模糊化运算的任何一种所需的计算都是很费时的，除非有特别的硬件支持。而且这些去模糊化运算不易于进行严格的数学分析，因此研究大多是建立在实验结果的基础上。通常采用的模糊推理系统为零阶的 Sugeno 模糊模型，输出变量只是需要决定搅拌器的关闭与否以及是否投加碳源，它的模糊部分只在前件中，后件可以看作已经预先去模糊化，无需进行费时的去模糊化，更适合于实际应用。

④ SBR 法反硝化模糊控制算法

首先要确定采样周期，采样周期越小，越接近连续实时控制。因为不用检测水中的硝态氮，而是检测比较灵敏的 pH 和 ORP，根据经验，采样周期要在 $0.5\sim 1min$，采样周期过大容易错过特征点的捕捉，采样周期过小，没有必要并且造成浪费。

本系统各输入变量都应根据被控系统的运行数据和经验来设置和修正，在线模糊控制计算机主要算法如下：

I. 设定输入变量基本论域和各自的模糊集论域，各输入变量的隶属函数以及碳源投加方式。若为一次足量投加和连续投加则只进行反硝化时间的控制，若为按步长投加则同时进行反硝化时间和碳源投加的控制。

II. 中断采样，将传感器的检测结果输入计算机，计算 ORP 偏差和导数，pH 的导数以及二阶导数，并将其模糊量化处理。

III. 按照模糊推理合成规则，计算出控制变量 U_M, U_D 值，若 $U_M = 0$，则进行第 4 步；若 $U_M = 1$，则停止搅拌，停止模糊控制。

IV. 进行下一个采样周期的控制。

3.5.2　神经网络控制在 SBR 法中的应用

3.5.2.1　神经网络概述

神经网络(neural network, NN)又称人工神经网络(artificial neural network, ANN)，是在模拟人脑神经网络的基础上所构建的一种信息处理网络。

近代人脑神经解剖学和神经生理学研究发现，人脑是由大量的神经细胞组成的。神经细胞由细胞体、树突和轴突构成。细胞体是神经细胞的中心，包含细胞核和细胞膜；树突是神经细胞的信息接收器；轴突的作用是将树突接收的信息从轴突起点传到轴突末梢,并与另一个神经元的树突相连,形成信息传递与处理的复杂网络。

人工神经网络提取了生物神经网络的基本特征,试图用计算机软件或硬件来模拟细胞体、树突和轴突,以实现信息处理技术的新进展。

目前人工神经网络还只是对生物神经网络的模拟。尽管计算机处理单个信息的速度比人脑大约快 10^6 倍,但因为计算机处理复杂信息是串行方式而人脑是用并行方式,人工神经网络的神经元的数目有限而无法完全模拟生物神经网络的神经元之间的连接关系,计算机硬件无容错能力而人脑个别神经元损坏并不影响整体的性能,以及计算机用 CPU 来控制各种动作而人脑的功能通过神经元之间的连接来实现等,使得在复杂信息处理的速率上人工神经网络仍然远低于生物神经网络。

人工神经网络是 1943 年开始出现的,目前主要的类型有前馈神经网络(如感知器网络,BP 神经网络),反馈神经网络(如离散 Hopfield 网络,连续 Hopfield 网络,Boltzman 机),局部逼近神经网络(如 CMC 网络,B 样条神经网络),模糊神经网络等。其中,以 BP 神经网络(即误差反向传递神经网络)在工程中的使用最为广泛。

神经网络的特点是其并行性、分布性和自适应性。

所谓并行性,是指神经网络的输入和信息在网络间的传输是以并行的方式进行的。计算机的 CPU 处理单个信息的速度是 ns(纳秒)级,人脑处理单个信息的速度是 ms(毫秒)级,但人脑在智能方面(识别、决策、判断等)的速度却远高于计算机,其原因在于人脑在处理信息时是以并行的方式进行的。人工神经网络吸取了人脑的这一特点,通过多个 CPU 并联的硬件系统实现并行功能,或通过软件模拟来形成单个 CPU 计算机信息处理的并行功能(对 CPU 仍为串行)。

所谓分布性,是指神经网络所模拟的实际过程的信息,或过程内变量间的关系,是分布在整个神经网络的连线中,或分布在神经网络各条连线的权重上。对于相对简单或较为确定的过程,其自变量和因变量的关系可以通过代数方程、微分方程或偏微分方程等数学模型来表示。但若过程为高度非线性或有强烈的不确定性,此时用一般的数学模型来表达过程内部的因果关系就十分困难。而使用神经网络可以将这种复杂的因果关系分布式地储存在整个网络中,从而达到建立过程模型的目的。

所谓自适应性,是指神经网络具有学习功能。对于难以用一般数学模型描述的高度非线性的过程,可以通过采集过程的输入数据及相应的输出数据,即过程的输入-输出数据对,并使用这些数据对神经网络进行训练,达到建立过程模型的目的。训练的过程是神经网络通过一定数学方法修改其各条连线权重的过程。当训练完成后,神经网络内各条连线的权重达到一组数值,该神经网络即具有描述过程内因果关系的能力,当已知输入的数值时,该神经网络即可给出正确的输出数值。这种情况就称为神经网络的自适应性。对于不确定性很强的过程,可以定时对过程的输入、输出数据采样,定时对网络进行训练,使网络随时适应变化的过程。

3.5.2.2　神经网络的研究进展

神经网络模型是统计模型(黑箱模型)中最常用的一种 SBR 数学模型。特别是人工神经网络模型(ANN 模型)可以代替传统数学模型完成由输入到输出空间的映射,直接根据对象的输入、输出数据进行建模,需要的对象先验知识较少,其较强的学习能力对模型校正非常有利。

ANN 模型按结构类型大致可分为前向网络和反馈网络两种。SBR 建模过程中最常用的是前向神经网络中的反向传播神经网络(BPNN)和径向基函数神经网络(RBFNN)。

Ruey-Fang Yu[93]和 B. C. Cho[94]都采用 BPNN 模型建立神经网络控制单元,它用于预测连续流 SBR 运行过程中 ORP 和 pH 等参数实时曲线上的非稳态变化点,从而保证系统运行的稳定性,结果显示该神经网络模型能精确地预测实时过程控制需要的信息。

D. Aguado 等[69]比较了主元回归法(PCR)、最小二乘法(PLS)和人工神经网络法(ANNs)三种预测模型模拟 SBR 的性能,数据矩阵展开有批次展开和变量展开两种方式。结果显示 PLS 模型表现出优于其他模型的性能。神经网络在数据丢失和建模数据新数据相似情况(容易导致外推问题)下依然能有效预测,能为工艺过程的理解提供有效的信息。

与此同时,多元统计技术由于具有能有效提取过程监控采集的测量数据信息等特点,开始逐渐应用在 SBR 工艺的数学建模中,并体现出神经网络模型所不具有的优势。

3.5.2.3　神经网络的应用现状

神经网络模型是统计模型中应用最普遍的一种,由于其可以实现对现实工况的线性或非线性拟合,在非线性对象静态或动态识别中的应用非常广泛。人工神经网络不仅应用到传统 SBR 工艺[64,95],同时也适用于 SBR 变型工艺 ICEAS[93,94]。其中,Cohen A 等[95]采用结合进化模糊神经网络(EFuNN)和逻辑决策单元的控制系统检测和识别几何特征点,此法具有快速学习功能,能在环境条件变化引起 DO 曲线几何特征变化的情况下依然能检测出几何特征点。虽然基于以上两种方法的控制系统是用于检测好氧阶段 DO 曲线变化点,但该系统同样能扩展到检测缺氧阶段 ORP 曲线变化点。Sung Hun Hong 等[64]仅仅利用在线 ORP、pH、DO 参数信息通过 ANN 模型对 SBR 系统中氨氮浓度、硝态氮浓度和正磷酸盐浓度进行预测。值得一提的是,该研究中通过采用多路主成分分析技术(MPCA)在一定程度上克服了 ANN 模型的外推问题,这主要归功于 MPCA 的检测异常情况的能力。

为了克服人工神经网络模型结构复杂,计算量大,响应时间短的缺点,研究人员开发出传统的模糊-神经网络控制器[95],该控制器整合了模糊控制和神经网络的优点,除了人工神经网络(ANN)之外,采用模糊神经网络(FuNN)模块检测并识别 DO 曲线几何特征点。

Ruey-Fang Yu 等[93]考察实时控制方式增强 ICEAS 系统的脱氮性能,利用 ORP 与 pH 曲线上可以指示硝化、反硝化过程的特征点作为实时控制过程中的重要控制点,控制策略描述如图 3-66 所示。

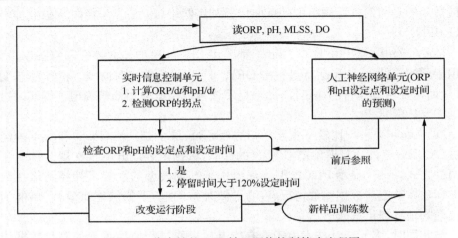

图 3-66　代表性的 SBR 神经网络控制策略流程图

从图 3-66 可知:控制过程从为期 2.5h 的厌氧阶段开始,之后开始好氧阶段。控制系统利用实时信息控制单元计算并检测出特征点 A(指示硝化作用结束的点)。同时,人工神经网络控制单元读取所需的信息,预计出 ORP 和 pH 的设定点及设定时间,然后定义特征点,并与人工神经网络控制单元预计出的设定点和设定时间进行核对。如果探测出的折点处于设定点和设定时间允许的时间间隔之内,则此折点可以作为实时控制点。控制程序将转为缺氧阶段。当停留时间超过设定时间的 120% 时,操作程序也将转为缺氧阶段,否则控制程序将返回去探测折点。从缺氧向沉淀阶段的过渡与从厌氧向好氧阶段的过渡遵循同样的逻辑程序,当 B 点(指示反硝化作用结束的特征点)确定时,控制系统停止曝气。之后分别进行 1h 沉淀和 30min 排水。

但是神经网络在实际应用中还存在很多需要解决的不足。比如 BPNN 模型存在的问题如下:学习过程收敛速度慢;不能在线校正;新训练数据输入进行权值调整时可能破坏网络权值对已经训练数据的匹配情况。而 RBFNN 也有许多待解决的问题：如何提高模型的泛化能力；如何确定合适的径向基函数；如何确定 RBF 网络模型基函数数据中心等。

3.5.3　专家系统在 SBR 法中的应用

3.5.3.1　专家系统概述

专家系统是一种基于知识的系统，主要解决各种非结构化的问题，尤其能处理定性的启发式或不确定的知识信息，经过各种推理达到系统的目标任务。知识库和推理机制是专家系统两个主要组成部分。建立基于专家系统的过程控制是解决操作问题的有效途径。根据专家系统开发的控制系统，可使现有的理论知识和实践经验结构化。在专家系统中，既需要机理性知识，也需要提示性知识，它们都可用 IF-THEN 规则表述。基于专家系统的过程控制最大的特色在于其结合了理论知识与实践经验，具有一定程度上的实践意义。图 3-67 为基于专家系统的过程控制流程图。

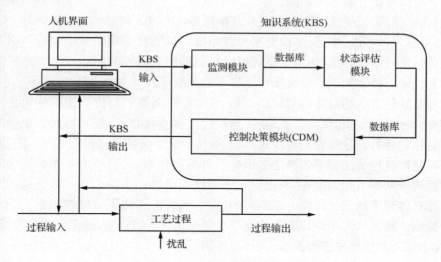

图 3-67　专家系统的基本原理

根据专家系统技术在控制系统中的功能结构，可分为直接式专家系统控制和间接式专家系统控制。在直接式专家系统控制中，领域专家的控制知识和经验被用来直接控制生产过程或调节受控对象，常规的控制器或调节器被代之以一个模拟手动操作功能的专家系统，直接给出控制信号。这种控制方法适用于模型不充分、不精确甚至不存在的复杂过程。

在间接式专家控制系统中，各种高层决策的控制知识和经验被用来间接地控制生产过程或调节受控对象,常规的控制器或调节器受到一个模拟控制工程师智能的专家系统的指导、协调或监督。专家系统计数与常规控制技术的结合非常紧密,二者共同作用方能完成优化控制规律、适应环境变化的功能;专家系统的技术也可以用来管理、组织若干常规控制器,为设计人员或操作人员的决策提供帮助。一般认为,紧密型的间接式专家控制具有典型的意义。

根据专家系统计数在控制系统中应用的复杂程度,可以分为专家控制系统和专家式智能控制器。专家控制系统具有全面的专家系统结构、完善的知识处理功能,同时又具有实时控制的可靠性能。这种系统知识库庞大、推理机复杂,还包括知识获取子系统和学习子系统,人、机接口要求较高。而专家式智能控制器是专家控制系统的简化,主要针对具体的控制对象或过程,专注于启发式控制知识的开发,设计较小的知识库,简单的推理机制,甚至采用"case by case"的方式,省去复杂的人、机对话接口等。当专家控制系统功能的完备性、结构的复杂性与工业过程的控制的实时性之间存在矛盾时,专家式智能控制器是合适的选择,与专家控制系统在功能上没有本质区别。

还可以根据专家系统的知识表示技术或推理方式对专家控制的实现系统进行分类,如产生式、框架式、串行推理、并行推理等。专家系统技术与大系统理论相结合,还可以设计多级、多层、多段专家控制系统。基于模糊规则的控制也可以与专家系统技术相结合,形成所谓专家式模糊控制的研究,例如,利用一个专家控制器根据系统动态特性知识去修改模糊控制表的参数等。

专家控制系统的总体结构如图3-67所示。控制器的数值算法部分包含定量的数值计算解析知识,可按常规编程,与受控过程直接相连;控制器的知识基部分包含定性的进行符号推理的启发式知识,可按专家系统的设计规范编码,通过数值算法与受控过程间接相连。算法知识是一种控制作用,其具体内容不必转换成符号的逻辑关系存入知识库,而与知识基子系统的定性知识混杂在一起。这种分离构造方式体现了知识按属性分别表示的原则,而且还体现了智能控制系统的分层递阶原则。数值计算快速、精准,在下层直接作用于受控过程,而定性推理较慢、粗略,在上层对数值算法进行决策、协调和组织。

3.5.3.2　专家系统的研究进展

Brenner提出一种利用电脑对SBR工艺过程进行分析的专家系统[96],在该控制系统中对分散的难于分析的数据进行存储,组织以及利用高级图表统计方法深入处理,最终得到一份可编辑的信息摘要。但是文中并没有指出有关统计方法的详细的提示信息。另外文中还涉及SBR工艺各种工况的数学建模与仿真。但还只是停留在理论研究阶段,没有针对实际污水处理厂进行反复试验和推理验证。文中提出的专家系统所需的信息主要基于长期的经验和数学模型仿真模块输出数据的连续更新,从而决定了该专家系统的结果不够详细和精确。具体如图 3-68 所示。

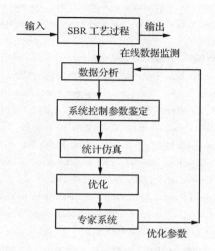

图 3-68　SBR 工艺专家系统控制策略流程图

W. J. Ng 等[97]在 Brenner[96]基础上提出了结构类似的专家系统。此专家系统比 Gall 和 Patry[98]开发的知识库专家系统性能更优越,具体体现在以下四个方面:严谨的理论知识基础,利用数据统计分析技术考虑系统特异性,诊断和分析能力强,知识基础和规则自动更新及时追踪系统最新动态变化。

李军等[99]对城市污水脱氮 SBR 在线控制系统进行了研究,开发了初步的专家智能控制系统,该控制系统能进行全自动运行来完成污水的脱氮除磷。该系统具备人工手动或设定控制和基于检测参数的全自动控制。参数检测间隔为 1min,显示实时过程参数曲线。数据通过滤波降噪等处理,专家系统对众参数进行分析和决策,并实时控制。系统通过建立信息处理和特征识别,神经网络,知识库和推理机制来实现多参数控制变量的最后决策。

综上所述,基于该专家系统的 SBR 控制策略在一定程度上都结合了数学模型以及统计分析技术,由此可见数学建模和仿真与 SBR 控制策略的建立有着不可分割的联系。

参 考 文 献

[1]　马勇,彭永臻. 城市污水处理系统运行及过程控制. 北京:科学出版社,2007.

[2]　甘永梅,刘晓娟,晁武杰. 现场总线技术及其应用. 第二版. 北京:机械工业出版社,2008.

[3]　奥尔森. 污水系统的仪表、控制和自动化. 北京:中国建筑工业出版社,2007.

[4]　Irvine R L, Ketchum L H. Sequencing batch reactors for biological wastewater treatment. Crc Critical Reviews in Environmental Control, 1988, 18(4):255-294.

[5] Wilderer P A, Irvine R L, Goronszy M C. Sequencing batch reactor technology. London: IWA Publishing, 2001.

[6] Simon J, Wiese J, Steinmetz H. A comparison of continuous flow and sequencing batch reactor plants concerning integrated operation of sewer systems and wastewater treatment plants. Water Sci. Technol. , 2006, 54(11-12): 241-248.

[7] Wiese J, Simon J, Schmitt T G. Integrated real-time control for a sequencing batch reactor plant and a combined sewer system. Water Sci. Technol. , 2005, 52(5): 179-186.

[8] Wiese J, Simon J, Steinmetz H. A process-dependent real-time controller for sequencing batch reactor plants: results of full-scale operation. Water Sci. Technol. , 2006, 53(4-5): 143-150.

[9] Langergraber G, Gupta J K, Pressl A, et al. On-line monitoring for control of a pilot-scale sequencing batch reactor using a submersible UV/VIS spectrometer. Water Sci. Technol. , 2004, 50(10): 73-80.

[10] Charpentier J, Martin G, Wacheux H, et al. ORP regulation and activated sludge: 15 years of experience. Water Science & Technology, 1998, 38(2): 197-208.

[11] Caulet P, Bujon B, Philippe J P, et al. Upgrading of wastewater treatment plants for nitrogen removal: Industrial application of an automated aeration management based on ORP evolution analysis. Water Science & Technology, 1998, 37(9): 41-47.

[12] Heduit A, Leclerc L A, Sintes L, et al. Aspects of the control of nitrification and denitrification reactions in activated sludge with the aid of the redox potential. Water Supply, 1988, 6(3): 275-285.

[13] Demoulin G, Goronszy M C, Wutscher K, et al. Co-current nitrification/denitrification and biological p-removal in cyclic activated sludge plants by redox controlled cycle operation. Water Sci. Technol. , 1997, 35(1): 215-224.

[14] Akin B S, Ugurlu A. Monitoring and control of biological nutrient removal in a Sequencing Batch Reactor. Process Biochemistry, 2005, 40(8): 2873-2878.

[15] Tomlins Z, Thomas M, Keller J, et al. Nitrogen removal in a SBR using the OGAR process control system. Water Sci. Technol. , 2002, 46(4-5): 125-130.

[16] Charpentier J, Godart H, Martin G, et al. Oxidation reduction potential(ORP) regulation as a way to optimize aeration and C removal, N removal and P removal- experimental basis and various full-scale examples. Water Sci. Technol. , 1989, 21(10-11): 1209-1223.

[17] Wareham D G, Hall K J, Mavinic D S. Real-time control of aerabic-anoxic sludge-digestion using ORP. J. Environ. Eng. -ASCE, 1993, 119(1): 120-136.

[18] Lu S G, Imai T, Ukita M, et al. Application of ORP control for nitrogen removal in highly concentrated activated sludge process. Environmental Technology, 2000, 21(1): 115-122.

[19] Buitron G, Schoeb M E, Moreno-andrade L, et al. Evaluation of two control strategies for a sequencing batch reactor degrading high concentration peaks of 4-chlorophenol. Water Research, 2005, 39 (6): 1015-1024.

[20] Johansen N H, andersen J S, Jansen J L. Optimum operation of a small Sequencing Batch Reactor for bod and nitrogen removal based on on-line our-calculation. Water Sci. Technol. , 1997, 35 (6): 29-36.

[21] Klapwijk A, Brouwer H, Vrolijk E, et al. Control of intermittently aerated nitrogen removal plants by detection endpoints of nitrification and denitrification using respirometry only. Water Research, 1998, 32(5): 1700-1703.

[22] Blackburne R, Yuan Z Q, Keller J. Demonstration of nitrogen removal via nitrite in a sequencing batch reactor treating domestic wastewater. Water Research, 2008, 42(8-9): 2166-2176.

[23] Pambrun V, Paul E, Sperandio M. Control and modelling of partial nitrification of effluents with high ammonia concentrations in sequencing batch reactor. Chemical Engineering and Processing, 2008, 47(3): 323-329.

[24] Guisasola A, Vargas M, Marcelino M, et al. On-line monitoring of the enhanced biological phosphorus removal process using respirometry and titrimetry. Biochemical Engineering Journal, 2007, 35(3): 371-379.

[25] Guisasola A, Pijuan M, Baeza J A, et al. Improving the start-up of an EBPR system using OUR to control the aerobic phase length: a simulation study. Water Sci. Technol. , 2006, 53(4-5): 253-262.

[26] Koch F A, Oldham W K. Oxidation-Reduction Potential-a tool for monitoring Control and Optimazation of biological nutrient removal systems. Water Sci. Technol. , 1985, 17(11-1): 259-281.

[27] Wouterswasiak K, Heduit A, Audic J M, et al. Real-time control of nitrogen removal at full-scale using oxidation-reduction potential. Water Sci. Technol. , 1994, 30(4): 207-210.

[28] PlissonSaune S, Capdeville B, Mauret M, et al. Real-time control of nitrogen removal using three ORP bending-points: Signification, control strategy and results. Water Sci. Technol. , 1996, 33(1): 275-280.

[29] Wang Y Y, Peng Y Z, Peng C Y, et al. Influence of ORP variation, carbon source and nitrate concentration on denitrifying phosphorus removal by DPB sludge from dephanox process. Water Sci. Technol. , 2004, 50(10): 153-161.

[30] Li B K, Irvin S. The comparison of alkalinity and ORP as indicators for nitrification and denitrification in a sequencing batch reactor (SBR). Biochemical Engineering Journal, 2007, 34(3): 248-255.

[31] Heduit A, Thevenot D R. Elements in the interpretation of platinum-electrode potentials in biological treatment. Water Sci. Technol. , 1992, 26(5-6): 1335-1344.

[32] Alghusain I A, Huang J, Hao O J, et al. Using pH as a real-time control parameter for wastewater treatment and sludge digestion processes. Water Sci. Technol. , 1994, 30(4): 159-168.

[33] Peng Y Z, Li Y Z, Peng C Y, et al. Nitrogen removal from pharmaceutical manufacturing wastewater with high concentration of ammonia and free ammonia via partial nitrification and denitrification. Water Sci. Technol. , 2004, 50(6): 31-36.

[34] Peng Y Z, Gao J F, Wang S Y, et al. Use of pH as fuzzy control parameter for nitrification under different alkalinity in SBR process. Water Sci. Technol. , 2003, 47(11): 77-84.

[35] Peng Y Z, Shao-Po W, Shu-Ying W, et al. Effect of denitrification type on pH profiles in the sequencing batch reactor process. Water Sci. Technol. , 2006, 53(9): 87-93.

[36] Wang Y Y, Pan M L, Yan M, et al. Characteristics of anoxic phosphors removal in sequence batch reactor. Journal of Environmental Sciences-China, 2007, 19(7): 776-782.

[37] Guo J H, Yang Q, Peng Y Z, et al. Biological nitrogen removal with real-time control using step-feed SBR technology. Enzyme Microb. Technol. , 2007, 40(6): 1564-1569.

[38] Yang Q, Peng Y Z, Liu X H, et al. Nitrogen removal via nitrite from municipal wastewater at low temperatures using real-time control to optimize nitrifying communities. Environ. Sci. Technol. , 2007, 41(23): 8159-8164.

[39] Chang C H, Hao O. JSequencing batch reactor system for nutrient removal: ORP and pH profiles.

Journal of Chemical Technology and Biotechnology, 1996, 67(1): 27-38.

[40] Li Y Z, Peng C Y, Peng Y Z, et al. Nitrogen removal from pharmaceutical manufacturing wastewater via nitrite and the process optimization with on-line control. Water Sci. Technol. , 2004, 50(6): 25-30.

[41] Yu R F, Liaw S L, Cho B C, et al. Dynamic control of a continuous-inflow SBR with time-varying influent loading. Water Sci. Technol. , 2001, 43(3): 107-114.

[42] Lee D S, Jeon C O, Park J M. Biological nitrogen removal with enhanced phosphate uptake in a sequencing batch reactor using single sludge system. Water Research, 2001, 35(16): 3968-3976.

[43] Spagni A, Buday J, Ratini P, et al. Experimental considerations on monitoring ORP, pH, conductivity and dissolved oxygen in nitrogen and phosphorus biological removal processes. Water Sci. Technol. , 2001, 43(11): 197-204.

[44] Peng Y Z, Gao J F, Wang S Y, et al. Use pH and ORP as fuzzy control parameters of denitrification in SBR process. Water Sci. Technol. , 2002, 46(4-5): 131-137.

[45] Gao D W, Peng Y Z, Liang H, et al. Using oxidation-reduction potential (ORP) and pH value for process control of shortcut nitrification-denitrification. Journal of Environmental Science and Health Part a-Toxic/Hazardous Substances & Environmental Engineering, 2003, 38(12): 2933-2942.

[46] Kim J H, Chen M X, Kishida N, et al. Integrated real-time control strategy for nitrogen removal in swine wastewater treatment using sequencing batch reactors. Water Research, 2004, 38(14-15): 3340-3348.

[47] Wang S Y, Gao D W, Peng Y Z, et al. Alternating shortcut nitrification-denitrification for nitrogen removal from soybean wastewater by SBR with real-time control. Journal of Environmental Sciences-China, 2004, 16(3): 380-383.

[48] Wang S P, Peng Y Z, Wang S Y, et al. Applying real-time control to enhance the performance of nitrogen removal in CAST system. Journal of Environmental Sciences-China, 2005, 17(5): 736-739.

[49] Casellas M, Dagot C, Baudu M. Set up and assessment of a control strategy in a SBR in order to enhance nitrogen and phosphorus removal. Process Biochemistry, 2006, 41(9): 1994-2001.

[50] Puig S, Corominas L, Vives M T, et al. Development and implementation of a real-time control system for nitrogen removal using OUR and ORP as end points. Ind. Eng. Chem. Res. , 2005, 44(9): 3367-3373.

[51] Puig S, Corominas L, Traore A, et al. An on-line optimisation of a SBR cycle for carbon and nitrogen removal based on on-line pH and OUR: the role of dissolved oxygen control. Water Sci. Technol. , 2006, 53(4-5): 171-178.

[52] Poo K M, Im J H, Ko J H, et al. Control and nitrogen load estimation of aerobic stage in full-scale sequencing batch reactor to treat strong nitrogen swine wastewater. Korean Journal of Chemical Engineering, 2005, 22(5): 666-670.

[53] Peng Y Z, Chen Y, Peng C Y, et al. Nitrite accumulation by aeration controlled in sequencing batch reactors treating domestic wastewater. Water Sci. Technol. , 2004, 50(10): 35-43.

[54] Lemaire R, Marcelino M, Yuan Z. GAchieving the nitrite pathway using aeration phase length control and step-feed in an SBR removing nutrients from abattoir wastewater. Biotechnol. Bioeng. , 2008, 100(6): 1228-1236.

[55] Kishida N, Kim J H, Chen M X, et al. Effectiveness of oxidation-reduction potential and pH as moni-

toring and control parameters for nitrogen removal in swine wastewater treatment by sequencing batch reactors. Journal of Bioscience and Bioengineering, 2003, 96(3): 285-290.

[56] Andreottola G, Foladori P, Ragazzi M. On-line control of a SBR system for nitrogen removal from industrial wastewater. Water Sci. Technol. , 2001, 43(3): 93-100.

[57] Puig S, Vives M T, Corominas L, et al. Wastewater nitrogen removal in SBRs, applying a step-feed strategy: from lab-scale to pilot-plant operation. Water Sci. Technol. , 2004, 50(10): 89-96.

[58] Wu C Y, Chen Z Q, Liu X H, et al. Nitrification-denitrification via nitrite in SBR using real-time control strategy when treating domestic wastewater. Bioch. , Engineering Journal, 2007, 36 (2): 87 -92.

[59] Peng Y Z, Gao S Y, Wang S Y, et al. Partial nitrification from domestic wastewater by aeration control at ambient temperature. Chinese Journal of Chemical Engineering, 2007, 15(1): 115-121.

[60] Pavselj N, Hvala N, Kocijan J, et al. Experimental design of an optimal phase duration control strategy used in batch biological wastewater treatment. Isa Transactions, 2001, 40(1): 41-56.

[61] Lee D S, Vanrolleghem P A. Monitoring of a sequencing batch reactor using adaptive multiblock principal component analysis. Biotechnol. Bioeng. , 2003, 82(4): 489-497.

[62] Yoo C K, Lee D S, Vanrolleghem P A. Application of multiway ICA for on-line process monitoring of a sequencing batch reactor. Water Research, 2004, 38(7): 1715-1732.

[63] Lee D S, Vanrolleghem P A. Adaptive consensus principal component analysis for on-line batch process monitoring. Environmental Monitoring and Assessment, 2004, 92(1-3): 119-135.

[64] Hong S H, Lee M W, Lee D S, et al. Monitoring of sequencing batch reactor for nitrogen and phosphorus removal using neural networks. Biochemical Engineering Journal, 2007, 35(3): 365-370.

[65] Nomikos P, Macgregor J F. Multivariate SPC charts for monitoring batch processes. Technometrics, 1995, 37(1): 41-59.

[66] Lee J M, Yoo C K, Choi S W, et al. Nonlinear process monitoring using kernel principal component analysis. Chemical Engineering Science, 2004, 59(1): 223-234.

[67] Yoo C K, Lee I B, Vanrolleghem P A. On-line adaptive and nonlinear process monitoring of a pilot scale sequencing batch reactor. Environmental Monitoring and Assessment, 2006, 119 (1-3): 349-366.

[68] Aguado D, Ferrer A, Ferrer J, et al. Multivariate SPC of a sequencing batch reactor for wastewater treatment. Chemometrics and Intelligent Laboratory Systems, 2007, 85(1): 82-93.

[69] Aguado D, Ferrer A, Seco A, et al. Comparison of different predictive models for nutrient estimation in a sequencing batch reactor for wastewater treatment. Chemometrics and Intelligent Laboratory Systems, 2006, 84(1-2): 75-81.

[70] Vargas M, Guisasola A, Lafuente J, et al. On-line titrimetric monitoring of anaerobic-anoxic EBPR processes. Water Sci. Technol. , 2008, 57(8): 1149-1154.

[71] Manning J F, Irvine R L. The biological removal of phosphorous in a sequencing batch reactor. journal Water Pollution Control Federation, 1985, 57(1): 87-94.

[72] Dassanayake C Y, Irvine R L. An enhanced biological phosphorus removal (EBPR) control strategy for sequencing batch reactors (SBRs). Water Sci. Technol. , 2001, 43(3): 183-189.

[73] Kim K S, Yoo J S, Kim S, et al. Relationship between the electric conductivity and phosphorus concentration variations in an enhanced biological nutrient removal process. Water Sci. Technol. , 2007, 55(1-2): 203-208.

[74]　杨岸明，王淑莹，杨庆. 变频控制 DO 下 SBR 硝化反应控制参数及节能的中试研究. 环境工程学报，
　　　　2007，(10)：13-17.

[75]　Brezonik P L. Chemical kinetics and process dynamic in aquatic systems. CRC Press，Boca Raton，
　　　　FL，USA，1993，754.

[76]　Moreno J，Buitron G. Respirometry based optimal control of an aerobic bioreactor for the industrial
　　　　waste water treatment. Water Sci. Technol.，1998，38(3)：219-226.

[77]　Vargas A，Soto G，Moreno J，et al. Observer-based time-optimal control of an aerobic SBR for chem-
　　　　ical and petrochemical wastewater treatment. Water Sci. Technol.，2000，42(5-6)：163-170.

[78]　Moreno-andrade I，Buitron G，Perez J，et al. Biodegradation of high 4-chlorophenol concentrations in
　　　　a discontinuous reactor fed with an optimally controlled influent flow rate. Water Sci. Technol.，
　　　　2006，53(11)：261-268.

[79]　Bultron G，Moreno-andrade I，Linares-Garcia J A，et al. Evaluation of an optimal fill strategy to bio-
　　　　degrade inhibitory wastewater using an industrial prototype：discontinuous reactor. Water Sci. Tech-
　　　　nol.，2007，55(7)：47-54.

[80]　Sherwood J E，Stagnitti F，Kokkinn M J，et al. A Standard Table for Predicting Equilibrium Dis-
　　　　solved Oxygen Concentrations in Salt Lakes Dominated by Sodium Chloride. International Journal of
　　　　Salt Lake Research，1992，1(1)：1-6.

[81]　Vijaranakul U，Nadavukaren M J，Bayles D O，et al. Characterization of an NaCl-sensitive Staphylo-
　　　　coccus aureus mutant and rescue of the NaCl-sensitive phenol-type by glycine betaine but not by other
　　　　compatible solutes. Appl. Environ. Microbial.，1997，63(5)：1889-1897.

[82]　王宝贞，王琳. 城市固体废弃物渗滤液处理与处置. 北京：化学工业出版社，2005. 128-188.

[83]　戎月莉. 计算机模糊控制原理及应用. 北京：北京航空航天大学出版社，1995. 131-140.

[84]　李士勇. 模糊控制·神经控制和智能控制论. 哈尔滨：哈尔滨工业大学出版社，1996.

[85]　诸静. 模糊控制原理与应用. 北京：机械工业出版社，1995. 194-236.

[86]　王福珍，王淑莹，刘晓阳. SBR 法供气量的最优控制和曝气与沉淀时间的最优分配. 哈尔滨建筑工
　　　　程学院学报，1994，27(4)：78-83.

[87]　Traore A，Grieu S，Puig S，et al. Fuzzy control of dissolved oxygen in a sequencing batch reactor
　　　　pilot plant. Chemical Engineering Journal，2005，111(1)：13-19.

[88]　Peng Y Z，Zeng W，Wang S Y. DO concentration as a fuzzy control parameter for organic substrate
　　　　removal in SBR processes. Environmental Engineering Science，2004，21(5)：606-616.

[89]　Wang S Y，Gao D W，Peng Y Z，et al. Nitrification-denitrification via nitrite for nitrogen removal
　　　　from high nitrogen soybean wastewater with on-line fuzzy control. Water Sci. Technol.，2004，49 (5-
　　　　6)：121-127.

[90]　Cui Y W，Peng Y Z，Gan X Q，et al. Achieving and maintaining biological nitrogen removal via nitrite
　　　　under normal conditions. Journal of Environmental Sciences-China，2005，17(5)：794-797.

[91]　Marsili-Libelli S. Control of SBR switching by fuzzy pattern recognition. Water Research，2006，40
　　　　(5)：1095-1107.

[92]　Kim Y J，Bae H，Poo K M，et al. Equipment fault diagnosis system of sequencing batch reactors
　　　　using rule-based fuzzy inference and on-line sensing data. Water Sci. Technol.，2006，53(4-5)：383-
　　　　392.

[93]　Yu R F，Liaw S L，Chang C N，et al. Applying real-time control to enhance the performance of nitro-

gen removal in the continuous-flow SBR system. Water Sci. Technol. , 1998, 38(3): 271-280.

[94]　Cho B C, Liaw S L, Chang C N, *et al*. Development of a real-time control strategy with artificial neural network for automatic control of a continuous-flow sequencing batch reactor. Water Sci. Technol. , 2001, 44(1): 95-104.

[95]　Cohen A, Hegg D, de Michele M, *et al*. An intelligent controller for automated operation of sequencing batch reactors. Water Sci. Technol. , 2003, 47(12): 57-63.

[96]　Brenner A. Use of computers for process design analysis and control: Sequencing batch reactor application. Water Sci. Technol. , 1997, 35(1): 95-104.

[97]　Ng W J, Ong S L, Hossain F. An algorithmic approach for system-specific modelling of activated sludge bulking in an SBR. Environmental Modelling & Software, 2000, 15(2): 199-210.

[98]　Gall R A B, Patry G G. Knowledge-based system for the diagnosis of an activated sludge plant. Dynamic Modelling and Expert Systems in Wastewater Engineering. Lewis Publishers, Michigan, 1989, 193-240.

[99]　李军, 彭永臻, 顾国维. 城市污水脱氮除磷 SBR 在线控制系统研究. 给水排水, 2006, 32(9): 90-93.

第4章 SBR法污水生物脱氮除磷新理论、新方法

4.1 生物脱氮的反应机理

4.1.1 生物脱氮的生化机理

4.1.1.1 硝化反应的生化机理

近年来,国外学者在硝化反应的生化机理,尤其是基于微生物酶的角度对氨氧化菌的电子传递及能量产生等方面进行了深入研究。目前广泛认可的硝化的生化机理模型和硝化菌电子传递模式是 Wood、Bergmann 等众多学者经过不断深入研究而提出的。这些研究都是建立在 Yamanaka 等假设的电子传递是从羟胺氧还酶(hydroxylamine oxidoreductase,HAO)到终端氧化酶基础之上的。

(1) 硝化反应的物质转化途径

硝化过程从微生物学角度看,并非仅仅是氨氮转化为硝态氮这样简单,而是涉及多种酶及多种中间产物,并伴随着电子传递及能量产生的复杂生化反应过程。硝化反应是一个分两步进行的生化反应,首先氨氮被氧化成亚硝态氮,而后亚硝态氮被进一步氧化成硝态氮。

① 硝化反应第一步——亚硝化过程

根据 Wood 等[1]提出的理论,氨氮氧化为亚硝态氮是分 2 步进行的生化反应过程。

第 1 步:NH_3(非 NH_4^+)在氨单加氧酶(ammonia monooxygenase,AMO)的作用下被氧化成羟胺 NH_2OH,反应式为:

$$NH_3 + O_2 + 2e \xrightarrow{AMO} NH_2OH + H_2O - 120kJ/mol \tag{4-1}$$

氨氧化成羟胺所需的一个氧原子来源于分子氧,同时需要两个外源电子将双氧中的另外一个氧原子还原为水,这两个电子来自羟胺的氧化,通过 HAO 和细胞色素 bc_1 传递给 AMO。氧还原成水所需的两个 H^+ 来源于细胞质内 H_2O 的分解。反应过程放出 120kJ/mol 的能量,羟胺是能量产生的真正基质。Suzuki 等[2]研究表明:AMO 是一种包括双铜中心的酶,位于细胞质膜中,具有很高的基质特异性,AOB 的基质是 NH_3,而不是 NH_4^+,这与 AMO 可能位于细胞质膜中的结论是一致的,因为细胞膜对于 NH_3 容易渗透,而对 NH_4^+ 不易渗透。

第 2 步：在羟胺氧还酶（hydroxylamine oxidoreductase，HAO）的作用下，羟胺被氧化成亚硝态氮，其反应式为：

$$NH_2OH + H_2O \xrightarrow{HAO} HNO_2 + 4H^+ + 4e + 23kJ/mol \qquad (4\text{-}2)$$

从反应式（4-2）可以看出，羟胺氧化所需的氧来源于细胞质内的水分子，同时转移出 4 个电子和 4 个 H^+，该反应是吸能的，需要 23kJ/mol 的能量。Wood 等[3] 研究表明：HAO 是羟胺氧化过程中的关键酶，由多个血红色素组成，位于细胞膜外周胞质中。

Anderson 和 Hooper[4] 提出，羟胺氧化成亚硝态氮也是分两步进行的，反应过程产生 4 个电子和一个与酶结合的中间产物（NOH），每一步分别移出 2 个电子和 2 个 H^+。

第 1 步：在羟胺氧还酶的作用下，羟胺被氧化成硝酰基。

$$NH_2OH \xrightarrow{HAO} [NOH] + 2H^+ + 2e \qquad (4\text{-}3)$$

第 2 步：在羟胺氧还酶的作用下，硝酰基被氧化成亚硝态氮。

$$[NOH] + H_2O \xrightarrow{HNO} HNO_2 + 2H^+ + 2e \qquad (4\text{-}4)$$

Zart 等[5] 对羟胺氧化为亚硝态氮的中间产物进行了深入研究，结果表明：中间产物除 NOH 外，在 *Nitrosomonas europaea* 的细胞自由提取物中，发现 NO 可能是另一种中间产物，并通过同位素 ^{15}N 示踪试验显示，NO 是羟胺氧化产生的，而不是由亚硝态氮还原产生的。

② 硝化反应第二步——硝化过程

在亚硝酸盐氧化菌的作用下，将亚硝酸盐氧化为硝酸盐。反应方程式如式（4-5）：

$$NO_2^- \text{-} N + H_2O \xrightarrow{NO_2\text{-}OR} NO_3^- \text{-} N + 2H^+ + 2e \qquad (4\text{-}5)$$

亚硝酸盐氧化菌利用亚硝酸氧化酶将亚硝酸盐氧化成硝酸盐，电子通过一个极短的电子传递链（因为 NO_3^- / NO_2^- 具有高电势）传递给终端氧化酶（图 4-1(b)）。细胞色素 a 和 c 参与亚硝酸盐氧化剂的电子传递链，并通过细胞色素 aa_3 的反应产生一个质子动力（最终促进 ATP 的合成），该过程中仅有很少的一部分能量可被利用，因而硝化细菌的生长率相应较低。亚硝酸盐氧化为硝酸盐，根据式（4-5）可以看到：硝酸盐中的氧原子是从水中获得的。根据式（4-6）可知，释放的两个电子传递给氧。

$$2H^+ + 2e + \frac{1}{2}O_2 \longrightarrow H_2O \qquad (4\text{-}6)$$

自然界至少存在 4 种不同的亚硝酸盐氧化菌，但我们对这些生物体生理学和生态学方面所了解的大部分知识主要基于 *Nitrobacter* 菌属的研究成果，因此不能概括为所有的亚硝酸盐氧化菌。亚硝酸盐氧化菌的关键酶是与膜结合的亚硝酸盐

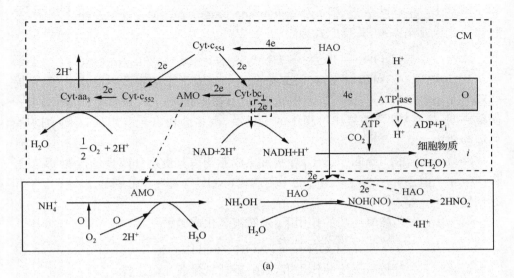

(a)

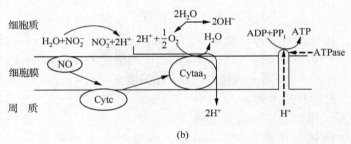

(b)

图 4-1　硝化过程电子传递模式示意图[6]

（a）亚硝化过程物质转化及电子传递模式；（b）硝化过程的电子传递模式

CM：细胞质膜；O：细胞膜外部；i：细胞膜内部；HAO：羟胺氧还酶；AMO：氨单加氧酶；Cyt c₅₅₄：细胞
色素 c_{554}；Cyt c_{552}：细胞色素 c_{552}；Cyt aa_3：细胞色素 aa_3；Cyt bc_1：细胞色素 bc_1 复合物；NAD：烟酰胺
腺嘌呤二核苷酸；ATPase：ATP 合成酶；ATP：三磷酸腺嘌呤核苷酸

氧化还原酶（NO_2-OR），这种酶可以以水作为氧的来源，将亚硝酸盐氧化为硝酸盐。

亚硝酸盐的氧化是一个可逆的过程，亚硝酸盐氧化还原酶（NO_2-OR）既可以催化亚硝酸盐氧化为硝酸盐，又可以催化硝酸盐还原为亚硝酸盐。NO_2-OR 是一种诱导性的膜蛋白，存在于 *Nitrobacter* 细胞中，只能以亚硝酸盐为能源进行自养生长或以硝酸盐为能源进行异养生长。

（2）硝化过程的电子传递模式

从生化反应式（4-1）可以看出：氨氧化为羟胺需要两个电子，从生化反应式（4-2）和氨氧化菌的电子传递模式图（4-1（a））可以看出：在羟胺氧化过程中，产生 4 个电子,同时涉及 AMO、HAO 及细胞色素 c 等几种重要的酶,这几种酶都需要从羟胺氧化成亚硝态氮中获得电子,并通过电子传递链传递给终端电子受体。要弄清楚氨氧化菌的电子传递模式,首先要了解电子传递链[6]。氨氧化菌的电子传递链是由与细胞膜紧密结合的电子载体(NAD 或 NADH,细胞色素 c,细胞色素 bc_1 复合物及细胞色素 aa_3 等)组成的电子传递体系,主要有两种功能:①从一个电子供体接受电子并把它传递给另一个电子受体;②存储电子传递过程中释放的能量,用于驱动 ATP 的合成。电子之所以能够沿着电子传递链进行传递并在传递过程中产生能量,是因为传递链内电子载体的还原电势 E_0 不同,电子按还原电势增加的方向进行传递。也就是说,电子载体可以把电子传递给另一个比它具有更高还原电势的电子载体,同时本身可以接受比它还原电势低的电子载体提供的电子。这样由于载体间的还原电势的不同而驱动了电子从电势低的载体向电势高的载体的传递,同时产生了电势能。氨氧化菌细胞膜内电子传递载体的还原电势大小顺序如下:底物(NH_3,电子供体)<NAD+/ NADH<细胞色素 bc_1<细胞色素 c<细胞色素 aa_3<O_2(终端电子受体)。

　　Yamanaka 等[7]提出了从 HAO 到终端氧化酶的电子传递路径,具体如下:HAO→ Cyt c_{554}(细胞色素 c_{554})→Cyt c_{552}(细胞色素 c_{552})→Cyt aa_3(细胞色素 aa_3,终端氧化酶)。可以将此途径与氨氧化菌的电子流动模式图结合起来,描述氨氧化菌的电子传递过程。羟胺被氧化释放出 4 个电子,首先流向电子传递的第一个节点 Cyt c_{554}。Cyt c_{554} 是一个分子质量为 25kDa 的亚铁血红色素蛋白质,作为电子的携带体,在电子传递过程中起主要作用。在第一个节点处分叉,四个电子中的两个流向电子传递的第二节点 Cyt c_{552},用于产生质子驱动力;同时,另外两个电子通过细胞色素 Cyt bc_1 传递给 AMO,来完成氨氧化成羟胺的反应,这一个过程是必需的,因为此过程可以产生更多的羟胺,使反应得以循环进行。通过第二个节点Cyt c_{552} 的两个电子最终传递给终端细胞色素 Cyt aa_3 氧化酶,或者亚硝态氮氧还酶。Kurokawa 等[8]指出,每经过一定周期,就会有两个电子通过细胞色素 Cyt bc_1被逆向传递给 NAD,使其被还原成 NADH,来合成 ATP。在此过程中,Cyt aa_3 起着终端氧化酶的作用,最后 $1/2O_2$ 被还原成水,至此完成亚硝化过程的电子传递。

　　硝化过程中的电子传递可以基于生化反应式(4-6)和电子传递模式图(图 4-1(b))来进行描述。电子经过下面的电子携带体:亚硝酸盐→氨酸蝶呤→ Fe/S 束→细胞色素 a_1→细胞色素 c→细胞色素 aa_3→溶解氧,完成从亚硝酸盐传递氧的过程。然而,亚硝酸盐氧化菌能量守恒的机理目前还不清楚。Hollocher[9]和 Sone 等[10]在 *Nitrobacter winogradskyi* 的亚硝酸盐氧化细胞中都没发现连接质子转移的电子传递链,且能量守恒的第一产物是 NADH,而不是 ATP。

　　(3) 硝化过程的能量产生

　　众所周知,在硝化过程中,硝化菌维持正常生理活动及合成新细胞均需要能量,这些能量主要来源于生物体内的能量载体 ATP。所以了解硝化菌体内 ATP 的产生方式是十分必要的。在硝化菌生物体内 ATP 的生成方式是氧化磷酸化。氧化磷酸化是 ADP 被磷酸化生成 ATP 的酶促反应过程,这个过程伴随电子从氨氮到终端电子受体 O_2 的传递。对于氧化磷酸化产生 ATP 的作用机理,目前公认的是英国生物化学家 Peter Mitchell(1961)提出的化学渗透假说,该假说很好地说明了线粒体内膜中质子梯度建立与 ADP 被磷酸化的关系,如图 4-2 所示[11]。

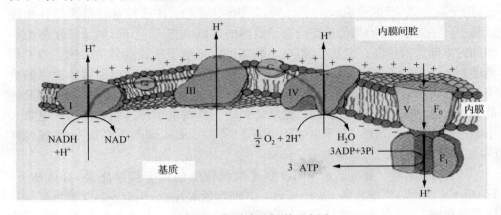

图 4-2　化学渗透假说示意图

复合体 I—NADH 脱氢酶,复合体 III—(细胞色素 bc_1 复合体),复合体 IV—细胞色素氧化酶,
Q-辅酶 Q(泛醌),C-细胞色素 c,ADP—二磷酸腺苷,ATP—三磷腺苷

从图 4-2 可以看出,在线粒体内膜上,电子载体(NADH 脱氢酶、辅酶 Q、细胞色素 bc_1 复合体、细胞色素 c 氧化酶)和线粒体内膜上的蛋白质紧密结合形成三个复合体(复合体 I,复合体 III,复合体 IV)。这三个复合体在线粒体内膜上的位置是固定的。复合体除传递电子外,还起着质子泵的作用,将 H^+ 从线粒体基质跨过内膜进入膜间腔。H^+ 不断从膜内侧被泵至膜外侧,而又不能自由返回膜内侧,从而在膜两侧建立质子浓度梯度和电化学梯度,也称为质子动力。当存在足够的跨膜电化学梯度时,强大的质子流通过嵌在线粒体内膜的 F_0F_1-ATP 合酶返回基质,并借助 F_0F_1-ATP 合酶和质子电化学梯度蕴藏的自由能,推动 ATP 的合成。每 2 个质子穿过线粒体内膜所释放的能量可合成 1 个 ATP 分子,1 个 NADH 分子经过电子传递链后,可积累 6 个质子,生成 3 个 ATP。所以在短程硝化过程中,每摩尔 NH_3 氧化传递的电子数和生成的 ATP 是确定的,这也就决定了生化反应中生成的细胞数量。

4.1.1.2　反硝化反应的生化机理

反硝化过程是伴随电子传递而发生硝酸盐呼吸的生化反应过程。从物质转化角度看,硝酸盐通过异化硝酸盐还原作用将硝酸盐还原为一氧化氮、一氧化二氮和氮气。从电子传递模式角度分析，反硝化菌利用硝酸盐和亚硝酸盐中的 +5 价和 +3 价 N 作为电子受体，-2 价 O 作为受氢体生成 H_2O 和 OH^-，从能量转化模式角度看，有机物作为微生物生长的碳源、电子供体，并提供能量。Sharma 等[12] 提出了反硝化的生化反应过程，Ye 等[13] 和 Loosdrecht 等[14] 从微生物角度对该生化反应过程进行了完善。Feleke 等[15]、Killingstad 等[16] 和 Rijn 等[17] 众多学者对其进行了应用。Madigan 等[6] 对反硝化过程的电子传递模式进行了研究。我国学者郑平[18] 也报道了反硝化过程的电子传递模式。

（1）反硝化的微生物种群特性

反硝化作用也称硝酸盐呼吸，反硝化菌是硝酸盐呼吸的载体。反硝化菌在种类学上没有专门的类群，很多细菌都具有反硝化能力。闫志英等[19] 对反硝化菌的类型及特性进行了详细的报道，Wang 等[20] 在 ABS 废水处理厂中分离出降解己内酰胺的反硝化菌，Modina 等[21] 发现了以甲烷为碳源的反硝化菌。在细菌界，反硝化菌属主要是 Proteobacter 门细菌和非 Proteobacter 门细菌，Proteobacter 门下的 α-Proteobacteria 纲、β-Proteobacteria 纲、γ-Proteobacteria 纲和 ε-Proteobacteri 纲内都含有大量的反硝化菌。近年来，国外学者在反硝化的生化机理，尤其是在反硝化菌的电子传递及能量产生模式等方面，进行了深入研究。

（2）反硝化的物质转化途径

反硝化过程是一个涉及多种酶和多种中间产物并伴随着电子传递和能量产生的复杂生化反应过程。大量研究表明，反硝化是涉及 4 种酶（硝酸盐还原酶、亚硝酸盐还原酶、一氧化氮还原酶、一氧化二氮还原酶）的 4 步生化还原反应。

第 1 步，硝酸盐在硝酸盐还原酶（Nitrate reductase，NaR）的作用下，被还原成亚硝酸盐。

$$NO_3^- + 2H^+ + 2e \xrightarrow{NaR} NO_2^- + H_2O \qquad -82.9kJ/mol \qquad (4-7)$$

该反应中，需要两个外源电子将硝酸盐中 N^{5+} 还原为亚硝酸盐中 N^{3+}，同时脱下的一个 O^{2-} 与细胞质中水分解产生的 $2H^+$ 结合生成 H_2O，反应放出 82.9kJ/mol 的能量。NaR 在革兰氏阴性菌中似乎是周质酶，属于膜结合蛋白，只有在无氧的条件下才能合成。Kirstein 等[22] 的研究表明，反硝化菌细胞内存在两种硝酸盐还原酶，即位于细胞膜内侧的膜内硝酸盐还原酶和位于细胞膜外侧的膜外硝酸盐还原酶。两种硝酸盐还原酶在生理功能、催化活性中心等方面均存在较大差异性，但它们的亚单位中均含有钼（Mo）原子，Cyt b 或 Cyt c。

第 2 步，亚硝酸盐在亚硝酸盐还原酶（NiR）的作用下被还原成 NO，NO 是反硝化过程中的第一个气态中间产物，有剧毒。

$$NO_2^- + 2H^+ + e \xrightarrow{NiR} NO + H_2O \qquad -32.9kJ/mol \qquad (4-8)$$

该反应需要一个电子将亚硝酸盐中 N^{3+} 还原成 N^{2+}，同样需要 $2H^+$ 与 O^{2-} 结

合生成 H_2O。NiR 存在于细胞膜外细胞周质中,似乎是周质酶,有含 c 和 d_1 两种细胞色素的 Cyt cd_1 型和含 Cu 催化中心的 Cu 型两种类型[23,24]。

第 3 步,在一氧化氮还原酶(NoR)的作用下,NO 被还原成 N_2O。

$$2NO + 2H^+ + 2e \xrightarrow{\text{NoR}} N_2O + H_2O \qquad -226.4kJ/mol \qquad (4\text{-}9)$$

该反应需要 2e 和 $2H^+$ 将 NO 还原成 N_2O 和 H_2O。Walter 等[25]的研究表明,NoR 位于细胞膜上,是一种与膜结合的细胞色素 bc 复合物,由两个分子质量分别为 53kDa 和 16.5kDa 的亚单位组成。这两个亚单位分别与 Cyt b 和 Cyt c 结合,同时该酶含有非血红素铁。

第 4 步,在一氧化二氮还原酶(N_2oR)的作用下,N_2O 被还原成 N_2。

$$N_2O + 2H^+ + 2e \xrightarrow{\text{N}_2\text{oR}} N_2 + H_2O \qquad -261.8kJ/mol^{-1} \qquad (4\text{-}10)$$

该反应所需的 2e 用于 N_2O(+1 价 N)到 N_2(0 价 N)的还原,生成了自然界中氮的最稳定形式——氮气。Wunch 等[26]研究表明,N_2oR 为细胞周质酶,是分子质量为 67kDa 的含有两个 Cu 活性中心的同型二聚体。反应放出 261.8kJ/mol 的能量,是反硝化生化反应中放能最多的。

从以上生化反应看出,在反硝化过程中,共放出约 604kJ/mol 的能量,这些能量即使全部转化为 ATP,约可产生 11.5mol ATP,属于低级能源。同时每步生化反应均涉及电子和质子的传递及能量的转化,因此,了解反硝化过程的电子传递和能量转化是十分必要的。

（3）反硝化过程的电子传递模式

在反硝化物质转换途径的基础上,结合其生化反应过程及电子传递模式图 4-3,详述反硝化的电子传递过程。从生化反应式(4-7)～式(4-10)可以看出,1mol 硝酸盐还原为氮气需要 7 个电子和 8 个质子。

对于异养型的反硝化菌,电子通过电子传递链(由与细胞膜紧密结合的电子载体 NADH,FP,FeS,CoQ,Cyt b,Cyt bc_1 复合物,Cyt c 等辅酶组成的电子传递系统)传递给终端电子受体硝酸盐。要理解反硝化菌的电子传递,首先应清楚以下 3 方面内容:

① 反硝化菌细胞膜内电子载体的还原电势大小顺序如下: $NAD^+/NADH$(−0.32V)＜FP(−0.30V)＜FeS(−0.18V)＜Cyt $b_{ox/red}$(+0.030V)＜Cyt bc_1(+0.032V)＜ CoQ/$CoQH_2$(+0.100V)＜ Cyt $c_{ox/red}$(+0.254V)＜ NO_3^-/NO_2^-(+0.433V)[27];

② 细胞色素和 FeS 在电子传递链中仅传递电子,当电子通过两者时,质子被泵出至膜外。CoQ(辅酶 Q)既携带电子又携带质子[28];

③ NaR 从 CoQ 中获得电子,而 NiR、NoR 和 N_2oR 均从 Cyt c 中获得电子[29,30]。

电子传递链的直接电子供体是 NADH,随着 NADH 把 2e 和 $2H^+$ 传递给 FP,

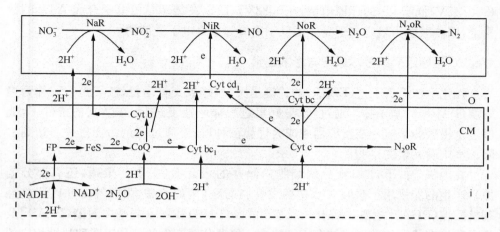

图 4-3　反硝化的生化反应过程及电子传递模式示意图

CM：细胞质膜；O：细胞膜外部；i：细胞膜内部；NaR：硝酸盐还原酶；NiR：亚硝酸盐还原酶；

NoR：一氧化氮还原酶；N_2oR：一氧化二氮还原酶；Cyt：细胞色素；NAD：烟酰胺腺嘌呤二核苷酸；

FP：黄素蛋白；FeS：铁硫蛋白；CoQ：辅酶 Q

FP 仅把 2e 传递给 FeS 蛋白，同时把 2 个 H^+ 分泌出去。在接收到 FeS 传递的 2e 的同时，CoQ 从细胞质中吸收 2 个来自水分解的质子。从此位置开始，电子传递将分两路进行。其一是 CoQ 将两个电子传递给 NaR 中的 Cyt b 使 NO_3^- 还原，同时也向膜外排出两个质子；其二是 CoQ 一次传递一个电子给 Cyt bc_1 复合物，而 Cyt bc_1 复合物的重要功能就是把电子从 CoQ 传递给 Cyt c，然后电子以 Cyt c 为节点，首先传递 1e 给 NiR 内的 Cyt cd_1，由于 Cyt cd_1 一般只能催化转移一个电子的还原反应，所以它从 Cyt c 接收一个电子，使 NO_2^- 还原成 NO。其次，Cyt c 把 2e 给 NoR 内的 Cyt bc。最后，N_2oR 内的 Cu 活性中心接受 Cyt c 提供的 2e，将电子传递给 N_2oR 的另一个 Cu 活性部位，使 N_2O 还原成 N_2，至此完成反硝化的电子传递。需要指出：在电子传递过程中，Cyt bc_1 复合物和 CoQ 可形成 CoQ-bc_1 位点的 CoQ 循环。还原后的 CoQ（$CoQH_2$）提供一个电子给 Cyt bc_1 复合物，同时排出一个质子使 $CoQH_2$ 变成 CoQ 的半醌形式（CoQH），每两个 CoQH 分子进入 Cyt bc_1 复合物，其中一个被 Cyt bc_1 复合物中的 Cyt b 吸收一个质子后还原成 $CoQH_2$，另一个被氧化成 CoQ。在电子传递链中，通过这种机制循环，电子可以自 CoQ 和 Cyt bc_1 复合物之间进行穿梭，每一个分子 $CoQH_2$ 氧化成 CoQH，就有一个电子传递给 Cyt c 和一个质子被排至膜外，相应地增加了跨膜质子被排出的数量。

（4）反硝化过程的能量转化

反硝化菌维持正常生理活动及合成新细胞所需的能量主要来源于生物体内的能量载体 ATP。反硝化过程能量产生的机制同样遵循英国生物化学家 Mitchell 提出的化学渗透假说[11]，并伴随着质子动力的产生。由于硝酸盐的还原电势

（+0.42V）低于 O_2 的还原电势（+0.82V），所以在传递单位电子合成 ATP 的数量上，以硝酸盐为最终电子受体的低于以氧为最终电子受体的。

4.1.2　生物除磷的基本原理与影响因素

　　强化生物除磷工艺（EBPR）的关键是厌氧/好氧交替运行，核心是一种称为聚磷菌（PAOs）的微生物。通过厌氧/好氧过程循环往复进行，在适宜的条件下，能够过量摄磷的 PAOs 在反应器中成为优势菌种，最终通过剩余污泥排放而达到去除污水中磷元素的目的。

　　在厌氧条件下，PAOs 分解细胞内储存的聚合物（主要是聚磷，还有部分糖原），产生的能量用于吸收污水中挥发性脂肪酸（例如乙酸、丙酸等），并以聚-β-羟基烷酸酯（PHA）［主要包括聚-β-羟基丁酸酯（PHB）和聚-β-羟基戊酸酯（PHV）］及聚乳酸等有机颗粒的形式储存于细胞内。聚磷分解产生的部分正磷酸盐被相应的载体蛋白通过主动扩散方式排到胞外，金属阳离子也被协同运输到细胞外。厌氧释磷使环境溶液中正磷酸盐浓度升高[31]。

　　在好氧条件下，PAOs 以水中的溶解氧作为电子受体，进行氧化磷酸化。利用在厌氧时积累在体内的聚羟基烷酸作为碳源和能源，过量吸收水中的正磷酸盐转化为聚磷颗粒，累积在细胞中，同时能量也用于细菌生长繁殖、糖原的恢复。这样，强化生物除磷系统就可以通过厌氧/好氧交替运行，使污水中的磷转移到聚磷菌体内。通过控制排泥，完成了水中磷酸盐的去除。

　　近年来，强化生物除磷工艺得到了越来越广泛的应用，对其研究主要集中在生化模型和竞争因素两大方面。笔者参考大量的国内外文献以及本实验室的研究成果，主要就典型的生化模型、SBR 法生物除磷中主要的影响因素、SBR 除磷工艺等三个方面进行介绍。

4.1.2.1　聚磷菌的生化模型

　　由于实际生活污水中，乙酸是其中含量最大的挥发性脂肪酸，从而大多数研究者都以乙酸作为碳源。在众多的生化模型中，Mino 模型是目前被人们广为接受的 PAOs 生化模型。之后还有很多研究对这些模型进行了补充和深入探讨，包括碳源、pH 等条件不同时聚磷菌的代谢过程[32-34]。这些模型主要包括了聚磷菌在厌氧时的反应和好氧或缺氧吸磷的生化过程[35]。

　　（1）聚磷菌的厌氧生化模型

　　大多数生化模型都假定认为 PAOs 在厌氧条件下能够利用体内多聚磷酸盐颗粒水解反应所释放出来的能量吸收乙酸，并将其转化成乙酰辅酶 A，随后乙酰辅酶 A 再被还原成 PHA，但是只有在还原力（NADH＋H⁺）的参与下才能够实现从乙酰辅酶 A 到 PHA 这一过程。Comeau 等[36]认为所需要的还原力是依靠部分乙酰辅酶 A 通过 TCA 循环来获得。与这一观点不同的是,Mino 等[37]则认为所需要的还原力是依靠 PAOs 体内的糖原(一种碳水化合物)通过糖酵解(即 EMP 途径)来产生。随后,Wentzel 等[38]指出以上两种观点都有可能正确,并将前者称为 Comeau-Wentzel 模型,而把后者称为 Mino 模型。

　　根据 Wentzel 等[38]总结出的 Mino 模型,聚磷菌在厌氧条件下的生化模型见图 4-4(Pi 为 ATP 的水解产物——正磷酸盐,PHB 为 PHA 的主要组成部分)。

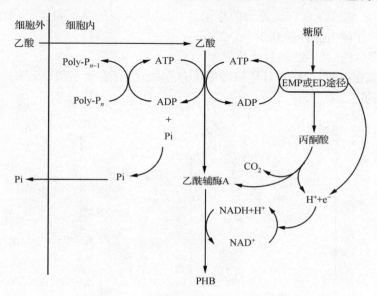

图 4-4　聚磷菌在厌氧条件下的生化模型

　　厌氧段,PAOs 体内的多聚磷酸盐颗粒发生水解反应,同时,体内的糖原也通过 EMP 途径或 ED 循环转化成丙酮酸,在这两个过程中都会有能量以 ATP 形式释放出来。PAOs 利用其中部分能量,将环境溶液中的乙酸通过主动运输吸收到细胞内,并立刻与 ATP 的水解反应耦合。也就是说,进入到细胞内的乙酸在辅酶 A 的作用下,消耗了 ATP,转化成乙酰辅酶 A。消耗 ATP 的过程也就是 ATP 发生水解的过程,其水解反应方程式为[39]:

$$ATP + H_2O \rightarrow ADP + H_3PO_4 + 能量 \tag{4-11}$$

于是磷便被释放到体外(与其相结合的阳离子也一同被释放到体外)。整个变化过程用反应方程式(4-12)表示为[37]:

$$CH_3COOH + CoA\text{-}SH + ATP \rightarrow CH_3CO \sim SCoA + H_2O + ADP + Pi \tag{4-12}$$

　　糖原在转化成丙酮酸后,也会在丙酮酸脱氢酶的催化下发生氧化脱羧,进一步转化成乙酰辅酶 A,在这两个过程中都会产生还原力(NADH＋H⁺),而且在后一

过程中还会伴随有 CO_2 的生成。还原力的产生过程可以用反应方程式(4-13)和(4-14)表示：

$$(C_6H_{10}O_5)_n + 3nADP^{3-} + 3nPi^{2-} + 2nNAD^+ + nH^+ \rightarrow$$
$$2nCH_3COCOO^- + 3nATP^{4-} + 2nH_2O + 2n(NADH+H^+) \quad (4-13)$$
$$CH_3COCOO^- + H^+ + CoASH + NAD^+ \rightarrow CH_3CO \sim SCoA + (NADH+H^+) + CO_2$$
$$(4-14)$$

最后,乙酰辅酶 A 在还原力的作用下,得到所需要的电子和质子,最终被还原成 PHB,并在体内储存起来。

(2)聚磷菌的好氧/缺氧生化模型

聚磷菌在好氧或缺氧(环境溶液中不存在氧,但存在硝酸氮)条件下的生化模型见图 4-5。

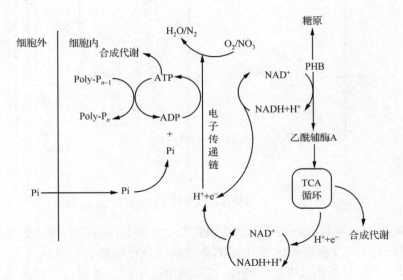

图 4-5　聚磷菌在好氧/缺氧条件下的生化模型

好氧段,PAOs 利用在厌氧条件下形成的 PHB 作为其生长繁殖所需要的碳源和能源。其中有一部分 PHB 被重新转化成糖原,使体内糖原的含量得到恢复,从而在下次厌氧条件下被重新利用;剩余的 PHB 则先转化为乙酰辅酶 A,然后再经过 TCA 循环,将产生的电子和质子通过电子传递链传递给最终电子受体 O_2 或 NO_3^-,于是,O_2 被还原成了 H_2O,而 NO_3^- 则被还原成了 N_2,在这个过程中产生许多 ATP,其中一部分能量被细胞自身的合成代谢所利用。多余的能量则以多聚磷酸盐颗粒的形式在 PAOs 体内储存起来[37,38]。ATP 的形成是需要有 Pi 参与的(见图 4-5)[39],因此在环境溶液中存在的正磷酸盐以及与其相结合的阳离子就一同被吸收到细胞体内,多聚磷酸盐颗粒形成的过程可以表示为:

$$ADP + H_3PO_4 + 能量 \rightarrow ATP + H_2O$$
$$(Pi)_{n-1} + ATP \rightarrow (Pi)_n + ADP$$

（3）各个模型的分歧

Mino 模型合理的解释了在 EBPR 体系中厌氧放磷、好氧过量吸磷这一现象，它有助于我们理解发生在 PAOs 体内的生物化学变化现象和规律。之后大多数对 EBPR 体系的相关研究都以此模型作为研究的理论基础，其主要不同体现在"还原力的来源"、"能量的来源"、"糖原降解的途径"等方面。

① 还原力的来源。主要存在两种观点，一种是 Comeau-Wentzel 模型[34,36]，假设还原力在厌氧过程中来自于三羧酸循环（TCA 循环）；另外一种是 Mino 模型[31,34]，认为在厌氧下 TCA 循环是不起作用的，还原力被认为是由体内碳水化合物（例如糖原）的消耗产生的。Mino 等用大量的试验数据证明了 Mino 模型的正确性，认为合成 PHA 所需要的还原力主要来自于聚磷菌体内糖原的代谢[31,40]。但是，Pereira 等对富集 PAOs 的污泥供给被 [13]C 标定的乙酸，在所释放出来的 CO_2 中发现有一小部分也含有 [13]C，这使得他们推测出应该有一小部分的乙酸在厌氧条件下参加了 TCA 循环，从而释放出了含有 [13]C 的 CO_2，因此他们认为单独依靠糖原的代谢不能够提供足够的还原力，而其余的还原力就由"部分的乙酰辅酶 A 通过 TCA 循环"来提供[41]。Hesselman 等同样也证明了不完整的 TCA 循环可以为 PHA 的合成提供部分还原力[42]。产生这种现象的原因可能是聚磷菌体内或者体外的环境条件不同，导致 PAOs 采用不同的代谢途径。

通常被学者接受的理论是 Mino 模型，认为糖原是由 ED 途径（2-酮-3-脱氧-6-磷酸葡糖酸裂解途径）降解的[36,43]，ED 途径示意图见图 4-6。糖原降解产生 ATP 和还原力 $NADH_2$ 的方程式为：

$$C_6H_{12}O_5（糖原）+ H_2O \rightarrow 2CO_2 + 2ATP + 4NADH_2 + 2acetyl\text{-}CoA$$

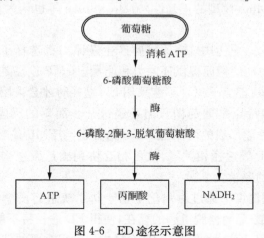

图 4-6　ED 途径示意图

② 能量的来源。PAOs 在厌氧条件下存在着三个耗能的生化过程:1)通过主动运输将乙酸等外部基质吸收到细胞内;2)将基质转化为 PHA 以及其他相关的代谢活动;3)维持内源呼吸[40]。在前两个耗能过程所需要的生物能来源这一问题上,不同的 PAOs 生化模型有着不同的观点。早期的研究认为多聚磷酸盐颗粒水解所释放出的 ATP 是聚磷菌在厌氧条件下唯一的能量来源,但是在后来的大量试验中,人们发现每吸收单位质量的乙酸与所释放出来的正磷酸盐之间的比值并不恒定,于是就认为 PAOs 对多聚磷酸盐颗粒的依赖程度会随着"维持细胞体内能量产生与消耗之间的平衡"而不断发生变化,也就是说,在 PAOs 体内应该还存在着其他的能量来源[31]。

目前被人们普遍接受的观点是:细胞体内糖原的代谢也可以为厌氧条件下吸收乙酸等基质以及 PHA 的合成提供能量,至于糖原代谢所能提供能量的多少则取决于糖原代谢的途径[31,40,42]。Hesselman 等研究证明,PAOs 在受到冲击负荷时,最终限制其在厌氧条件下吸收基质的因素并不是体内多聚磷酸盐颗粒的含量是否已经耗尽,也不是体内 PHA 的含量是否已经饱和,而是其细胞体内可以被利用的糖原是否充足[43]。综上可知,PAOs 在厌氧条件下吸收基质需要多聚磷酸盐颗粒和糖原这两种物质,前者可以提供能量,而后者则既能够提供还原力又能够提供能量。

③ 糖原的代谢途径。糖原是糖酵解(即 EMP 途径,图 4-7 所示)还是 ED 途径(图 4-6 所示)呢? Maurer 等采用核磁共振(nuclear magnetic resonance,NMR)进行分析后认为糖原是通过 ED 途径进行代谢的[44]。此外,Pereira 等同样也使用 NMR 的方法得到"糖原是通过 ED 途径进行代谢"这一结论,另外他们还认为在厌氧条件下糖原和乙酸都有助于 PHA 的合成,并且 PHA 在好氧条件下会重新产生糖原[41](这证明了 Mino 模型的正确性)。Hesselman 等也认为糖原是通过 ED 途径进行代谢的[42]。

在李夕耀[45]总结的模型中,糖原降解产生还原力都选择了 ED 途径,笔者认为 ED 途径将更有力地使糖原提供还原力和能量。EMP 途径是共有的代谢途径,但产能效率低,所以可能当 PAOs 不能采用 ED 途径时才会采用 EMP 途径分解糖原;此外,ED 途径的特点是葡萄糖只需要经过几步简单的反应就可以快速获得 EMP 途径经 10 步才能形成的丙酮酸。ED 途径也与 EMP 途径不同,ED 是微生物特有的,能与 EMP 等途径相关联,故可相互协调满足微生物对能量、还原力和不同中间代谢产物的要求。

Erdal[46]在不同温度下通过对强化生物除磷系统进行酶学实验发现,虽然没有数据表明有 6-磷酸-葡萄糖脱氢酶的存在,使得 ED 途径将不能进行(图 4-6),但发现了磷酸果糖激酶,而这种酶是 EMP 途径中一种很重要的催化剂(图 4-7)。

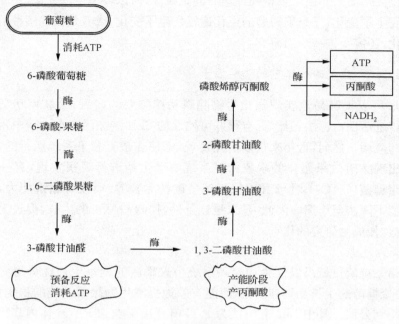

图 4-7　EMP 途径示意图

　　糖原分解途径的这些不同的解释可能是由于各组研究实验中采用的污泥的富集程度不同和种群结构的差异。另外一种可能的原因是聚磷菌本身就有不同的代谢途径可供选择,当处于不同的环境时,它们可以合成不同种类的酶,从而使其选择更有利的方式进行新陈代谢。

　　(4) 其他代谢模型

　　由于丙酸在实际生活污水中也占有一定的比例,而且有研究发现,丙酸更有利于聚磷菌的富集,从而提高除磷效果。于是袁志国等[32]提出了 PAOs 在厌氧条件下以丙酸为碳源的 PAOs 生化模型。与乙酸的代谢模型类似,他们认为,在厌氧条件下,PAOs 体内的多聚磷酸盐颗粒发生水解反应,磷被释放到细胞外,同时体内的糖原通过 ED 途径先转化成丙酮酸,在这两个过程中都会有能量以 ATP 的形式释放出来,PAOs 就利用其中的部分能量,通过主动运输的途径将存在于环境溶液中的丙酸等挥发性脂肪酸,转入细胞内,并在辅酶 A 的作用下,消耗 ATP,转化成丙酰辅酶 A。此外,糖原在转化为丙酮酸后,就在丙酮酸脱氢酶的催化下发生氧化脱羧,进一步转化成乙酰辅酶 A,在这两个过程中都会有还原力的产生。最后,乙酰辅酶 A 和丙酰辅酶 A 在这些还原力的作用下,获得所需要的电子和质子,被还原成 PHA,并在体内储存起来。

　　从以上研究可以看出,到目前为止,聚磷菌的代谢到底采用哪种生化途径并没有被完全揭示出来。由于未得到纯培养的聚磷菌,所以环境条件变化,到底是污泥的种群发生了变化,还是聚磷菌的生化途径发生了变化,或者是其他菌种的代谢发生了变化,还需要进一步的研究。

4.1.2.2 生物除磷工艺的影响因素

SBR 可以很容易地实现强化生物除磷系统需要的好氧、厌氧相互交替的条件。与传统活性污泥法相比,具有很好可控性的 SBR 法在污废水除磷中得到了前所未有的应用。然而,近年来很多研究发现,即使在最有利于系统运行的条件下,仍然会出现除磷效果恶化的现象。对系统中微生物进行观察发现,有一类微生物——聚糖菌(GAOs),能够和 PAOs 竞争碳源和营养,而没有除磷能力,从而使系统性能下降甚至崩溃。因此,寻求最佳条件,抑制 GAOs 的生长,促进 PAOs 占主导优势,便成为研究的焦点。

(1)磷碳比

提高系统磷负荷可以使生物除磷系统中聚磷菌的竞争生长优势得到明显强化,而使聚糖菌的生长受到抑制,从而能有效地提高生物除磷系统的稳定性,这一点已经得到公认。其中 Liu 等[47]认为 P/C 值直接影响到 PAOs 体内多聚磷酸盐颗粒的含量,若在进水中提供较多的磷,PAOs 就会聚集较多的多聚磷酸盐颗粒,并且因而获得较快的乙酸吸收速率;相反,若进水中磷降低(即 P/C 比降低),就限制了 PAOs 体内多聚磷酸盐颗粒的含量,使得 PAOs 体内多聚磷酸盐颗粒的含量的下降,也就使其吸收乙酸的速率变慢。而 GAOs 并不涉及多聚磷酸盐颗粒代谢,所以它们就不会受到这种环境条件的制约,因此 GAOs 可以吸收 PAOs 吸收不了的基质得到生长,从而 GAOs 就有机会最终成为优势菌种;当 P/C 值从 20% 降低到 2% 时,就会导致 EBPR 体系中的优势菌由 PAOs 转换成 GAOs。

笔者采用 SBR 反应器,利用富集的聚磷菌进行了不同碳磷比的短期试验,发现当磷碳比在 10∶100 时,除磷效果下降;当磷碳比在 10∶500 时,乙酸在厌氧段不能被完全利用,抑制聚磷菌的好氧吸磷,致使除磷效果下降。试验说明磷碳比过高或者过低都不利于除磷效果的提高。对于不同的污泥,最佳磷碳比范围不同,这与聚磷菌的富集程度,运行条件等有关。

(2)碳源种类

碳源的类型对 PAO-GAO 竞争也有很大影响。在以前对 EBPR 系统的研究中,大多数使用乙酸作为单一的碳源。在有些情形下,以乙酸作为单一碳源时,得到大量的 *Accumulibacter*(一种已知的 PAO),少量或者没有 GAOs,并且除磷效果很好[48]。尽管有很多研究结果表明在 EBPR 系统中乙酸作为碳源会产生高效而稳定的除磷效果,但是也有报道认为由于 GAOs 与 PAOs 竞争乙酸而导致除磷的恶化,在有些情况下,在相似的运行条件下,以乙酸为碳源,能观测到大量的GAOs[49]。因此近年来人们开始更多地关注丙酸以及其他底物对 EBPR 性能的影响。

Oehmen 等[50]利用 SBR 反应器,比较了乙酸和丙酸为交替碳源,对富集培养PAOs 的影响,发现以乙酸为碳源时,SBR 很少得到较好的除磷效果,且 FISH 检测发现,污泥中存在大量的 *Competibacter*(一种已知的 GAO);然而,当以丙酸为碳源时,得到稳定的除磷效果,只有个别时候的波动。FISH 检测发现,污泥中含有大量的 *Accumulibacter*,而没有 *Competibacter*,故他们认为把丙酸作为进水碳源可能对 PAOs 更有利。然而,Oehmen 等[51]在另外的实验中发现,另一类GAO *Alphaproteobacteria*,能够高效地大量吸收丙酸,并且能够和 PAOs 竞争丙酸,导致除磷效果的恶化,*Alphaproteobacteria* 也能吸收乙酸,但是相对于乙酸的吸收,它吸收丙酸的效果更好,就是说,*Alphaproteobacteria* 比 *Competibacter* 更难去除。针对乙酸为碳源引起 *Accumulibacter* 和 *Competibacter* 的竞争,丙酸为碳源引起 *Accumulibacter* 和 *Alphaproteobacteria* 的竞争的问题,Oehmen[52]采用在进水中周期性交互使用乙酸和丙酸,使得 *Competibacter* 和 *Alphaproteobacteria* 几乎被完全从生物群中排除,并且重复得到了 *Accumulibacter* 的富集培养,从而达到稳定高效的除磷效果。由此可见,有规律的交替使用碳源是实验室研究中排除 GAOs 的有效的方法。总结 Oehmen 的结论如表 4-1(采用 FISH 法检测)。

表 4-1　在不同碳源下富集的微生物比较(20~24℃)

碳源	*Accumulibacter* (PAO)/%	*Competibacter* (GAO)/%	*Alphaproteobacteria* (GAO)/%	pH	
				Anaerobic	Aerobic
乙酸	3~64	33~70	尚未报道	7.0±0.1	
丙酸	51~69	<1	可检测出	7.0±0.1	
丙酸	8	<1	可检测出	7.0±0.1	
丙酸	33	<1	可检测出	7~7.5	7.5~8.0
乙酸	14	54	尚未报道	7.0±0.1	
乙酸	15	23	尚未报道	7.8±0.1	8.0±0.1
乙/丙酸	91.9±1.3	未检测出	未检测出	7.0~8.0	

笔者还探讨了富集聚磷菌和培养好氧颗粒污泥同时实现的可行性,在 SBR 反应器中,以交替负荷的方法培养 2 个月后,富含聚磷菌的好氧颗粒污泥形成[53]。颗粒形成后逐步改变碳源种类以提供选择压,淘汰系统中存在的聚糖菌。结果表明,与丙酸相比,乙酸更适合富含聚磷菌的好氧颗粒污泥的生存,以乙酸为碳源,系统吸放磷量更多,颗粒平均粒径更大(2mm),颗粒的性能指标(沉降速度、含水率、

呼吸速率、密度、完整度系数）都相对优于以丙酸为碳源时的情况。以工艺检测和分子生物学手段双重检测颗粒形成过程，发现颗粒吸放磷能力的逐渐提高伴随着聚磷菌占微生物总量的比例越来越大。富集培养结束时聚磷菌占总菌的 70% 左右。

其他碳源，包括 VFAs（比如丁酸，乳酸，戊酸和异戊酸）和非 VFAs（葡萄糖）也能够被 PAOs 或 GAOs 吸收，但是大多数研究认为它们在被吸收之前都已经转化为乙酸或者丙酸，所以归根结底，起作用的碳源还是乙酸与丙酸的问题，此外，其他 VFAs 在实际污水中并不常见，而以葡萄糖为碳源，又常常出现除磷系统恶化的现象，所以今后研究的重点还应该在乙酸与丙酸上。

（3）pH

在 SBR 工艺中，由于厌氧和好氧在同一反应器中进行。所以，厌氧段的 pH 直接影响到后续好氧吸磷的效果。很多研究都表明较高的 pH 导致较高的厌氧释磷，除磷效果相对提高。

Smoders[53] 发现当 pH 从 5.5 上升到 8.5 时，厌氧释磷和乙酸吸收的比率呈现从 0.25P-mol/C-mol 到 0.75P-mol/C-mol 的线性变化。Filipe[54] 在 pH=6.5、7.0、7.5 下进行实验，发现在低 pH（6.5）下，吸磷速率，PHA 利用速率和细胞生长速率分别是 pH 为 7.0 时的 42%，70% 和 53%。与此对应，GAOs 的化学计量比与 pH 关系不大。这个结果说明 EBPR 系统的稳定性大大依赖于好氧段的 pH。Filipe[55] 在另一次研究中发现，厌氧 pH 低于 7.25 时，GAOs 厌氧吸收 VFA 的速度大于 PAOs，当 pH 高于 7.25 时，PAOs 吸收乙酸的速度高于 GAOs，还发现此时两种细菌的生长速率相似，吸收乙酸产生的 PHA 量也相似。这表明较高的 pH 不仅导致对乙酸吸收的较高的能量需求，还影响了 GAOs 吸收乙酸的能力。

有研究认为除磷效果提高是由于微生物竞争从 GAOs 到 PAOs 的转变。Oehmen[51] 曾对实验室的两个 SBR 反应器进行研究，分别以乙酸和丙酸作为碳源，当 pH 维持在 7 时，进乙酸的反应器显示 *Competibacter* 占主导，进丙酸的反应器 *Alpha proteobacteria* 占主导；当 pH 增加到 8 时，两个系统中 PAOs/GAOs 的比例都大大增加，同时两个反应器的除磷率都得到了提高。

尽管关于 pH 方面的研究已经很多而且比较深入彻底，但是以往的研究都是以人工配水的污泥为研究对象，以配水为进水，得出的结论虽具有理论价值，却在很大程度上脱离实际，对实际污水处理厂的运行指导意义不大。笔者以生活污水长期影响试验在两个 SBR 反应器中进行，两个 SBR 反应器接种同样的污泥，在不调节 pH 的情况下运行一段时间后进入稳定状态，然后调节 1 号 SBR 反应器 pH 从 7.5 下降到 6.0，见图 4-8 和图 4-9；2 号 SBR 反应器 pH 从 7.5 上升到 8.5，实验结果如图 4-10。

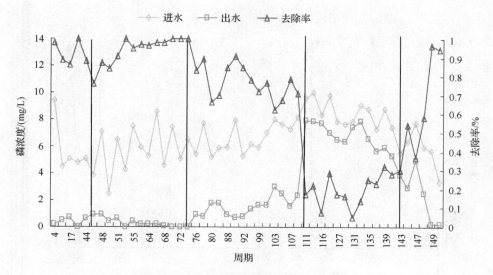

图 4-8　降低 pH 对系统除磷的影响图中未显示 pH 变化

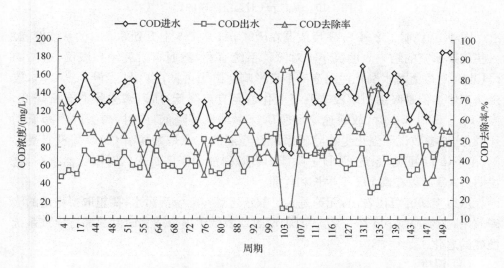

图 4-9　降低 pH 对系统 COD 去除能力的影响

由图 4-8 可见,厌氧 pH 被调节为 7.0。此时系统出水磷浓度很低,仍然具有较高的磷去除能力,这说明系统中存在大量的聚磷菌。然后厌氧 pH 被调节到 6.5,系统性能开始恶化,出水磷浓度上升到 1.5mg/L 而磷的去除率下降到 70%。当厌氧 pH 调节到 6.0 时,系统性能大幅下降,出水磷浓度从 1.5mg/L 上升到 7mg/L,磷去除率从 70% 下降到 15%,说明 PAOs 受到了严重的抑制。图 4-9 说明 1 号 SBR 反应器去除 COD 的能力基本没有变化。

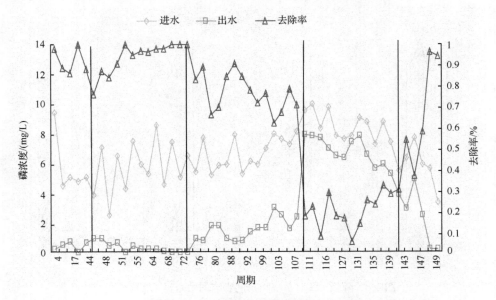

图 4-10　提高 pH 对系统除磷的影响

　　图 4-10 说明了 2 号 SBR 反应器在厌氧 pH 从 7.5 上升到 8.5 时的系统性能。一些前期研究的结果表明高 pH 对除磷系统有利,然而本研究结果表明,过高的 pH 也会对生活污水驯化污泥造成不良影响。由图可见,当 pH 上升到 8.0 时,放磷速率增加但是吸磷速率没有明显变化甚至有点降低,所以磷去除率有所降低。当 pH 上升到 8.5 时,放磷速率和吸磷速率都显著降低,同时,磷去除率降低到 10%,这些参数说明强化生物除磷系统已经崩溃。但是聚糖菌 GAO 并没有受影响,由图 4-11 可见,系统 COD 去除能力在除磷能力彻底丧失的时候仍然很高,这说明 GAO 可以在高 pH 下生长和代谢。

　　从以上研究可以看出,无论是人工配水还是实际生活污水,要想取得稳定的除磷效果,必须控制 pH 在一定的范围,超过或者低于这个适宜的范围都将导致系统性能的恶化。

　　(4) 温度

　　随着 EBPR 工艺的广泛应用,温度对 EBPR 体系的影响开始成为研究的热点。Carlos MLV 等[56]对两个 A/O-SBR 系统在 10～40℃之间进行短期试验,研究发现温度高于 20℃时,GAOs 在吸收基质方面比 PAO 占有明显的优势。低于 20℃时,两种菌的最大乙酸吸收速率相似。然而,当温度低于 30℃时,PAOs 的维持能量需求低于 GAOs,使得 PAOs 在竞争中取得优势。这些发现可以帮助解释为什么低温天气下污水处理厂除磷效果稳定,而高温气候或者处理高温废水时,除磷效果恶化。Whang 和 Park[57]通过两组 SBR 反应器考察了温度对 PAOs 与

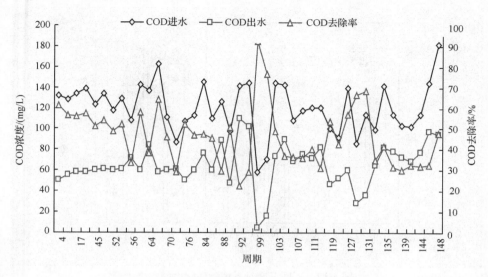

图 4-11　提高 pH 对系统 COD 去除能力的影响 pH

GAOs 的影响,发现当温度达到 30℃时,系统的除磷效率急剧下降(此时进水磷浓度为 10mg/L,出水磷浓度为 8.8mg/L),同时污泥含磷量小于 1%,但厌氧阶段仍然出现乙酸的大量吸收和 PHA 的合成,镜检发现微生物大多成四分体排列(TFOs),表明该系统中富集了 GAOs。

　　笔者通过研究温度对 EBPR 体系(SBR1)的影响发现,进水磷浓度在 5~10mgP/L 之间变化,当环境溶液中的温度降到 13℃时,厌氧放磷后磷浓度在 15~20mgP/L 之间,出水磷浓度在逐渐升高,磷去除率从 70% 下降到 10% 左右;当环境溶液中的温度控制在 20℃时,厌氧放磷后磷浓度提高到 20~25mgP/L,提高的幅度不是很大,然而,出水磷浓度却下降到了 0.5mgP/L 以下,磷去除率迅速上升到 95% 以上,EBPR 体系达到了很好的磷去除效果。而且,从图 4-12 还可以看出,EBPR 体系受温度的影响反应很快,从 13℃升高到 20℃时,系统的过渡期很短,磷去除率可以从 10% 左右迅速升高到 95% 以上,由此可以推断出,在近 40 个周期的低温运行过程中,在该 EBPR 体系中的 PAOs 的活性只是暂时性的被抑制,一旦获得适宜的环境,PAOs 的活性又可以迅速得到恢复,这也验证了 Brdjanovic 等的观点[58]。

　　从图 4-13 可以看出,对于 PAOs 的放磷速率而言,在 13℃时,其放磷速率在 3.0~4.0mgP/(L·h),当温度升高到 20℃时,其放磷速率也得到了升高,但升高幅度不大,其放磷速率在 4.0~6.0mgP/(L·h);然而对于 PAOs 的吸磷速率而言,在 13℃时,其吸磷速率在 6.0mgP/(L·h)左右,当温度升高到 20℃时,其吸磷速率却得到了迅速提高,且提高的幅度很大,其吸磷速率达到了 10.0mgP/(L·h)

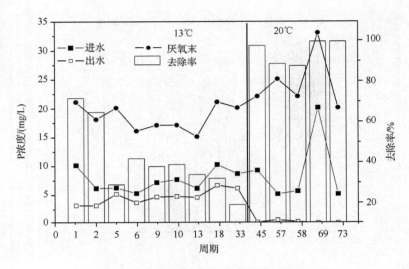

图 4-12　不同温度对系统除磷能力的影响

以上。可见,随着温度的提高(从 13℃升高到 20℃),EBPR 体系的磷去除率也随之增加,PAOs 的活性得到了增强,PAOs 的厌氧放磷速率以及好氧吸磷速率都得到了提高。PAOs 的动力学参数会受到温度变化的影响,而且其吸磷速率受温度的影响比放磷速率受温度的影响要大很多。笔者得到的这一结论同 Brdjanovic 等的结论一致[58,59]。

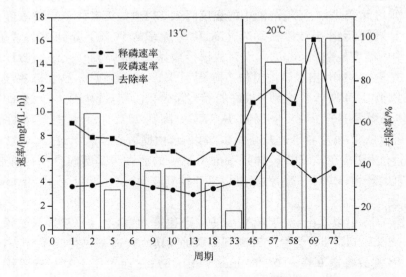

图 4-13　不同温度下 SBR 系统除磷效果

可见,温度是 EBPR 系统中的一个很重要影响因素,它对 PAOs 的活性会产生很大的影响。从图 4-12 和图 4-13 知,PAOs 在好氧条件下主要是依靠体内的 PHA 作为能源来摄取磷,低温条件(13℃)对厌氧放磷以及好氧吸磷都有抑制作用,但是对好氧吸磷的影响更大。当好氧吸磷受到抑制时,会直接导致两种结果:1)出水磷浓度升高;2)PAOs 体内多聚磷酸盐颗粒含量下降。而后者会抑制 PAOs 在厌氧条件下吸收易降解基质的能力,这样不断往复循环,就会使得 GAOs 在竞争 VFAs 中获胜,有可能成为体系中的优势菌种,而 PAOs 由于吸收不了足够的易降解基质来得到增殖,通过不断的排泥就会被最终排出系统,EBPR 体系也就遭到了破坏。因此,长期在低温条件下运行会使得 EBPR 体系中污泥种群发生质的变化。

（5）污泥龄（SRT）

一般以除磷为目的的系统中污泥龄控制在 3.5～7d。Brdjanovic 等[60]发现,降低系统的泥龄可以提高除磷效果,但泥龄过短可能会使出水的 BOD_5 和 COD 达不到要求。Whang 和 Park[61]研究认为,污泥龄是影响 PAO-GAO 竞争的重要因素。在 30℃,污泥龄为 10d,由于 GAO 的厌氧乙酸吸收速率高于 PAO,而在污泥中占主导;当 SRT 降为 5d,GAO 和 PAO 共存于 SBR 反应器中,产生不稳定的除磷现象。当 SRT 由 5d 减到 3d 后,EBPR 的效能大大提高了,且除磷效果很稳定。另外,污泥龄的改变并没有对 GAO 的比乙酸吸收速率产生多大影响,PAO 的比乙酸吸收速率却随着 SRT 的降低而提高了。

Obaja D 等[56]采用 SBR 工艺对氨氮含量高达 1500mg/L、磷含量为 144mg/L 的猪舍污水进行处理,在温度为 30℃,水力停留时间为 11d,SRT＝1d 条件下,氮、磷的去除率分别达到 99.7％和 97.3％。而 Beril S 等[57]采用改进后的 SBR 工艺,以葡萄糖和乙酸为碳源,在 SRT＝25d 的条件下,对磷、氨氮及 COD 的去除率分别达到 80％、98％及 97％。

Filipe 等[62]通过对 GAOs 和 PAOs 在厌氧条件下的热力学参数的理论研究发现,若将厌氧段的固体停留时间超过吸收挥发性脂肪酸所必需的时间,将迫使 GAOs 和 PAOs 分解胞内聚合物以满足细胞的维持生长,由于 PAOs 是通过聚磷的水解以提供 ATP 用于维持细胞的生长,而 GAOs 则是通过储存糖原的分解以提供 ATP,在好氧阶段恢复聚磷浓度比恢复聚糖相对容易一些,故而通过延长厌氧区的固体停留时间,将给 PAOs 一定的竞争优势。

（6）电子受体

最近的研究表明,至少存在一部分聚磷菌可以在缺氧条件下利用硝酸盐为电子受体进行吸磷,这一类微生物被称为反硝化聚磷菌(DPB)。DPB 具有和好氧聚磷菌非常相似的代谢特征。Kuba 等[63]从动力学性质上对这两类聚磷菌进行了比较,认为以硝酸盐作为电子受体的反硝化聚磷菌有着和好氧聚磷菌同样高的强化生物除磷性能。因为反硝化聚磷菌可在缺氧环境吸磷,这就使得吸磷和反硝化(脱氮)这两个生物化学过程借助同一种细菌在同一种环境下一并完成。虽然反硝化聚磷菌吸磷速率低于传统的生物吸磷,但是其吸磷和脱氮过程的结合不仅节省了对碳源的需要,而且吸磷在缺氧环境完成可节省曝气所需要的能源。

对于以硝态氮为电子受体进行反硝化吸磷的报道已经有很多,而且国外已经有成功的应用实例,而对以 NO_2^--N 为电子受体的反硝化聚磷菌的研究较少,尚处于初探、有争议的阶段。

好氧和缺氧吸磷在亚硝态氮存在下受到抑制[64]。研究结果表明,*Competibacter* 数量的增加与缺氧段亚硝态氮的积累相一致,并且表明亚硝态氮积累是 GAOs 成为优势菌属的一个因素。当亚硝态氮存在时,PAOs 的增长速度也受到了抑制。因此,亚硝态氮的存在和积累抑制 PAOs,从而有利于 GAOs 的生长。然而我国学者李捷等[65]研究认为,在一定的浓度范围内,亚硝态氮对除磷无抑制作用,相反,它可以作为除氧气、硝态氮之外的另一电子受体,参与聚磷菌的除磷,同时实现脱氮。另有研究[66]发现,当 NO_2^- 质量浓度在 31.25mg/L 以下时,反硝化聚磷菌可以利用 NO_2^- 为电子受体完成反硝化吸磷;在高于 37.50mg/L 时,NO_2^- 对缺氧吸磷有明显的抑制作用。但是反硝化聚磷菌经过驯化之后,即使 NO_2^- 质量浓度达到很高(75.00mg/L),仍然可以利用 NO_2^- 作为电子受体完成反硝化吸磷,而没有发现抑制吸磷的现象,而且 NO_2^- 的浓度对吸磷速率没有明显影响。

笔者利用富集程度达 80% 以上的聚磷菌进行不同电子受体(不同浓度的硝态氮和亚硝态氮)的短期试验,结果发现,在一定的条件下,传统的好氧聚磷菌存在反硝化除磷的功能,可以 NO_3^--N 和 NO_2^--N 为电子受体。NO_3^--N 的质量浓度对聚磷菌的吸磷速率影响很小,从 20 到 160mg/L,比吸磷速率只上升了大约 11mg/(g·d);而比反硝化速率则与 NO_3^--N 的质量浓度无关。低浓度的 NO_2^--N (<40mg/L)可以作为其电子受体,但是吸磷速率大大低于 O_2 和 NO_3^--N;高浓度的 NO_2^--N(>80mg/L)则不能作为其电子受体,它对聚磷菌吸磷产生抑制甚至对细菌本身存在毒害。NO_2^--N 为电子受体,其抑制浓度范围和污泥本身以及外界条件都存在很大的关系,各个研究结论不尽相同,其影响过程有待进一步的探讨。

尽管对于反硝化聚磷菌的研究还有很多值得深思的地方,但是由于反硝化除磷工艺提高了碳源的利用效率,降低了污泥产率,可以有效地降低运行成本,具有广阔的应用前景(详见 4.2 节)。

(7) 其他因素

其他一些因素也会对强化生物除磷工艺产生影响。比如溶解氧、水力停留时间等。在许多的实际污水处理中,调节 DO 浓度,导致除磷效果的变化,DO 浓度非常高时,常常出现差的除磷效果和大量的 TFOs。Lemaire 等[67]观察到 SBR 在低溶解氧(大约 0.5mg/L)运行条件下,*Accumulibacter* 增加,*Competibacter* 下降,除磷效果良好。在 SBR 反应器中，HRT 分为厌氧 HRT 和好氧 HRT，Wang[68]研究认为好氧 HRT 较长导致细胞内能源减少，而较低的胞内能源，将使 PAOs 失去与 GAOs 竞争的能力，而 GAOs 成为优势种群，指出最佳好氧 HRT 则由厌氧时细胞内部合成的能源量和出水磷浓度要求决定。另外催化剂、抑制剂的存在也可能对 PAO-GAO 竞争存在潜在的影响，并且需要进一步的研究。

当前，EBPR 系统应用越来越广泛，而在 EBPR 系统中，PAO 和 GAO 往往同时存在，所以充分了解二者的竞争因素，有助于优化运行条件，达到最佳除磷效果。然而，目前该领域仍有许多亟待研究的地方：如我们尚未得到 PAOs 或 GAOs 的纯种培养，如何使 PAO 和 GAO 分离，PAOs 和 GAOs 详细的代谢途径，不同的 PAOs 和 GAOs 的种群利用哪种途径，污泥中微生物群落与厌氧和好氧/缺氧条件下的生化途径的相关性等。

此外，尽管已经提出了很多改变 PAO-GAO 的竞争以促进 PAOs 生长的方法，但是这些控制策略尚未在实际中得到应用，另外，实现这些控制的成本效益也需要进一步的发展。由于工艺性能很可能受到微生物组成的影响，所以需要更多的模型研究预测 EBPR 系统的微生物数量动力学，这也为广大科研工作者提供了更广阔的研究空间。

4.1.2.3　SBR 除磷工艺的研究进展

传统的 SBR 生物除磷工艺主要是依靠厌氧/好氧的交替进行，利用聚磷菌的过量吸磷在好氧段完成磷的去除。经过多年的发展，SBR 工艺得到了越来越广泛的关注和应用。为了获得更好的除磷效果和经济效益，国内外的许多学者在传统 SBR 的基础上，进行了大量 SBR 厌氧、缺氧、好氧的设置个数、时间和顺序的研究。此外，传统 SBR 工艺与其他处理方法的结合，利用各自的特点，优势互补，更加拓宽了 SBR 的应用范围。

最近有研究表明，在 SBR 进水后未经厌氧段直接好氧曝气，聚磷菌依然能够吸收乙酸，并同时发生正磷酸盐的释放、PHA 的合成以及糖原的降解。之后，当基质消耗完毕后，开始发生吸磷现象，并同时伴随 PHA 的消耗和糖原的合成以及聚磷菌（PAOs）的生长。这种生物除磷过程在本质上与传统的生物除磷一样，即由微生物-聚磷菌将磷"超量"摄入到细胞内而形成聚磷污泥，通过排泥最终实现磷的去除[69-71]。

我国学者王冬波等研究了无厌氧段 SBR 在模拟城市生活污水处理中的除磷效果。结果表明，SBR 在进水后未经过传统除磷理论认为所必需的厌氧段而直接好氧曝气，废水中磷的浓度仍下降较快。在曝气时间为 4h，进水 COD 浓度为 400mg/L 左右，反应过程中 pH(7.0±0.2)时，进水中 TP 浓度由 15～20mg/L 降到 1mg/L 以下，磷的去除效率达到 90% 以上。无厌氧段生物强化除磷不但丰富了人们对生物除磷机理的认识,还可以大大减少除磷反应器或构筑物的容积,达到高效低耗的目的。

Berils Akin 等[72]研究了两组 SBR 强化生物除磷的效果。第一组采用厌氧、缺氧、好氧方式,第二组采用传统的厌氧、好氧方式。结果发现第一组缺氧段结束时的总释磷速率为 $4.38mgPO_4^{3-}$-P/(gMLVSS · h)($54.4mgPO_4^{3-}$-P/L),第二组厌氧末的总释磷速率为 $3.11mgPO_4^{3-}$-P/(gMLVSS · h)($40.2mgPO_4^{3-}$-P/L),从而缺氧段的加入使得系统除磷效果更好,除磷率高出 33%。他们认为,这是由于缺氧段反硝化了一部分硝酸盐,硝酸盐浓度减少到一定水平后不能作为电子受体进行吸磷,从而有利于磷的释放。

由于 SBR 运行呈阶段性,因此易与混凝、投加吸附剂等提高处理效率的物化工艺相结合。如果城市污水中有机物与磷的比值很低,则可以增加一个沉淀池,利用 Phostrip 除磷原理来增加磷的去除率。SBR 中投加混凝剂或粉末活性炭及其代用品可以提高污泥沉降性能,并能增加其对难降解有机物的去除[73]。

韩巍等[74]针对传统单独生物或者化学工艺除磷功效存在一定的局限性除磷效果不稳定的特点,提出采用化学法辅助除磷与生物除磷联合处理的方案,即化学强化 SBR 生物除磷的试验方案。实验结果表明,采用 $FeSO_4$ 作为强化生物除磷的同步沉淀剂时,不但出水中磷的含量得到了有效的控制,使处理后的猪场废水能够连续达标排放,而且由于化学除磷过程中铁盐的混凝作用,也有利于出水中 COD 及 NH_4^+-N 等污染指标的控制。

王琳娜等[75]研究了 SBR 系统中投加三氯化铁对除磷的影响。结果表明:虽然三氯化铁对 COD 和 TN 的去除率没有强化作用,但是投加混凝剂三氯化铁的除磷效果较好。在进水 TP 浓度为 3.80～12.62mg/L,投加混凝剂的反应器处理出水 TP 浓度为 0.19～1.07mg/L,平均为 0.67mg/L,平均去除率为 90%,比对照反应器提高了 14%。连续投加三氯化铁,活性污泥微生物群落的总生物量与对照反应器相比有所减少,但微生物群落结构基本不变。由此可以认为,对于单纯以除磷和去除 COD 为目的的污水处理系统,适宜采用此种方法。

利用膜工艺与 SBR 相结合也可以提高除磷效果。Jolanta Bohdxiewicz 等[76]用 SBR 与反渗透方法来处理肉类加工厂的废水,先进行 SBR 生物处理,后用反渗透法处理,结果发现 SBR 对磷生物去除率达到 87.3%,出水磷的浓度为 $0.09g/m^3$。Jun Li 等[77]把微生物膜固着在纤维负载物上,放入 SBR 中约 30%,保持水力停留时间 9h(3h 厌氧、6h 好氧),运行 6 个月,并定时排除从膜上脱落的生物膜来除磷,除磷率超过 90% 以上,适应了较大 COD 的负荷率变化范围:0.27～$1.32kgCOD/(m^3 · d)$。Suntud 等[78]用生物膜来改善 SBR 的除磷效果,在传统具有好氧段的 SBR 中,应用移动生物膜(一定数量的由废弃轮胎制成的 2mm×2mm×2mm 大小的小块),结果显示:与传统的具有好氧段的 SBR 相比,活性污泥量增加了 30%,去除率增加了 10%~12%,出水 TP 浓度可达到 1.5mg/L 左右。

其他的 SBR 变形工艺,如 CAST、UNITANK、DAT-IAT 等工艺虽然可以达到污水处理标准,各自具有很多优点,但是相对于传统的 SBR,并没有从根本上提高磷的去除率,这里不再赘述。

4.2　SBR 短程生物脱氮新工艺研究

低 C/N 比污水的短程生物脱氮在节约曝气所需的能源及反硝化作用所需的碳源方面具有明显优势。短程硝化工艺可通过选择性抑制硝酸盐氧化菌 NOB 的生长,同时有利于氨氧化菌 AOB 的生长得以实现。由于废水生物处理反应器均为开放的非纯培养系统,如何使硝化反应停止在 HNO_2 阶段,出现亚硝酸盐积累后如何维持其长期稳定存在,是短程生物脱氮技术的关键。本节分析了实现短程生物脱氮的各种方法和策略,并在此基础上,以生活污水作为处理对象,研究了 SBR 法短程硝化反硝化稳定性影响因素,提出了快速实现短程生物脱氮的方法。

4.2.1　实现短程生物脱氮的各种方法和策略分析

自 1975 年 Vote 发现在硝化过程中 HNO_2 积累的现象并首次提出了短程硝化/反硝化以来,国内外学者进行了大量的实验研究,探讨影响亚硝酸积累的因素,并提出了一些控制短程硝化的途径,主要包括:温度、泥龄、DO、pH、基质浓度与负荷、抑制剂和运行方式等。

4.2.1.1　温度

AOB 与 NOB 生长的最适宜温度各不相同,升高温度不但能加快 AOB 的生长速率,同时还能扩大 AOB 和 NOB 的生长速率上的差距,有利于筛选 AOB,淘汰 NOB。目前国内外学者对于实现短程硝化最佳温度持有不同看法:

(1) Hellinga 等[79]的结果认为在纯培养条件下 AOB 和 NOB 的最佳温度分别为 35℃和 38℃;

(2) Hyungseok Yoo 等[80]认为实现短程硝化的最佳温度为 22~27℃,至少不能低于 15℃。他们观点的理论根据是在该温度范围内 AOB 的活性最强,而在 15℃以下 NOB 的活性变为最强;

(3) Balm Elle 等[81]的研究结果认为实现短程硝化的最佳温度为 25℃。从比增长速率的角度考虑,只有在温度高于 25℃时,氨氧化菌才能在与亚硝酸盐氧化菌的竞争中胜出,而在温度低于 15℃时情况恰好相反;

(4) 彭党聪等[82]认为 12~14℃硝化菌活性受到抑制,出现 HNO_2 的积累,温度超过 30℃后又出现 HNO_2 积累。

笔者通过控制反应器内水温在 30～32℃和应用实时控制技术控制曝气时间成功地实现了豆制品废水和生活污水短程硝化反硝化生物脱氮工艺，$NO_2^- $-N/$NO_x^- $-N 的比率始终维持在 90％以上。温度维持在 32℃得到的短程硝化，当在常温 21℃下运行 20 个周期时，$NO_2^- $-N/$NO_x^- $-N 由 98％降低至 94％[83,84]。

4.2.1.2 溶解氧(DO)

AOB 的氧饱和常数一般为 0.2～0.4mg/L，而 NOB 为 1.2～1.5mg/L，这就意味着 AOB 对氧的亲和力和耗氧速率均高于 NOB[85]。因此当反应体系中的溶解氧浓度成为限制性因素时，即在较低的 DO 浓度下，NOB 代谢能力下降，其氧化亚硝酸氮的能力减弱，而 AOB 仍可维持正常的代谢活动，氨氧化过程不会受到明显影响，从而造成体系中亚硝酸氮的积累。虽然许多学者均报道低 DO 浓度可抑制 NOB 的生长，但关于 DO 的临界值却有不同看法。

(1) Hanaki 等[86]的研究表明，25℃，进水 $NH_4^+ $-N 为 80mg/L，低溶解氧(0.5mg/L)条件下，氨氧化细菌的增殖速率加快近 1 倍，补偿了由于低溶解氧所造成的代谢活性的下降，使得氨氧化为 $NO_2^- $-N 的过程没有受到明显影响；而硝化细菌的增殖速率在低溶解氧(0.5mg/L)时没有任何提高，从而导致 $NO_2^- $-N 的大量积累，在其试验中最高的 $NO_2^- $-N 浓度可达 60mg/L；

(2) Ruiz 等[87]曾报道将反应器中的 DO 浓度恒定为 0.7mg/L，可以达到 65％的亚硝酸盐累积率和 98％的氨氧化率；DO 低于 0.5mg/L 时，氨氮开始积累，然而 DO 高于 1.7mg/L 就会导致全程的硝化反应；DO 浓度为 1.4mg/L 时，可达到 75％的亚硝酸盐累积率和 95％的氨氧化率；

(3) Garrido 等[88]发现当溶解氧浓度为 1.5mg/L 时，氨氧化速率和亚硝酸盐积累量都达到最大值；

(4) 彭党聪等[82]在生物膜反应器中发现低溶解氧抑制硝酸菌现象，在 0.5～1mg/L 溶解氧下，当进水氨氮为 250mg/L 时，出水氨氮低于 5mg/L 且硝化产物以亚硝酸盐为主，亚硝酸盐累积率高达 90％以上，连续运行 120d，无明显变化，在低溶解氧下生物膜系统获得了良好的短程硝化效果；

(5) 高景峰等[89]在好氧颗粒污泥的快速启动过程中，发现 DO 浓度及好氧颗粒污泥的固有结构对氧传质的限制，在 DO 浓度平均值为 4mg/L 时，实现了短程硝化。

4.2.1.3 pH

pH 对短程硝化的影响主要表现为两方面，一方面是 AOB 和 NOB 有各自最佳的 pH 生长环境；另一方面，pH 对游离氨及亚硝酸的浓度有很大影响，分子态游离氨氮对 NOB 的抑制要强于 AOB。因此，通过控制 pH 可实现短程硝化反硝化生物脱氮工艺,但是单纯地通过控制 FA 来实现短程硝化不够稳定。当 pH 大于 7.0 时,AOB 的生长速率明显高于 NOB,两者的最小 SRT 相差悬殊,易于通过控制 SRT 淘汰硝酸细菌。但当 pH 小于 6.3 时,AOB 的生长速率低于 NOB,难于通过控制 SRT 淘汰 NOB[90]。在 pH=8.5、$T=20℃$ 时,最佳的游离氨浓度在 5mg/L 左右,但当游离氨大于等于 7mg/L 时,氨氧化作用就会受到抑制,当游离氨浓度为 $20mgNH_3-N/L$ 时,氨氧化作用几乎停止。另外,游离氨对 NOB 只是简单抑制,并没有杀死,经过一段培养和驯化后,NOB 又会恢复活性[91,92]。

4.2.1.4　基质浓度

氨氮既能作为基质加快氨氧化反应,又能作为抑制剂抑制 AOB 和 NOB 的活性。研究表明 AOB 可分为慢速生长型和快速生长型两类,分别适合在基质浓度较低和较高的条件下生长[93]。在传统工艺中,为保证出水达标,通常将氨浓度控制在较低的水平,装置内富集的一般是慢速生长型 AOB,而在短程硝化反硝化中,通常将氨浓度控制在较高的水平,富集的显然是快速生长型 AOB[94]。这也可说明为什么在处理高氨氮废水时较易实现短程硝化反应,而在处理普通城市污水时,不易实现和控制稳定的短程硝化反应[95]。

4.2.1.5　抑制剂

对硝化反应有抑制作用的物质有:过高浓度的 NH_3、重金属、有毒有害物质以及有机物[96,97]。重金属会对硝化反应产生抑制,如 Ag、Hg、Ni、Cr 和 Zn 等,其毒性作用由强到弱。锌、铜和铅等重金属对硝化反应的两个阶段都有抑制,但抑制程度不同[98]。某些有机物如苯胺、邻甲酚和苯酚等对 NOB 具有毒害或抑制作用,因为催化硝化反应的酶内含 Cu^I-Cu^{II} 电子对,凡是与酶中的蛋白质竞争 Cu 或直接嵌入酶结构的有机物,均会对 NOB 发生抑制作用。这些有机物对 NOB 的抑制作用要比 AOB 强,所以容易在对含这类物质的污水生物脱氮中产生亚硝酸盐积累现象[99]。

4.2.1.6　实现短程硝化工艺方法的局限性

虽然国内外学者对短程硝化提出了多种实现及维持的控制途径,但仍存在着一些问题:

(1) 从温度的影响来说,SHARON 工艺是利用硝化污泥硝化液本身温度较高的特点来实现短程硝化,对于水量较大的城市污水和绝大多数工业废水无法达到并维持 30～35℃ 的水温;另外,对于短程硝化的适宜温度又是众说纷纭,准确的温度范围还有待进一步探讨。

（2）对于溶解氧的影响来说，首先低溶解氧会使硝化速率降低，硝化反应整体时间会变长，从而增大反应器体积，使基建投资提高，并且低溶解氧状态下，活性污泥易解体和发生丝状菌膨胀。另外低溶解氧对氮以外的其他污染物去除效果有一定的影响。

（3）对于 pH 的影响来说，整个硝化过程中，pH 是不断降低的，要使系统维持在较高的 pH 条件下运行，需投加一定量的碱，增加了运行费用；另外 NOB 和 AOB 的最佳 pH 范围很接近且有交叉的部分，这说明仅通过调 pH 来抑制 NOB 的活性效果未必好。

（4）从选择性抑制的影响来说，如果不能及时地将系统中的 NOB "淘洗" 出去的话，就有可能由于变异与适应的原因，使 NOB 逐渐适应高浓度的 FA 或其他抑制剂，NOB 慢慢积累就会使短程硝化系统不稳定。

（5）传统的时间控制无法准确地把握水中的氨氮去除情况，在进水氨氮浓度很低的情况下，固定的 HRT 就会出现亚硝酸型硝化向硝酸型硝化转变的趋势，且过量的曝气还会增加动力费用。

4.2.1.7 短程硝化的实现维持与过程控制的关系

短程硝化的实现与维持就是要控制硝化只发生到氨氧化阶段，实质上就是硝化进程的控制。活性污泥法中 DO，ORP，pH 的变化规律从不同角度不同程度反映了生物脱氮反应的进程，因此以它们作为控制参数就可以对生物脱氮反应进行过程控制，实现优化 SBR 的运行，保证出水达到深度脱氮效果的基础上，尽可能地节省碳源与能源，同时保留 AOB，将 NOB 淘洗出活性污泥系统。

在 SBR 硝化反应系统中，由于硝化菌进行硝化反应的速率会随着氨氮量的减少而不断降低，所以耗氧速率小于供氧速率，DO 会产生不断上升的现象。同时系统中的氧化态物质不断增加，ORP 也会产生不断上升的现象。硝化结束时，自养菌利用氨氮过程已经结束，不再耗氧，而自养菌和异养菌内源呼吸的耗氧率又远远小于供氧率，所以出现了 DO 的跳跃即上升速率加快的现象，而且系统中不再产生新的氧化态物质，氧化态物质的总量与还原态物质的总量基本不再变化，所以 ORP 出现平台或者说是基本不变。另外，硝化过程是一个产酸过程，所以 pH 不断下降，但硝化结束时因为碱度含量大于硝化所需，再进行曝气会吹脱 CO_2，而使 pH 迅速上升。利用以上这些参数在反应过程中的变化特点，在线检测 DO、ORP、pH 就能及时结束硝化过程进入缺氧反硝化[84,100,101]。

由以上分析可知，在以上的过程控制下的硝化反应不是设定固定的反应时间而是真实的根据原水氨氮浓度的变化，在线控制反应时间。

由于在固定氧供给模式下，SBR 反应器内亚硝酸化和硝酸化具有顺序发生的特点,当 NH_4^+-N 全部转化为 NO_2^--N 和部分 NO_3^--N 时,DO,ORP,pH 出现变化点指示了硝化反应结束。此时进行反硝化能使 NO_2^--N,NO_3^--N 及时地转变为 N_2,不给 NOB 更多的生长机会,这样就会使 AOB 的生长机会多于 NOB,从而 NO_2^--N/NO_x^--N 就会不断提高,通过排泥,增长缓慢的 NOB 不断减少,最终达到 AOB 积累。

一个刚刚启动的生物脱氮反应系统,如何在短时间内实现短程硝化以及如何能够长期稳定的维持下去是人们最为关心的问题。给予 AOB 适宜的生长环境并结合过程控制来解决这个问题可以说是一种很好的方法。在系统启动初期,给予较高的温度,控制 pH 大致在 AOB 适宜的范围,并结合过程控制就能在最短时间内实现短程硝化。曾薇等[102]在两段 SBR 反应系统中采用这种过程控制的方法,并使温度维持在 30~32℃,pH 控制在 7.0~7.7 之间,经过一个月的培养,AOB 占绝对优势,硝化反应结束时,NO_3^--N/NO_x^--N 在 5% 以下。之后,温度稍降,pH 有一些波动,短程硝化系统仍能长期稳定的维持运行。高大文等[103]在温度 (31±1)℃的条件下,驯化短程硝化污泥,经过 3 周的驯化,如图 4-14 所示氨氮去除率达到 95% 以上,亚硝酸盐积累率(NO_2^--N/NO_x^--N)稳定在 96% 以上,获得了稳定的亚硝化过程。也就是说过程控制能够加快短程硝化系统的实现并能很好地使其维持下去。

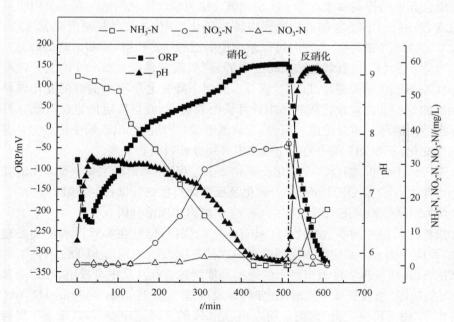

图 4-14　反应器内三氮转化与控制参数的变化

4.2.2　SBR 法短程深度脱氮实时控制策略及其稳定性

4.2.2.1　SBR 法短程深度脱氮过程分析与控制策略的建立

（1）短程生物脱氮过程控制参数的选择

实现短程生物脱氮的关键在于硝化反应进程的控制，因此选择能够准确反映 SBR 法硝化过程中氨氧化反应进程的控制参数至关重要。SBR 反应过程的控制参数一般分为直接参数和间接参数 2 种，直接参数是指通过在线传感器直接获得的 COD、NH_4^+-N、NO_2^--N、NO_3^--N 等污染物的浓度值，直接参数虽然直接、方便，但是由于传感器价格昂贵、存在滞后性等原因，一直以来应用得不是很多。间接参数是指一些与污染物浓度存在一定关系、可以间接反映系统内反应过程的控制参数。如 DO、pH、ORP 等。间接控制参数由于检测方便、经济实用，因此应用比较广泛。在好氧阶段 DO 和 pH 可以指示氨氧化反应的进程。当硝化结束后，停止曝气进入缺氧阶段，ORP 和 pH 曲线上的变化点可准确指示反硝化终点。

短程生物脱氮过程控制参数的选择理由：① DO 仅在好氧阶段起作用，在缺氧阶段 DO 值始终都是零，因此如果采用 DO 作为控制参数，在缺氧阶段就必须结合其他控制参数，这给控制策略的编制和控制系统的建立带来了麻烦。同理，ORP 仅在缺氧阶段有明显的变化点，在好氧阶段一直上升，没有明显的变化点，因此也必须结合其他的控制参数。② pH 在氨氧化结束和反硝化结束时都会出现明显的变化点，采用 pH 作为控制参数既可以控制硝化反应，也可以控制反硝化反应；既可以节省数据存储的空间，同时可以减少控制器的运算次数，控制策略的编写也得到了简化。③ DO 在氨氧化结束时出现的是"氨氮突越点"，即 DO 的上升速率加快，pH 在氨氧化结束时出现的是"氨谷"，即由下降变上升，2 种曲线的变化规律相比，pH 曲线的变化规律比较容易用计算机语言实现，而且稳定性也比较高。具体情况在后面的部分详细论述。同理，在缺氧阶段 ORP 曲线出现的变化点也是速率的突然变化，不如 pH 曲线的变化规律容易用计算机语言实现。

基于以上分析，综合考虑硝化反硝化 2 个过程，控制策略主要依据 pH 的在线信息而建立，DO 及 ORP 分别作为硝化及反硝化过程的辅助控制参数。

（2）污水短程深度脱氮过程中 pH 变化规律的理论分析

虽然与其他控制参数相比 pH 具有一定的优势，但是在实际污水生物处理过程中，系统中的 pH 变化规律受到诸多因素的影响。图 4-15 是恒 DO 条件下 3 段进水的 SBR 法处理实际城市污水的短程深度脱氮过程。从中可看出，在第 2 和第 3 个好氧阶段，当氨氮基本降解完全时（即反应进行到 269min、449min 时），pH 并没有出现"由下降变上升"的明显拐点，只是 pH 的下降速率变缓，或者 pH 保持不变，这样就无法对反应过程进行准确的指示。导致这种现象的原因是：影响 pH 变化的因素有很多,pH 曲线的变化规律是微生物生长繁殖等生化反应、外加化学物质引起的化学反应与反应器操作运行状态变化引起的化学反应等原因协同作用的结果。为了建立准确、稳定且适应性强的控制策略,有必要深入分析在污水处理短程深度脱氮过程中影响 pH 变化的主要因素及其理论依据。

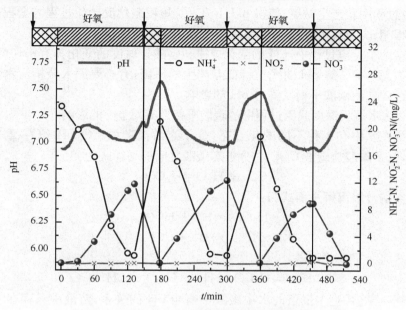

图 4-15　分段进水 SBR 法脱氮效果及 pH 变化规律

（3）污水短程深度脱氮过程中生化反应对 pH 的影响

污水生物脱氮是在微生物的作用下,将氨氮转化为 N_2 的过程,整个过程包括硝化和反硝化两个阶段。如果用 $C_5H_7O_2N$ 表示微生物细胞,则由式(4-15)、(4-16)、(4-18)可以描述完整的全程硝化反硝化过程;由式(4-15)、(4-17)可以描述完整的短程硝化反硝化过程。

$$NH_4^+ + 1.38O_2 + 1.98HCO_3^- \xrightarrow{AOB}$$
$$0.02C_5H_7O_2 + 0.98NO_2^- + 1.89H_2CO_3 + 1.04H_2O \quad (4\text{-}15)$$

$$NO_2^- + 0.0025NH_4^+ + 0.01H_2CO_3 + 0.0025HCO_3^- + 0.4875O_2 \xrightarrow{NOB}$$
$$NO_3^- + 0.0025C_5H_7O_2N + 0.0075H_2O \quad (4\text{-}16)$$

$$NO_2^- + 0.67CH_3OH + 0.53H_2CO_3 \xrightarrow{反硝化菌}$$
$$0.48N_2 + 0.04C_5H_7O_2N + 1.23H_2O + HCO_3^- \quad (4\text{-}17)$$

$$NO_3^- + 1.08CH_3OH + 0.24H_2CO_3 \xrightarrow{反硝化菌}$$
$$0.47N_2 + 0.056C_5H_7O_2N + 1.68H_2O + HCO_3^- \quad (4\text{-}18)$$

由方程式(4-15)～ 式(4-18)可得出以下结论:① NH_4^+-N 被氨氧化菌氧化的过程会消耗大量碱度,式(4-15)中,每氧化 1mol NH_4^+-N 产生相当于约 2 个电子当量 H^+ 的 H_2CO_3,使得系统内的 pH 下降;而式(4-16)中,亚硝酸氮的氧化过程则几乎不会消耗碱度,没有氢离子产生;② 在反硝化过程中,如式(4-17)、(4-18)所示,反应过程中将产生碱度,使得 pH 上升;③ 短程硝化反硝化过程与全程硝化反硝化过程相比,节省了近 25% 的需氧量和近 40% 的碳源。

在这两个反应过程中,pH 的变化规律和碳酸盐碱度的变化具有密切的关系,为了更加深入的了解 pH 曲线上特征点产生的原因,有必要深入分析污水短程深度脱氮过程中的碳酸平衡及其对 pH 的影响

(4) 污水短程深度脱氮过程中的碳酸平衡及其对 pH 的影响

碳酸在水中有 3 种不同的化合态:分子态游离碳酸 CO_2、H_2CO_3,重碳酸盐 HCO_3^-,以及碳酸盐碳酸 CO_3^{2-}。分子态碳酸之间的平衡式为:

$$CO_2 + H_2O \Leftrightarrow H_2CO_3$$

碳酸的分级离解平衡式为:

$$H_2CO_3 \Leftrightarrow H^+ + HCO_3^-$$

$$HCO_3^- \Leftrightarrow H^+ + CO_3^{2-}$$

综合各级平衡式可得:

$$CO_2 + H_2O \Leftrightarrow H_2CO_3 \Leftrightarrow H^+ + HCO_3^- \Leftrightarrow 2H^+ + CO_3^{2-}$$

根据文献[104]中报道的水中碳酸平衡与 pH 的关系,溶液中只存在 CO_2 和 H_2CO_3 的特征点为 δ_2(pH=4.5 左右),HCO_3^- 占最大比例的特征点 δ_1(pH=8.34),溶液中 CO_3^{2-} 对 HCO_3^- 占绝对优势的特征点为 δ_0(pH=12.18);pH=6.35 时$[HCO_3^-]=[H_2CO_3]$;pH=10.33 时$[HCO_3^-]=[CO_3^{2-}]$。

上述特征点中最有意义的是 pH=8.34,当溶液的 pH 超过 8.34 时,H_2CO_3 的浓度可以忽略不计,认为水中只存在 HCO_3^- 和 CO_3^{2-} 的二级碳酸平衡;当溶液的 pH 低于 8.34 而高于 6.35 时,可以认为 CO_3^{2-} 是微量的,水中只有 H_2CO_3(CO_2+H_2O)和 HCO_3^-,可以只考虑一级碳酸平衡。对于有机物浓度较低、水质比较稳定的城市污水而言,SBR 反应系统混合液中 pH 常在中性左右,pH 范围一般在 6.5～8.3,所以只考虑一级碳酸平衡,如式(4-19)、(4-20)、(4-21)所示。

$$H_2CO_3 \Leftrightarrow H^+ + HCO_3^- \tag{4-19}$$

$$K_1 = \frac{[HCO_3^-][H^+]}{[H_2CO_3]} \tag{4-20}$$

$$pH = pK_1 - \lg \frac{[H_2CO_3]}{[HCO_3^-]} \tag{4-21}$$

如式(4-21)所示,混合液的 pH 取决于系统中 H_2CO_3(CO_2+H_2O)和 HCO_3^- 浓度。在溶液 pH 和各化合态碳酸物含量中有一项受外界影响而有所变化时,都会

引起其他各项的相应变化,趋向于建立新的平衡。当氨氮被氧化完全时,不再有碱度被消耗,而持续的曝气吹脱 CO_2,使得溶于水中的 CO_2 含量逐渐降低,也即水中的 H_2CO_3 浓度降低,式(4-19)平衡方程产生向左移动的趋势,导致溶液中解离的 $[H^+]$ 不断降低,溶液 pH 逐渐升高。同理,短程反硝化过程(NO_2^--N 被还原的过程)由于不断消耗 H_2CO_3 而产生 HCO_3^-,因此系统内的 pH 不断上升,当 NO_2^--N 被全部还原后,系统进入了厌氧产酸阶段,因而导致 pH 出现了由上升变下降的特征点。

基于前面论述的生化反应机理和碳酸平衡对 pH 的影响,可以很好地解释图 4-15 中所产生的“没有明显变化点”现象。SBR 工艺生物脱氮过程中氨氧化结束时 pH 的变化点,是由于系统内不再产生 H^+,而 CO_2 不断被吹脱而引起的。因此 CO_2 的吹脱程度直接影响 pH 的变化规律,图 4-15 的反应过程是在控制系统内 DO 恒定的条件下进行的,随着氨氧化过程的进行,系统内的需氧量逐渐降低,为了保持 DO 值的恒定,曝气量也会不断降低,当氨氧化过程结束时,系统的曝气量降到最低,此时 CO_2 的吹脱也受到了较大影响,同时第 2 个和第 3 个好氧阶段,系统内的碱度已不是很充足,因此 pH 曲线不会出现明显的由下降转上升的拐点。掌握了反应过程中的各种特殊现象,可以制定更加全面的控制策略。

(5) 其他因素对 pH 变化规律的影响

在 SBR 法反硝化过程需要投加一定的有机物来补充碳源,常用的碳源均是一些化学结构简单、容易被微生物利用的有机物,如甲醇、乙醇、乙酸钠等,这些物质的加入往往也会引起 pH 变化曲线出现微小的变化。本试验中反硝化过程投加乙醇作为碳源,在投加碳源时刻 pH 曲线上出现一段小幅度的下降,之后由于反硝化过程的开始,pH 上升。反硝化过程是根据 pH 由上升变下降的变化点来控制的,因此必须考虑加碳源时的参数信息,才能保证控制策略的准确性。如果在制定控制策略时没有充分考虑以上因素,往往会造成误判,从而影响出水水质。

一些学者对 SBR 法生物脱氮过程中 pH 的变化规律也进行了一系列深入研究。高景峰等[105]认为,污水中的碱度对 pH 在硝化阶段的变化规律具有较明显的影响。当系统内碱度过剩时,pH 将呈一直上升的趋势,当系统内碱度不足时,pH 在硝化结束时下降速率变小。水质对 pH 的变化规律也有一定影响,高大文等[106]采用豆制品废水、李勇智等[107]采用制药废水、曾薇等[108]采用化工废水都对 SBR 法生物脱氮过程的 pH 变化规律进行过研究,其变化规律具有一定的相似性,不同废水的控制策略可以通过设定控制参数的范围来调节。

(6) 以 pH 作为控制参数对于稳定短程生物脱氮的意义

大量研究证明,在 SBR 法硝化反应过程中,pH 曲线上“由下降变上升”特征点的出现,指示了氨氧化过程的结束,此时停止曝气,一方面可以使氨氮被彻底氧化,保证了出水水质达到 TN<1mg/L 的深度脱氮效果;另一方面,防止了过度曝气引起亚硝酸盐氮进一步氧化为硝酸盐氮,减少了亚硝酸氧化菌的生长机会。如果以

pH 作为控制参数的实时控制是短程深度脱氮的一个实现条件,那么对于短程深度脱氮的稳定,实时控制则是一个决定性的必要条件。它将进一步增大 AOB 在硝化菌群中的优势,同时又尽可能地减少了 NOB 的生长机会,使 NOB 逐渐从系统中被淘洗出去,从而逐渐优化了硝化菌群的结构,为进一步克服低温、低氨氮负荷等不利条件奠定了基础。

(7) SBR 法短程深度脱氮过程控制策略的建立

基于以上思想,以 pH 作为控制参数建立的 SBR 法短程深度脱氮过程控制策略如图 4-16 所示。

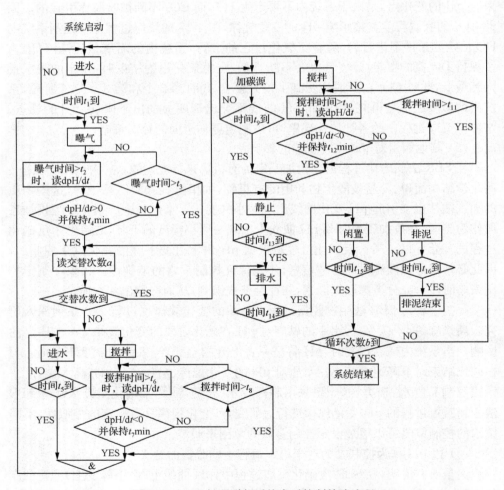

图 4-16　SBR 短程脱氮系统实时控制策略流程

在控制策略中,共设置了 18 个可调节的变量,以适应不同的水质。其中 $t_1 \sim$

t_{16} 分别是控制反应进程的时间变量,单位为 min。a 为采用分段进水模式时设置的进水次数,b 为总的循环次数。控制策略的主要流程原理为:

控制策略运行的主要流程分为进水、反应、沉淀、排水、闲置五个阶段,系统启动后,开启进水泵,向反应器内充水,当达到 t_1 时间时,停止进水,进入反应阶段,开始曝气。

为了去除反应刚开始时 pH 的波动和去除有机物时 pH 的上升过程,设置在曝气开始 t_2 时间后再读取 pH 传感器采集的信号,4~20mA 的电信号分别对应 pH0~14,传感器采集的电信号经 A/D 转换变为数字信号后,输入实时过程控制器,首先经过滤波处理,采用移动平均的办法去除在线参数曲线上干扰,然后进行求导计算,得到过程实时控制变量,并根据控制策略对得到的控制变量进行比较。当 pH 的一阶导数由负变正(dpH/dt>0)并保持 t_4 时间或系统达到设定的最大曝气时间 t_3 时,即可判断硝化反应结束,停止曝气进入下一工序。

由于采用交替进水的反应模式,在缺氧阶段系统将首先读取控制器内预先设定的交替次数 a,当没有达到设定的交替次数时,系统将进入加原水搅拌工序,当达到交替次数后,系统将跳出循环,进入加碳源搅拌工序。①加原污水搅拌工序:根据预先设定的进水时间 t_5 加入原水,系统在搅拌过程中进入缺氧反硝化过程,为了去除加原水后 pH 的波动,在搅拌开始 t_6 时间后(一般来说 t_6>t_5),再采集并处理在线 pH 信号,当 pH 的一阶导数由正变负(dpH/dt<0)并保持 t_7 时间或系统达到设定的最大搅拌时间 t_8 时,即可判断反硝化反应结束。之后开始曝气,去除原水中带入的氨氮,控制思想与前面的好氧阶段相同。②加碳源搅拌工序:与前面类似,预先设定加碳源时间为 t_9,系统在搅拌过程中进入缺氧反硝化过程,为了去除加碳源后 pH 的波动,可以设置在搅拌开始 t_{10} 时间后(一般来说 t_{10}>t_9),再采集并处理在线 pH 信号,当 pH 的一阶导数由正变负(dpH/dt<0)并保持 t_{12} 时间或系统达到设定的最大搅拌时间 t_{11} 时,即可判断反硝化反应结束。进入后面的工序,分别设置沉淀时间为 t_{13},排水时间为 t_{14},闲置时间为 t_{15},排泥时间(即排泥泵启动的时间)为 t_{16}。各工序按照事先设置好的时间依次进行。当系统运行达到总的循环次数时,结束运行过程。

完善的控制策略既可以使氨氮被彻底氧化,保证出水水质,同时还防止过度曝气引起的短程硝化率降低,是稳定短程深度脱氮的必要条件。

4.2.2.2　控制策略的稳定性

(1) 应用实时控制实现短程硝化反硝化

为了实现短程硝化反硝化,控制系统温度维持在(28±1)℃,污泥浓度为 2400mg/L,恒定曝气量为 0.08m³/h,采用硝化效果良好的活性污泥进行驯化,按照短程硝化反硝化过程实时控制策略控制 SBR 的运行。图 4-17 给出了采用实时控制后,SBR 系统的进出水 NH$_4^+$-N 浓度及曝气结束时的亚硝酸盐累积率。从图 4-17可以看出,系统启动初期(0～25d),系统的亚硝酸盐累积率不断升高,部分情况下超过 80%,但并不稳定,并且大多数情况下都维持在低于 80% 的范围内,继续应用实时控制,自第 30d 起,在进水氨氮浓度有所降低的情况下,亚硝酸化率一直维持在 90% 以上,可以说系统达到了稳定运行状态。图 4-18、图 4-19 分别为短程硝化反硝化初期培养和稳定运行期内 NH$_4^+$-N,NO$_2^-$-N,NO$_3^-$-N,COD 及对应的 pH 变化情况。通过应用实时控制,曝气结束时,硝化阶段的产物由 NO$_2^-$-N 和 NO$_3^-$-N 组成,逐步转变为以亚硝酸盐为主,待稳定实现短程硝化后,NO$_3^-$-N 均维持在 1mg/L 以下。

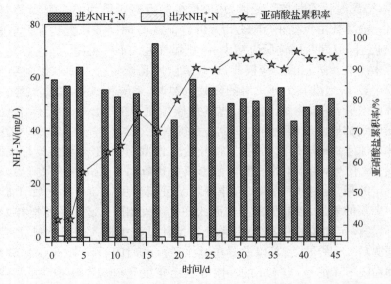

图 4-17　长期应用实时控制情况下,进、出水氨氮浓度及亚硝酸盐累积率情况

为进一步确定以 pH 为控制参数的控制策略的稳定性,对恒定 DO 条件和变温度两种情况下,实时控制策略的稳定性进行了考察。

(2) 恒定 DO 条件下,控制策略的稳定性

通过调节曝气量,控制好氧过程中 DO 浓度恒定为 2.0mg/L。图 4-20 和图 4-21分别给出了恒定 DO 浓度条件下,pH,DO,ORP,NH$_4^+$-N,NO$_2^-$-N,NO$_3^-$-N 及 COD 的变化情况。好氧段,为控制恒定的 DO 浓度,需根据系统需氧量的变化不断降低曝气量,此过程中 ORP 始终升高,并没有出现特征点,在氨氮降解接近完全时,pH 的降低速率变化,并在 pH=7.07 处稳定时间达 7min,而后 pH 转而升高,pH 可准确地指示氨氧化的结束。此试验结果表明:在恒定 DO 浓度控制系统,应用以 pH 作为控制参数所建立的控制策略时可行的,并且进一步说明即使在活性污泥系统的供气量出现波动时,建立的实时控制策略也具有较好的稳定性。

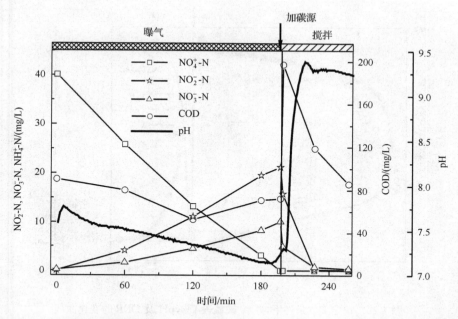

图 4-18　短程硝化初期启动时，一个周期内 NH_4^+-N，NO_2^--N，NO_3^--N，COD 和 pH 的变化情况

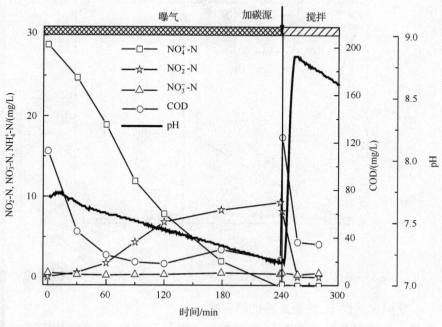

图 4-19　短程硝化稳定运行时，一个周期内 NH_4^+-N，NO_2^--N，NO_3^--N，COD 和 pH 的变化情况

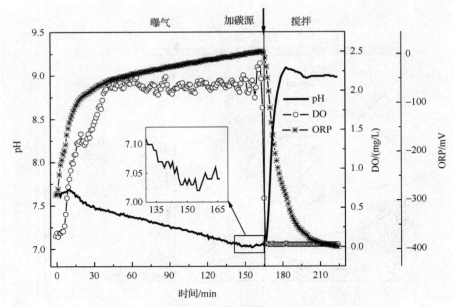

图 4-20　恒定 DO 条件下,好氧-缺氧段 DO,pH 及 ORP 的变化曲线

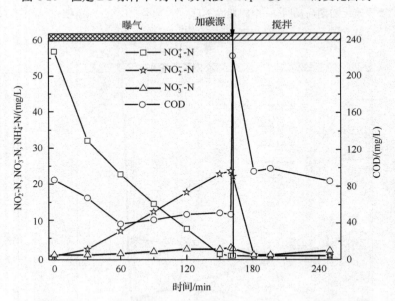

图 4-21　恒定 DO 条件下,好氧-缺氧过程中 NH_4^+-N,NO_2^--N,NO_3^--N 和 COD 的变化情况

（3）变温度条件下,控制策略的稳定性

为进一步考察变温度条件下,实时控制策略的稳定性,在好氧反应器过程中,好氧反应初期温度维持在 21.5℃,而后将反应温度由 21.5℃升高至 30℃,此后,

维持温度为 30℃。图 4-22 和图 4-23 分别给出了变温度条件下,pH,DO,ORP,NH_4^+-N,NO_2^--N,NO_3^--N 及 COD 的变化情况。从图中可以观察到,温度的变化,对 DO 的变化影响非常大,对 ORP 的影响相对较小,对 pH 几乎没有影响,硝化过程中 pH 仍然不断降低,pH 仍然可准确地指示氨氧化的结束。

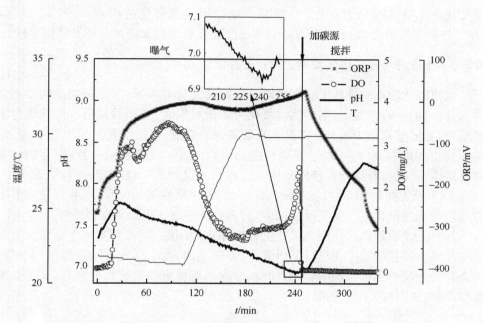

图 4-22　变温度条件下,好氧及缺氧段 DO,pH 及 ORP 的变化曲线

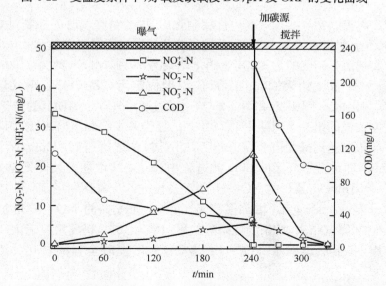

图 4-23　变温度条件下,好氧及缺氧过程中 NH_4^+-N,NO_2^--N,NO_3^--N 和 COD 的变化情况

综上,实际污水处理过程中,为节省曝气所需能源,控制反应过程中 DO 浓度恒定,本试验条件下所建立的控制策略是稳定可靠的。实际污水水温随季节及气温的变化而有所不同,这对处理系统中的 DO 浓度及 ORP 均有明显的影响,以 DO 和 ORP 作为好氧曝气时间的控制参数不可行,而 pH 的变化规律几乎不受温度变化的影响,并且"氨谷点"能够准确地指示氨氮氧化的终点。pH 比 DO 及 ORP 的稳定性更高,以 pH 作为控制参数所建立的控制策略具有较高的稳定性。

4.2.3　生活污水短程硝化反硝化稳定性影响因素

短程硝化的本质是利用微生物动力学特性固有的差异,实现两类菌的动态竞争与选择,但一般情况下,当氨氮被氧化为亚硝酸氮时,亚硝酸氮很快即被氧化为硝酸氮,亚硝酸氮很少累积。即使在采取特殊的措施,如控制温度、pH、游离氨、溶解氧或投加抑制剂等,实现了亚硝酸盐的累积,由于 NOB 的适应性,短程硝化很难稳定维持,尤其是在外界条件发生变化时。不仅如此,目前实现短程的途径中,如低 DO、投加抑制剂等,可能导致污泥特性,如沉降性能的变化,这些问题均影响着短程硝化反硝化工艺的实际工程应用,仍有待于进一步的研究和完善。

针对上述短程硝化反硝化工艺研究中存在的问题,笔者对实际生活污水短程硝化反硝化工艺的稳定性进行了研究,主要研究内容如下:考察过度曝气,氨氮冲击负荷对短程硝化稳定性的影响;同时,考察既能够解决系统污泥膨胀,又不影响短程硝化稳定性的手段和措施。

4.2.3.1　过度曝气的影响

应用实时控制初步实现短程硝化反硝化后,为考察曝气时间控制对短程硝化稳定性的影响,对过度曝气条件下,系统氮转化情况进行了跟踪监测。试验所用污泥为初步实现短程硝化的污泥,其亚硝化率约为 70%,MLSS 约为 2400mg/L;试验用水 NH_4^+-N 浓度约为 65mg/L,反应温度恒定为 (28 ± 1)℃,曝气量维持在 0.10m³/h。图 4-24、图 4-25 和图 4-26 给出了过度曝气 5 个周期氮的转化情况。

在过度曝气的第一个周期中,第 213min,已经基本检测不出 NH_4^+-N,并且,此时,NO_2^--N 浓度达到最大值 28.31mg/L,NO_3^--N 浓度达到 12.72mg/L,继续曝气至第 280min,即过度曝气了 67min,此过程中,NO_2^--N 浓度开始降低至 23.5mg/L,减少了 4.81mg/L,累积的 NO_2^--N 有 20% 被进一步氧化利用,而 NO_3^--N 浓度由 12.72 升至 17.33mg/L,增加了 4.61mg/L,所减少的 NO_2^--N 均被氧化为 NO_3^--N;然而,曝气结束时,系统亚硝酸盐累积率为 58%,仍属短程硝化,过度曝气的第一个周期,虽然影响了 NO_2^--N 的累积,但短程向全程的转化并不是非常明显。

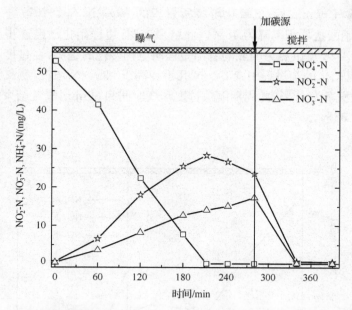

图 4-24　过度曝气第 1 个周期，NH_4^+-N，NO_2^--N 和 NO_3^--N 浓度的变化情况

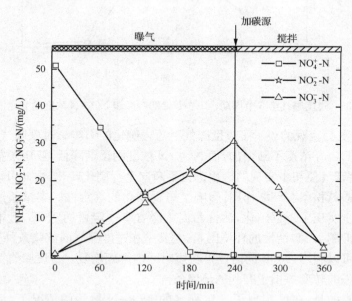

图 4-25　过度曝气第 3 个周期，NH_4^+-N，NO_2^--N 和 NO_3^--N 浓度的变化情况

过度曝气 3 个周期后，如图 4-25，第 180min，氨氧化结束时，NO_2^--N 与 NO_3^--N 浓度几乎相等，分别为 22.90mg/L 和 22.85mg/L，此时，亚硝酸盐累积率为

51%,过度曝气 60min 后,氨氧化阶段所累积的 $NO_2^- $-N 有 18% 被进一步氧化为 $NO_3^- $-N,亚硝酸盐累积率降为 48%。此结果表明:短程硝化已经逐步向全程硝化转变。从图 4-26 可以更为明显的看出短程向全程转化的趋势,在过度曝气的 5 个周期中,好氧硝化的全过程中,$NO_3^- $-N 几乎均高于 $NO_2^- $-N 浓度,氨氧化结束时的亚硝酸盐累积率为 42%,此周期缩短过度曝气时间为 30min,曝气结束时的亚硝酸盐累积率为 38%。

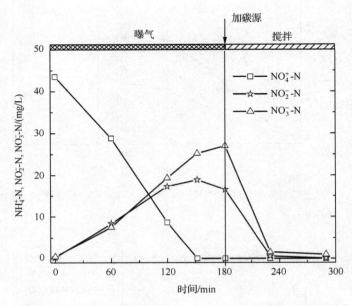

图 4-26　过度曝气第 5 个周期,$NH_4^+ $-N,$NO_2^- $-N 和 $NO_3^- $-N 浓度的变化情况

图 4-27 更为直观的表示了过度曝气对短程硝化的影响。过度曝气过程中,曝气结束时,$NO_3^- $-N 浓度不断增加,而 $NO_2^- $-N 浓度则逐渐降低,亚硝酸盐累积率不断降低,过度曝气使初步实现的短程硝化不断向全程硝化转化,由此可以说明过度曝气对亚硝酸氮积累有破坏作用,影响了短程硝化的稳定性。本试验所采用的活性污泥仅初步实现了短程硝化,活性污泥中必含有一定量的 NOB,且本试验中并不存在其他抑制 NOB 活性的环境因素,尤其是在过度曝气的试验条件下,NOB 有充足的底物可以利用,NOB 的活性可在短时间内得到恢复。过度曝气为硝化类型由短程向全程的转变提供了有利的环境条件。

值得注意的是:在已实现了一定程度的 $NO_2^- $-N 累积的情况下,活性污泥中 NOB 的菌群数量必低于全程硝化中 NOB 的菌群数量,因此,短程向全程的转变是一个逐渐的过程,这与初期活性污泥种群优化的程度有关,在实现了稳定的短程硝化及硝化菌菌群的优化后,过度曝气对短程稳定性的影响将减弱,短程向全程转化

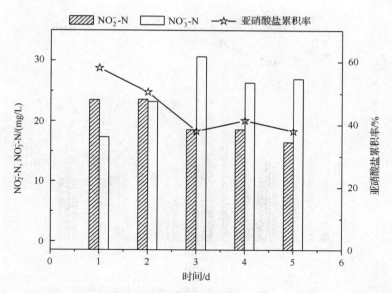

图 4-27　过度曝气过程中,曝气结束时的亚硝酸盐累积率,NO_2^--N 和 NO_3^--N 的变化情况

的时间较长。

综上,曝气时间的合理分配对于短程硝化反硝化生物脱氮工艺的稳定性至关重要。实时控制不但能够实现短程硝化,而且是保证短程硝化稳定维持的必要条件。

4.2.3.2　氨氮冲击负荷的影响

实际污水处理过程中,原水水质及处理系统中活性污泥量均可能发生一定的波动,进而导致系统有机负荷、氨氮负荷等的变化,这不但可能影响系统处理效果,而且可能对短程硝化的稳定性造成影响。笔者考察了氨氮冲击负荷对亚硝酸盐累积率及短程工艺运行稳定性的影响。

（1）氨氮冲击负荷对短程脱氮系统的影响

图 4-28 和图 4-29 给出了氨氮冲击负荷对系统处理效果及短程工艺稳定性影响的试验结果。增大负荷前期,系统已经实现了较为稳定的短程硝化,亚硝酸盐累积率高于 90%,且出水氨氮低于 0.5mg/L。通过提高进水氨氮浓度的方式将氨氮负荷从 $0.098kgNH_4^+$-N/(kgMLSS·d)突然升高到 $0.242kgNH_4^+$-N/(kgMLSS·d)后,亚硝酸盐累积率从 98% 迅速降低至 82%,此后逐渐降低氨氮负荷并恢复到正常水平,经过一周的运行,亚硝酸盐累积率仍未得到恢复,始终维持在 80% 左右。

氨氮负荷虽然对亚硝酸盐累积率产生了明显的影响,但系统处理效果并没有

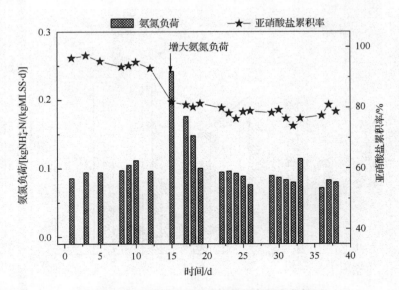

图 4-28　氨氮负荷、亚硝酸盐累积率的变化情况

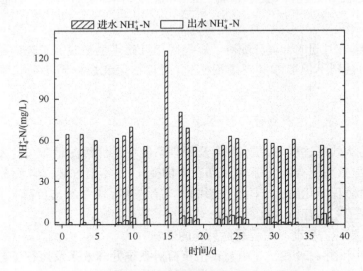

图 4-29　进出水氨氮浓度随时间的变化情况

发生较大的变化,出水中 NH_4^+-N 浓度虽略有升高,但均低于 6.5mg/L。氨氮冲击负荷对氨氮处理效果影响较小的主要原因是由于试验过程中,好氧硝化反应时间通过在线参数的变化来实时控制,根据进水氨氮的变化而适当延长了好氧反应时间。分析好氧反应时间发现,氨氮浓度较为稳定时(NH_4^+-N 约为 60mg/L),好氧硝化反应时间约为 200min,氨氮负荷增加后,相应的增加了好氧反应时间,约为

420min。增大氨氮负荷的第一个周期，系统 NH_4^+-N，NO_2^--N，NO_3^--N 和 COD 的变化情况如图 4-30 所示。负荷增加，好氧硝化反应时间延长，这无疑为 NOB 的生长提供了较好的条件，使 NOB 获得了更长时间的生长机会，其发挥活性的时间得以延长。此试验结果说明：采用实时控制方式能够根据进水氨氮负荷的变化，灵活准确地调整反应时间，可以保证硝化反应的彻底进行，保证出水水质。

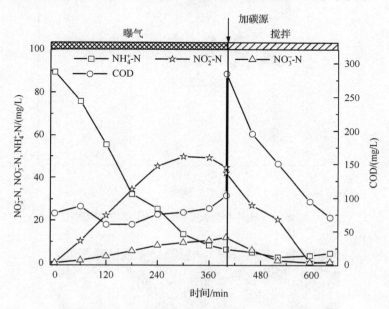

图 4-30　氨氮负荷增加时，系统 NH_4^+-N，NO_2^--N，NO_3^--N 和 COD 的变化情况

（2）氨氮冲击负荷引起的污泥膨胀问题

丝状菌污泥膨胀（以下简称污泥膨胀）是现今许多污水厂运行过程中常见的异常现象之一，通常认为 SVI 值大于 150mL/g 则标志着发生了污泥膨胀。污泥膨胀具有三个显著特点：一是发生率较高，我国几乎所有的城市污水及工业废水处理厂都存在不同程度的污泥膨胀问题；二是普遍性，在各种类型与变法的活性污泥工艺中都存在污泥膨胀问题，甚至连被认为最不易发生污泥膨胀的间歇式曝气池也能发生污泥膨胀；三是危害严重，难于控制，污泥膨胀的后果不仅使污泥流失，出水悬浮物增高使水质恶化，也大大降低了处理能力，严重者将导致工艺无法正常运行，而且污泥膨胀一旦发生则难于控制或者需要相当长的时间。污泥膨胀问题同样是短程工艺稳定运行及工程实际应用过程中存在的问题。

图 4-31 给出了氨氮负荷对污泥沉降性能的影响情况，从图中可以看出，增大氨氮负荷时，虽然污泥沉降性能略有升高，由 96mL/g 升高至 123mL/g，此后虽然氨氮负荷逐渐降低并恢复了正常，但系统的污泥沉降性能逐渐恶化，SVI 不断升

高,最高值达 194mL/g。此时对活性污泥镜检发现丝状菌大量生长,在菌团间出现了明显的搭桥现象,如图 4-32 所示。

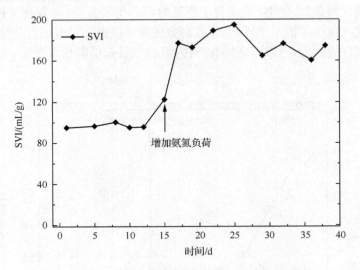

图 4-31　氨氮冲击负荷期间,SVI 变化曲线

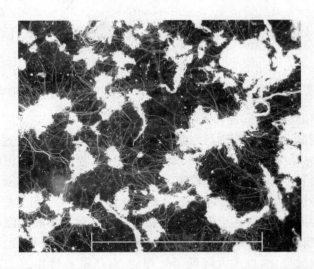

图 4-32　氨氮冲击负荷之后,好氧状态下活性污泥的光学显微镜照片

污泥膨胀产生的影响因素有很多,如处理污水的性质(污水的种类、营养成分含量、污水的早期消化、pH 及温度等),污水厂的运行条件(污泥负荷、DO、冲击负荷等)。本试验条件下,所处理的污水为实际生活污水,营养成分能够满足微生物的需要,不存在 N、P 等营养物缺乏的问题;进水 pH 为 7.23～7.80,在反应过程中

pH 均高于 6.5；另外，DO 供应充足，整个反应过程中 DO 浓度均高于 0.5mg/L。分析上述产生污泥膨胀的原因，笔者认为导致系统污泥膨胀的主要原因为氨氮负荷的变化。

丝状菌长丝状形态比表面积大，有利于摄取低浓度底物，因此，在底物浓度相对较低的条件下，比菌胶团增殖速度快。SBR 系统中 COD 负荷随时间逐渐降低，尤其是在要求系统具有较好硝化效果的情况下，硝化反应过程中，活性污泥长期处于低有机物的条件下，也就是说，异养菌长期处于低底物浓度条件下。在系统氨氮负荷突然增加时，为保证硝化效果，硝化反应时间延长，这就更进一步的增加了异养菌处于低 COD 浓度的时间。活性污泥菌胶团以丝状菌为骨架，即使在污泥沉降性能良好的环境下，活性污泥中也存在一定量的丝状菌，加之增大负荷后好氧反应时间的延长，进而导致本系统出现了严重的丝状菌污泥膨胀。

4.2.3.3　前置厌氧段的影响

国内外很多学者都曾提出过交替缺氧/好氧方式运行 SBR 反应器。Turk 和 Mavinic[109] 于 1986 年发现，由缺氧向好氧状态转变时亚硝化速率滞后于硝化速率。Turk 和 Mavinie[109] 都曾指出延长曝气时间可减少对亚硝酸盐氧化酶的抑制作用，从而使得亚硝酸盐的积累减少，并且发现曝气持续时间的长短与亚硝酸盐的积累程度成反比。笔者分析出现滞后时间的原因主要有三种：① 异养微生物对原水中 COD 进行降解所消耗的时间；② 不同类群微生物对缺氧、好氧转换有个适应过程；③ 交替缺氧、好氧环境使得某些微生物的生物活性和生理机能受到影响。

为进一步改进和优化短程硝化反硝化生物脱氮工艺，我们对前置厌氧段的 SBR 运行方式进行了研究。在前期由于增大氨氮负荷而导致系统亚硝酸盐累积率和污泥沉降性能的降低的基础上，增设 20min 前置厌氧段，重点研究如下内容：① 前置厌氧段的运行方式是否对短程硝化的稳定性有影响，系统亚硝酸盐累积率的变化情况；② 前置厌氧段是否有利于短程脱氮系统污泥沉降性能的恢复，其 SVI 的变化情况如何。

（1）前置厌氧段对短程硝化的影响

图 4-33 给出了增大氨氮负荷前后，以及增设了前置厌氧段的试验结果。从图中可以看出：增加了进水负荷后，致使亚硝酸盐积累率骤然下降到了 80% 左右；增设前置厌氧段后，仅在第一个周期系统亚硝酸盐累积率即从 79% 提高至 92%，明显高于氨氮冲击负荷后未加前置厌氧段的运行方式，但此后亚硝酸盐累积率虽高于 80%，但总体程逐渐降低的趋势。

前置厌氧段可以在一定程度上提高亚硝酸盐积累率，分析原因：①在反应器前加前置厌氧段可以使污水中存在的硝酸盐、亚硝酸盐以自身为电子受体，利用污水中原有的 COD 作为碳源，进行反硝化反应，降低了亚硝酸盐氧化作用发生的可能

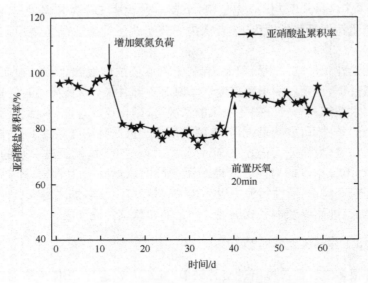

图 4-33   前置厌氧段对亚硝酸盐累积率的影响

性,可以更加有利于氨氧化作用;②由厌氧向好氧转变的过程中,亚硝酸盐氧化酶存在一定的滞后时间,所以增加前置厌氧段可以进一步抑制 NOB 的活性,有利于好氧阶段 AOB 的生长;③增设的前置厌氧段能够在 20min 内吸附进水中的大量有机物,缩短了降解有机物的时间,在后续好氧段,氨氧化作用与有机物的降解同时发生,这就进一步缩短了 NOB 发挥活性的时间。增设前置厌氧段可以在一定程度上提高系统亚硝酸盐累积率,但其并不能长期发挥作用,也就是说,NOB 对前置厌氧段可能存在一定的适应性。

（2）前置厌氧段控制污泥膨胀

目前国内外对前置厌氧选择器的报道较少,本试验在研究前置厌氧段对短程稳定性影响的同时,对系统的污泥沉降性能进行了考察,证实厌氧段不仅有利于亚硝酸盐的累积,还能起到生物选择器的作用,抑制丝状菌的生长。图 4-34 给出了增设前置厌氧段后 70 天,活性污泥沉降性能的变化情况。从图 4-34 中可以看出,设置 20min 的前置厌氧段后,SVI 并没有立即降低,而是继续升高至最高值 208mL/g;14 天后,SVI 开始不断下降,65 天后 SVI 低于 55mL/g,并趋于稳定。

通过光学显微镜观察了设置前置厌氧段的活性污泥变化情况（见图 4-35）,连续观察发现,设置前置厌氧段初期污泥膨胀较为严重,不但有较多的丝状菌,并且丝状菌相互缠绕形成了较多的丝状菌簇,此时活性污泥沉降性能较差,活性污泥絮体也较为松散[图 4-35(a)],在丝状菌簇的内部有一定的活性污泥存在。设置前置厌氧段的中后期观察到部分细小污泥与丝状菌缠绕,形成了较小的污泥絮体,污泥絮体的边缘可清晰看到包裹的大量丝状菌簇[图 4-35(b)],此时,系统中污泥的沉

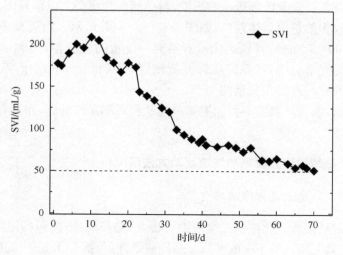

图 4-34　增加前置厌氧段对 SVI 值的影响

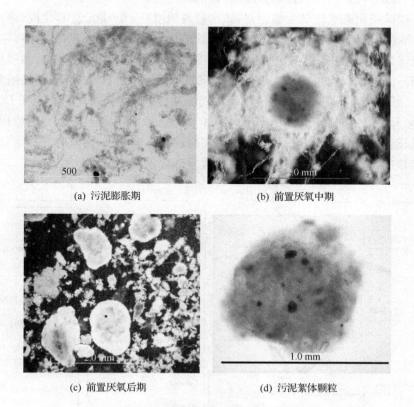

(a) 污泥膨胀期　　　　　　　　　(b) 前置厌氧中期

(c) 前置厌氧后期　　　　　　　　(d) 污泥絮体颗粒

图 4-35　污泥膨胀前及恢复后的镜检照片

降性能得到恢复。设置前置厌氧的后期,虽然活性污泥仍然以菌胶团为主,但是系统中出现了较多的污泥絮体颗粒,如图 4-35(c)～(d)所示。污泥絮体颗粒大小不均,粒径在 $200～700\mu m$,颗粒边缘虽观察到一定量的丝状菌,但大部分污泥絮体颗粒表面较为光滑,此时污泥的沉降性能较好,SVI 低于 $55mL/g$,系统中所形成的污泥絮体颗粒约占污泥质量的 17%。

可以看出,前置厌氧段不但能够解决丝状菌污泥膨胀问题,而且有利于污泥絮体颗粒的形成。

4.2.4　SBR法短程生物脱氮的快速启动方法研究

4.2.4.1　快速启动方案的确定

要快速启动短程硝化需从三个方面考虑,一是环境条件,包括温度,进水 pH,进水负荷(主要是游离氨 FA 浓度);二是控制条件,包括 DO,是否采用实时控制策略,是否投加抑制剂;三是控制合适的污泥龄。

本试验采用某小区的生活污水,原水氨氮浓度在 $70～80mg/L$ 之间,进水混合后 FA 浓度没有达到抑制 AOB 或 NOB 的浓度,pH 在 $7.8～8.07$ 之间。本研究中制定优化方案时主要考虑了温度、DO、实时控制和污泥龄对快速启动短程硝化的影响。方案优化说明如图 4-36。在方案二中,DO=0.5mg/L,溶解氧浓度成为限制性因素,虽然 AOB 的增殖速率相对较快,但是从反应效率看,相对于 DO 浓度 $2.0mg/L$ 左右时,比氨氧化速率下降了 $4.6～6$ 倍,而不利于快速实现短程硝化;而方案三,除了比氨氧化速率低外,没有实时控制反应进程,曝气时间固定,极易造成过量曝气,不利于亚硝酸盐积累,实现短程硝化需要更长的时间。

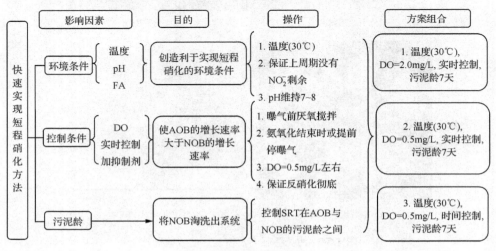

图 4-36　方案优化说明

通过理论分析与试验对比利于 AOB 生长的各个条件,提出快速启动短程硝化的方法为方案一:系统温度控制在 30℃,在 SBR 反应器进水完毕后,厌氧搅拌 10~20min,接着曝气,AOB 比 NOB 先恢复活性而优先增殖,同时在线检测系统的 pH 和 DO 浓度,不断调节曝气量使 DO 维持在 1.8~2.2mg/L 之间,当 pH 下降到一定程度不再变化或出现小幅上升时,即 pH 曲线的一阶导数趋于零或由负变正,表明"氨谷"出现,立即停止曝气;接着加足量的碳源,使反硝化完全,保证下一个周期曝气开始时 NOB 不会利用上周期剩余的 NO_2^- 增殖;曝气结束时,排出一定量的污泥,将污泥龄控制在 7d 左右。图 4-37 是一个典型周期的运行过程。

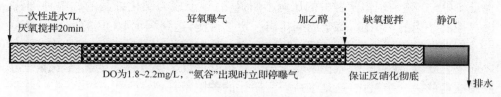

图 4-37 SBR 工艺的运行方案

4.2.4.2 快速实现短程硝化的试验

根据上述方案,进行三个月的试验,以低 COD/TN 实际生活污水驯化培养 AOB,系统在实时控制条件下运行了 32d,成功地启动了短程硝化。在保证 TN 去除率 95% 以上的情况下,亚硝酸盐积累率(NO_2^--N/NO_x^--N)>90%,短程硝化具有较强的稳定性。图 4-38 通过亚硝酸盐积累率和 TN 去除率说明了 AOB 增殖的过程。

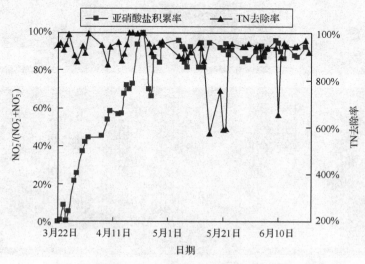

图 4-38 亚硝酸盐积累率与总氮去除率随时间的变化

　　图 4-38 中,4 月 25 日亚硝酸盐积累率降低的原因是有些过曝气,之后准确地观察反应过程中 pH 和 DO 的变化,调节曝气量,亚硝酸盐积累率又不断升高并稳定在 90% 以上,推断 AOB 已成为硝化菌群的优势菌群,NOB 大部分被淘洗出系统,在实时控制条件下短程硝化能够稳定维持。5 月 21 日前后和 6 月 10 日,这几天 TN 去除率低于 60%,是因为提前停曝气,氨氮有剩余。提前停曝气的优点在于:在"氨谷"出现时及时停曝气或提前适当的时间停曝气,这样使得 AOB 充分地利用底物增殖,不过量曝气,NOB 不会有太多的增殖时间,这种运行方式使得新增殖 AOB 在污泥中所占的比率大于原污泥中 AOB 所占的比率,如此运行下去,可保证 AOB 在整个硝化菌群中的比例不断提高,逐渐成为硝化细菌的优势种群,而通过控制适当的污泥龄,每个周期排出一定量污泥,达到淘汰 NOB 的目的。

　　在后期短程硝化稳定运行阶段,应用实时控制策略,在氨氮刚好氧化完成时或之前停止曝气,亚硝酸盐累积率非常高。这样既保证了氨氮被完全氧化,又防止了亚硝酸盐的进一步氧化,这是维持短程硝化的关键条件。

　　在系统快速启动过程中还借助荧光原位杂交(fluorescence in-situ hybridization,FISH)技术直观的说明了硝化细菌的种群变化。从反应器启动的第一个周期开始,在曝气结束时取样进行 FISH 检测,之后每隔 10 个周期取样固定一次。检测结果如图 4-39 所示(EUBmix、NSO1225 和 NIT3 为探针,EUBmix 由

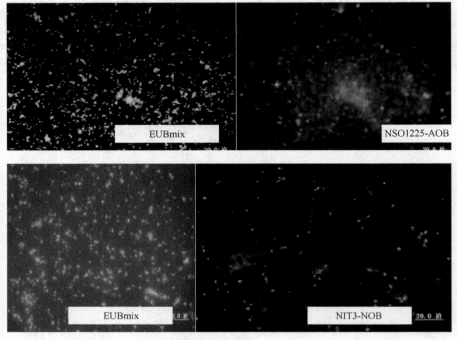

(a) 起始阶段(第1天)

(b) 最后阶段(第32天)

图 4-39　采用 FISH 技术观察到的 AOB 与 NOB 的种群分布

EUB338∶EUB338Ⅱ∶EUB338Ⅲ＝1∶1∶1 混合组成)。第一个周期曝气结束时,取泥样固定,FISH 定量分析表明 NOB 在系统中大量存在,统计获得 AOB 与 NOB 分别约占系统所有活性细菌的 0.9％和 2.8％。

经过 32 天的运行,亚硝化率一直保持在 90％以上,污泥中 AOB 的含量提高了 38.9％,NOB 的含量降低了 53.2％。

4.2.5　基于实时控制的 SBR 法短程深度脱氮中试研究

要想把短程硝化反硝化等新技术由实验室研究逐步工程化并广泛地应用于处理各种废水,目前存在以下瓶颈:

(1) 温度成为限制性因素:在实际的废水处理工程中,温度波动的范围较大,绝大多数情况系统的温度均处在常温和低温条件下(10～25℃),而非实现短程硝化的最佳温度范围。即使在较高的游离氨浓度或较低的溶解氧条件下,常温、低温仍较难实现短程硝化,目前有关低温条件下实现短程硝化的研究鲜有报道。

(2) 在低溶解氧条件下,不但硝化速率很低,而且易产生丝状菌污泥膨胀,在实际的废水处理工程中,通常将溶解氧维持在 2mg/L 左右,通过控制低溶解氧来实现短程硝化存在一定的风险性,因此目前对此方面的研究与应用仅停留在实验室阶段。

(3) 一些低 C/N 的城市污水或工业废水由于在反硝化过程中缺少碳源,脱氮效率较低,短程硝化反硝化技术由于具有节省能源与碳源的特点比较适合处理此类废水,但由于目前已知的实现短程硝化反硝化的条件在处理此类废水过程中较难实现,使得该工艺的推广受到了限制。

为进一步使得低氨氮废水短程硝化反硝化技术由实验室研究走向工程化,开展中试研究和在常温、低温条件下实现短程硝化反硝化是问题的关键点和难点。基于前面对于短程硝化工艺的研究基础,在北京某城市污水处理厂中试基地,考察了实时控制对于实现和稳定常温、低温短程硝化反硝化的作用,以及低温条件下系统的脱氮性能。

4.2.5.1　SBR 法短程深度脱氮过程控制软件与控制系统

(1) 控制系统的结构与运行模式

① 三层网络技术简介

一个现代化的污水厂各个工艺环节之间是相互联系、相互影响的,相应的监测与控制也不是孤立的,而是联结成一个有机的整体,这样的一种大系统不同的方式与功能分配,就形成了不同的控制系统。三层网络控制系统属于集散型的控制系统,整个系统分为管理级、控制级、现场级,一般由多台工控机和现场终端机联结组成,通过网络将现场控制站、监测站和操作管理站,控制管理站及工程师站联结起来,共同完成分散控制和集中操作管理的综合控制系统。

在工业控制中应用的三层网络一般是指现场总线网络、执行控制网络和控制管理网络。现场需要大量在线测量仪表。为了提高仪表系统的可靠性和抗干扰能力,节约安装成本,采用先进的支持现场总线的仪表。所有仪表都挂接到一条双绞线上,总线上传输的是打包的数据,节省了大量的电源线和信号线,也彻底避免了干扰信号,在接收端自动对数据进行校验。这就构成了系统中的最基础的第一层网络,现场总线网络。

为了提高系统的可靠性,工业控制系统多数采用高性能的 PLC(可编程序控制器),PLC 根据输入的开关量和模拟量反馈信号,通过高速周期扫描监控程序来控制所有的执行器,实现生产过程的自动控制。各 PLC 通过光纤联网,形成控制系统的第二层执行控制网。控制网和现场总线通过网桥连接。

中控室的监控计算机采用 IPC,通过通讯模块接入控制网。工作人员通过人机界面来监控现场工作状况。同时,采用工业服务器,管理系统的各工作站通过以太网联成局域网。中控室 IPC 也是局域网的工作站,来自控制网的系统状态信号,通过 RSSQL 连接工具,与服务器的数据库连接。这就是第三层智能控制管理网。基于三层网络和数据库的控制系统,为实现管控一体化,提供了有效的平台。

② 控制系统的组成和功能

SBR 法短程深度脱氮过程控制系统,利用三层网络集散式控制的思想,可通过就地手动控制、现场中央控制、远程监视控制三个层面对系统进行管理。控制系统的结构与功能如图 4-40 所示。控制系统通过传感器对进水量、DO、ORP、pH、温度等参数进行连续实时监测,并以此对进水泵、鼓风机、搅拌器、加药泵、滗水器、排泥泵等设备进行自动调节与控制,以保证出水水质。

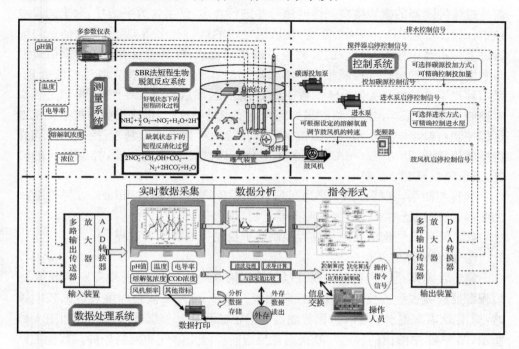

图 4-40　SBR 法短程深度脱氮过程控制系统流程图

就地手动控制操作具有最高的优先权。就地手动控制层包括由一次仪表(如 DO、ORP、pH 传感器等)组成测量系统和由现场执行设备、反应器等组成反应系统。通过操作工作室的现场手动控制箱和各种设备及控制执行单元上自带的控制开关,可实现就地手动控制单元,如进水泵、鼓风机、变频器、搅拌器、滗水器、碳源投加泵等机械电器设备的控制,同时可以实现各项设备的功能调节,如调节进水流量、调节鼓风机的风量、通过变频器实现恒 DO 控制或不同水平的恒定频率控制、调节碳源的投加方式和投加量等等。

由数据输入、处理、输出设备组成的现场中央控制层是实现控制系统功能的关键部分,也是远程管理级与现场各个设备之间的枢纽。现场中央控制层的具体设备包括实时过程控制器及其扩展模板、中控上位机等组成。实时过程控制器采用

STC12C5410AD 单片机开发研制。运行速度快,可以比普通 8051 提升 8~12 倍;在线可编程,可以远程升级和调试;加密性强;宽电压,不怕电源抖动;高抗静电(ESD 保护),抗干扰能力强,可轻松过 4kV 快速脉冲干扰(EFT 测试);使用温度范围宽,可在一40℃~85℃正常工作。上位机采用工业控制计算机,提高了系统的安全可靠性。现场各设备监控点的物理参数,均由对应的一次仪表传感器或变送器检测出来并转换为 4~20mA 电流的标准信号,传输到实时过程控制器内,控制器通过各种隔离的模块接口采样电信号并进行处理,转换为数字信号,采集的参数包括:pH、DO、ORP、电导率、温度、鼓风机电机的运行频率等,各项参数信息均能通过上位机显示任意时间段的实时模拟量和变化规律,其中仅有 pH 的模拟量参与数据分析和指导形成控制指令。将采集到的 pH 的模拟量首先经过滤波处理,采用移动平均的办法去除 pH 参数曲线上的干扰,然后进行求导计算,得到过程实时控制变量,并根据控制策略对得到的控制变量进行比较,最终根据中控上位机或远程控制台给出的指令和写入在控制器本身的控制策略做出判断,控制信号同样由控制器输出,以 4~20mA 电流的标准信号形式传送到变频器,控制风机的转速,调节曝气量。

远程控制层,支持 TCP/IP 通讯协议的远程终端,可通过 Internet,利用 Web 浏览器,访问现场中央控制层的服务器,以实现远程的监控。

（2）SBR 法短程深度脱氮过程控制器中控制策略的实现过程

① 控制策略的实现

笔者在前期提出短程深度脱氮过程控制策略的基础上,进一步开发了 SBR 法短程深度脱氮过程的控制软件及控制系统。基于 SBR 法短程深度脱氮的控制策略,应用 C 语言编辑了实时过程控制器中的控制程序。关键的程序片断如图 4-41 所示,图 4-41 中给出的程序片断是硝化反应阶段停止曝气的控制条件。其他控制过程的程序不再重复叙述。

② SBR 法短程深度脱氮过程控制上位机软件的功能

SBR 法短程深度脱氮过程控制的上位机为一台工业控制计算机,作为工程师工作站;工作站通过 MB+网同现场的控制站相连。上位机操作系统采用 Windows XP,监控软件采用杰控公司的 fame view 工业数据组态监控管理自动化软件。上位机可显示整个工艺的模拟画面,如图 4-42 所示,直接点击界面上的设备,可直接对系统的所有设备进行操作和控制。通过上位机的软件,我们可以完成数据采集及控制自动化系统的组态;绘制重要参数的实时变化趋势图,如图 4-43 所示;监控生产作业过程,包括显示控制过程画面和实时数据,显示系统总体框图;显示设备的工作状态和报警记录;历史数据的统计分析和存储;辅助管理日常生产业务,提供决策参考;同时可进行在线、离线编程及设定参数的修改,如图 4-44 所示。

```
//变量定义和赋值                              //平均值计算
    void WORK()                              for(i=0;i<LN;i++) vi=vi+tda[i];
{                                                A1=vi/LN;
    // LN = 12                            //判断
    //#define fs        10                    if(A2= =0) A2=A1;
    int tda[LN];                                     if(j>=LN)
    int j;                                               {
    int i;                                                   j=0;
//   unsigned long T2=2400;                               if(s= =1)    ops1();
//   unsigned long T3=24000;                              if(s= =2)    ops2();
//   unsigned long T4=12000;                          }
//   unsigned long mytimer1=0;                    delayms(5);
//   unsigned long mytimer2=0;               }
    v0=vi=A1=A2=0;                       }
    s=1;                                 // 子程序1 (下降跟踪)
    // 工作流程启动：                        void ops1(void)
//启动计数器等待                           {
    P1_1=1;                                  if(A1<A2) A2=A1;
mytimer1=timerpoint;
while((timerpoint-mytimer1)<T2);             if(A1>(A2+fs))
//前期滤波                                   {
    for(j=0;j<LN;j++)                            s=s+1;
      {                                          mytimer2=timerpoint;
tda[j]=LBADC(CHANNAL_P1_4);              }
      }                                      }
    j=0;                                 // 子程序2 (上升跟踪)
//最大时间                                    void ops2(void)
while(1)                                  {
  {
          if((timerpoint-mytimer1)>T3)       if(A1>A2) A2=A1;
          {
while(1) P1_1=0;        // 停止条件            if((timerpoint-mytimer2)>T4)
          }
tda[j]=LBADC(CHANNAL_P1_4);                   while(1) P1_1=0;        //停止
    j=j+1;                               }
```

图 4-41　SBR 法短程深度脱氮控制策略程序片断

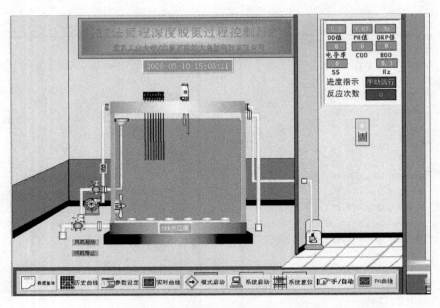

图 4-42   SBR 法短程深度脱氮过程控制上位机软件界面

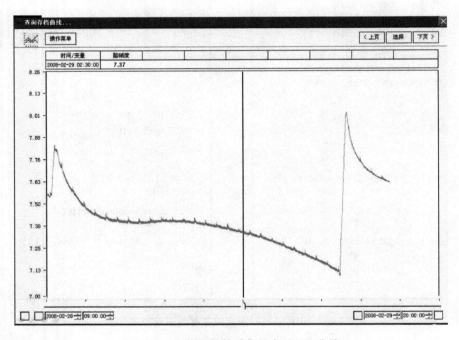

图 4-43   上位机软件采集的实时 pH 曲线

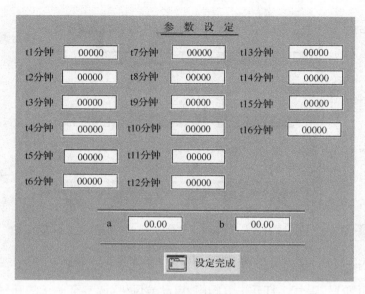

图 4-44　上位机软件参数设置单元界面

　　根据前文提出的控制策略,SBR 法短程深度脱氮过程控制软件中共设置了 18 个参数,其中包括分段进水的次数 a、总的循环次数 b、首次进水时间 t_1、曝气过程延迟采集参数时间 t_2、最大曝气时间 t_3、停曝气判断保持时间 t_4、反硝化进原水时间 t_5、进原水搅拌过程延迟采集参数时间 t_6、进原水搅拌过程停止判断保持时间 t_7、最大进原水搅拌时间 t_8、碳源投加时间 t_9、进碳源搅拌过程延迟采集参数时间 t_{10}、最大加碳源搅拌时间 t_{11}、加碳源搅拌过程停止判断保持时间 t_{12}、沉淀时间 t_{13}、排水时间 t_{14}、闲置时间 t_{15}、排泥时间 t_{16}。根据不同水质和处理要求,各参数的取值范围也略有差异。为方便用户使用,软件中设定了常用模式启动方式,在该启动方式中给出了可供选择的几套启动参数。

　　③ SBR 的运行方式

　　试验中所采用的运行模式如图 4-45 所示。在 Ⅰ,Ⅱ,Ⅲ 运行模式中,污水分别分一次、两次和三次等水量投配至反应器。好氧或缺氧反应时间均根据硝化和反硝化反应进程实时控制。沉淀和排水时间分别设置为 60min 和 80min。每个反应周期结束时排出一定量的剩余污泥。

　　1) 第 Ⅰ 阶段:进水。脉冲式 SBR 生物脱氮工艺的运行操作工序类似于传统的 SBR,首先打开进水阀门,启动进水泵将待处理的废水注入 SBR 反应器,可以采用液位计控制水位,当达到指定液位时,液位计将信号传送至模糊控制系统,停止进水泵。在混合液中取样测定 COD、NH_4^+-N、NO_2^--N、NO_3^--N。也可以通过模糊控制系统设定进水时间,满足时间条件后关闭进水泵和进水阀门,进入第Ⅱ道工序。

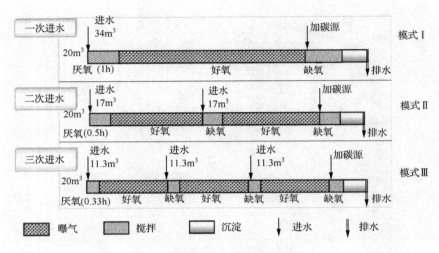

图 4-45　SBR 的运行方式

2）第Ⅱ阶段：曝气。打开进气阀门，启动鼓风机，调节至适量的曝气量对反应系统进行曝气，鼓风机提供的压缩空气由进气管进入曝气器，以微小气泡的形式向活性污泥混合液高效供氧，并且使污水和活性污泥充分接触，整个过程由模糊控制系统实施控制，主要根据反应池内所安置的 DO、ORP 和 pH 传感器在反应过程中所表现出的特征点来间接获取反应进程的信息，并再通过数据采集卡实时将所获得的数据信息传输到计算机进行处理，最终达到对曝气时间的控制，当模糊控制器得到表征硝化完成的信号后，关闭鼓风机及进气阀，停止曝气。然后系统进入第Ⅲ道工序。从曝气开始至曝气结束每个小时取样测定 COD、NH_4^+-N、NO_2^--N、NO_3^--N。

3）第Ⅲ阶段：加原污水搅拌。根据工序Ⅱ获得的数据由模糊控制器预测反应体系内的硝态氮产生量，计算第二次加入污水的量，从而得到第二次的进水时间或液位，在模糊控制系统的调节下打开进水泵和进水阀门，同时边进水边开启潜水搅拌器。当达到预定水量后关闭进水阀门和进水泵，系统在搅拌过程中进入缺氧反硝化脱氮过程，反硝化进程由 ORP、pH 在线传感器监控，并通过数据采集卡实时将所获得的数据信息传输到计算机进行处理，最终达到对搅拌时间的控制。当模糊控制器得到表征反硝化完成的信号后，关闭搅拌器，系统进入第Ⅳ道工序。从搅拌开始至搅拌结束取样测定 COD、NH_4^+-N、NO_2^--N、NO_3^--N。

4）第Ⅳ阶段：再曝气。启动鼓风机，开启进气阀，对反应系统进行曝气，使工序Ⅲ中由加入原污水而带入系统的氨氮转化为硝态氮，与工序Ⅱ相同，曝气时间由模糊控制系统控制，操作步骤同工序Ⅱ，硝化完成后进入第Ⅴ道工序。从曝气开始至曝气结束每个小时取样测定 COD、NH_4^+-N、NO_2^--N、NO_3^--N。

5）第Ⅴ阶段：重复加原污水反硝化及后曝气。重复投加适量原污水进行反硝化和后曝气的过程，重复的次数根据原污水水质及出水要求预先设定好，一般为2～3次，操作步骤同Ⅲ、Ⅳ。

6）第Ⅵ阶段：投加外碳源反硝化。根据模糊控制系统所预测的最终硝态氮产生量，计算得出外加碳源的投量，开启碳源投加计量泵，投加的碳源至刚好满足反硝化要求，投加碳源的同时开启潜水搅拌器，反硝化进程由 ORP、pH 在线传感器监控，与前面步骤类似，反硝化结束后，关闭搅拌器，进入第Ⅶ道工序。

7）第Ⅶ阶段：沉淀。当搅拌工序结束时，如图 4-45 所示，静止沉淀阶段开始，由模糊控制系统中的时间控制器根据预先设定的时间控制沉淀时间，此时进水阀门、进气阀门、排水阀门和排泥阀门均关闭。

8）第Ⅷ阶段：排水。沉淀工序结束后，排水工序启动。在模糊控制系统调节下，无动力式滗水器开始工作，将处理后水经出水管排到反应器外，根据中试反应器的排水要求，选择的推杆式滗水器滗水量为 20m³/h，最大滗水深度为 2.3m。滗水时间为 1h（可调），推杆功率 0.37kW，推杆推力 0.5T，推杆速度 1.5mm/s，堰口长度 500mm。此滗水器属于旋转式滗水器，由回转排水管、排水分管、通气管、水下回转密封轴承、滗水槽、出水堰、挡渣浮筒、电动推杆、PLC 控制系统组成。推杆内还设有过载自动保护装置，当推杆超过工作行程（内调失灵）或超过额定推力时，推杆自动停机，达到保护电机的作用。滗水器的动作是通过滗水器控制柜内的PLC 来控制的。控制柜面板上设有滗水器的手动/自动、前进、后退和总的自动运行、自动停止、本地/遥控等按钮和旋钮，还设有滗水器运行状态、故障等信号灯。控制变量除了提供滗水器的手动、自动、运行、故障等开关量，还留有中控室对滗水器的开机与停机的端子，供中控使用，实现现场手动控制、自动控制和中控室远程控制。滗水器在 PLC 所设定的时间内，通过推杆将出水堰平行下降浸没水下约30mm，此时在水浮力作用下，浮筒挡渣机构推开浮渣并将其挡住，使上清液进入堰槽开始滗水并通过回转排水管排出池外，池面平稳下降。经过设定的时间滗完这一层清水后，堰口再次下降约 30mm，继续滗水，不断重复上述过程，直至滗到所设定水位或滗水时间到，滗水器停止，推杆将堰槽回复到初始位置，这样一个滗水周期约 1h，从而满足了水位不断变化且能自动进行周期排水的工艺要求。

9）第Ⅸ阶段：闲置。排水结束到下一个周期开始定义为闲置期（第Ⅸ道工序）。根据需要，设定闲置时间，在模糊控制系统调节下，整个反应系统内的所有阀门、继电器和计量泵均关闭，反应池既不进水也不排水，处于待机状态。

10）整个系统由模糊控制系统控制顺次重复进水、曝气、搅拌、沉淀、排水和闲置 6 个工序，使整个系统始终处于好氧、缺氧、厌氧交替的状态，序批进水和出水，并在每个周期结束时经由排泥管和排泥阀定期排放剩余的活性污泥。

4.2.5.2 SBR工艺常温短程生物脱氮实现与稳定的中试研究

实验初期系统启动阶段(第Ⅰ阶段),考察了控制参数与污染物浓度变化规律之间的关系,确定参数范围,之后将之前实验室研究开发的SBR系统短程生物脱氮控制策略应用于第Ⅱ、Ⅲ、Ⅳ试验阶段中,以考察短程生物脱氮的效果和稳定性。

(1) 传统时间控制模式下SBR法的脱氮效果

系统启动初期采用的是设定好氧/缺氧反应时间的传统时间控制模式,传统时间控制模式下SBR法处理城市污水的脱氮效果时,反应过程中COD、NH_4^+-N、NO_2^--N、NO_3^--N随时间的变化如图4-46所示。系统搅拌状态下进水40min(加入17m³原水),之后开始曝气,好氧曝气时间预先设定为330min,反应过程的前40min为异养菌降解有机物阶段,异养菌的同化作用使得NH_4^+-N也有一定的降低。随着曝气的进行,硝化作用开始,随着NH_4^+-N的降解,NO_2^--N、NO_3^--N的浓度在系统内不断升高。当系统达到设定的好氧时间后,则停止曝气,开始进水并同时开始搅拌,进行缺氧反硝化,进水时间仍设定为40min(加入17m³原水),搅拌时间设定为180min。反硝化菌利用原水中的有机物进行反硝化,系统中的NO_2^--N、NO_3^--N被还原为氮气,搅拌180min后,进入第2个好氧阶段,设定为150min,由于原水中的有机物被反硝化菌作为碳源而利用掉,因此第2个好氧阶段一开始即进行硝化反应。当系统达到设定的好氧时间后,瞬时加入2L乙醇作为外碳源,同时开启搅拌进行反硝化,设定时间为140min。之后系统进入静沉工序,排水后继续按设定的时间循环运行。

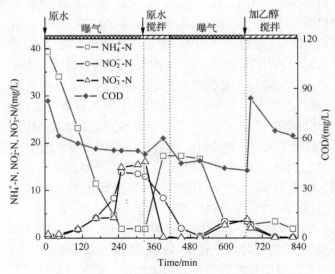

图4-46 传统时间控制模式下SBR法的脱氮效果

在图 4-46 中可看出当反应进行到 250min 时 NH_4^+-N 已经降解到 2mg/L 以下，且继续曝气 100min，NH_4^+-N 已几乎不再降解，此时说明设定时间的控制模式无法精确把握反应进程，不仅造成能源的浪费，更使生成的 NO_2^--N 向 NO_3^--N 转化，导致亚硝化率降低，不利于实现短程生物脱氮。第 1 个缺氧搅拌及第 2 个好氧曝气阶段也存在的问题。因此我们对利用在线参数实时控制好氧/缺氧时间的控制模式进行了研究，以达到合理安排曝气和搅拌时间，实现和稳定短程硝化的目的。

（2）通过实时控制好氧/缺氧时间实现短程生物脱氮

试验的第 Ⅰ 阶段末期和第 Ⅱ、Ⅲ 阶段均采用分多次进水交替好氧/缺氧的运行方式，这不仅使产生的 NO_2^--N 或 NO_3^--N 及时地被反硝化掉，为系统补充了碱度，同时交替好氧/缺氧的环境还有利于提高 AOB 相对于 NOB 的竞争力。

如图 4-47 所示为分两次进水的 SBR 法交替硝化反硝化过程 SCOD、NH_4^+-N、NO_2^--N、NO_3^--N 随时间的变化规律及在线参数 DO、pH、ORP 相应的变化规律。当好氧曝气过程进行到 30min 时，有机物基本降解完成，此时在 pH 曲线上会出现由上升变下降的变化点，之后曲线上出现的谷点和峰点可分别指示每一段硝化反硝化反应的终点。通过对交替好氧/缺氧过程的实时控制，系统的总氮去除率达到 98.2%，而且获得了较好的短程硝化效果，第 1 段硝化反应结束时的亚硝化率为 97.9%，第 2 段硝化反应结束时的亚硝化率为 90.5%。该运行方式在达到同样处理效果的前提下，总反应时间大大缩短，且投加的外碳源量也缩减了约 25%。

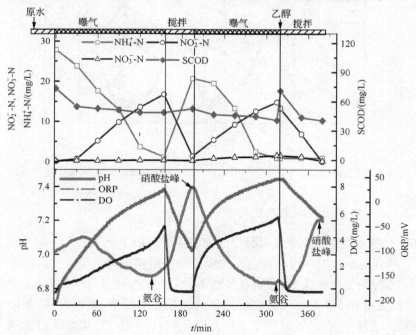

图 4-47　实时控制模式下分 2 段进水的 SBR 法脱氮效果及在线参数变化规律

为了进一步考察好氧/缺氧交替次数对短程硝化的影响,笔者又将进水次数调整为三次,考察了过程中的 SCOD、NH_4^+-N、NO_2^--N、NO_3^--N 随时间的变化规律及在线参数 DO、pH、ORP 相应的变化规律,如图 4-48 所示。与两次进水的过程相似,在线参数曲线上的变化点可精确指示各段硝化反硝化的终点。分 3 段好氧/缺氧交替的反应过程不但进一步节省了约 15％的外碳源投量,而且各段的亚硝化率也得到了提高,均达到了 98％以上,前两段的亚硝化率已达到 100％。考虑到运行操作复杂性和提高性能的关系,一般交替的次数最多不超过 3 次,继续提高交替的次数节省的碳源量变化不大,且短程硝化的效果也未受到任何影响,在此不作进一步的探讨。

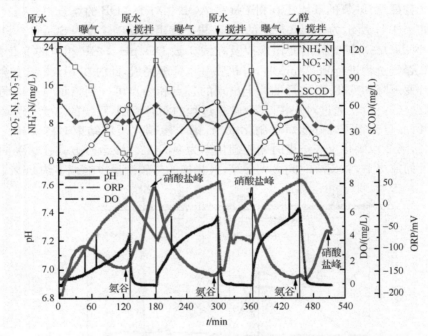

图 4-48　实时控制模式下分 3 段进水的 SBR 法脱氮效果及在线参数变化规律

4.2.5.3　短程生物脱氮实现的原因

分析短程生物脱氮实现及其稳定的原因主要有以下几条:

(1) 精准的在线实时过程控制是短程生物脱氮实现的主要因素。由于硝化过程中 pH 随时间变化曲线上的"氨谷"(图 4-47、图 4-48 所示)能够表征氨氮的氧化完成,因此选用 pH 作为短程硝化反硝化的过程控制参数,能够灵活、准确地确定曝气时间。这样一方面,可以使氨氮被彻底氧化;另一方面,防止了过度曝气引起亚硝酸盐氮进一步氧化为硝酸盐氮,从而抑制了亚硝酸氧化菌的生长。这是系统在不控制溶解氧（DO＞2mg/L）、温度（试验期间为 25℃），且游离氨较低（FA＜2mg/L）的条件下，实现短程生物脱氮的主要原因。

（2）分段进水交替缺氧/好氧的运行方式是促进短程生物脱氮的另一重要因素。Turk 和 Mavinic[109] 发现，即使使用含有 FA 驯化的菌种，由缺氧/厌氧向好氧状态转变时亚硝酸氧化速率也慢于氨氧化速率，结果使得亚硝酸可在好氧细胞中积累几个小时。Hyungseok Yoo[80] 等也发现交替缺氧/好氧方式运行的 SBR 反应器易产生亚硝酸盐的积累。笔者从实验运行初期开始一直采用了分段进水交替缺氧/好氧的运行方式，与上面的文献所述一致，此运行方式有利于短程硝化的快速实现。由缺氧环境转变为好氧环境的过程中，亚硝酸盐氧化速率（$NO_2^- -N \rightarrow NO_3^- -N$）滞后于氨氧化速率，易导致亚硝酸盐的积累，而且硝化过程产生的亚硝酸盐被及时地反硝化，也不利于 NOB 的生长。因此 3 段进水的反应过程亚硝化率要比 2 段进水的反应过程亚硝化率高。同时，也正是由于上面的原因，在传统的时间控制反应过程中也有一定的亚硝酸盐积累。由于所采用的中试 SBR 反应器，体积较大，其第 1 段的进水时间约为 40min，在进入好氧反应前期，系统处于较长时间的缺氧状态。在由缺氧进入好氧反应的过程中，氨氧化速率高于亚硝酸盐氧化速率，导致一定的亚硝酸积累，但由于没有进行实时控制，过度曝气使得大部分亚硝酸盐被氧化，短程被破坏。由此可看出应用实时在线控制的分段进水交替缺氧/好氧SBR 法是实现短程生物脱氮工艺的好方法。对于由缺氧向好氧环境转变过程中亚硝酸盐氧化的滞后时间具体范围的问题，需要做进一步的研究。

（3）反应过程中出现的同步硝化反硝化现象也利于实现亚硝酸盐的积累，硝化过程中通过同步硝化反硝化所去除的 TN 占进水总氮的 18%～30%，硝化过程所产生的亚硝酸盐被及时转化为气态氮化物，这同样使得系统中亚硝酸氧化菌缺乏底物而难于生长。

4.2.5.4　常温短程生物脱氮稳定

应用控制策略后，如图 4-49 所示，在第 Ⅱ 阶段，由于实时过程控制可以准确把握硝化反硝化的结束点，使系统获得较高的 TN 去除率，出水 TN 始终小于 3mg/L。同时，亚硝化率逐渐由 2% 增加至 95%，在 75 天内成功实现了常温短程生物脱氮。由于 NOB 必须在 AOB 产生亚硝酸盐后方可生长，因此，如果在氨氮刚好氧化完成时或之前停止曝气，$NO_2^- -N$ 将有所累积，应用实时控制策略，既可以保证氨氮被完全氧化，又防止了亚硝酸盐的进一步氧化，是短程硝化实现的必要条件。在第 Ⅱ 阶段的整个试验中，系统实现短程硝化后，气候进入夏季，系统的反应温度从 17.3℃ 升高至 25℃。在第 Ⅲ 阶段的试验中，在实现短程硝化的基础上，保持试验条件不变，进一步考察了短程生物脱氮的稳定性。如图 4-49 中的第 Ⅲ 阶段所示，系统在保证总氮去除率在 95% 以上的基础上，亚硝化率也一直保持在 96%

以上。

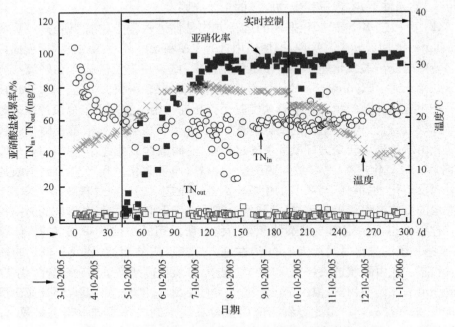

图 4-49　系统的进出水总氮、温度及亚硝化率变化情况

4.2.5.5　温度对 SBR 短程生物脱氮工艺稳定性的影响

（1）不同温度条件下，系统的脱氮效果

在整个试验的四个阶段中，如图 4-50 所示，在第Ⅰ阶段里，先采用固定反应时间的控制方法，主要考察针对于该种水质，控制参数 pH、DO、ORP 在硝化反硝化过程的变化规律，从而建立控制策略。这一阶段的温度范围是 14～20℃，由于系统是在较低的温度下启动的，且为了保证脱氮效果，通常设定的反应时间均比较保守，因此在第Ⅰ阶段每一个硝化反应结束时无亚硝酸盐积累，系统的硝化类型是典型的全程硝化反硝化。图 4-51 给出了 4 个反应阶段温度和亚硝化率之间的关系。随着气温的升高，SBR 中试系统的运行温度也开始升高，这一阶段的温度范围是 20～25℃。pH 曲线上特征点是指示好氧阶段氨氧化结束的关键控制点，这既保证了系统的总氮去除率在 90％以上，而且也为实现短程硝化创造了条件。在第Ⅲ阶段系统一直保持实时控制的控制模式，此时正值夏季，系统内温度较为稳定，在（25±1）℃ 的范围内，此时系统的比氨氧化速率最快，平均值为 0.095d^{-1}（见图 4-52）。

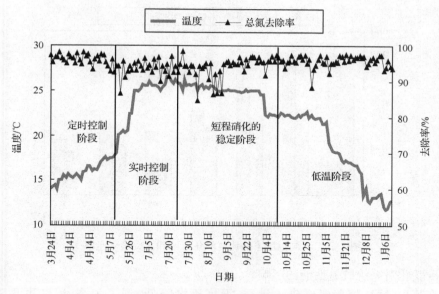

图 4-50 温度变化及总氮去除情况

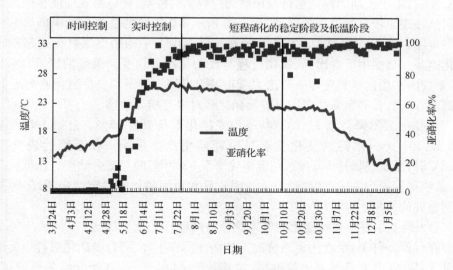

图 4-51 温度变化及亚硝化率

通常，NOB 在 $10\sim20℃$ 条件下的活性高于 AOB，$NO_2^- \text{-N}$ 易氧化为 $NO_3^- \text{-N}$，因此，短程难于稳定维持。在本试验中，虽然在夏季 $22\sim25℃$ 条件下，长期应用实时控制后实现了稳定的短程硝化，但是在常温或冬季较低的温度条件下，短程硝化是否能够维持稳定是更具有实际意义的问题。因此，在第四个试验阶段我们采用一次进水的方式，重点研究了低温条件下应用实时控制短程硝化的稳定性问题以

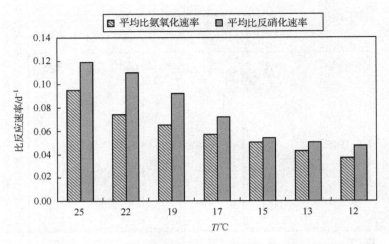

图 4-52　不同温度下的比氨氧化速率和比反硝化速率

及温度变化对系统脱氮性能的影响。

　　在第Ⅳ阶段，随着气候进入秋季，温度逐渐降低，到了冬季，温度更是降到 11℃左右，由于长期的稳定运行及精准的过程实时控制，使得系统即使在低温条件下仍然表现出较好的脱氮效果，如图 4-50 所示第Ⅳ阶段的总氮去除率仍然保持在 90％以上。图 4-52 是试验过程中系统在不同温度下平均的比氨氧化速率和比反硝化速率。从图中可看出，氨氧化过程与反硝化过程均受到温度的影响，在 25℃时，系统的平均比氨氧化速率要比 12℃时高 2.57 倍，而平均比反硝化速率比 12℃时高 2.53 倍，自养氨氧化菌比异养反硝化菌对温度稍显敏感。

　　温度从 25℃降低至 11.8℃时，平均亚硝化率高于为 95％。自第 195 天至第 296 天，101 天内水温的变化没有对短程硝化产生影响。在系统的最低温度 11.8℃时，系统仍保持 99.19％的亚硝化率及 93.79％的总氮去除率。在低温条件下，系统尽管受到一定的影响，但从处理效果和短程硝化的稳定性来看，实时控制起到重要的作用。

　　（2）低温条件下短程硝化的实现途径与机理分析

　　在低温条件下，活性污泥系统的整体活性都在下降，而自养硝化菌群中无论是 AOB 还是 NOB 对低温都比较敏感，尤其对于 AOB 来说，其受低温的影响更大，如何在保证好的脱氮效果的同时，实现短程硝化或者说维持短程硝化，是目前短程硝化研究的难点。

　　本试验解决这一问题从两个方面出发，一是首先要强化低温条件下 AOB 的硝化性能，使其在温度逐渐降低的环境下，渐渐适应低温的环境，保证氨氧化效果；二是低温短程硝化的实现要从中温、常温状态下开始入手，在中温、常温状态时，逐渐驯化培养，优化硝化菌群的结构，通过调节运行方式、控制手段等方法使 AOB

成为硝化菌群中的绝对优势菌种,并将 NOB 尽可能多的从系统中淘汰出去。这样,当系统进入冬季的低温环境时,才有可能继续维持短程硝化。

在试验从秋季进入冬季的过程中,没有刻意的去调节温度,由于是从水厂的初沉池取水,所以对水温的变化起到了一定的缓冲作用,相对于气温的变化比较缓慢,温度随时间的变化如图 4-53 所示,从 25℃降至最低温度 11.8℃的过程分了四个小的阶段,平均每个温度阶段都维持一个月左右的时间,这就为系统内的 AOB 逐渐适应低温条件创造了极为有利的条件。相反的,如果不是这样缓慢地、逐渐适应地降温,就会使硝化系统受到严重冲击。

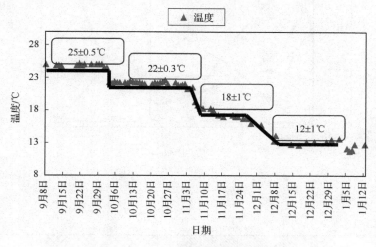

图 4-53　系统的降温规律

从微生物学角度,Jones 等研究也表明[110],如果将 AOB 从 30℃的条件下,直接转移到 5℃的环境中,会导致它们失活,但若逐步适应,AOB 能够根据温度变化逐渐调整细胞膜中的脂肪酸类型,使其中的长链饱和脂肪酸部分转化为短链不饱和脂肪酸,以使其在低温条件下不易"冻结",但这需要一定时间的培养和驯化。在本试验中正是与这个结论相吻合,每降低 2~3℃就维持这个状态一个月左右的时间,逐步降温,因此强化了低温条件下 AOB 的硝化性能,保证了氨氧化的效果,同时实时过程控制也为氨氧化的进行提供了保证。在低温条件下,pH 在氨氧化结束时,依然可以出现变化点"氨谷",短程硝化仍然可以通过实时控制来稳定,图 4-54 的(a)、(b)、(c)分别表示了温度为 15.8℃、13.1℃、11.8℃条件下,SCOD、NH_4^+-N、NO_2^--N、NO_3^--N、pH 随时间的变化规律。以 pH 作为控制参数,准确把握氨氧化和反硝化的终点,既能保证脱氮效果,同时也防止了过度曝气而引起的亚硝化率降低。系统从中温、常温状态就一直在应用在线实时控制来稳定短程硝化,随着每个周期剩余污泥的不断排放,系统中的 NOB 被不断淘洗,经过近半年的时间,AOB 已成为硝化菌群中的绝对优势菌种,因此在进入低温阶段后,继续维持了短程硝化。

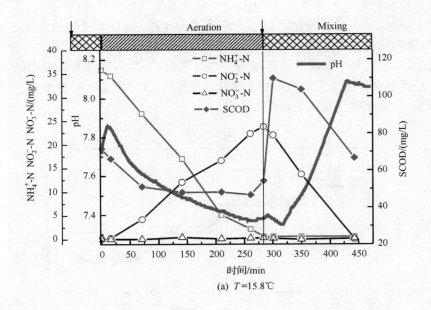

(a) $T = 15.8℃$

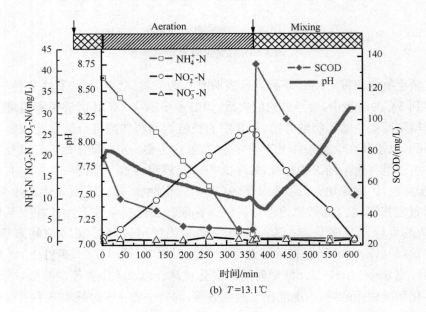

(b) $T = 13.1℃$

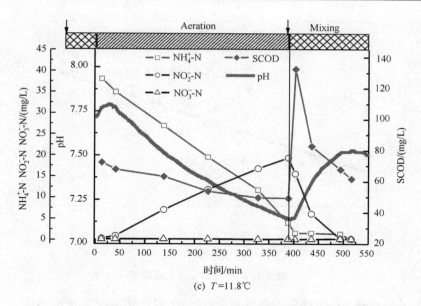

(c) $T=11.8℃$

图 4-54　15.8℃、13.1℃、11.8℃条件下 pH 及污染物随时间的变化规律

综上，在实际 SBR 法污水厂的运行过程中，可先在温度较高的条件下，通过优化运行方式与实时控制快速实现短程硝化，并通过实时控制等手段稳定短程硝化，不断优化污泥种群结构，在进入冬季低温阶段后采用适当的方法使温度的变化不要过于剧烈，并严格进行硝化过程的实时控制，实现和稳定低温短程硝化是完全有可能的。

（3）应用实时控制优化硝化菌种群结构的分析

① FISH 方法对中试系统内 AOB 与 NOB 的初步定量分析

从试验的第Ⅲ阶段开始，为了考察短程生物脱氮稳定的实质原因，间隔一定的时间应用 FISH 技术定量的对系统内 AOB 和 NOB 进行了分析，标记 AOB 和 NOB 的 FISH-16SrRNA。

系统在应用实时控制策略以前，亚硝化率仅为 2.3%，并无亚硝酸积累，应用实时控制策略后，在第 170 天，硝化菌的微生物种群发生明显变化，AOB 占生物总量的 7.57%，NOB 约占 2.32%，AOB 占明显优势。从第 42 天至第 170 天，AOB 的数量增加而 NOB 的数量降低，系统的比氨氧化速率（r_N）也随之提高，由 $0.09 g NH_4^+ -N/(g MLSS \cdot d)$ 升高至 $0.093 g NH_4^+ -N/(g MLSS \cdot d)$（如图 4-55 所示）。在（25±1）℃，第 170 天的比硝化速率比第 42 天的比硝化速率提高了 4.7 倍。这同样表明长期应用控制策略导致硝化菌菌群的优化和硝化效率的提高。

随着冬季的到来，系统温度逐渐降低，到温度降至 11.8℃时，系统应用实时控制已 254 天，此时的 FISH 检测结果如图 4-56 所示，图中绿色的亮点是全部的细

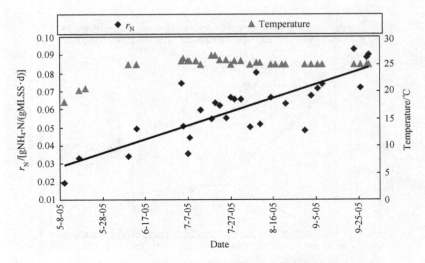

图 4-55　温度为 25℃时比氨氧化速率变化情况

菌,黄色的亮点是 AOB,红色的亮点是 NOB。此时活性污泥系统中 AOB 占生物总量的 3%,未检出 NOB。结果表明长期的实时控制已将 NOB 从系统中淘洗出去。即使在 10～20℃时 NOB 的活性高于 AOB,NOB 也难于成为优势菌种。实时控制能够准确判断氨氮氧化的终点,保证了 AOB 的生长,同时防止了过度曝气,限制了 NOB 的生长,为短程硝化的稳定提供了必要条件。经过污泥种群优化的生物硝化系统可维持短程硝化度过冬季。

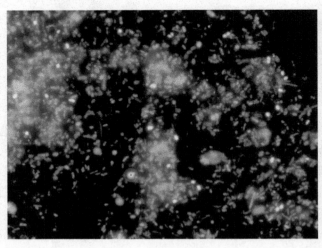

图 4-56　AOB Fish 检测结果

FITC 标记 EUB$_{mix}$,目标为 *Eubacteria*(绿色);Cy3 标记 NSO1225,目标为 β-AOB(黄色)

② PCR-DGGE 方法对 AOB 的分析

SBR 中试短程生物脱氮系统的 DGGE 分析结果如图 4-57 所示,污泥样品同时做 4 个平行样,污泥样品 DGGE 条带的重现性很好。

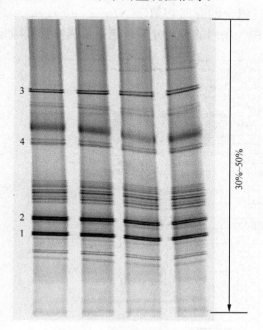

图 4-57　DGGE 的分析结果

由于 PCR 引物的目标序列是 AOB 的功能基因 AmoA,因此 DGGE 凝胶上标记的主要条带应属于 AOB。污泥样品 DGGE 条带的特点是均出现在变性剂浓度 30%～50%的范围内,根据文献资料,在该变性剂浓度范围内出现的条带应属于 *Nitrosomonas-like*[111]。由于 DGGE 分析结果所能提供的信息是有限的,无法在"种"的水平上确定 AOB 的种类。如要获得更为准确的分析结果,需要切割 DGGE 条带,继续进行 PCR-DGGE-Cloning-Sequencing 分析,从而确定 AOB 的种类。

③ PCR-Cloning-Sequencing 方法对 AOB 的分析

对 SBR 中试反应器的污泥样品进行 PCR-Cloning-Sequencing 分析。由于 PCR 引物的目标序列是 AOB 的功能基因 AmoA,因此阳性克隆体的外源基因片段为 AmoA 基因,测序分析及序列对比分析都是针对 AOB 的 AmoA 基因序列。选取 8 个阳性克隆体(E8,E9,F8,E12,F11,F12,C9,D8)的测序结果进行 BLAST search 的相似性分析,结果如下:E8,88%相似于 *Nitrosomonas europaea*;E9,82% 相似于 *Nitrosomonas sp*;F8,88%相似于 *Nitrosomonas europaea*;E12,88%相似

于 *Nitrosomonas europaea*；F11，88％相似于 *Nitrosomonas europaea*；F12，88％相似于 *Nitrosomonas europaea*；C9，84％相似于 *Nitrosomonas sp*；D8，98％相似于 *Nitrosomonas sp*。所有的克隆相似于 *Nitrosomonas*，这与 PCR-DGGE 分析结果完全一致，其中 60％以上的克隆相似于 *Nitrosomonas europaea*。采用 ClustalW 进行目标序列和相关性序列的对比分析并建立系统发育树，如图 4-58 所示。

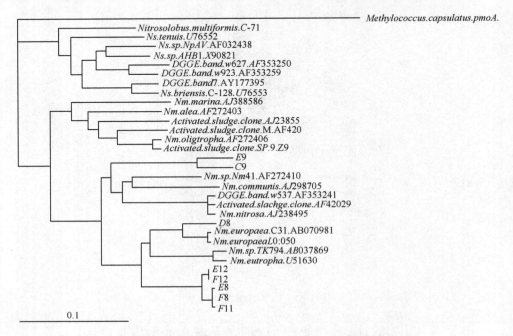

图 4-58　利用 AOB 功能基因 AmoA 建立的系统发育树

4.3　SBR 法在双污泥反硝化除磷工艺中的应用

4.3.1　反硝化除磷工艺的基本原理

4.3.1.1　反硝化除磷工艺的原理

脱氮除磷是污水深度处理的重要目的，磷是引起水体富营养化的关键因素之一，要控制水体富营养化的蔓延，首先要对污水进行脱氮除磷处理，减少未经处理的污水的直接排放。

磷是微生物正常生长繁殖所必需的营养元素之一，核酸、磷脂、ATP 等物质的合成都需要磷元素。微生物在生长繁殖的过程中会从水体中吸收一部分的磷元素。但是仅利用微生物的生长繁殖等代谢活动能获得的除磷效果有限，远远不能满足污水生物处理对磷元素去除效果的要求。

通过研究除磷效果较好的污水处理厂的活性污泥发现，存在一类微生物能够在好氧曝气条件下逆浓度梯度吸收超过其正常生长繁殖所需磷酸盐（PO_4^{3-}）的量，并将 PO_4^{3-} 以多聚磷酸盐（poly-phosphate）颗粒的形态储藏在体内，这类微生物被称为聚磷菌（polyphosphate accumulating organism，简称 PAO）[112]。聚磷菌的除磷代谢主要分为两步：厌氧释磷过程和好氧吸磷过程，如图 4-59 所示。

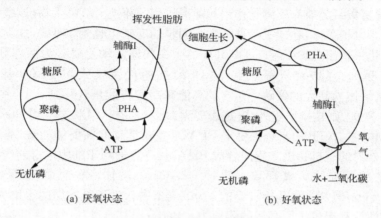

(a) 厌氧状态　　　　　　　(b) 好氧状态

图 4-59　聚磷菌的除磷机理

（1）厌氧释磷。产酸菌等在厌氧条件下通过厌氧代谢将废水中大分子有机物分解为可被快速降解的小分子基质，如低级脂肪酸、甲醇、乙醇、丁酸、乳酸、琥珀酸等[113]。聚磷菌分解体内的多聚磷酸盐（poly-phosphate）以及糖原产生含高能磷酸键的三磷酸腺苷（ATP），利用 ATP 水解产生的能量以主动运输方式将产酸菌提供的小分子基质吸收入细胞内，合成 PHA。同时将分解多聚磷酸盐产生的 PO_4^{3-} 排出细胞。

（2）好氧吸磷。在好氧曝气条件下，聚磷菌以氧为最终电子受体氧化分解厌氧状态下吸收有机物合成的 PHA，所产生的能量除了用于自身生长繁殖以外，还可逆浓度梯度将污水中的 PO_4^{3-} 主动运输到体内，部分磷酸盐（PO_4^{3-}）用于合成 ATP、核酸、磷脂等，大部分的 PO_4^{3-} 被聚合成多聚磷酸盐颗粒储存在体内。此时吸收的 PO_4^{3-} 的量远远超出聚磷菌厌氧阶段释放的 PO_4^{3-} 的量，污水中的 PO_4^{3-} 被转移至富含聚磷菌的污泥之中。将 PO_4^{3-} 含量较高的污泥排放之后，就达到了除磷的目的。

厌氧释磷过程是聚磷菌代谢过程的基础。正常运行情况下厌氧段释放的磷酸盐（PO_4^{3-}）越多，水解产生的能量就会较多。聚磷菌在厌氧状态下就能够吸收更多的有机物合成 PHA。在好氧状态下氧化 PHA 能够产生更多的能量来吸收污水中的 PO_4^{3-}，除磷效果就越好；反之，如果厌氧段释放的 PO_4^{3-} 较少，聚磷菌吸收有机物合成的 PHA 就相应的变少,在好氧状态下氧化 PHA 能够产生的能量较少,吸收水体中的 PO_4^{3-} 的量变少,除磷效果变差。利用聚磷菌在厌氧/好氧交替的运行条件下的生命活动,可以将污水中的 PO_4^{3-} 从水体转移到聚磷菌中,转化为多聚磷酸盐颗粒的形式,通过对富含聚磷菌的污泥的排放达到除磷的目的技术就是强化生物除磷技术(enhanced biological phosphorus removal,简称 EBPR)。

1993 年荷兰 Delft 大学的 Kuba[114] 通过试验发现,在厌氧、缺氧交替运行的条件下,能够富集一类兼有反硝化作用和除磷作用的兼性厌氧微生物,该微生物能利用硝酸盐为电子受体,在缺氧条件下实现同步的反硝化脱氮和吸磷,这类微生物被称为反硝化聚磷菌(DPAOs)。DPAOs 的生命代谢活动主要分为两部分:厌氧释磷和缺氧吸磷。(1)在厌氧状态下,DPAOs 的代谢模式与 PAOs 基本相同。DPAOs 水解体内储存的聚磷中蕴含的高能磷酸键将能量转移到 ATP 中,分解聚磷产生的 PO_4^{3-} 则被排出胞外,宏观表现为 DPAOs 在厌氧状态下将 PO_4^{3-} 由胞内释放到水体中。ATP 的水解提供了 DPAOs 生命活动所需的能量,能量一方面用于吸收外界的有机物进入胞内合成 PHA,另一方面用于细胞本身的代谢所需的能量来度过压抑的厌氧环境。同时 DPAOs 水解体内的糖原为丙酮酸以及 NADH。Mino[115] 在 1987 年提出的 Mino 模型中认为正是糖原的水解为 DPAOs 后续的代谢活动提供了所必需的还原力。Pereira[116] 通过利用核磁共振检测标记的 ^{13}C 和 ^{31}P 得到结论:三羧酸循环(TCA)也可以为 DPAOs 提供还原力。但是目前对还原力的来源尚无明确的描述,有待进一步实验验证。(2)在缺氧状态下,DPAOs 分解厌氧状态下合成的 PHA 为小分子为有机物,部分用于糖原再生,另一部分被氧化分解,通过呼吸链以硝酸盐为最终电子受体产生能量 ATP。产生的能量部分用于 DPAOs 的生命活动,另一部分用于主动运输胞外的 PO_4^{3-} 合成聚磷,此时吸收的 PO_4^{3-} 的量是远远超过 DPAOs 生长繁殖所需的磷量,宏观表现是 DPAOs 在缺氧条件下的过量吸磷。

试验发现 DPAOs 也具有好氧吸磷的能力。因而在 PAOs 和 DPAOs 是否为同一种微生物的问题上,学者提出了不同的假说。Wachtmeister A 等提出了一类菌学说[117],认为在 PAOs 体内既含有能够利用氧气为电子受体的酶,也含有利用硝酸盐为电子受体的酶,两种酶在各自相应底物存在的条件下被激活,因而 PAOs 既能够利用氧气为电子受体,又能够利用硝酸盐为电子受体。而 Kerrn-Jespersen、Henze 等[118]1993 年通过研究认为,PAOs 可分为两类菌属,其中一类只能以氧气作为电子受体,而另一类则也能以硝酸盐作为电子受体,这部分能够利用硝酸盐为电子受体的 PAOs 就是 DPAOs,这就是两类菌学说。Ahn[119] 在 2002 年利用 PCR-DGGE 研究发现,利用氧气或硝酸盐单独为电子受体以及利用氧气和硝酸盐电子受体培养驯化之后的三种污泥,在 DGGE 检测结果中有一条共有的区域,这说明在污泥中存在一种菌能够同时利用氧气和硝酸盐为电子受体,这说明存在一部分 DPAOs 同时具有好氧吸磷和反硝化吸磷的能力。现在普遍接受的观点是聚磷菌可以分为只能以氧气为电子受体的 PAOs、只能利用硝酸盐为电子受体的 DPAOs 和能够同时利用氧气和硝酸盐为电子受体的 DPAOs。PAOs 和 DPAOs 两者在除磷计量学和功能菌群构成上十分接近，两类菌的生化代谢机理相似，故现已提出的一些 DPAOs 的除磷生化代谢机理模型，都与传统聚磷菌的生化代谢模型相似[120]。

反硝化除磷工艺就是利用 DPAOs 的生理代谢活动产生的一种能够实现节能降耗的污水脱氮除磷新工艺。DPAOs 能够利用在厌氧阶段吸收的有机物在缺氧阶段以硝酸盐为电子受体氧化分解，同时利用此过程产生的能量将污水中的磷过量吸收进入胞内。这样利用同一部分 COD 完成了同步的脱氮和除磷效果。该工艺就减少了污水处理过程对 COD 的需求，还能够节省曝气，减少污泥产量，对处理低 C/N 的实际生活污水有很大的优势。

4.3.1.2　连续流生物脱氮除磷工艺发展应用简介

理论上，在连续流工艺中存在厌氧/缺氧条件交替的污水处理工艺就可能存在反硝化吸磷现象。根据这些工艺中反硝化过程和硝化过程发生的位置可以将其分为前置反硝化脱氮除磷工艺和后置反硝化脱氮除磷工艺。前置反硝化脱氮除磷工艺就是指反硝化过程发生在硝化过程之前，通过将硝化液回流到厌氧段来实现反硝化的工艺。这类工艺多是传统的脱氮除磷工艺，如：UCT 工艺，MUCT 工艺，以及五阶 Bardenpho 等，在此类工艺中各种微生物生活在同一污泥相中，共同经历工艺中的厌氧/缺氧/好氧状态，为单污泥系统；后置反硝化脱氮除磷工艺是指硝化过程发生在前，反硝化过程发生在后，因而就不需要进行硝化液的回流。这类工艺都为双污泥系统，工艺中存在两种状态的污泥。硝化过程由硝化池内经过驯化的生物膜完成，富含反硝化聚磷菌的污泥则负责完成厌氧释磷和反硝化吸磷等过程。此类工艺主要有 Dephanox 工艺和 A_2N 工艺。

（1）前置反硝化脱氮除磷工艺

UCT（University of Cape Town）工艺（图 4-61）是由南非 Cape Town 大学在 A^2/O 工艺（图 4-60）基础上改进形成的新工艺[121]。UCT 工艺为避免 A^2/O 工艺中回流污泥中的硝酸盐回流入厌氧区后对 DPAOs 厌氧释磷、吸收有机物合成 PHA 的影响，将回流污泥由回流至厌氧区改为回流至缺氧区，经稀释和部分反硝化后，将混合液再回流至厌氧区，达到了控制回流至厌氧区的污泥中硝态氮（NO_x^-）含量的目的，使 DPAOs 能够在良好的厌氧条件下充分释磷、吸收有机物合成 PHA。UCT 工艺流程中有两个内循环，循环 1 将硝化液从好氧区回流至缺氧区，循环 2 将缺氧区内反硝化脱氮后的混合液循环至厌氧区。回流污泥不是直接进入厌氧区，而是先进入缺氧池中，这种改进强化了厌氧环境和缺氧环境的交替，为 DPAOs 的代谢提供了有利条件。

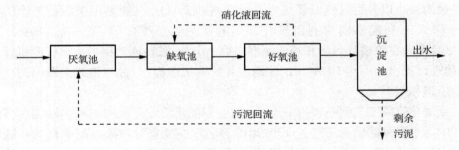

图 4-60　A²/O 工艺流程示意图

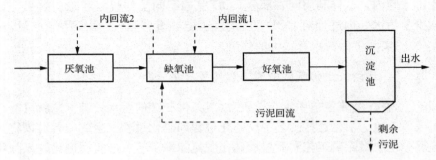

图 4-61　UCT 工艺流程示意图

　　MUCT 工艺是在 UCT 工艺的基础上进一步改进形成的新工艺（图 4-62）[122]。MUCT 工艺将 UCT 工艺中的一个缺氧池改为两个独立的缺氧池，含有较低浓度 NO_x^- 的混合液回流至 1 号缺氧池，而含有较高浓度 NO_x^- 的混合液回流至 2 号缺氧池，将 1 号缺氧池混合液回流至厌氧池，由于增加了一个缺氧池，使得回流污泥中的 NO_x^- 对厌氧池 DPAOs 厌氧释磷和吸收有机物的影响大大减小，进一步强化了 MUCT 内反硝化除磷效果。

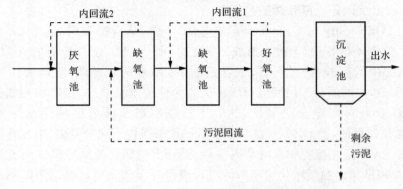

图 4-62　MUCT 工艺流程示意图

BCFs 工艺是由荷兰 Delft 技术大学开发的除磷脱氮新工艺[123]。该工艺以氧化沟和 UCT 工艺原理为基础,在 UCT 工艺的厌氧池和缺氧池中间增设了接触池(图 4-63)。厌氧池推流运行,厌氧池中较高 COD 负荷使得丝状菌和菌胶团对 COD 的竞争过程中菌胶团获得优势生长,起到了厌氧选择器的作用,对防止丝状菌污泥膨胀起到了重要作用。增设的接触池可起到第二选择池的作用,所需的容积很小,但能够较好地抑制丝状菌的繁殖,用于快速吸附厌氧池出水中剩余的 COD。缺氧池和好氧池之间加入一个混合池,混合池内可形成低氧环境,通过控制内循环流量达到保证完全反硝化和控制内循环 2 中 NO_x^- 浓度的目的。

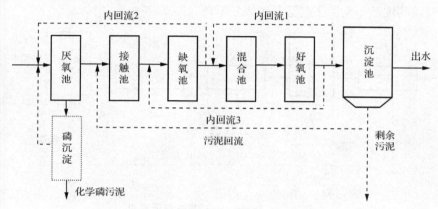

图 4-63　BCFs 工艺流程示意图

BCFs 工艺增设了在线分离、离线沉淀化学除磷部分,解决了泥龄过长、进水中 COD/P 的比值过低对系统的冲击等问题。

五阶 Bardenpho 工艺是在 A²/O 工艺基础上增加了一个缺氧池和一个好氧池(图 4-64)[124],污泥回流至厌氧池,硝化液回流至缺氧池。新增加的缺氧池可以利用内碳源进一步的反硝化,最终曝气池则一方面可以吹脱氮气,另一方面可以进一步好氧吸磷。经过两个缺氧池和两个好氧池,出水中的氮磷等营养元素浓度相比

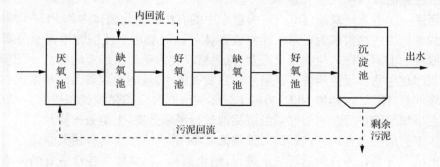

图 4-64　五阶 Bardenpho 工艺流程示意图

A^2/O 工艺有了很大程度的降低。因而回流至厌氧池的污泥中携带的 NO_x^- 对厌氧池 DPAOs 的代谢和异养菌对有机物的竞争产生的影响比较小。

（2）后置反硝化脱氮除磷工艺

Dephanox 工艺是 Wanner 于 1991 在 A_2O 工艺的基础上改进提出，后被 Bortone[125] 于 1996 年称为 Dephanox 工艺（图 4-65）。通过在厌氧池和缺氧池之间增加了沉淀池和固定膜硝化池，使附在生物膜上的敏感的硝化细菌，不会因暴露在缺氧或厌氧条件下而降低活性，硝化菌和 DPAOs 的分离并处在各自最适的环境中，提高了 DPAOs 在污泥中所占的比例，提高了反硝化除磷效率，改善了因 DPAOs 和硝化菌污泥龄不同给工艺运行带来的不便。

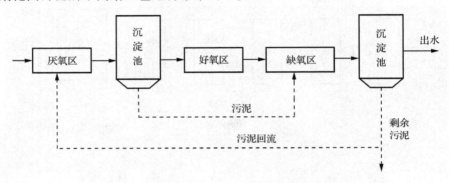

图 4-65　Dephanox 工艺流程示意图

污泥在厌氧池中释磷和吸收有机物合成 PHA，在中间沉淀池中进行泥水分离。分离后的上清液进入固定膜硝化池硝化，沉淀的污泥跨越固定膜硝化池进入缺氧池内完成反硝化吸磷过程，后进入曝气池进行进一步的好氧吸磷和污泥再生、活性恢复，充分利用 DPAOs 体内储存的 PHA，使 DPAOs 在回流至厌氧区后能够充分的释磷和吸收有机物。

A_2N 工艺是 Kuba[114] 1996 年在 Dephanox 工艺的基础上提出的连续流反硝化除磷脱氮的双污泥反硝化除磷工艺（图 4-66）。进水和由终沉池回流的反硝化聚磷污泥一起进入厌氧池，DPAOs 将进水中的有机物转化为体内的 PHA，同时将体内的多聚磷酸盐水解为正磷酸盐释放到体外。厌氧出水经沉淀池泥水分离后，富含氨氮的上清液进入生物膜反应器，氨氮被氧化为硝酸盐或亚硝酸盐，沉淀下来的污泥超越生物膜反应器进入缺氧池。在缺氧池中，反硝化聚磷污泥与富含 NO_x^- 的溶液混合，DPAOs 利用 NO_x^- 为电子受体实现同时反硝化脱氮和吸磷。泥水混合液在后曝气池进行快速曝气后经沉淀池进行泥水分离，上清液被排放。

该工艺的优点有：节省碳源，对处理低 C/N 的生活污水具有较大的优势；脱氮和除磷反应分别在各自最适环境下进行，硝化菌和 DPAOs 在各自适宜的环境中，减少了环境改变对其生物活性的影响，调节硝化菌和 DPAOs 的污泥平均停留时

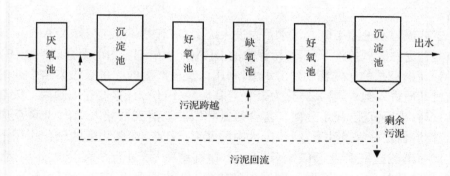

图 4-66　A_2N 工艺流程示意图

间(SRT)更加简便;能耗要求小,只在硝化过程和后曝气过程中需要氧气,相比传统工艺对氧气的需求大大减少。由于磷的去除效果很大程度上取决于缺氧段硝酸盐的浓度,当缺氧段硝酸盐不足时,磷的过量摄取会受到限制;反之,缺氧段硝酸盐过多时,硝酸盐又会随回流污泥进入厌氧段,干扰 DPAOs 厌氧释磷和 PHA 的合成,因而工艺处理水平受进水水质波动的影响较大。

　　传统的污水处理工艺多侧重于脱氮处理,除磷效果一般较差,并且传统的处理工艺存在着以下的缺点:① 去除 COD、硝化、反硝化、除磷等在生理生态学特性上有较大差别的微生物均存在于同一处理系统中,难以实现稳定的处理效果;② 好氧硝化过程消耗氧气,厌氧反硝化、释磷过程对 COD 的需求,均导致生物脱氮除磷过程对能量的过多消耗;③ 因涉及污泥与混合液的多重回流,一般流程较长,原水中所含 COD 不能满足整体工艺的要求,混合液的回流也增加了污水处理厂的运行费用。

　　反硝化除磷工艺中由于在反硝化吸磷过程中同时完成了脱氮和除磷,也即利用聚磷菌在厌氧段吸收的有机物同时完成了反硝化过程和吸磷过程,这样就减少了污水处理对碳源的需求,同时减少了对氧气量的需求,节省了曝气。相比传统工艺,反硝化除磷工艺是一种可以实现节能降耗的工艺,代表了今后污水处理工艺发展的趋势。

4.3.1.3　SBR 法双污泥反硝化除磷工艺

(1) SBR 法双污泥反硝化除磷工艺简介

Kuba[126]在 1996 年将厌氧/缺氧 SBR(A/A-SBR)和硝化 SBR(N-SBR)组合成为 A_2NSBR,并对该系统的脱氮除磷性能进行了研究。利用厌氧/缺氧 SBR 污泥中的 DPAOs,在厌氧缺氧交替的条件下实现反硝化除磷。利用硝化 SBR 将污水中的氨氮氧化为亚硝酸盐或者硝酸盐。该工艺结合了反硝化除磷技术对处理低 C/N 的生活污水优势和 SBR 在污水处理中的优势,为污水的脱氮除磷提供了新思路。

　　工艺流程图见图 4-67。污水首先进入厌氧/缺氧 SBR 反应器(A/A-SBR),该反应器首先在厌氧条件下运行,污泥中的 DPAOs 水解细胞内的聚合磷酸盐(Poly-P)并以正磷酸盐的形式释放到污水中,利用该过程产生的能量吸收废水中的溶解性有机基质进入胞内,将其转化为聚-β-羟基烷酸(PHA)并存储在细胞内。厌氧释磷结束后,进行沉淀,泥水分离。富含氨氮和磷的上清液被导入硝化 SBR 反应器中,该反应器在好氧条件下运行,废水中的氨氮(NH_4^+)在硝化菌的硝化作用下被氧化成为硝酸盐或者亚硝酸盐(NO_x^-)。曝气结束后,进行沉淀泥水分离,含有 NO_x^- 和磷酸盐的上清液再一次进入到厌氧/缺氧 SBR 反应器中,DPAOs 利用 NO_x^- 作为最终电子受体,氧化存储在细胞内的 PHA,并且利用该过程产生的能量完成自身的生长、增殖以及糖原的再生,同时从废水中过量吸收正磷酸盐并将之以聚合磷酸盐(Poly-P)的形式存储在细胞内。氮和磷元素借助 DPAOs 的生理特性在缺氧环境下一同从污水中被去除。同时利用氧化 PHA 产生的能量还完成了糖原和聚合磷酸盐的再生,为下一周期提供了物质基础。缺氧段之后是一个短暂的后曝气阶段,一方面 DPAOs 可以利用氧气为最终电子受体,进行好氧吸磷反应,进一步去除污水中的磷元素,完成污泥的好氧再生;另一方面曝气可以起到对缺氧反硝化过程产生的氮气进行吹脱,增强污泥的沉淀性能。后曝气阶段之后,经过沉淀进行泥水分离,上清液被排出反应器,一个完整的周期结束。

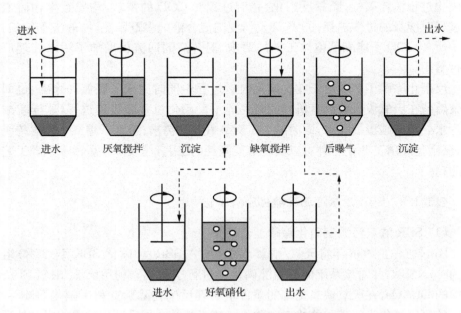

图 4-67　A₂NSBR 工艺流程示意图

（2）SBR 法双污泥反硝化除磷工艺的启动与处理水平

① 厌氧/缺氧 SBR 的启动

厌氧/缺氧 SBR 的启动一般分为两步：1）厌氧好氧运行富集聚磷菌。采用除磷效果较好、本身就含有较多聚磷菌的活性污泥进行厌氧/好氧驯化，经过驯化之后的污泥除磷性能可以得到很大的提高，聚磷菌在活性污泥中成为优势菌种。通过荧光原位杂交技术（FISH）对驯化后的污泥中 PAOs 的含量进行检测，可以观察 PAOs 的富集效果。2）厌氧/缺氧运行驯化和富集 DPAOs。将经过厌氧/好氧驯化后的污泥运行状态改为厌氧/缺氧运行，通过外加 NO_x^- 为 DPAOs 提供电子受体。利用单一电子受体对污泥种群结构进行调整并富集 DPAOs。对厌氧释磷后的污泥进行清洗，除去污泥中残留的 COD，防止异养菌利用残余的 COD 在缺氧时进行反硝化并富集生长，可保证缺氧段 DPAOs 以内碳源为电子受体进行反硝化吸磷过程的顺利进行。缺氧结束后一般会增加一个短暂的后曝气阶段，一方面 DPAOs 可以利用氧气进行好氧吸磷进一步去除残留的磷元素，并且进行污泥的再生；另一方面对缺氧阶段产生的氮气进行吹脱，改善污泥的沉降性能。在驯化阶段，一个完整周期结束后需对污泥进行清洗，降低残留的硝酸盐浓度。减少污泥中的普通的反硝化菌在厌氧阶段利用残留的硝酸盐进行反硝化，保证 DPAOs 能够正常的厌氧释磷。经过一段时间的驯化后，利用硝酸盐为电子受体的 DPAOs 能够逐渐得到富集，并成为优势菌种。杨庆娟等[127]以实际生活污水为对象，采用先独立培养反硝化聚磷菌和好氧硝化生物膜再连续运行的方式成功快速地启动了 A_2N 系统，32d 成功地使反硝化聚磷菌成为优势菌属。

② 硝化 SBR 的启动

根据硝化菌在污泥相中的状态可以分为生物膜法硝化 SBR 和活性污泥法硝化 SBR。生物膜法硝化 SBR 是利用填料使微生物附着在填料上生长形成一层生物膜，生物膜呈固定生长，污泥龄较长，能够满足硝化菌对较长污泥龄的需求。同时生物膜法硝化 SBR 无需沉淀排水，可以大大的缩短反应时间。活性污泥法硝化 SBR 中微生物则是呈絮状生长，通过排出剩余污泥的方式可方便地调节 SRT。

根据硝化效果的需要，可分别进行驯化为全程硝化 SBR 和短程硝化 SBR。全程硝化 SBR，顾名思义，就是控制条件富集亚硝酸盐氧化菌（NOB）将氨氮完全氧化为硝酸盐的 SBR 处理工艺。短程硝化 SBR 则是控制条件富集氨氧化菌（AOB）将氨氮不完全氧化为亚硝酸盐，而不是完全氧化为硝酸盐，短程硝化相比全程硝化，能够节省曝气，节约能源。

利用富含氨氮的污水对种泥进行曝气处理，控制曝气量和曝气时间，逐步富集硝化菌，使系统的硝化能力逐渐增强，当系统硝化水平和硝化效果达到理想值时可认为硝化 SBR 启动成功。

③ SBR 法反硝化除磷工艺的处理水平

通过对 A₂NSBR 工艺的长期稳定运行,该工艺能够达到很好的脱氮除磷效果。王亚宜[128]利用 A₂NSBR 工艺处理实际的生活污水,稳定运行 300 天,实验结果证明该工艺在进水水质波动较大条件下仍能获得较为稳定的污染物去除效果:COD、氨氮、总氮(TN)和磷的平均去除率分别达到 85.89%、82.3%、88.99% 和84.56%。李勇智等[129]通过研究稳定运行的 A₂NSBR 工艺发现该工艺处理实际的生活污水时有很好的处理效果,出水平均氨氮浓度和磷浓度分别为 3.3mg/L 和0.17mg/L,氮和磷的平均去除率分别达到 95% 和 98%。

(3) SBR 法双污泥反硝化除磷工艺的控制

在 SBR 反应器中,通过研究 pH、ORP、DO 参数的变化规律与各水质指标的变化相关关系,可以通过检测这些可以在线检测的电化学参数有助于详细了解各生化反应过程并决定系统最佳的运行控制方式,通过及时的改变运行状态,可以节省时间和提高运行效率。王亚宜[128]对 SBR 法双污泥反硝化除磷工艺的在线控制进行了大量的研究。通过观察 SBR 法双污泥反硝化除磷工艺中一个典型周期内的 COD、氨氮、亚硝酸盐、硝酸盐、磷酸盐的典型的变化规律(图 4-68)以及该典型周期内的 pH、ORP、DO 的相应的变化规律(图 4-69),可以获得 SBR 法双污泥反硝化除磷工艺的控制参数和控制点。如图 4-69,厌氧反应进行至 15min(箭头 A点处)时,pH 从 7.06 上升至 7.21,这是由厌氧反应初期聚磷菌快速吸收进水中的

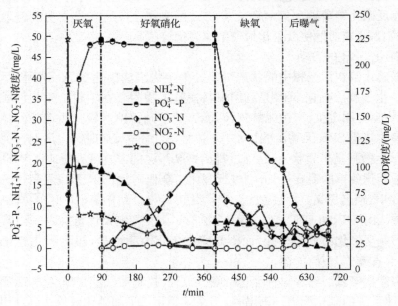

图 4-68　SBR 法双污泥反硝化除磷工艺中一个周期内的 COD、NH₄⁺-N、
NO₂⁻-N、NO₃⁻-N、PO₄³⁻-P 的典型的变化规律

有机酸引起。之后到厌氧结束,pH 一直处于下降趋势,并且其下降速率与磷的释放速率呈现一定的相关性。当系统磷释放速率较小时(70min 左右),pH 也趋近一个定值(箭头 B 所示),预示着磷释放的停止。而 ORP 曲线在厌氧过程一直呈下降趋势,虽并未给出释磷的结束点,但是 ORP 的在线监测有助于考察微生物所处环境的厌氧程度,可以间接对 DPAOs 的厌氧释磷的厌氧环境进行检测。生物膜好氧阶段,pH 在有机物的去除过程中大幅上升直至达到难降解程度,随后进入硝化反应时,pH 一直下降,最后 pH 快速上升,指示着硝化反应的结束。

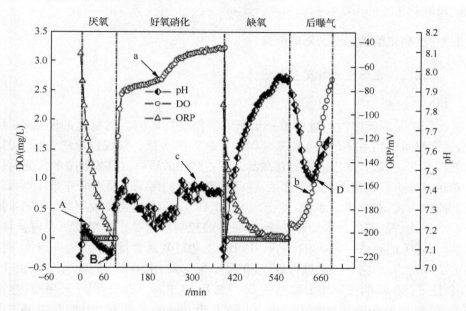

图 4-69　SBR 法双污泥反硝化除磷工艺中一个周期内的 pH、ORP、DO 的变化规律

在缺氧反硝化过程,pH 迅速大幅上升。而 ORP 在反硝化阶段不断下降,初始 ORP 下降较快而后减慢,最后 ORP 维持一个恒定值,此时系统的 NO_x^- 浓度也因反硝化反应的持续进行达到一个相对稳定的值,因而 ORP 可以指示反硝化过程中硝酸盐浓度的变化,当 ORP 不再变化时,反硝化过程也就趋于停止,但是 ORP 却不能反映吸磷过程是否进行完毕,也就是说 ORP 的恒定可以表征反硝化过程的结束,而无法表征吸磷过程是否中止。A_2NSBR 曝气阶段的 DO 能够很好地反映有机物降解、硝化反应及好氧吸磷反应速率。DO 在 SBBR 生物膜法好氧反应过程很好地指示出有机物去除至难降解部分的转折点(箭头 a),在随后的硝化过程 DO 不断缓慢攀升,在硝化结束时 DO 上升的速率加快,后出现一个平台,很好地指示了硝化的结束点。在后曝气阶段也同样出现了一个指示硝化接近结束的拐点(箭头 b)。由此可以总结为:在 SBR 法双污泥反硝化除磷工艺中,ORP 和 pH 的

在线监测可以较准确地检测出磷的释放，反硝化脱氮以及磷的吸收情况，在厌氧段pH的变化可以反映磷的释放情况，当磷释放停止之后，pH趋于稳定不再变化，在缺氧段ORP可以反映反硝化过程的进行情况，当ORP趋于稳定时，反硝化过程进行完毕，pH开始下降时则表示吸磷过程也已经结束。另一方面，DO和pH可以联合指示硝化反应的终点。因此认为，利用DO、pH和ORP对A_2NSBR每一个反应过程进行控制是很有前景的，而这些控制点的获得可以用于决定A_2NSBR在不同的进水水质条件和生物条件下来灵活地调节决定各反应阶段的时间，从而增强除营养物工艺的可靠性和稳定性。

4.3.2 反硝化除磷工艺的影响因素

4.3.2.1 生物因素对反硝化除磷工艺的影响

（1）污泥龄

污泥龄是系统中污泥量增殖一倍所需要的平均时间。对稳定的脱氮除磷系统，污泥龄可以用系统污泥平均停留时间（SRT）来表征。对仅以除磷为目的的污水处理系统，一般宜采用较短的污泥龄。缩短污泥龄后可以排放较多的污泥，去除的磷也较多。但是污泥龄过短之后，会使得系统中的污泥浓度逐渐降低，影响到系统的除磷性能，恶化出水水质，使出水COD、BOD不能达到排放要求。需要同时去除有机物、氮、磷的污水处理系统，污泥龄的控制就需要综合考虑污泥内各种微生物对SRT的要求。ObajaD[130]采用SBR工艺对氨氮含量高达1500mg/L、磷含量为144mg/L的猪舍污水进行处理，在温度为30℃，水力停留时间为11d、SRT＝1d条件下，氮、磷的去除率分别达到99.7%和97.3%。Beril S[131]采用改进后的SBR工艺，以葡萄糖和醋酸为碳源，在SRT为25d的条件下，对磷、氨氮及COD的去除率分别达到80%、98%及97%。

由于采用的是双污泥系统，只需要根据反硝化聚磷菌和硝化菌的生长所需的条件进行调节，使DPAOs和硝化菌处在各自最优的生长条件下。DPAOs是在厌氧/缺氧的条件下生长的，与厌氧/好氧环境中生长的PAO相比，生长速率较慢，所以其SRT比PAOs的长，才能保证较高的污泥浓度。如果SRT维持较短则可能导致MLSS浓度变低，无法保证系统的正常运行，但是工艺除磷主要是通过排放剩余污泥完成的，过高的SRT会对工艺的除磷效果产生影响。Tykesson[132]也指出：SRT较短将对生物除磷系统的生物量产生较大的影响，继而将导致系统中各种生化反应特性发生相应的快速变化，如吸、放磷速率和吸、放磷总量等的变化。因而需控制污泥龄适当，既保证污水的除磷效果，同时又能维持较高的污泥浓度。

（2）活性污泥浓度

通常系统中污泥浓度越大，污泥中DPAOs的量越多，系统反硝化吸磷效果越好。系统中的 MLSS 越高,厌氧段的释磷效果越好,缺氧段 DPAOs 吸磷能力也越强。但是如果 MLSS 过大,会给沉淀池的泥水分离带来困难,同时在缺氧吸磷过程还有可能导致磷的二次释放,影响出水水质。MLSS 变化对反硝化除磷工艺有明显影响:随着 MLSS 的升高,污泥比吸磷速率呈现出先上升后下降的趋势,也即当污泥浓度增加到一定值之后,由于底物浓度的限制,比吸磷速率呈现出下降的趋势,较高的污泥浓度又会产生较多的剩余污泥,造成污泥处置费用的升高,因而要保证吸磷效率以及脱氮除磷效果,污泥浓度不宜过高。

增大 MLSS 可提高反硝化除磷工艺的反应速率,而适当降低 MLSS 浓度,可以提高工艺的处理效率,并且在反应时间延长幅度不大的情况下,获得良好的吸磷效果。故需根据对工艺的处理效率、处理效果选择合适的污泥浓度。

4.3.2.2　非生物因素对反硝化除磷工艺的影响

(1) 温度

温度是污水处理过程中的重要参数,温度对反硝化除磷工艺的影响主要体现在温度对反硝化聚磷菌的厌氧释磷和缺氧吸磷两个过程的影响。

① 温度对反硝化聚磷菌厌氧释磷的影响。王亚宜[133]通过实验检测反硝化除磷工艺厌氧释磷过程中的 ORP 变化发现:在 25℃条件下,经过 45min 的厌氧放磷反应,微生物吸附的磷基本被全部释放出来;而在 8~10℃的温度条件下,达到相同的释磷量则需要 150min,时间延长了近 3 倍多。由此可见,温度确实会影响磷的释放速率,特别是在温度≤10℃的条件下,厌氧条件下聚磷微生物的生化反应计量学参数较常温条件都相应发生了变化。朱怀兰等[134]在 SBR 反应器中对污泥厌氧放磷速率进行研究时发现,在一定的温度范围内,温度每增加 10℃,放磷速率就增加一倍,这表明温度对厌氧释磷过程影响比较明显。在低温条件下,工艺的厌氧停留时间适当延长将更有利磷的充分释放。

② 温度对缺氧吸磷过程的影响。王亚宜[133]通过研究吸磷过程中 PO_4^{3-} 浓度变化曲线前 60min 内的斜率变化观察到(图 4-70):低温下的吸磷速率低于室温条件下的吸磷速率,2# 系统反应至 30min 时,基本已将混合液中的磷吸收完全,而1# 系统则用了 90min 才将系统内的磷吸收完全。可见如果反硝化除磷工艺在低温条件下运行,需要适当地延长缺氧吸磷的时间。观察缺氧吸磷过程 NO_3^- 的变化曲线也可发现,随着反应温度的降低,反硝化速率也随之降低,即低温条件降低了系统的反硝化脱氮效果,但是从整体来看,低温对吸磷效果的负面影响不大。只要保证足够长的反应时间,在 5~30℃的范围内,都可以得到较好的除磷效果。反硝化除磷的温度在 18~37℃范围内为宜,且在这个范围内,反硝化除磷速率随温度升高而提高。低温运行时,厌氧段的停留时间要更长一些,以保证发酵作用的完成,为聚磷菌提供足够可吸收的 VFAs。

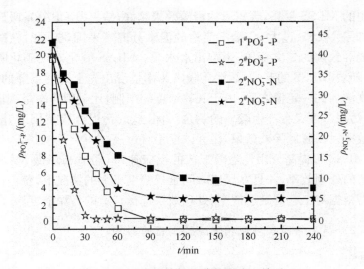

图 4-70　温度对缺氧吸磷的影响和关系
1#MLSS＝2681mg/L，T＝8～10℃；2#MLSS＝2692mg/L，T＝25℃

（2）pH

pH 是整个反硝化除磷工艺的重要控制参数。聚磷菌在厌氧条件下的释磷量一般随 pH 的升高而增加，pH 在 7～8 范围内，磷的厌氧释磷较稳定。当 pH 小于 6.5 时，生物除磷的效果会大大下降；pH 小于 5 时，EBPR 现象不会发生。在一定 pH 范围内，随着 pH 的升高则释磷量也升高，但当 pH 达到 8 以上时释磷量反而下降，这是由磷酸盐沉淀引起的检测值变小。对消耗单位乙酸所释磷量的测定结果显示，提高 pH 能增强聚磷污泥的释磷能力，这一现象可通过除磷的生化代谢模型来解释。乙酸虽然以分子的形式通过主动运输扩散进入细胞膜，但在细胞内它已经被转变为离子和质子形式，该过程需要消耗细菌质子移动力（the proton motive force，简称 PMF，其主要作用是通过膜结合酶复合体合成 ATP 并运输基质到细胞内）。在聚磷菌体内，为了重建或者恢复 PMF，细胞需要分解体内储存的聚磷颗粒（Poly-P），并利用质子传输 ATP 的能力将分解的离子或分子输送到细胞外，从而发生了磷的释放，其宏观表现为液相中磷浓度的升高。因为 pH 的升高将减小 PMF，为了维持 PMF 的恒定，聚磷菌需要分解更多的聚磷颗粒，故升高 pH 能使更多的磷被释放出来。另外，Smolders[135]认为，在厌氧状态下聚磷菌吸收底物中的低分子有机物（HAc），并将其以 PHA 的形式储存在细胞体内，而将 HAc 输送到细胞体内所需的能量（ATP）与 pH 成正比例关系，由于 ATP 主要由分解聚磷颗粒所产生，因此可推知升高 pH 会增加吸收单位乙酸的释磷量。

pH 过高会导致吸收单位有机物释放的磷的量增加，相比正常 pH 条件下，这相当于增加了一部分的无效释磷，这部分释磷对吸收有机物没有贡献，因而对

PHA 的合成产生不利的影响,减少了 PHA 的合成,减少了后续的缺氧吸磷电子供体的量,对整个吸磷过程可能产生不利影响。而 pH 过低,聚磷菌的释磷将受到严重影响,合成的 PHA 很少,无法保证后续缺氧吸磷的进行。因此,在研究反硝化除磷过程中,为避免 pH 上升对除磷的干扰,建议对系统的 pH 进行有效控制。

pH 会对缺氧吸磷产生一定的影响,尤其是当 pH>8 时,磷浓度会因化学沉淀作用而大幅下降,导致无法正确判断磷的去除途径。

pH 对硝化过程有着很大的影响。在好氧硝化池中,如果由于碱度的消耗而不去补充,就会使池中的 pH 急剧降低。硝化细菌对 pH 的变化十分敏感,一般认为硝化菌的适宜 pH 范围在 6.5~8.5,但是在 7.0~8.0 的时候活性最强,这时候的硝化速度、最大比增殖速率可达到最大值。但是当 pH 降到 5.0 以下的时候,硝化反应几乎停止。

(3) 硝态氮

硝酸盐是反硝化除磷过程的最终电子受体,它对反硝化除磷工艺有很大的影响。不同的厌氧段的硝酸盐浓度、硝酸盐投加方式、亚硝酸盐或游离亚硝酸 (FNA) 等对反硝化吸磷过程都有着很大的影响。

① 厌氧段硝酸盐浓度。如果处理系统在厌氧段存在大量硝态氮,则为污泥中的反硝化菌提供了生长环境,反硝化菌将消耗有机基质进行反硝化,减少 DPAOs 可以利用的有机物的量,影响到 DPAOs 的厌氧释磷。系统如果长期处于这种状态,可能导致普通的反硝化菌得到富集而 DPAOs 被逐渐排除系统。Chang[136]研究发现,如果 SBR 排水中的硝酸盐浓度从 5.6mg/L 上升到 10.9mg/L 时,磷的去除率将从 98% 下降到 80%。Rusten[137]发现,当为了达到较好的硝化效果而延长曝气时间,使排水中的硝酸盐浓度>10mg/L 时,生物除磷的能力将由于废水的不完全反硝化而逐渐消失。厌氧段大量硝态氮的出现,在 SBR 同时脱氮除磷工艺中容易发生。

② 硝酸盐投加方式。在缺氧段的不同硝酸盐投加方式会对反硝化吸磷过程产生很大的影响。李勇智等[129]通过采用 SBR 反应器,研究硝酸盐浓度及其投加方式对反硝化除磷过程的影响发现:缺氧环境下的反硝化吸磷速率与作为电子受体的硝酸盐浓度有很大的关系,硝酸盐浓度越高,吸磷速率越快。当硝酸盐浓度较低,不足以氧化 DPAOs 细胞内的 PHA 从而导致体系反硝化除磷效率的下降。相同浓度的硝酸盐,采用流加的方式可以获得比一次性投加更高的反硝化吸磷速率,这与上面结论仿佛是矛盾的,产生这种现象的原因可能是一次性投加硝酸盐之后反硝化吸磷过程会产生一些中间产物的积累,而这些中间产物的积累会抑制反硝化吸磷过程,连续性投加则不会产生中间产物的积累,因而不会产生抑制作用,故采用流加的方式反而能够获得更高的反硝化吸磷速率。

③ 亚硝酸盐或 FNA。研究表明,在厌氧状态下亚硝酸盐对 DPAOs 的厌氧释

磷的影响不同于硝酸盐对 DPAOs 的影响,亚硝酸盐的存在使 DPAOs 在厌氧状态下的释磷量有所增加。李夕耀[138]在控制初始 pH 为 7.5,污泥浓度 1.8g/L 左右,温度(20±1)℃的条件下,初始投加的亚硝酸盐浓度越高,对应的 DPAOs 在厌氧状态下释磷量越多,通过分析认为:亚硝酸盐的存在使得 DPAOs 产生了一部分的无效释磷,所以释磷量不同于硝酸盐存在时候的减少而增多。对产生无效释磷的机理还需要做进一步深入的研究。厌氧状态下,不论是硝酸盐还是亚硝酸盐的存在都会对 DPAOs 厌氧状态下的释磷产生影响,系统如果长期处于这种状态下,DPAOs 会被逐渐淘洗掉,系统逐渐丧失反硝化除磷能力,无法稳定运行。应当尽量保证 DPAOs 在厌氧状态下的充分释磷吸收有机物合成 PHA,减少硝酸盐和亚硝酸等的存在,才能达到系统的长期稳定运行。

王亚宜[139]通过研究发现低浓度的亚硝酸盐(<5mg/L)对未经亚硝酸盐驯化的反硝化聚磷污泥的反硝化吸磷性能没有明显的抑制,并且可以作为反硝化吸磷过程的最终电子受体,当亚硝酸盐浓度达到一定值(15mg/L)之后,反硝化吸磷过程会被完全抑制,且产生了释磷现象。

亚硝酸盐对经过亚硝酸盐驯化过的 DPAOs 的抑制作用相比对未经驯化的 DPAOs 的则明显减少了很多。经过驯化之后,DPAOs 对亚硝酸盐的耐受性明显提高,能够利用高浓度的亚硝酸盐为电子受体进行反硝化吸磷过程,亚硝酸盐对其的临界抑制浓度大大提高。王爱杰[140]以亚硝酸盐作为电子受体进行反硝化除磷活性污泥的培养与驯化,获得了很好的氮、磷去除效果。控制 $NO_2^- $-N 浓度在(35±5)mg/L、厌氧段进水 pH 为(8.0±0.1)、缺氧段进水 pH 为(7.2±0.1)、COD 浓度为 400mg/L 时,反硝化除磷效果最佳,$PO_4^{3-} $-P 去除率达 81.5%,$NO_2^- $-N 去除率接近 100%,并且系统保持稳定运行。这说明亚硝酸盐为电子受体的反硝化除磷是完全可以实现的。蒋轶峰[141]采用序批式污泥培养方式,探讨了 $NO_2^- $-N 为电子受体的反硝化除磷工艺特征。结果表明:通过逐步增加进水中 $NO_2^- $-N 浓度并取代 $NO_3^- $-N,可有效驯化 DPAOs 对较高浓度 $NO_2^- $-N(30mg/L)的有效利用。傅金祥等[142]利用 SBR 进行了以亚硝酸盐为电子受体的反硝化除磷研究得出,经过驯化的 DPAOs 能够利用的亚硝酸盐浓度为 30mg/L,过高则仍然会对吸磷过程产生抑制。张玉秀等[143]经厌氧-好氧+厌氧-缺氧-好氧(亚硝酸盐连续投加)方法驯化污泥,其能承受的亚硝酸盐初始浓度最高为 80mg/L,吸磷速率最高为 14mgP/(gVSS·h)。方茜[144]通过对比试验发现,当亚硝酸盐浓度高于 20mg/L 时,未经亚硝酸盐驯化的 DPAOs 的反硝化性能受到明显抑制,而经过亚硝酸盐驯化后的 DPAOs 在亚硝酸盐浓度为 32mg/L 左右时,依然保持良好的反硝化吸磷性能,但以亚硝酸盐为电子受体的反硝化吸磷速率要比硝酸盐为电子受体的低 21%。以上实验结果都证明亚硝酸盐可以作为反硝化吸磷过程中电子受体,在亚硝酸盐浓度达到或者大于临界抑制浓度的时候才会对反硝化吸磷过程产生明显的抑制,而低于临界抑制浓度的时候,跟硝酸盐和氧气一样可以作为吸磷过程的电子受体。采用亚硝酸盐直接对污泥进行驯化则是一方面提高了微生物对亚硝酸盐毒害作用的耐受性,另一方面经过驯化能够利用亚硝酸盐为电子受体的 DPAOs 得到了富集,使得污泥种群结构得到优化,污泥对亚硝酸盐的处理能力得到了提升。经过亚硝酸盐驯化的污泥在低于临界抑制浓度的亚硝酸盐浓度下可以长期稳定运行,可以得到很好的脱氮除磷效果。

Zhou Yan[145] 在研究亚硝酸盐对 DPAOs 反硝化吸磷过程的影响的时候发现 pH 在这个过程中对亚硝酸盐抑制缺氧吸磷的程度有着显著的影响,据此提出了游离亚硝酸是缺氧吸磷过程中真正的抑制因素的观点,指出:FNA 浓度与缺氧吸磷速率相关性非常好,亚硝酸盐与缺氧吸磷速率则相关性较差,在 FNA 浓度为 0.002mgN/L 时,反硝化吸磷过程开始受到抑制,随着 FNA 浓度从 0.002mgN/L 升高到 0.02mgN/L,反硝化吸磷速率逐渐降低,当游离亚硝酸浓度达到 0.02mgN/L 时,缺氧吸磷被完全抑制,同时发现相对于吸磷过程,反硝化过程被抑制程度较低,在游离亚硝酸浓度达到 0.02mgN/L 时,反硝化速率大约降低了 40%,继续升高游离亚硝酸浓度到 0.04mgN/L,反硝化速率并没有继续降低。

(4) 碳源

废水生物除磷工艺中,有机基质的种类、含量及其与微生物营养物质的比值(BOD/TP)是影响除磷效果的重要原因。分子量小、易降解的有机物(如低级挥发性脂肪酸)易于被聚磷菌利用,如果原水中挥发性脂肪酸(VFAs)的含量较高,则有利于 EBPR 的发生。如果废水中有机物不适合聚磷菌生长,有可能使非聚磷菌在竞争中占优势,从而影响除磷效果。PAOs 在利用不同基质的过程中,磷的释放率存在着明显的差异。Satoh H[146] 认为,如果好氧段进水中的氨基酸或蛋白质含量过低,聚磷菌的生长速率就会减慢,从而导致聚糖菌占优势,影响除磷效果。Evans 等[147] 的试验结果表明,在厌氧段投加丙酸、乙酸、葡萄糖等简单有机物能诱发磷的释放,但以乙酸的效果为最佳。因此,可以在厌氧段投加乙酸等易降解的低分子有机物来提高微生物的释磷量,增加其体内有机物储存,为缺氧阶段的大量吸磷创造条件。值得注意的是,碳源只有投加在厌氧段才能使出水的磷含量减少,如将碳源投加在缺氧段则会优先支持反硝化而使出水硝酸盐和亚硝酸盐的浓度降低,然而影响吸磷反应的进行。

Kerrn-Jespersen[148] 的研究表明,缺氧条件下的吸磷率、反硝化率是聚磷菌体内 PHA 储量的函数,HAc 的消耗量(PHA 量)与缺氧段的反硝化率及吸磷率存在一定的线性关系,缺氧条件下的吸磷率是 PHA 的一阶方程。从这些函数关系可见,厌氧段提供的 COD(HAc)充足与否直接关系着缺氧段反硝化和吸磷能力的强弱。按照理想的除磷理论,碳源(电子供体)和氧化剂(电子受体)不能同时出现,否则脱氮和除磷的效果都会受到影响。但在实际工程中不可能达到完全的理想条件,所以在提供给厌氧段充足碳源及缺氧段足量硝酸盐的同时应注意适度原则,使进水的 C、N 和 P 符合最佳比例关系以达到最佳的处理效果。

当进水 C/N 值较高时,一方面 NO_3^- 量不足将导致吸磷不完全而使出水的磷含量偏高;另一方面有可能使厌氧池的 HAc 投量超过了 DPAOs 合成 PHA 所需要的碳源量,过剩碳源在后续缺氧段被异养菌用于反硝化而未进行吸磷。进水 C/N 值较低时则会因 NO_3^- 过量而造成反硝化不彻底。Kuba[126] 在考察 A_2NSBR 工艺的运行特征时发现其最佳 C/N 值为 3.4,此时 P 去除率几乎达到 100%。当 C/N 值高于此值时(硝酸盐量不足)可在缺氧段后引入一个短时曝气(以 O_2 作为电子受体)将残留的磷去除;当 C/N 值低于此值时可通过外加碳源来去除过量的硝酸盐。1999 年,Bortone[149] 在对 Dephanox 和 JHB 两工艺进行对比试验中得到两者在不同 C/N 值时的除磷率,继之作者利用 MatLab-Simulink 建立的模型对大量的不同 COD/TKN 和 TKN/PO_4^{3-}-P 的进水进行了模拟试验,发现即使 COD/TKN 值很低、TKN/PO_4^{3-}-P 值很高(电子受体数量在缺氧吸磷段不受限制),Dephanox 工艺的除磷效率仍维持在 90% 以上。

不同的 C/P 比会对缺氧池中反硝化除磷效果造成影响。当进水 C/P 比较低时,由于碳源的缺乏,导致厌氧区污泥难以进行充分的释磷以及吸收小分子有机基质合成胞内储存物 PHA,进入缺氧池后,有限的 PHA 成为反硝化除磷的限制因素,导致最终反硝化除磷效果不佳,另外,如果是因为进水中磷酸盐浓度较高导致的进水 C/P 较低,可能会因为 DPAOs 过量吸磷之后污水中的磷酸盐还有剩余,导致出水不达标;当进水 C/P 比较高时,即系统中的溶解性 COD(SCOD)的量相对进水磷的浓度充足,厌氧段进行的释磷较为充分,吸收合成的 PHA 的量较为充足,缺氧段吸磷反应的电子供体充足,总磷的吸磷效果较好。然而如果厌氧池出水中的残留 COD 仍然较高,这部分 COD 进入缺氧区后,普通的反硝化菌可以利用这部分 COD 进行反硝化,导致反硝化聚磷菌可利用的电子受体量减少,并影响最终的反硝化除磷效果。

(5) 溶解氧(DO)

厌氧池中 DPAOs 释磷和合成 PHA 是反硝化除磷工艺的关键步骤,必须控制良好的厌氧条件保证 DPAOs 充分释磷。一般厌氧池 DO 应控制在 0.2mg/L 以下,如果 DO 浓度过高,一方面将抑制厌氧菌的水解酸化和产酸发酵作用,减少聚磷菌可吸收的基质的产生;另一方面,也会因好氧菌的活跃,使废水中有机基质被快速降解,减少 DPAOs 可吸收基质的量,影响反硝化除磷效果。在采用 SBR 法反硝化除磷工艺时,在进水阶段,应采用限量曝气的操作方式,以使污泥在厌氧条件下充分利用进水中的 VFAs 进行磷的充分释放,并且需设置搅拌装置进行良好的搅拌,使进水与前一周期留在反应器内的污泥充分混合接触,并控制 DO<0.2mg/L。在后曝气池,对 DPAOs 要提供适量的 DO,此部分 DO 主要用于部分

DPAOs 的增殖,部分用于好氧吸磷。曝气同时能够吹脱缺氧段反硝化吸磷过程产生的氮气小气泡,防止污泥因为黏附了反硝化产生的氮气小气泡之后产生污泥上浮,改善污泥的沉淀性能。但是溶解氧浓度不宜过高,曝气时间不宜过长,一方面DPAOs 利用氧气的速率比较快,体内 PHA 的氧化速率也比较快,如果曝气时间过长容易导致 DPAOs 的自溶;另一方面曝气时间过长、曝气量过大会使得好氧自养菌以及聚糖菌(GAOs)得到优势生长,影响污泥种群结构。

另外,硝化过程是氨氧化菌(AOB)和亚硝酸盐氧化菌(NOB)利用氧气将氨氮逐步氧化为硝酸盐的过程。氧气是这个过程中的氧化剂,要保证充分的硝化效果,充足的氧气供给必不可少。但是对实现短程硝化,DO 是一个必不可少的控制条件。氨氧化菌(AOB)的 DO 饱和常数一般为 $0.2 \sim 0.4 mg/L$,而亚硝酸盐氧化菌(NOB)细菌的 DO 饱和常数一般为 $1.2 \sim 1.5 mg/L$;低 DO 条件下 AOB 对 DO 的亲和力较 NOB 强。因此,可以适当地降低 DO 浓度,创造有利于 AOB 优势生长的条件,使得 AOB 在硝化系统中的比例逐步升高成为优势菌群,实现亚硝酸盐的积累和短程硝化。

4.3.3　SBR 法双污泥反硝化除磷工艺的应用前景

反硝化除磷工艺是一种新型的污水生物脱氮除磷工艺,它利用 DPAOs 的生物代谢活动,将脱氮和除磷两个过程结合起来,利用同一部分碳源实现同步脱氮除磷。该工艺优点如下:① COD 耗量少。COD 被吸收后,被最大程度地用于合成PHA,在缺氧环境中这部分 PHA 被 DPAOs 同时用于反硝化和吸磷作用,实现了脱氮和除磷,故该系统较适合 COD/TN 比值较低的污水的处理。② 以 NO_x^- 作为电子受体来完成,可以节省供氧量,故投入的动力消耗少。③ 处理效率提高,污泥处理费降低。DPAOs 悬浮生长于另一系统中,两者的分离解决了传统工艺中存在的聚磷菌和硝化菌的竞争矛盾,它们都可在各自最佳的环境中生长,这更有利于除磷、脱氮系统的稳定和高效,可控制性也得到了提高。另一方面,DPAOs 在厌氧/缺氧条件下运行污泥产量相比传统工艺有所降低,并且硝化菌是利用单独的 SBR培养,这不仅给生长速率较慢的硝化菌创造了一个稳定的生活环境,增加了系统中硝化菌生物量,还提高了硝化率。

SBR 法反硝化除磷工艺,同时具有了反硝化除磷技术的节能降耗的优点和SBR 反应器的优势。当前,北京、上海等大城市的污水处理率已经可以达到 90%以上,而在一些中小城市乃至小城镇污水处理率仍普遍偏低,急需建设一大批小型化的污水处理厂,提高小城镇的污水除磷水平。SBR 工艺占地少、控制方便等优势在小城镇污水处理中可以得到很好的发挥,结合反硝化除磷技术的节能降耗的优点,SBR 法反硝化除磷工艺是城镇污水处理的一个很好的选择。目前,反硝化除磷技术稳定性还有待进一步的提高,找到一种能够使得该工艺充分应对进水负荷变化冲击的策略是 SBR 法反硝化除磷工艺应用和大规模推广的关键。

4.4　同步硝化反硝化的理论和研究现状

　　废水生物脱氮工艺中通常发生有机物的好氧氧化、硝化和反硝化反应三种不同的生物反应。根据传统的脱氮理论,要实现废水生物脱氮必须使氨氮经历典型的硝化与反硝化过程,即废水中的氨氮首先被氨氧化菌和亚硝酸盐氧化菌在好氧条件下依次氧化为亚硝酸盐氮和硝酸盐氮,然后硝酸盐氮或亚硝酸氮在缺氧条件下被反硝化菌还原为氮气。由于硝化细菌和反硝化细菌对环境条件的要求不同,硝化反应在好氧条件下进行,而反硝化反应在缺氧条件下完成,一般认为这两个反应不能同时发生。在这种理论的指导下,大多数的生物脱氮工艺都将缺氧区和好氧区分隔开,即形成前置反硝化或后置反硝化工艺(如 SBR)。

　　然而,自 20 世纪 80 年代以来,研究人员在一些没有明显缺氧及厌氧段的活性污泥法工艺中,曾多次观察到氮的非同化损失现象,在曝气系统中亦曾多次观察到氮的损失,也就是存在氧的情况下的反硝化反应、低氧情况下的硝化反应。在这些处理系统中,硝化和反硝化反应往往发生在同样的处理条件及同一处理空间,因此,这些现象被称为同步硝化反硝化(simultaneous nitrification and dinitrification,简称 SND)。由于在这些处理系统中,反硝化作用发生在有氧的条件下,根据其中一种理论假设,亦有研究人员将这些现象中反硝化过程称之为好氧反硝化(aerobic denitrification)。

　　从生物化学角度出发,硝化过程是氨通过亚硝酸盐向硝酸盐的自养型转化,主要是由化能无机营养菌——硝化菌完成的;反硝化过程则被认为是在严格的厌氧条件下完成的。近年来,发现许多异养微生物也能硝化有机氮和无机氮化合物,异养硝化过程对自然界中氮的硝化能很大的贡献,甚至在许多微生态系统中异养菌的作用超过自养菌。与自养菌相比,异养硝化菌通常倾向于快速增长且有较高的产率,可容忍低一些的溶解氧(DO)浓度和酸性环境,喜欢较高的 C/N 比。而在反硝化过程中,硝酸盐和亚硝酸盐在呼吸电子传递链中被用作电子受体,其方式与氧相同,只是对代谢系统(如对酶)稍有不同。最初,反硝化被认为是严格的厌氧过程,因为反硝化菌作为兼性需氧菌,优先使用溶解氧(DO)呼吸(甚至在 DO 浓度低达 0.1mg/L 时也如此),这一特点阻止了使用硝酸盐和亚硝酸盐作为最终电子受体。然而,某些种类的细菌能够好氧反硝化,与厌氧反硝化细菌相比,好氧反硝化菌倾向于:①反硝化速率慢一些;②随着好氧/厌氧周期的变化,对小生态环境的适应性好一些;③喜欢某些特定基质,如甲醇。异养硝化及好氧反硝化过程及菌种的存在为 SND 的发生提供了微生物学依据。

4.4.1　同步硝化反硝化机理及特点

4.4.1.1　作用机理

（1）宏观环境理论

人们很早就注意到无明显的缺氧和厌氧段的活性污泥工艺中曝气池内氮的非同化减少，其减少量约有 10%～20%。由于生物反应器内的混合形态不均，如充氧装置的不同，可在生物反应器内形成缺氧或厌氧段，此为生物反应器的大环境即宏观环境。例如，在生物膜反应器中，生物膜内可以存在缺氧区，硝化在有氧的膜上发生，反硝化同时在缺氧的膜内发生。类似的工艺有 RBC、SBR 反应器及氧化沟等。事实上，在生产规模的生物反应器中，整个反应器处于完全均匀混合状态的情况并不存在，故 SND 也就有可能发生。

除了反应器在空间上溶解氧的不均匀外，反应器在时间上溶解氧的变化也会导致同时硝化反硝化。

（2）微环境理论

微环境理论侧重从物理学观点，研究活性污泥、生物膜和微环境中各种物质（如 DO 和有机物等）传递的变化，各类微生物的代谢活动及其相互作用，从而导致微环境中的物理、化学和生物条件或状态的改变。微环境理论认为：由于微生物个体形态非常微小，一般属 μm 级，影响生物的生存环境也是微小的，而宏观环境的变化往往导致环境的变化或不均匀分布，从而影响微生物群体类型的活动状态，并在某种程度上出现所谓的表里不一（即宏观环境与微观环境不一致）的现象[150]。事实上，由于微生物种群结构、基质分布代谢活动和生物化学反应的不均匀性，以及物质传递的变化等因素的相互作用，在活性污泥菌胶团和生物膜内部会存在多种多样的微环境类型，而每一种微环境往往只适合于某一类型微生物的活动，而不适合其他微生物的活动。

在活性污泥中，决定各类微环境状况的因素包括有机物和电子受体，如：DO和硝态氮的浓度及物质传递特性、菌胶团的结构特征、各类微生物的分布和活动状况等。在好氧性微环境中，由于好氧菌的剧烈运动，当耗氧速率高于氧的传递速率时，可变成厌氧性微环境；同样厌氧微环境在某些条件下，也能转化成好氧微环境。如 DO 浓度增高，搅拌加剧，使氧传递能力增强时，就会使菌胶团内部原来的微环境由厌氧型转为好氧型。一般而论，即使在好氧性微环境占主导地位的活性污泥系统中，也常常同时存在少量的微氧、缺氧、厌氧等状态的微环境。厌氧微环境理论是以好氧硝化和厌氧反硝化的相互专有概念为基础的，也就是说，硝化可发生在絮体的表面，而反硝化由于活性污泥絮体内的 DO 梯度，会发生在内层，而采用点源性曝气装置或曝气不均匀时，则易出现较大比例的局部缺氧微环境。因此，曝气阶段会出现某种程度的反硝化,或称同步硝化反硝化现象。在生物膜法中,基质浓度和膜厚的变化对厌氧微环境的产生有重大影响。微生物絮凝体反应区的分布如图 4-71 所示。

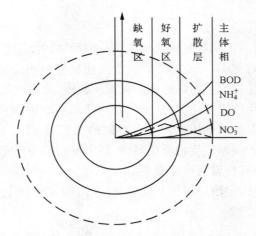

图 4-71　微生物絮体内反应区和基质浓度分布示意图(双氧区模型)

　　对同时去除有机物和进行硝化反硝化的工艺,硝化菌在活性污泥中约占 5% 左右,大部分的硝化菌、反硝化菌处于生物絮体内部,在这种情况下,DO 浓度增高将提高其对生物絮体的穿透力,因此,可以提高硝化反应速率,但会降低反硝化速率。生物絮体内部的微环境状态,除了受 DO 影响外,还和有机负荷(F/M)、絮体大小和搅拌程度有关。高 F/M、低 DO 或无搅拌时,生物絮体内微环境倾向于向缺氧或厌氧发展;反之,低 F/M、高 DO 或有搅拌时,微环境向好氧状态发展。

　　由于好氧工艺中厌氧性微环境的存在,使得对于好氧反硝化的现象,即使从传统硝化反硝化理论的角度解释,也可以理解了。

　　微环境理论中的活性污泥絮体双氧区模型已经成为好氧状态下单级活性污泥同时硝化反硝化生物脱氮的理论基础,不过,该模型也存在着一个重大的缺陷,即有机碳源问题。有机碳源既是异养反硝化的电子供体,又是硝化过程的抑制物质,而在双氧区模型中,污水中的有机碳源在穿过好氧层时,首先被好氧菌氧化,处于厌氧区的反硝化菌由于得不到电子供体,反硝化速率就降低,SND 的脱氮效率也就不会很高。该理论的缺陷则需要用新的概念和理论(如非平衡增长概念)来进一步完善。

　　(3) 微生物学理论

　　传统理论认为硝化反应只能由自养菌完成,反硝化只能在缺氧条件下由异养菌完成。近年来,好氧反硝化菌和异养硝化菌的存在已经得到了证实。20 世纪 80 年代,Robertson 和 Kunen[152] 在反硝化和除硫系统出水中首次分离了好氧反硝化菌,假单胞菌属(*Pseudomonas* sp.)、粪产杆菌属(*Alcaligenes facealis*)、泛氧副球菌(*Thiosphaera pantotropha*)等。在好氧条件下很多硝化菌可以进行反硝化作用,例如,在低溶解氧条件下,硝化菌 *N. europaea* 和 *N. eutropha* 可以进行反硝化作用。同样,许多异养菌也能完成有机氮和无机氮(氨氮)的硝化过程,而这些异养菌中的大部分具有在缺氧或好氧条件下的反硝化能力,即这些异养硝化菌同时也是好氧反硝化菌。因此,从生物学角度来看同步硝化反硝化生物脱氮是可能的。目前,研究得较多的好氧硝化/反硝化菌是泛氧副球菌(*Thiosphaera pantotropha*),该过程的好氧硝化反硝化可能是通过两步反应的,氨氮先被氧化成亚硝酸,后被还原成氮气从水中去除。

Robertson 等[152]认为好氧反硝化菌也能进行异养硝化,这样反硝化菌就可以在有微量氧存在的条件下直接把氨氮转化为气态产物而去除,并就此提出了好氧反硝化加异氧硝化的过程模型(图 4-72)。即 *Thiosphaera pantotropha* 和其他好氧反硝化菌使用硝酸盐/亚硝酸盐呼吸(好氧反硝化),氨氧化(这里指的是异养硝化,而不是传统意义上的自养硝化),以及在最后一步作为过量还原能量的累积过程形成 Poly-P-hydroxybutyrate(PHB)。关于好氧反硝化和异养硝化菌,其反应速率随着 DO 增加而减少的规律也有类似的报道。然而,在 DO 浓度从 10% 到 2 倍的空气饱和度的均质悬浮细菌培养试验中,也明显发现了好氧反硝化[153]。

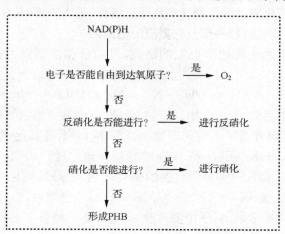

图 4-72　同步硝化反硝化的过程模型

好氧反硝化菌作用的机理引起了人们极大的关注,Robertson 等[154]认为,在好氧反硝化中协同呼吸是一个很重要的机理,协同呼吸意味着分子氧和硝酸盐被同时作为电子受体,在细胞色素 c 和细胞色素 aa₃ 之间的电子传输链中的瓶颈现象就可以克服,因而也就允许电子流能同时传输到反硝化酶以及分子氧中,反硝化反应就可能在好氧环境中发生。

从反硝化酶系角度阐释好氧反硝化现象也是开始于 *Thiosphaera pantotropha* 的研究,在 *Thiosphaera pantotropha* 里,存在着两种不同的硝酸盐还原酶(NAR),即膜内硝酸盐还原酶和周质硝酸盐还原酶。菌体的好氧生长和厌氧生长分别揭示了好氧条件下和厌氧条件下这两种酶的活性,在缺氧条件下,膜内硝酸盐还原酶被表达,而这种酶在好氧条件下完整的细胞里是不起作用的。在好氧条件下,周质硝酸盐还原酶被表达,这种酶即使在很高的氧浓度下仍然可以起作用,这两种 NAR 的催化特征是明显不同的。周质硝酸盐还原酶不能够使用氯酸盐作为可选择的电子受体,而且对叠氮化物也不敏感。仅仅只有膜内硝酸盐还原酶能够同 NADH 脱氢酶相结合,*Thiosphaera pantotropha* 的周质硝酸盐还原酶的好氧表达不会依赖于是否存在硝酸盐,但是会极大地被所使用的碳源种类影响。还原态的碳源(丁酸盐或乙酸盐)越多,周质硝酸盐还原酶的活性越强。这证实了它在好氧生长过程中可能起着氧化还原阈值的作用。周质硝酸盐还原酶很有可能参与了好氧反硝化,因为在周质中硝酸盐的还原反应对透过细胞质膜进行硝酸盐转运时的氧气的抑制不是很敏感,而细胞质膜可以透过膜内硝酸盐还原酶来阻止这种还原反应。

(4) 中间产物理论

好氧反硝化所呈现出的最大特征是好氧阶段总氮的损失,一方面,这一现象可由存在的好氧反硝化菌的微生物学理论予以解释;另一方面,从生物化学途径中产生的中间产物,也能够解释一部分总氮损失的原因。

关于硝化作用的生物化学机制的研究,目前已初步搞清楚是按以下途径进行的:

$$NH_3 \rightarrow H_2N\text{-}NH_2 \rightarrow NH_2-OH \rightarrow N_2 \rightarrow N_2O(HNO) \rightarrow NO \rightarrow NO_2^- \rightarrow NO_3^-$$

在这个过程中,至少有三个中间产物 N_2,N_2O 和 NO 能以气体形式产生,其中硝化、反硝化过程均可以产生中间产物 NO 和 N_2O,而且其比例可高达氮去除率的 10% 以上,而 Marshall Spector 发现硝酸盐反硝化过程中,N_2O 最大积累量可达到总氮去除率的 50%～80%。较多的研究表明,在好氧硝化过程中,如果碳氮比值较低,DO 较低或 SRT 较小,都能导致 N_2O 释放量增大;而且好氧反硝化会产生比厌氧反硝化时更多的 N_2O 中间产物。N_2O 是一种重要的地球温暖化气体,是应该设法避免产生的。

因为好氧硝化或好氧反硝化产生了中间产物 N_2O 作为气体逸出,构成了好氧条件下一部分总氮损失。在此,应着重指出的是,因为好氧反硝化产生了中间产物 N_2O 的逸出而导致的一部分氮损失,实际上不是反硝化脱氮。

4.4.1.2　技术特点

同时硝化反硝化生物脱氮技术的出现为在同一个反应器内同时实现有机物去

除、硝化、反硝化提供了可能,这一方法不仅可以克服传统生物脱氮存在的问题,还具有以下优点[155,156]:

(1) 硝化过程中碱度被消耗,但在同时的反硝化过程中亦会产生碱度,由此能有效地保持反应器中 pH 稳定,而且无需添加外碳源和碱度,考虑到硝化菌最适 pH 范围很窄,仅为 7.5～8.6,因此这一点是很重要的。

(2) 同时硝化反硝化意味着在同一反应器、相同的操作条件下,硝化、反硝化应能同时进行。如果能够保证在好氧池中一定效率的反硝化与硝化反应同时进行,那么对于连续运行的同时硝化反硝化工艺污水处理厂,可以省去缺氧池的费用,或至少减少其容积。对于仅由一个反应池组成的序批式反应器来讲,同时硝化反硝化能够降低实现完全硝化、反硝化所需的时间。

(3) 如果能将硝化过程只进行到亚硝化阶段并直接由亚硝酸盐进行反硝化,实现亚硝酸型硝化反硝化的途径即可避免 NO_2^--N 氧化成 NO_3^--N 及 NO_3^--N 再还原成 NO_2^--N 这两个多余的反应,从而在好氧阶段可节省约 25% 的 O_2,在缺氧阶段可减少 40% 的有机碳,反硝化速率提高 63%。

所以,对于含氮废水的处理,同时硝化反硝化技术有着重要的现实意义和广阔的应用前景。

4.4.2　实现同步硝化反硝化的控制因素

通过控制系统中的各种反应条件,可以实现 SND。影响 SND 的控制因素多且复杂,主要有微生物絮体的结构特征、DO 浓度、有机碳源、ORP 等。

4.4.2.1　微生物絮体结构特征的影响

微生物絮体的结构特征即活性污泥絮体粒径的大小及密实度等直接影响了 SND。微生物絮体粒径及密实度的大小,一方面直接影响了絮体内部好氧区与缺氧区比例的大小;另一方面还影响了絮体内部物质的传质效果,进而影响了絮体内部微生物对有机底物及营养物质获取的难易程度。絮体粒径的大小,对特定的反应器系统而言,应当有一个最佳粒径范围,才能创造微生物絮体内好氧区与缺氧区的最佳比例。较大粒径的絮体可以导致内部较大缺氧区的存在,并有利于反硝化的进行;但粒径过大、絮体过密,也会导致絮体内物质的传质受阻,进而会影响絮体内微生物的代谢活动。

絮体粒径大小对絮体内好氧区与缺氧区比例的影响如图 4-73 所示。

Klangduen Pochana 等[157]研究了 SBR 系统中影响 SND 的因素,认为微生物絮体粒径大小为一重要控制因素,并认为较大粒径的微生物絮体有利于 SND 的进行。因为在较大粒径微生物絮体的内部可以形成相对较大且较持久的缺氧区,这显著地强化了絮体内部的反硝化,而小粒径的絮体内的 DO 浓度下降幅度有限,且

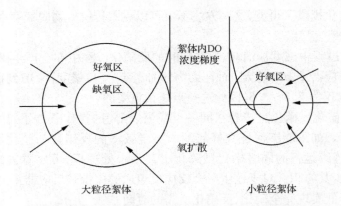

图 4-73　微生物絮体粒径对絮体内好氧区和缺氧区比例大小的影响

DO 浓度接近于外表的，其内部短暂的低 DO 浓度水平是不可能获得显著反硝化的。这一研究也进一步证实了物理学方面的微环境理论对 SND 解释的正确性，表明 SND 一方面确实是由于污泥絮体内 DO 扩散的限制造成 DO 浓度梯度而发生的一种物理现象。

4.4.2.2　DO 浓度的影响

DO 浓度是影响系统中 SND 的重要参数之一。系统中的 DO 首先应足以满足有机物的氧化及硝化反应的需要，使硝化反应充分；其次 DO 浓度又不能太高，以便能在微生物絮体内产生 DO 浓度梯度，促进缺氧微环境的形成，同时使系统中有机底物不致于过度消耗而影响了反硝化碳源的需求。对不同的水质和不同粒径、密实度的污泥絮体，DO 浓度的控制范围也会有所不同。资料表明，各种不同构筑物发生 SND 的 DO 浓度范围也各异：四槽式氧化沟为 $0.3\sim0.8$mg/L，序批曝气氧化沟工艺中 <1.0mg/L，半序批式活性污泥法工艺为 $0.3\sim1.5$mg/L，附着生长反应器系统中为 $1.0\sim2.0$mg/L 等，大多生产性实验的结果为 $0.5\sim1.0$mg/L。对于不同的水质和不同的工艺，实现 SND 的具体 DO 浓度水平需要在实践中确定。但可以肯定，SND 系统中的 DO 比传统生物脱氮工艺低得多，属于低 DO 下的硝化反硝化脱氮工艺，这显然具有重要的实践意义。

4.4.2.3　碳源的影响

废水中碳源对 SND 的影响主要表现在两个方面：一方面是进水 C/N 比高低的影响；另一方面为进水中快速易降解有机物（RBCOD）含量高低的影响。C/N 与 RBCOD/COD 比越高，缺氧反硝化与好氧反硝化的碳源越充足，SND 越明显，总氮的去除率也就越高。另外，碳源对 SND 的影响还表现在污泥有机负荷的高低，污泥有机负荷过高，异养菌活动旺盛，势必会一定程度地抑制硝化反应，硝化不充分必然会影响反硝化;污泥负荷过低,有机物大量消耗,会影响反硝化的碳源需求。

Klangduen Pochana 等[157]研究了碳源对 SND 的影响,结果认为 RBCOD 为 SND 的重要影响因素之一,试验中添加 RBCOD 可使 SND 的活性显著加强。笔者采用内循环气升式反应器(IALR)处理垃圾填埋场渗滤水的过程中也证实了碳源对实现 SND 的重要性,当进水 COD/N、RBCOD/COD 比较高时,可以获得较好的 SND 效果,反之则较差。

4.4.2.4　ORP 的影响

ORP 是影响 SND 的重要因素之一。通过控制系统中的 ORP 在适当的范围内可以获得较好的效果。一般情况下,较高 ORP 有利于 SND 的发生。一些研究表明,ORP 与 DO、pH 等有着密切的关系,通过控制 ORP,可以间接控制 DO 浓度,进而控制 SND。C. Collivignavelli 等研究了 ORP 对 SND 的影响,认为最佳 ORP 范围应当根据进水的特征来确定。系统中高 ORP 值促进了完全反硝化反应的进行,出水中 NO_3^- 较高,而低 ORP 值会使得出水中 NH_3 浓度升高。G. Bertanza 在延时曝气污水厂的改造过程中研究了 ORP 与 DO 的双重控制对 SND 的影响,认为较高的 ORP 有利于氮的去除,最佳 ORP 为 150~200mV。Hong W. Zhao 等研究了两段序批曝气工艺中 SND 的控制因素,认为绝对 ORP 可用作 SND 的实时控制参数。许多的研究都认为通过测量 ORP 和 DO 的双重控制比单纯测量 DO 对控制 SND 而言效果要好得多,这是因为 ORP 不仅涉及 DO 浓度水平,还涉及有利于 SND 实现的其他因素:ORP 不仅是由 O_2/OH^- 的平衡决定,而且还由 NO_3^-/NH_4^+(通常起主导作用)及 NO_2^-/NH_4^+ 等决定。笔者在用 IALR 反应器对垃圾填埋渗滤水进行 SND 试验的过程中也发现,至少要将反应器内的 ORP 控制在正值时的脱氮效果才比较好,最佳 ORP 范围为 120~200mV。

当然,影响 SND 的控制因素还有很多,除上述几个重要的参数之外,还有其他的因素,如,温度、pH 等也都会对 SND 有着一定的影响。这些因素的影响也都需要在实践中去探索并确定,以便更好地指导生产实践。

4.4.3　亚硝酸型同步硝化反硝化

4.4.3.1　亚硝酸型同步硝化反硝化的提出

杨庆等[158]通过长期对短程硝化过程的研究发现,短程硝化过程常常会出现明显的氮损失现象(氮损失大于 50%),即在氨氧化过程中,氨氮以其他形式(非亚硝化)离开反应体系,使得当氨氧化过程结束时,产生的 NO_2^--N 浓度小于反应开始时的氨氮浓度。这个现象曾引起一些国内外学者的关注,Hyungseok Yoo

等[159]以乙酸盐为主要碳源,采用序批曝气反应器,研究了处理人工配水的短程硝化过程。结果表明该过程中存在氮损失,Hyungseok Yoo 把它归结为同步硝化反硝化(SND),同时他还研究了该过程的影响因素(如 pH、DO、游离氨等)。高大文等[160]采用 SBR 反应器处理豆制品废水,当控制溶解氧为 0.5mg/L 左右时,大约87.6%的氨氮是在好氧硝化阶段去除的。范建华等[161]采用 SBR 反应器处理人工配制的城市污水,在研究泥龄对于短程硝化反硝化影响的过程中,也发现了大约80.39%的氨氮是在好氧硝化阶段去除的。大部分学者认为短程硝化过程中氮损失的主要原因是发生了同步硝化反硝化,并提出了"亚硝酸盐型同步硝化反硝化"的概念。也有一部分研究从其他角度来解释短程硝化过程的氮损失问题,如中间产物学说[162]、氮的逃逸理论等[163]。

4.4.3.2　亚硝酸型同步硝化反硝化的初步证实

理论上,如果抑制硝化反应的第二步(即亚硝酸氮被氧化为硝酸盐氮),则反硝化菌可利用亚硝酸盐氮作为最终电子受体,完成同时硝化反硝化。经亚硝酸盐氮完成的 SND 具有很多优点,如:反硝化时 COD 需求量减少 40%、反硝化效率高、厌氧生长期产生的生物量显著减少等。Abeling 和 Seyfried 的实验证实了碳源消耗的减少,后来又发现与完全硝化反应相比,亚硝化反应仅需 75%的氧。本小节通过分析 SBR 工艺生活污水短程硝化过程中氮的转化途径和平衡关系,为亚硝酸型同步硝化反硝化提供数据和理论支持。

(1) SBR 法污水生物脱氮过程的氮平衡分析

经过初期启动培养,系统达到了较好的短程硝化效果。图 4-74 给出了 SBR工艺短程硝化系统一个典型周期的氮转化情况,可看出,氨氧化过程进行完全,曝气结束时,出水 NH_4^+-N<1mg/L,且在整个好氧阶段(0~180min)仅有 0.52mg/L NO_3^--N 产生,短程硝化率接近 100%。在 NH_4^+-N 由起始浓度 38mg/L 降至0.5mg/L 的过程中,NO_2^--N 在系统中达到 18mg/L。由此可知,反应过程中有52.6%的氨氮存在亚硝化以外的氮转化途径。系统中的氨氮降解过程可能存在的氮转化途径如图 4-75 所示。下面逐一分析一下各种氮转化途径。

(2) N_2O 释放量

在整个反应过程中,N_2O-N 的产生量包括溶解在溶液中的 N_2O-N 和释放到大气中 N_2O-N 两部分。图 4-76 给出了图 4-74 所示的短程硝化反硝化过程中一个周期内 N_2O 浓度的动态变化情况。曝气前 60min,SCOD 浓度迅速降低,此阶段主要完成有机物的氧化,所消耗的 NH_4^+-N 主要用于合成细胞物质,无 N_2O 产生。此后,SCOD 降低速率变缓,而 NH_4^+-N 的氧化速率加快,此时处理系统主要进行硝化反应。硝化结束时,NH_4^+-N 几乎全部氧化为 NO_2^--N,而 NO_3^--N 浓度仅为 0.52mg/L。硝化反应过程中 N_2O-N 产生量和 N_2O-N 释放量均逐渐升高至最

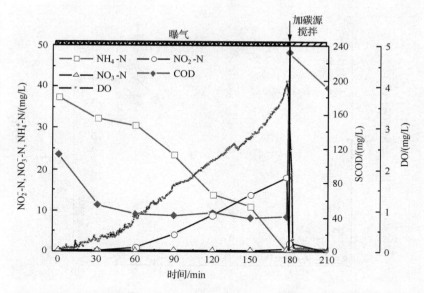

图 4-74　短程硝化反硝化中 NH_4^+-N，NO_2^--N，NO_3^--N 和 SCOD 的典型变化

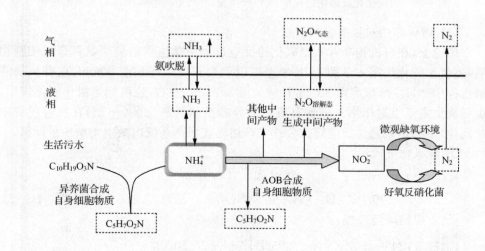

图 4-75　氨氮降解过程中可能存在的氮转化途径

大值；而溶解态 N_2O-N 先升高而后逐渐降低。待短程硝化完成后，即 NH_4^+-N 全部转化为 NO_2^--N 后，停止曝气加入碳源，进行反硝化。反硝化过程中，N_2O-N 产生量降低，而 N_2O-N 释放量基本保持不变。加入碳源后，溶解态 N_2O-N 迅速降低。至氨氧化过程结束，气相和液相中的 N_2O-N 浓度达到了 3.1mg/L，占整体氮损失的 15.5%。

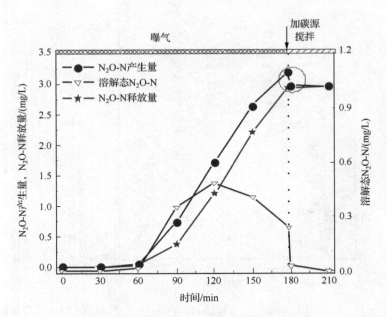

图 4-76　短程硝化反硝化过程中 N_2O 产生量,释放量和溶解性 N_2O 的典型变化

(3) 同化作用对氮损失的贡献

理论上,在有机物降解和氨氧化的反应过程中微生物需利用氨氮合成细胞物质,也就是同化作用。从图 4-74 中也可以观察到反应开始前 60min,在有机物降解过程中 NH_4^+-N 浓度由 38mg/L 减少至 32mg/L 左右,这可能是由于同化作用,也可能是由于吸附作用。降解有机物的异养菌和氨氧化菌(AOB)在反应过程中的同化作用,可以通过反应理论公式进行估算或根据系统内微生物增长量计算。

① 氨氧化过程:

$$NH_4^+ + 1.38O_2 + 1.98HCO_3^- \xrightarrow{AOB}$$
$$0.02C_5H_7O_2N + 0.98NO_2^- + 1.89H_2CO_3 + 1.04H_2O \quad (4\text{-}22)$$

② 有机物降解过程:

$$C_{10}H_{19}O_3N + 4.625O_2 + 0.575NH_4^+ + 0.575HCO_3^- \xrightarrow{异养菌}$$
$$1.575C_5H_7O_2N + 2.7CO_2 + 5.425H_2O \quad (4\text{-}23)$$

推导利用氧作为电子受体时,生活污水($C_{10}H_{19}O_3N$)生物氧化的平衡反应式。

a. 首先列出两个氧化半反应

$$\frac{1}{50}C_{10}H_{19}O_3N + \frac{9}{25}H_2O = \frac{9}{50}CO_2 + \frac{1}{50}NH_4^+ + \frac{1}{50}HCO_3^- + H^+ + e^-$$

$$\Delta G = -31.80kJ/mol \quad (4\text{-}24)$$

$$\frac{1}{4}O_2 + H^+ + e^- = \frac{1}{2}H_2O \qquad \Delta G = -78.14kJ/mol \quad (4\text{-}25)$$

两式相加得：

$$\frac{1}{50}C_{10}H_{19}O_3N + \frac{9}{25}H_2O + \frac{1}{4}O_2 = \frac{9}{50}CO_2 + \frac{1}{50}NH_4^+ + \frac{1}{50}HCO_3^- + \frac{1}{2}H_2O$$

$$\Delta G = -109.94 \text{kJ/mol} \tag{4-26}$$

$$C_{10}H_{19}O_3N + 12.5O_2 = 9CO_2 + NH_4^+ + HCO_3^- + 7H_2O$$

$$\Delta G = -109.94 \text{kJ/mol} \tag{4-27}$$

上述氧化还原反应的自由能变化为负值,则此反应释放能量。产能反应是由细胞内的酶催化的。释放的能量可供给细胞生长,只有一部分(40%～80%)产生的能量可被细菌俘获,剩余的能量作为热量被释放,McCarty 假设 60% 的能量被有效俘获。

细胞合成所需要的能量取决于用于细胞生长的特殊碳源和氮源,对于异养菌,利用多种碳源并产生不同的能量效果,当假设丙酮酸盐为细胞合成的有机中间产物进行分析时,是产能或耗能要看最终产物与丙酮酸的自由能之间的关系。因为丙酮酸盐既是糖酵解的终点,又是三羧酸循环的前提。细胞合成需要的能量用下式估算。

$$\Delta G_S = \frac{\Delta G_p}{K^m} + \frac{\Delta G_N}{K} + \Delta G_c \tag{4-28}$$

式中：ΔG_S——将 1 电子当量($e^- \cdot eq$)碳源转化为细胞物质的自由能；

　　　ΔG_p——将 1 电子当量($e^- \cdot eq$)碳源转化为丙酮酸盐的自由能；

　　　K——能量转换中被俘获的部分；

　　　m——当 ΔG_p 为正时,$m=+1$,当 ΔG_p 为负时,$m=-1$；

　　　ΔG_c——将 1 电子当量($e^- \cdot eq$)丙酮酸盐转化 1 电子当量细胞物质的自由能,$\Delta G_c = 31.41 \text{kJ/mol } e^-$ 细胞；

　　　ΔG_N——1 电子当量($e^- \cdot eq$)细胞将氮还原成为氨的自由能；在异养反应中所利用的电子供体可分为两部分：一部分用于氧化产能,一部分用于细胞合成。

$$K\Delta G_R \left(\frac{f_e}{f_s}\right) = -\Delta G_S \tag{4-29}$$

$$f_e + f_s = 1 \tag{4-30}$$

式中：K——被俘获能量的比率；

　　　ΔG_R——氧化还原反应中释放的能量,$\text{kJ/mol } e^-$；

　　　f_e——被基质利用的每摩尔电子中被氧化的物质的量；

　　　f_s——被基质利用的每摩尔电子中用于细胞合成的物质的量；

　　　ΔG_S——细胞生长利用的能量；$\text{kJ/mol } e^-$。

对于式(4-29)，k 取 0.6 得：

$$K(\Delta G_R) = 0.6 \times (-109.94) = -65.964 \text{kJ/mol} \tag{4-31}$$

$\Delta G_c = 31.41 \text{kJ/mol e}^-$ 细胞，$\Delta G_N = 0$。

b. 计算 ΔG_p 涉及两个半反应：

$$\frac{1}{50} C_{10}H_{19}O_3N + \frac{9}{25} H_2O = \frac{9}{50} CO_2 + \frac{1}{50} NH_4^+ + \frac{1}{50} HCO_3^- + H^+ + e^-$$

$$\Delta G = -31.80 \text{kJ/mol}$$

$$\frac{1}{5} CO_2 + \frac{1}{10} HCO_3^- + H^+ + e^- = \frac{1}{10} CH_3COCOO^- + \frac{2}{5} H_2O$$

$$\Delta G = +35.78 \text{kJ/mol} \tag{4-32}$$

两式相加：

$$C_{10}H_{19}O_3N + CO_2 + 4HCO_3^- = 5CH_3COCOO^- + NH_4^+ + 2H_2O$$

$$\Delta G_p = +3.98 \text{kJ/mol} \tag{4-33}$$

ΔG_p 为正值，故需要能量，$m = +1$。

根据式(4-28)：

$$\Delta G_S = \frac{\Delta G_p}{K^m} + \frac{\Delta G_N}{K} + \Delta G_c = \frac{3.98}{0.6} + 31.41 = 38.043 \text{kJ/mol}$$

根据式(4-29)：

$$\frac{f_e}{f_s} = \frac{-\Delta G_S}{K \Delta G_R} = \frac{-38.043}{-65.964} = 0.577$$

根据式(4-30)：

$$f_e + f_s = 1$$

所以 $f_e = 0.37, f_s = 0.63$。

c. 生物反应的化学计算

生物反应的化学计算可用以下关系表述：

$$R = f_e R_a + f_s R_{cs} - R_d \tag{4-34}$$

式中：R——平衡全反应；

　　　R_a——电子受体半反应；

　　　R_{cs}——细胞组织合成的半反应；

　　　R_d——电子供体的半反应。

则：

$$R = 0.37 \left\{ \frac{1}{4} O_2 + H^+ + e^- = \frac{1}{2} H_2O \right\}$$

$$+ 0.63 \left\{ \frac{1}{5} CO_2 + \frac{1}{20} NH_4^+ + \frac{1}{20} HCO_3^- + H^+ + e^- = \frac{1}{20} C_5H_7O_2N + \frac{9}{20} H_2O \right\}$$

$$- \left\{ \frac{1}{50} C_{10}H_{19}O_3N + \frac{9}{25} H_2O = \frac{9}{50} CO_2 + \frac{1}{50} NH_4^+ + \frac{1}{50} HCO_3^- + H^+ + e^- \right\}$$

得平衡全反应 R 的表达式：

$$0.02C_{10}H_{19}O_3N + 0.0925O_2 + 0.0115NH_4^+ + 0.0115HCO_3^- =$$
$$0.054CO_2 + 0.1085H_2O + 0.0315C_5H_7O_2N \quad (4-35)$$

或

$$C_{10}H_{19}O_3N + 4.625O_2 + 0.575NH_4^+ + 0.575HCO_3^- =$$
$$2.7CO_2 + 5.425H_2O + 1.575C_5H_7O_2N \quad (4-36)$$

假设典型的细胞分子式为 $C_5H_7O_2N$，生活污水中有机物的典型分子式为 $C_{10}H_{19}O_3N$，我们可以看出，在氨氧化过程中，仅有 1/50 的氨氮用于合成细胞物质；而在降解有机物过程中，同化作用去除的氨氮与降解的有机物量有关系。根据上面的计算公式可得在本试验中，同化作用去除的氨氮约为 2.63mg/L 左右，占整体氮损失的 13.5%。

这种估算方法存在一定的误差，由于水质的不同，其含有的有机氮成分也不尽相同。有机氮成分含量较高的废水，由于氨化作用而释放出来的氨氮甚至会使水中的氮浓度升高。

（4）SND 分析

国内外众多学者的研究结果表明，在一些特定条件下（如低溶解氧、存在特殊菌群），氨氧化过程会同时发生反硝化现象，即系统中的氮以 N_2 形式离开反应体系。目前对于同步硝化反硝化过程的认识，主要有两种观点被普遍接受，一是微环境理论[164]，另一个是好氧反硝化菌的反硝化作用[165]。

微环境理论认为：由于微生物个体形态非常微小，影响微生物的生存环境也是微小的，而宏观环境的变化往往导致环境的变化或不均匀分布，从而影响微生物群体类型的活动状态，并在某种程度上出现所谓的表里不一（即宏观环境与微观环境不一致）的现象。Katie A. Third 等[166]于 2003 年提出了"以储存的 PHB 作为电子供体进行同步硝化反硝化"的观点解决了在此之前微环境理论的重大缺陷，推动了该理论的进一步发展。目前氨氧化过程的氮损失问题仍主要依据微环境理论来研究和分析。

由于好氧反硝化菌的发现，使得好氧反硝化的解释有了生物学的依据[167]。已知的好氧反硝化菌有 *Pseudomonas* sp, *Alcaligenes faecalis*, *Thiosphaera pantotropho* 等。Robertson 等[168]认为这些好氧反硝化菌也能进行异养硝化，这样反硝化菌就可以在有微量氧存在的条件下直接把氨氮转化为气态产物而去除。

在本试验中，中间产物 N_2O、微生物合成作用引起的氮损失仅占整体氮损失的 29%，由此可推断仍有约 71% 的氮损失是由于同步硝化反硝化作用而产生。

（5）游离氨吹脱对氮损失的贡献

也有一些观点认为，在氨氧化过程中，游离氨吹脱也是造成系统氮损失的原因之一。郑平等[169]对硝化反应器进行氮素平衡发现，反应器内存在氮损失现象。

试验结果表明,曝气过程中的氨逃逸是导致氮损失的主要原因。同时,他们基于双膜理论和热力学原理,建立了氨逃逸动力学模型[169]:

$$V_{NH_3} = \frac{K_{NH_3} S}{1 + \exp\left(\dfrac{6250.902}{273.15 + T} - 2.303 pH + 0.335\right)} \tag{4-37}$$

式中：V_{NH_3}——氨逃逸速率；

　　　　S——循环区中的氨氮浓度；

　　　　T——摄氏温度；

　　　　K_{NH_3}——游离氨逃逸系数,与具体操作过程中的曝气量,混合液的理化性质

　　　　　　　　以及反应器的内部结构有关。

郑平等的研究采用了氨氮浓度较高的废水(进水氨氮 420mg/L),而本试验研究采用的废水氨氮浓度较低(进水氨氮 38mg/L),因此笔者认为,本试验中游离氨吹脱不是造成氮损失的主要原因。

4.4.3.3　亚硝酸型同步硝化反硝化的影响因素

(1) 高游离氨(FA)浓度

根据 Anthonisen 的研究,氨和亚硝酸对亚硝酸菌和硝酸菌均有抑制作用,但硝酸菌对氨的反应更为灵敏。氨浓度在 1～5mg/L 时就能抑制硝酸菌的活动,但由于硝酸菌能逐步适应高氨浓度,亚硝酸盐氮的积累不能持久。据报道,适应后的硝酸菌可忍受的氨浓度高达 40mg/L。但氨浓度过高会抑制整个硝化反应过程。氨浓度达到 7mg/L 时就可观察到亚硝化反应被抑制,达到 20mg/L 时硝化反应很微弱。Abeling 等发现在 pH8.5,温度为 20℃时,最佳的氨浓度在 5mg/L 左右。

(2) 温度

10～20℃时,硝酸菌较为活跃;20～25℃时,硝酸菌活动减弱,而亚硝化反应加快。25℃时达到最大,高于 25℃后,游离氨对亚硝酸菌的抑制较为明显。

(3) 溶解氧浓度

控制溶解氧浓度须注意曝气阶段最大 DO 值,而且好氧阶段 DO 增加速度不宜过低或过慢,低溶解氧浓度会抑制硝酸菌的活动,据 Cecen 和 Gonenc 报道,DO/FA 低于 5 时,硝酸盐氮的形成受到抑制;当溶解氧浓度提高时,好氧反硝化率和异养硝化率会降低,Elisabeth V 等[170]研究了 DO 对 SBR 反应器中同时硝化反硝化的影响,发现低 DO 浓度时出现了亚硝酸盐氮的积累,而当 DO 浓度高于硝化菌的氧半饱和系数时,积累消失,证实了低 DO 对硝化菌的抑制作用。

(4) 缺氧/好氧环境的交替

Turk 和 Mavinic 观察了硝酸菌反应的滞后时间,即使微生物群体中硝酸菌已适应高浓度氨,混合液流出缺氧池进入好氧池时,好氧池中仍然有短暂但又很明显

的亚硝酸盐氮积累,持续时间可长达数小时,随曝气时间的延长,硝酸菌的活性恢复,积累消失。ONeill 等[171]研究的 Orbal 氧化沟采用缺氧/好氧循环获得同时硝化反硝化,运行时发现,曝气停止后,亚硝酸盐氮和硝酸盐氮的浓度 2h 后开始降低,3~4h 后已检测不出。一些学者还认为,当硝酸盐氮还原剂的活性受到溶解氧的抑制时,反硝化作用就会停止。笔者认为,可利用缺氧/好氧环境转换时硝酸菌反应的滞后时间,通过投加碳源等方式,改善反硝化菌的生长环境,使反硝化菌利用亚硝酸盐氮作为电子受体,迅速完成反硝化。

(5) 循环周期和每周期曝气时间的设置

Hyungseok Yoo 等[159]运用序批曝气-排出工艺实现了经亚硝酸盐氮的同时硝化反硝化。其循环周期采用 72min 曝气,48min 沉降,24min 排水,氮的去除率达 90%以上。O'Neill 将曝气时间延长至 14h,硝化反应彻底完成,接着结束曝气至反硝化进行完全,结果表明,亚硝酸盐氮和硝酸盐氮的去除率均不到 50%。这可能是长时间曝气抑制了反硝化菌的反硝化能力。因此,每循环的曝气周期不宜太长,如果污泥已适应了硝化反应受抑制的环境,则曝气时间可相应延长。

(6) 游离羟胺、亚硝酸浓度和 pH

Yang 等认为溶解氧浓度并不是抑制硝酸盐氮生成的最主要因素,游离羟胺、亚硝酸浓度和 pH 等对硝化反应都起着非常重要的作用。羟胺是硝化过程中亚硝酸化反应的中间产物,在高浓度 NH_3/NH_4^+、缺氧和高 pH 条件下较易积累。研究表明,游离羟胺对硝酸菌活动有一定的抑制作用,亚硝酸浓度对硝化和反硝化反应均有影响。亚硝酸浓度大于 0.2mg/L 就能抑制整个硝化过程。而 pH 为 6.8 时,反硝化的抑制浓度为 $0.13mgHNO_2/L$。又由于系统 pH 决定着游离羟胺和离子态羟胺(NH_3OH^+)、HNO_2、和 NO_2^- 的平衡,所以 pH 也是一个重要参数。

(7) 碳源

Hong W 等在实验中投加了乙酸,整个投加过程中硝化反应均有提高。反硝化反应在稍低的剂量范围内有所提高。李丛娜等通过碳源投加实验发现,曝气阶段投加碳源,总氮去除率显著提高。

4.4.4　好氧反硝化

4.4.4.1　好氧反硝化菌及其特性

早期理论认为,氧气的得电子能力阻止了电子传递给 NO_3^- 和 NO_2^-,从而抑制了反硝化的进行。然而最近有研究表明,细菌反硝化酶系和有氧呼吸系统同时存在,氧不是抑制反硝化酶活性和反硝化酶生成的直接因素,缺少 NO_3^- 和 O_2 都会降低细菌的生长率和反硝化率。从 Wilson 等[172]提出的细菌反硝化过程中电子传递模型(图 4-77)可以看出,NO_3^- 和 O_2 均可作为电子最终受体,反硝化菌可将电子从被还原的物质传递给氧气,同时也可通过硝酸还原酶将电子传递给 NO_3^-。

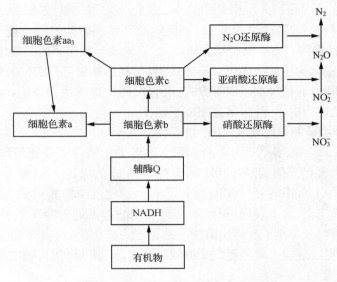

图 4-77　细菌反硝化过程中的电子传递模型

20 世纪 80 年代中期以来,人们在各种不同的环境下(诸如土壤、沟渠、池塘、活性污泥、沉积物等)分离并鉴定出了一些好氧反硝化菌如 *Alcaligenes* sp.[173]、*Hyphomicrobium* X[174]、*Thiosphaera pantotropha*[175]、*Pseudomonas nautical*[176]、*Alcaligenes faecalis* strain TUD[177]、*Comamonas* sp. strain SGLY2(后被重新鉴定为 *Microvirgula aerodenitrificans*)[178]、*Citrobacter diversus*[179]、*Pseudomonas stutzeri* SU2[180] 以及 *Rhodococcus* sp. strain HN[181] 等,这些菌株能够在有氧存在的条件下进行反硝化作用,其反硝化速率详见表 4-2。

表 4-2　部分好氧反硝化菌株反硝化速率

菌属	菌株	O_2 的浓度/(mg/L)	反硝化速率	参考文献
Alcaligenes	*A. denitrificans* DCB T25	F	0.092[c]	[182]
Thiosphaera	*T. pantotropha* DSM 2944	2.25[a]	1.380[d]	[183]
Microvirgula	*M. aerodenitrificans* SGLY2	1.6[a]	0.105[e]	[183]
Citrobacter	*C. diversus*	5.0[a]	0.075[c]	[177]
Pseudomonas	*P. stutzeri* SU2	92%[b]	0.032[c]	[178]

a. $t = 30℃$ 时 DO 的估计值;b. 气体中氧的百分含量;F. 完全好氧;c. mmol NO_3^--N/(g 干重・h)或 mmol NO_3^--N/(g 细胞・h);d. mmol NO_3^--N/(L・h);e. mmol NO_3^--N/(g 蛋白・h)。

4.4.4.2　硝化细菌的好氧反硝化

生物学研究表明,在好氧和缺氧条件下亚硝化单胞菌属(*Nitrosomonas* sp.)能够通过硝酸盐的生物还原形成氧化氮和氧化亚氮。有人认为,在好氧条件下氧化氮和氧化亚氮产生速度依赖于亚硝酸盐浓度,而大多数人则认为这一速度与溶解氧浓度成反比。许多研究表明,亚硝化单胞菌属(*Nitrosomonas* sp.)的反硝化活动在低溶解氧条件下是明显的,但对硝化杆菌属(*Nitrobacter* sp.)的反硝化能力研究得比较少。有人认为在好氧条件下,硝化杆菌(*Nitrobacter*)菌株不能进行反硝化,某些菌株可以在无氧的丙酮酸、氨和硝酸盐的培养物中生长,丙酮酸和硝酸盐被消耗,在低溶解氧条件下生产的氧化氮可能参与 NADH 的形成。

反硝化的初始底物可能是亚硝酸盐或硝酸盐,研究比较电子转移平衡可以确定初始底物是硝酸盐还是亚硝酸盐。氨氮氧化为亚硝酸盐产生 2 个电子,亚硝酸盐氧化为硝酸盐也产生 2 个电子,完全的亚硝酸盐还原需要 3 个电子,而完全的硝酸盐还原需要 5 个电子。因此,当亚硝酸盐被完全还原时,氧化氨产生氮气的最大可能因数为 $0.67N\text{-}molN_2/N\text{-}molNH_3$,而对于硝酸盐,这一因数为 0.4,所以亚硝酸盐为反硝化的初始底物。

Muller 等[184]证明好氧反硝化与硝化相伴发生。假设 α 是流向最终细胞色素 c 氧化酶的电子占氨氧化净释放电子的比例,则 $1-\alpha$ 就是用于完全亚硝酸盐还原的电子比例,显然,α 的数值介于 $0\sim1$。如果氨氧化菌的呼吸消耗硝酸盐,在 0.3kPa 溶解氧压力条件下流向最终细胞色素 c 氧化酶的电子流将是负值。

Muller 等[184]得到好氧反硝化速率与氨消耗速率基本处于同一数量级的结论,这使好氧反硝化更具实际的工程意义,这将在节省能源消耗的情况下,使废水脱氮处理的效率大大提高。

4.4.5　SBR 法中同步硝化反硝化现象及研究现状

4.4.5.1　研究现状

(1) SND 现象的研究

冯叶成等[185]在培养和富集硝化菌的基础上,通过控制溶解氧浓度(0.5~1mg/L)观察到同时硝化反硝化现象的存在,总氮损失亦在 58% 以上。在水力负荷较高的情况下,谢曙光对地表水处理中的好氧反硝化取得了良好的效果,对氮的去除率为 20%~30%。吕锡武等[186]采用 SBR 反应器处理氨氮废水的试验中验证了好氧反硝化的存在,其脱氮能力随混合液溶解氧浓度的提高而降低,当溶解氧浓度为 0.5mg/L 时,总氮去除率可达到 66%。

Elisabeth V. Munh[187]在 SBR 反应的好氧反应段观察到了反硝化现象。实验发现：在好氧反应阶段，溶解氧对硝化速率的影响可以用 Monod 方程描述，其自养硝化菌的氧半饱和常数（K_{OA}）为 4.5mg/L；好氧反应期结束时，好氧反硝化作用降低。

(2) 实现 SND 的控制因素

① DO 水平。刘军等[188] 研究发现当溶解氧浓度为 1.60～1.80mg/L、COD/NH$_4^+$-N 为 6.5 时，TN 的去除率达到最大。徐伟锋[189] 认为在溶解氧浓度为 1.0～3.0mg/L 范围内，随着反应器内溶解氧浓度的降低，脱氮去除率提高，最佳溶解氧浓度为 2.0mg/L 左右，最佳有机负荷为 1.152kg/(m³·d)。邹联沛等[190] 在 DO 为 1mg/L，MLSS 为 8000 ～ 9000mg/L，温度为 24℃，进水 pH 为 7.2，COD、NH$_4^+$-N 分别为 523～700 mg/L 和 17.24～24mg/L 的相对稳定条件下，应用 SND 对 NH$_4^+$-N 和 TN 的去除率分别达到 95％和 92％。吕锡武[186] 在溶解氧及活性污泥浓度对同时硝化反硝化效率影响的研究中发现，在一定 DO 范围内，好氧反硝化效率随溶解氧浓度的降低而提高；在一定 MLSS 范围内，反应器内混合液污泥浓度越高，出水总氮越低，反硝化现象越明显。Munch 等[187] 观察了 SBR 反应器中 DO 对硝化率和反硝化率的影响，发现曝气阶段 DO 对硝化率的影响可用 Monod 方程表示，反硝化菌与 DO 的关系可用数学转换方程表示，且转换常数比预期值要高，这意味着好氧反硝化的程度也高于预期值，运行过程中硝化菌的活动受到抑制，同时好氧反硝化速率随曝气时间的延长而降低，完全硝化反硝化时 DO 浓度大约为 0.5mg/L。溶解氧的变化对生物膜反应器的影响很大，Watanabe Y 等[191] 采用了部分淹没式旋转生物接触反应器控制，实验发现，氧流入量愈低，硝化率愈低，反硝化率愈高，气相氧分压在 0.1atm 时［氧流量＝0.35g/(m²·h)］，脱氮率达到最高。

② C/N。胡宇华等[192] 提出在氨氮为 35mg/L，COD 为 400～1000mg/L 时，氨氮的去除达可到 99.5％以上；为保证反应后期体系中 C/N 维持在微生物所需的水平，提出了补料的方式，使得氨氮降解不会出现停滞阶段，可以达到较好的去除效果。

③ 曝气方式。序批曝气工艺的氮去除率可达 90％，溶解氧浓度、曝气循环的设置方式、碳源形式及投加量均是其重要的影响因素。Hyungseok Yoo 等[159] 的研究结果表明：DO 浓度（曝气阶段末期）在 2.0～2.5mg/L 时，运行良好，通过总氮平衡的计算发现，总氮去除中归功于同时硝化反硝化的占 10％～50％，此外，由于 ORP 对低溶解氧浓度的响应灵敏，因此可用其作为 SND 的实时控制参数。另外，较短的曝气循环周期有利于 SND 的发生，厌氧段加入碳源可以同时增强硝化和反硝化作用。

④ 自动控制。东南大学环境工程系分别采用 ORP 仪和 DO 仪控制 SBR 反应器的同时硝化和反硝化（SND）过程。ORP 仪设置 70mV、50mV、20mV 三个最大

值，DO 仪设置 0.5mg/L、1mg/L、2mg/L 三个最大值，实验获得了 SND 工艺 20%～60% 的除氮率，且曝气初期 1.5h 内氨急剧增加，ORP 控制有效地实现了高低溶解氧条件的交替，保证充分硝化反应的同时创造了 SND 的最佳环境。结果表明：不同最大 ORP 值控制的 SND，其脱氮率由小到大的顺序为 70mV、50mV、20mV，而且 50mV 和 20mV 时，反应后期亦出现显著的 SND 现象，而低氧条件下，DO 仪控制的 SND 脱氮率和硝化速率都明显低于 ORP 仪控制的。

⑤ 絮凝体粒径或生物膜厚度。Pochana 等[157]认为，生物易降解碳源的投加和活性污泥絮体体积的增加均可引起 SND 效率的显著加强，实验结果表明，活性污泥絮体平均粒径由 40μm 变为 80μm 时，SND 贡献率由 21% 增为 52%。此外，反应器液相主体的 DO 浓度在一定范围内增加会呈线性关系抑制 SND，但 DO 浓度增至 0.8mg/L 时，其线性关系不明显。根据 Masuda 等[193]的研究，生物膜密度、单位体积生物膜中异养生物和硝化菌反硝化菌的数量随生物膜厚度的增加而增加，而膜内的反应速率并未明显受到膜厚的影响，真正有效的控制参数是气相氧分压、水温、水力停留时间和进水 C/N 比。

从上述各种工艺的运行情况可以看出，同时硝化反硝化必须严格控制溶解氧。一般适宜的 DO 浓度在 2.5mg/L 以下，在较低的 DO 条件下，ORP 可作为可靠的控制手段。另外，补充适量的碳源也能提高 SND 的脱氮率。

（3）好氧反硝化的研究

20 世纪 80 年代，Robertson 等[152]报道了好氧反硝化细菌和好氧反硝化酶系的存在，并证实了泛氧硫球菌 *Thiosphaena pantotropha*（现更名为脱氮副球菌 *Paracoccus denitrifications*）在生长过程中，O_2 和 NO_3^- 共同存在时，其生长速率比两者单独存在时都高。Gupta 等[194]也证实了其具有好氧反硝化的功能，Hyungseok Yoo[195]认为异养微生物能够对有机及无机含氮化合物进行硝化作用，并有生长快、产量高、需要的溶解氧浓度低、能忍受更酸的环境等特点。

周丹丹[196]采用污泥驯化手段富集好氧反硝化细菌，将得到的驯化污泥分离纯化，共得到 105 株菌，用测 TN 的方法对所筛菌株进行初筛，得到 25 株对 TN 去除率达到 50% 以上的菌株。用氮元素轨迹跟踪测定法复筛证实：这 25 株菌都可在好氧条件下进行硝酸盐呼吸，其中 24 株菌的反硝化过程为：NO_3^--N →NO_2^--N→N_2，研究中还发现在反硝化过程中硝酸盐和亚硝酸盐不存在明显竞争被利用的现象。

（4）利用好氧颗粒污泥实现同步硝化反硝化的研究

阮文权等[197]的研究发现 COD 和 DO 浓度对好氧颗粒污泥的同时硝化反硝化反应有明显影响。COD 浓度小于 800mg/L 时，好氧颗粒污泥具有良好的脱氮能力；不同的溶解氧浓度对氮的去除率有一定影响，在溶解氧浓度 3mg/L 时，氮去除率最高。杨麒等[198]通过对进水碳源进行调控，在序批式反应器（SBR）中可形成高活性具有同时硝化反硝化能力的好氧颗粒污泥,颗粒污泥的粒径一般为 0.5～1.0mm,MLSS 达到 4.5g/L 以上,SVI 值约为 325,其有效生物量及脱氮性能远远高于一般的好氧活性污泥。白晓慧[199]在活性污泥工艺中,通过控制水力停留时间、溶解氧、曝气量培养出沉降性能良好的好氧颗粒污泥,可明显提高曝气池的处理能力,有效改善固液分离效果并实现同步硝化反硝化。

总的来说,国内对 SND 的研究还存在很多尚未解决的问题,研究水平也远不及国外,对于 SND 生物法脱氮的认识特别是工程化应用还有待进一步的研究与开发。

(5) 模型的研究

Halling-Sorensen Bent 采用一个包含 6 个参数、3 类菌、3 个过程的模型来模拟同时硝化反硝化过程,并得到了很好的验证。Klangduen Pochana 等建立了SBR 系统中的动态微生物絮凝体模型,用于模拟有机物和氮的变化情况。这个模型可以评估发生在絮体内部的 SND 效应,其研究结果支持絮凝体粒径是 SND 的重要影响因素的观点。

4.4.5.2　技术展望

目前,国外学者对同时硝化反硝化工艺的研究尚处于实验室阶段,对其作用机理及动力学模型正在做进一步的研究工作。国内学者对生物脱氮研究的重点放在两阶段硝化-反硝化工艺上,尚未对硝化反硝化一体化工艺进行足够的研究。对于仅由一个反应池组成的序批式反应器来讲,SND 能够降低硝化反硝化的完成时间,同时由于 SND 不需要加导流板去形成缺氧或厌氧段,不需要单独设置缺氧及缺氧段装置,不需要内循环,因此,SND 系统提供了今后降低投资并简化生物脱氮技术的可能性,而经过亚硝酸盐氮完成的同时硝化反硝化则更具有节省有机碳源和曝气量等优点,但同时硝化反硝化的影响因素较多,相对较难控制。笔者认为,今后的研究方向可放在如下几个方面:

(1) 硝酸盐氨氧化(异养硝化型氨氧化:$NH_4^+ + NO_3^- \rightarrow N_2$)和亚硝酸盐氨氧化(异养亚硝化型氨化:$NH_4^+ + NO_2^- \rightarrow N_2$)技术研究。

(2) ORP 信号对低溶解氧条件的控制比溶解氧信号更为精确有效,而缺氧条件时 ORP 信号控制是唯一的选择。ORP 控制易于较好维护同时硝化反硝化微生物所需的低氧环境,而 ORP 的信号折点则能控制反硝化的进行程度。

(3) 一些 SND 工艺在除氮的同时观察到明显的生物除磷现象,同时硝化反硝化过程的除磷特性研究是一个有待于深化的方向。

应从微生物学的角度扩大对好氧反硝化菌的分类研究,发掘好氧反硝化菌的种属资源,研究好氧反硝化菌的生长特性,以提高和改善水处理过程同时硝化反硝化作用。

4.5　厌氧氨氧化脱氮及在 SBR 的应用

4.5.1　厌氧氨氧化的发现与理论提出

厌氧氨氧化是 20 世纪 90 年代中期由荷兰 Delft 技术大学 Kluyver 生物技术实验室开发的一种新型生物脱氮技术,是指在厌氧或缺氧条件下,微生物直接以 NO_3^- 或 NO_2^- 为电子受体,以 NH_4^+ 为电子供体,将两种氮素同时转化为氮气的生物反应过程,这个过程产生的能量可使厌氧氨氧化菌在厌氧条件下生存[200]。厌氧氨氧化技术是目前已知的最经济的生物脱氮技术,与传统的硝化反硝化技术相比,具有需氧量低、运行费用低和不需要外加碳源等优点[201]。

在自然生态系统中,存在氨的好氧氧化和厌氧氧化两种途径。好氧氨氧化菌和厌氧氨氧化菌对自然界的氮循环发挥着重要的重用,尤其是在水域的好氧/厌氧界面处,好氧氨氧化菌可将氨氮氧化为亚硝态氮,消耗溶解氧以维持缺氧环境,厌氧氨氧化菌则将亚硝态氮和氨氮直接转化为氮气,以此实现氮循环[201,202]。

厌氧氨氧化(Anammox)的发展大致经历了启蒙和证实两个阶段。

4.5.1.1　启蒙阶段

早在 1977 年,奥地利理论化学家 Broda 教授[203]通过热力学计算,根据氨氧化反应的 Gibbs 函数(化学反应自由能),预测自然界应存在以亚硝态氮为电子受体的氨氧化反应,同时也应存在催化这类反应的微生物。他预测的根据是以 NO_2^- 电子受体的厌氧氨氧化反应和以氧为电子受体的好氧氨氧化反应的自由能几乎是相等的,分别为 $-358kJ/mol$ 和 $-350.69kJ/mol$,具体反应如下:

$$NH_4^+ + NO_2^- == N_2 + 2H_2O \qquad \Delta G = -358kJ/mol \qquad (4\text{-}38)$$

$$NH_4^+ + 2O_2 == NO_3^- + H_2O + 2H^+ \qquad \Delta G = -350.69kJ/mol \qquad (4\text{-}39)$$

Broda 认为既然自然界存在以氧为电子受体的好氧氨氧化和好氧氨氧化菌,那么也应存在以 NO_2^- 为电子受体的厌氧氨氧化和厌氧氨氧化菌。

4.5.1.2　证实阶段

在 Broda 预测后的近 20 年内,始终没有人发现厌氧氨氧化现象。直到 1995年荷兰的 Mulder 等[200]在反硝化流化床中发现氨氮和硝态氮同时消失并产生氮气的现象,于是证实了 Broda 预测的正确性,同时提出了以硝态氮为电子受体的厌氧氨氧化反应,如下所示:

$$5NH_4^+ + 3NO_3^- == 4N_2 + 9H_2O + 2H^+ \qquad (4\text{-}40)$$

对于反应式(4-40)的化学反应自由能($-297kJ/mol$)低于以氧为电子受体的

化学反应自由能(-350.69kJ/mol），这是否与 Broda 预测的以 NO_2^- 为电子受体的厌氧氨氧化反应相矛盾？这就是厌氧氨氧化反应是以 NO_2^- 还是以 NO_3^- 为电子受体的问题。van de Graaf 等[204]采用^{15}N 同位素示踪实验对以 NO_2^- 为电子受体的厌氧氨氧化进行了研究，实验中，分别用^{15}N 和^{14}N 来标记 NH_4^+ 和 NO_2^- 中的N。结果表明：Anammox 反应主产物为$^{14\text{-}15}$N$_2$（占 98.2%），仅 1.7% 的产物是$^{15\text{-}15}$N$_2$，这一数据证明了 NO_2^- 是 Anammox 反应中的关键电子受体，最可能的反应如式（4-38）所示。同时，van de Graaf 等的研究也证明了以下三点：①羟胺（NH_2OH）是最可能的电子受体；②由于 Anammox 反应的 $\Delta G<0$，说明反应是自发和产能的，从理论上来说，它所产生的能量可满足微生物生长所需；③Anammox过程为生物反应过程。

4.5.2 厌氧氨氧化菌的代谢机理和生理特性

4.5.2.1 Anammox 的代谢途径和机理

目前，国内外关于 Anammox 机理的文献报道，主要是基于 van de Graaf、Mark 和 Jetten 等的实验研究。国内全面报道 Anammox 机理的文献很少。

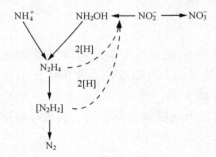

图 4-78 Anammox 的可能代谢途径

（1）代谢途径

van de Graaf 等[204]通过^{15}N 示踪实验，提出了 Anammox 可能代谢途径，如图 4-78所示。

他们认为在微生物的厌氧氨氧化过程中，NH_2OH 是最有可能的电子受体。NO_2^-首先还原产生 NH_2OH，然后厌氧氨氧化菌以NH_2OH 为电子受体将 NH_4^+ 氧化为联氨（N_2H_4），N_2H_4 又进一步被还原成 N_2，同时产生 $2H^+$。在模型中，NO_2^- 具有三种功能：一是羟胺的前体，二是电子汇，处置反应产生的电子，三是作为能源，在氧化为 NO_3^- 的过程中产生还原当量，厌氧氨氧化的生化反应过程见式（4-53）[205]

$$NH_4^+ + 1.31NO_2^- + 0.066HCO_2^- + 0.13H^+ \longrightarrow$$
$$1.02N_2 + 0.26NO_3^- + 0.066CH_2O_{0.5}N_{0.15} + 2.03H_2O \quad (4\text{-}41)$$

（2）Anammox 的反应机理

在 Anammox 可能代谢途径的基础上，van de Graaf 等[204]又提出了Anammox的两种可能机理：①在细胞质内，一个被膜包围的复杂酶将 NH_2OH 和 NH_4^+ 转化为 N_2H_4，N_2H_4 则在细胞内被氧化成氮气。在细胞内将 N_2H_4 氧化的同一种酶的不同部位，可利用 N_2H_4 氧化为氮气时产生的电子把 NO_2^- 还原为 NH_2OH；

②NH₂OH和 NH₄⁺ 在细胞质内被一种膜包围的复杂酶催化为 N_2H_4，N_2H_4 在细胞质内转化为氮气，产生的电子通过电子传递链传递给细胞内的亚硝酸还原酶，NO_2^- 还原为 NH_2OH。

4.5.2.2　Brocadia anammoxidans 生化反应模型

Jetten、Kuenen 等提出厌氧氨氧化的生化反应模型，如图 4-79 所示。

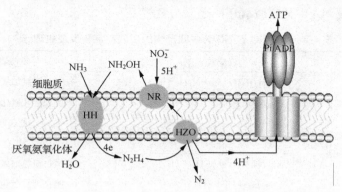

图 4-79　*Brocadia anammoxidans* 的生化反应模型

NR(nitrite-reducing enzyme)—亚硝态氮还原酶；HH(hydrazine-hydrolase)—联氨水解酶；
HZO(hydrazine-oxidising enzyme)—联氨氧化酶

这个模型主要基于他们在实验过程中发现的两种厌氧氨氧化菌：*Candidatus Kuenenia stuttgartiensis* 和 *Candidatus Brocadia anammoxidans*，通过 16S rRNA 序列的比较，将这两种菌归入分支很深的 Planctomycetales 门，被建议命名为 *Candidatus Brocadia* 菌，于是提出了 *Candidatus "Brocadia anammoxidans"* 的厌氧氨氧化的生化反应模型。这个模型中，包括三种关键的酶：亚硝态氮还原酶——NR，联氨水解酶——HH，联氨氧化酶——HZO。该模型将 Anammox 过程分三步：首先在 NR 的作用下，NO_2^- 被还原成 NH_2OH；第二步，在 HH 的作用下，NH_2OH 将 NH_4^+ 氧化成 N_2H_4，可以看出 NH_2OH 是厌氧氨氧化反应最可能的电子受体；第三步，N_2H_4 被 HZO 氧化成 N_2，同时放出 $4H^+$ 和 4e。这 4e 传递给 NR，开始新一轮的厌氧氨氧化。通过该模型还可以看出，在厌氧氨氧化过程中，细胞质中的质子不断被消耗，厌氧氨氧化体内不断产生质子，故厌氧氨氧化反应建立了一个质子梯度，这种梯度会产生一种质子驱动力 Δp，驱动质子通过质子通道从厌氧氨氧化体的内部向外部移出，并借助三磷酸腺苷酶（ATPase）的作用，合成三磷酸腺苷（ATP），合成的 ATP 在细胞质中被释放。ATPase 位于细胞质中亲水、球状的 ATP 合成区和厌氧氨氧化体膜中非亲水的质子迁移区。

4.5.2.3　中间产物代谢机理

Hooper 等[206]提出以 HNO 和 NO 为中间产物的厌氧氨氧化的可能反应机理,见表 4-3。他们通过[15]N 示踪试验显示,HNO 和 NO 是羟胺氧化过程的两种可能中间产物,其中 HNO 是由 NO_2^- 还原产生,而 NO 是 NH_2OH 氧化产生。他们认为好氧(厌氧)氨氧化中与氨单加氧酶相关的酶对 NO 或 HNO 进行了反应,生成的 N_2H_4 或 N_2H_2 被羟胺氧还酶还原为氮气。

表 4-3　以 HNO 和 NO 为中间产物的厌氧氨氧化反应机理[201]

中间产物	反应式	参与酶系
NO	$NO+NH_3+3H^+ \longrightarrow N_2H_4+H_2O$	类似氨氮加氧酶(AMO)
	$N_2H_4 \longrightarrow N_2+4H^++4e$	类似羟胺氧化酶(HAO)
	$NO_2^-+2H^++e \longrightarrow NO+H_2O$	亚硝态氮还原酶(NIR)
	总反应　$NH_3+NO_2^-+H^++e \longrightarrow N_2+2H_2O$	
HNO	$NHO+NH_3 \rightarrow N_2H_2+H_2O$	类似氨氮加氧酶(AMO)
	$N_2H_2 \rightarrow N_2+2H^++2e$	类似羟胺氧化酶(HAO)
	$NO_2^-+2H^++e \rightarrow HNO+OH^-$	亚硝态氮还原酶(NIR)
	总反应　$NH_3+NO_2^- \rightarrow N_2+2H_2O+OH^-$	

4.5.3　厌氧氨氧化工艺的影响因素

4.5.3.1　氨氮、亚硝氮基质的影响

在厌氧氨氧化反应过程中,氨氮和亚硝氮作为反应的底物与能源的主要来源,厌氧氨氧化速率与其浓度密切相关。氨氮和亚硝氮在低浓度时为反应基质,但随着浓度的提高则会成为潜在抑制剂,抑制细菌的生长并干扰细菌的代谢。

(1)氨氮的亲和力和氨抑制作用

微生物对某种基质的亲和力常数为半速率常数(K_m)的倒数,在酶化学中表示酶与底物的结合状况。郑平等[207]研究表明,厌氧氨氧化菌混培物利用氨的 K_m 为 25～59mgN/L,而 Strous 等[208]认为,氨的亲和常数小于 0.1mgN/L。

在氨浓度较高时,厌氧氨氧化速率与氨浓度之间呈抑制性曲线。对于基质自身对反应速率的抑制作用,通常采用 Haldane 模型来处理。Haldane 模型的数学表达式为:

$$v = \frac{V_{max}}{1+\dfrac{K_m}{S}+\dfrac{S}{K_i}} \tag{4-42}$$

式中:v——基质反应速率;

V_{max}——最大基质反应速率；

K_m——半速率常数；

K_i——基质抑制常数；

S——基质浓度。

郑平等[207]研究表明，在 pH=7.8，$T=30$℃条件下，氨的最大反应速率 V_m、半速率常数 K_m 和氨抑制常数 K_i 分别为 2.76mmol/(gVS · d)、3.46mmol/L、80.23mmol/L。

（2）亚硝态氮亲和力和亚硝酸抑制作用

郑平等指出厌氧氨氧化菌混培物利用亚硝氮的 K_m 值为 0.47mmol/L，与厌氧氨氧化菌对氨的亲和力相比，厌氧氨氧化菌对亚硝氮的亲和力明显高于氨。Strous 等认为，亚硝氮的亲和常数低于 $0.1mgNO_2^- -N/L$。Dalsgaard 等对海域内厌氧氨氧化现象进行研究，认为亚硝氮的 K_m 值低于 $0.3\mu mol/L$。

Jetten 等[209]发现当亚硝氮的浓度高于 20mmol/L 时，厌氧氨氧化菌的活性将受到抑制，如果厌氧氨氧化菌处在高亚硝态氮浓度下 12h 以上，厌氧氨氧化菌的活性将会完全消失，但浓度在 10mmol/L 左右时，厌氧氨氧化菌活性仍会很高。

Strous 等[208]研究表明，若亚硝氮的浓度高于 100mg/L，厌氧氨氧化菌的活性将受到完全抑制。此时，如果向反应器中投加厌氧氨氧化的中间代谢产物（$1.4mgN_2H_4-N/L$ 或 $0.7mgNH_2OH-N/L$），厌氧氨氧化的活性可以得到恢复。

郑平等[207]研究表明，厌氧氨氧化速率与亚硝态氮浓度之间呈抑制性曲线。对试验数据进行非线性拟合，得到亚硝态氮的最大反应速率 V_m、半速率常数 K_m 和抑制常数 K_i 分别为 14.50mmol/(gVS · d)、0.47mmol/L、51.47mmol/L。

传统的生物脱氮工艺处理高氨氮废水（城市生活垃圾渗滤液、污泥消化液、焦化废水等）时存在建设和运行费用高等问题。但包含厌氧氨氧化在内的自养生物脱氮技术，在处理高氨氮废水具有明显的技术优势。而氨氮和亚硝态氮对厌氧氨氧化菌的抑制作用，可以在连续流工艺中通过出水回流等方式得到解决，而采用流化床等对进水有很强稀释作用的反应器也可起到缓解基质抑制的作用。

4.5.3.2　溶解氧的影响

Strous 等采用序批式反应器考察了氧对厌氧氨氧化的影响[210]。该序批式反应器以厌氧和好氧交替运行，在充氧期间，未发生厌氧氨氧化反应。只用在停止供氧后，才会发生厌氧氨氧化反应。Strous 等认为溶解氧对 Anammox 菌的抑制作用是可恢复的。一系列的实验表明，0.5%～2.0%的大气饱和条件下，Anammox 菌的活性将会被完全抑制。但当利用氩气将 DO 驱除走后，Anammox 菌的活性将会完全恢复[211]。

在采用厌氧氨氧化工艺处理实际的厌氧污泥消化液时，小试（2.5L）和中试

(2.5m³)装置均为敞口,采用液下搅拌的混合方式,不断有氧气溶入,但厌氧氨氧化反应依然高效进行。实际的厌氧污泥消化液不仅含有氨氮和亚硝氮,同时含有有机物等其他物质,结果不同种类的好氧微生物存在于反应器中,启动消耗溶解氧,为厌氧氨氧化反应创造有利条件。这与产甲烷厌氧反应器中,因存在大量的兼性菌可以消耗溶解氧,为产甲烷菌维持适宜的氧化还原电位的情形相似[212]。

4.5.3.3　pH 的影响

对于生化反应过程,pH 是关键因素,厌氧氨氧化菌对 pH 的改变特别敏感。当 pH 低于 6.4 时,厌氧氨氧化作用将不会发生,因为 pH 决定着 NH_3 和 NH_4^+ 的平衡。当 pH 太低,游离氨(FA)浓度变得很低,从而影响 Anammox 菌的生长。当 pH 过高时,游离亚硝酸(FNA)就会很高,也不利于 Anammox 菌的生长;另一方面 pH 过高,Anammox 菌的活性就会下降。Jetten 等的研究报道表明,厌氧氨氧化过程可以在 pH 为 6.7~8.3 的条件下很好地进行,最佳 pH 为 8.0。对于 *K. stuttgaritiensis*,此类细菌适宜的 pH 范围是 6.5~9.0,最佳 pH 为 8.0。

4.5.3.4　温度的影响

温度对生化反应也有很大的影响,温度升高时,一方面酶促反应加快,另一方面酶活性的丧失也加速。如果条件保持不变,生物反应有一个最适温度,在这个温度下,两种倾向趋于平衡,它的活性最大。Jetten 等提出适合于 Anammox 菌生长的温度范围为 20~43℃,最佳温度为 40℃。*K. stuttgaritiensis* 的最佳温度为 37℃。当温度超过 45℃ 时,Anammox 菌的活性将难以恢复。此外,*K. stuttgaritiensis* 在 11℃下的活性是在 37℃下活性的 24%,并且在整个反应过程中只有 15%的亚硝氮转化成了硝氮。

4.5.3.5　有机质浓度的影响

Anammox 菌属于化能自养的专性厌氧菌,生长速度缓慢。当存在有机物时,异养菌增值较快,从而抑制厌氧氨氧化活性。国内外研究表明,对于有机物含量较低而含氮较高的污水,采用 Anammox 工艺仍具有很好的处理效果,在含苯酚330mg/L 的条件下 Anammox 菌仍具有较高的活性。国内魏学军等[213]研究发现,氨的厌氧转化随 COD 浓度的增加呈抑制形曲线。

4.5.3.6　水力停留时间的影响

在 Anammox 过程中,HRT 过低(<0.4d),即反应器容积负荷率过大时,厌氧氨氧化反应器的去除能力(微生物的数量与活性)未能同步得到提高。以亚硝酸作为控制参数,氨去除率明显受到影响;但在 HRT 较大的情况下,氨氮去除率并未

有明显提高,相反水力停留时间的延长,会增大反应器容积。

4.5.3.7　其他影响

除了亚硝酸盐和铵盐以外,磷酸盐的浓度也会对厌氧氨氧化有影响作用。超过 2mmol/L 的磷酸盐浓度,可导致厌氧氨氧化活性丧失[214]。

另外还有很多因素抑制 Anammox 反应,如 2,4-二硝基苯酚、氯化汞、乙炔气体等。比如氯化汞作为杀菌剂会损伤细胞。乙炔对富集培养物也有抑制作用(活性丧失 87%)。此外,Anammox 菌属于光敏性的微生物,光能抑制其活性,可降低 30%~50% 的氨去除率。

4.5.4　厌氧氨氧化理论与技术在 SBR 工艺中的应用

4.5.4.1　厌氧氨氧化技术的应用概况

目前,对于 Anammox 技术的研究,国内外差距较大,国外已经在实际工程中得到应用。荷兰 Delft 大学于 2002 年 6 月,在荷兰鹿特丹南部 Dokhaven 污水处理厂,在建成一个 1800m³ 的 Sharon 反应器后,又建成了一个 98m³ 的 Anammox 反应器并投入生产[215],该 Anammox 反应器及其中的颗粒污泥照片见图 4-80,反应器中单个颗粒污泥的扫描电镜照片见图 4-81。而我国尚处在实验室研究阶段,主要集中在 Anammox 反应器的启动、影响因素及微生物特性等三个方面。

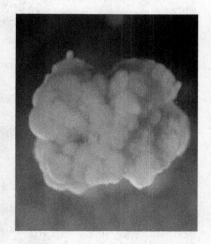

图 4-80　Dokhaven 污水厂 Anammox 反应器　　　图 4-81　Anammox 反应器单个
及其颗粒污泥照片　　　　　　　　　　颗粒污泥扫描电镜照片

4.5.4.2　Anammox 反应器的启动

目前,国内对 Anammox 反应器的启动研究较多,文献报道采用的反应器类型主要有:升流式厌氧污泥床(UASB)、序批式反应器(SBR)、序批式生物膜反应器(SBBR)及膨胀颗粒污泥流化床(EGSB)。采用的接种污泥主要有:好氧污泥、好氧硝化污泥、厌氧污泥、厌氧颗粒污泥、厌氧硝化污泥、厌氧颗粒污泥和好氧污泥的混合污泥等。试验用水主要为:人工配水、垃圾渗滤混合液、生活污水及焦化废水等。SBR 是厌氧氨氧化反应采用较多的反应器类型,而膜生物反应器(MBR)最近也被用于厌氧氨氧化反应[216]。图 4-82、图 4-83、图 4-84 与图 4-85 分别是厌氧氨氧化 SBR、MBR、生物转盘(RBC)与 UASB 反应器的照片,与传统的活性污泥混合液比较,深红色的厌氧氨氧化菌混合液特征显著。

图 4-82　SBR 中深红色的 Anammox 菌

图 4-83　MBR 中深红色的 Anammox 菌

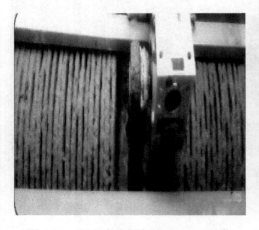

图 4-84　RBC 中深红色的 Anammox 菌

图 4-85　UASB 中深红色的 Anammox 菌

张少辉、郑平等[217]采用先培养自养反硝化生物膜,再启动厌氧氨氧化,在110d 内启动成功;梁辉强等[218]采用序批式反应器,以好氧硝化污泥为接种污泥,成功地培养出了厌氧氨氧化菌;沈平等[219]采用两套相同的小试 UASB 系统,分别接种厌氧颗粒污泥与好氧污泥的混合污泥和河底污泥,自配含氮废水,经过 324d和 263d,两套小试 UASB 反应器均成功实现厌氧氨氧化;胡勇有等[220]采用厌氧序批式反应器,以好氧硝化污泥为接种污泥,模拟废水,经过 142d,成功地培养出厌氧氨氧化菌。徐峥勇等采用 SBBR 反应器,处理垃圾渗滤液,经过 58d 的培养驯化和 33d 的稳定运行,成功启动 Anammox 反应器;康晶等[221]采用 EGSB 反应器,经过近 3 个月的运行,成功启动厌氧氨氧化反应器。

4.5.4.3　Anammox 的经济性分析及技术特点

从表 4-4 可以看出,Anammox 技术是目前已知最经济的生物脱氮技术。而Anammox 技术的经济性主要是由于它的技术特点所决定的。

表 4-4　Anammox 工艺与其他工艺的经济性比较[211]

工艺	费用/(欧元/kgN)
物化法	4.5~11.3
传统硝化反硝化	2.3~4.5
中温亚硝化(Sharon 工艺)	0.9~1.4
厌氧氨氧化	0.7~1.1

原因在于:① 在厌氧氨氧化过程中,由于厌氧氨氧化菌是自养菌,碳酸盐/二氧化碳是其生长所需的无机碳源,所以氨氮的氧化无需分子氧参与,同时亚硝态氮的还原也无需有机碳源,这将大大降低污水生物脱氮的运行费用;② Anammox 微生物的增长率(倍增时间为 11d)与产率(0.11g VSS/gNH_4^+)非常低,故污泥产量低,然而氮的转化率却为 0.25mgN/(mg SS·d),与传统的好氧硝化旗鼓相当;③ 厌氧氨氧化的理想摩尔比 NH_4^+:NO_2^- 为 1:1.32;④ 在 Anammox+Sharon组合工艺中,在不投加任何化学药品的条件下,既能降低污水处理厂的运行费用,又能够实现氮的高效去除。

4.5.4.4　不同类型反应器的厌氧氨氧化工艺的研究

由于厌氧氨氧化菌增殖速率慢,倍增时间长达 11d,致使厌氧氨氧化反应器难以启动,如何快速启动厌氧氨氧化反应器是研究厌氧氨氧化的重点和难点。现有的研究表明,采用不同类型的反应器,均能成功地启动 Anammox 反应。为厌氧氨氧化反应选择反应器器,首先要求反应器具有很好的污泥截留性能,同时综合考虑经济、能耗、操作等因素。目前为止,国内外学者已对不同反应器进行 Anammox

菌的启动培养进行了大量的研究,得到许多宝贵的研究成果。

(1) 流化床反应器

Anammox 细菌最早是在流化床中获得培养成功的。国内学者对 Anammox 流化床反应器的性能进行了研究,氨氮和亚硝酸盐氮的容积负荷率分别为 429mg/(L·d)和 465kg/(m³·d),氨氮和亚硝酸盐氮的去除率为 88% 和 99%。流化床作为 Anammox 反应器的优点:高浓度的氨氮和亚硝酸盐氮均对 Anammox 细菌有毒害作用,流化床适度的回流不仅维持了一定的膨胀率,也有效地避免了基质的抑制作用。但流化床因 pH 和循环流量的不恰当控制也会导致培养失败。在流化床反应器中,由于反应器中不同反应段中生物膜结构的差异,使得流化床中的完全混合段缺失,有些污泥因没有得到连续的底物供给而处于饥饿状态,导致 Anammox 活性降低。

(2) UASB 反应器

UASB 反应器在 Anammox 反应启动和培养中的应用广泛。胡宝兰等[222]采用 UASB 装置作为 Anammox 反应器进行了研究,启动 3 个月后反应器达到了较高的去除效率。胡勇有等[223]采用一套 UASB 装置作为 Anammox 反应器,氨氮和亚硝酸盐氮去除率最高分别可达 71% 和 79%。同时发现进水碱度以 300mg/L(以 CaCO₃ 含量计)为宜,此时 pH 在 7.4～8.2 之间,适合 Anammox 菌的生长。

采用 UASB 可以有效地进行泥水气三相的分离,从而达到较高的负荷,同时上升流过程中也可以减少氧气对污泥的影响,通过提高 UASB 反应器中液体上升流速,将水力剪切作用于絮状厌氧污泥上,可以使得厌氧颗粒污泥的形成速度得到显著增强,大大加强了反应器的工作效率。

(3) SBR 反应器

作为 Anammox 反应器的 SBR 具备了稀释基质浓度和良好持留生物固体的特点,具有以下优点:①有效的生物截留能力;②反应器中底物、产物和微生物均匀分布;③在底物限制的情况下稳定运行。这样,SBR 完全可以作为启动 Anammox 反应并富集细菌的有利体系。袁怡等[224]采用 SBR 反应器进行 Anammox 菌的筛选与富集,实验表明 SBR 是适合于 Anammox 细菌富集培养的一种反应器,其表现出了管理简单、运行可靠、能耗小的特点。

(4) 推流式反应器

目前,研究中使用较多的反应器有 UASB、流化床、生物滤池等,基本属于完全混合式反应器。而采用推流式的反应器,并且将启动污泥均匀地固定在反应器中,也同样应该适合于 Anammox 菌的富集培养。北京环科院的杜兵等[225]采用推流式固定化絮体生物反应器进行培养,在 4 个月时间内成功地获得 Anammox 活性,并培养出了红色颗粒污泥。在稳定运行期间氨氮、亚硝酸盐氮、总氮的平均去除率分别为 98%,98%,81%,去除负荷分别达到 0.13,0.12,0.22kg/(m³·d)。推流式反应器能很好地培养 Anammox 细菌的分析如下:填料为微生物提供了相对稳定的生长环境,填料使得泥水能比较充分的混合,利于微生物生长;推流式的特定运行方式能在沿程出现菌群的分类,抗冲击负荷强;对于氧、高基质浓度等抑制因素,沿程的前段也可以起到保护后段的作用。

此外,国内张树德、田智勇等采用生物滤池成功培养了 Anammox 富集体,实现城市污水厂出水自养脱氮,取得了很好的氮素去除率。利用不同的接种污泥,采用不同的反应器都能顺利地启动 Anammox 反应器,对各种方法的了解和概括有助于进一步的深入研究。

4.5.4.5　SBR 厌氧氨氧化反应的过程及特性分析

由于厌氧氨氧化菌及厌氧氨氧化生物脱氮工艺的特殊性,用于厌氧氨氧化的 SBR 反应器与其他生化反应 SBR 反应器存在显著的差异。这种差异首先体现在不同的反应条件上:在发生厌氧氨氧化反应的 SBR 反应器的曝气阶段,均在低 DO 条件下运行,避免高 DO 对厌氧氨氧化反应的抑制。有无缺氧搅拌阶段视不同的厌氧氨氧化工艺而定,即使存在缺氧搅拌阶段,也不同于传统生物脱氮的异养反硝化,反应不需要有机物。缺氧搅拌阶段发生的厌氧氨氧化反应与缺氧异养反硝化均是 pH 提高的反应,但反硝化反应碱度提高明显,而厌氧氨氧化反应经常表现为碱度的降低。

郑平等研究了 SBR、UASB 与 USBF 反应器,在完成厌氧氨氧化过程中,对水力冲击和基质浓度冲击变化的稳定性问题。研究结果表明:对基质冲击的稳定性的排序为 UASB>USBF>SBR,对水力冲击的稳定性的排序 SBR>UASB>USBF[226]。

与生物膜反应器相比,SBR 反应器具有占地面积小、运行灵活的特点,然而在 SBR 反应器中完成的 OLAND 自养生物脱氮系统的快速启动的关键参数仍然未知。Haydée De Clippeleir 等[227] 在 SBR 反应器中研究了排水比对自养生物脱氮的影响。该研究表明,与较高的临界最小沉降速率(2m/h)和较高的排水比(40%)比较,低的临界最小沉降速率(0.7m/h)和低的排水比(25%)被确认为可以快速启动的关键参数。

为了防止亚硝态氮的累积,有两种有效的方法可以恢复好氧氨氧化菌与厌氧氨氧化菌(AerAOB 和 AnAOB)的微生物活性平衡。在 5m/h 最小沉速条件下,日常的微生物淘洗去除了富集好氧氨氧化菌小的生物絮体,而增加一个缺氧搅拌阶段可以提高厌氧氨氧化菌转化过剩的亚硝态氮。该研究表明稳定的物理化学条件可以实现 $1.1gN/(L \cdot d)$ 的总氮去除率。

4.5.4.6　OLAND 工艺在 SBR 中的实现

限氧自养硝化反硝化工艺(oxygen limited autotrophic nitrification denitrification,简称OLAND工艺),是由比利时Gent微生物生态实验室Kuai等开发出来的新型生物脱氮工艺。该工艺的关键是在活性污泥反应器中控制溶解氧,使硝化过程进行到NO_2^--N阶段,由于缺乏电子受体,NO_2^--N氧化未反应的NH_4^+-N形成N_2,其反应机理尚未完全清楚,有研究者认为是厌氧氨氧化的结果[228,229]。

Kuai等以SBR反应器处理高氨氮废水,采用硝化污泥直接启动,控制DO在0.1~0.8mg/L(大部分时间低于0.5mg/L),不加有机碳源,可将NH_4^+-N一步去除(去除率可达40%)。Kuai的SBR系统运行分为低氧反应阶段、静沉阶段、滗水阶段和闲适阶段,没用传统脱氮工艺中的缺氧搅拌阶段,同时曝气阶段也维持较低的溶解氧。研究表明,在OLAND反应器启动前后,污泥颜色及优势微生物的形态没有明显变化,亚硝酸细菌的数量只下降了1个数量级,硝酸细菌的数量下降了7个数量级。因此,污泥参与反应的微生物被认为是以亚硝酸细菌为主的自养型硝化菌,而NH_4^+-N是通过生化反应一步去除[228]。

4.5.4.7　DEMON®工艺的生产性应用

(1) DEMON®简介

一种新型富含氨氮厌氧污泥消化液自养生物脱氮技术(DEMON®)在北美得到前所未有的技术合作开发,联合开发的组织包括:纽约市环境保护署、哥伦比亚区给排水署与亚历山大卫生局等。该技术被作为经济高效的总氮去除技术的重要部分而加以研究开发。DEMON®工艺为一悬浮生长的单污泥序批式反应器,通过控制pH序批曝气提供好氧和缺氧/厌氧阶段,以分别完成短程硝化和厌氧氨氧化反应,整个工艺过程被命名为“脱氨化反应(Deammonification)”[230]。DEMON®工艺已经在奥地利的Strass与瑞士的Glarnerland得到生产性的应用。北美的联合项目组研究了DEMON®工艺稳定运行的操作条件,主要研究内容包括:溶解氧、pH、温度、亚硝氮浓度及最大氨氮负荷率等参数在运行中的变化范围。

(2) DEMON®技术优化及在北美的推广应用

第一个DEMON®工艺的生产性应用在奥地利的Strass污水处理厂成功实施(200000人口当量)。消化污泥脱水液的流量和氨氮浓度分别为$120m^3/d$与1800mg/L,该脱水液原在一个以初沉污泥作为碳源的短程硝化反硝化的SBR反应器中实现脱氮。

以一个小试规模的厌氧氨氧化反应器的污泥作为接种污泥,Strass水厂的工作人员在一个$0.3m^3$的SBR中培养Anammox菌。为加速Anammox菌的富集速度,该SBR以加入$NaNO_2$的脱水液作为进水。待SBR内持留固体能力较好时,将$0.3m^3$的SBR中培养的Anammox菌移送到$2.4m^3$的SBR中继续培养Anammox菌。SBR中的Anammox菌经过2年的培养增长,投加到现存$500m^3$SBR(图4-86)中用于实际污泥消化液的自养生物脱氮,并于2004年7月采用 DEMON 模式运行操作。经过 6 个月的启动期后,Strass 厂的全部脱水液进入到 500m³ SBR 中进行脱氮。

图 4-86　Strass 污水厂的 500 m³ DEMON® 反应器照片

运行结果表明,该 DEMON® 反应器的氨氮负荷可达 340kg/d,氨氮和总氮去除率分别达到 90％ 与 86％(2005 年的年平均值)。采用 DEMON® 工艺后,预期的单位能耗从 2.9 kW·h/kg-N 降低到 1.16 kW·h/kg-N。

(3) DEMON® 工艺的启动

一个新的 DEMON 系统启动的挑战是获得 Anammox 接种污泥。由于 Anammox 菌的低生长速率,第一个 DEMON® 反应器的菌种富集和生产性的启动经历了 2.5 年。然而,如果能够从现有的生产性规模的反应器直接接种污泥将大大缩短 Anammox 反应器的启动时间。

2006 年在瑞士 Glarnerland 城市污水处理厂建成并应用的新 DEMON® 系统,采用了直接接种厌氧氨氧化污泥的方法,原构筑物以短程硝化反硝化 SBR 工艺处理污泥消化液,并已经运行多年。该 DEMON® 反应器与 Strass 的 DEMON® 系统相似,有效容积为 400m³,氨氮负荷为 250kgN/d,但氨氮浓度为 1000mg/L 左右。Glarnerland 污水厂的 SBR 向 DEMON® 工艺转化时,接种了大约 500kg 取自 Strass 污水厂 DEMON® 反应器厌氧氨氧化污泥,该接种污泥的氨氮去除能力为 60kgN/d。Glarnerland 污水厂 DEMON® 反应器的运行结果表明,由于接种了较多的厌氧氨氧化污泥,该反应器在 55 天就达到了预期的 200kgN/d 左右的氮去除负荷目标。

上述结果表明,随着厌氧氨氧化工艺的不断推广应用,其接种污泥的获得会越来越容易,从而厌氧氨氧化工艺启动时间长的难题,将在很大程度上得到解决,这与厌氧产甲烷技术的推广应用有类似之处。厌氧氨氧化系统启动时间长是厌氧氨氧化菌生长速率慢带来的不可回避的问题,我们在利用其剩余污泥产量低的优势时,采用接种污泥的方式弥补启动时间长的不足,这是一个问题的两个方面。

(4) DEMON® 工艺的运行控制

尽管单一污泥的 DEMON® 脱氨工艺在奥地利 Strass 与瑞士 Glarnerland 污水处理厂成功启动,但关于稳定或破坏 DEMON® 工艺的运行操作条件还需要大量的研究。厌氧氨氧化菌 11 天的倍增时间、缺少生产性厌氧氨氧化系统等条件的限制,培养充足数量的厌氧氨氧化接种污泥是一个新建生产性厌氧氨氧化系统最终启动的前提条件。当进水水质和氨氮负荷发生波动时,确定最大氨氮去除负荷、pH、DO、温度等参数的运行范围是非常重要的。与其他生物脱氮工艺一样,DE-MON® 系统存在运行失败和长时间恢复的潜在问题,因而研究稳定运行及快速恢复的策略也是保证 DEMON® 系统稳定运行的关键。

污泥消化液中氨氮的短程硝化是在曝气条件下进行的,由于消耗碱度导致混合液的 pH 降低,而污泥消化液的厌氧氨氧化反应为 pH 升高的生化反应。基于上述 pH 的变化规律,在采用 DEMON® 系统实现污泥消化液自养脱氮的过程中,通过控制 pH 及其波动幅度来控制曝气时间(短程硝化反应)与搅拌时间(厌氧氨氧化反应),最终在 DEMON® 系统中实现短程硝化与厌氧氨氧化的协同进行,实现污泥消化液的自养生物脱氮。DEMON® 的 SCADA 控制系统界面如图 4-87 所示。

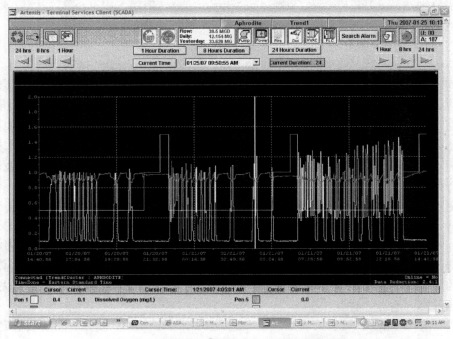

图 4-87　DEMON® 的 SCADA 控制系统界面

DEMON® 系统的 pH 控制范围由污泥消化液的原水碱度和氨氧化菌 AOB 生长的限制碱度确定,其中原水碱度确定 pH 的上限,限制 AOB 生长的低碱度值确定 pH 的下限。用于控制曝气的 pH 变化幅度应控制在 0.02 单位内,研究表明超出该范围的 pH 变化幅度会导致 DEMON® 反应器中 $NO_2^- $-N 平均浓度的升高。

参 考 文 献

[1] Wood P M. Monooxygenase and free radical mechanism for biological ammonia oxidation. The nitrogen and sulfur cycles: 42nd symposium of the society of General Microbiology [C]. UK: Cambridge University, 1988b, 219-243.

[2] Suzuki U, Dular S C. Ammonia or ammonium ion as substrate for oxidation by Nitrosomonas cells and extracts [J]. Bacteriology, 1974, 120(1): 556-558.

[3] Wood P M. Nitrification as a bacterial energy source [M]. Oxford UK: Nitrification IRL Press, 1986.

[4] andersson K K, HooperA B. O_2 and H_2O are each the source of one O in NO_2-produced from NH_3 by *Nitrosomonas* [J]. FEBS Letters, 1983, 164: 236-240.

[5] Zart D, Schmidt I, Bock E. Significance of gaseous NO for ammonia oxidation by Nitrosomonas eutropha [J]. Antonie van Leeuwenhoek, 2000, 77(1): 49-55.

[6] Madigan M T, Martinko M, Parker J. Brock Biology of Microorganisms [M]. Beijing: Scientific publisher, 1997.

[7] Yamanaka T, Shinra M. Cytochrome *c*-552 and cytochrome *c*-554 derived form Nitrosomonas europaea: properties and their function inhydroxylamine oxidation [J]. The Journal of Biochemistry, 1974, 75 (6): 1265-1273.

[8] Kurokawa T, Fukumori Y, Yamanaka T. Purification of a flavop rotein having NADPH2 cytochrome-*c* reductase and transhydrogenase activities from Nitrobacteria winogradskyi and its molecular and enzymatic properties [J]. Archives of Microbiology, 1987, 148(7): 95-99.

[9] Hollocher T C. The enzymology and occurrence of nitric oxide in the biological nitrogen cycle nitric oxide [M]. New York: Elsevier Inc, 1996.

[10] Sone N, Kagawa Y. Proton permeability of membrane sector (F0) of H^+-transporting ATP synthase (F0F1) from a thermophilic bacterium [J]. Methods in Enzymology, 1986, 126(32): 604-607.

[11] Peter M. Coupling of phosphorylation to electron and hydrogen transfer by a chemi-osmotic type of mechanism [J]. Nature, 1961, 191(8): 144-148.

[12] Sharma B, Ahlert R C. Nitrification and nitrogen removal [J]. Water Research, 1977, 11 (10): 897-925.

[13] Ye R W, Avrill B A, Tiedje J M. Denitrification: Production and consumption of nitric oxide [J]. Applied and Environmental Microbiology, 1994, 60 (4): 1053-1058.

[14] Loosdrecht M C, Jetten S M. Microbiological conversion in nitrogen removal [J]. Water Science and Technology, 1998, 38(1): 1-8.

[15] Feleke Z, Sakakibara Y. A bio-electrochemical reactor coupled with adsorber for the removal of nitrate and inhibitory pesticide [J]. Water Research, 2002, 36(12): 3092-3102.

[16] Killingstad M W, Widdowson M A, Smith R L. Modeling enhanced in situ denitrification in groundwater [J]. Environmental Engineering, 2002, 128 (6): 491-504.

[17] Rijn J V, Tal Y, Schreier H J. Denitrification in recirculating systems: Theory and applications [J]. Aquaculture Engineering, 2006, 34(30): 364-376.

[18] 郑平, 徐向阳, 胡宝兰. 新型生物脱氮理论与技术[M]. 北京: 科学出版社, 2004.

[19] Yan Z Y, Liao Y Z, Li X D, et al. Progress in research of biological removal of nitrogen [J]. Chinese Journal Apply Environmental Biology, 2006, 12 (2): 292-296.

[20] Wang C C, Lee C M. Isolation of the ε-caprolactam denitrifying bacteria from wastewater treatment system manufactured with acrylonitrile-butadiene-styrene resin [J]. Journal of Hazardous Materials, 2007, 145(1-5): 136-141.

[21] Modina O, Fukushib K, Yamamotoc K. Denitrification with methane as external carbon source [J]. Water Research, 2007, 41 (12): 2726-2738.

[22] Kirstein K, Bock E. Close genetic relation and characterization of the periplasmic reductase from Thiosphaerchia coli nitrate reductase [J]. Archives of Microbiology, 1993, 160(9): 447-453.

[23] Jong O K, John U, Rick W Y. Diversity of oxygen and N-oxide regulation of nitrite reductases in denitrifying bacteria [J]. FEMS Microbiology Letters, 1997, 156 (1): 55-60.

[24] Qiu X Y, Hurt R A, Wu L Y, et al. Detection and quantification of copper-denitrifying bacteria by quantitative competitive PCR [J]. Journal of Microbiology Methods, 2004, 59 (2): 199-210.

[25] Walter G, Peter M H. Respiratory transformation of nitrous oxide (N_2O) to dinitrogen by bacteria and archaea [J]. Advances in Microbial Physiology, 2006, 52: 107-227.

[26] Wunsch P, Körner H, Neese F. Nos× function connects to nitrous oxide (N_2O) reduction by affecting the CuZ center of NosZ and its activity in vivo [J]. FEBS Letters, 2005, 579 (21): 4605-4609.

[27] Grady C P L, Daigger G T, Lim H C. Biological Wastewater Treatment [M]. Beijing: Chemical Industrial Press, 2003.

[28] Joliot P, Joliot A. Electrogenic events associated with electron and proton transfers within the cytochrome-b6/f complex [J]. Biochim Biophys Acta(BBA)- Bioenergetics, 2001, 1503 (3): 369-376.

[29] Reimann J, Flock U, Lepp H. A pathway for protons in nitric oxide reductase from Paracoccus denitrificans [J]. Biochim Biophys Acta (BBA)-Bioenergetics, 2007, 1767 (5): 362-373.

[30] Menyhárd D K, Keserü G M. Binding mode analysis of the NADH cofactor in nitric oxide reductase: A theoretical study [J]. Journal of Molecular Graphics & Modelling, 2006, 25 (3): 363-372.

[31] Mino T, van Loosdrecht M C M, Heijnen J J. Microbiology and biochemistry of the enhanced biological phosphate removal process [J]. Water Res, 1998, 32 (11): 3193-3207.

[32] Oehmen A, Zeng R J, Yuan Z, et al. Anaerobic Metabolism of Propionate by Polyphosphate accumulating Organisms in Enhanced Biological Phosphorus Removal Systems[J]. Biotechnology and Bioengineering. 2005, 91(1): 43-53.

[33] Smolders G J F, Vander M J, van Loosdrecht M C M, et al. Model of the anaerobic metabolism of the biological phosphorus removal process-stoichiometry and pH influence[J]. Biotechnol Bioeng, 1994, 43 (6): 461-470.

[34] Sudiana M, Mino T, Satoh H, et al. Metabolism of enhanced biological phosphorus removal and nonenhanced biological phosphous removal sludge with acetate and glucose as carbon source[J]. Water Science and Technology, 1999, 39(6): 29-35.

[35] 彭永臻, 刘智波, Mino T. 污水强化生物除磷的生化模型研究进展[J]. 中国给水排水, 2006, 22(6): 1- 5.

［36］　Comeau Y，Hall K J，Hancock R E W，Oldham W K. Biochemical Model for Enhanced Biological Phosphorus Removal［J］. Water Res. ，1986，(12)：1511-1521.

［37］　Arun V，Mino T，Matsuo T. Biological Mechanism of Acetate Uptake Mediated by Carbohydrate Consumption in Excess Phosphorus Removal Systems［J］. Water Res. 1988，(22)：565-570.

［38］　Wentzel M C，Lotter L H，Ekama G A，R. E. Loewenthal and G. V. R. Marais. Evaluation of Biochemical Models for Biological Excess Phosphorus Removal［J］. Water Science and Technology. 1991，(23)：567-576.

［39］　任南琪，马放，杨基先，等. 污染控制微生物学. 修订版［M］. 哈尔滨：哈尔滨工业大学出版，2004：79-85.

［40］　Robert J S，Mino T，Onuki M. The Microbiology Biological Phosphorus Removal in Activated Sludge Systems［J］. FEMS Microbiology Reviews. 2003，(27)：99-127.

［41］　Pereira H，Lemos P C，Reis M A，et al. Model for Carbon Metabolism in Biological Phosphorus Removal Processes Based on vivo 13C-NMR Labeling Experiments［J］. Water Res. 1996，30(9)：2128-2138.

［42］　Hesselman R P X，Von Rummel R，Resnick S M，Hany R，Zehnder A J B. Anaerobic Metabolism of Bacteria Performing Enhanced Biological Phosphate Removal［J］. Water Res. 2000，(34)：3487-3494.

［43］　Jeon C O，Park J M. Enhanced Biological Phosphorous Removal in a Sequencing Batch Reactor Fed with Glucose as a Sole Carbon Source［J］. Water Res. 2000，(34)：2160-2170.

［44］　Maurer M. Intracellular Carbon Flow in Phosphorus Accumulating Organisms from Activated Sludge Systems［J］. Water Res. 1997，31(4)：907-917.

［45］　李夕耀，彭永臻，王淑莹，等. 聚磷菌厌氧时吸收乙酸和丙酸的代谢模型［J］. 环境科学与管理，2008，33(8)：37-42.

［46］　Erdal Z K，Erdal U G，Randall C W. Biochemistry of enhanced biological phosphorus removal and anaerobic COD stabilization［J］. Water Science and Technology，2005，52(10-11)：557-567.

［47］　Liu W T，Nalamour K，Matsuo T，et al. Internal Energy-based Competition Between Polyphosphate-and Glycogen-accumulating Bacteria in Biological Phosphorus Removal Reactors—Effect of P/C Feeding Ratio［J］. Water Res. ，1997，31 (6)：1430-1438.

［48］　He S，Gu A Z，McMahon K D. Fine-scale differences between Accumulibacter-like bacteria in enhanced biological phosphorus removal activated sludge［J］. Water Sci Technol，2006，54 (1)：111-117.

［49］　Saunders A M，Oehmen A，Blackall L L，et al. The effect of GAOs (glycogen accumulating organisms) on anaerobic carbon requirements in full-scale Australian EBPR(enhanced biological phosphorus removal) plants［J］. Water Sci Technol，2003，47 (11)：37-43.

［50］　Oehmen A，Saunders A M，Vives M T，et al. Competition between polyphosphate and glycogen accumulating organisms in enhanced biological phosphorus removal systems with acetate and propionate as carbon sources［J］. J Biotechnol，2006，123 (1)：22-32.

［51］　Oehmen A，Vives M T，et al. The effect of pH on the competition between polyphosphate accumulating organisms and glycogen-accumulating organisms［J］. Water Res，2005，39 (15)：3727-3737.

［52］　Lu H，Oehmen A，Virdis B，et al. Obtaining highly enriched cultures of Candidatus Accumulibacter phosphates through alternating carbon sources［J］. Water Res，2006，40(20)：3838-3848.

［53］　由阳，彭轶，袁志国，等. 富含聚磷菌的好氧颗粒污泥的培养与特性［J］. 环境科学，2008，29（8）：2242-2248.

［54］　Filipe CDM, Daigger GT, Grady Jr CPL. Effects of pH on the rates of aerobic metabolism of phosphate-accumulating and glycogen accumulating organisms［J］. Water Environ Res, 2001, 73（2）：213-222.

［55］　Filipe C D M, Daigger G T, Grady Jr C P L. pH as a key factor in the competition between glycogen-accumulating organisms and phosphorus-accumulating organisms［J］. Water Environ Res, 2001, 73（2）：223-232.

［56］　Obaja D, Mace S, Costa J, et al. Nitrification, denitrification and biological phosphorus removal in piggery wastewater using a sequencing batch reactor［J］. Bioresource Technology, 2003, 87（1）：103-111.

［57］　Beril S A, Aysenur U. The effect of an anoxic zone on biological phosphorus removal by a sequential batch reactor［J］. Bioresource Technology, 2004, 94（1）：1-7.

［58］　Brdjanovic D, Logemann S, Van Loosdrecht M C M, et al. Influence of Temperature on Biological Phosphorus Removal：Process and Molecular Ecological Studies［J］. Water Res, 1998, 32（4）：1035-1048.

［59］　Brdjanovic D, Van Loosdrecht M C M, Hooijmans C M, et al. Temperature effects on physiology of biological phosphorus removal［J］. Env. Eng, 1997, 123（2）：144-154.

［60］　Brdjanovic D, van Loosdrecht M C M, Versteeg P, et al. Modeling COD, N, P removal in a full-scale wwtp Haarlem Waarderpolder［J］. Wat Res, 2000, 34（3）：846-858.

［61］　Whang L M, Park J K. Competition between polyphosphate-and glycogen-accumulating organisms in enhanced biological phosphorus removal systems：Effect of temperature and sludge age［J］. Water Environ Res, 2006, 78（1）：4-11.

［62］　Grady Jr C P L, Filipe C D M. Ecological engineering of bioreactors for wastewater treatment［J］. Water Air and Soil Pollution, 2000, 123（1-4）：117-132.

［63］　Kuba T, Smolders G, Van Loosdrecht M C M, et al. Biological phosphorus removal from wastewater by anaerobic/anoxic sequencing batch reactor［J］. Wat Sci Tech, 1993, 27（5-6）：241-252.

［64］　Saito T, Brdjanovic D, Van Loosdrecht M C M. Effect of nitrite on phosphate uptake by phosphate accumulating organisms［J］. Water Res, 2004, 38（17）：3760-3768.

［65］　李捷，熊必永，张杰. 电子受体对厌氧/好氧反应器聚磷菌吸磷的影响［J］. 哈尔滨工业大学学报，2005，37（5）：619-622.

［66］　李相昆，周业剑，高美玲，等. 亚硝酸根作为电子受体的反硝化吸磷特性［J］. 吉林大学学报（地球科学版），2008，38（1）：117-120.

［67］　Lemaire R, Meyer R, Taske A, et al. Identifying causes for N2O accumulation in a lab-scale sequencing batch reactor performing simultaneous nitrification, denitrification and phosphorus removal［J］. J Biotechnol, 2006, 122（1）：62-72.

［68］　Wang J C, Park J K. Effect of anaerobic-aerobic contact time on the change of internal storage energy in two different phosphorus-accumulating organisms［J］. Water Environ Res, 2001, 73（4）：436-443.

［69］　Brdjanovic D, Slamet A, van Loosdrecht M C M, Hooijmans C M, Alaerts G J, Heijnen J J. Impact of excessive aeration on biological phosphorus removal from wastewater［J］. Water Res. , 1998, 32（1）：200-208.

[70] Guisasola A, Pijuan M, Baeza J A, Carrera J, Casas C, Lafuente J. Aerobic phosphorus release linked to acetate uptake in bio-P sludge: process modelling using oxygen uptake rate[J]. Biotechnol. Bioeng. , 2004, 85 (4): 722-733.

[71] Ahn J, Daidou T, Tsuneda S, Hirata A. Transformation of phosphorus and relevant intracellular compounds by a phosphorus accumulating enrichment culture in the presence of both the electron acceptor and electron donor[J]. Biotechnol. Bioeng, 2002, 79 (1): 83-93.

[72] Beril S A, Aysenur U. The effect of an anoxic zone on biological phosphorus removal by a sequential batch reactor[J]. Bioresource Technology. , 2004, 94 (1): 1-7.

[73] Han Qingyu. Effects of addition of ferric hydroxide or powered activated carbon on sepuencing batch reactors treating coke-plant wastewater[J]. Environ. Sci. Health, 1997, 32(5): 1605-1619.

[74] 韩巍, 唐文浩, 黄种买, 等. 猪场废水化学强化 SBR 生物除磷技术探讨[J]. 环境科学与管理, 2006, 3(3): 90-92.

[75] 王琳娜, 朱亮, 周明, 等. SBR 系统中投加三氯化铁辅助除磷试验研究[J]. 环境科学与技术, 2009, 32 (8): 80-87.

[76] Bohdziewicz J, Sroka E. Integrated system of activated sludge-reverse osmosis in the treatment of the wastewater from the meat industry[J]. Process Biochemistry, 2005, 40 (5): 1517-1523.

[77] Li J, Xing X H, Wang B Z. Characteristics of phosphorus removal from wastewater by biofilm sequencing batch reactor(SBR)[J]. Biochemical Engineering Journal, 2003, 16 (3): 279-285.

[78] Sirianuntapiboon S, Yommee S. Application of a new type of moving bio-film in aerobic sequencing batch reactor(aerobic-SBR)[J]. Journal of Environmental Management, 2006, 78(2): 149-156.

[79] Hellinga C, Schellen A A J C, Mulder J W, et al. The SHARON process: An innovative method for nitrogen removal from ammonium-rich waste water[J]. Water Science & Technology, 1998, 37 (9): 135-142.

[80] Yoo H, Ahn K H, Lee H J, et al. Nitrogen removal from synthetic wasterwater by simultaneous nitrification and denitrification (SND) via nitrite in an intermittently-aerated reactor[J]. Water Research, 1999, 33 (1): 145-154.

[81] Balmene B. Study of factors controlling nitrite build-up in biological processes for water nitrification [J]. Water Science & Technology, 1992, 26 (5-6): 1017-1025.

[82] 袁林江, 彭党聪, 王志盈. 短程硝化-反硝化生物脱氮[J]. 中国给水排水, 2000, 16 (2): 29-31.

[83] Wang S Y, Gao D W, Peng Y Z, et al. Alternating shortcut nitrification-denitrification for nitrogen removal from soybean wastewater by SBR with real-time control[J]. Journal of Environmental Sciences-China, 2004, 16 (3): 380-383.

[84] Peng Y Z, Chen Y, Peng C Y, et al. Nitrite accumulation by aeration controlled in sequencing batch reactors treating domestic wastewater[J]. Water Science & Technology, 2004, 50 (10): 35-43.

[85] Picioreanu C, van Loosdrecht M C M, Heijnen J J. Modelling of the effect of oxygen concentration on nitrite accumulation in a biofilm airlift suspension reactor[J]. Water Science & Technology, 1997, 36(1): 147-156.

[86] Hanaki K, Wantawin C, Ohgaki S. Nitrification at low-levels of DO with and without organic loading in a suspended-growth reactor[J]. Water Research, 1990, 24 (3): 297-302.

[87] Ruiz G, Jeison D, Chamy R. Nitrification with high nitrite accumulation for the treatment of wastewater with high ammonia concentration[J]. Water Research, 2003, 7(6): 1371-1377.

[88]　Garrido J M, van Benthem W, van Loosdrecht M C M, Heijnen J J. Influence of dissolved oxygen concentration on nitrite accumulation in a biofilm airlift suspension reactor[J]. Biotechnol Bioeng, 1997, 53 (2): 168-178.

[89]　高景峰, 周建强, 彭永臻. 处理实际生活污水短程硝化好氧颗粒污泥的快速培养[J]. 环境科学学报, 2007, 27 (10): 1604-1611.

[90]　R. van Kempen, Mulder J W, Uijterllnde C A, van Loosdrecht M C M. Overview: full scale experience of the SHARON process for treatment of rejection water of digested sludge dewatering[J]. Water Science & Technology, 2001, 44 (1): 145-152.

[91]　Sutherson S, Ganczarcayk J J. Inhibition of nitrite oxidation during nitrification some observations [J]. Wat Pollut Res J Can, 1986, 21 (2): 257-265.

[92]　Han D W, Chang J S, Kim D J. Nitrifying microbial community analysis of nitrite accumulating biofilm reactor by fluorescence in situ hybridization[J]. Water Science & Technology, 2003, 47 (1): 97-104.

[93]　Zheng P, Xu X L, Hu B L. Novel Theories and Technologies of Biological Nitrogen Removal[M]. Beijing: Science press, 2004.

[94]　Surmacz-Gorska J, Cichon A, Miksch K. Nitrogen removal from wastewater with high ammonia nitrogen concentration via shorter nitrification and denitrification[J]. Water Science and Technology, 1997, 36 (10): 73-78.

[95]　Van Dongen U, Jetten M S M, van Loosdrecht M C M. The SHARON-Anammox process for treatment of ammonium rich wastewater[J]. Water Science and Technology, 2001, 44(1): 153-160.

[96]　Zhang S Y, Wang J S, Jiang Z C, Chen M X. Nitrite Accumulation in an Attapulgas Clay Biofilm Reactor by Fulvic Acids[J]. Bioresource Technol, 2000, 73(1): 91-93.

[97]　López-Fiuzaa J, Buysb B, Mosquera-Corrala A, Omil C F, Méndeza R. Toxic effects exerted on methanogenic, nitrifying and denitrifying bacteria by chemicals used in a milk analysis laboratory[J]. Enzyme and Microbial Technology, 2002, 31(7): 976-985.

[98]　Camilla G, Lena G, Gunnel D. Comparison of inhibition assays using nitrogen removing bacteria: application to industrial wastewater[J]. Water Research, 1998, 32 (10): 2995-3000.

[99]　Neufeld R, Greenfield J, Rieder B. Temperature, cyanide and phenolic nitrification inhibition[J]. Wat Res. 1986, 20 (5): 633-642.

[100]　Wang S Y, Gao D W, Peng Y Z, et al. Alternating shortcut nitrification-denitrification for nitrogen removal from soybean wastewater by SBR with real-time control[J]. Journal of Environmental Sciences-China, 2004, 16(3): 380-383.

[101]　Peng Y Z, Gao J F, Wang S Y, et al. Use pH and ORP as fuzzy control parameters of denitrification in SBR process[J]. Water Science & Technology, 2002, 46(4-5): 131-137.

[102]　曾薇, 彭永臻, 等. 两段 SBR 去除有机物及短程硝化反硝化[J]. 环境科学, 2002, 23 (2): 50-54.

[103]　高大文, 彭永臻, 等. SBR 法短程硝化-反硝化生物脱氮工艺的过程控制[J]. 中国给水排水, 2002, 18 (11): 13-18.

[104]　汤鸿霄. 用水和废水化学基础[M]. 北京: 中国建筑工业出版社, 1979: 256-264.

[105]　高景峰, 彭永臻, 王淑莹. 以 pH 作为 SBR 法硝化过程模糊控制参数的基础研究[J]. 应用与环境生物学报, 2003, 9 (5): 549-553.

[106]　高大文, 彭永臻, 王淑莹, 等. 利用 ORP 和 pH 控制豆制品废水的处理过程[J]. 哈尔滨工业大学学

报，2003，35（6）：647-650.

[107] 李勇智，彭永臻，王淑莹. 高氨氮制药废水短程生物脱氮[J]. 化工学报，2003，54（10）：1482-1485.

[108] 曾薇，彭永臻，王淑莹. 以 DO、ORP、pH 作为两段 SBR 工艺的实时控制参数[J]. 环境科学学报，2003，23（2）：252-256.

[109] Turk O，Mavinic D S. Preliminary assessment of a shortcut in nitrogen removal from wastewater [J]. Can. J. Civ. Eng，1986，13（6）：600-605.

[110] Jones R D，Morita R Y，Koops H P，Watson S W. A new marine ammonium-oxidizing bacterium，Nitrosomonas cryotolerans sp. nov[J]. Can J Microbiol，1988，34(10)：1122-1128.

[111] Nicolaisen M H，Ramsing N B. Denaturing Gradient Gel Electrophoresis（DGGE）Approches to Study the Diversity of Ammonia-Oxidizing Bacteria[J]. Journal of Microbiological Methods，2002，50（2）：189-203.

[112] Oehmen A，Lemos P C，Carvalho G，Yuan Z，Keller J，Blackall L L，Reis M A M. Advances in enhanced biological phosphorus removal：From micro to macro scale [J]. Wat. Res，2007，41(11)：2271-2300.

[113] 周群英，高廷耀. 环境工程微生物学. 第二版[M]. 北京：高等教育出版社，2000：255-256.

[114] Kuba T，VanLoosdrecht M C M，Heijnen J J，et al. Phosphorus and nitrogen removal with minimal cod requirement by integration of denitrifying dephosphatation and nitrification in a two-sludge system[J]. Water Research，1996，30(7)：1702-1710.

[115] Mino T，Arun V，Tsuzuki Y，Matsuo T. Effect of phosphorus accumulation on acetate metabolism in the biological phosphorus removal[M]. In：Ramadori R. Editor，Advances in Water Pollution Control 4：Biological Phosphate Removal from Wastewaters. Oxford：Pergamon Press，1987，27-38.

[116] Pereira H，Lemos P C，Reis M A M，et al. Model for carbon metabolism in biologicalphosphorus removal processes based on in vivo C-13-NMR labeling experiments[J]. Water Res，1996，30（9）：2128-2138.

[117] Wachtmeister A，Kuba T，et al. A sludge characterization assay for aerobic and denitrifying phosphorus removing sludge[J]. Wat Res，1997，31（3）：471-478.

[118] Kerrn-Jespersen J P，Henze M，et al. Biological phosphorus uptake under anoxic and aerobic conditions[J]. Water Res，1993，27（4）：617-624.

[119] Ahn J，Daidou T，Tsuneda S，et al. Characterization of denitrifying phosphate-accumulating organisms cultivated under different electron acceptor conditions using polymerase chain reaction-denaturing gradient gel electrophoresis assay[J]. Water Res，2002，36（2）：403-412.

[120] Kuba T，Murnleitner E，Van LoosdrechtM C M，et al. A metabolic model for the biological phosphorus removal by denitrifying organisms[J]. Biotechnology and Bioengineering，1996，52（6）：685-695.

[121] Murnleitner E，Kuba T，Van LoosdrechtM CM，et al. An integrated metabolic model for the aerobic and denitrifying biological phosphorus removal[J]. Biotechnology and Bioengineering，1997，54（5）：434-450.

[122] Marais G V R，Loewenthal R E，Siebritz I P. Observation Supporting Phosphrous Removal by Biological Excess Uptake- A review. Water Sci Tech，1983，15(3)：15- 41.

[123] 李军,杨秀山,彭永臻. 微生物与水处理工程[M]. 北京:化学工业出版社,2002:364-365.

[124] 田淑媛,杨睿,顾平,等. 生物除磷工艺技术发展[J]. 城市环境与城市生态,2000,(4):45-47.

[125] Bortone G, Saltarelli R, Alonso V, *et al.* Biological anoxic phosphorus removal-The dephanox process[J]. Water Science and Technology, 1996, 34 (1-2): 119-128.

[126] Kuba T, Smolders G, Vanloosdrecht M C M, *et al.* Biological phosphorus removal from wastewater by anaerobic-anoxic sequencing batch reactor[J]. Wat Sci Tech, 1993, 27 (5-6): 241-252.

[127] 杨庆娟,王淑莹,刘莹,等. A2N 双污泥反硝化除磷系统微生物的先序批后连续培养及快速启动[J]. 环境科学,2008,29 (8):2249-2253.

[128] 王亚宜,彭永臻,殷芳芳,等. 双污泥 SBR 工艺反硝化除磷脱氮特性及影响因素[J]. 环境科学,2008,29 (06):1526-1532.

[129] 李勇智,李安安,彭永臻,等. A2N-SBR 双污泥反硝化生物除磷系统效能分析[J]. 北京工商大学学报(自然科学版),2007,25 (01):10-14.

[130] Obaja D, Mace S, Mata-Alvarez J, *et al.* Biological nutrient removal by a sequencing batch reactor (SBR) using an internal organic carbon source in digested piggery wastewater[J]. Bioresource Technology, 2005, 96 (1): 7-14.

[131] Akin B S, Ugurlu A E. Biological removal of carbon, nitrogen, and phosphorus in a sequencing batch reactor[J]. Journal of Environmental Science and Health-Part A Toxic/Hazardous Substances and Environmental Engineering, 2003, 38 (8): 1479-1488.

[132] Tykesson E, Aspegren H, Henze M, *et al.* Use of phosphorus release batch tests for modeling an EBPR pilot plant[J]. Water Science and Technology, 2002, 45 (6): 96-106.

[133] 王亚宜,王淑莹,彭永臻,等. 污水有机碳源特征及温度对反硝化聚磷的影响[J]. 环境科学学报,2006,26 (2):186-192.

[134] 朱怀兰,史家樑,徐亚同,等. SBR 除磷系统中的积磷细菌[J]. 上海环境科学,1994,13(4):16-18.

[135] Smolders G J F, Vandermei J J, Vanloosdrecht M C M, *et al.* Model of the anaerobic metabolism of the biological phosphorus removal process: stoichionetry and pH influence[J]. Biotechnology and Bioengineering, 1994, 43(6): 461-470.

[136] Chang C H, Hao O J, *et al.* Sequencing batch reactor system for nutrient removal: ORP and pH profiles[J]. Journal of Chemical Technology and Biotechnology, 1996, 67 (1): 27-38.

[137] Rusten B, Eliassen H, *et al.* Sequencing batch reactors for nutrient removal at small waste-water treatment plants[J]. Water Science and Technology, 1993, 28 (10): 233-242.

[138] 李夕耀. 不同电子受体对聚磷菌代谢的影响研究[D]. 北京工业大学硕士学位论文. 2009:65-67.

[139] 王亚宜,王淑莹,彭永臻. MLSS、pH 及 NO_2^--N 对反硝化除磷的影响[J]. 中国给水排水,2005,21(7):47-51.

[140] 王爱杰,吴丽红,任南琪,等. 亚硝酸盐为电子受体反硝化除磷工艺的可行性[J]. 中国环境科学,2005,25 (5):515-518.

[141] 蒋轶锋,郑建军,王宝贞,等. O_2、NO_3^--N、NO_2^--N 为电子受体的生物除磷比较[J]. 环境科学,2009,30 (2):421-426.

[142] 傅金祥,赵璐,池福强,等. 亚硝酸盐反硝化除磷工艺的影响因素. 沈阳建筑大学学报(自然科学版),2009,25(03):531-534.

[143] 张玉秀,张伟伟,薛涛,等. 亚硝酸型反硝化除磷污泥驯化方式的比较[J]. 中国环境科学,2009,

29 (5)：493-496.

[144] 方茜，张朝升，张红，等. 亚硝酸盐对反硝化聚磷菌除磷性能的影响[J]. 环境工程学报，2009，3(1)：52-56.

[145] Zhou Y, Pijuan M, Yuan Z G, et al. Free nitrous acid inhibition on anoxic phosphorus uptake and denitrification by poly-phosphate accumulating organisms[J]. Biotechnology and Bioengineering, 2007, 98(4)：903-912.

[146] Satoh H, Mino T, Matsuo T, et al. Deterioration of enhanced biological phosphorus removal by the domination of the micro-organisms without polyphosphate accumulation[J]. Water Science and Technology, 1994, 30 (6)：203-211.

[147] Potgieter D J J, Evans B W. Biochemical-changes associated with luxury phosphate-uptake in a modified phoredox activated-sludge system[J]. Water Science and Technology , 1983, 15 (3)：105-115.

[148] Jens Peter, Keren Jespersen, Mogens Henze, et al. Biological phosphorus uptake under anoxic and aerobic conditions[J]. Wat Res, 1994, 28 (5)：1253-1255.

[149] Sorm R, Bortone G, et al. Phosphate uptake under anoxic conditions and fixed- film nitrification in nutrient removal activated sludge system [J]. Wat Res, 1996, 3(7)：1573-1584.

[150] 高廷耀，周增炎，朱晓君. 生物脱氮工艺中的同步硝化反硝化现象[J]. 给水排水，1998，24(12)：6-9.

[151] Jetten M S M, logemann S, Muyzerm G. Novel principle in the microbial conversion of nitrogen compounds[J]. Antonie Van Leeuwenhoe, 1997, 71(1-2)：75-93.

[152] Robertson L A, Cornelisse R, Devos P, et al. Aerobic denitrification in various heterotrophic nitrifiers[J]. Antonie Van Leeuwenhoek Journal of Microbiology, 1989, 56(4)：289-299.

[153] Vanniel E W J. Nitrification by heterotrophic denitrifiers and its relationship to autotrophic nitrification. Ph D Thesis. Delft University of Technology, Delft, 1991.

[154] Robertson L A, Vanniel E W J, Torremans R A M, et al. Simultaneous nitrification and denitrification in aerobic chemostat cultures of thiosphaera-pantotropha[J]. Applied and Environmental Microbiology, 1988, 54 (11)：2812-2818.

[155] 吕其军，施永生. 同步硝化反硝化脱氮技术[J]. 昆明理工大学学报(理工版)，2003，28 (6)：91-95.

[156] 赵玲，张之源. 复合 SBR 系统中同步硝化反硝化现象及其脱氮效果[J]. 工业用水与废水，2002，33 (2)：91-95.

[157] Pochana K, Keller J. Study of factors affecting simultaneous nitrification and denitrification(SND)[J]. Water Science and Technology, 1999, 39 (6)：61-68.

[158] Yang Q, Liu X H, et al. Advanced nitrogen removal via nitrite from municipal wastewater in a pilot-plant sequencing batch reactor[J]. Water Science and Technology, 2009, 59 (12)：2371-2377.

[159] Yoo H, Ahn K H, Lee H J, et al. Nitrogen removal from synthetic wastewater by simultaneous nitrification and denitrification (SND) via nitrite in an intermittently aerated reactor[J]. Water Research, 1999, 33 (1)：145-154.

[160] 高大文，彭永臻，王淑莹. 高氮豆制品废水的亚硝酸型同步硝化反硝化生物脱氮工艺[J]. 化工学报，2005，56 (4)：699-704.

[161] 范建华，张朝升，方茜，等. 通过控制泥龄实现亚硝酸盐型同步硝化反硝化[J]. 中国给水排水，2007，23 (3)：102-105.

[162]　吕锡武. 同时硝化反硝化的理论和实践[J]. 环境化学, 2002, 21（6）：564-570.

[163]　郑平, 金仁村, 卢刚. 短程硝化反应器过程动力学特性研究[J]. 浙江大学学报（农业与生命科学版）, 2006, 32（1）：14-20.

[164]　Rittmann B E, Langeland W E. Simultaneous denitrification with nitrification in single channel oxidation ditches[J]. JWPCF, 1995, 57（4）：300-308.

[165]　Robertson L A, Kuenen J G. Aerobic denitrification-a controversy revived[J]. Arch. Microbial, 1984, 139（4）：351-354.

[166]　Third K A, Burnett N, Ralf C R. Simultaneous nitrification and denitrification using stored substrate (PHB) as the electron donor in an SBR[J]. Biotechnology and Bioengineering, 2003, 83（6）：706-720.

[167]　Krul J M. Dissimilatory nitrate and nitrite reduction under aerobic conditions by an aerobically and anaerobically grown Alcaligenes sp, by activated sludge[J]. Journal of applied bacteriology, 1976, 40（3）：245-260.

[168]　Robertson L A, Vanneil E W J, et al. Simultaneous nitrification and denitrification in aerobic chemostat cultures of thiosphaera pantotropha[J]. Applied Environmental Microbiology, 1988, 54（1）：2812-2818.

[169]　卢刚, 郑平. 内循环好氧颗粒污泥床硝化反应器氮亏损研究[J]. 四川大学学报（工程科学版）, 2004, 36（2）：36-40.

[170]　Münch E V, Lant P, Keller J. Simultaneous nitrification and denitrification in bench-scale sequencing batch reactors[J]. Water Research, 1996, 30（2）：277-284.

[171]　ONeill M, Horan N J. Achieving simultaneous nitrification and denitrification of wastewaters at reduced cost[J]. Water Science and Technology, 1995, 32（9-10）：303-312.

[172]　Wilson L P, Bouwer E J. Biodegradation of aromatic compounds under mixed oxygen/ denitrifying conditions：A review[J]. Journal of Industrial Microbiology & Biotechnology, 1997, 18（2-3）：116-130.

[173]　Krul J M. Dissimilatory nitrate and nitrite reduction under aerobic conditions by an aerobically and anaerobically grown Alcaligenes sp., by activated sludge[J]. Journal of aplied bacteriology, 1976, 40（3）：245-260.

[174]　Meiberg J B M, Bruinenberg P M, Harder W. Effect of dissolved-oxygen tension on the metabolism of methylated amines in hyphomicrobium-x in the absence and presence of nitrate- evidence for aerobic denitrification[J]. Journal of General Microbiology, 1980, 120(OCT)：453-463.

[175]　Robertson L A, Kuenen J G. Thiosphaera-pantotropha gen-nov sp-nov, a facultatively anaerobic, facultatively autotrophic sulfur bacterium[J]. Journal of General Microbiology, 1983, 129（SEP）：2847-2855.

[176]　Bonin P, Gilewicz M. A direct demonstration of co-respiration of oxygen and nitrogen-oxides by pseudomonas-nautica-some spectral and kinetic-properties of the respiratory components[J]. Fems Microbiology Letters, 1991, 80（2-3）：183-188.

[177]　Vanniel E W J, Braber K J, Robertson L A, et al. Heterotrophic nitrification and aerobic denitrification in alcaligenes-faecalis strain tud[J]. Antonie Van Leeuwenhoek International Journal of General and Molecular Microbiology, 1992, 62（3）：231-237.

[178]　Patureau D, Davison J, Bernet N, et al. Denitrification under various aeration conditions in co-

mamonas sp, strain sgly2[J]. Fems Microbiology Ecology, 1994, 14 (1): 71-78.

[179]　Huang H K, Tseng S K. Nitrate reduction by Citrobacter diversus under aerobic environment[J]. Applied Microbiology and Biotechnology, 2001, 55 (1): 90-94.

[180]　Su J J, Liu B Y, Liu C Y. Comparison of aerobic denitrification under high oxygen atmosphere by Thiosphaera pantotropha ATCC 35512 and Pseudomonas stutzeri SU2 newly isolated from the activated sludge of a piggery wastewater treatment system[J]. Journal of Applied Microbiology, 2001, 90(3): 457-462.

[181]　张光亚, 方柏山, 闵航, 等. 一株好氧反硝化菌的特征及系统进化分析[J]. 华侨大学学报 (自然科学版), 2004, 25 (1): 75-78.

[182]　Shwu-ling P, Nyuk-Min C, Chei-Hsiang C. Potential applications of aerobic denitrifying bacteria as bioagents in wastewater treatment[J]. Bioresource Technology, 1999, 68 (2): 179-185.

[183]　李平, 张山, 刘德立. 细菌好氧反硝化研究进展[J]. 微生物学杂志, 2005, 25 (1): 60-64.

[184]　Muller E B. Simultaneous NH_3 oxidation and N_2 production at reduced O_2 tensions by sewage-sludge subcultured with chemolithotrophic medium[J]. Biodegradation, 1995, 6 (4): 339-349.

[185]　冯叶成, 王建龙, 钱易. 同时硝化反硝化的试验研究[J]. 上海环境科学, 2002, 21 (9): 527-529.

[186]　吕锡武, 李峰, 道森悠平, 等. 氨氮废水处理过程中的好氧反硝化研究[J]. 给水排水, 2000, 26(4): 17-20.

[187]　Munch E V, Lant P, Keller J. Simultaneous nitrification and denitrification in bench-scale sequencing batch reactors[J]. Water Research, 1996, 30(2): 277-284.

[188]　刘军, 潘登, 王斌, 等. SBR 工艺中 DO 和 C/N 对同步硝化反硝化的影响[J]. 北京工商大学学报 (自然科学版), 2003, 21(2): 7-10.

[189]　徐伟峰, 郑淑平, 孙力平, 等. 生物膜法同步硝化反硝化影响因素的分析[J]. 天津城市建设学院学报, 2003, 9 (1): 4-7.

[190]　邹联沛, 张立秋, 王宝贞, 等. MBR 中 DO 对同步硝化反硝化的影响[J]. 中国给水排水, 2001, 17(6): 10-14.

[191]　Watanabe Y, Masuda S, Ishiguro M. Simultaneous nitrification and denitrification in micro-aerobic biofilms[J]. Water Science and Technology, 1992, 26(3-4): 511-522.

[192]　胡宇华, 丁富新, 范轶, 等. 有机碳源对同时硝化/反硝化(SND)过程的影响[J]. 环境工程, 2001, 19 (4): 17-20.

[193]　Masuda S, Watanabe Y, Ishiguro M. Biofilm properties and simultaneous nitrification and denitrification in aerobic rotating biological contactors[J]. Water Science and Technology, 1991, 23 (7-9): 1355-1363.

[194]　Gupta S K, Raja S M, Gupta A B. Simultaneous nitrification-denitrification in a rotating biological contactor[J]. Environmental Technology, 1994, 15 (2): 145-153.

[195]　Hyungseok Y. Nitrogen removal from synthetic wastewater by simultaneous nitrification and denitrification (SND) via nitrite in an intermittently-aerated reactor[J]. Water Science and Technology, 1997, 36 (12): 151-157.

[196]　周丹丹, 马放, 王弘宇, 等. 关于好氧反硝化菌筛选方法的研究[J]. 微生物学报, 2004, 44 (6): 837-839.

[197]　阮文权, 卞庆荣, 陈坚. COD 与 DO 对好氧颗粒污泥同步硝化反硝化脱氮的影响[J]. 应用与环境生物学报, 2004, 10 (3): 366-369.

[198] 杨麒,李小明,曾光明,等. SBR系统中同步硝化反硝化好氧颗粒污泥的培养[J]. 环境科学, 2003, 24 (4): 95-98.

[199] 白晓慧. 利用好氧颗粒污泥实现同步硝化反硝化[J]. 中国给水排水, 2002, 18 (2): 26-28.

[200] Mulder A, Van de Graaf A, Robertson L A, et al. Anaerobic ammonium oxidation discovered in a denitrifying fluidized bed reactor[J]. FEMS Microbiology Ecology, 1995, 16 (3): 177-183.

[201] 叶剑锋. 废水生物脱氮新技术[M]. 北京: 化学工业出版社, 2006.

[202] 郑平,徐向阳,胡宝兰. 新型生物脱氮理论与技术[M]. 北京: 科学出版社, 2004.

[203] Broda E. Two kinds of lithotrophs missing in nature[J]. Z. Allg. Mikrobiol, 1977, 17 (6): 491-493.

[204] Van de Graaf A A, De Bruijin P, Robertron LA, et al. Metabolic pathway of anaerobic ammonium oxidation on the basis of N-15 studies in a fluidized bed reactor[J]. Microbiology, 1997, 143 (7): 2415-2421.

[205] Rysgaard S, Glud R N, Risgaard-Petersen N, et al. Denitrification and anammox activity in arctic marine sediments[J]. Limnol. Oceanogr, 2004, 49 (5): 1493-1502.

[206] Hooper A B, Terry K R. Photoinactivation of ammonium oxidation in Nitrosomonas[J]. Journal of Bacteriolog, 1974, 119 (3): 899-906.

[207] 郑平,胡宝兰. 厌氧氨氧化菌混培物生长及代谢动力学研究[J]. 生物工程学报, 2001, 17 (2): 193-198.

[208] Strous M, Kuenen J G, Jetten M S M. Key physiology of anaerobic ammonium oxidation[J]. Applied and Environmental Microbiology, 1999, 65 (7): 3248-3250.

[209] Jetten M S, Strous M, van de Pas-Schoonen K T, Schalk J, et al. The anaerobic oxidation of ammonium [J]. FEMS Microbiology Reviews, 1998, 22(5): 421-437.

[210] Strous M, Heijnen J J, Kuenen J G, Jetten M S W. The sequencing batch reactor as a powerful tool to study very slowly growing microorganisms[J]. Applied and Environmental Microbiology, 1998, 50 (5): 589-596.

[211] Strous M, Van Gerven, Kuenen J G, Jetten M S W. Effects of aerobic and microaerobic conditions on anaerobic ammonium-oxiding (Anammox) sludge[J]. Applied and Environmental Microbiology, 1997, 63 (6): 2446-2448.

[212] Fux C, Boehler M, Huber P, Brunner I, Siegrist H. Biological treatment of ammonium-rich wastewater by partial nitrification and subsequent anaerobic ammonium oxidation (anammox) in a pilot plant[J]. Journal of Biotechnology, 2002, 99(3): 295-306.

[213] 魏学军,邓华,谈红. 厌氧氨氧化反应器的启动及运行[J]. 新疆环境保护, 2002, 24 (1): 17-21.

[214] Van de Graaf, et al. Autotrophic growth of anaerobic ammonium-oxidizing micro-organisms in a fluidized bed reactor [J]. Microbiology, 1996, 142 (8): 2187-2196.

[215] 郝晓地, Mark van Loosdrecht. 荷兰鹿特丹DOKHAVEN污水处理厂介绍[J]. 给水排水, 2003, 29(10): 19-25.

[216] Wouter R L, van der Star, andreea I. Miclea, Udo G J M, van Dongen, et al. The membrane bioreactor: a novel tool to grow anammox bacteria as free cells. Biotechnology and Bioengineering, 2008, 101(2): 286-294.

[217] 张少辉,郑平. 厌氧氨氧化反应器启动方法的研究[J]. 中国环境科学, 2004, 24 (4): 496-500.

[218] 梁辉强,胡勇有,雒怀庆. 厌氧序批式反应器的厌氧氨氧化工艺启动运行[J]. 工业用水与废水,

2005, 36 (5)：39-44.

[219] 沈平, 左剑恶, 杨洋. 接种不同污泥的厌氧氨氧化反应器的启动运行[J]. 中国沼气, 2004, 24 (3)：3-7.

[220] 胡勇有, 梁辉强, 雒怀庆. 厌氧序批式反应器培养厌氧氨氧化污泥[J]. 华南理工大学学报, 2005, 33 (10)：93-97.

[221] 康晶, 王建龙. EGSB 反应器中厌氧颗粒污泥的脱氮特性研究[J]. 环境科学学报, 2005, 25 (2)：208-213.

[222] 胡宝兰, 郑平, 冯孝善. 新型生物脱氮技术的工艺研究[J]. 应用与环境生物学报, 1999, 5 (S1)：68-73.

[223] 胡勇有, 雒怀庆, 陈柱. 厌氧氨氧化菌的培养与驯化研究[J]. 华南理工大学学报(自然科学版), 2002, 30 (11)：160-164.

[224] 袁怡, 黄勇. 厌氧氨氧化细菌的筛选实验研究[J]. 苏州科技学院学报(工程技术版), 2004, 17 (4)：6-10.

[225] 杜兵, 司亚安, 孙艳玲, 等. 推流固定化生物反应器培养 ANAMMOX 菌[J]. 中国给水排水, 2003, 19 (7)：62-65.

[226] Ren-cun Jin, Bao-lan Hu, Ping Zheng, Mahmood Qaisar, An-hui Hu, Ejazul Islam. Quantitative comparison of stability of ANAMMOX process in different reactor configurations[J]. Bioresource Technology, 2008, 99 (6)：1603-1609.

[227] Haydée De Clippeleir, Siegfried E. Vlaeminck, et al. A low volumetric exchange ratio allows high autotrophic nitrogen removal in a sequencing batch reactor[J]. Bioresource Technology, 2009, 100(21)：5010-5015.

[228] Kuai L, Verstraete W. Ammonium removal by the oxygen limited autotrophic nitrification-denitrification system[J]. Appl Env Microbiol, 1998, 64 (11)：4500-4506.

[229] Philips S, Wyffels S, Sprengers R, et al. Oxygen-limited autotrophic nitrification/denitrification by ammonia oxidizers enables upward motion towards more favourable conditions[J]. Appl. Microbiol. Biotechnol, 2002, 59 (4-5)：557-566.

[230] Wett B. Solved upscaling problems for implementing deammonification of rejection water[J]. Water Sci. Technol, 2006, 53 (12)：121-128.

第 5 章　SBR 法的研究新进展

5.1　脉冲式 SBR 法深度脱氮与实时过程控制

5.1.1　脉冲式分段进水 SBR 法的研究与应用背景

5.1.1.1　生物脱氮技术是污水深度处理的关键

污水的再生回用是城市节制使用自然水资源,解决富营养化问题的重要途径。回用水不仅可用于绿化,还可用作河湖补水和景观用水,可在较大程度上缓解我国水资源短缺的问题。河湖补水对回用水水质要求特别高,如对于北京奥运湖补水水质就提出了 TN≤2mg/L,TP≤0.3mg/L 的严格标准,因此,污水的脱氮除磷深度处理就成为了污水再生回用的前提和基础。

氮的去除是污水深度处理的难点和重点,只有利用生物脱氮技术才能彻底去除。污水中的磷通常可以通过投加混凝剂去除,但由于氮化合物(如 NH_4^+-N 及 NO_3^--N)的分子量比较小,无法通过投加药剂去除。如图 5-1 所示,如果利用膜技术来去除氮化合物,仅反渗透膜技术是最有效的,但该方法成本过于昂贵,难以推广应用;而其他的膜处理技术,如纳滤、微滤等方法均无法有效去除污水中的氮化合物。因此,生物脱氮技术是污水深度处理的关键所在。

5.1.1.2　传统生物脱氮工艺存在的问题

受目前污水处理工艺技术限制,我国部分已经建成运行或者正在规划设计的城市污水处理厂,只考虑有机污染指标的去除效果,以有机污染指标 COD 和 BOD_5 的去除效果作为水质处理效果的评价指标。面对日益严重的富营养化问题,当务之急就是改进现有污水处理工艺,实现对污水脱氮除磷处理,减少氮磷的排放量。目前,北京市污水处理厂出水的有机物含量均能满足排放标准,但是对污水中氮磷的去除效果不是很理想,北京市的城市河湖也常遭受着富营养化的侵害。因此,研究和开发高效、经济的脱氮除磷工艺是污水处理领域面临的重要任务。

近 20 年来,污水脱氮新技术的研究、开发和工程应用一直是国内外污水处理界的热点和难点,国内外普遍采用的传统生物脱氮工艺,诸如 A/O、UCT、VIP 和

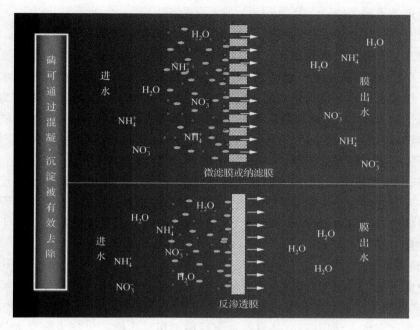

图 5-1　各种膜出水水质的比较示意图

SBR 等,存在如下主要缺点:运行操作复杂、硝化过程消耗大量的碱度和能量、反硝化过程需要投加大量的碳源等。在废水氮含量较高或 C/N 较低的情况下,实际推广应用这些工艺时,投资和运行费用会大幅度增加。如果应用于城市污水的再生回用中,就将面临更多的问题,也更难保证脱氮效果达到最佳状态。

　　氮的去除比较复杂,涉及氨化、亚硝化、硝化、反硝化等多个生化过程。上述每一个过程的目的不同,微生物组成、对基质类型及环境条件的要求也各不相同。因此要在一个系统中完成脱氮的整个过程,不可避免地产生了各过程间的矛盾关系,如碳源、污泥龄、碱度、温度、异养菌与硝化菌的竞争等问题。这些问题使深度脱氮在城市污水再生回用中达到较高的排放标准(总氮≤15mg/L)时都有一定难度和局限。可见,以传统生物脱氮理论为基础的上述工艺普遍还存在以下问题:

　　(1) 基质竞争使处理效果相对较差。在传统生物脱氮工艺中,异养菌和自养硝化菌在碳化和硝化两个过程中扮演着两个独立的角色,即两者都需利用溶解氧进行独立的碳化和硝化作用,因此在同一系统中,当固定了供氧量的情况下,如果进水有机负荷较高,硝化效果会受到影响。

　　(2) 温度、污泥龄、碱度等因素直接影响氮的去除效果。硝化菌、反硝化菌和降解有机物的异养菌这三类微生物的污泥龄及要求的环境条件各不相同,在同一反应器中微生物呈悬浮混合生长,保证它们均能在比较适宜的环境中生长是获得好的处理效果的关键。

（3）一般城市污水的 C/N 值较低，碳源缺乏成为反硝化的限制性因素。

（4）对于传统生物脱氮工艺，应用最广泛的是前置反硝化连续流脱氮工艺（A/O 工艺）和 SBR 工艺。对于 A/O 工艺，其最大优点是前置反硝化将污水中的全部有机物首先作为反硝化碳源，提高碳源利用率。但其也有明显的缺点：氮去除率难以达到 80％以上，因为其出水中的总氮浓度等于内循环硝化回流液中的总氮浓度，难以使出水 TN$<$10～15mg/L；另外 A/O 工艺运行过程的可控性较差，难以实现工艺运行的智能控制；对于传统的 SBR 工艺，虽然具有运行方式灵活、脱氮效率高、可控性好等优点，由于在好氧阶段进水中的有机物已全部氧化，在反硝化过程中需投加碳源来作为电子供体进行硝态氮的还原反应，没有充分利用原水中的有机碳源，使得运行费用大大增加，因此传统的 SBR 工艺在城市污水再生回用中的应用也受到了限制。

（5）能耗较大。

由此可知，如何更好地解决和处理传统生物脱氮工艺中存在的矛盾关系和问题，提高传统工艺的脱氮效果，开创高效节能、清洁可持续的污水处理新工艺，解决我国日益严重的水污染问题，是目前及今后城市污水生物脱氮技术研究的热点和必然趋势，具有很好的应用价值和前景，同时也是一个相当艰巨的课题。脉冲式 SBR 法深度脱氮工艺就是在此背景下提出的。

5.1.2　脉冲式分段进水 SBR 法的基本操作流程

脉冲式 SBR 法（Step-Feed SBR，简称 SFSBR）深度脱氮工艺是针对传统前置反硝化连续流脱氮工艺虽然能获得较高的硝化率，却无法保证反硝化效果而提出的一种新型的 SBR 运行方式，其具体操作过程如图 5-2 所示：

（1）原污水进入 SBR 反应器，好氧曝气进行去除有机物和硝化反应；

（2）SBR 系统好氧硝化完全后，投加适量原水，反硝化菌在缺氧条件下利用原水中的有机物作为反硝化所需的碳源；

（3）反硝化完全后进行再曝气，使投加原水而额外带入系统的氨氮全部转化为硝态氮；

（4）重复投加适量原水进行反硝化和后曝气的过程（n 次），最后经反应末端投加适量的外碳源（如甲醇等）和适量曝气后就可实现深度脱氮的要求。

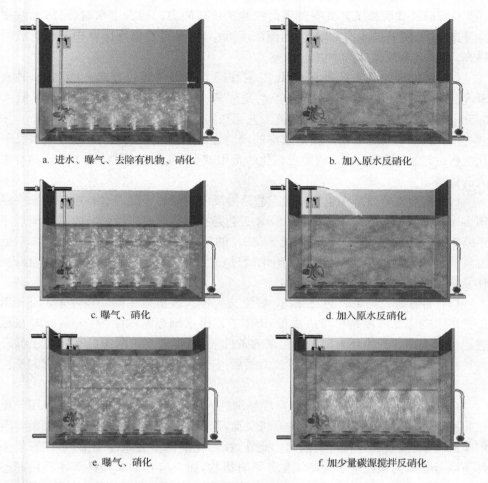

a. 进水、曝气、去除有机物、硝化　　　　　　　b. 加入原水反硝化

c. 曝气、硝化　　　　　　　　　　　　　　d. 加入原水反硝化

e. 曝气、硝化　　　　　　　　　　　　　f. 加少量碳源搅拌反硝化

图 5-2　三段进水脉冲式 SBR 深度脱氮工艺的运行周期示意图

5.1.3　脉冲式分段进水 SBR 法的特点

脉冲式 SBR 工艺在反硝化过程中进行了多次反复投配原水实现反硝化的操作步骤,其实质是一种分段进水的 SBR 系统。该工艺最大的优势就是在充分利用原水中有机碳源的前提下,可获得出水 $TN < 1mg/L$ 的高效脱氮效果。同时,SBR 的序批进水方式使得整个反应随时间存在浓度梯度,相对于完全混合式运行系统提高了反应比速率;此外,其反应过程的非均一性利于实现实时在线控制。具体如下:

(1)脉冲式脱氮工艺既可以有效利用原水中的碳源反硝化,节约了氧化有机物所需的氧气,又能减轻有机物对硝化的影响。

（2）脉冲式脱氮工艺具有较强的抗冲击负荷能力。初次进水时,高污泥浓度抗冲击负荷,随着进水次数增加,污泥浓度减小,但是进水被反应器中的混合液所稀释,同样具有较强的抗冲击能力。

（3）脉冲式脱氮工艺是在 SBR 工艺基础上进行的运行方式上的改进,具有 SBR 工艺的所有优点,最突出的特点是脱氮效果好,反硝化结束时硝态氮＜0.5mg/L,TN＜1mg/L,这是连续流工艺无法实现的。

（4）脉冲式脱氮工艺高脱氮效率的同时还具有经济可行性,随着加原水反硝化次数的增加,所需投加外碳源反硝化的费用减小,与其他工艺的成本相比具有很大的优势。

（5）连续流分段进水生物脱氮工艺是沿反应池池长分段进水并按空间顺序经历多个缺氧/厌氧-好氧状态,而 SFSBR 工艺是在同一个反应器（池）内按时间顺序不断重复经历缺氧/好氧状态,因此 SFSBR 的反应时间可控性好,操作灵活,不受流量和池容限制,有利于硝化和反硝化的过程控制。而由此带来的缺点是运行操作复杂,对自动化水平要求较高。

（6）另有研究结果表明:在缺氧-好氧交替模式及负荷相同的条件下,SFSBR 工艺出水硝态氮浓度是单步进水型 SBR 工艺出水硝态氮浓度的 50%,同时在理想运行状态即各子循环无硝态氮积累的条件下,各步进水中的氨氮在相应子循环内转化为气态氮,出水硝态氮浓度仅由最后一步进水中的氨氮浓度决定,有利于控制出水中的硝态氮浓度。

（7）原水分步在各缺氧/厌氧阶段始端进入反应器,使其大部分有机物用于反硝化脱氮,并降低后续好氧阶段的有机负荷,削弱了好氧异养细菌与硝化细菌对溶解氧的竞争,使硝化过程得到强化。此外,反硝化细菌多为兼性细菌,它在有氧条件下以分子氧为最终电子受体氧化分解有机物,而只有在缺氧条件下才利用硝态氮为电子受体发生反硝化反应。由于在缺氧/厌氧阶段的始端进水,缺氧阶段的有机物比好氧阶段的有机物更丰富,故反硝化细菌在 SFSBR 中以反硝化型的代谢为主,强化了反硝化细菌的脱氮功能。

5.1.4　脉冲式分段进水 SBR 法的脱氮效率分析

5.1.4.1　A/O 工艺总氮去除效率的分析

前置反硝化 A/O 工艺反应过程中,假设缺氧池中只发生反硝化反应,好氧池中只发生有机物降解、氨化和硝化反应,不考虑好氧池中可能发生的同步硝化反硝化（SND）现象和沉淀池中可能因停留时间过长发生的反硝化现象,那么缺氧池入口处的混合液氨氮浓度等于好氧池入口处的氨氮浓度,好氧池出口处的氨氮浓度等于沉淀池出水的氨氮浓度,好氧池出口处的硝态氮浓度等于内循环硝化液中的硝态氮浓度。

一般氨化过程与微生物去除有机物同时进行,有机物去除结束时,已经完成氨化过程,有机氮通过氨化反应形成氨氮,所以不考虑有机氮,认为 TN 是 NH_3-N 与 NO_x^--N 之和,则根据流量平衡,缺氧池入口处混合后的氨氮浓度为:

$$[NH_3\text{-}N_1] = \frac{[NH_3\text{-}N_{in}] \times Q + [NH_3\text{-}N_{eff}] \times (r+R)Q}{(1+r+R)Q}$$

$$= \frac{[NH_3\text{-}N_{in}] + [NH_3\text{-}N_{eff}] \times (r+R)}{1+r+R} \qquad (5\text{-}1)$$

式中:$[NH_3\text{-}N_1]$——缺氧池入口处混合后的氨氮浓度;

　　　$[NH_3\text{-}N_{in}]$——进水氨氮浓度;

　　　$[NH_3\text{-}N_{eff}]$——出水氨氮浓度;

　　　Q——进水流量;

　　　R——混合液回流比;

　　　r——污泥回流比。

缺氧池入口处混合后的硝态氮浓度为:

$$[NO_x\text{-}N_1] = \frac{[NO_x - N_{eff}] \times (r+R)}{(1+r+R)} + [NO_x\text{-}N_{in}] \qquad (5\text{-}2)$$

式中:$[NO_x\text{-}N_1]$——缺氧池入口处混合后的硝态氮浓度;

　　　$[NO_x\text{-}N_{in}]$——进水硝态氮浓度;

　　　$[NO_x\text{-}N_{eff}]$——出水硝态氮浓度。

好氧池出口处总氮浓度不小于好氧池入口处氨氮浓度,出水总氮浓度为:

$$TN_{eff} = \frac{[NH_3\text{-}N_{in}] + [NH_3\text{-}N_{eff}] \times (r+R)}{(1+r+R)} + [NO_x\text{-}N] \qquad (5\text{-}3)$$

式中:TN_{eff}——出水总氮浓度;

　　　$[NO_x\text{-}N]$——缺氧池出水硝态氮浓度。

在好氧池内氨氮完全硝化、缺氧池内硝态氮完全反硝化的理想条件下,得到最大的总氮去除率,此时出水总氮浓度为:

$$TN_{eff} = \frac{[NH_3\text{-}N_{in}]}{(1+r+R)} \qquad (5\text{-}4)$$

总氮去除率 η 为:

$$\eta = \frac{[NH_3\text{-}N_{in}] - TN_{eff}}{[NH_3\text{-}N_{in}]} = \frac{R+r}{1+r+R} \qquad (5\text{-}5)$$

A/O 工艺的进水总氮的去除效率与回流比有关,理论总氮去除率与总回流比的关系如表 5-1 所示。

表 5-1　　理论总氮去除率与总回流比的关系

总氮去除率/%	50	66.7	75	80	83.3	85	87.5
总回流比/%	100	200	300	400	500	600	700

根据新标准要求,出水 $TN_{eff} \leqslant 15mg/L$,出水氨氮$[NH_3\text{-}N_{eff}] \leqslant 5mg/L$,那么进水 TN_{in} 应满足:$TN_{in} \leqslant 15 \times (1+r+R)$。

一般 $0 \leqslant r \leqslant 100\%$,$100\% \leqslant R \leqslant 500\%$,所以可以得出 $TN_{in} \leqslant 140mg/L$。由于缺氧池内反硝化常常不完全,好氧池内并不需要氨氮完全硝化,所以通常生物脱氮工艺的实际总氮去除效率往往低于理论值。如果控制出水氨氮$[NH_3\text{-}N_{eff}]$ 为 $5mg/L$,那么要求进水最大 TN 浓度不超过 $110mg/L$ 时才可以采用 A/O 工艺脱氮,否则应采用串级工艺或其他脱氮效率更高的工艺。

由表 5-1 还可知对 A/O 工艺而言,要保证 85% 的脱氮率,总回流比需达到 600%;同时,随总回流比的继续增加,氮去除率的增加速率将减慢,提高处理效果的难度将增加。

由于氮的去除率不仅与混合液回流比的大小有关,还与反硝化菌的反硝化速率、反硝化区的环境条件等因素有关,因而混合液的回流比是不能取过高的。

一方面,混合液回流比过高,会造成缺氧池中的溶解氧过高,而过多的溶解氧将对反硝化产生抑制作用,影响反硝化反应的顺利进行;另一方面,过高的回流比无疑将增加系统的运转费用,造成系统的不经济性。一般认为,对于低氨氮浓度的废水,混合液回流比宜控制在 2~3 较为经济;对于高浓度氨氮的废水,回流比可适当高些。

5.1.4.2　脉冲式 SBR 工艺总氮去除效率的分析

对于反硝化反应 $5C_{(有机碳)} + 2H_2O + 4NO_3^- \rightarrow 2N_2 + 4OH^- + 5CO_2$,欲去除 4 份 NO_3^-(4×14),必须提供 5 份有机碳。又因为氧化 1 份碳生成 CO_2 需 2 份氧,则 5 份碳以 BOD 值计为(5×32),故理论上废水的 BOD/NO_3^- 须大于 $\frac{5 \times 32}{4 \times 14} = \frac{20}{7} \approx 2.86$ 才能满足反硝化过程对碳源的要求。

对于脉冲式 SBR 法深度脱氮工艺,我们同样假设全部氨氮在硝化阶段转化为硝态氮,而全部硝态氮在反硝化阶段转化为氮气,并忽略细菌合成细胞过程中所去除的氨氮和进水中的硝态氮。

设进水的 BOD_5/TN 为 x。

处理过程(1):硝化完全后投加含 BOD_5 为 $\dfrac{20[NO_3\text{-}N]}{7}$ 的原水提供碳源进行反硝化,反硝化完全后曝气,使由于加进的原水而引入的氨氮全部转化为硝态氮,重复加适量原水反硝化;然后曝气再进行硝化。设进水 TN 的量为 a,当 $x > 20/7$

时,其总氮的去除率 η 与投加原水的次数 n 的关系如下所示:

当 $n=1$ 时,
$$\eta = \frac{0}{a} = 0 \tag{5-6}$$

第二次进水为去除 a 的 TN,需加入含有 BOD_5 为 $\frac{20a}{7}$ 的原水,同时带入的 TN 为 $\frac{20a}{7x}$,故,当 $n=2$ 时,

$$\eta = \frac{a}{a + \frac{20a}{7x}} \tag{5-7}$$

第三次进水时,为去除 $\frac{20a}{7x}$ 的 TN,需加入含 BOD_5 为 $\frac{20a}{7x} \times \frac{20}{7}$ 的原水,同时带入的 TN 为 $\left(\frac{20}{7x}\right)^2 \cdot a$,所以,当 $n=3$ 时,

$$\eta = \frac{a + \frac{20a}{7x}}{a + \frac{20a}{7x} + \left(\frac{20}{7x}\right)^2 \cdot a} \tag{5-8}$$

以此类推,当 $n=n$ 时

$$\eta = \frac{a + \frac{20a}{7x} + \left(\frac{20}{7x}\right)^2 \cdot a + \cdots + \left(\frac{20}{7x}\right)^{n-2} \cdot a}{a + \frac{20a}{7x} + \left(\frac{20}{7x}\right)^2 \cdot a + \left(\frac{20}{7x}\right)^3 \cdot a + \cdots + \left(\frac{20}{7x}\right)^{n-1} \cdot a}$$

$$= \frac{1 - \left(\frac{20}{7x}\right)^{n-1}}{1 - \left(\frac{20}{7x}\right)^n} \tag{5-9}$$

由于 $x > 20/7$,所以当 $n \to \infty$ 时,$\eta \to 1$。且可以看出,每次加入的原水量在不断减少。

当 $x \leqslant 20/7$ 时,仍有下面关系存在:

$$\eta = \frac{a + \frac{20a}{7x} + \left(\frac{20}{7x}\right)^2 \cdot a + \cdots + \left(\frac{20}{7x}\right)^{n-2} \cdot a}{a + \frac{20a}{7x} + \left(\frac{20}{7x}\right)^2 \cdot a + \left(\frac{20}{7x}\right)^3 \cdot a + \cdots + \left(\frac{20}{7x}\right)^{n-1} \cdot a}$$

但当 $n \to \infty$ 时,$\eta \to \frac{7x}{20}$。且可看出每次进水量在不断增加。

处理过程(2):基本条件与(1)相同,但每次进相同体积的水,当 $x > 20/7$ 时,其总氮的去除率 η 与投加原水的次数 n 的关系如下所示:

$$\eta = \frac{(n-1) \cdot a}{na} = 1 - \frac{1}{n} \tag{5-10}$$

当 $n \to \infty$ 时，有 $\eta \to 1$。

当 $x \leqslant 20/7$ 时，若进水的 TN 的量为 a，则进水中的 BOD_5 为 ax，那么反硝化菌利用这些 BOD_5 进行反硝化而去除的 TN 量为：$\frac{7ax}{20}$，所以这种情况下总氮的去除率 η 与投加原水的次数 n 的关系为：

$$\eta = \frac{(n-1) \cdot \frac{7ax}{20}}{na} = \frac{7x}{20}\left(1 - \frac{1}{n}\right) \tag{5-11}$$

当 $n \to \infty$ 时，有 $\eta \to \frac{7x}{20}$。

综上所述，可看出分多次进水的脉冲式操作模式是有效的脱氮模式，影响反硝化脱氮效率的主要因素是投加原水次数和进水的 BOD_5/TN 值。且随着投加原水次数的增加，总氮去除效率也会不断提高。若要实现更高的脱氮效果，可在反应末端投加适量的外碳源（如甲醇、乙醇等），最终可使出水总氮小于 1.5mg/L。而对于 A/O 法等前置反硝化工艺，其出水总氮浓度等于硝化回流液中的总氮浓度，由式(5-5)可看出，A/O 工艺的 TN 去除率仅与总回流比有关，再加上 A/O 工艺运行过程的可控性较差，所以其总氮去除率难以达到 80% 以上。在对脱氮要求较严格的情况下，即使经过一系列工艺运行调节，也难以使出水 TN<10～15mg/L。

5.1.5　SFSBR 工艺的国内外研究现状

5.1.5.1　SFSBR 处理实际废水的应用研究

国内外学者对 SFSBR 的应用情况进行了详细总结[1]。目前，对 SFSBR 工艺用于猪场废水、市政污水、木材加工厂废水的处理均有报道[2-6]。在实际废水的处理中，SFSBR 工艺对总氮的去除率＞90%，对 COD 和 TP 的去除率也在 90% 以上，说明 SFSBR 工艺兼具去除有机物和脱氮除磷的三重功能，具有较好的推广应用价值。值得一提的是，猪场废水中氨氮含量较高（通常在 200～500mg/L），而且碳氮比较低，是一种脱氮较难的废水，通常需补充外碳源以提高的脱氮效率[7]。然而，在采用 SFSBR 工艺处理养猪废水时仅由原废水中的有机物就可实现令人满意的脱氮效果，故 SFSBR 工艺对于低碳氮比废水的生物脱氮处理具有重要的应用意义。另外，SFSBR 工艺对含有甲醛生物毒素的木材加工厂废水的处理效果表明，分步进水方式能够避免由甲醛毒性导致的生物反应器崩溃，可有效缓解毒素对生物反应器系统的冲击[6]，由此推断 SFSBR 工艺具有处理工业废水的应用潜力。目前，SFSBR 处理实际废水的应用研究还处在初级阶段，进水量分配、曝气量方式、缺氧/厌氧-好氧时间分配等工艺参数大多根据经验或试验确定,缺乏生物脱氮计量学的理论指导。Artan 等[8]提出 SFSBR 工艺设计的理论基础为各个子循环中以生物可利用有机物表示的反硝化势与进入缺氧阶段的硝态氮之间的平衡,但该设计方法仅得到活性污泥模型 ASM2d 的验证,缺乏工程应用的检验。因此,SFSBR的设计方法还有待于在工程实践中不断完善。另外,Zhang 等[5]研究发现SFSBR 工艺过程中第一个缺氧/厌氧阶段反硝化完成后有 CH_4 气体产生,且好氧阶段不完全硝化和缺氧阶段的不完全反硝化引发了 N_2O 气体的释放。

5.1.5.2　SFSBR 工艺的数学模型研究

利用数学模型模拟预测生物反应器内污染物的动态变化是活性污泥法污水处理方案比较、工艺设计优化的一种高效辅助工具。目前描述脱氮工艺的数学模型主要以国际水质协会开发的活性污泥 1 号模型(ASM1)为基础。

Oles 和 Wilder[9]基于 SBR 工艺特点修正了 ASM1 的模型参数,并用该模型对实验室规模(有效体积为 10L)的两步进水型处理人工废水和中试规模(有效体积为 $10m^3$)的三步进水型处理市政污水进行了模拟,结果表明,两种进水方式的SBR 对 COD、氨氮和硝态氮的去除效果均较好;他们还利用修正的 ASM1 模型对现有中试规模反应器的运行方式进行了优化设计,模型计算结果表明,在总的水力停留时间不变的情况下延长第二、第三缺氧阶段的时间,并将第一步进水量占总进水量的比例减至 47%,可使出水硝态氮浓度相应降低 30%。

鉴于氨氮对硝化细菌的毒性影响,Anderottola 等[10]在 ASM1 基础上增加一个开关函数将硝化过程分为氨氧化和亚硝酸盐氧化两个步骤,改进后的 ASM1 模拟 SFSBR 生物脱氮的过程取得了较好的结果。为了增强上述模型预测运行效果的有效性,Tilche 等[2]对 SAnna 农场(意大利)五步进水型 SBR 处理猪场废水的运行效果进行了近 1 年的监测,并对该模型中影响模拟结果的重要参数[硝化菌铵抑制常数(K_{NHI})、污泥氮含量(i_{NBM})、颗粒物中氮含量(i_{NXS})、微生物产生的惰性COD 分数(f_{XI})]进行了校正,经过校正的模型能有效预测缩短各好氧阶段的曝气时间后反应器内氨氮的累积现象,为运行管理提供了参考依据。

5.1.5.3　生物脱氮实时控制技术研究

在实际工程应用中,由于进水水质不断变化,采用固定的进水分配方式或缺氧/厌氧-好氧时间序列的 SFSBR 很难实现稳定的脱氮效果,而实时控制技术可以解决此类问题。实时控制技术以系统内污染物变化的相关因素为逻辑变量即控制点进行判断和计算,它可及时调整运行参数,使系统始终处于最佳运行状态,从而达到优化运行的目的。由于 DO、ORP 和 pH 在生物脱氮过程会出现特征变化,因此这 3 个参数变化的特征点是目前生物脱氮系统普遍采用的控制点。笔者研究发现,这些参数作为硝化反硝化控制点的灵敏度在不同工艺系统内是不相同的,需要进行试验而选择合适参数。

Lin和Jing[11]对SFSBR工作周期内DO、ORP、pH进行实时观测,结果表明pH更能有效地指示硝化和反硝化反应的结束。Andreottola等[6]应用识别ORP硝态氮滕(反硝化结束曲线特征拐点)和pH氨谷(硝化结束曲线特征拐点)的控制技术,根据反硝化和硝化反应进程实时控制SFSBR各步进水量和缺氧/厌氧-好氧持续时间,缩短了原有各子循环内缺氧/厌氧-好氧持续时间,使各周期处理量增倍,对总氮的去除率>90%。SFSBR工艺实时控制技术根据硝化反硝化反应进程实时修正设计参数,智能化分配反应器各步进水和缺氧/厌氧-好氧时间,有助于发挥反应器系统的处理能力,确保缺氧/厌氧阶段内实现完全反硝化的同时避免过度曝气造成的溶解氧过剩问题,不仅降低了SFSBR运行成本,而且增强了处理系统对冲击负荷的适应能力。然而,SFSBR实时控制技术中控制点的选择尤其是控制策略的构建取决于工艺形式和水质特点,需要长期试验研究确定,但目前缺少对SFSBR处理实际废水的实时控制技术的报道。

5.1.6 实际运行中SFSBR工艺的影响因素

基于SFSBR的运行特点,控制SFSBR出水硝态氮浓度的约束条件是各步在进水后能够完全转化前一子循环好氧阶段产生的硝态氮,且最后一步进水量最小,其中涉及的关键参数有进水水质、进水量的分配、曝气方式、(缺氧/厌氧)好氧时间分配[1]。

5.1.6.1 进水水质

进水中的有机物量直接影响生物反应器中反硝化碳源的补给量,而进水中的氨氮量则决定生物反应器内硝态氮的生成量,两者的比例关系即碳氮比是影响生物脱氮效率的关键因素之一。在SFSBR工艺中,进水碳氮比主要影响各步进水后转化前一子循环硝态氮的反硝化能力和本循环内硝态氮的产生量,是优化SFSBR脱氮效果的重要参数,在处理高碳氮比废水时,有利于控制反应器出水中的硝态氮浓度。Puig等[12]对六步进水工艺处理市政污水进行了实验室和中试规模的研究,结果表明中试规模的脱氮效果高于实验室规模的脱氮效果,分析认为中试反应器进水为新鲜污水,其易降解有机物所占比例较高即碳氮比较高是脱氮效果提高的主要原因。

5.1.6.2 进水量的分配

为在各缺氧/厌氧阶段实现完全反硝化,SFSBR中各步进水量需根据反应器内硝态氮量和进水中可生物利用的有机物量进行分配。进水量不足将使反硝化因缺少碳源而反应不完全,导致反应器内的硝态氮累积;进水过量虽能使反硝化反应完全,但过量的氨氮并不能在有限的好氧时间内完全氧化,使其去除率降低。目前报道的 SFSBR 的进水分配方式,主要有逐步等量进水和逐步递减进水两种形式。逐步等量进水即将总进水量分成若干等份依次进入反应器,是一种最简单的分步进水方式;而逐步递减进水方式是依次减少各步进水量的一种操作形式,它可以最大程度地控制出水硝态氮浓度并防止污泥膨胀。好氧阶段曝气过程中由于部分氨氮用于微生物的生长以及生物脱氮中间产物如 N_2O 气体的释放,或者可能存在的同步硝化反硝化(SND)现象使好氧阶段结束时的硝态氮浓度低于该阶段氨氮的初始浓度,故在下一子循环中可根据反应器中的硝态氮量相应减少进水量,从而降低进水的氨氮量和后续好氧阶段硝态氮的产生量,最终将出水硝态氮浓度控制在一个较低水平。传统 SBR 进水方式即在反应阶段开始时一次性进水,反应的初始底物浓度较高,有利于菌胶团细菌的生长,使丝状菌的生长处于劣势,有效防止了污泥膨胀的发生。然而,在相同负荷条件下 SFSBR 各子循环底物浓度梯度较传统 SBR 的低,易引发丝状菌的大量繁殖,为此可提高第一次进水量所占比例至 50% 以上,利用第一子循环的底物浓度梯度强化菌胶团细菌的生长优势。

5.1.6.3　曝气方式

曝气方式是好氧阶段溶解氧的补给方式,不仅影响好氧生化反应的进程还直接影响 SFSBR 工艺好氧阶段结束时反应器内的溶解氧浓度,进而影响后续反硝化脱氮效果。控制曝气量恒定的方式具有操作简单、容易控制等优点,在工程实践中应用较多。在采用恒定曝气量的 SFSBR 工艺中,好氧微生物的代谢功能因底物浓度的降低而减弱,故在曝气结束时即下一步进水前溶解氧浓度将达到一个较高水平,造成缺氧初期异养细菌好氧消耗进水中的有机物,从而减少了后续反硝化碳源的补给量,对反硝化脱氮造成不利影响。为避免各步进水中有机物的好氧消耗,可将各步进水再次分为两部分,第一部分专门用以消耗反应器内的溶解氧,第二部分专为反硝化提供碳源;或者曝气后设闲置段,促使细菌利用内源代谢消耗过剩的溶解氧;再者在硝化过程结束时及时停止曝气,在溶解氧浓度升高前进水。此外,采用间歇曝气或者渐减曝气的操作方式控制 SBR 内部溶解氧量既不抑制硝化反应的水平(如 2mg/L),也可避免在反应器进水前溶解氧过剩对反硝化造成的不利影响。

5.1.6.4　缺氧/厌氧和好氧阶段的时间分配

在反应时间固定的情况下,优化 SFSBR 工艺中缺氧/厌氧阶段和好氧阶段的时间分配可以控制反硝化和硝化反应的程度。SFSBR 总反应时间不变,延长缺氧时间可使内源反硝化反应充分,但硝化作用易因曝气时间不足而形成不完全硝化;

反之,延长好氧时间则易引发好氧阶段末期溶解氧过剩造成的有机物好氧消耗问题,影响反硝化脱氮效果。Lin 和 Jing[11]在三步进水 SFSBR 处理模拟废水的研究中,逐步提高曝气时间占工作周期时间的比例(由 6/12 提高至 7/12、8/12)考察脱氮效果变化,发现在曝气时间所占比例较低(6/12)的条件下硝化反应不完全,出水中有亚硝酸盐检出,反应器出水凯氏氮(TKN)浓度随曝气时间的延长而降低,但是硝酸盐浓度不断增加,反硝化脱氮效果减弱。

5.1.7　脉冲式 SBR 脱氮工艺性能的小型试验研究

5.1.7.1　运行操作策略

由于试验期间原水 C/N 比(3.0 以上)可以满足反硝化反应对碳源的要求,故只对等量和不等量递减进水方式进行了试验研究。在最后一个反硝化阶段一次性投加 95% 的乙醇作为反硝化碳源。不同进水次数的脉冲式 SBR 运行方式如表 5-2所示。由建立的实时控制策略控制好氧和缺氧的持续时间。

表 5-2　脉冲式 SBR 工艺运行方式

运行方式	运行工况
两次进水的脉冲式 SBR	进水—好氧—进水—缺氧—好氧—投加乙醇—缺氧
三次进水的脉冲式 SBR	进水—好氧—进水—缺氧—好氧—进水—缺氧—好氧—投加乙醇—缺氧

5.1.7.2　等量进水脉冲式 SBR 的脱氮性能分析

(1) 两次等量进水

第一次向 SBR 反应器内加 4L 原污水,好氧曝气进行去除有机物和硝化反应;SBR 系统好氧硝化完全后,再投加 4L 原水作为后续反硝化所需的碳源;反硝化完全后进行再曝气,使投加 4L 原水中额外带入系统的氨氮全部转化为硝态氮;最后在反应末端投加适量的外碳源(乙醇 0.8mL)进行反硝化。并采用 DO、pH 和 OPR 作为好氧、缺氧的控制参数对整个处理过程进行实时控制。反应过程中的 COD、NH_4^+-N、NO_2^--N、NO_3^--N 的变化规律如图 5-3 所示。

(2) 三次等量进水

第一次 SBR 反应器内加 3L 原污水,好氧曝气进行去除有机物和硝化反应;SBR 系统好氧硝化完全后,再投加 3L 原水作为后续反硝化所需的碳源;反硝化完全后进行再曝气,使投加 3L 原水中额外带入系统的氨氮全部转化为硝态氮;SBR 系统好氧硝化完全后,再投加 3L 原水作为后续反硝化所需的碳源;反硝化完全后进行再曝气,使投加 3L 原水中额外带入系统的氨氮全部转化为硝态氮;最后在反应末端投加适量的外碳源(乙醇 0.5mL)进行反硝化。并采用 DO、pH 作为好氧、

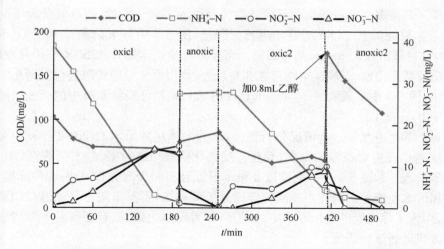

图 5-3　两次等量进水的脉冲式 SBR 法反应过程 COD 和三氮的变化规律

缺氧的控制参数对整个处理过程进行实时控制,反应过程中的 COD、NH_4^+-N、NO_2^--N、NO_3^--N 的变化规律如图 5-4。

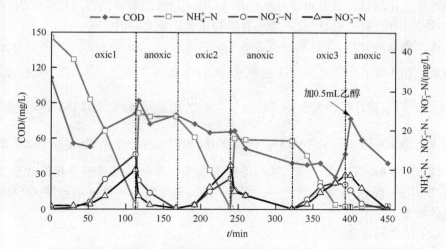

图 5-4　三次等量进水的脉冲式 SBR 法反应过程中 COD 和三氮的变化规律

从图 5-3、图 5-4 中可以看出,每个硝化阶段的硝化很完全,氨氮去除率很高,基本低于 1mg/L;每个反硝化进行也很彻底,硝态氮浓度很低,基本检测不到,在最后一个反硝化阶段分别投加 0.8mL、0.5mL 的乙醇就可使最后出水总氮低于 2mg/L,已完全达到了深度脱氮的目的。图 5-3 中好氧阶段 2(oxic2)比好氧阶段 1(oxic1)的时间短,这主要是由于第二次进水中的 COD 大部分作为缺氧阶段 1(anoxic1)的反硝化碳源被利用,减少了有机物对硝化作用的影响,这样在好氧阶段2一开始曝气就进行硝化反应或很快就进入了硝化阶段,而好氧阶段1的硝化反应主要在降解COD之后才进行。同理,图5-4中好氧阶段2和3(oxic2、oxic3)比好氧阶段1(oxic1)的时间短。而且对等量进水脉冲式SBR法研究发现,由于试验所用原水C/N基本维持在3.0以上,利用原水中的碳源进行反硝化的速率较快,图5-3中缺氧阶段1(anoxic1)仅用60min就已经将系统中的硝态氮降低到低于0.5mg/L。

对于等量进水的运行情况分析得知,试验中采用的原水C/N(大于3.0)可以满足反硝化反应对碳源的要求,而且在反硝化阶段结束时COD有所剩余,图5-3中好氧阶段2和图5-4中好氧阶段2和3,开始还有一少部分COD需曝气降解,可见投加的水量偏多。因此由前面的理论分析可得知,不需采用不等量递增的进水方式,而为了尽可能的利用原水中的COD作为反硝化碳源,有必要对不等量递减进水方式进行试验研究。

5.1.7.3　不等量进水脉冲式SBR的脱氮性能分析

从图5-3、图5-4中可看出,等量加水的脉冲式SBR法,反硝化速率较快,出水硝态氮浓度比较低。这是由于原水中的BOD5/TN(即前面所述 x)大于20/7的缘故,原水中的可作为反硝化碳源的有机物量是比较充足的。

按照前面的分析,如果第一次进水TN的量为 a,为去除 a 的TN,第二次进水需向系统加入含有BOD5为 $\frac{20a}{7}$ 的原水,同时带入的TN为 $\frac{20a}{7x}$,第三次进水时,为去除 $\frac{20a}{7x}$ 的TN,需加入含BOD5为 $\frac{20a}{7x} \times \frac{20}{7}$ 的原水,以此类推,第 n 次进水时,需加入含BOD5为 $\left(\frac{20}{7x}\right)^{n-2} \cdot a \cdot \frac{20}{7}$ 的原水,故对同一种进水来说,由于BOD5的含量相同,当BOD5/TN大于20/7时,每次进水量在不断递减。于是我们改变了运行方式,后一次的进水量小于前一次的进水量,来考察不等量进水脉冲式SBR法脱氮的效果。

(1)两次不等量进水

运行过程同两次等量进水的,只是每次的进水量在递减,依次是6L和4L。反应过程中的COD、NH_4^+-N、NO_2^--N、NO_3^--N的变化规律如图5-5。

(2)三次不等量进水

操作过程同三次等量进水的过程,只是每次进水的量依次在递减,分别为5L、3L和2L。反应过程中的COD、NH_4^+-N、NO_2^--N、NO_3^--N的变化规律如图5-6。

同等量进水试验结果基本相似,图5-5和图5-6中每个硝化阶段的硝化很完全,氨氮去除率很高,基本低于1mg/L;每个反硝化进行也很彻底,硝态氮基本检测不到,最后出水总氮低于2mg/L。但是在最后一个反硝化阶段分别投加的乙醇

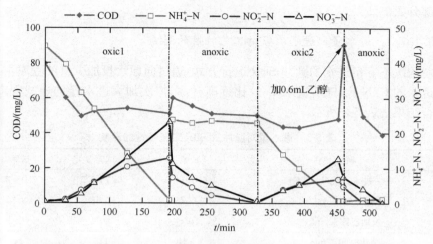

图 5-5　两次不等量进水的脉冲式 SBR 法反应过程中 COD 和三氮的变化规律

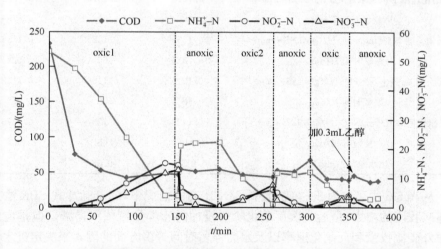

图 5-6　三次不等量进水的脉冲式 SBR 法反应过程中 COD 和三氮的变化规律

量相对等量进水的运行方式有所减少,分别为 0.6mL 和 0.3mL,因为随着进水量的递减最后一个缺氧阶段需要被反硝化的硝态氮的量也随之减少。因此对于体积固定的 SBR 反应器,每个周期的处理水量不变,在进水 C/N 比适宜时采用递减的进水方式并且使最后一次进水量最小,将会最大程度的节省外碳源投量。由于进水量递减,图 5-5 中好氧阶段 2 和图 5-6 中好氧阶段 2 和 3 一开始就进行硝化反应,COD 基本不变,可见投加的水量是适当的。图 5-5、图 5-6 中反应开始的 30min 内,COD 下降的同时,氨氮浓度也有所下降,而硝态氮的浓度基本保持不变,造成这一下现象的主要原因除活性污泥吸附了一部分氨氮外,微生物同化作用也要消耗一部分氨氮。

5.1.7.4　进水量和进水次数对工艺特性的影响

对两次不等量进水的脉冲 SBR 运行方式,通过向原水投加少量的豆腐泔水来调节进水的 C/N 比,随着进水 C/N 比逐渐升高,依次加大进水量的递减程度,试验运行结果如表 5-3 所示。

表 5-3　进水量对脉冲式 SBR 工艺特性的影响

项目	试验 1	试验 2	试验 3
进水方式/L	6.0+4.0	6.5+3.5	7.0+3.0
进水 C/N 比	6.76	7.58	8.52
投加乙醇量/mL	0.5	0.4	0.3
硝化时间 I/min	124	115	145
硝化速率 I/[mgNH$_4^+$-N/(gMLSS·min)]	0.1213	0.1076	0.1012
缺氧时间 I/min	60	63	67
反硝化速率 I/[mgNO$_x^-$-N/(gMLSS·min)]	0.1359	0.1255	0.1236
好氧时间 II/min	73	65	62
硝化速率 II/[mgNH$_4^+$-N/(gMLSS·min)]	0.1218	0.1108	0.1132
缺氧时间 II/min	42	38	35
反硝化速率 II/[mgNO$_x^-$-N/(gMLSS·min)]	0.1433	0.1237	0.1376
总反应时间/min	330	338	335
出水总氮/(mg/L)	1.15	0.68	1.23

从表 5-3 中可以看出,在原水中 C/N 比高的情况下,随着脉冲式 SBR 法进水量递减程度的增大,最后一次反硝化阶段投加的乙醇量在依次递减。但是应综合考虑外碳源投量和反硝化速率以及水力停留时间等多方面的因素来决定进水量和进水次数。递减系数大时所投加的原水中可生物降解的 COD 将全部作为反硝化碳源利用,会节省下一个好氧阶段的曝气量和最后的外碳源投加量,但是存在由于有机碳源浓度低而导致反硝化速率下降的现象,这样缺氧时间需延长。理论上进水次数越多越好,但是次数越多操作越复杂,会给实时控制带来麻烦,以及频繁的切换曝气搅拌会延长水力停留时间。因此,在城市污水厂应用时优选采用三次等量进水,如处理 C/N 比高的废水可选用三次递减进水的运行方式,递减系数应通过水质情况优化来决定。

除此,表 5-3 中硝化和反硝化的速率相对较高,这主要是系统采用了实时控制能很好地判断硝化和反硝化结束,曝气和搅拌时间短的原因。需说明的是每个好氧阶段的硝化时间是指从硝态氮开始上升到曝气结束持续的时间,不包括好氧降解 COD 的时间。

5.1.7.5　外碳源投加量的优化研究

（1）外碳源投加量的理论分析和试验研究

对于反硝化反应，如果利用外加的乙醇作为异养反硝化菌的碳源，不考虑细胞的合成，反应的方程式为：

$$5C_2H_5OH + 12NO_3^- \longrightarrow 6N_2 + 2OH^- + 10HCO_3^- + 5CO_2 \qquad (5\text{-}12)$$

通过计算，欲去除 1mg 的 NO_3^--N，需提供 1.37mg 的乙醇。

当考虑细胞合成时，方程式为：

$$0.613C_2H_5OH + NO_3^- \longrightarrow 0.102C_5H_7NO_2 + 0.449N_2 + 0.286OH^-$$
$$+ 0.980H_2O + 0.714CO_2 \qquad (5\text{-}13)$$

通过上式计算，每 1mg NO_3^--N 被还原成氮气需要提供 2.01mg 的乙醇。而对于脉冲式 SBR 法工艺，最后一次剩余的 NO_3^--N 为 $\left(\dfrac{20}{7x}\right)^{n-1} \cdot a$，因此要将这么多的 NO_3^--N 全被反硝化还原成氮气，需提供的乙醇量为 $2.01\left(\dfrac{20}{7x}\right)^{n-1} \cdot a$。

试验中进水的 TN 量 a 一般为 60～75mg/L，而进水的 C/N 比在 3～5，通过计算，最后一次反硝化每升水中需投加的乙醇量大约为 0.10～0.20mL。

在试验开始阶段，为了能够准确把握最后一次外碳源的投加量，在保证反硝化进行彻底的情况下，尽量节省碳源的投加量，进行了一系列的试验。我们通过理论计算乙醇投加量，初步确定了乙醇的投加量范围，并在试验中去验证投加量是否能满足要求。

SBR 反应器中储有 3L 活性污泥，第一次向 SBR 反应器中加 5L 原污水，好氧曝气进行去除有机物和硝化反应；SBR 系统好氧硝化完全后，再投加 5L 原水作为后续反硝化所需的碳源；反硝化完全后进行再曝气，使投加 5L 原水中额外带入系统的氨氮全部转化为硝态氮；最后在反应末端投加外碳源（乙醇）进行反硝化。这样共做了 5 组试验，乙醇投加量分别为 0.5、0.8、1、2、4mL，试验结果如图 5-7 所示。

从图 5-7 中可以看出，当投加乙醇量为 4mL、2mL 时，试验出水的总氮含量很低，都低于 2mg，而且反硝化速率很快，但是反硝化结束后出水中的 COD 含量很高，必须在反硝化结束后进行较长的曝气过程，出水才能达标排放。因此乙醇的投加量 4mL、2mL 是过量的，这样不仅增加了投加外碳源的成本，而且会增大能耗。

当投加乙醇量为 0.5mL 时，反硝化结束后出水中的 COD 低于 50mg/L，但是反硝化速率慢，反应也不完全，出水中总氮含量较高，因此乙醇的投加量 0.5mL 是不足的。

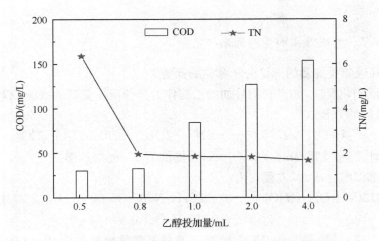

图 5-7　不同乙醇投加量下出水中 TN 和 COD 的变化情况

　　当投加乙醇量为 1mL、0.8mL 时,试验发现,不仅反硝化快速、彻底,总氮含量均低于 2mg/L,而且反硝化结束后出水中的 COD 低于 50mg/L。比较两种投加量下反硝化速率,发现投加 1mL 和 0.8mL 反硝化所用的时间相差无几,出于节省外碳源投加量的考虑,投加乙醇量为 0.8mL 是最合适的。

　　通过以上试验和分析,针对北小河污水处理厂污水的水质情况,最终确定,最后一次反硝化阶段每升污水中投加 0.16mL 质量浓度为 95% 的乙醇(密度为 786kg/m³)是比较合理的。

　　(2) 进水次数对外碳源投加量的影响

　　一次进水。第一组实验中,只一次性加原水 9L,去除有机物、硝化完成后,投加乙醇作为反硝化碳源进行反硝化,如图 5-8 所示。为达到好的反硝化效果,投加了 1179mg 乙醇,乙醇的价格是 4.00 元/kg,于是我们可计算出,每吨水的处理费用将增加 0.524 元,且出水中的有机物浓度也有所提高,实际中还需进行短暂的曝气才能使出水完全达标,可见完全利用乙醇作反硝化碳源大大增加了处理运行费用,在实际工程中是不现实的,只有能充分利用原水中碳源的工艺,才是最有生命力的工艺。

　　两次进水。在第二组实验中,分两次进水,与前面的实验类似,第一次进 5L 原水,进行去除有机物和硝化反应,反应结束后,再加 5L 原水进行反硝化,反硝化完全后,再曝气硝化,最后加乙醇反硝化。如图 5-9 所示。在这组实验中,投加了 628.8mg 乙醇就满足了反硝化所需的碳源要求,每吨水的处理费用只增加 0.252 元。为了进一步减少运行费用,我们又作了分三次等量加水的实验。

　　三次进水。在第三组实验中,每一次向 SBR 反应器内加 3L 原污水,运行方式与前两组实验相同,分别进行好氧曝气去除有机物、硝化、反硝化反应,最后在反应

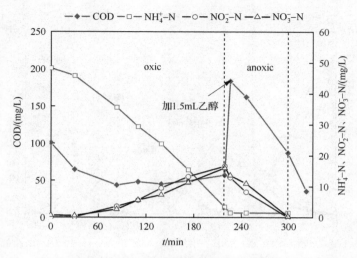

图 5-8　完全利用乙醇作碳源的系统中氮、COD 变化情况

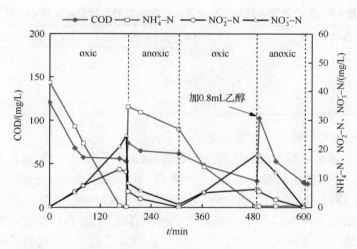

图 5-9　分两次等量进水的系统中氮、COD 变化情况（$V_1 = V_2$）

末端投加适量的乙醇完成反应。处理效果见图 5-10。在这组实验中，我们投加了 393mg 乙醇就满足了反硝化所需的碳源要求，每吨水的处理费用仅增加 0.174 元。与理论公式得出的规律相同，即投加原水的次数越多，最后一次加乙醇的量就越少，运行费用增加的也就越少，但考虑到运行操作的繁琐性，权衡其费用的经济性，加三次原水的方案还是比较合理的。表 5-4 为投加原水反硝化次数与加乙醇增加的运行费用之间的关系。

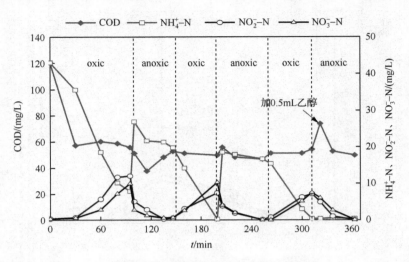

图 5-10　分三次等量进水的系统中氮、COD 变化情况 ($V_1 = V_2 = V_3$)

表 5-4　为投加原水反硝化次数与加乙醇增加的运行费用之间的关系

加原水反硝化次数	乙醇体积/(L/吨原水)	乙醇价格/(元/吨原水)
0	0.167	0.524
1	0.080	0.252
2	0.056	0.174

（3）进水量对外碳源投加量的影响

为了考察进水量对外碳源投加量的影响，我们做了几组实验，具体方案如下：

方案一：分两次不等量进水，第一次进 6L 原水，进行去除有机物和硝化反应，反应结束后，再加 4L 原水进行反硝化，反硝化完全后，再曝气硝化，最后加乙醇反硝化。处理效果如图 5-11 所示。在这组实验中，我们投加了 393mg 乙醇（0.5mL）就满足了反硝化所需的碳源要求。为了进一步减少运行费用，我们又做了进水量不同的实验。

方案二：分两次不等量进水，第一次进 6.5L 原水，第二次加 3.5L 原水，试验过程与前面的相似。处理效果如图 5-12 所示。在这组实验中，我们投加了 314.4mg 乙醇（0.4mL）就满足了反硝化所需的碳源要求。

方案三：分两次不等量进水，第一次进 7L 原水，第二次加 3L 原水。处理效果如图 5-13 所示。在这组实验中，我们投加了 235.8mg 乙醇（0.3mL）就满足了反硝化所需的碳源要求。

综上，原水中 C/N 比高的情况下，随着脉冲式 SBR 法进水量递减程度的增大，最后一次反硝化阶段投加的乙醇量在依次递减，而出水水质依然能得到保证，

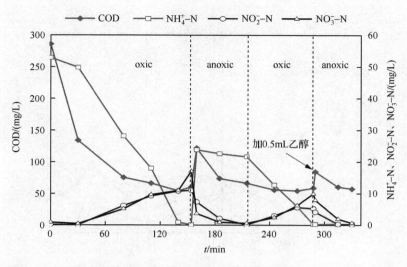

图 5-11　分两次不等量进水的系统中氮、COD 变化情况($V_1=6L$,$V_2=4L$)

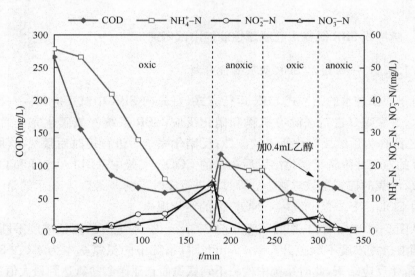

图 5-12　分两次不等量进水的系统中氮、COD 变化情况($V_1=6.5L$,$V_2=3.5L$)

出水氨氮低于 0.5mg/L,TN 低于 2mg/L。因此,我们通过分析脉冲式 SBR 法所要处理水的水质情况,根据 C/N 比的高低,可确定每次进水量的大小,尽量地节约外碳源的投加量。

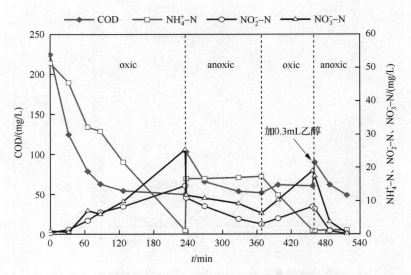

图 5-13　分两次不等量进水的系统中氮、COD 变化情况($V_1 = 7L, V_2 = 3L$)

5.1.8　脉冲式 SBR 脱氮工艺脱氮性能的中试研究

5.1.8.1　一次进水 SBR 脱氮性能分析

对于一次进水的脉冲式 SBR 运行方式,首先向 SBR 中试反应器内一次性注满原水,好氧曝气进行去除有机物和硝化反应;SBR 系统好氧硝化完全后,投加2.2L 乙醇作为后续反硝化所需的碳源;反硝化完全后进行短时后曝气,吹脱系统中残存的氮气并降解反硝化结束后剩余的 COD。实验中采用 DO、pH 和 OPR 作为好氧、缺氧的控制参数对整个处理过程进行实时控制。图 5-14 表示的是一典型周期内 COD、NH_4^+-N、NO_2^--N、NO_3^--N 的变化规律。

从图 5-14 中可看出,在好氧曝气前 250min 内,系统中的氨氮浓度不断下降,而亚硝酸盐氮浓度不断上升。到 250min 时,系统中的氨氮基本为零,在 320min 左右,硝化反应结束,此时系统中检测不到氨氮而且亚硝酸盐氮达到最大值。而如果再延长曝气时间,由于硝化反应具有滞后性,亚硝酸盐氮会被氧化为硝酸盐氮致使亚硝酸盐氮浓度开始下降,而硝酸盐氮浓度开始攀升,这样不利于短程硝化的维持。在系统硝化反应完全后,应及时关闭曝气,进入缺氧反硝化阶段。在 330min 左右时,向系统投加了 2.2L 浓度为 95% 的乙醇作为反硝化所需要的碳源。反硝化持续共 2h,在停止搅拌时 SBR 中试系统中氨氮为 0.60mg/L,亚硝酸盐氮浓度为 5.46mg/L,硝酸盐氮基本检测不到。反硝化不彻底,可见投加 2.2L 乙醇作为反硝化碳源,碳源不充足,在以后的试验中我们又分别进行投加 2.5L 与 3.0L 的

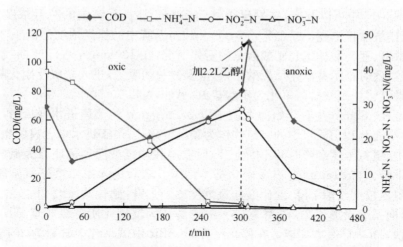

图 5-14　一次进水 SBR 中 COD、NH_4^+-N，NO_2^--N、NO_3^--N 随时间的变化图

试验，试验证明，投加 3.0L 乙醇能够满足系统完全反硝化的需要。

5.1.8.2　两次进水脉冲式 SBR 脱氮性能研究

对于两次进水脉冲式 SBR 运行方式，首先向 SBR 反应器内以 $0.5m^3/min$ 的流速进水 40min，好氧曝气进行去除有机物和硝化反应；SBR 系统好氧硝化完全后，再进 40min 的原水作为后续反硝化所需的碳源；反硝化完全后关闭搅拌并开启曝气，使第二次投加的原水中额外带入系统中的氨氮全部转化为硝态氮；最后在反应末端投加适量的外碳源（乙醇 2.0L）进行反硝化。实验室采用 DO，pH 和 OPR 作为好氧、缺氧的控制参数对整个处理过程进行实时控制。图 5-15 是典型两次进水脉冲式 SBR 反应过程中 COD、NH_4^+-N、NO_2^--N、NO_3^--N 变化规律。

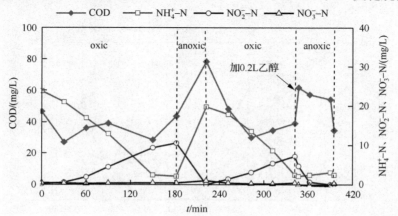

图 5-15　两次进水 SBR 中 COD、NH_4^+-N、NO_2^--N、NO_3^--N 随时间的变化图

从图 5-15 中可以看出,在好氧曝气前 180min 内,系统中的氨氮浓度不断下降,而亚硝酸盐氮浓度不断上升,到 180min 时,系统中的氨氮浓度已低于 2mg/L。对应于氨氮、亚硝酸盐氮和硝酸盐氮的变化情况,在 180min 左右,pH 曲线上出现了"氨谷",此时指示着硝化反应的结束,应及时关闭曝气,进入缺氧反硝化阶段,防止继续曝气将亚硝酸盐氮氧化为硝酸盐氮,另外,可以节省电能。

于是在 180min 左右开始向系统中以 0.5m³/min 的流速进水 40min,并同时开启搅拌,充分利用原水中的有机物作为碳源反硝化,由于进水中含有的氨氮进入反应器中,氨氮浓度会随时间不断上升,而亚硝酸盐氮被反硝化还原为氮气,浓度在逐渐下降。在 215min 左右反硝化基本结束。之后进入第二个好氧阶段,硝化过程中氨氮浓度逐渐下降,亚硝酸盐氮浓度逐渐上升,硝化共持续 2h。在 350min 左右时,向系统投加了 2L 浓度为 95% 的乙醇作为反硝化所需要的碳源。反硝化速率很快,1h 内已基本完成。在停止搅拌时,SBR 中试系统中氨氮为 2.46mg/L,亚硝酸盐氮浓度为 0.17mg/L,硝酸盐氮基本检测不到,出水总氮低于 3.0mg/L。

5.1.8.3　三次进水脉冲式 SBR 脱氮性能研究

对于三次进水的脉冲式 SBR 运行方式,首先向 SBR 反应器内以 0.5m³/min 的流速进水 30min,好氧曝气进行去除有机物和硝化反应;SBR 系统好氧硝化完全后,再以同样的流速进水 30min,该原水中的有机物将会作为第一个反硝化阶段所需的碳源进行反硝化作用;反硝化完全后进行再曝气,使第二次投加的原水中额外带入系统中的氨氮全部转化为硝态氮;SBR 系统好氧硝化完全后,再以同样的流速进水 30min 进行反硝化;反硝化完全后进行再曝气,使第三次投加的原水中额外带入系统的氨氮全部转化为硝态氮;最后在反应末端投加适量的外碳源(乙醇1.3L)进行反硝化。并采用 DO,pH 作为好氧、缺氧的控制参数对整个处理过程进行实时控制。图 5-16 给出了一典型三次进水脉冲式 SBR 反应各阶段内 COD、NH_4^+-N、NO_2^--N、NO_3^--N 的变化规律。

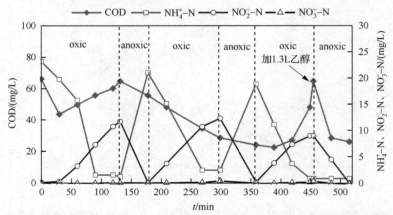

图 5-16　三次进水 SBR 中 COD、NH_4^+-N、NO_2^--N、NO_3^--N 随时间的变化图

从图 5-16 中可以看出,每个硝化阶段的硝化很完全,氨氮去除率很高,基本低于 2mg/L;每个反硝化进行得也很彻底,硝态氮浓度很低,基本检测不到,最后出水总氮低于 2mg/L,已完全达到了深度脱氮的目的。而且利用原水中碳源进行反硝化的速率较快,硝态氮浓度低于 0.5mg/L。分析原因,这是原水中 C/N 高,碳源充足的缘故。可以看出,分三次进水的脉冲式 SBR 运行时共经历了三个好氧阶段和三个缺氧阶段,而其中两个缺氧反硝化过程是利用原水中存在的有机污染物作为碳源进行的,这样可以减少去除这些有机物所需的曝气量,并可节省外碳源的投加量。相对两次进水中最后反硝化投加了 2.0L 的乙醇量,三次进水时最后反硝化过程只需投加 1.3L 的乙醇,相对节省了 33% 的外碳源投加量,节省了运行成本。

5.1.9　脉冲式 SBR 深度脱氮过程控制研究

5.1.9.1　DO、pH 和 ORP 的变化规律

图 5-17 给出了反应过程中 DO、pH 和 ORP 变化曲线以及与此相对应的 COD 和 NH_4^+-N、NO_2^--N、NO_3^--N(简称"三氮")的变化规律。从图 5-17 中可看出,反应刚开始时,系统先降解易降解有机物,异养菌大量生长,系统供氧速率小于异养菌的耗氧速率(OUR),系统 DO 维持在很低的水平,a1 点后易降解有机物降解基本

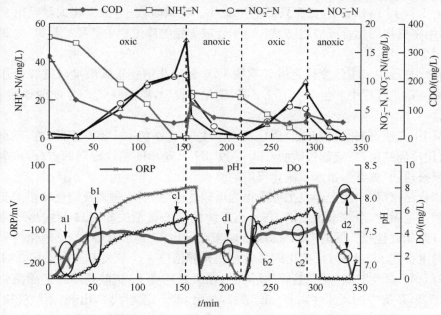

图 5-17　DO、pH、ORP 与污染物随时间的变化图

结束,系统供氧速率远大于异养菌的耗氧速率(OUR),DO迅速上升,出现DO的跃升。随着DO浓度的增加,氧转移速率及供氧速率也逐渐随之减少,到b1点硝化反应开始,硝化菌开始利用系统中的溶解氧,DO重新达到了平衡,DO曲线又出现了平台;反应进行到c1点,硝化反应结束,系统耗氧速率大幅度降低,DO再次出现跃升。

ORP从反应开始一直下降,至a1点开始上升。在a1和b1之间,异养菌好氧降解有机物,同时硝化菌将氨氮转化为硝态氮,COD降解与硝化反应同时发生。许多文献报道在硝化过程中,首先进行有机物的降解,当有机物降解进入难降解阶段后,硝化反应开始,pH由上升转而下降。而在该系统中有机物降解和硝化同时发生。原因分析如下:一般硝化反应发生在有机物降解结束后,主要由于有机物降解未结束,异养菌的生长速率高,和硝化菌竞争溶解氧,硝化菌得不到充足的氧气,硝化反应不能进行。从a1点开始,系统中剩余的易降解有机物已不多,异养菌无法再大量摄取有机物,系统供氧高于耗氧,DO开始大幅上升,DO没有成为硝化菌生长的限制因素,故有机物降解和硝化反应同时发生。ORP在b1点后缓慢持续上升,而没有出现平台。主要原因是:①在硝化过程中,随着氨氮不断减少,硝化速率不断降低,导致耗氧速率小于供氧速率,造成ORP的不断上升现象;②硝化菌的比增长速率明显小于异养菌,故ORP的上升速率变缓。

由图5-17中可以看出,进水反应开始25min后,ORP出现凹点(a1),COD从280mg/L降到133mg/L,氨氮只降低3mg/L。在该阶段中,微生物大量吸附有机物,利用有机物同化合成细胞物质。由于合成细胞物质过程中需要少量氮,故氨氮降低很少。

硝化过程中pH的变化是曝气吹脱CO_2和硝化消耗重碳酸盐碱度综合作用的结果。硝化过程中产生H^+,pH下降,硝化结束后,继续曝气CO_2吹脱导致pH上升。

从b1点后,硝化反应开始,硝化反应产生H^+,系统pH逐渐下降,在150min时,硝化反应结束,继续曝气吹脱CO_2导致pH上升,pH曲线出现凹点(c1),也就是文献报道的"氨谷",指示了硝化反应的终点。

硝化结束后,向反应器投加原水作为反硝化碳源,反应进入反硝化阶段。反硝化过程产生碱度,系统pH逐渐上升,当系统的硝态氮消失时,pH曲线出现峰点(d1),即"硝酸盐峰",同时ORP曲线出现膝点(d1)即"硝酸盐膝"。反硝化过程中产生碱度引起pH上升,反硝化结束后兼性异养菌进入厌氧发酵产酸阶段,pH开始下降,pH曲线出现"硝酸盐峰"。同时,在厌氧环境下,硫酸还原菌还原硫化物产生H_2S,系统中的还原性物质急剧增加,导致ORP迅速下降,出现"硝酸盐膝"。

在第二段脉冲(即第二次投加原水后硝化及反硝化)过程中,没有出现与a1点类似的易降解有机物结束点,主要由于投加的原水适量,原水中易降解有机物作为反硝化碳源被消耗。进入好氧阶段后不进行好氧降解有机物阶段,直接开始硝化。其他点与第一段脉冲类似,b2、c2、d2 点分别指示硝化的开始、硝化的结束以及反硝化的结束。从图 5-17 可以看出,在硝化阶段 pH 出现"氨谷"后氨氮浓度接近为零。反硝化过程中,pH"硝酸盐峰"和 ORP"硝酸盐膝"出现后,反应器内的硝态氮接近零,最后投加外碳源反硝化后,出水的总氮小于 2mg/L。因此,用 pH 和 ORP 作为脉冲深度脱氮的过程控制是可行的。

5.1.9.2　pH 导数的变化规律分析

以三段进水脉冲式 SBR 为例,分析 pH 导数在脉冲式 SBR 中的特点,图 5-18 中给出了 pH、pH 导数在硝化与反硝化过程中的变化曲线。

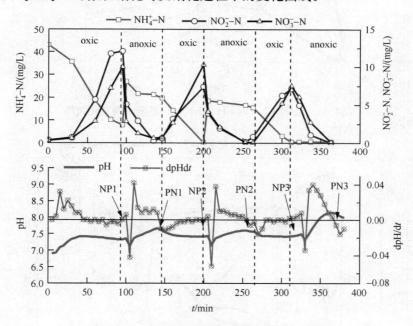

图 5-18　pH、pH 导数与污染物随时间的变化图

图中 pH 导数曲线出现了 2 类特征点:pH 一阶导数由负变正(NP1、NP2、NP3),分别表示了每段硝化反应的结束;pH 一阶导数由正变负(PN1、PN2、PN3),分别指示反硝化反应的结束。由以上分析可知,pH 的一阶导数能精确反映出反应器内硝化反应与反硝化反应的结束。可以根据这些特征点来控制曝气和搅拌,实现高效节能和避免丝状菌膨胀的目的。

5.1.9.3　不同 C/N 下 pH、ORP 的变化规律

利用豆制品废水调节原水的 C/N,考察了不同 C/N 对 pH、ORP 的变化规律

的影响,进一步优化控制策略。试验分别研究了 C/N 为 1.5、3.0、5.0 条件下两段脉冲式 SBR 的 pH、ORP 变化规律,由于两段的参数特征相似,图 5-19、图 5-20、图 5-21 只给出第一段 pH、ORP 与三氮随时间的变化关系。

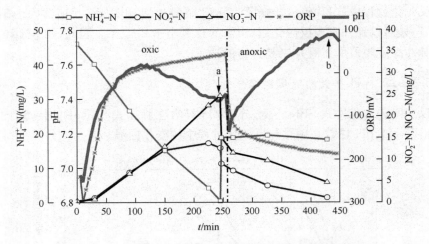

图 5-19　C/N＝1.5 时 pH、ORP 与三氮随时间变化曲线

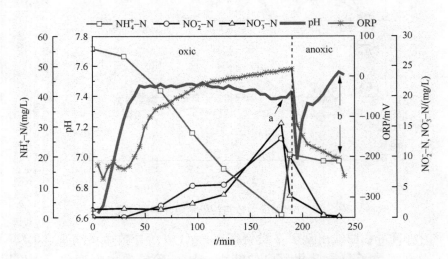

图 5-20　C/N＝3.0 时 pH、ORP 与三氮随时间变化曲线

　　图 5-19 中,pH 曲线上的凹点 a 处氨氮浓度为 0,很好地指示了硝化的结束,在反硝化过程中,当 pH 曲线上出现峰点 b 时,硝态氮接近 6mg/L,系统没有完全反硝化。在低 C/N 的情况下,由于反硝化缺乏碳源,pH 曲线"硝酸盐峰"出现,但系统反硝化不完全。故"硝酸盐峰"不能作为完全反硝化结束的判断点。同时 ORP 曲线上也没出现"硝酸盐膝",但 ORP 下降速率变缓,几乎接近出现平台。由

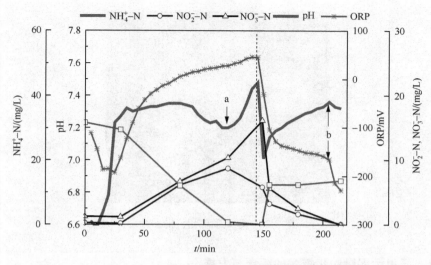

图 5-21　C/N＝5.0 时 pH、ORP 与三氮随时间变化曲线

以上分析可以认为，在低 C/N 的情况下，pH 的特征点可以很好地判断硝化反应的结束，但不能作为判断完全反硝化的结束点。应结合 pH 和 ORP 作为反硝化的判断点，如果在反硝化过程中 pH 出现"硝酸盐峰"，ORP 没有出现"硝酸盐膝"，此时系统缺乏碳源并未完全反硝化，需投加足够碳源才能达到完全反硝化。

在图 5-20、图 5-21 中原水的 C/N 分别为 3.0 和 5.0，pH 曲线的凹点 a 很好地指示了硝化的结束，pH 的峰点 b 和 ORP 膝点 b 处硝态氮接近 0，达到了完全反硝化。由此可知，在 C/N 适中或较高的情况下，用 pH 和 ORP 作为控制参数具有一定的可靠性。

5.2　SBR 中好氧颗粒污泥的研究进展

好氧颗粒污泥是在好氧情况下，由微生物的自凝聚作用形成的一种特殊形式的生物体。早在 20 年前，许多研究都表明，这种特殊的生物体比悬浮生长的活性污泥有着更好的污水净化能力，因此，好氧颗粒污泥在污水处理领域具有重大的应用价值。

SBR 反应器中的颗粒污泥具有密实的结构，多样的微生物种群以及优良的沉降性能，且细菌密度要比传统活性污泥高得多。另外，好氧颗粒污泥还具有以下特征：①形状规则、平滑且接近圆形；②优良的沉降性能；③密实且强大的微生物结构；④能承受高的有机负荷；⑤能较强地抵抗有毒物质等。正是颗粒污泥具有这独一无二的特性，好氧颗粒污泥常用来处理高有机负荷，高氮磷以及有毒废水。图 5-22 是以乙酸为碳源培养的好氧颗粒污泥的照片。

图 5-22　好氧颗粒污泥的照片

5.2.1　好氧污泥颗粒化技术的起源与发展

5.2.1.1　好氧污泥颗粒化技术的起源

污泥颗粒化是指废水生物处理系统中的微生物在适当的环境条件下,相互聚集形成一种密度较大、体积较大、体质条件较好的微生物聚集体[13]。按照微生物代谢过程中电子受体的不同,颗粒污泥可分为好氧颗粒污泥和厌氧颗粒污泥两类。

颗粒污泥的研究起源于 20 世纪 80 年代,它是在厌氧的系统中首次被发现的。Lettinga教授首次在升流式厌氧颗粒污泥床工艺中发现了厌氧颗粒污泥[14]。厌氧颗粒污泥技术已经成功地应用于多种工业有机废水的处理,如制糖废水、酒精蒸馏废水、啤酒废水和淀粉废水等[15-19]。但厌氧颗粒污泥技术也存在着很多不足。首先,厌氧颗粒污泥工艺启动时间长,一般需要 2～8 个月才能完成;其次,操作温度高,工艺的运行一般需在 30℃的中温条件下,需要较高的能耗且易受自然环境的限制[20];再者,厌氧颗粒污泥在处理高浓度有机废水时出水 COD 依然较高,仍需后续处理,因此并不适合处理低浓度有机废水,而且脱氮除磷效率低。这些缺点就导致了好氧颗粒污泥的发展,并成为国内外学者研究的热点问题。Heijnen 和 van Loosdrecht 在 1998 年第一次获得好氧颗粒污泥的专利。

5.2.1.2　好氧污泥颗粒化技术的发展

好氧颗粒污泥是在 20 世纪 90 年代前期才开始发展应用的。1991 年,Mishima和 Nakamura[21]利用连续流升流式好氧污泥床(AUSB)反应器,首次形成了粒径为 2～8mm 的好氧颗粒污泥,但反应器运行条件较为苛刻,需要纯氧曝气,且污泥没有脱氮除磷能力。1992 年,Shin 等[22]以 AUSB 反应器中的厌氧颗粒污泥作为种泥,在搅拌速度为 6r/min 下,形成了粒径为 0.2～0.5mm 的好氧颗粒污泥。1993 年,Debeer 等[23]在流化床反应器中,利用将进水在反应器外预先曝气的方法培养出了硝化颗粒污泥,但其硝化能力只有 0.36kg/(m³·d)。1995 年,Tijhuis和 van Benthum 等[24]在连续流生物膜气升式悬浮反应器(Biofilm Aiflift Suspension,BAS)中,以生物膜颗粒作为载体,形成了硝化颗粒污泥,但这些硝化颗粒只有利用降解速度较慢的基质(如氨氮)才能形成。在好氧颗粒污泥研究初期,好氧颗粒污泥的培养受到诸多条件的局限,导致好氧颗粒污泥的应用研究受到很大限制。

20 世纪 90 年代后期,好氧颗粒污泥的研究迅速展开。SBR 培养模式为好氧颗粒污泥研究奠定了基础,为目前大多数研究者所采纳。1997 年,Morgenroth 等[25]成功在 SBR 中培养出了好氧颗粒污泥。1999 年,Peng[26]以乙酸钠为有机基质,DO 为 0.7～1.0mg/L,在 SBR 反应器中培养出粒径为 0.3～0.5mm 的好氧颗粒污泥。随后,Beun[27,28]对气提式序批反应器(SBAR)、SBR 和生物膜气提悬浮反应器(BAS)中的好氧颗粒污泥进行了比较研究,在相同的负荷、表面上升气体流速和操作周期下,3 个反应器都能产生好氧颗粒污泥,但是 SBAR 反应器中的颗粒污泥具有同步硝化反硝化(SND)能力。同时还指出,沉淀时间的选择是影响好氧颗粒污泥菌群的主要因素,并认为在特定情况下采用 SBR 反应器进行好氧颗粒污泥的研究具有独特的优势。2001 年,Tay 等[29]利用脉冲进料形成的饥饿段、短沉降时间和高剪切力成功培养出好氧颗粒污泥。2003 年,Liu 等[30]利用好氧颗粒污泥作为新型生物吸附剂去除工业废水中 Cd^{2+},并建立动力学模型,描述好氧颗粒污泥对 Cd^{2+} 的生物吸附。同年,Lin 等[31]发现在不同 P/COD 条件下,颗粒污泥会随着 P/COD 的增加而减小,而同时颗粒结构会更加紧密。2004 年,Yang 等[32]发现氨对好氧颗粒污泥具有抑制作用,表明只有当氨低于 23.5mg/L 时,才能形成好氧颗粒污泥。2005 年,Liu 等[33]发现颗粒污泥的元素组成与底物的 P/COD 密切相关,当底物 P/COD 从 1/100 上升到 10/100 时,颗粒对磷的吸收从 1.9％升高到 9.3％(细胞干重)。同年,Fang 等[34]利用循环时间分别为 3h 和 12h 的两个 SBR 反应器作对比试验,发现较短的循环时间可以更快培养出好氧颗粒污泥,且粒径较大。Tsuneda 等[35]研究了 AUSB 反应器中好氧颗粒污泥的硝化特性,在氨氮负荷为 1.5kg/(m³·d)上向流污泥床中培养出了平均粒径为 $346\mu m$ 的硝化颗粒污泥[36]。

笔者近年来也对好氧颗粒污泥的培养及生物脱氮除磷方面进行了初步研究,成功培养出了具有脱氮除磷功能的好氧颗粒污泥。在 SBR 反应器中,接种普通活性污泥,以沉降时间为选择要素,逐渐提高氨氮负荷,成功培养了以氨氧化细菌(AOB)为优势菌的好氧硝化颗粒污泥(如图 5-23 所示),其形态近似为球形或椭圆形,平均粒径 1.1mm,平均沉降速率为 1.9cm/s,SVI 在 18.2～31.4mL/g,对氨氮的去除率达 95％,亚硝酸盐积累率维持在 80％～90％(图 5-24)。颗粒污泥形成后,氨氧负荷达到了 0.0455 kg NH$_4^+$-N/(kgMLSS·d),与启动期相比,提高了 4.55 倍。分子生物学 FISH 技术对颗粒污泥菌群结构的定量分析表明,AOB 占全部菌群的 14.9％左右,NOB 占 0.89％左右。反应初期高 FA 和反应后期高 FNA 的共同作用可能是本研究中实现和维持稳定短程硝化的关键。

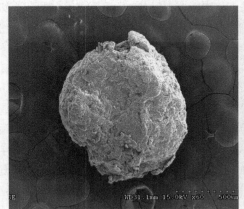

图 5-23　好氧硝化颗粒污泥的扫描电镜照片(左)和表面微生物照片(右)

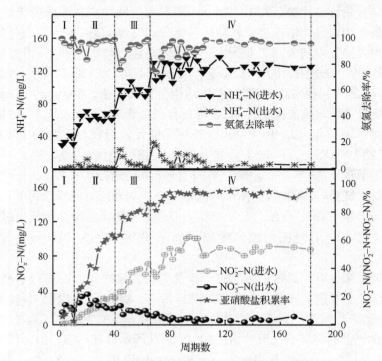

图 5-24　SBR 颗粒污泥系统进出水质与亚硝酸盐积累率

在 SBR 反应器中,接种普通活性污泥,以沉降时间作为选择要素,以厌氧/好氧交替运行的方式培养好氧聚磷颗粒污泥(如图 5-25 所示)。培养成熟的好氧颗粒污泥近似为球形,平均粒径 0.8mm,平均沉降速率为 2.0 cm/s,SVI 在 17~30 mL/g,磷去除率平均在 90% 以上。采用分子生物学 FISH 技术对颗粒污泥种群结构定量表明,聚磷菌占总菌的 51.48%。好氧颗粒污泥与传统的絮状污泥具有完全不同的形态特征。表 5-5 列出了颗粒污泥常用的性能指标。由此可见,培养的颗粒污泥呈椭圆形或圆形外观,表面光滑,边界清晰,含水率低于普通活性污泥(含水率 99% 以上),污泥密度高,生物量大,沉降速率远高于絮状污泥,且活性高,代谢旺盛。

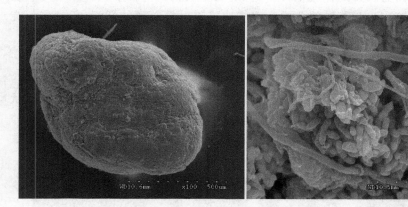

图 5-25　好氧聚磷颗粒污泥的扫描电镜照片(左)和表面微生物照片(右)

表 5-5　本课题组培养的除磷及硝化颗粒污泥的性能指标与普通絮状污泥的比较

指标	除磷颗粒	硝化颗粒	普通絮状
形状	椭圆形、圆球形	椭圆形、圆球形	不规则
含水率/%	94.6	96.1	>99
SVI	28	22	120~150
湿密度/(g/mL)	1.80	1.68	1.001~1.006
平均粒径/mm	0.8	1.1	—
完整率/%	85.4	80.4	—
平均沉降速率/(cm/s)	2.1	1.9	0.2~0.5

5.2.2　好氧颗粒污泥的形成机理

5.2.2.1　四步途径

关于颗粒污泥的颗粒化过程,国内外学者利用现代分子生物学技术进行了大量研究。Liu 和 Tay[37] 提出了好氧污泥颗粒的形成主要由以下四步途径完成：①物理作用使得最初的细菌向细菌靠拢或细菌向基质表面运动，形成最初的微生物聚合体。基质可以是污泥中已经存在的细菌聚合体，也可以是惰性的无机或有机物。运动所需的作用力主要来自水流推动力、扩散力、重力、热力以及细胞之间的相对运动；②物理、化学和生物之间的作用力，使得细菌与细菌之间以及细菌与固体表面之间相互吸附，进一步形成微生物聚合体，但是这种吸附是可逆的；③胞外聚合物（EPS）产生的生物凝胶是微生物细胞之间强有力的吸引力，这种吸引力使得细菌与细菌之间以及细菌与固体表面之间的吸附不再可逆，微生物聚合体逐渐形成；④在水力剪切力的作用下，结构稳定的好氧颗粒污泥形成。Chen[38-40] 在SBR 中用含有 500mg/L 苯酚的合成废水成功培养出好氧颗粒污泥，通过多色荧光原位杂交技术，检测了刚接种的新鲜污泥和培养成熟的颗粒污泥的内部结构。荧光染色和 CLSM 都表明，微生物自凝聚是颗粒污泥形成的最初步骤。聚合在一起的微生物在附着点分泌 EPS，增殖使得污泥生长，最终形成颗粒污泥。

　　图 5-26 是短程硝化颗粒污泥在培养过程中污泥形态变化图，从接种普通絮状活性污泥到短程硝化颗粒污泥形成，经历启动期、形成期和成熟期三个阶段。培养初期，污泥结构松散，呈深褐色。通过降低沉降时间为 12、8、5、3 和 2min，使沉降性能较差的分散污泥不断洗出。

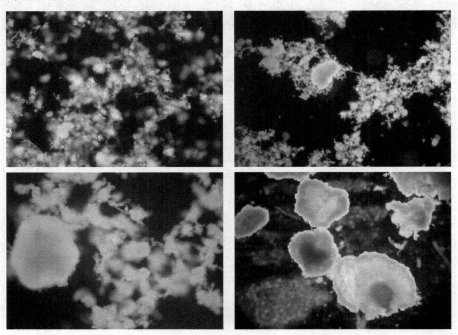

图 5-26　颗粒污泥培养过程中污泥形态的变化

反应器接种 114 个周期时(19d),沉淀时间保持为 2min,此时观察到反应器内污泥形态发生重大变化,污泥变为浅黄色,且有细砂状的颗粒污泥出现。经过 150 个周期(25d),颗粒污泥已经有细砂粒大小变为 0.8~1.2mm 的成熟颗粒。

5.2.2.2　四种假说

(1) 微生物自凝聚假说

微生物的自凝聚现象被认为是颗粒污泥形成的一个假说。Tay[29]认为好氧污泥颗粒的形成是微生物在静电斥力和水力作用下的自凝聚过程。发生在细胞内部,细胞之间的相互作用以及多种属的细菌及细菌之间,蛋白质之间的吸附作用,使得微生物相互聚集形成紧密的有规则形状的三维立体结构。事实上,好氧颗粒污泥可以看作是高密度的细菌团体,也可看作是一种特殊形式的生物膜。每个颗粒污泥包含上百万个不同种类的细菌,细菌间的相互黏着促进了好氧污泥的颗粒化,最终形成具有规则椭圆形外观的微生物聚合体。

(2) 选择压驱动假说

在 SBR 反应器中,通过控制沉降时间,只有在某个特定的时间范围内沉降速率快的颗粒污泥能在反应器内保存下来,而沉降性能差的就会从反应器内中淘洗出去。这种沉降淘洗过程是一个纯粹的物理屏蔽过程,与微生物的性质无关。Wang 等[41]认为颗粒污泥的稳定性会随着选择压的不断增强而逐渐增强。Tay[42]通过变化排水口的高度获得不同的选择压,比较了不同选择压下好氧颗粒污泥的形成过程,研究发现硝化颗粒污泥需要高强度的选择压。

(3) 胞外多聚物(EPS)假说

EPS 是微生物分泌于细胞表面的大分子黏性物质,能够改变细胞表面的物理化学性质,主要包括:蛋白质、多糖、腐殖质酸和油脂等,这些物质有利于微生物细胞凝聚,对颗粒污泥的形成和稳定起到重要作用。Liu 等[43,44]认为,EPS 是微生物细胞和颗粒态物质相连接的桥梁。高浓度的多糖可以帮助细胞之间的吸附,并且通过聚合物矩阵增强微生物结构,如果胞外多糖代谢机制受阻,将会影响微生物聚合体的形成。

(4) 晶核假说

晶核假说原理认为颗粒污泥的形成类似于结晶过程。在晶核的基础上,颗粒污泥不断发育,最终形成了成熟的颗粒污泥。晶核一般来源于接种污泥或反应器运行过程中产生的无机盐沉淀或惰性有机物质。此外添加多价阳离子(如 Ca^{2+},Fe^{3+},Al^{3+},Mg^{2+}),可以减小细菌间的静电斥力,为颗粒污泥提供了晶核,促进污泥颗粒化。当 Ca^{2+} 的添加量为 100mg/L 时,好氧颗粒污泥的形成时间可从 32d 缩短为 16d,并且具有更好的沉降性能和更高的机械强度。

5.2.3　好氧颗粒污泥的性质

5.2.3.1　物理特性

（1）形态特性

好氧颗粒污泥与传统的絮状污泥具有完全不同的形态特征。活性污泥系统中的污泥或絮体，其外观不规则，它们之间没有明显的分界，并且结构松散[29]。而成熟的好氧颗粒污泥呈规则的圆形外观，表面光滑，边界清晰，平均粒径分布在0.2～5mm，比重从 1.004～1.065 不等，含水率一般为 97%～98%，低于普通活性污泥（含水率 99%以上）。颗粒污泥的表面分布着许多孔隙和通道，基质和氧气通过这些通道能够更好地向内层细菌扩散。好氧颗粒污泥的颜色主要受其菌群组成及其基质组分的影响，常见的有橙黄色、橙红色等。Mu 和 Yu 利用颗粒分形维数作为衡量污泥颗粒形态的特征指数，同时还发现好氧颗粒污泥的拖曳系数要小于表面覆盖生物膜的、光滑的刚性颗粒[45,46]。

（2）沉降性能

好氧颗粒污泥的颗粒化过程包括从悬浮污泥聚集到具有规则外形和密实结构的颗粒污泥形成的循序渐进的过程，SVI 是颗粒污泥沉降性能的指示性参数。颗粒污泥良好的沉降性能表现在较低的 SVI 值上。颗粒污泥在培养过程中的 SVI 一般在 12.6～64.5mL/g，远高于普通活性污泥（10mL/g）。图 5-27 显示了短程硝化颗粒污泥在 SBR 反应器中的 SVI 和 MLSS 污泥浓度的变化。培养初期，污泥结构松散，呈深褐色，污泥指数 SVI 为 136.98mL/g。通过降低沉降时间为 12、8、5、3 和 2min，使沉降性能较差的分散污泥不断洗出，同时保持反应器内污泥浓度在 1600～1800mg/L。培养过程中，采用机械搅拌，不断增加搅拌速度以提供足够水流剪切力，加速污泥的颗粒化过程。SBR 反应器接种 114 个周期时（19d），此时观察到反应器内污泥形态发生重大变化，污泥变为浅黄色，且有细砂状的颗粒污泥出现，平均粒径较小，为 0.5mm，SVI 已由 136.98mL/g 锐减到 18.5mL/g。经过 150 个周期（25d），颗粒污泥已经由细砂粒大小变为 0.8～1.2mm 的成熟颗粒。

颗粒污泥的沉降性决定着固液分离的效率，受其结构和粒径的影响，粒径越大，沉降越快。Toh[47]报道好氧颗粒污泥的粒径对其沉降性质的影响，发现当好氧颗粒较小时，其沉降性能、密度和强度都会随着粒径变大而增加；但当粒径大于 4.0mm 时，粒径增加反而会导致其沉降性能变差，密度和强度也都会减小。

颗粒污泥的沉降性能通常用沉降速率来表示。好氧颗粒污泥的沉降速率通常可达 25～70m/h，是絮状污泥的 3 倍，活性污泥的沉降速度一般为 7～10 m/h，与厌氧颗粒污泥的沉降速度相当[20,48]。较高的沉降速率增加了生物体在反应器内的停留时间，使反应器内维持较多的生物量，提高了生物体的降解能力。

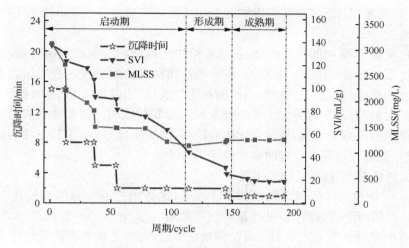

图 5-27　颗粒化期间的 MLSS 和 SVI 变化

5.2.3.2　化学特性

（1）表面疏水性

细胞的疏水性是细胞之间相互结合的重要亲和力。疏水性增加，细菌表面自由能降低，细菌之间的黏附性能增加，从而促使细胞聚集，颗粒污泥的形成随之加剧。蔡春光[49]在试验中接种污泥细胞表面的疏水性为 42%，形成颗粒污泥后细胞表面的疏水性增加到 65%。Tay[50]在研究中发现，颗粒污泥细胞表面的疏水性比接种污泥的疏水性增加了近 2 倍。

（2）污泥表面电荷

活性污泥表面含有可解离的阴离子基团，相同电荷的污泥粒子相互靠近到一定程度就会发生双电层重叠，产生静电排斥力，在污泥粒子间形成斥力势能，阻碍污泥粒子间的接近。斥力势能的大小与粒子所带电荷数量呈正相关，因此污泥表面电荷降低，污泥粒子间的静电斥力减少，有利于污泥粒子间相互接近聚集形成稳定的颗粒结构。蔡春光[49]发现启动试验时污泥表面电荷为 -0.622meq/gMLSS，颗粒结构形成后污泥表面电荷下降了 1/2，随后污泥表面电荷变化趋于稳定。

（3）EPS 的组分

激光放射矩阵（EEM）可以用来描述颗粒污泥 EPS 的特征。在波长 220～230/340～350nm、270～280/340～350nm 和 330～340/420～430nm 处，存在着 3 个波峰，根据 Chen[51]提出的分类体系，这些物质分别属于 II（芳香蛋白质），IV（可溶解性的微生物的产物）和 V（腐殖质酸）。Adav 和 Lee[52]使用 7 种萃取方法将 EPS 从好氧颗粒污泥中萃取出来，不同萃取方法得到的 EPS 的量不同，并认为用甲酰胺和氢氧化钠等化学物质作为萃取剂要比其他方法优越。Sheng 等[53]和

Adav[54]研究发现,EEM 波峰强度的改变和位置的改变会引起萃取出的 EPS 的化学性质改变。

蛋白质是 EPS 中的主要成分,其与总糖的比值影响污泥的表面性质,是影响颗粒污泥形成的重要因素。蔡春光等[49]观察到在颗粒的形成过程中蛋白质的含量有增加的趋势,蛋白质与总糖(中性糖和糖醛酸)的比值从 2.12 增加到 5.35,二者比值的增加,有利于污泥粒子间的凝聚和维持颗粒结构。而多糖在颗粒形成初期有所降低后来略有增加,总体变化幅度较小;糖醛酸和 DNA 在 EPS 中占比例较少,在整个颗粒化过程中没有明显的变化。

(4) 颗粒内部溶解氧(DO)梯度

Chiu[55]通过探针探测颗粒内部 DO 水平,推算出乙酸培养的粒径在 $1.28 \sim 2.50mm$ 范围内的颗粒污泥,表观氧扩散系数在 $1.24 \times 10^{-9} \sim 2.28 \times 10^{-9} m^2/s$;苯酚培养的粒径在 $0.42 \sim 0.78mm$ 范围内的颗粒污泥,表观氧扩散系数在 $2.50 \times 10^{-9} \sim 7.65 \times 10^{-9} m^2/s$。Chiu[56,57]研究表明由于聚集在颗粒外围的活性细胞层消耗了大部分吸附的 DO,因此在颗粒核心区不存在 DO,在长期放置过程中颗粒污泥没有可利用的 DO。

5.2.3.3　微生物生态学特性

利用现代分子生物学技术和显微技术,如扫描电镜(SEM),变形梯度电泳(denaturing gradient gel electrophoresis,DGGE),DNA 测序及扩增核糖体限制性酶切片断分析(amplified ribosomal DNA restriction analysis,ARDRA),光学显微镜以及和荧光原位杂交技术(fluorescent *in situ* hybridization,FISH)联合使用的 CLSM 都能用来观察颗粒污泥种群结构,以鉴定不同条件下异养菌、硝化菌、反硝化菌、聚磷菌(PAO)、聚糖菌(GAO),还有酵母菌和真菌等,发现好氧颗粒污泥内微生物的种群结构和基质种类密切相关。在同一好氧颗粒污泥中,不同菌群通过相互竞争形成一种互生的交互关系,这种复杂关系有利于提高好氧颗粒污泥结构的稳定性[58]。

Jiang[59-62]鉴定了 10 株以苯酚培养的成熟的颗粒污泥微生物,其中 6 株属于 *β-proteobacteria*,3 株属于 *Actinobacteria*,1 株属于 *γ-proteobacteria*。Adav 和 Jiang[63,64]研究发现,*Rodotorula*,*Trichosporon* 和 *Candida tropicalis* 等酵母菌,也是能降解高浓度苯酚及苯酚化合物的优势菌。另外,Weber[65]以造酒废水培养的颗粒污泥中大部分菌属为 *Thiothrix* 或 *Sphaerotilus natans*,Williams[66]以葡萄糖和乙酸为碳源和以硝酸盐为氮源培养的颗粒污泥中主要是 *Epistylis*,*Geotrichum*,*Poterioochromonas*,*Geotrichum klebahnii* 中的菌株。

在好氧颗粒污泥研究早期,Peng 等[26]发现以乙酸钠为基质培养形成的颗粒污泥结构上可分为 3 层:第一层约 $0.5 \sim 5 \mu m$ 厚,主要由活细胞、溶解的细胞、细胞残骸及进水中的一些固体颗粒物组成;第二层约 $5 \sim 50 \mu m$ 厚,主要是由一些细菌聚集体镶嵌在多聚物结构中形成的球形菌体;第三层则主要是胞外多聚物层,其中包埋有很多小颗粒和菌群。

Toh[47]利用 FISH-CLSM 技术表明,好氧氨氧化细菌 *Nitrosomonas* spp. 生长在颗粒污泥表面以下 $70 \sim 100 \mu m$ 处,厌氧菌 *Bacteroides* spp. 生长在颗粒污泥 $800 \sim 900 \mu m$ 处,在 $800 \sim 1000 \mu m$ 处有一些死亡的细胞。Lemaire[67]在小试 SBR 中通过交替厌氧/好氧运行,以颗粒污泥为介质实现了同步硝化反硝化和除磷,并稳定运行 450d,PAO-*Accumulibacter* spp. 为主要微生物,在颗粒污泥外 200mm 处占主导地位,主要的 GAO 为 *Competibacter* spp. 在颗粒污泥内部核心占主导地位。一般认为,好氧颗粒污泥结构呈层状分布,但不同好氧颗粒污泥的层状结构组成和分层有所不同。好氧微生物一般分布在距颗粒表面 $50 \sim 300 \mu m$ 的外层,且相互间形成基质竞争[68-71]。基质利用速率高、生长较快的细菌占据最外层,而生长相对较慢的分布则在内层[36,51,62,69]。

5.2.4　好氧颗粒污泥的稳定性

目前,许多研究学者报道了在 SBR 反应器中成功培养出好氧颗粒污泥的实例,然而好氧颗粒污泥的不稳定性是制约其培养和应用的瓶颈问题,主要表现为颗粒污泥的解体和丝状菌的过度生长[72-75]。

5.2.4.1　EPS 与好氧颗粒污泥稳定性的关系

EPS 对好氧颗粒污泥的稳定性很重要,EPS 的减少会使得聚合在一起的细菌分离。McSwain[71]和 Adav[54,76]使用激光共焦扫描电镜(CLSM)、荧光微球和寡核苷酸探针检测好氧颗粒污泥形成过程中的内部结构变化,McSwain[71]使用异硫氰基荧光素(FITC)、伴刀豆球蛋白 A(Con A)凝集素复合物和活细胞核酸染色剂 63(SYTO 63)以及探针探测了颗粒污泥内部的蛋白质、α-多糖以及细胞,上述学者认为,颗粒污泥内部的非蛋白核心提供了颗粒污泥的稳定性。Adav[77]利用酶的选择性对 EPS 中蛋白质,α-多糖,β-多糖和油脂进行水解,研究发现,EPS 水解之后好氧颗粒污泥稳定性相应地发生了显著变化。虽然核心区域存在多余的蛋白质,但蛋白质的选择性去除对颗粒污泥的稳定性的影响甚微,而 β-多糖的水解会引起颗粒污泥的瓦解。

最新的观点认为:颗粒污泥的稳定是由一个网状结构决定的,这个网状以 β-多糖为骨架,内含有蛋白质、油脂、α-多糖以及细胞。因此,一些特定 EPS(不是全部)的富集能够加速污泥的颗粒化和维持颗粒污泥的稳定性。

5.2.4.2　环境条件与好氧颗粒污泥稳定性的关系

Tay[78]的研究表明,常温下放置 8 周的颗粒污泥与新鲜的颗粒污泥相比,其粒径变小且外形不规则,由于细胞水解,还会释放可溶性有机物。放置后的颗粒污泥中蛋白质被消化后会形成液泡,而不像新鲜颗粒污泥中存在"间隔"和固体蛋白。但是,Zhu 和 Wilderer[79]在室温下用葡萄糖培养的颗粒污泥在 7 周后其颗粒大小、颜色和沉降性均没有受到影响。

Adav[80]认为,低温下用苯酚培养的颗粒污泥含有稠密的 β-多糖网状结构,比乙酸培养的颗粒污泥更易保存。特别指出的是,在 -20℃ 保存的颗粒污泥经过 48h 的恢复可以保持 80%~99% 的活性。还发现在 -20℃ 保存 180d 的颗粒污泥内部存在专性厌氧菌属 *Bacteroides* sp.。因此,低温有助于保持颗粒污泥的稳定性和恢复细胞的生存能力。在缺少外加有机物的情况下,高温储存的颗粒污泥内部会产生内源呼吸作用,颗粒内部的 EPS 基质会被厌氧菌"消化"掉,从而导致颗粒污泥解体。

5.2.4.3　粒径与好氧颗粒污泥稳定性的关系

颗粒污泥表面的孔隙和通道,最深能渗透至颗粒表层 900μm 以下,但其中大多数通道因为多糖层的阻隔,一般只能渗透至颗粒表层以下 300~500μm。当孔隙和通道被完全堵塞时,颗粒污泥内部会出现厌氧层。厌氧层的出现会降低好氧颗粒污泥的稳定性。因为厌氧层一方面会造成部分细菌因无法利用基质而死亡,从而降低好氧颗粒污泥整体的活性[81];另一方面,厌氧层内的厌氧菌代谢所产生的有机酸和气体也可能破坏颗粒污泥的结构,或降低好氧颗粒污泥的长期稳定性。因此,Tay 等认为,好氧颗粒污泥的粒径最好保持在 1600μm 以内[81]。

5.2.4.4　丝状菌的生长与好氧颗粒污泥稳定性的关系

许多研究报道了 SBR 好氧颗粒污泥反应器中都存在有不同程度的丝状菌生长[29,82-85]。少量或适量的丝状菌对好氧颗粒污泥的形成起骨架作用,有利于增强颗粒污泥的结构,是实现污泥颗粒化的关键。而一旦反应器中的丝状菌生长占据优势,就会导致:①好氧颗粒污泥的沉降性能变差;②丝状颗粒污泥会从反应器中淘洗出去;③丝状好氧颗粒污泥竞争非丝状好氧颗粒污泥;④增加出水 SS 浓度;⑤最终导致颗粒污泥瓦解。丝状菌的过量生长的最终结果是使得好氧颗粒污泥培养失败。膨胀后的好氧颗粒污泥由非丝状菌结构变成绒毛似的丝状菌结构(图 5-28),污泥的 SVI 迅速升高,并有部分颗粒污泥随出水流出,MLSS 逐步减少,系统除磷能力显著下降。

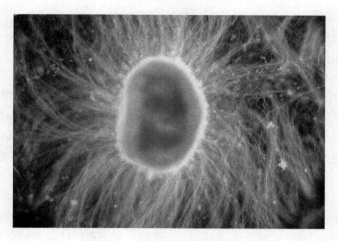

图 5-28　膨胀后的除磷颗粒污泥

引起丝状菌生长的原因主要是：SRT 较长，污水中底物浓度低，颗粒污泥内部的底物梯度高，颗粒内部 DO 缺乏，颗粒污泥内部营养物质缺乏，温度波动以及流态等因素。下面从 6 个方面具体阐述。

（1）废水组成

文献报道，葡萄糖、柠檬酸、乙酸以及其他易生物降解的有机物适宜丝状菌的生长[86]。证据显示，丝状菌主要出现在以葡萄糖培养的颗粒污泥中。但是，在以乙酸培养的颗粒污泥中，仍旧可以看到少量或适量的丝状菌的存在，它们充当着支架作用来增强好氧颗粒污泥的结构。以苯酚和奶制品废水培养的好氧颗粒污泥中也存在着丝状菌。

（2）底物浓度

丝状菌生长缓慢，其莫诺特亲和系数（K_s）和最大比增长速率（U_s）低。根据动力学选择理论，在低底物浓度下，丝状菌可以获得较高的底物利用率，而在高底物浓度下，絮状微生物的底物利用率较高。文献报道，在低底物浓度下，底物向颗粒污泥内部的扩散受到限制，好氧颗粒污泥外形不规则且呈多孔结构，且在低底物浓度下，结构密实的污泥也会变得蓬松且有丝状菌生长。因此，水体中和颗粒污泥内部底物缺乏造成的双重压力都可促使 SBR 好氧颗粒污泥反应器中丝状菌生长[87]。

膜反应器也有类似现象发生。在低底物浓度下，膜生物反应器中上长有丝状菌，而高底物浓度下生物膜结构密实且光滑[88]。据报道，由于丝状菌的过量生长导致 *Microthrix parvicella* 的生长以及好氧颗粒污泥的沉降性能经常出现在市政污水处理厂中，其负荷通常低于或等于 0.1kg BOD/(kgVSS・d)。

（3）DO 浓度

文献报道，低 DO 是活性污泥中丝状菌大量生长的主要原因[89]。在 SBR 好氧颗粒污泥反应器中，DO 必须扩散到颗粒污泥内部，以被内部的微生物利用。丝状菌如 *Sphaerotilus* 和 *Haliscomenobacter hydrossis* 非常喜好低 DO，其他的丝状菌如 *M. parvicella* 可在一个广泛的 DO 浓度范围内生长。从理论上讲，DO 渗透的深度取决于水体中的 DO 浓度与颗粒污泥的好氧速率。DO 低于 1.1mg/L 时，对颗粒污泥的沉降性能不利且易长丝状菌，抑制丝状菌如 *Sphaerotilus natans* 生长的最低 DO 值为 2mg/L[86,90]。与 DO 浓度为 2.0～5.0mg/L 相比，当 DO 浓度在 0.5～2.0mg/L 时，污泥的沉降性能变差且出水 SS 高[91]。沉降性能变差的主要原因归结于丝状菌的生长和多孔絮凝结构污泥的形成。

（4）SRT

SRT 和微生物的比增长速率成反比，即较长的 SRT 对应着较低的增长速率。由于丝状菌的比增长速率较低，较长的 SRT（>10d）适合丝状菌的生长，一般会引起丝状菌膨胀[89,92,93]。对于典型的丝状菌 *M. parvicella*，其最大比增长速率为 0.38～1.44d^{-1}。Lin[31]经实验研究发现，当 SRT 为 10d 时，形成颗粒污泥较为稳定，但粒径较小，且表面有绒状。当 SRT 增长至 70d 时，颗粒污泥从非丝状菌结构完全变成丝状菌结构。

（5）营养物质缺乏

营养物质的缺乏容易引起丝状菌生长。丝状菌表面积与体积的比值（A/V）高于其他非丝状菌。高 A/V 比使得丝状菌可以在营养物质浓度较低的氮、磷和营养元素的底物中吸收营养。活性污泥中营养物质的缺乏，尤其是氮的缺乏会导致活性污泥结构松散[86,89,92,93]。大部分好氧颗粒污泥的培养都是采用易降解的模拟废水，COD/N 为 100：5，与丝状菌相比，适宜絮状污泥生长的出水中最低氮的浓度是 1.5mg/L。然而，由于好氧颗粒污密实的结构故使扩散受到限制，其情况要比传统的絮状污泥复杂。水体中乙酸、氨和 DO 的扩散速率，分别为 $2.5×10^{-9}m^2/s$，$1.67×10^{-9}m^2/s$ 和 $1.01×10^{-9}m^2/s$[94-96]。由此可见，氨的扩散率最低。这就说明颗粒污泥中局部 COD/N 会低于溶液中，颗粒污泥内部会遭遇氮的缺乏。因此推荐出水中无机氮和正磷的浓度为 1～2mg/L，以满足营养物质的需要。

（6）温度

温度影响着所有的生化反应。市政废水中絮状微生物的温度系数是 1.015，而 *M. parvicella* 菌中的 4B 和 RN1 的估计温度系数值分别为 1.140 和 1.105。这就说明丝状菌的生长适合高温环境。研究者们考察温度对污泥沉降性能的影响发现，随着温度的增加，SVI 急剧增加[97]。另外，增加温度还可以减少水中的 DO，更有利于丝状菌的生长。

　　笔者等在 SBR 反应器中,接种普通活性污泥,通过厌氧/好氧(A/O)交替的运行,以沉降时间作为选择要素,采用以乙酸为碳源的人工配水快速实现污泥颗粒化。但长期使用人工模拟废水,水质成分单一且易降解使得培养成熟的好氧颗粒污泥发生丝状菌膨胀。丝状菌膨胀导致颗粒污泥 SVI 升高,污泥流失,除磷能力显著下降。本研究将模拟废水变为水质复杂的生活污水后,丝状菌膨胀得到快速有效的控制。图 5-29 为膨胀后的颗粒污泥在恢复期间的镜检照片。颗粒污泥丝状菌膨胀得到有效抑制后,为维持其稳定运行,继续采用实际生活污水对颗粒污泥进行强化培养,在厌氧初期投加有机碳源(丙酸与乙酸交替),以满足 PAOs 厌氧释磷的需要,进一步提高聚磷菌所占比例,提高颗粒污泥的除磷性能。好氧聚磷颗粒污泥未发现丝状菌膨胀现象,SVI 一直维持在 $17\sim30$mg/L,出水 P 的最小值为 0.24mg/L,最大值为 1.95mg/L,P 的去除率平均在 90% 以上(图 5-30 所示),已具备了聚磷菌的典型特性。

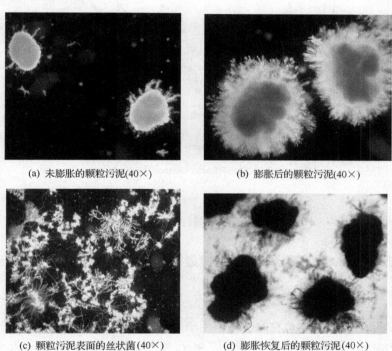

(a) 未膨胀的颗粒污泥(40×)　　　　　　(b) 膨胀后的颗粒污泥(40×)

(c) 颗粒污泥表面的丝状菌(40×)　　　　(d) 膨胀恢复后的颗粒污泥(40×)

图 5-29　好氧聚磷颗粒污泥的污泥形态观察

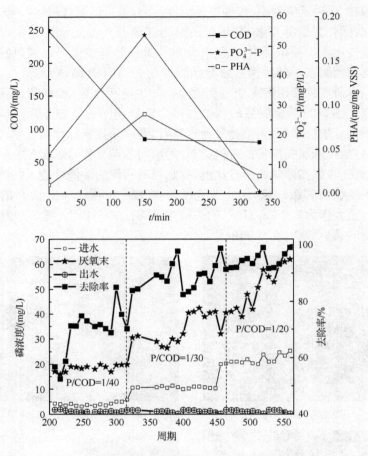

图 5-30　好氧聚磷颗粒污泥系统的除磷特性

5.2.5　颗粒污泥对有机物及氮磷的去除效能

5.2.5.1　有毒有机废水处理

Moy 等[84]已经成功地将颗粒污泥用于处理高浓度有机废水,但降解有机污染物的能力要低于厌氧颗粒污泥[厌氧颗粒污泥的有机负荷一般为 10 ~ 15kg/(m³·d)]。当好氧颗粒污泥对 COD 的去除效果稳定后,其处理高浓度有机废水的能力逐渐递减,从 15kg/(m³·d)降至 6kg/(m³·d),而颗粒污泥的完整性不受影响。主要有以下几方面原因:首先,微生物通过好氧呼吸的生长速率要大于厌氧呼吸,即在相同有机负荷下,好氧颗粒污泥的生长速率要大于厌氧颗粒污泥,因此,为了达到颗粒稳定,好氧颗粒对体系中的剪切力要求要高于厌氧颗粒。第二,好氧和厌氧颗粒体系的剪切作用方式不同。好氧颗粒体系的剪切力由人工曝气提供,不会随负荷变化而改变;而厌氧颗粒的剪切力是利用基质降解产生的 CO_2 和 CH_4 等气体,剪切力会随负荷的提高而增强。因此,厌氧颗粒在高负荷下更易比好氧颗粒达到生长与剪切脱附的平衡,从而更加稳定;第三,厌氧颗粒内部的细菌也能参与基质降解,而好氧颗粒中参与基质降解的细菌集中在颗粒表面至 150 ~200μm 的外层,所以好氧颗粒的细菌利用率要比厌氧颗粒小;最后,厌氧颗粒污泥在反应器内累积的浓度可达 31~60g/L,远高于好氧颗粒反应中的 2~8g/L。

苯酚是公认对水生生物有毒的物质,并且会增加饮用水和处理水的味道。Tay[98] 证实,好氧颗粒污泥对苯酚的降解速率较高,当苯酚浓度为 500mg/L,其降解速率为 1g/(g·d),当苯酚浓度为 1900mg/L,降解速率为 0.53g/(g·d),随着苯酚浓度的增高而降低。Adav[63] 报道苯酚的降解速率为 1.18g/(g·d)。

嘧啶及其衍生物都是煤气化和石油蒸馏后的产物,可用作制药工业的催化剂。当嘧啶浓度最初在 200~2500mg/L 时,颗粒污泥的降解速率很高。当嘧啶浓度最初在 250~500mg/L 时,颗粒污泥对嘧啶的降解呈零级反应,且不受时间的限制。当浓度为 250mg/L 和 500mg/L 时,比降解速率为 73mg/(g·h) 和 68mg/(g·h)[63]。

研究表明,能够降解苯酚的颗粒污泥同样具有降解苯酚和嘧啶的混合物的能力。Adav[63] 研究了同时存在苯酚和嘧啶对颗粒污泥的影响,并发现它们之间是竞争关系。系统中存在降解嘧啶的特殊的酶,并且发现这种酶对苯酚具有很强的亲和力。因此降解苯酚的颗粒污泥能够在含有嘧啶的工业废水中降解苯酚。

Yi[99] 报道了 SBR 反应器中颗粒污泥对 PNP 的降解。当 PNP 的浓度为 40.1mg/L,PNP 的比降解速率为 19.3mg/(g·h),达到峰值。随后随着 PNP 浓度的增加其降解速率不断下降。Wang[100] 研究了以葡萄糖为底物的含有 2,4-二氯苯酚废水的处理。

5.2.5.2 奶制品废水处理

牛奶废水含有很高浓度的营养物质,且有机物类型多种多样。Schwarzenbeck[83,101] 研究了利用颗粒污泥处理牛奶废水,当容积交换率为 50% 时,COD、N 和 P 的去除效率分别为 90%,80%,67%。

5.2.5.3 含氮和磷的城市废水处理

完全的脱氮需要硝化和反硝化两个过程。反硝化细菌将硝酸盐和亚硝酸盐还原为氮气除去。Yang[32] 发现颗粒污泥能够同步去除氮和有机物,这是由于异养菌,硝化菌和反硝化菌共存于颗粒污泥中,这就使得硝化和反硝化同时发生,硝化速率达到 97%,COD 的去除效率为 95%。Beun[102] 也报道了颗粒污泥的硝化和反硝化现象。

溶解氧对于颗粒污泥的同步硝化反硝化有明显的影响。Mosquera[103] 揭示了溶解氧在同步硝化反硝化过程中的重要作用,发现低溶解氧时的硝化速率较低,而反硝化速率较高。Picioreanu[104]培养出了表面平滑的颗粒污泥,并认为微生物的生长速率和 DO 的扩散传输速率成反比,而且在低 DO 下选择生长速率较慢的微生物能够获得结构稳定的颗粒污泥。在好氧的气浮流化床反应器中培养出的硝化颗粒污泥能够处理高浓度的氨氮废水。de Kreuk[105]的研究结果表明,在低 DO 下,COD、氮和磷的去除能够同时发生,这主要是因为颗粒污泥内部的异养菌的生长。

Lemaire 等[67]成功地在小试 SBR 中通过交替厌氧-好氧运行的方式实现了同步的硝化,反硝化和除磷颗粒污泥的培养,并稳定运行 450d。PAO—*Accumulibacter* spp. 为主要微生物,脱氮除磷效果好,而主要的 GAO 为 *Competibacter* spp.。*Accumulibacter* spp. 在颗粒污泥的外 200μm 之间占主导地位,而 *Competibacter* spp. 在颗粒污泥内部核心占主导地位。

Lin[31]在 SBR 反应器中,在不同的 P/COD 的情况(从 1/100 到 10/100),培养了含有 PAO 的颗粒污泥。该颗粒污泥在厌氧时能够同步去除有机物和实现磷的释放,在好氧的情况下,还能够快速吸磷。当 P/COD 逐渐增加时,颗粒污泥的性质逐渐降低。受进水 P/COD 的影响,颗粒污泥的磷浓度从 1.9%～9.3%不等。当进水 P/COD 浓度为 2.5%时,磷的浓度为 6%。Cassidy 和 Belia[106]也取得了类似的结果。Thayalakumaran[107]报道了在好氧 SBR 中使用絮状污泥得到了相似的 COD、N、P 和 SS 的去除率。

5.2.5.4　重金属废水和印染废水的处理

海藻、真菌、活性污泥和硝化污泥等悬浮的微生物都可用作生物吸附剂,但是存在着许多缺点,主要表现在吸附剂的稳定性以及使用后的恢复情况等。好氧颗粒污泥对二价铜和二价锌的吸附和铜与锌在反应器内的最初浓度有关,分别为 246.1 和 180mg/g[111]。悬浮的吸附剂的这些缺点就限制它们在处理印染工业废水上的应用。由于好氧颗粒污泥大的表面积,多孔性以及好的沉降性能,在处理毒性废水上有优势。高浓度毒性的重金属废水可以通过颗粒污泥的生物吸附而去除。颗粒污泥遵循朗缪尔吸附等温线,吸附阳离子染料,若丹明 B 等染料。颗粒污泥的最大吸附率是絮状污泥的 3 倍。

5.2.5.5　颗粒物质的处理

SBR 已经从处理麦芽工艺废水中成功地培养出了处理高浓度有机颗粒废水的活性污泥。当有机负荷为 3.2kgCOD/(m³·d),进水的颗粒浓度为 0.95g/L MLSS,总 COD 的去除率达到 50%,可溶解性的 COD 去除率达到 80%[101]。在同样的操作条件下,尽管颗粒污泥的比耗氧速率使其具有很高的代谢速率,颗粒污泥和絮状污泥的去除效率没有很大差异。在颗粒污泥去除有机颗粒的过程中,存在着两种不同的机理:在颗粒污泥形成初期,颗粒聚集成生物矩阵,在颗粒污泥成熟的时候,表面生长有大量的原生动物从而能够去除高浓度的颗粒COD。

5.2.5.6　原子废物的处理

Nancharaiah[108]利用好氧颗粒污泥作为一种新型的生物材料来处理可溶解性的铀,通过比较不同起始铀浓度和不同的pH条件,发现与碱性条件相比,当pH为酸性(1~6)时,铀的吸附速率最大。在1h内,铀的去除速率为6~100mg/L不等,最大的吸附速率为(218±2)mg/g(按干重算)。当用不同的等温线来分析试验数据时,最适合Redlich-Peterson模型。研究中还发现,好氧颗粒污泥可以释放Na^+,K^+,Ca^{2+}和Mg^{2+}等离子,这就表明,吸附铀的同时产生了离子交换驱动力。好氧颗粒污泥适应于处理低浓度含铀废水,而其他的一些物理化学方法不适宜或费用太高。

表5-6　好氧颗粒污泥在污水处理中应用

	处理对象	处理效果	参考文献
有毒有机废水	高浓度苯酚废水	当苯酚浓度为500mg/L,颗粒污泥的比降解速率为1g/(g VSS·d),当苯酚浓度为1900mg/L,比降解速率为0.53g/(g VSS·d)	Tay[98]
	高浓度嘧啶废水(含苯酚)	苯酚浓度为500mg/L时,颗粒污泥可降解的嘧啶浓度为250~2500mg/L,最大比降解速率为73.0mg/(gVSS·h)	Adav[76]
	PNP废水	PNP浓度为40.1mg/L,比降解速率为19.3mg PNP/(g VSS·h),达到峰值	Yi[99]
	2,4-二氯苯酚废水(DCP)	出水2,4-DCP和COD浓度为4.8和41mg/L,去除率分别为94%和95%,最大比降解速率为39.6mg/(gVSS·h)	Wang[100]
	MTBE废水	出水MTBE浓度为15~50μg/L,去除率超过99.9%	Zhang[109]
其他废水	奶制品废水	容积交换率为50%时,COD,N和P的去除效率分别为90%,80%,67%	Schwar[101]
	屠宰废水	COD和TP的去除率在98%以上,TN和VSS的去除率在97%以上	Cassidy[106]
	氮、磷废水	COD、TOC、P-PO_4^{3-}、N-NH_4^+、TN平均去除率80%,70%,71%,92%,47%	Wang[110]
	金属废水	好氧颗粒污泥对Cu^{2+}和Zn^{2+}的最大吸附速率为246.1mg/g和180mg/g	Xu[111]
	颗粒有机废水	颗粒污泥浓度为0.95g/L MLSS,总COD去除率为50%,可溶解性COD去除率为80%	Schwarzenbeck[101]
	含铀废水	酸性条件下(pH=1~6),可以实现铀的快速吸附(<1h),吸附量在6~100mg/L,最大吸附速率为(218±2)mg/g(干重)	Nancharaiah[108]

由此可见,好氧颗粒污泥包含多种好氧、兼性及厌氧微生物,组成一个完整的微生物群落,对废水中多种污染物质具有良好的降解潜力,多用于处理高负荷废水和有毒废水(表 5-6),具有沉降系统体积小,抵抗能力强,出水水质好等优点。

5.2.6 影响好氧颗粒污泥形成与稳定的因素

5.2.6.1 SBR 的运行方式对好氧颗粒污泥形成的影响

（1）运行周期

SBR 的运行方式为进水、曝气、沉淀和排水。Liu 和 Tay[112]表明,当运行周期从 1.5h 增加到 8h 时,颗粒污泥的比增长速率从 $0.266d^{-1}$ 降低到了 $0.031d^{-1}$,相应的污泥产率从 0.316 减少到 0.063gVSS/(gCOD)。与运行周期 4h 相比,颗粒污泥在运行周期为 1.5h 时的粒径最大,而且结构最为密实。

（2）碳源匮乏期

碳源匮乏形成的"饥饿期"并不是好氧污泥颗粒化的先决条件,但它却可以增加颗粒污泥的疏水性。有研究表明,即使处于饥饿期,EPS 也不会被内源消耗掉,细胞表面疏水性能保持不变[113]。但是,Castellanos[114]和 Sanin[115]却发现碳源的缺乏对细胞表面的疏水性有很大影响,较长时间的碳源缺乏会削弱颗粒污泥的稳定性。而 SBR 的脉冲进水方式却可使得颗粒污泥具有很好的密实性。Liu 和 Tay[116]研究了强化颗粒污泥稳定性的最佳饥饿时间为 3.3h。

（3）曝气强度

Adav 等[54]研究了用苯酚废水在相同反应器不同的曝气强度下培养颗粒污泥的过程。低曝气强度下,没有颗粒污泥形成。当曝气强度为 3L/min 时,颗粒污泥培养成功,粒径稳定在 1～1.5mm,且结构密实。当曝气强度为 2L/min 时,颗粒污泥粒径在 3～3.5mm,但表面生长有丝状菌。

（4）温度

大多数颗粒污泥的培养都是在室温下进行,低温下不易培养。Kreuk[105]研究发现,8℃运行下的颗粒污泥外形形状不规则,且表面丝状菌过量生长,导致沉降性能变差,颗粒污泥相应的反硝化和去除有机物的能力也变差。卢然超[117]研究了 8℃、15℃、22℃对形成好氧颗粒污泥的影响,表明 22℃下对好氧颗粒污泥的形成有利。

（5）反应器类型与水流方向

高景峰等[118]考察了排水高度和直径比（H/D）对污泥颗粒化的影响,结果表明,$H/D=5:1$ 的 SBR 反应器用了 16d 实现了污泥好氧颗粒化,且形成的好氧颗粒污泥粒径更大,结构更密实,形态更规则。而 $H/D=1:1$ 的反应器则用了 32d。Tay 等[119]采用两个运行条件相同的直径分别是 5cm 和 20cm 的 SBR 反应器进行试验,结果发现,在 20cm 的 SBR 反应器内污泥均匀分布,而 5cm 的 SBR 反应器内污泥呈轴向分布。20cm 的 SBR 反应器运行 100 天后,有丝状菌生长,5cm 的 SBR 反应器内好氧颗粒污泥非常稳定,而且无丝状菌过量生长现象发生。Liu 和 Tay 认为[37],和完全混合式反应器相比,SBR 的循环流动适宜用于培养好氧颗粒污泥。然而,SBR 反应器内水力动力学对好氧颗粒污泥的形成和稳定的影响还需进一步研究。

5.2.6.2　其他条件对好氧颗粒污泥形成的影响

（1）种泥类型

颗粒污泥的接种污泥大多选用污水处理厂中的活性污泥,活性污泥的微生物种群类型对颗粒污泥形成非常重要。与亲水性细菌相比,疏水性细菌更易吸附于活性污泥絮体上,污泥中疏水性细菌越多,具有优良沉降性的颗粒污泥形成越快。一般而论,丝状细菌和荚膜细菌丰富的接种污泥有利于颗粒化。与接种絮状污泥相比,直接采用厌氧颗粒污泥进行驯化更为简便且成功率高,启动时间短[120,121]。

（2）底物组成

好氧颗粒污泥已在多种底物中培养成功,如葡萄糖,乙酸,苯酚,淀粉,乙醇,蔗糖生活污水以及其他含有有机组分的废水。这些底物均具有较高的黏性,可以提高细胞表面的疏水性,有助于细胞之间的相互聚合。但是不同底物培养的好氧颗粒污泥,其内部结构和微生物种群存在明显差异:以苯酚为碳源和能源的颗粒污泥主要以 *Proteobacterium* spp. 为主导细菌[59,76];以无机碳源培养的颗粒污泥中硝化菌群占优势[36,42];以乙酸盐为碳源的颗粒污泥主要由短杆菌组成;以葡萄糖为底物时,好氧颗粒污泥中观察到大量丝状菌存在,而以乙酸为底物的颗粒污泥结构密实,却没有观察到丝状菌的存在[29]。

二价和三价的阳离子,如 Ca^{2+},Mg^{2+},Fe^{2+} 和 Fe^{3+} 等都能与阴离子结合形成颗粒污泥的核心。Jiang 等[122]表明,Ca^{2+} 能够加速颗粒污泥的形成。当 100g Ca^{2+} 加入到进水中,16d 颗粒污泥培养成功,而不加 Ca^{2+} 的颗粒污泥形成用了 32d。

（3）有机负荷

相对较高的有机负荷(OLR)有利于厌氧颗粒污泥的形成,而对好氧颗粒污泥没有显著影响,从 $2.5 \sim 15 kgCOD/(kgVSS \cdot d)$,好氧颗粒污泥均能形成。但较高 OLR 会影响到颗粒污泥的物理结构和形状。Tay 等[119,123]研究了 OLR 分别为 1,2,4 和 $8gCOD/(m^3 \cdot d)$ 对好氧颗粒污泥形成的影响,结果发现,当 OLR 为 1 和 $2gCOD/(m^3 \cdot d)$ 时没有好氧颗粒污泥形成;OLR 为 4 和 $8gCOD/(m^3 \cdot d)$ 均能形成好氧颗粒污泥,但后者形成的好氧颗粒污泥稳定性较差,最终从反应器中淘洗出来。有研究表明,当进水负荷从 $3.0kgCOD/(kgVSS \cdot d)$ 增加到 6.0kgCOD/

(kgVSS·d)时,好氧颗粒污泥的粒径从1.6mm增加到1.9mm[84,124]。

(4)pH和游离氨

pH对颗粒污泥的形成有很重要的影响,低pH有利于颗粒污泥的形成。Yang[125]表明pH为4,有大量真菌存在时,颗粒污泥粒径可达到7mm,当pH为8时,细菌占优势,粒径仅为4.8mm。FA的增加可降低细胞的疏水性和EPS的量,使好氧颗粒污泥培养失败。Yang等[32]以乙酸为碳源培养颗粒污泥,当FA浓度小于23.5mg/L时,颗粒污泥均可培养成功。但目前,pH和FA对好氧颗粒污泥影响的详细的抑制机理以及其他的代谢产物和化学物质对好氧颗粒污泥可能的抑制还需进一步研究。

5.2.6.3　SBR反应器中好氧颗粒污泥丝状菌的生长与控制

据报道,好氧颗粒污泥的成功培养仅在SBR反应器中实现。SBR可以实现时间上的推流和空间上的完全混合。SBR中的序批式反应使得曝气和沉淀在同一个反应器中实现。几乎所有的SBR好氧颗粒污泥反应器的运行方式都包括4部分:进水、曝气、沉淀、排水。与连续流反应器相比,SBR反应器的一个显著特点就是能够实现循环操作。在SBR好氧颗粒污泥反应器运行的一个周期范围内,底物的利用可以分为两个分支:

分支1:当反应开始时,水体中底物浓度较高时,使得溶液中的DO浓度较低,颗粒污泥内部的DO缺乏成为限制性因素;SBR是个动态的工艺,以循环的模式进行。在SBR好氧颗粒污泥反应器中,DO必须扩散到颗粒污泥内部,以被内部的微生物利用。从理论上讲,DO渗透的深度取决于水体中的DO浓度与颗粒污泥的耗氧速率。强有力的证据显示,DO的缺乏适宜丝状菌的生长。DO低于1.1mg/L时,对颗粒污泥的沉降性能不利且易长丝状菌。抑制丝状菌如*Sphaerotilus natans*生长的最低DO值为2mg/L。其他证据也表明,与DO浓度为2.0~5.0mg/L相比,当DO浓度在0.5~2.0mg/L时,污泥的沉降性能变差且出水SS高。沉降性能变差的主要原因归结于丝状菌的生长和多孔絮凝结构污泥的形成。

正如前面提出的那样,溶液中DO的浓度可以有效地阻止丝状菌的生长。与传统的结构松散的粒径小于100μm的絮状污泥相比,好氧颗粒污泥粒径较大,在0.25mm左右,且结构密实。因此,好氧颗粒污泥的溶解氧梯度非常的陡峭,因此溶液中的DO浓度合理地反映出颗粒污泥内部的DO情况。底物和DO在颗粒污泥内部的扩散是个动力学过程。联合使用底物利用动力学和分子扩散动力学,可以反映出颗粒污泥内部的DO梯度。事实上,污泥膨胀在以前一直认为来自于污泥聚集过程中底物、DO和营养物质浓度梯度的存在。

分支2:一旦溶液中的底物浓度消耗到低浓度时,颗粒污泥的代谢活性就要受到颗粒污泥内部的底物浓度的限制。一般情况下,SBR好氧颗粒污泥反应器的进水中 COD 浓度恒定。当好氧颗粒污泥形成后,污泥浓度从 10g/L 到 20g/L 不等,甚至更高。SBR 大部分运行方式都是序批式方式运行。这种方式可以利用最初的底物浓度(S_0)和最初的微生物浓度(X_0)来描述微生物可以利用的底物。SBR 是以循环操作的方式运行,最初的底物浓度随着循环个数的改变而改变。MLSS 的增加使得 S_0/X_0 降低,这就使得丝状菌容易出现在 SBR 好氧颗粒污泥反应器中。

由于 SBR 的循环操作,颗粒污泥重复地受到 DO 和底物浓度的限制。证据显示,DO 的缺乏和其他因素都是导致丝状菌生长的重要因素。当 SBR 好氧颗粒污泥反应器中 DO 消耗掉时,可以刺激颗粒污泥内部和表面都长有丝状菌。这就表明,SBR 好氧颗粒污泥反应器中丝状菌的生长受扩散能力的选择。克服因低 DO 引起的丝状菌生长就要增加溶液中 DO 浓度。这就要求增加曝气装置的扩散能力和减少有机负荷。Palm[126] 报道,活性污泥工艺中用于抵制丝状菌生长的 DO 浓度,依赖于底物的比利用速率 U[kg COD/(kgMLVSS・d)],且应该大于 $(U-0.1)/0.2$,但是事实上由于 SBR 好氧颗粒污泥反应器中颗粒污泥的结构比絮状污泥密实,体积较大,因此 Palm 推荐的两者之间的关联并没有应用到好氧颗粒污泥系统中。

多重因素的同时叠加可逐渐导致 SBR 好氧颗粒污泥中丝状菌的生长。因而丝状菌的过量生长是导致 SBR 好氧颗粒污泥反应器失去稳定性的一个重要原因。

5.2.7　存在的问题与今后的研究方向

目前,许多研究学者报道了在 SBR 反应器中成功培养出好氧颗粒污泥的实例,然而在培养和应用上还存在以下问题:①好氧颗粒污泥的不稳定性。少量或适量的丝状菌有利于改善颗粒污泥的沉降性能。然而在培养过程中,由于底物、营养物质和 DO 在颗粒污泥内部的扩散效率不同,容易引起丝状菌的过量生长,使得沉降性能变差,颗粒污泥被淘洗出来,最终导致颗粒污泥培养失败。②异养菌和目标菌的竞争。与硝化菌、聚磷菌相比,异养菌生长较快,这就使得颗粒污泥中目标微生物数量较少,从而减弱对污染物的去除能力。③目前还没有描述关于好氧颗粒污泥从最初形成到最终消亡的全过程以及颗粒污泥的分层结构生成过程的数学模型。

综合目前的研究成果,今后好氧颗粒污泥技术的发展方向为:①探求各种压力下(如底物、营养物质和 DO)丝状菌的生长类型,为抑制丝状菌膨胀提供理论基础;②深入研究各种控制因素的变化对好氧颗粒污泥稳定性的影响,以实现工艺长期稳定的维持;③开发颗粒污泥的联合工艺。颗粒污泥生化反应器可以和其他处理单元联合使用来弥补彼此的不足,如将膜反应器和好氧颗粒污泥结合起来的好氧颗粒污泥膜反应器(AGSBR);④培养具有基因工程微生物的好氧颗粒污泥。利用基因工程学移植技术把多种目标基因移植到一种微生物体内,以达到降解多种有毒物质的目的。该领域的研究尚处于探索阶段,具有广阔的研发前景。

5.3　SBR 反应器中 N_2O 气体的产生与减量技术

污水生物脱氮过程中除产生气态产物 N_2 之外,还有 N_2O 的产生。N_2O 是一种强力的温室气体,增温潜势是 CO_2 的 $200\sim300$ 倍。因此,深入了解 N_2O 的产生过程,探讨减量化控制策略具有积极意义。针对实际生活污水,笔者通过大量实验,发现可以通过过程控制优化实现 N_2O 的减量化控制。比如运行过程中采用较长的 SRT,较高浓度的 DO,反硝化时保证良好的缺氧条件,充足的 COD/N 比等,都可以减少 N_2O 的产生量。下面对部分实验进行简单介绍。

5.3.1　DO 浓度对生活污水硝化过程中 N_2O 产生量的影响

试验采用生活污水对取于城市污水处理厂的活性污泥进行驯化,经过 1.5 个月的驯化后,处理系统出水稳定,曝气结束时,氨氮全部转化为硝酸盐,系统进入稳定状态。此后对脱氮系统中的各项水质指标,N_2O 的释放量及混合液中溶解性 N_2O 等进行了跟踪测定。同时,考察了不同 DO 浓度条件下 N_2O 的产生情况。脱氮过程中 N_2O 的总产生量包括两部分:一部分溢出处理系统,释放于大气;另一部分,溶解于活性污泥混合液中,即溶解性 N_2O。

诸多因素对实际污水处理过程中 N_2O 的产生有影响,其中 DO 浓度是较为重要的影响因素。而且合理地控制 DO 浓度不但有利于提高污水处理效率,而且有利于污水处理厂的节能降耗。因此,本试验通过调节曝气量控制 DO 浓度分别恒定为 0.4mg/L,0.9mg/L,1.5mg/L 和 2.0mg/L,在考察 DO 浓度对生活污水硝化过程影响的同时,重点考察了 DO 浓度对生活污水硝化过程中 N_2O 产生量的影响。

5.3.1.1　DO 浓度对生活污水硝化过程的影响

好氧过程中可通过恒定曝气量和渐减曝气恒定 DO 浓度的方式供氧。与恒定曝气量的方式相比,恒定 DO 浓度的供氧方式根据微生物的需氧量调节曝气量,既能够保证硝化作用的进行,而且可节约能源。DO 浓度为 0.4mg/L 时,氨氮彻底氧化所需要的时间最长达 8h,低 DO 浓度对硝化速率有明显的影响(见图 5-31)。为进一步确定 DO 浓度对硝化过程的影响,分别应用公式(5-14)和公式(5-15)计算得出了不同 DO 浓度条件下的容积氨氧化速率 $r_a[mg/(L \cdot h)]$ 和比氨氧化速率 $k_a[mg/(g \cdot h)]$,X_v 为反应器内污泥浓度(mg/L),Δt 为氨氮彻底氧化所需时间(h),结果如图 5-31 所示。容积氨氧化速率及比氨氧化速率均随着 DO 浓度的升高而有所增加,但 DO 浓度为 1.5mg/L 和 2.0mg/L 的比氨氧化速率的差别较小。应用比氨氧化速率的二次拟合曲线,预测 DO 浓度大于 2.0mg/L 时的比氨氧化速率,发现继续增加 DO 浓度,比氨氮化速率将不会过多增加。

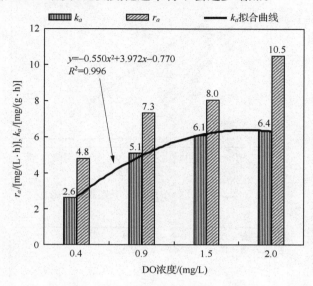

图 5-31　不同 DO 浓度条件下氨氧化速率及比氨氧化速率

　　实际污水处理厂运行费用的 60% 左右为曝气所需的电能。过低的 DO 浓度不但会导致硝化速率的降低,相应地增大好氧池的体积,而且易引发污泥膨胀,使污水处理工艺难于正常运行。但控制过高的 DO 浓度并不会过多地提高硝化速率。将 DO 浓度控制在 1.5～2.0mg/L,即可得到较高的硝化速率。因此,从脱氮效率及节能降耗的角度考虑,控制 DO 浓度在 1.5mg/L 即可。

$$r_a = \frac{[\text{NH}_4^+\text{-N}]_{氧化}}{\Delta t} \tag{5-14}$$

$$k_a = \frac{[\text{NH}_4^+\text{-N}]_{氧化}}{X_V \times \Delta t} \tag{5-15}$$

5.3.1.2　DO 浓度对硝化过程中 N_2O 产生量的影响

　　图 5-32 和图 5-33 给出了不同 DO 浓度条件下,氨氮浓度和溶解性 N_2O 的变化情况。在四个不同 DO 浓度条件下,溶解性 N_2O 产生量不同,但总体变化趋势相同。溶解性 N_2O 的变化主要受 N_2O 的产生速率及由于曝气而强化的 N_2O 挥发速率的影响。溶解性 N_2O 逐渐升高达到最大后逐渐降低为 0。在氨氮氧化结束前,溶解性 N_2O 不断升高,但其产生速率逐渐降低。当氨氧化结束时,溶解性 N_2O 浓度达到最大值,随后由于继续曝气而使 N_2O 逐渐释放。

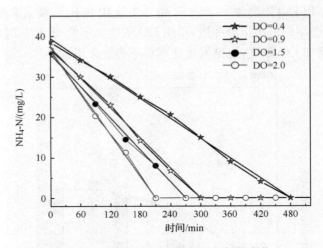

图 5-32　不同 DO 浓度条件下氨氮的变化

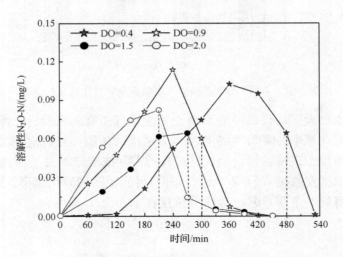

图 5-33　DO 浓度对溶解性 N_2O 的影响

　　图 5-34 给出了不同 DO 浓度条件下，N_2O 释放量的变化情况。N_2O 释放量先逐渐升高而后趋于恒定。DO 为 0.4、0.9、1.5 和 2.0mg/L 条件下，释放于大气的 N_2O 量分别为 1.029、1.046、0.313 和 0.198mg/L；随 DO 浓度的升高 N_2O 释放量降低，且 DO 浓度为 0.4 和 0.9mg/L 时，N_2O 释放量基本相同。实际污水的脱氮过程中，仍有 N_2O 产生，并且 N_2O 主要产生于氨氮氧化阶段。在氨氮彻底氧化时，活性污泥混合液中溶解有较高浓度的 N_2O，此后继续曝气将导致溶解于活性污泥混合液中的 N_2O 进一步挥发并释放于空气。因此，当氨氧化结束后，N_2O 释放量仍有所升高，并且最终 N_2O 释放量与 N_2O 产生量相等。若在氨氧化结束时，

及时停止曝气,溶解于活性污泥混合液中的 N_2O 不会进一步释放于大气。应用在线检测的 DO 或者 pH 可准确地控制氨氧化过程,在恒定 DO 浓度条件下,仍可应用 pH 作为控制参数,控制曝气时间。因此,应用实时控制来控制氨氧化时间不但能够防止过度曝气,节省能源,而且可进一步降低 N_2O 释放量。

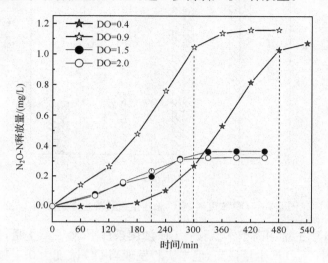

图 5-34　不同 DO 浓度条件下 N_2O 的释放情况

DO 浓度为 1.5mg/L 和 2.0mg/L 时,N_2O 总产生量分别为 0.368mg/L 和 0.327mg/L,N_2O 总产生量基本相同;但当 DO 浓度为 0.9mg/L 和 0.4mg/L 时,N_2O 总产生量分别升高至 1.160mg/L 和 1.074mg/L,约提高 3 倍。为进一步消除由于初始氨氮浓度的不同而导致的 N_2O 产生量的差异,通过计算分别得出了不同 DO 浓度条件下,N_2O 转化率及处理单位生活污水 N_2O 的产生量(图 5-35)。由图 5-35 可见,DO 浓度为 0.9mg/L 时,N_2O 产生量及转化率最高,分别达到了 1.62mg/L 和 3.16%。

DO 浓度对 N_2O 的产生与释放有重要的影响,高 DO 浓度有利于降低 N_2O 产生量,当 DO 浓度低于 0.9mg/L 时,将导致 N_2O 产生量的迅速升高。氨及羟胺氧化过程为硝化反应过程中 N_2O 产生的主要阶段,氨氧化菌将 NH_4^+-N 氧化为 NO_2^--N 的同时,为避免 NO_2^--N 在细胞内的积累,产生异构亚硝酸盐还原酶,利用 NO_2^--N 作为电子受体产生 N_2O。完成硝化作用的氨氧化菌和亚硝酸盐氧化菌的氧饱和常数分别为 0.2~0.4mg/L 和 1.2~1.5mg/L。当 DO 浓度低于 0.9mg/L 时,亚硝酸盐氧化菌的活性受到抑制,易导致系统中 NO_2^--N 的累积,这可能是低 DO 浓度时 N_2O 产生量较高的一个重要原因。

N_2O 产生量还受水质的影响。日本学者 Zheng 和 Hanaki 等[127]应用人工配水,在 DO 浓度为 0.1mg/L、0.2mg/L、0.5mg/L、1.7mg/L 和 6.8mg/L 条件下,

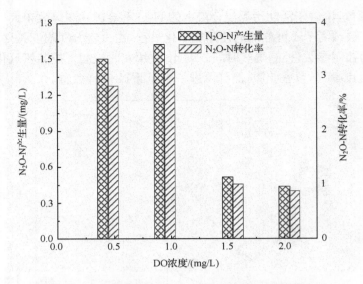

图 5-35　DO 浓度对 N_2O 总产生量及转化率的影响

所测定的 N_2O 产生量均高于本试验各 DO 浓度条件下 N_2O 产生量,且当 DO 浓度为 0.2mg/L 时,N_2O 产生量最高,但本实验发现当 DO 浓度为 0.4 和 0.9mg/L 时 N_2O 产生量基本相同,均明显高于 DO 为 1.5 和 2.0mg/L。这主要是由于 Hanaki 所处理污水的氨氮浓度为 400mg/L,为本试验的 4.4～9.9 倍。与人工配水水质相比,生活污水成分复杂,应用生活污水所培养的硝化菌菌群具有较高的多样性。本试验系统中可能存在较多的 N_2O 产生能力低的硝化菌;或者是不同菌群间的协同作用也使污水处理过程中 N_2O 产生量偏低。

基于以上试验结果,从提高污水脱氮效率,节能降耗和降低 N_2O 产生量多个角度考虑,生活污水脱氮过程中控制 DO 浓度在 1.5mg/L 较为适宜。与恒定曝气量的供气方式相比,恒定 DO 浓度的供气方式逐渐降低曝气量,曝气对溶解态 N_2O 的吹脱作用逐渐减弱。若恒定适宜的 DO 浓度并与实时控制运行方式相结合,N_2O 产生量将进一步降低。

5.3.2　SRT 对生活污水硝化过程中 N_2O 产生量的影响

试验采用长期驯化后的污泥,污泥龄维持在 9d 和 15d,其处理系统出水稳定,脱氮效率均能达到 96% 以上,试验中对脱氮系统的各项水质指标、N_2O 的释放量及混合液中溶解性 N_2O 等进行了跟踪测定,考察了不同 SRT 条件下 N_2O 的产生情况。

试验采用两个 SBR 反应器进行对比试验。SBR 采用传统时间控制模式,运行方式:好氧时间固定为 300min,缺氧时间固定为 120min,沉淀 120min,排水

20min。分别控制 SRT 为 9d 和 15d。

当 SRT 控制在 9d 时,从图 5-36 可以看出,污水的脱氮率在 99% 左右,一般不低于 96%。脱氮过程中 N_2O 的产生主要发生在硝化部分,反硝化部分相对产生量比较少。N_2O 的产生情况如图所示,溶解态的 N_2O 量先上升后下降,释放的 N_2O 量随硝化的进行逐渐升高,反硝化过程变化不大。在硝化过程中,前 60min,随着硝化的进行,溶解态的 N_2O 量有所增加,而释放的 N_2O 量并没有什么变化,这主要是在反应开始的前 30min 内,系统首先进行有机物的降解反应,30min 后开始硝化反应,由于刚开始硝化反应速率较慢,被氧化的 NH_4^+-N 量也很有限,所以在开始的前 60min 内,系统 N_2O 的释放量与 30min 时差不多。随着硝化反应的进行,硝化反应速率的逐渐增加,释放的 N_2O 量和溶解的 N_2O 量均有所升高,溶解态的 N_2O 在第 240min 后达到了最高值,随后开始降低。在硝化结束的 300min,释放的 N_2O 量达到了最高值 4.62mg/L。之后的反硝化过程中,释放的 N_2O 量有小幅升高,但增幅不大,溶解态的 N_2O 继续下降,证实了污水脱氮过程中 N_2O 的产生主要发生在硝化阶段。控制污泥龄在 9d 可以实现较好的脱氮效果。此系统产生的 N_2O 量为 4.62mg/L,N_2O 转化率(产生的 N_2O 量占进水氨氮值的百分比)为 11.2%。

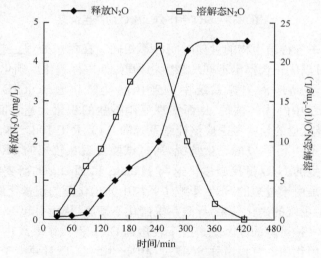

图 5-36　SRT=9d 时 N_2O 的产生情况

当 SRT 为 15d 时,从图 5-37 可以看到在硝化开始的前 60min,溶解态的 N_2O 量有所上升,而释放的 N_2O 量有小幅上升但变化不大,随着时间的推移,硝化进行过程中,溶解态的 N_2O 量整体变化规律是先曲折上升到最高点后由于曝气的吹脱作用逐渐下降,释放的 N_2O 量整体是随着硝化的进行不断上升,与 SRT=9d 类似,在硝化结束时基本达到最高点,反硝化过程对于释放的 N_2O 量贡献不大。在

硝化结束后释放的 N_2O 量为 3.8mg/L，在硝化过程中溶解态的 N_2O 最高量较 SRT＝9d 时要高，但由于其绝对值较小，并且在反应的最后基本被吹脱出了系统，或者在反硝化过程被还原为了 N_2，所以对系统整体 N_2O 的产生量影响不大。SRT＝15d 时产生的 N_2O 的转化率为 7.8％。这比 SRT＝5d 时要小，说明了污水脱氮过程中较长的污泥龄有利于 N_2O 产生量的减少。

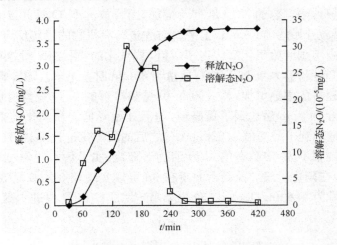

图 5-37　　SRT＝15d 时 N_2O 的产生情况

　　活性污泥中各种微生物的世代时间各不相同。在污水处理工艺中，通过控制不同的 SRT 可以优化选择出不同的微生物种群，如短程硝化反硝化就是利用较短的 SRT 条件，不断地淘洗掉系统中的亚硝酸盐氧化菌（NOB），使氨氧化菌（AOB）成为系统中的优势菌种，从而实现亚硝酸盐的积累。笔者前期实验得出，从控制 N_2O 释放量的角度考虑应该控制系统的 SRT 大于 10d。本试验考察了 9d 和 15d 污泥龄条件下 N_2O 的产生情况，通过试验发现在较短的 SRT 条件下污水脱氮过程中产生的 N_2O 量比较多。这与 Hanaki 和 Zheng 的研究结果一致[127]，分析原因可能是由于过短的 SRT 影响了系统中的硝化菌的正常代谢，甚至生存条件，严重影响了系统的硝化效果，导致系统硝化不彻底，从而引起 N_2O 产生量的大幅升高。另外一种可能的原因就是由于较短的 SRT 淘汰了系统中的部分异养硝化菌和好氧反硝化菌。有报道称 SND 过程中产生的 N_2O 量要少于传统的硝化反硝化过程，其中的一个原因就在于 SND 系统中存在异养硝化菌的硝化作用和好氧反硝化菌的反硝化作用，而较短的 SRT 影响了此类菌种的正常生存，从而引起 N_2O 产生量的增多。

5.3.3　COD/N 比对生活污水硝化过程中 N_2O 产生量的影响

　　试验利用 SBR 反应器和经生活污水长期驯化的污泥，通过投加 $NaNO_3$ 调节

反应器中 NO_3^--N 质量浓度约 30mg/L，投加不同量的乙醇作为反硝化碳源，调节 C/N 比为 0、1.2、2.4、3.5、5.0 和 20。通过投加 $NaNO_2$ 调节反应器中 NO_2^--N 质量浓度约为 30mg/L，投加不同量乙醇调节 C/N 比为 0、1.8、2.4、3.0、4.3、5.2、6.6 和 20.6。试验分别研究不同电子受体，不同 C/N 比条件下 N_2O 的产量情况，确定硝酸盐和亚硝酸盐为电子受体反硝化时，以乙醇作为外碳源的最佳 C/N 比及其与 N_2O 产量的关系。

5.3.3.1 硝酸盐为电子受体反硝化过程中的 N_2O 产量

从图 5-38 可以看出，随着 C/N 比的升高，N_2O 的产量也在升高，但其绝对数值较小，这是因为在这 3 种 C/N 条件下，碳源严重不足，反硝化进展很慢，甚至停滞。从图 5-38 的比反硝化速率可以看出，随着 C/N 比的升高，比反硝化速率有明显的升高，这也说明了反硝化过程中，碳源的多少是影响反硝化进行的一个重要因素。从 N_2O 的转化率来看，C/N 比为 1.2 时最高，此时系统的 N_2O 转化率达到了 0.4%。总体来说，当反硝化碳源严重不足时，虽然系统产生的 N_2O 量和转化率均不高，但也严重影响了反硝化效果，3 种 C/N 比条件下的反硝化率分别为 10%、18.44% 和 33.55%。

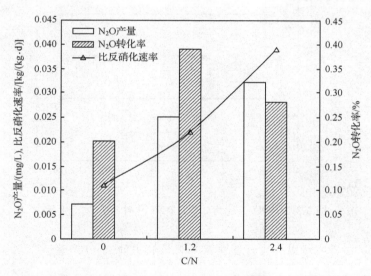

图 5-38 不同 COD/N 下 N_2O 产生量，转化率和比反硝化速率

试验利用外加乙醇作为反硝化碳源调节 C/N 比分别为 3.5、5.0 和 20，考察在这 3 个 C/N 比条件下 N_2O 产量和转化率等变化规律。图 5-39 为这些 C/N 比条件下 N_2O 产量的变化曲线。当 C/N 比为 3.5，系统 N_2O 产量为 0.227mg/L，约是 C/N 比为 1.2 时产量的 10 倍，而此时系统的碳源并不充足，反硝化率仅达到了

71％,反硝化结束的混合液中仍有部分 $NO_2^- $-N。试验证实,利用乙醇作为碳源,C/N 为 5 左右时,反硝化进行比较充分,系统碳源基本可以满足反硝化所需,此时系统的反硝化率达到了 91.41％,而从图 5-39 中可以看到,产生的 N_2O 量为 0.135mg/L,较 C/N 比为 3.5 的要少很多,证明在反硝化过程中,如果碳源投加不足,系统不但反硝化率不高,还会引起 N_2O 量的增高,这可能是由于碳源不足导致系统反硝化进行不彻底。而当 C/N 比为 5 时,系统不但有较高的反硝化率,产生的 N_2O 量相对也要减少很多。所以控制适当的 C/N 比对于污水反硝化系统提高反硝化率和减少 N_2O 产量都是十分必要的。从图 5-39 还可以看到 C/N 为 20 时,系统 N_2O 产量又有了大幅升高,达到了 0.316mg/L,该变化曲线与 C/N 为 5 的趋势差不多,基本上都为一条直线,这说明系统中的碳源充足,碳源量不再是反硝化的限制因素,在反硝化的前 30min 基本上反应已经结束,此过程的反硝化率达到了 99.29％,N_2O 也主要产生于前 30min,后面变化不大,所以反应在变化曲线上基本是一条直线。这也说明在反硝化系统中,碳源充足可以提高反硝化效率,但碳源过高就会造成碳源的浪费和 N_2O 产量的增加,更进一步说明了控制适当的 C/N 比是提高反硝化效率和减少反硝化过程中 N_2O 产生的重要措施。

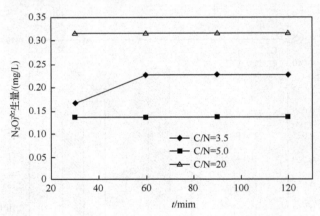

图 5-39　COD/N 比为 3.5、5.0 和 20 时 N_2O 的产生量

5.3.3.2　亚硝酸盐为电子受体反硝化过程中的 N_2O 产量

试验通过投加 $NaNO_2$ 调节反应器中 $NO_2^- $-N 质量浓度约为 30mg/L,投加不同量乙醇调节 C/N 比为 0、1.8、2.4、3.0、4.3、5.2、6.6 和 20.6。图 5-40 为不同 C/N 比条件下的 N_2O 产量、转化率和比反硝化速率。从图 5-40 中可见,在 C/N 比为 0、1.8 时 N_2O 产量均较低,分别为 0.073 2 和 0.057 3mg/L。但 C/N 比为 0 时 N_2O 转化率较高,为 2.72％,C/N 比增加到 1.8 时转化率迅速下降到了 0.27％。而当 C/N 增加到 2.4 时,N_2O 产量和转化率均有所上升,达到了 0.120mg/L 和

0.33%。继续增加 C/N 至 3.0 时，N_2O 产量和转化率均达到了最低值，分别为 0.043 9mg/L 和 0.12%。而之后随着 C/N 的增加，N_2O 产量和转化率先上升后下降，在 C/N 为 5.2 时达到最高点，此刻 N_2O 产量和转化率达到了 0.659mg/L 和 1.93%，当 C/N 继续再增加到 20.6 时，N_2O 产量和转化率达到了 0.297mg/L 和 0.80%。分析原因可能与 $NO_3^- $-N 为电子受体反硝化过程中 N_2O 的产量规律类似，首先在碳源量极少的时候，系统的 N_2O 产量和转化率均很低，而随着碳源量的增加，系统中反硝化碳源出现不足情况（图 5-40 中 C/N 为 2.4 时），此刻导致系统的 N_2O 产量和转化率有所升高，而随着碳源继续增加，最佳的 C/N 条件既可以满足系统反硝化需求又可以实现最少的 N_2O 产量（图 5-40 中 C/N 为 3.0 时）。从图 5-40 中还可以看到，C/N > 3.0 后系统的比反硝化速率变化不大，系统可以实现反硝化率 99% 以上。但当 C/N 比过高时系统 N_2O 产量和转化率先上升后下降，即 $NO_2^- $-N 为电子受体反硝化过程中 C/N 从 3.0 上升到 5.2 后，N_2O 产量转化率大幅升高，而当 C/N>5.2 后，N_2O 产量转化率又逐渐降低，但相对产量仍然较高。

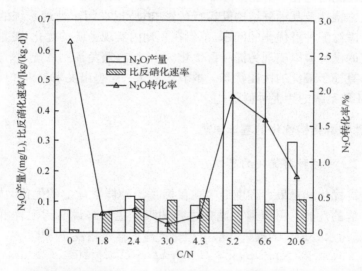

图 5-40　亚硝酸盐为电子受体不同 C/N 比下 N_2O 产生量、转化率和比反硝化速率

　　C/N 是影响反硝化 N_2O 产量的重要因素，利用内源碳源反硝化时，以硝酸盐作为电子受体产生的 N_2O 量较少，以亚硝酸盐作为电子受体时产生量较高。控制在最佳 C/N 条件下，与硝酸型反硝化相比，亚硝酸型反硝化可节省 40% 碳源，并且 N_2O 产量远少于硝酸型反硝化，但当碳源不充足（C/N=2.4）时，其 N_2O 产量最高值却是硝酸盐型（C/N=3.5）的 1.89 倍。

5.4　应用在线过程控制实现 SBR 系统污泥种群结构的优化

　　活性污泥是由大量微生物种群组成的复杂系统,微生物的种群结构及其功能受进水水质、工艺运行(如过程控制)或反应器结构等的影响。近年来大量的文献报道污水生物处理系统的过程控制和运行优化问题,从单环路控制(对单个工艺单元进行控制)到整个污水处理厂的综合控制与优化[128,129]。这些控制策略有一个共同特点就是工艺的控制从化学处理的角度考虑而不是从生物处理的角度考虑,控制系统的设计原则是以出水污染物(BOD、氮和磷)浓度满足排放标准的情况下,尽可能节约运行费用。检测变量通常以氨氮、硝酸氮、正磷酸盐和 DO 浓度等化学变量,以及污水流量等物理变量为主。在控制系统设计时并未考虑过程控制对微生物种群及其特性的影响,虽然应用控制系统在短期内可实现污水处理系统性能的优化,但是如果微生物种群或微生物特性受到不利影响,长期运行将导致污水处理系统性能的恶化,甚至造成污水处理厂运行的崩溃[130]。事实表明污水处理系统微生物特性及其种群结构受运行的影响,所以在污水处理系统的设计和运行方面应考虑污泥种群优化的问题,不但在短期内实现系统的优化,更重要的是过程控制系统的设计应以实现污泥种群优化为出发点,避免控制系统的短期效应,从而使系统一直处于最优的性能状态。本节就从这一思想出发来分析如何应用过程控制实现 SBR 系统的污泥种群优化。

5.4.1　污泥种群结构优化的基本思想

5.4.1.1　污泥种群优化的思想

　　污泥种群优化就是最大程度地实现目标污泥种群数量上的优化,从而充分发挥该污泥种群的性能。可以通过硝化过程的曝气控制来说明污泥种群优化的思想,生物脱氮污水处理厂的曝气一般由硝化反应的需氧量决定[130]:

$$NH_4^+ + O_2 \longrightarrow NO_3^- + H_2O + 2H^+$$

氨氮去除速率可以表示为:

$$r_{NH} = \frac{\mu_{A,max} X_A}{Y_A} \frac{S_{NH}}{K_{NH} + S_{NH}} \frac{S_O}{K_O + S_O} \tag{5-16}$$

式中:$\mu_{A,max}$,Y_A——硝化菌的最大比增长速率和产率系数;

　　　　S_{NH},S_O——氨氮浓度和溶解氧浓度;

　　　　K_{NH},K_O——自养菌氨氮和 DO 的饱和系数;

　　　　X_A——硝化菌污泥浓度,可以根据下式计算:

$$X_A = Y_A L_N / (b_A + 1/\theta_X) \tag{5-17}$$

式中：b_A——硝化菌的衰减系数；

　　　θ_X——污泥停留时间；

　　　L_N——氨氮去除速率 r_{NH} 的平均值。

传统的曝气控制是通过控制如下目标函数为最小值实现的：

$$\int_t^{t+T} [-w_r r_{NH}(t) + w_c c_{MV}(t)] dt \tag{5-18}$$

式中：c_{MV} 是曝气能耗费用，w_r 和 w_c 分别是底物去除和运行能耗的权重系数，t 和 $t+T$ 分别代表积分时间。所以系统的优化是通过优化基质浓度 S_{NH} 和 S_O 实现的（假设动力学参数 $\mu_{A,max}$、Y_A、b_A、K_{NH} 和 K_O 不受控制的影响，但实际上是不可能的，例如 b_A 受电子受体类型影响很大[131]。

通常工艺运行对微生物的影响不会立即显示出来，而需要很长的一段时间才能表现出来，特定的运行策略包括：①应用生物选择器或其他选择能力，在污泥内逐渐富集出某些菌群而淘汰其他菌群，因为不同微生物具有不同的生长速率（比生长速率、饱和常数）和抗冲击负荷能力；②微生物单个种群生理特性发生变化就会影响系统特性，虽然并未导致微生物种群结构变化。

污泥种群优化的主要目的是通过优化微生物种群结构和功能实现系统性能的优化。污泥种群优化可以通过优化活性污泥以下特性，实现系统性能的优化。

（1）污泥动力学。如公式(5-16)中较高的比增长速率和较低的饱和常数会获得较高的反应速率。而衰减速率的影响恰恰是相反的，因为较低的衰减速率会增加污泥浓度，进而增加反应速率，然而，污泥产量会增加，从而增加污泥处理的费用。因为硝化反应是生物脱氮系统的限速步骤，所以保持较低的自养菌衰减速率和较高的异养菌衰减速率，可实现系统的优化。

（2）产率。如果把公式(5-18)代入公式(5-17)，会发现 Y_A 并不影响基质的去除率，因为较高的产率导致较多的污泥产量，所以较低的产率是合适的（尤其对于异养菌）。

（3）稳定性。那些对外界环境因素变化抗干扰强的微生物（如进水毒性负荷冲击）是我们所需要的。如果能成功选择增殖此类微生物，将增加污水处理厂运行稳定性。增加微生物的多样性可增加系统的稳定性，因为在不同的环境条件下可选择增殖不同的微生物。

（4）沉淀性。二沉池的沉淀问题一直被认为是污水处理系统的瓶颈问题，如何控制污泥膨胀问题，抑制丝状菌繁殖，优化絮状微生物的生长是污水处理厂运行控制的重点。

5.4.1.2　系统的设计和运行对微生物种群的影响

大量研究表明污水厂的设计和运行影响处理系统的微生物群落结构和特性。不同的营养物去除系统占优势的细菌类型不同，*Nitrosomonas* 是在所有生物脱氮处理系统都占优势的氨氮氧化菌[132]；Juretschko 等[133] 报道在工业污水处理厂 *Nitrosococcus mobilis*（属于 *Nitrosomonas*）占优势；Schramm 等[134] 应用 NSO190 探针（一种氨氮氧化菌探针）发现流化床反应器入口集积处有一层氨氮氧化菌，然而应用探针 NSM156（*Nitrosomonas* 探针）或 NSV443（*Nitrosospira* 探针）没有发现任何细菌，这也表明占优势的氨氮氧化菌不是 *Nitrosomonas* 也不是 *Nitrosospira*。不同的微生物种群占优势是由特定的选择能力决定的，例如污水处理厂的进水水质、泥水混合液温度以及运行条件。

通过微生物在特定环境下产生的能量来选择增殖特定微生物是营养物去除系统设计的基础。微生物周期性地经历厌氧、缺氧和好氧环境，可以在一个反应器内选择硝化菌、反硝化菌和聚磷菌，实现有机物、氮和磷的去除。不同的运行条件和反应器结构也可能导致污泥种群的改变，例如和传统的好氧有机物污水处理厂相比，污泥膨胀更容易发生在连续流生物营养物去除系统（BNR）[135]。事实上，在 BNR 污水处理厂，丝状菌增殖的原因是异养菌交替处于缺氧和好氧环境，如果在缺氧环境下反硝化不充分，反硝化菌在随后的好氧环境会被反硝化反应产生的中间物所抑制，尤其是 NO 和 N_2O 产物。同样厌氧区、缺氧区和好氧区的体积比和每个反应器内硝酸氮和 DO 浓度也将选择性增殖特定微生物种群。

根据污泥动力学可以选择也可抑制某微生物，其中 SRT 和进水方式在动力学选择方面占有重要的作用。改变 SRT 会引起微生物种群的变化，提高 SRT，最大比增长速率较低的微生物（硝化菌）可在系统增殖。如果具有较高基质亲和力（较低的 K_s）的微生物和具有较低基质亲和力（较高的 K_s）的微生物共同竞争底物，较高基质亲和力的微生物将会选择性增殖，这也是低负荷污水处理厂产生丝状菌膨胀的主要原因。

应用选择器是当前控制污泥膨胀的主要策略，在选择器中发生的反应可以称为非平衡增长，相对于平衡增长（微生物生长过程中的外界条件、底物浓度都不变），非平衡增长时微生物经历了一个不同的合成速率过程。在含有选择器或 SBR 的处理工艺中，微生物处于从高底物浓度到低底物浓度交替运行的条件，在高底物浓度阶段，具有快速吸收底物能力的微生物得到增殖，底物以糖原或 PHAs 的形式进行储存，在低底物情况下微生物以这些储存物作为碳源进行生长。非平衡条件下生长的微生物沉淀性更好，因为在非平衡条件下絮状菌和丝状菌相比有更好的底物吸收能力。如在 *Zoogloea ramigera* 和 021N 细菌试验中，在非平衡条件下，*Zoogloea ramigera* 细菌可以快速吸收乙酸底物，成为优势菌[136]。

过程控制除了影响微生物种群结构,也会影响污泥特性,大量事实证明同样的微生物在不同运行环境下可能有不同的动力学或化学计量学特性,研究表明不同类型的电子受体对微生物的影响不同。与好氧环境相比,在缺氧环境下,自养菌和异养菌的衰减速率都很低,厌氧环境下,衰减速率更小。另外缺氧条件下异养菌产率系数远远低于好氧条件下的产率系数。

5.4.1.3　污泥种群的优化类型

(1) 控制不合适的微生物生长

对于生物脱氮系统,如能有效抑制或淘洗亚硝酸盐氧化菌(NOB)的生长,可实现短程生物脱氮,从而在硝化过程中节约 25% 的耗氧量,在反硝化过程中节约 40% 的碳源,因此,尤其适于低 C/N 比废水的生物脱氮系统[137]。大量研究表明,无论处理哪种类型的废水,应用过程控制在 SBR 反应器可实现稳定的短程生物脱氮。

在强化生物除磷系统(EBPR)中,聚糖菌(GAO)是不受欢迎的微生物,它和聚磷菌(PAO)一样能在厌氧条件下吸收 VFAs,但不能除磷。

另外发现营养物去除污水处理厂(BNR)和单独去除 COD 的污水厂相比更容易导致丝状菌的过量生长。存在底物浓度梯度时可选择性增殖絮状菌的生长,其目的并不是完全消除丝状菌的生长,而是在一定程度上限制其生长,从而维持絮状菌具有较好的沉淀性能。

(2) 选择合适的污泥种群

由于选择压力的作用,可在不同的污水处理厂选择不同类型的微生物,而选择压力来源于污水特性(例如底物类型、抑制物质的类型和浓度、pH 和温度)和系统的设计与运行,例如污泥龄较长的系统适于硝化菌的生长。PAOs 仅在交替厌氧-好氧的环境并且厌氧区存在 VFAs 的条件下富集。很明显,在合适的压力作用下选择所需的微生物种群是今天高级污水生物处理技术建立的基础。

同样的功能可能在很多菌群作用下都可实现,例如硝化反应来源 2 个属的 16 种 β-*Proteobacteria* 微生物,*Nitrosomonas*(以前的 *Nitrosococcus mobilis* 和 *Nitrosomonas*)和 *Nitrosospira*(以前的 *Nitrosospira*,*Nitrosovibrio* 和 *Nitrosolobus*)都具有氧化氨氮的能力;而另外四个属 *Nitrobacter*、*Nitrospina*、*Nitrococcus* 和 *Nitrospira* 都具有氧化亚硝酸盐的能力[138]。污水生物处理系统中的异养菌属就更多,不同的菌种可能具有不同的生长特性(生长速率、半饱和常数和产率不同)。硝化菌是比较独特的微生物,它生长速率较慢,对环境变化比较敏感,是 BNR 污水处理厂重点考虑的。很明显,需要选择具有合适特性且能完成特定功能的微生物,选择"较好"特性的微生物具有促进系统性能的潜力。

5.4.2　以防止和控制污泥膨胀为目标的污泥种群结构优化理论与方法

活性污泥膨胀是活性污泥工艺运行中的主要问题,随着污泥膨胀的发生,污泥的沉降性能发生恶化,不能在二沉池内进行正常的泥水分离,澄清液稀少(但较清澈),污泥容易随出水流失。发生污泥膨胀以后,流失的污泥会使出水 SS 超标,如不立即采取控制措施,污泥继续流失会使曝气池的微生物量锐减,不能满足分解污染物的需要,从而最终导致出水的 BOD$_5$ 超标。活性污泥的 SVI 值在 100 左右时,其沉降性能最佳,当 SVI 值超过 150 时,预示着活性污泥即将或已经处于膨胀状态,应立即予以重视。

众所周知,污泥膨胀分为丝状菌膨胀和非丝状菌膨胀。非丝状菌膨胀主要发生在废水水温较低而污泥负荷太高的时候,此时细菌吸附了大量有机物,来不及代谢,在胞外积储大量高黏性的多糖物质,使得表面附着物大量增加,很难沉淀压缩。而当氮严重缺乏时,也有可能产生膨胀现象。因为,若缺氮,微生物不能充分利用碳源合成细胞物质,过量的碳源将被转变为多糖类胞外储存物,这种储存物是高度亲水型化合物,易形成结合水,从而影响污泥的沉降性能,产生高黏性的污泥膨胀。非丝状菌污泥膨胀发生时其生化处理效能仍较高,出水也还比较清澈,污泥镜检也看不到丝状菌。非丝状菌膨胀发生情况较少,且危害并不十分严重。丝状菌膨胀在实际污水处理厂中较为常见,成因也十分复杂。影响丝状菌污泥膨胀的因素有很多,首先应该认识到的是活性污泥是一个混合培养系统,其中至少存在着 30 种可能引起污泥膨胀的丝状菌。丝状菌的存在对净化污水起着很好的作用,对保持污泥的絮体结构,保持生化处理的净化效率,及在沉淀中对悬浮物的过滤等都有很重要的意义。事实也证明在丝状菌与菌胶团细菌平衡时是不会产生污泥膨胀的,只有当丝状菌生长超过菌胶团细菌时,才会出现污泥膨胀现象。

5.4.2.1　污泥膨胀成因

污泥膨胀的成因很多,主要如下:①碳水化合物含量高或可溶性有机物含量多的污水;②腐化或早期消化的废水,硫化氢含量高的废水;③氮、磷含量不平衡的废水;④含有有毒物质的废水;⑤高 pH 或低 pH 废水;⑥混合液中溶解氧浓度太低;⑦缺乏一些微量元素的废水;⑧曝气池混合液受到冲击负荷;⑨泥龄过长及有机负荷过低,营养物不足;⑩高有机负荷,且缺氧的情况下;⑪水温过高或过低。

5.4.2.2　污泥膨胀的机理

一般认为活性污泥中的微生物的增长符合 Monod 方程。大多数丝状菌的 K_S 和 μ_{max} 值比菌胶团的低,所以,按照 Monod 方程,具有低 K_S 和 μ_{max} 值的丝状菌在低基质浓度条件下具有高的增长速率,而具有较高 K_S 和 μ_{max} 值的菌胶团在高基质浓度条件下才占优势。同样认为低负荷对于丝状菌生长有利的理论还有表面积/容积比（A/V）假说。这里的表面积和容积，是指活性污泥中微生物的表面积与体积。该假说认为伸展于絮凝体之外的丝状菌的比表面积（A/V）要大大超过菌胶团细菌的比表面积。当微生物处于受基质限制和控制的状态时，比表面积大的丝状菌在取得底物方面要比菌胶团有利，结果在曝气池内丝状菌就变成了优势菌。低负荷易导致污泥膨胀这一观点无论是在实际运行中还是在理论上都有了较为成熟的解释。微生物对有机物的降解过程实质上就是对氧的利用过程，溶解氧在活性污泥法的运行中是一个重要的控制参数，曝气池中 DO 浓度的高低直接影响着有机物的去除效率和活性污泥的生长。低 DO 浓度一直被认为是引起丝状菌污泥膨胀的主要因素之一。丝状菌由于具有较大的比表面积和较低的氧饱和常数，在低 DO 浓度下比絮状菌增殖得快，从而导致丝状菌污泥膨胀。根据各方面的研究结论，DO 对于污泥膨胀影响的临界值并不确定。DO 浓度的要求是与污泥负荷息息相关的，负荷越高，则对应的临界值就越大。这一值的确定与工艺选择、池型及进水类型都有着密切关系，必须根据实际情况结合实验才可以得出。

对于污泥膨胀的成因有许多不同的解释，这些理论代表了当前人们对污泥膨胀形成机理认识的深度，构成了目前解决污泥膨胀问题的理论框架，也是对形成机理做进一步深入研究的基础。

（1）扩散选择理论

最初，一些学者指出，在低营养物或氧浓度的条件下，丝状细菌由于其形态学特征使其与其他微生物相比在底物吸收时具有优势，认为由于丝状细菌的面积/体积比高于非丝状微生物，因而在底物浓度较低的生长环境下物质传递就变得相对容易，这样就使丝状细菌获得了相对较高的生长速率。

后来，研究人员进一步指出絮状污泥颗粒中的丝状细菌具有单向生长特性。实验观测到，当絮状颗粒微生物处于低底物浓度的生长环境下，丝状细菌与其他颗粒微生物相比获得了相对较高的底物浓度。这是因为，当底物浓度降低后由于扩散阻力的作用，絮状颗粒内部形成了较高的微观底物浓度梯度，因而颗粒外层的底物浓度就稍高于颗粒内部。目前，这一浓度梯度已在实验中观测到。所以单向生长的丝状细菌就自然地获得了较高的底物浓度而实现了较快的生长，并最终导致了污泥膨胀。van Loosdrecht 等通过对生物膜的研究也指出，在底物扩散为控制因素的环境下（即低底物浓度条件下），易于形成丝状的开放式生物膜结构；而在高底物浓度环境下，易形成紧凑平滑的生物膜结构。这些结论与污泥颗粒的情形极其相似，而 Martins 通过对生物膜和絮状颗粒的生长进行比较，进一步阐述了扩散选择理论。

（2）动力学选择理论

Chudoba 等认为,活性污泥的沉降性能与曝气池的搅拌方式密切相关。在实验室条件下利用特定底物和混合菌种发现,低强度的轴向曝气和系统宏观上的较高底物浓度梯度,能够抑制丝状细菌的生长并获得沉降性能良好的污泥。Chudoba 对此现象做了推断,他认为促成系统内菌胶团细菌被选择而丝状细菌被抑制的主要原因是系统内的宏观底物浓度梯度。

基于以上结论,Chudoba 阐明了动力学选择理论,认为丝状细菌为慢性生长生物,并假定其与菌胶团细菌相比具有相对小的最大生长速率（μ_{max}）和亲和系数（K_S）;在底物浓度较低的系统（特别是 $C_S < K_S$ 时）,如完全混合式系统,丝状细菌的比生长速率高于菌胶团细菌的比生长速率,因而赢得了对底物的竞争;而在推流式和 SBR 等底物浓度较高的系统中,此时丝状细菌的比生长速率低于絮状污泥颗粒生成细菌,因而其生长受到了抑制。在一些丝状细菌和菌胶团细菌的纯种实验中这一理论得到了证实。

然而,到目前为止尚无法确切地证明丝状细菌的最大生长速率要普遍比其他活性污泥微生物低。而且,从理论上也无法说明其丝状形态与低生长速率的联系。对于 K_S,目前也没有证据说明其通常较低的原因。若 K_S 具有与底物吸收相关酶的性质,则其与丝状形态并无直接关系。只有把 K_S 看作物质从外界到细胞传递的表观参数,才能和动力学选择理论取得完全一致。此时在菌胶团细菌中 K_S 受到颗粒形状的影响,当菌胶团体积和密度越大时则物质扩散的阻力越大,因而测得的 K_S 值也越大。而对于丝状细菌,由于其单向生长特性,所以其 K_S 值相对较小。从这一点上来看,扩散选择理论和动力学选择理论在本质上是一致的。

（3）储存选择理论

传统观点认为,在底物丰富的状态下非丝状微生物具有储存底物的能力,而被储存物质在底物匮乏时又能够被代谢,产生能量或者合成蛋白质。这样一来,具有储存能力的微生物与其他微生物相比就具有了选择优势,特别是当这些微生物处在高度动态的系统中时（推流式系统、SBR 系统以及选择器系统）,这种优势变得更加明显。然而,在最近的一些实验中发现,与沉淀污泥相比膨胀污泥也具有底物储存能力,其能力基本与非丝状微生物相同甚至更高。通过对某些丝状细菌（微丝菌）进行纯种或混合菌种实验发现,它们同样具有很强的底物储存能力。这说明,底物储存能力并不能完全用来解释污泥膨胀机理。尽管如此,上述储存物参与了一系列重要的胞内生化反应,所以在研究膨胀污泥的代谢过程时应给予足够的重视。

5.4.2.3　污泥膨胀的控制

污泥膨胀的控制大体可分成三类:一类是临时应急措施;另一类是工艺运行调

节措施,第三类是环境调控控制法。

临时应急措施适用于临时应急,主要方法是投加药物增强污泥沉降性能或是直接杀死丝状菌。投加铁盐、铝盐等混凝剂可以直接提高污泥的压密性保证沉淀出水。另外,投加一些化学药剂,如氯气,加在回流污泥中也可以达到消除污泥膨胀现象。投加过氧化氢和臭氧也可以起到破坏丝状菌的效果。采用这种方法一般能较快降低 SVI 值,但这些方法并没有从根本上控制丝状菌的繁殖,一旦停止加药,污泥膨胀现象又会卷土重来。而且投药有可能破坏生化系统的微生物生长环境,导致处理效果降低,所以,这种办法只能做为临时应急时用。

工艺运行调节措施用于运行控制不当产生的污泥膨胀。例如,由于 DO 低导致的污泥膨胀,可以增加供氧来解决;由于 pH 太低导致的污泥膨胀可以调节进水水质或加强上游工业废水排放的管理;由于污水"腐化"产生的污泥膨胀,可以通过增加预曝气来解决;由于氮磷等营养物质的缺乏导致的污泥膨胀,可以投加营养物质;由于低负荷导致的污泥膨胀,可以在不降低处理功能的前提下,适当提高 F/M。

环境调控控制法的出发点是通过曝气池中生态环境的改变,造成有利于菌胶团细菌生长的环境条件,应用生物竞争的机制抑制丝状菌的过度生长和繁殖,将丝状菌控制在合理的范围内,从而控制污泥膨胀的发生。近年得到充分发展的选择器理论就是运用的这一概念。

其中以上三种控制策略中,临时应急措施只是暂时的,工艺运行调节措施是短期的,而环境调控控制实际上就是污泥种群的优化,它可起到系统的长期优化效果。当然采取工艺运行调节足够长时间后,系统中微生物种群会发生变化,也会最终实现污泥种群的优化,达到系统长期的优化。

国内对活性污泥工艺的设计通常采用中等负荷[0.3kgBOD$_5$/(kgMLSS·d)],而在实际中人们从经济角度考虑总是采用较高的负荷,所以高负荷下的污泥膨胀在中国具有较为广泛的意义。在高负荷情况下,最常见的是 DO 不足,所以先采取提高气水比,强化曝气,在推流式曝气池内首端采用射流曝气等方式,观察一段时间,找出问题的所在。

如果在以上措施采取一段时间后情况仍无好转,则可考虑在曝气池头部加设软填料,提高有机酸的去除率,从而去除丝状菌的生长促进因素,帮助絮状菌生长。这个方法比较有效,但造价较高,且对以后的维修管理造成不便。或者在曝气池前设置一个水力停留时间约为 15min 的选择器,一般能很有效地抑制丝状菌的生长。

对于序批式进水的 SBR 工艺来说,反应器本身是完全混合式的,而且在时间上其污染物的基质就存在浓度梯度,所以无需再另设选择器。通常序批式 SBR 工艺产生污泥膨胀的原因是,污泥浓度过高,而进水有机物浓度偏低或水量偏小而导致污泥负荷偏低。对于这种情况,降低排出比,提高基质初始浓度,并对SBR强制排泥,一般就能够对污泥膨胀现象进行有效的控制。而对于连续进水的SBR,如ICEAS和CASS等工艺,如果发生污泥膨胀的话,就有必要在进水端设置一个预反应区或生物反应器了。

由于丝状菌的种类繁多,且生长适宜的环境也不尽相同。在不同工艺不同水质的情况下,微生物的生长环境非常微妙,这就要求发生污泥膨胀时,需要水处理工作者根据实际情况作大量切实的实验和分析,大胆实践,才能解决污泥膨胀问题。

丝状菌是生长处理微生物中不可缺少的一部分。污泥膨胀现象在于丝状菌的过度生长,消除污泥膨胀的根本在于使丝状菌与活性污泥菌胶团平衡生长;完全混合式较推流式更产生污泥膨胀,低污泥负荷较高污泥负荷易产生污泥膨胀;进水水质在水温、pH、营养成分及是否有处理前的消化反应等方面是处理污泥膨胀应该首先考察的问题;高负荷下的污泥膨胀一般在于溶氧不足;低负荷下的污泥膨胀采用生物选择器是行之有效的办法。由于丝状菌的多样性,关于污泥膨胀的理论解释和实际报道仍有很多不尽一致,大胆实践不断总结并和同行广泛交流,才能更快找到行之有效地解决方法。

5.4.3　短程硝化菌群结构优化理论与方法

从微生物水平上来说,氨氮被氧化成硝酸氮是由2类独立的细菌催化完成的。1975年,Voets等在处理高浓度氨氮废水的研究中,发现了硝化过程中NO_2^--N积累的现象,首次提出了短程硝化反硝化生物脱氮的概念。其基本原理是将氨氮氧化控制在亚硝化阶段,然后通过反硝化作用将亚硝酸氮还原为氮气,经$NH_4^+-N \rightarrow NO_2^--N \rightarrow N_2$途径完成,整个过程较全程硝化反硝化大大缩短。短程硝化的标志是有稳定且较高的NO_2^--N积累。

根据硝化反应的化学计量学,与全程硝化反硝化脱氮相比,短程硝化反硝化具有以下几个优点:

①在硝化阶段可节约25%左右的需氧量,降低了能耗;②反硝化过程可减少约40%的有机碳源,降低了运行费用;③NO_2^--N的反硝化速率通常比NO_3^--N的反硝化速率高63%左右;④减少了50%的污泥产量;⑤反应器的容积可减少30%~40%左右;⑥可减少投加碱度和外加碳源的量。

短程脱氮的关键问题是减少NO_3^--N的产量,但是,由于硝酸菌与亚硝酸菌的协同增殖方式,似乎无法排除硝酸菌的增殖,只能通过混合系统中亚硝酸菌和硝酸菌之间数量或活性的不平衡实现NO_2^--N的积累。近年来的研究发现了一些能抑制硝酸菌增殖或活性,从而造成亚硝酸菌在硝化系统中占优势的因素,包括:高游离氨(FA)浓度、游离HNO_2(FNA)浓度、高pH、高温(>25℃)、低DO浓度、从缺氧状态到好氧状态的滞后时间、游离羟氨浓度(FH)。

以上因素可以在特定条件下作为过程控制的因素,从而实现亚硝酸菌的增殖,实现短程硝化。

而在 SBR 工艺中,由于氨氮完全氧化时在 pH 和 DO 曲线上出现特征点,应用此特征点可以实现过程控制。例如在某实验中我们应用两个 SBR 反应器(SBR1 和 SBR2)以好氧-缺氧运行方式处理实际生活污水。反应初期向反应器快速(3min)加入生活污水,然后开始曝气(好氧阶段曝气量恒定),通过在线控制系统获得氨氮完全氧化的特征点从而确定曝气停止的时间,也就是 pH 和 DO 曲线上出现的特征点。从图 5-41 可以发现氨氮完全氧化时在 pH 和 DO 曲线上出现特征点。硝化完成后投加外碳源甲醇进行反硝化,直到出水硝态氮浓度小于0.5mgN/L。系统污泥龄 SRT 维持在 14d,反应器充水比为 50％,反应器大部分时间运行在 32℃。

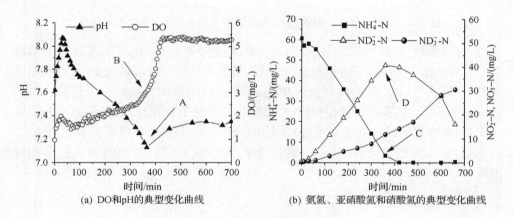

(a) DO和pH的典型变化曲线　　　　(b) 氨氮、亚硝酸氮和硝酸氮的典型变化曲线

图 5-41　SBR 启动期好氧阶段

图 5-42 是 SBR1 反应器 200 多天试验运行结果。开始阶段硝化反应的产物包括亚硝酸氮和硝酸氮,随着反应的进行,硝酸氮所占比例逐渐降低,大约 3 个SRT 后,硝酸氮完全消失,实现了完全短程生物脱氮。由此可以相信,通过淘洗NOB 可以成功实现短程脱氮,因为在任一周期,当氨氮氧化结束,立即进入缺氧阶段,好氧阶段积累的亚硝酸氮通过反硝化去除。这样在每个周期中都限制 NOB的生长,逐步实现亚硝酸氮的积累,最后完全淘洗反应器中的 NOB。

上述假设可以由图 5-43 进行的试验来证实,其运行方式与 SBR1 相似,并在不同的阶段采用过程控制策略控制曝气的开/关,在"Run2.0"阶段,可以发现好氧区末端亚硝酸氮浓度逐渐增加,而硝酸氮浓度降低,NOB 种群在该阶段大大降低。在"Run2.1"阶段,关闭控制系统,可以发现好氧区末端的硝态氮浓度变化趋势和"Run2.0"正好相反,表明 NOB 种群逐步恢复。在"Run2.2"阶段,重新启动控制

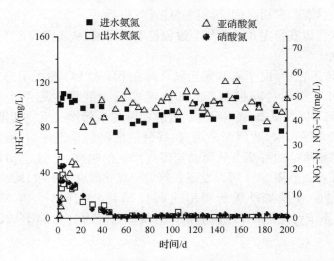

图 5-42　SBR1 进水和出水氨氮、好氧阶段末端亚硝酸氮和硝酸氮浓度

系统,可以发现,长时间(120d)运行后,实现完全短程硝化,出水中检测不出硝酸氮。在"Run2.3"阶段,关闭控制系统 3 周,系统仍然维持短程硝化途径,可能的原因是 NOB 在"Run2.2"阶段完全被淘洗,在 3 周内不可能发展到较大数量。在最后"Run2.4"阶段,重新启动控制策略,系统仍然维持短程硝化途径,和前面的阶段相比较,出水硝酸氮浓度稍微增加(大约 3mgN/L),主要是反应器的温度从 32℃降低到 24℃,在低温条件下,氨氮氧化速率降低,因此维持亚硝酸氮的积累相对困难。

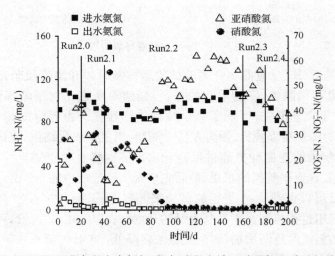

图 5-43　SBR2 进水和出水氨氮、好氧阶段末端亚硝酸氮和硝酸氮浓度

5.4.4　生物除磷系统中污泥种群结构优化理论与方法

生物强化除磷工艺基于聚磷细菌的选择性富集,即通过改变活性污泥微生物生存的环境状态,使微生物不断在厌氧(绝对厌氧,无硝酸盐存在,也无氧存在)和好氧两种状态下生长存活,从而选择驯化出一定数量具有 EBPR 能力的菌群。EBPR 系统在厌氧环境下 PAOs 吸收 VFAs 并转换为 PHA,同时通过水解细胞内储存的聚磷(poly-P)和糖原获得吸收 VFA 转化为 PHA 的能量和还原力。在好氧环境下 PAOs 通过氧化 PHA 获得生长的能量、并补充糖原和吸磷,通过排泥实现磷的去除。*Accumulibacter* 是当前 EBPR 系统唯一确认的 PAOs,应用 FISH 技术,可以发现 *Accumulibacter* 大量存在于许多污水处理厂。生物除磷系统中 GAOs 和 PAOs 是相互竞争的,和 PAOs 一样,GAOs 在厌氧环境下吸收 VFAs,并转变为 PHA。不同的是,GAOs 通过水解体内的糖原获得此过程的能源。GAOs 不能实现厌氧放磷也不能好氧吸磷,因此不具有除磷功能。*Candidatus Competibacter phosphatis*(称为 *Competibacter*)是广泛存在的 GAO,在小试试验中通过单独投加乙酸可以实现富集,应用 FISH 证明,在实际污水处理厂中同样存在 *Competibacter*[139]。尽管 GAOs 和 PAOs 对 VFA 相互竞争,但是通过过程控制可以抑制或淘洗 EBPR 系统中 GAOs 的生长。

5.4.4.1　通过 pH 控制降低 GAOs 的生长

最近研究表明,pH 是影响 PAOs 和 GAOs 竞争的重要因素,pH 较高对 PAOs 有利,因为当外部 pH 增加时,细胞膜中的 pH 梯度增加,这种梯度转变为细胞膜之间较高的电位差,当外部 pH 较高时,VFA 穿过膜时需要较高的能量。对于 PAOs,这种能量可以通过聚磷水解以及正磷酸盐释放获得。的确,一些研究表明在 PAOs 富集系统,pH 较高导致厌氧区磷释放增加。序批试验表明,当 pH 处于 6.5~8.0 范围内,PAOs 对乙酸的吸收和 pH 没有关系,乙酸吸收所需较高能量并不影响它对 VFA 的新陈代谢。和 PAOs 相反,GAOs 糖原降解速率和乙酸吸收速率随着 pH 的增加而降低,高 pH 对 GAOs 吸收乙酸能力具有负面影响。好氧条件下,Filipe 等[140]研究表明低 pH(6.5)抑制磷的吸收和微生物的生长,而较高的 pH(7~7.5)会获得较好的生物除磷性能,当好氧阶段 pH 从 6.5 变为 7.5 时,GAO 的新陈代谢不会受到很大影响。

Oehmen 等[141]应用 pH 作为控制参数研究了 PAOs 和 GAOs 之间的竞争,应用两个小试 SBR 反应器在交替的厌氧和好氧条件下运行,分别以乙酸和丙酸作为唯一碳源,研究了 pH 分别控制在 7 和 8 时系统的性能。在两个反应器中当 pH 从 7 变到 8 时,可以发现磷的去除性能都大大提高。图 5-44 是整个试验阶段投加丙酸的 SBR 反应器出水磷浓度、厌氧磷释放、好氧磷释放以及 VSS/TSS 比值,可以发现当 pH 从 7 变到 8 的两周时间内,磷实现了完全去除(＜1mg/L)。同时 FISH 测定表明 *Accumulibacter*(PAO)种群从 pH = 7 的 8％增加到 pH = 8 的 33％。在投加乙酸的 SBR 反应器同样发现磷去除增加,虽然 *Accumulibacter*(PAO)种群没有较大的变化,大约保持在 15％,但 *Competibacter*(GAO)种群从 54％ 降到 23％。因此通过控制 pH 可以显著提高系统的除磷效率。

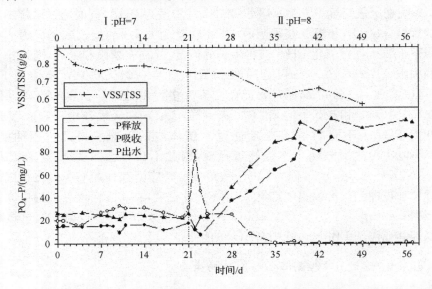

图 5-44　丙酸投加 SBR 反应器,从阶段 I(pH＝7)变为阶段 II(pH＝8)磷的去除性能

5.4.4.2　通过改变碳源控制 GAO 的生长

Accumulibacter 是当前唯一确认的 PAO,对于这种菌群并没有特别指定的碳源。Yuan 等[139]研究表明可以应用乙酸和丙酸作为碳源,并可以在这两种碳源之间交替改变。但大量事实证明 GAOs 有特定所需的碳源,如 *Competibacter* 可以利用乙酸,但不可利用丙酸;而 α-GAO 利用丙酸时高效,而利用乙酸时效率降低,α-GAO 的乙酸吸收速率仅仅是 *Accumulibacter* 的一半。

基于上述试验结论,假设 *Accumulibacter* 在任何时候都可高效生长,而 *Competibacter* 和 α-GAO 只能在它们适合的碳源投加时高效生长,Lu 等[142]研究了通过交替改变小试 SBR 反应器的外投碳源乙酸和丙酸来控制 GAOs 生长的可能性(见图 5-45)。FISH 测定表明,种群 *Accumulibacter* 从 50％(6～8 月)增加到 75％(8 月以后),而种群 *Competibacter* 从 5％～10％降到 1％(几乎检测不出)。种群 *Alphaproteobacteria* 在 8 月份大约占 10％～20％,但是以后降到 5％～10％。上述试验过程和微生物数据充分支持可以通过改变碳源来控制 PAOs 和

GAOs 的竞争。当需要外投碳源，以获取满意的磷去除效果时，可在实际污水厂应用该策略。

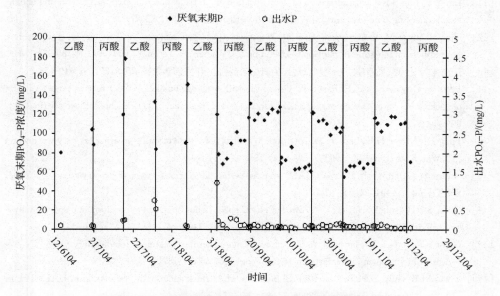

图 5-45　出水磷酸盐浓度和厌氧阶段末端磷酸盐浓度

参 考 文 献

[1]　韩志英,朱军,丁颖,吴伟祥,陈英旭. 强化生物脱氮分步进水型间歇式反应器. 中国给水排水,2007,
　　　23(2)：17-21.

[2]　Tilche A,Bortone G,Malaspina F,et al. Biological nutrient removal in a full-scale SBR treating piggery
　　　wastewater：results and modeling[J]. Water Sci Technol,2001,43(3)：363-371.

[3]　Puig S,Vives M T,et al. Wastewater nitrogen removal in SBRs,applying a step-feed strategy：from lab
　　　scale to pilot-plant operation[J]. Water Sci Technol,2004,50(10)：89-96.

[4]　Tilche A,Bacilieri E,Bortone G,et al. Biological phosphorus and nitrogen removal in a full scale sequen-
　　　cing batch reactor treating piggery wastewater[J]. Water Sci Technol,1999,40(1)：199-206.

[5]　Zhang Z,Zhu J,King J,et al. A two-step fed SBR for treating swine manure[J]. Process Biochem,2006,
　　　41(4)：892-900.

[6]　Andreottola G,Foladori P,Ragazzi M. On-line control of a SBR system for nitrogen removal from indus-
　　　try wastewater [J]. Waster Sci Technol,2001,43(3)：93-100.

[7]　邓良伟,郑平,李淑兰,等. 添加原水改善 SBR 工艺处理猪场废水厌氧消化液性能[J]. 环境科学,
　　　2005,26(6)：105-109.

[8]　Artan N,Tasli R,Orhon D. Rational basis for optimal design of sequencing batch reactors with multiple
　　　anoxic fillig for nitrogen removal[J]. Process Biochem,2006,41(4)：901-908.

[9]　Oles J,Wilder P A. Computer aided design of sequenceing batch reactors based on the IAWPRC activa-
　　　ted sludge model[J]. Waster Sci Technol,1991,23(4-6)：1087-1095.

［10］ Anderottola G, Bortone G, Tilche A. Experimental validation of a simulation and design model for nitrogen removal in sequencing batch reactors［J］. Waster Sci Technol, 1997, 35(1)：113-120.

［11］ Lin Y F, Jing S R. Characterization of denitrification and nitrification in a step-feed alternating anoxic-oxic sequencing batch reactor［J］. Water Environ Res, 2001, 73(5)：526-533.

［12］ Puig S, Vives M T, Corominas L, et al. Wastewater nitrogen removal in SBRs, applying a step-feed strategy：from lab-scale to pilot-plant operation［J］. Waster Sci Technol, 2004, 50(10)：89-96.

［13］ 王建龙, 张子健, 吴伟伟. 好氧颗粒污泥的研究进展［J］. 环境科学学报, 2009, 29(3)：449-473.

［14］ Lettinga G, Velsen A F, Hobma S W. Use of the upflow sludge blanket（USB）reactor concep t for biological wastewater treatment, especially for anaerobic treatment［J］. Biotechnol. Bioeng. , 1980, 22：699-734.

［15］ Fang H H, Chui H K, Li Y Y. Microstructural analysis of UASB granules treating brewery wastewater ［J］. Water Sci. Technol. , 1995, 31(9)：129-135.

［16］ Lettinga G, Hulshoff P L W. UASB-process design for various types of wastewaters［J］. Water Sci. Technol. , 1991, 24(8)：87-107.

［17］ Guiot S R, Lavoie L, Hawari J A. Effect of NSSC spent liquor on granule formation and specific microbial activities in upflow anaerobic reactors［J］. Water Sci. Technol. , 1991, 24(3)：139-148.

［18］ Guiot S R, Lavoie L, Hawari J A. Use of two stage anaerobic treatment for distillery waste［J］. Advances in Environmental Research in Microbiology, 2003, 7(3)：671-678.

［19］ TiwariM K, Guha S, Harendranath C S. Influence of extrinsic factors on granulation in UASB reactor ［J］. Appl. Microbiol. Biotechnol, 2006, 71(2)：145-154.

［20］ Liu Y, Tay J H. State of the art of biogranulation technology for wastewater treatment. Biotechnol［J］. Adv. , 2004, 22(7)：533-563.

［21］ Mishima K, Nakamura M. Self-immobilization of aerobic activated-sludge - a pilot-study of the aerobic upflow sludge blanket process in municipal sewage-treatment［C］. 15th Biennial Conf of the International Assoc on Water Pollution Research and Control. 1990, Kyoto, Japan.

［22］ Shin H S, Lim K H, Park H S. Effect of shear stress on granulation in oxygen aerobic upflow sludge bed reactors［J］. Water Sci. Technol. , 1992, 26(3-4)：601-605.

［23］ Debeer D, Vandenheuvel J C, Ottengraf S P P. MICROELECTRODE MEASUREMENTS OF THE ACTIVITY DISTRIBUTION IN NITRIFYING BACTERIAL AGGREGATES［J］. Appl. Environ. Microbiol. , 1993, 59(2)：573-579.

［24］ van Benthum W A J, Garrido Fernandez J M, Tijhuis L, vanLoosdrecht M C M, Heijnen J J. Formation and detachment of biofilms and granules in a nitrifying biofilm airlift suspension reactor ［J］. Biotechnol. Prog. , 1996, 12(6)：764-772.

［25］ Morgenroth E, Sherden T, van Loosdrecht M C M, Heijnen J J, Wilderer P A. Aerobic granular sludge in a sequencing batch reactor［J］. Water Res. , 1997, 31(12)：3191-3194.

［26］ Peng D C, Bernet N, Delgenes J P, Moletta R. Aerobic granular sludge - A case report［J］. Water Res. , 1999, 33(3)：890-893.

［27］ Beun J J, Hendriks A, van Loosdrecht M C M, Morgenroth E, Wilderer P A, Heijnen J J. Aerobic granulation in a sequencing batch reactor［J］. Water Res. , 1999, 33(10)：2283-2290.

［28］ Beun J J, van Loosdrecht M C M, Heijnen J J. Aerobic granulation［J］. Water Science and Technology, 2000, 41(4-5)：41-48.

[29] Tay J H, Liu Q S, Liu Y. Microscopic observation of aerobic granulation in sequential aerobic sludge blanket reactor[J]. J. Appl. Microbiol. ,2001,91(1): 168-175.

[30] Liu Y, Yang S F, Xu H, Woon K H, Lin Y M, Tay J H. Biosorption kinetics of cadmium(II) on aerobic granular sludge. Process Biochem. ,2003,38(7): 997-1001.

[31] Lin Y M, Liu Y, Tay J H. Development and characteristics of phosphorus-accumulating microbial granules in sequencing batch reactors[J]. Appl. Microbiol. Biotechnol,2003,62(4): 430-435.

[32] Yang S F, Tay J H, Liu Y. Inhibition of free ammonia to the formation of aerobic granules[J]. Biochemical Engineering Journal,2004,17(1): 41-48.

[33] Liu Y, Lin Y M, Tay J H. The elemental compositions of P-accumulating microbial granules developed in sequencing batch reactors[J]. Process Biochem. ,2005,40(10): 3258-3262.

[34] Wang F, Yang F L, Zhang X W, Liu Y H, Zhang H M, Zhou J. Effects of cycle time on properties of aerobic granules in sequencing batch airlift reactors[J]. World Journal of Microbiology and Biotechnology,2005,21(8-9): 1379-1384.

[35] Tsuneda S, Ogiwara M, Ejiri Y, Hirata A. High-rate nitrification using aerobic granular sludge[J]. Water Sci. Technol. ,2006,53(3): 147-154.

[36] Tsuneda S, Nagano T, Hoshino T, Ejiri Y, Noda N, Hirata A. Characterization of nitrifying granules produced in an aerobic upflow fluidized bed reactor[J]. Water Res. ,2003,37(20): 4965-4973.

[37] Liu Y, Tay J H. The essential role of hydrodynamic shear force in the formation of biofilm and granular sludge[J]. Water Research,2002,36(7): 1653-1665.

[38] Chen M Y, Lee D J, Tay J H. Distribution of extracellular polymeric substances in aerobic granules[J]. Appl. Microbiol. Biotechnol,2007,73(6): 1463-1469.

[39] Chen M Y, Lee D J, Tay J H, Show K Y. Staining of extracellular polymeric substances and cells in bioaggregates[J]. Appl. Microbiol. Biotechnol,2007,75(2): 467-474.

[40] Chen M Y, Lee D J, Yang Z, Peng X F, Lai J Y. Fluorecent staining for study of extracellular polymeric substances in membrane biofouling layers[J]. Environ. Sci. Technol. ,2006,40(21): 6642-6646.

[41] Wang X H, Zhang H M, Yang F L, Xia L P, Gao M M. Improved stability and performance of aerobic granules under stepwise increased selection pressure[J]. Enzyme Microb. Technol. , 2007, 41 (3): 205-211.

[42] Tay J H, Yang S F, Liu Y. Hydraulic selection pressure-induced nitrifying granulation in sequencing batch reactors[J]. Appl. Microbiol. Biotechnol,2002,59(2-3): 332-337.

[43] Liu Y, Yang S F, Tay J H, Liu Q S, Qin L, Li Y. Cell hydrophobicity is a triggering force of biogranulation[J]. Enzyme Microb. Technol. ,2004,34(5): 371-379.

[44] Liu Y Q, Liu Y, Tay J H. The effects of extracellular polymeric substances on the formation and stability of biogranules[J]. Applied Microbiology and Biotechnology,2004,65(2): 143-148.

[45] Mu Y, Yu H Q. Rheological and fractal characteristics of granular sludge in an upflow anaerobic reactor[J]. Water Res. ,2006,40(19): 3596-3602.

[46] Mu Y, Ren T T, Yu H Q. Drag coefficient of porous and permeable microbial granules[J]. Environ. Sci. Technol. ,2008,42(5): 1718-1723.

[47] Toh S K, Tay J H, Moy B Y P, Ivanov V, Tay S T L. Size-effect on the physical characteristics of the aerobic granule in a SBR[J]. Appl. Microbiol. Biotechnol,2003,60(6): 687-695.

[48] Campos J L, Mendez R. Nitrification at high ammonia loading rates in an activated sludge unit[J].

Bioresour. Technol. ,1999,68(2)：141-148.

[49] 蔡春光,刘军深,蔡伟民. 胞外多聚物在好氧颗粒化中的作用机理[J]. 中国环境科学,2004,24(5)：623-626.

[50] Tay J H,Liu Q S,Liu Y. Characteristics of aerobic granules grown on glucose and acetate in sequential aerobic sludge blanket reactors[J]. Environ. Technol. ,2002,23(8)：931-936.

[51] Chen W,Westerhoff P,Leenheer J A,Booksh K. Fluorescence excitation - Emission matrix regional integration to quantify spectra for dissolved organic matter [J]. Env. Sci. Technol. , 2003, 37 (24)：5701-5710.

[52] Adav S S,Lee D J. Extraction of extracellular polymeric substances from aerobic granule with compact interior structure[J]. J. Hazard. Mater. ,2008,154(1-3)：1120-1126.

[53] Sheng G P, Yu H Q. Characterization of extracellular polymeric substances of aerobic and anaerobic sludge using three-dimensional excitation and emission matrix fluorescence spectroscopy[J]. Water Research,2006,40(6)：1233-1239.

[54] Adav S S,Lee D J,Lai J Y. Effects of aeration intensity on formation of phenol-fed aerobic granules and extracellular polymeric substances[J]. Applied Microbiology and Biotechnology,2007,77(1)：175-182.

[55] Chiu Z C,Chen M Y,Lee D J,Tay S T L,Tay J H,Show K Y. Diffusivity of oxygen in aerobic granules [J]. Biotechnology and Bioengineering,2006,94(3)：505-513.

[56] Chiu Z C,Chen M Y,Lee D J,Wang C H,Lai J Y. Oxygen diffusion in active layer of aerobic granule with step change in surrounding oxygen levels[J]. Water Res. ,2007,41(4)：884-892.

[57] Chiu Z C,Chen M Y,Lee D J,Wang C H,Lai J Y. Oxygen diffusion and consumption in active aerobic granules of heterogeneous structure[J]. Appl. Microbiol. Biotechnol,2007,75(3)：685-691.

[58] Holben W E,Noto K,Sumino T,Suwa Y. Molecular analysis of bacterial communities in a three-compartment granular activated sludge system indicates community-level control by incompatible nitrification processes[J]. Appl. Environ. Microbiol. ,1998,64(7)：2528-2532.

[59] Jiang H L,Tay J H,Maszenan A M,Tay S T L. Bacterial diversity and function of aerobic granules engineered in a sequencing batch reactor for phenol degradation[J]. Appl. Environ. Microbiol. ,2004,70(11)：6767-6775.

[60] Jiang H L,Tay J H,Maszenan A M,Tay S T L Enhanced phenol biodegradation and aerobic granulation by two coaggregating bacterial strains[J]. Environ. Sci. Technol. ,2006,40(19)：6137-6142.

[61] Jiang H L,Tay S T L,Maszenan A M,Tay J H. Physiological traits of bacterial strains isolated from phenol-degrading aerobic granules[J]. FEMS Microbiol. Ecol. ,2006,57(2)：182-191.

[62] Jiang H L,Maszenan A M,Tay J H. Bioaugmentation and coexistence of two functionally similar bacterial strains in aerobic granules[J]. Appl. Microbiol. Biotechnol,2007,75(5)：1191-1200.

[63] Adav S S,Chen M Y,Lee D J,Ren N Q. Degradation of phenol by aerobic granules and isolated yeast Candida tropicalis[J]. Biotechnology and Bioengineering,2007,96(5)：844-852.

[64] Jiang Y,Wen J P,Li H M,Yang S L,Hu Z D. The biodegradation of phenol at high initial concentration by the yeast Candida tropicalis[J]. Biochem. Eng. J,2005,24(3)：243-247.

[65] Weber S D,Ludwig W,Schleifer K H,Fried J. Microbial composition and structure of aerobic granular sewage biofilms[J]. Appl. Environ. Microbiol. ,2007,73(19)：6233-6240.

[66] Williams J C,de los Reyes Iii F L. Microbial community structure of activated sludge during aerobic

granulation in an annular gap bioreactor[J]. Water Sci. Technol. ,2006,54(1)：139-146.

[67] Lemaire R,Yuan Z,Blackall L L,Crocetti G R. Microbial distribution of Accumulibacter spp,Competibacter spp. in aerobic granules from a lab-scale biological nutrient removal system [J]. Environ. Microbiol. ,2008,10(2)：354-363.

[68] Wilen B M,Gapes D,Blackall L L,Keller J. Structure and microbial composition of nitrifying microbial aggregates and their relation to internal mass transfer effects[C]. 3rd IWA Conference on Sequencing Batch Reactor Technology. 2004,Noosa,AUSTRALIA.

[69] Wilen B M,Gapes D,Keller J. Determination of external and internal mass transfer limitation in nitrifying microbial aggregates[J]. Biotechnol. Bioeng. ,2004,86(4)：445-457.

[70] Ivanov V,Tay S T L,Liu Q S,Wang X H. Wang Z W,Tay J H. Formation and structure of granulated microbial aggregates used in aerobic wastewater treatment[C]. IWA International Conference on Biofilm Structure and Activity. 2004,Las Vegas.

[71] McSwain B S,Irvine R L,Hausner M,Wilderer P A. Composition and distribution of extracellular polymeric substances in aerobic flocs and granular sludge[J]. Appl. Environ. Microbiol. ,2005,71(2)：1051-1057.

[72] 由阳,彭轶,袁志国,李夕耀,彭永臻. 富含聚磷菌的好氧颗粒污泥的培养与特性[J]. 环境科学,2008,29(8)：2242-2248.

[73] 高景峰,郭建秋,毕环宇,陈冉妮,苏凯,间歇式除磷好氧颗粒污泥反应器的快速启动[J]. 环境工程,2008,26(1)：15-18.

[74] 高景峰,周建强,彭永臻. 处理实际生活污水短程硝化好氧颗粒污泥的快速培养[J]. 环境科学学报,2007,27(10)：1604-1611.

[75] 高景峰. 沉淀时间及生物膜对实际生活污水形成好氧硝化颗粒污泥的影响[J]. 环境科学,2007,28(6)：1245-1251.

[76] Adav S S,Lee D J,Ren N Q. Biodegradation of pyridine using aerobic granules in the presence of phenol[J]. Water Res. ,2007,41(13)：2903-2910.

[77] Adav S S,Lee D J,Tay J H. Extracellular polymeric substances and structural stability of aerobic granule[J]. Water Res. ,2008,42(6-7)：1644-1650.

[78] Tay S T L,Ivanov V,Yi S,Zhuang W Q,Tay J H. Presence of anaerobic bacteroides in aerobically grown microbial granules[J]. Microb. Ecol. ,2002,44(3)：278-285.

[79] Zhu J R,Wilderer P A. Effect of extended idle conditions on structure and activity of granular activated sludge[J]. Water Res. ,2003,37(9)：2013-2018.

[80] Adav S S,Lee D J,Tay J H. Activity and structure of stored aerobic granules[J]. Environ. Technol. ,2007,28(11)：1227-1235.

[81] Tay J H,Ivanov V,Pan S,Tay S T L. Specific layers in aerobically grown microbial granules[J]. Lett. Appl. Microbiol. ,2002,34(4)：254-257.

[82] McSwain B S,Irvine R L,Wilderer P A. Effect of intermittent feeding on aerobic granule structure[J]. Water Sci. Technol. ,2004,49(11-12)：19-25.

[83] Schwarzenbeck N,Erley R,Mc Swain B S,Wilderer P A,Irvine R L. Treatment of malting wastewater in a granular sludge sequencing batch reactor (SBR) [J]. Acta Hydrochim. Hydrobiol. ,2004,32(1)：16-24.

[84] Moy B Y P,Tay J H,Toh S K,Liu Y,Tay S T L. High organic loading influences the physical charac-

teristics of aerobic sludge granules[J]. Lett. Appl. Microbiol. ,2002,34(6): 407-412.

[85]　Hu L L,Wang J L,Wen X H,Qian Y. The formation and characteristics of aerobic granules in sequen-
cing batch reactor (SBR) by seeding anaerobic granules[J]. Process Biochemistry,2005,40(1): 5-11.

[86]　Chudoba J. Control of activated-sludge filamentous bulking . 6. formulation of basic principles[J]. Wa-
ter Research,1985,19(8): 1017-1022.

[87]　Martins AMP H J,van Loosdrecht MCM. Effect of feeding pattern and storage on the sludge settle-
ability under aerobic conditions[J]. Water Research,2003,37(11): 2555-2570.

[88]　Van Loosdrecht M E D,Gjaltema A,Mulder A,Tijhuis L,Heijnen J J. Biofilm structures[J]. Water
Sci. Technol. ,1995,32(8): 35-43.

[89]　Rossetti S,Tomei M C,Nielsen P H,Tandoi V. "Microthrix parvicella",a filamentous bacterium cau-
sing bulking and foaming in activated sludge systems: a review of current knowledge[J]. FEMS Micro-
biology Reviews,2005,29(1): 49-64.

[90]　Martins A M P,Heijnen J J,van Loosdrecht M C M. Effect of dissolved oxygen concentration on
sludge settleability[J]. Appl. Microbiol. Biotechnol,2003,62(5-6): 586-593.

[91]　Wilen BM B P. The effect of dissolved oxygen concentration on the structure,size and size distribution
of activated sludge flocs[J]. Water Res. ,1999,33(2): 391-400.

[92]　Tandoi V,Rossetti S,Blackall L L,Majone M. Some physiological properties of an Italian isolate of
"Microthrix parvicella"[J]. Water Sci. Technol. ,1998,37(4-5): 1-8.

[93]　Jenkins D. TOWARDS A comprehensive model of activated-sludge bulking and foaming. Specialized
Seminar on Interactions of Wastewater,Biomass and Reactor Configurations in Biological Treatment
Plants. 1991. Copenhagen,Denmark.

[94]　Beyenal H,Tanyolac A. A mathematical-model for hollow-fiber biofilm reactors[J]. Chemical Engi-
neering Journal and the Biochemical Engineering Journal,1994,56(1): B53-B59.

[95]　Chen S K,Juaw C K,Cheng S S. Nitritification and denitritification of high-strength ammonium and ni-
trite waste-water with biofilm reactors[C]. 15th Biennial Conf of the International Assoc on Water
Pollution Research and Control. 1990. Kyoto,Japan.

[96]　Rittman B E. Development and experimental evaluation of a steadystate,multispecies biofilm model
[J]. Biotechnol Bioeng,1992,39: 914-922.

[97]　Krishna C V L M. Effect of temperature on storage polymers and settleability of activated sludge[J].
Water Res. ,1999,33(10): 2374-82.

[98]　Tay J H,Jiang H L,Tay S T L. High-rate biodegradation of phenol by aerobically grown microbial
granules[J]. J. Environ. Eng. -ASCE,2004,130(12): 1415-1423.

[99]　Yi S,Zhuang W Q,Wu B,Tay S T L,Tay J H. Biodegradation of p-nitrophenol by aerobic granules in
a sequencing batch reactor[J]. Environmental Science and Technology,2006,40(7): 2396-2401.

[100]　Wang S G,Liu X W,Zhang H Y,Gong W X. Aerobic granulation for 2,4-dichlorophenol biodegrada-
tion in a sequencing batch reactor[J]. Chemosphere,2007,69(5): 769-775.

[101]　Schwarzenbeck N,Borges J M,Wilderer P A. Treatment of dairy effluents in an aerobic granular
sludge sequencing batch reactor[J]. Applied Microbiology and Biotechnology,2005,66(6): 711-718.

[102]　Beun J J,Heijnen J J,van Loosdrecht M C M. N-removal in a granular sludge sequencing batch airlift
reactor[J]. Biotechnol. Bioeng. ,2001,75(1): 82-92.

[103]　Mosquera-Corral A,de Kreuk M K,Heijnen J J,van Loosdrecht M C M. Effects of oxygen concentra-

tion on N-removal in an aerobic granular sludge reactor[J]. Water Res. ,2005,39(12): 2676-2686.

[104] Picioreanu C,van Loosdrecht M C M,Heijnen J J. Mathematical modeling of biofilm structure with a hybrid differential-discrete cellular automaton approach [J]. Biotechnol. Bioeng. , 1998, 58 (1): 101-116.

[105] de Kreuk M,Heijnen J J,van Loosdrecht M C M. Simultaneous COD,nitrogen,and phosphate removal by aerobic granular sludge[J]. Biotechnol. Bioeng. ,2005,90(6): 761-769.

[106] Cassidy D. P,Belia E. Nitrogen and phosphorus removal from an abattoir wastewater in a SBR with aerobic granular sludge[J]. Water Res. ,2005,39(19): 4817-4823.

[107] Thayalakumaran N,Bhamidimarri R,Bickers P O. Biological nutrient removal from meat processing wastewater using a sequencing batch reactor[J]. Water Sci Technol,2003,47: 101-108.

[108] Nancharaiah Y V,Joshi H M,Mohan T V K,Venugopalan V P,Narasimhan S V. Aerobic granular biomass: a novel biomaterial for efficient uranium removal[J]. Curr. Sci. ,2006,91(4): 503-509.

[109] Zhang L L,Zhu R Y,Chen J M,Cai W M. Biodegradation of methyl tert-butyl ether as a sole carbon source by aerobic granules cultivated in a sequencing batch reactor[J]. Bioprocess. Biosyst. Eng. , 2008,31(6): 527-534.

[110] Wang F,Lu S,Wei Y,Ji M. Characteristics of aerobic granule and nitrogen and phosphorus removal in a SBR. Journal of Hazardous Materials,2008. In Press,Corrected Proof.

[111] Xu H,Tay J H,Foo S K,Yang S F,Liu Y. Removal of dissolved copper(II) and zinc(II) by aerobic granular sludge[J]. Water Sci. Technol. ,2004,50(9): 155-160.

[112] Liu Y. Q,Tay J H. Influence of cycle time on kinetic behaviors of steady-state aerobic granules in sequencing batch reactors[J]. Enzyme and Microbial Technology,2007,41(4): 516-522.

[113] Sutherland I W. Polysaccharases for microbial exopolysaccharides[J]. Carbohydrate Polymers,1999, 38(4): 319-328.

[114] Castellanos T,Ascencio F,Bashan Y. Starvation-induced changes in the cell surface of Azospirillum lipoferum[J]. FEMS Microbiol. Ecol. ,2000,33(1): 1-9.

[115] Sanin S L,Sanin F D,Bryers J D. Effect of starvation on the adhesive properties of xenobiotic degrading bacteria[J]. Process Biochem. ,2003,38(6): 909-914.

[116] Liu Y. Q,Tay J H. Characteristics and stability of aerobic granules cultivated with different starvation time[J]. Appl. Microbiol. Biotechnol,2007,75(1): 205-210.

[117] 卢然超,张晓健,张悦,竺建荣. SBR 工艺运行条件对好氧污泥颗粒化和除磷效果的影响[J]. 环境科学,2001,22(2): 87-90.

[118] 高景峰,郭建秋,陈冉妮,苏凯,彭永臻. SBR 反应器排水高度与直径比对污泥好氧颗粒化的影响[J]. 中国环境科学,2008,28(6): 512-516.

[119] Tay J H,Pan S,He Y X,Tay S T L. Effect of organic loading rate on aerobic granulation. II: Characteristics of aerobic granules[J]. J. Environ. Eng. -ASCE,2004,130(10): 1102-1109.

[120] Wilen B M,Onuki M,Hermansson M,Lumley D,Mino T. Microbial community structure in activated sludge floc analysed by fluorescence in situ hybridization and its relation to floc stability[J]. Water Res. ,2008,42(8-9): 2300-2308.

[121] Zita A H M. Determination of bacterial cell surface hydrophobicity of single cells in cultures and in wastewater in situ[J]. FEMS Microbiol Lett. ,1997,18(299-306).

[122] Jiang H L,Tay J H,Liu Y,Tay S T L. Ca²⁺ augmentation for enhancement of aerobically grown mi-

crobial granules in sludge blanket reactors[J]. Biotechnology Letters,2003,25(2): 95-99.

[123]　Tay J H,Pan S,He Y X,Tay S T L. Effect of organic loading rate on aerobic granulation. I: Reactor performance[J]. J. Environ. Eng. -ASCE,2004,130(10): 1094-1101.

[124]　Liu Q S,Tay J H,Liu Y. Substrate concentration-independent aerobic granulation in sequential aerobic sludge blanket reactor[J]. Environ. Technol. ,2003,24(10): 1235-1242.

[125]　Yang S F,Li X Y,Yu H Q. Formation and characterisation of fungal and bacterial granules under different feeding alkalinity and pH conditions[J]. Process Biochemistry,2008,43(1): 8-14.

[126]　Palm J. C,Jenkins D,Parker D S. Relationship between organic loading,dissolved oxygen concentration and sludge settleability in the completely mixed activated sludge process[J]. Water Pollut Control Fed,1980,52: 2484-2506.

[127]　Zheng H,Hanaki K,Matsuo T. Production of nitrous oxide of gas during nitrification of wastewater [J]. Wat Sci Tech,1994,30(6): 133-141.

[128]　Balslev P,Lynggaard-Jensen A,Nickelsen C. Nutrient sensor based real-time on-line process control of a wastewater treatment plant using recirculation [J]. Wat Sci Tech,1996,33(1): 183-192.

[129]　Olsson G,Newell B. Wastewater treatment systems,modeling,diagnosis and control [A]. London. IWA Publishing: 1999.

[130]　Yuan Z G,Lindal B. Sludge population optimization: a new dimension for the control of biological wastewater treatment systems [J]. Wat Res,2002,36: 482-490.

[131]　Siegrist I,Brunner G,Koch G,et al. Reduction of biomass decay rate under anoxic and anaerobic conditions [J]. Wat Sci Tech,1999,39(1): 129-137.

[132]　Wagner M,Rath G,Amann R,et al. In situ identification of ammonia-oxidizing bacteria [J]. Syst Appl Microbiol,1995,18: 251-264.

[133]　Juretschko S,Timmermann G,Schmid M,et al. Combined molecular and conventional analyses of nitrifying bacterium diversity in activated sludge: Nitrococcus Mobilis and Nitrospira-like bacteria as dominant populations [J]. Appl Environ Microbiol,1998,64: 3042-3051.

[134]　Schramm A,De Beer D,van den Heuvel H,et al. In situ structure/function studies in wastewater treatment systems [J]. Wat Sci Tech,1998,37(4-5): 413-416.

[135]　Ekama G A,Wenzel M C. Difficulties and development in biological nutrient removal technology and modeling [J]. Wat Sci Tech,1999,39(6): 1-11.

[136]　Van Niekerk A M,Jenkins D,Richard M G. The competitive growth of Zoogloea Ramigera and Type O21N in a activated sludge and pure culture-a model for low F: M bulking [J]. J Water Pollut Control Fed,1987,59: 262-268.

[137]　Verstraete W,Philips S. Nitrification-denitrification processes and technologies in new contexts [J]. Environmental Pollution,1998,102(S1): 717-726.

[138]　Schramm A,De Beer D,Wagner M,et al. Identification and activities in situ of Nitrosopira and Nitrospira spp. as dominant populations in a nitrifying fluidized bed reactor [J]. Appl Environ Microbio, 1998,64(9): 3480-3485.

[139]　Yuan Z,Peng Y,Oehmen A,et al. Sludge population optimization in biological wastewater treatment systems through on-line process control: What can we achieve [C]. The 2nd IWA ICA conference in Korea,2005.

[140]　Filipe CDM,Daigger GT,Grady CPL. pH as a key factor in the competition between glycogen-accu-

mulating organisms and phosphorus-accumulating organisms[J]. Water Environment Research,2001, 73(2):223-232.

[141] Oehmen A,Vives M T,Yuan Z,*et al*. The effect of pH on the competition between polyphosphate-accumulating organisms and glycogen-accumulating organisms 〔J〕. Wat Res. ,2005, 39 (15): 3727-3737.

[142] Lu H,Oehmen A,Virdis B,*et al*. Obtaining highly enriched cultures of *Candidatus Accumulibacter* phosphates through alternating carbon sources 〔J〕. Water Research,2006,40(20):3838-3848.

第6章　SBR法脱氮除磷提标改造工程案例

鉴于污水处理的中小型化和分散化的发展趋势,以可控性好为主要运行特点的 SBR 及其变形工艺在全世界已经得到普遍应用。目前,国内 40％左右的中小城镇污水及 20％左右的工业废水都采用 SBR 法进行处理。但是,大部分采用 SBR 及其变形工艺的污废水处理厂出水指标不能达到日益严格的排放标准,普遍存在能耗高、脱氮除磷效果不稳定、控制水平低等问题,需要引入 SBR 法污水处理脱氮除磷新理论新技术,并进行过程优化控制,实现高效节能并稳定运行。

前面几章重点介绍了 SBR 法污水生物脱氮除磷生化反应动力学、新理论新方法以及实时过程控制等研究内容。本章将结合笔者多年研究成果,应用前面章节的基本原理,通过经典示范工程,详细介绍工艺运行模式优化和鼓风机节能变频控制等 SBR 法节能降耗关键技术在序批式污水处理工艺提标改造中的应用。

6.1　A 城市污水处理厂 CASS 工艺提标改造

6.1.1　工艺概况

6.1.1.1　工艺流程

A 城市污水处理厂一期工程于 2004 年 9 月竣工,并进入试运行,污水处理厂工艺流程图见图 6-1。

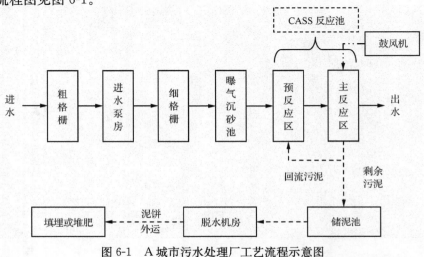

图 6-1　A 城市污水处理厂工艺流程示意图

在生物池设置超声波液位计、溶解氧检测仪、MLSS 检测仪、氧化-还原电位、电磁流量计等仪表。生物池的生物处理过程由 PLC 按照检测仪表的实时测量值和预先编制的控制程序相互配合来完成生物池中各种工艺设备的启停。一个完整的生物处理过程包括四个阶段：进水曝气、曝气、沉淀、滗水，每一阶段一般为 1h（可根据进水量通过监控管理系统的操作面板上进行设定），见表 6-1。

表 6-1　CASS 反应池循环过程控制表

	第一时段	第二时段	第三时段	第四时段
1、5#池	进水/曝气	曝气	沉淀	滗水
2、6#池	滗水	进水/曝气	曝气	沉淀
3、7#池	沉淀	滗水	进水/曝气	曝气
4、8#池	曝气	沉淀	滗水	进水/曝气

6.1.1.2　进出水水质特征

由于该地区的排水体制为雨污合流制，同时，该地区存在部分工业企业，工业废水经预处理后也进入城市管网。因此污水处理厂进水成分复杂并且水质水量波动较大，见表 6-2。该污水厂出水 TN、TP 随进水变化波动较大，不能稳定达标（表 6-3）。

表 6-2　进水水质指标（mg/L）

水质指标	COD_{Cr}	BOD_5	NH_4^+-N	SS	TN	TP
设计进水浓度	320	150	20	180	30	4
实际进水浓度	70~460	40~200	7~43	114~306	10~60	1.2~6.8

表 6-3　出水水质指标（mg/L）

水质指标	COD_{Cr}	BOD_5	NH_4^+-N	SS	TN	TP
设计出水浓度	60	20	15	20	20	1
实际出水浓度	30~50	8~15	0~8	10~16	10~29	0.4~1.6

长期监测数据还表明，随着进水量的增加，进水中的 TP、PO_4^{3-}-P、NH_4^+-N、COD 均呈下降趋势（图 6-2）。

6.1.1.3　污染物降解特征

为更好地进行升级改造及调试运行工作，必须了解原 CASS 工艺各阶段污染物的去除过程，原理以及存在的问题。改造前选取 5#CASS 反应池进行研究，其进水及反应阶段，分别在其预反应区与主反应区末端进行取样检测 COD、

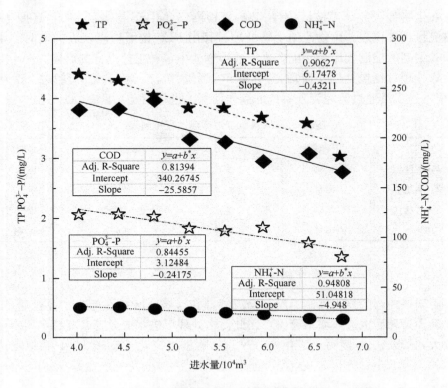

图 6-2　污染物随进水量变化的趋势图

NH_4^+-N、NO_3^--N、NO_2^--N 浓度。由于污水厂 CASS 反应池内只含有很少量的 NO_2^--N(预反应区 NO_2^--N< 0.5mg/L,主反应区 NO_2^--N<0.2mg/L),所以不再分析 NO_2^--N 浓度变化。

　　5♯ CASS 反应池预反应区中各污染物浓度变化如图 6-3 所示。进水前 25min,预反应区的 COD、NH_4^+-N 浓度迅速升高,直至最大的 76.5mg/L 和 26.6mg/L,NO_3^--N 浓度迅速下降到 0.1mg/L。到 65min 时,预反应区的 COD 浓度迅速降低到 49.5mg/L,NH_4^+-N 浓度急剧降低到 10.7mg/L,而 NO_3^--N 浓度快速升高到 11.0mg/L。65min 以后,易降解 COD 几乎被完全降解,反硝化菌只能缓慢进行内源反硝化作用。

　　未改造的 5♯ CASS 反应池主反应区中各污染物浓度变化如图 6-4 所示。主反应区为非限制性曝气,主要进行 COD 的降解和硝化作用。COD 在整个过程中维持在 40mg/L 左右,因为主反应区长 35 m,取样点设在主反应区末端,从预反应区进来的易降解 COD 尚未到达取样点就已经被降解和吸附,只剩下约 40mg/L 的难降解 COD。

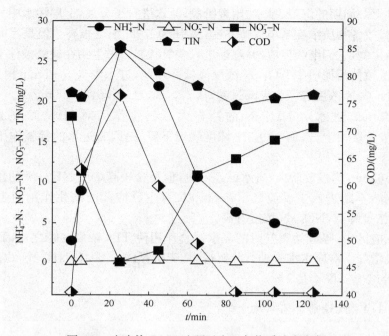

图 6-3　改造前 CASS 池预反应区各物质浓度变化

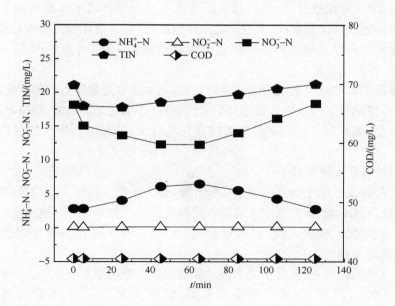

图 6-4　改造前 CASS 池主反应区各物质浓度变化图

经过上一周期的沉淀、排水、闲置阶段,泥水进行了分离,上层污水中只含有少量微生物,故各物质浓度基本保持不变,水中 $NO_3^- $-N 浓度很高。但是污泥层中含有大量微生物,它们继续反应,并逐渐进入缺氧状态。微生物在缺氧条件下进行内源反硝化,致使污泥层中 NO_3^--N 浓度极低。因此,进水曝气 0~5min 时,泥水充分混合,NO_3^--N 浓度有一个突降过程,从 18.1mg/L 下降到 15.0mg/L。

5~45min,进水对 NH_4^+-N 的补充大于硝化作用对 NH_4^+-N 的影响,使 NH_4^+-N 浓度缓慢上升;而 NO_3^--N 浓度缓慢下降,是因为进水的稀释作用大于硝化作用。

45~65min 为过渡阶段,进水已经停止,但是含较高浓度 NH_4^+-N 的预反应区的出水仍然不断进入主反应区。65min 以后,主反应区的硝化作用使主反应区 NH_4^+-N 浓度降低,NO_3^--N 浓度升高。

主反应区中,除开始曝气时的泥水混合作用使 TIN 浓度突降之外,TIN 浓度一直缓慢增加。对原水水质进行分析得出,有机氮约占 30%,NH_4^+-N 约占 70%,NO_3^--N 与 NO_2^--N 不足 1%。

6.1.1.4　改造前工艺系统分析

1. 进水污染物浓度高

水厂 2004 年建成投产,现在的实际进水水质与设计进水水质的差别已经很大。从实际进水情况来看,进水污染物浓度很高,远超过设计预测进水水质。而国家对出水水质的要求却越来越严格,这就使得升级改造的工作更加困难。

2. 进水量变化大

该地区的污水收集系统为雨污合流系统,污水排放总量随人们的作息时间、气温、降雨等情况产生明显的日变化与季节性变化,进水量夏季最大,冬季其次,春季与秋季最小(图 6-5)。且进水量每天的变化也较大,这都不利于水厂的稳定运行与生产。

3. TN、TP 去除效果不佳

原 CASS 工艺的生物反应池为 CASS 池,分为预反应区与主反应区,容积比为 1:7,预反应区不曝气,主反应区采用非限制性曝气。整个 CASS 池的运行分为四个阶段:进水曝气、沉淀、滗水和闲置阶段。该运行模式存在的最大问题是 TN、TP 去除效果不理想。

(1) TN 去除率不高,且受进水波动影响很大。原因主要有以下几点:

① 进水 C/N 低,原水中的碳源不足,即使有效利用,也不能够很好地去除 TN。

② 主反应池采用非限制性曝气,所以反硝化作用主要只在进水阶段发生在预反应区内。由于预反应区容积小,水力停留时间短,很大一部分碳源未能被反硝化

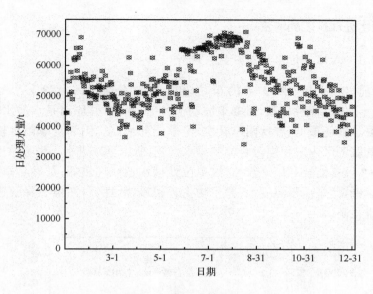

图 6-5　进水量日变化图

菌吸附储存,而直接进入主反应区,被异养好氧菌吸附降解,碳源不能被有效的用于反硝化。

③ 主反应池采用非限制性曝气,主反应区的回流污泥为预反应区提供微生物的同时也携带部分 DO 进入预反应区,破坏了缺氧环境,影响了反硝化效果。

④ 进水结束后,预反应区没有碳源补充,反硝化菌缺乏碳源,只能进行内源反硝化,反应速率慢。

(2) TP 去除率不高,出水不能达标。原因也有 4 点:

① TN 去除效果不理想,出水和未滗水中残留较多 NO_3^--N,NO_3^--N 的存在破坏了厌氧环境,影响了聚磷菌的释磷,进而影响了 TP 去除效果。

② 主反应池采用非限制性曝气,所以聚磷菌的厌氧释磷作用主要只可能在进水阶段发生在预反应区内。由于预反应区容积小,水力停留时间短,很大一部分碳源未能被聚磷菌吸附储存,而直接进入主反应区,被其他好氧异养菌吸附降解,碳源不能被有效的用于释磷。

③ 主反应区的回流污泥携带部分 DO 进入预反应区,破坏了厌氧环境,影响了聚磷菌的释磷效果,进而影响了 TP 去除效果。

④ 进水结束后,预反应区没有碳源补充,聚磷菌缺乏碳源,不能有效释磷,因而后续好氧阶段不能过量吸磷,影响了 TP 去除效果。

6.1.2　污水处理厂能耗调查

6.1.2.1　A 城市污水处理厂能耗统计

改造前,2006 年、2007 年的单位能耗均值分别为 0.172 kW·h/m³ 和 0.163 kW·h/m³,能耗偏高,且季节波动很大(图 6-6),其原因是水质水量的季节性变化。夏季能耗最低,春秋两季其次,冬季能耗最高。因为夏季雨水较多,而污水处理厂的服务区内采用雨污合流制排水系统,所以夏季进水污染物浓度较低,且进水量较大,设备能耗利用率较高,故单位处理水量能耗较低;虽然冬季进水污染物浓度也偏低,但是由于温度低,微生物生长较慢、活性低,污染物降解速度慢,故冬季能耗也很高。

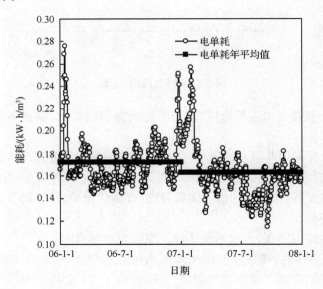

图 6-6　能耗日变化图

6.1.2.2　各处理单元能耗统计

CASS 工艺污水处理厂内不同处理构筑物、不同设备能耗所占总能耗的比例差别很大。从各处理构筑物看,设计水量水质条件下,CASS 池能耗最高,约占总能耗的 61%,提升泵房能耗也很大,约占总能耗的 30%(图 6-7)。

各构筑物中不同的处理设备所占能耗也不同。如 CASS 池中,鼓风机占 56%,低速推流器占 1%,污泥回流泵占 3%,滗水器占 0.6%,剩余污泥泵占 0.4%。从设备耗能来看,鼓风机能耗最高,约占总能耗的 56%;其次是提升泵,约

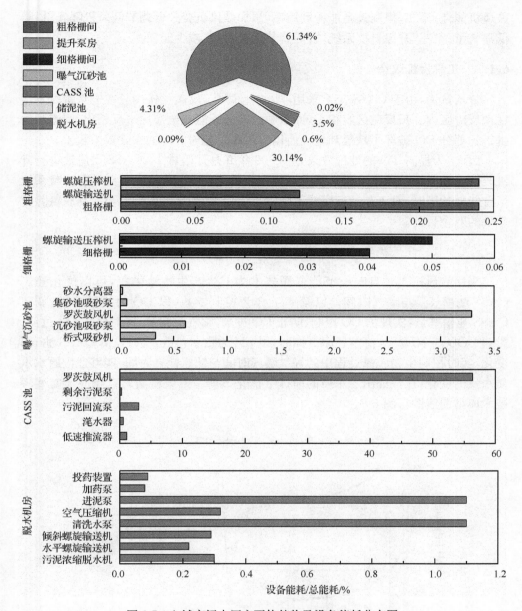

图 6-7　A 城市污水厂主要构筑物及设备能耗分布图

占 30%,再次是曝气沉砂池鼓风机、CASS 池污泥回流泵,两设备均占约 3%,其余设备共占约 4%。

可以看出,鼓风机作为能耗最大的设备,是节能工作的重中之重,主要可以从以下三个方面进行研究。第一,优化工艺模式,从工艺上缩短所需曝气时间,减小鼓风机能耗;第二,提高设备能耗利用率,添加鼓风机变频器调节鼓风机曝气量,降低曝气量;第三,升级自控系统,智能调节工艺参数,减少能耗。

6.1.3　工程提标改造

分析认为,由于 CASS 工艺采用非限制性曝气,反硝化作用只在进水阶段发生在预反应区内。预反应区容积小,原水中的碳源不能完全被用来反硝化,回流污泥携带的部分 DO 破坏了缺氧环境。所以 CASS 工艺对 TN 的去除效果较差。

因此,为提高 TN 的处理效果,从 2009 年 9 月开始对 1♯CASS 反应池进行升级改造。在采用鼓风机实时自响应节能变频技术、工艺远程监控及专家诊断系统节省能耗的同时,对工艺运行模式不断进行优化,达到了节能降耗与提高脱氮除磷效果的双重目的。

6.1.3.1　鼓风机实时自响应节能变频技术

采用鼓风机实时自响应节能变频技术为 CASS 生物池供氧,可以优化控制 CASS 池曝气量与曝气时间。以频率 f 作为控制参数,以 DO 为指示参数,调节 CASS 池曝气量,实现恒 DO 控制,防止 DO 过高,曝气量浪费,同时防止 DO 过低,影响 COD 与 NH_4^+-N 降解速率。同时,以 pH 为指示参数,实时监测 CASS 池 pH 变化,实时控制生物脱氮过程中的好氧曝气时间与缺氧搅拌时间,能够适应原水水质水量的变化,在保证出水水质的前提下优化节能。鼓风机实时自响应节能变频技术典型曲线图见图 6-8。

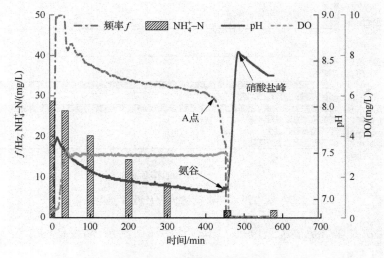

图 6-8　节能变频技术原理图

6.1.3.2　远程监控系统与专家系统

笔者与安徽国祯联合开发了远程监控及专家诊断系统(图 6-9、图 6-10 和图 6-11)。

Welcome to Guozhen

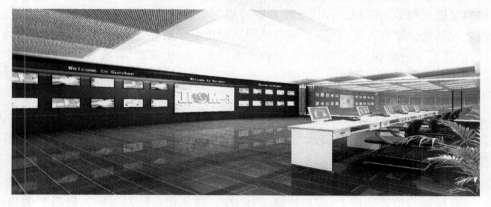

图 6-9　远程监控中心

污水处理专家系统
水厂名字: [redacted] 污水处理厂
工艺类型
氧化沟工艺
SBR工艺
其他工艺
执行标准
一级A
一级B
二级
显示概况
初级诊断
高级诊断
初级诊断系统
实际进水水质
出水水质
COD 330
BOD5 160
SS 200
氨氮 20
总氮 30
总磷 3.5
CODe 47
BOD5 12
SS 12
氨氮 9
总氮 23
总磷 1
显示概况
初级诊断

图 6-10　专家诊断系统输入界面

污水处理专家诊断系统
诊断结果
本水厂执行一级B标准
初级诊断结果:
常规指标达标;
出水NH4+超标;
请检查进水负荷、曝气量、污泥龄等。
可能原因:
1、进水负荷较高;
2、污泥龄较短;
3、曝气量偏低;
4、有毒物质进入。
版权所有，国祯环保工程技术研究中心

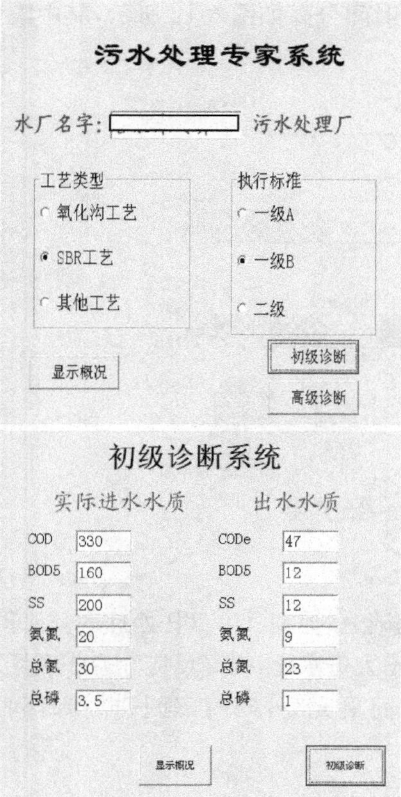

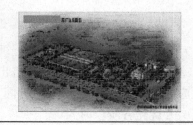

图 6-11　专家诊断系统输出界面

　　远程监控系统是基于三层网络和数据库的控制系统，为实现管控一体化提供了有效的平台。远程控制中心可以对下属污水处理厂的进出水水质水量、工艺运行模式与运行参数等进行监控与指导，实时解决突发问题，有利于污水处理厂生产的安全稳定与节能降耗。专家诊断系统可以对日常化验数据进行专家诊断，对出现的问题提供解决方案，保证了污水处理厂的出水水质稳定达标、生产运行安全连续，而且反应时间快，全天候运行，节省了大量人力物力资源，有利于降低能耗。

6.1.3.3　系统运行模式优化

　　运行模式优化主要分为四个阶段：第一阶段，2009 年 9 月到 11 月；第二阶段，2010 年 3 月到 5 月；第三阶段，2010 年 6 月至 2010 年 7 月；第四阶段，2010 年 8 月至 2010 年 11 月。

　　（1）运行模式优化第一阶段

　　在原运行模式基础上，增加缺氧搅拌时段，并优化各阶段时间。经不断试验，确定缺氧搅拌时间为 30min，曝气时间初步定为未改造池曝气时间减少 20min，沉淀时间 30min，每一周期总时间保持不变，具体时间分配如图 6-12 所示，其中曝气时间也可根据进水水质调节。

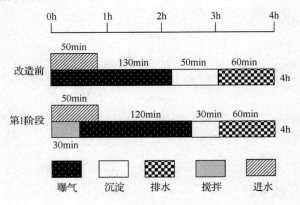

图 6-12　第一阶段改造方案时序图

　　（2）运行模式优化第二阶段

　　为了在不减少或略微减少日处理水量的基础上，提高 TN、TP 处理率，降低能耗，在第一阶段基础上，增加同步进出水阶段，增大进水比，提高反应池容积利用率与反应时间利用率，使反硝化时间与硝化时间更充分，同时，延长搅拌时间至60min，并优化各阶段时间（图 6-13）。

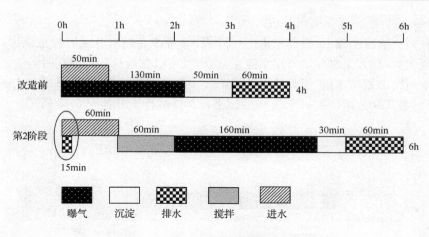

图 6-13　第二阶段改造方案时序图

第二阶段改造方案中 TN 去除率的提高 5％～15％，TN 去除效果明显提高，出水基本达到一级 B 标准。

（3）运行模式优化第三阶段

由于该地区新建污水处理厂竣工，管网服务区域重新划分，A 城市污水处理厂日处理水量减少，为适应与利用这一情况，提出改造第三阶段目标：在减少处理水量的基础上，提高 TN、TP 处理效果，降低能耗，改造方案示意图见图 6-14。

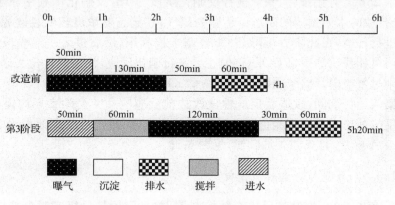

图 6-14　第三阶段改造方案时序图

试验结果表明，TN 去除率效果提高明显，能稳定达到一级 B 排放标准，但是不能稳定达到一级 A 排放标准。其原因是城市污水中 C/N 比值太低，即使充分利用其中的碳源用以反硝化，出水 TN 亦不能达到一级 A 标准。此时，可考虑在出水 TN 较高时外加碳源，以保证出水稳定达标。

（4）运行模式优化第四阶段

在第三阶段基础上，提前进入搅拌阶段，并考虑在进水开始时投加碳源，同时改造滗水器，加大滗水深度与滗水速度，这样就可以在延长每个周期时间的同时增加每个周期的处理水量，使日处理水量不致于减少太多，同时提高 TN、TP 处理效果，使出水 TN 全面达到一级 A 排放标准。具体运行工艺如图 6-15 所示。

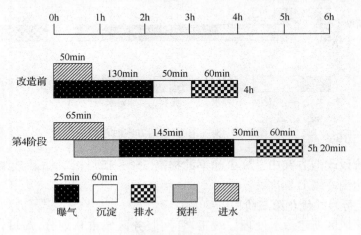

图 6-15　第四阶段改造方案时序图

进水 25min 开始搅拌，缺氧搅拌反硝化阶段为 1h，反硝化菌利用原水中的碳源，将未排放的水中残留的硝态氮还原为氮气，在硝态氮浓度较低且碳源充足时，聚磷菌进行释磷，在此阶段可降解 COD 基本被利用；然后进入曝气阶段，去除反硝化阶段可能残留的少量 COD，同时主要进行硝化反应，将氨氮转化为硝态氮，而聚磷菌则过量吸磷。整个周期达到去除 COD、TN、TP 的目的。

方案四运行期间，改造后反应池比改造前反应池 TN 去除率平均提高 15%，改造前反应池出水 TN 不能稳定达到一级 B 标准，而改造后反应池出水 TN 稳定达到一级 A 标准，且无需外加碳源，见图 6-16。

6.1.3.4　节能与脱氮效果分析

2008 年初，水厂安装鼓风机变频控制器，并且应用鼓风机实时自响应节能变频技术，优化自动控制系统，同时添加了远程监控及专家诊断系统，使监控与控制不断完善，能耗大幅下降。同时，提标改造过程中除了优化自动控制系统，还通过不断进行运行模式的优化，做到了在提高出水水质的基础上，保持甚至降低能耗，如图 6-17 和图 6-18 所示。

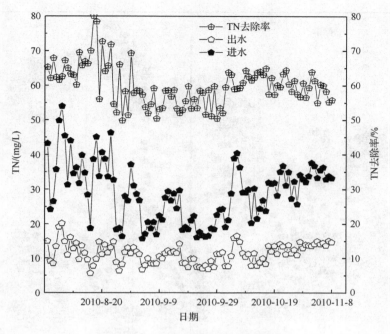

图 6-16　方案四 TN 去除效果

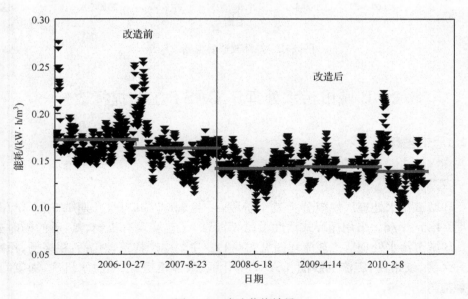

图 6-17　改造节能效果

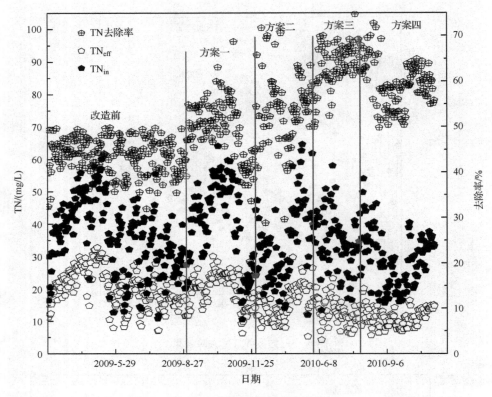

图 6-18　提标改造后脱氮效果

6.2　B 城市污水处理厂 CAST 工艺提标改造

6.2.1　工艺概况

6.2.1.1　工艺流程

B 城市污水处理厂规模分为三个阶段:一期 3.5 万 m³/d,二期 7.0 万 m³/d,远期 14 万 m³/d。采用循环式活性污泥(CAST)工艺实现有机物、氮、磷的同时去除。B 城市污水处理厂工艺流程图见图 6-19。主要生产构筑物包括:粗格栅、污水提升泵房、细格栅、旋流沉砂池、CAST 生化池、鼓风机房、浓缩脱水机房、加氯间、接触池等。

6.2.1.2　工艺设计参数

根据实际水质连续监测数据确定的设计进、出水水质见表 6-4。

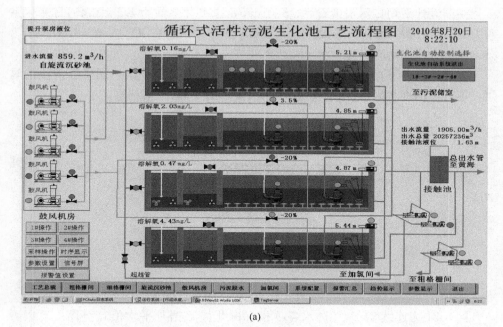

(a)

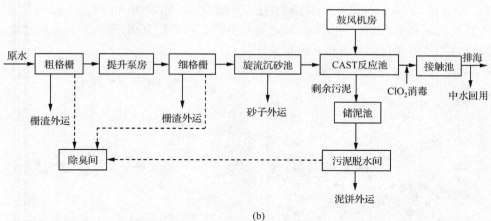

(b)

图 6-19　B 城市污水处理厂 CAST 工艺流程图

表 6-4　B 城市污水处理厂设计进、出水水质

项目	pH	COD_{Cr} /(mg/L)	BOD_5 /(mg/L)	SS /(mg/L)	NH_4^+-N /(mg/L)	TP /(mg/L)
设计进水水质标准	6~8.5	≤480	≤230	≤260	≤45	≤5~6
设计出水水质标准	6~9	≤60	≤20	≤20	≤8(15)	≤1
污染物去除率	—	87.5%	91.3%	92.3%	82.2%	83.3%

一期设计平均日污水量 $Q=3.5$ 万 m^3/d,总变化系数为 $K_{总}=1.40$,日变化系数为 $K_{日}=1.20$,时变化系数 $K_{时}=1.20$;设计 BOD_5/COD_{Cr} 为 0.48,MLSS 为 3800mg/L,污泥回流比为 20%;总泥龄 20 天。

在设计条件下,采用 6h 一周期运行,运行时序图见图 6-20。图中各阶段的时间长短可根据进水量、进水水质、出水水质要求的不同,灵活调整。

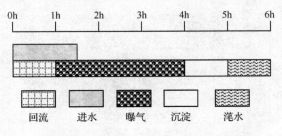

图 6-20　CAST 工艺设计运行时序图

6.2.1.3　进水水质特征

图 6-21 为连续 31 个月进水各项指标的化验数据月平均值趋势图。可以看出,2008 年前 10 个月原水 COD 基本在 300mg/L 以下,08 年 11 月至今原水 COD 各月均值基本都在 300~400mg/L 之间。由于在测定 COD 前原水并不进行过滤,SS 和 COD 的变化趋势有很好的相关性。

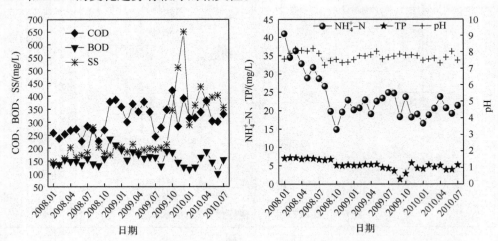

图 6-21　B 城市污水处理厂进水各月监测均值分布图

原水中 BOD_5 比较稳定,波动较小,平均在 150mg/L 上下。BOD_5/COD 平均为 0.5,略大于设计值 0.48,可见本地区生活污水的可生化性很好,碳源比较充足,理论上可以较好地满足脱氮除磷的有机物需求,无需补充碳源。

6.2.1.4　改造前工艺系统分析

(1) 有机物去除充分

选取 2009 年 7、8 月的连续出水监测数据进行分析(见图 6-22),连续 62 天的监测数据显示原水中 COD 平均为 254.1mg/L,出水 COD 平均在 26.7mg/L,平均去除率为 89.5%,达到城市污水排放一级 A 标准。

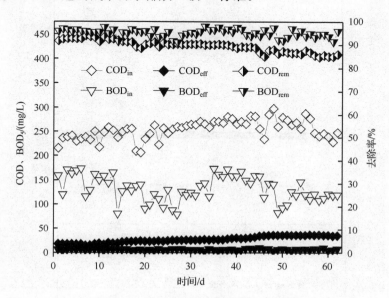

图 6-22　原有 CAST 工艺的有机物去除效果

(2) 硝化效果好

图 6-23 为连续两个月的 NH_4^+-N 去除情况,原水中 NH_4^+-N 偏小,两月平均值为 20mg/L。出水 NH_4^+-N 基本在 1mg/L 以下,去除率达到 96%

(3) 除磷效率不高

图 6-24 总结了该厂传统 CAST 工艺连续一年(2008.09 ~2009.08)的 TP 去除情况。经 CAST 工艺处理后出水 TP 较稳定,在 1.5mg/L 左右,大部分时间未达到城市污水排放一级 B 标准。工艺的除磷效率在 70%~80%,随着进水中 TP 浓度的升高,系统的除磷效率随之提高。

(4) TN 去除效果不理想

曝气阶段溶解氧充足,水力停留时间充分(12~15h),曝气过程中 NH_4^+-N 几乎完全氧化为 NO_3^--N,尽管出水 NH_4^+-N 可以满足一级 A 标准,但是在曝气过程中 TN 几乎没有减少,出水中 NO_3^--N 浓度偏高,通常在 15~20mg/L,基本可以达到城市污水排放一级 B 标准。

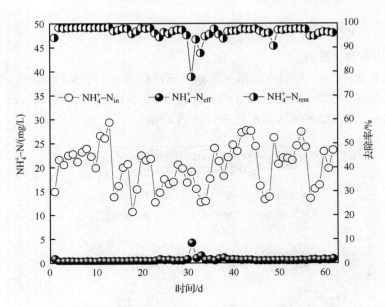

图 6-23　原有 CAST 工艺的 NH_4^+-N 去除效果

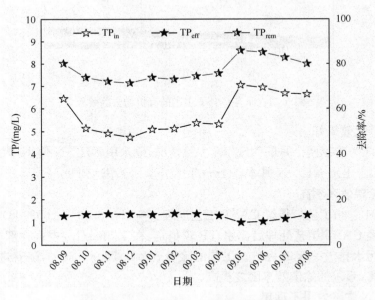

图 6-24　原有 CAST 工艺的 TP 去除效果

（5）曝气能耗浪费

该水厂曝气时间为 3h，且 NH_4^+-N 负荷较低，造成了过曝气现象，浪费能耗。图 6-25 为完整曝气过程的典型 DO 变化情况。在曝气 105min 附近时 DO 曲线出现了拐点,指示硝化反应结束,在之后的 75min 中供氧速率远远大于 OUR,DO 迅速上升,曝气结束时达到最大值>7mg/L。由分析可见,在 3h 曝气过程中,当氨氮负荷较小时,使用恒定风量和固定曝气时间造成大量电能的浪费。从 DO 的变化情况可知,2h 左右的曝气即可完成氨氧化。

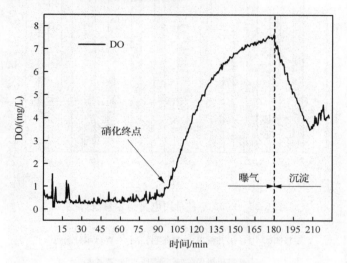

图 6-25　曝气阶段 DO 变化曲线

6.2.2　污水处理厂能耗调查

6.2.2.1　B 城市污水处理厂能耗统计

图 6-26 为该污水处理厂 2009 年各月实际用电量和处理水量统计图,数据统计分析,2009 年日均处理水量 2.7 万 m³,日均耗电量 6160kW·h,实际平均吨水耗电量为 0.23kW·h/m³。

6.2.2.2　各处理单元能耗统计

B 城市污水处理厂各处理单元能耗分布见图 6-27。由电耗分析可知,该厂鼓风机房能耗占全厂能耗的 55%,是全厂最大的耗能处理单元,是污水处理系统节能的关键。

CASS 反应池的曝气量和曝气时间与处理厂的进水水量、水质特征、处理目标、扩散器的扩散效率等有关,为满足季节和昼夜峰值的变化,CASS 工艺曝气系统一般按照高峰值设计。由于曝气阶段风量充足,溶解氧维持在较高水平,系统几乎不发生同步硝化反硝化,出水 TN 偏高,其中几乎全部为 $NO_3^- $-N。

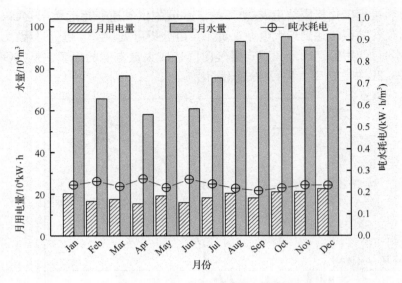

图 6-26　2009 年各月用电量与水量统计图

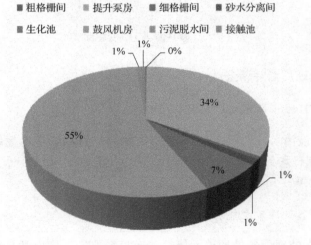

图 6-27　B 城市污水处理厂各处理单元能耗分布

对该水厂来说,曝气系统节能的关键在于优化工艺自身的运行方式,尽量减少鼓风机用时以及建立完善的鼓风机实时自响应节能变频系统,通过对生化池中溶解氧的准确可靠的模糊控制,及时调整鼓风机频率,在满足出水水质达标的前提下节省电耗。

6.2.3　工程提标改造

6.2.3.1　生化池设备改造

由前面分析可知,该厂 CAST 工艺存在的主要问题是除磷效果不佳、TN 去除率不高、能耗有浪费现象,而影响出水水质的主要原因是传统 CAST 工艺自身不具备独立的缺氧搅拌时段,只以生物选择区的设置实现聚磷菌的释磷过程以及反硝化菌的脱氮作用,导致脱氮除磷不充分,效果受到限制。

生化池设备改造具体措施为在原有 1♯CAST 生化反应池的主反应区增加 3 台高速推流器(见图 6-28),增设独立的搅拌段,强化系统脱氮除磷效果。

图 6-28　安装的推流器及其在生化池中位置

推流器的主要作用就是起到生化池中非曝气阶段的泥水混合作用,通过合理的调配周期时间,适当缩短曝气时间,在主反应区中增加独立的搅拌段,以充分利用原水中的有机物进行缺氧反硝化,为后续的硝化反应补充一定的碱度,同时强化聚磷菌的竞争优势,改善污泥沉降效果。

6.2.3.2　系统运行模式优化

(1) 运行模式优化第一阶段

优化改进后的 CAST 工艺在运行时序上做了逐步的改进和优化,启动阶段的运行方式见图 6-29。仍采用 6h 周期,在进水的同时主反应区中启动 2 台推流器进行搅拌,并延长污泥回流时间,使回流时间与进水时间保持一致。进水结束即停止搅拌,进水、回流、搅拌时间均为 1.5h,曝气时间为 2.5h,相比于原有工艺缩短了 0.5h,沉淀和排水时间保持不变,各为 1h。

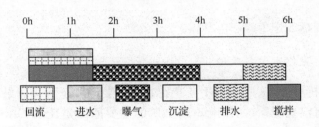

图 6-29　第一阶段改造方案时序图

（2）运行模式优化第二阶段

启动阶段持续近一个月，系统处理效果稳定后调整运行模式见图 6-30，此阶段为阶段 2。由于启动阶段进水停止主反应区搅拌即停止，后期进入到主反应区的原水来不及充分反应，故在第 2 阶段进水结束后延长 15min 搅拌，共搅拌 1.75h，继续缩短曝气时间，曝气时间为 2.25h，其余时间分配保持不变。

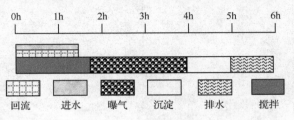

图 6-30　第二阶段改造方案时序图

（3）运行模式优化第三阶段

结合阶段 2 的运行效果进一步优化运行方式。由于池体长度较长（58m），为尽可能节省电耗，前端原水不能迅速进入主反应区，故阶段 3 采取延时搅拌的运行方式（见图 6-31），即进水 45min 后主反应区启动 2 台推流器，实际搅拌时间为 1h，曝气仍为 2.25h，其余时间不作变动。冬季水温较低的情况下，采用阶段 3 的运行模式根据实际运行情况启动 3 台推流器保持良好的泥水混合效果。

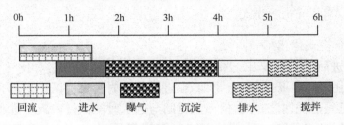

图 6-31　第三阶段改造方案时序图

6.2.3.3　控制系统优化

（1）1♯生化池画面增加三台搅拌器有运行、停止、自动、过载故障、RTC 故障、漏水故障显示（见图 6-32）；

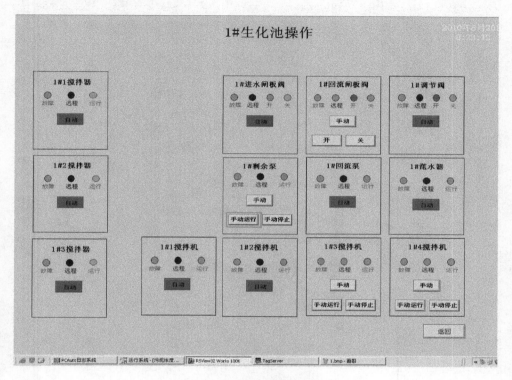

图 6-32　组态软件改造示意图

（2）可通过修改数字变量框，设定搅拌器的运行时间（见图 6-33）；

（3）为避免启动电流过大，造成线路损伤，三台搅拌器启动的时间错开，1♯启动 1 分钟后启动 2♯，2♯启动 1 分钟后启动 3♯；

（4）画面手动/自动按钮，自动化时按照程序运行，手动时分别点击搅拌器图标可启动对应的搅拌器。

6.2.3.4　节能与脱氮效果分析

阶段 3 采取延时启动搅拌器，为尽可能节省电耗，进水 45min 后主反应区启动 3 台推流器，实际搅拌时间为 1h，曝气仍为 2.25h，其余时间不作变动。推迟 45min 启动搅拌可以待主反应区进水有一定高度，碳源有所积累时开始泥水混合，使反硝化初期速率提高。运行效果见图 6-34。

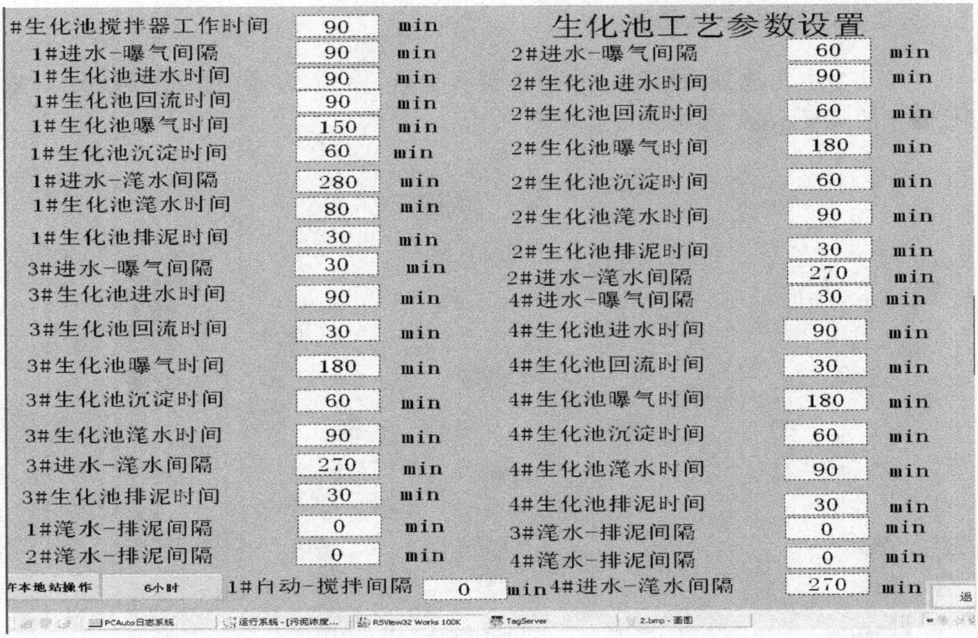

生化池工艺参数设置
#生化池搅拌器工作时间 90 min
1#进水-曝气间隔 90 min
1#生化池进水时间 90 min
1#生化池回流时间 90 min
1#生化池曝气时间 150 min
1#生化池沉淀时间 60 min
1#进水-滗水间隔 280 min
1#生化池滗水时间 80 min
1#生化池排泥时间 30 min
3#进水-曝气间隔 30 min
3#生化池进水时间 90 min
3#生化池回流时间 30 min
3#生化池曝气时间 180 min
3#生化池沉淀时间 60 min
3#生化池滗水时间 90 min
3#进水-滗水间隔 270 min
3#生化池排泥时间 30 min
1#滗水-排泥间隔 0 min
2#滗水-排泥间隔 0 min
2#进水-曝气间隔 60 min
2#生化池进水时间 90 min
2#生化池回流时间 60 min
2#生化池曝气时间 180 min
2#生化池沉淀时间 60 min
2#生化池滗水时间 90 min
2#生化池排泥时间 30 min
2#进水-滗水间隔 270 min
4#进水-曝气间隔 30 min
4#生化池进水时间 90 min
4#生化池回流时间 30 min
4#生化池曝气时间 180 min
4#生化池沉淀时间 60 min
4#生化池滗水时间 90 min
4#生化池排泥时间 30 min
3#滗水-排泥间隔 0 min
4#滗水-排泥间隔 0 min
作本地站操作
6小时
1#自动-搅拌间隔 0 min
4#进水-滗水间隔 270 min
返
PCAuto日志系统
运行系统-[污泥浓度...
RSView32 Works 100K
TagServer
2.bmp - 画图

图 6-33　生化池工艺参数设置图

1# NH$_4^+$–N$_{eff}$
2# NH$_4^+$–N$_{eff}$
1# NO$_3^-$–N$_{eff}$
2# NO$_3^-$–N$_{eff}$
1# NO$_3^-$–N$_{anoxic\ end}$
NO$_3^-$–N/(mg/L)
NH$_4^+$–N/(mg/L)
时间/d
0
2
4
6
8
10
12
14
16
18
20
1
2
3
4
5
6
7
8
9
10

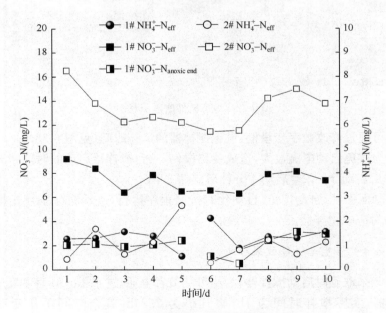

图 6-34　阶段 3 的脱氮效果

由图 6-34 可见,进水 45min 后开始搅拌并没有影响反硝化效果,搅拌结束后 NO_3^--N 平均为 2.1mg/L,2 号池曝气结束后的出水 NO_3^--N 浓度平均为 13.4mg/L。

1# 池曝气结束后的出水 NO_3^--N 浓度平均为 7.4mg/L,相比于 2# 池平均减少了约 6mg/L。45min 的进水中补充的有机物在搅拌开始时可以使反硝化速率提高,减少无效搅拌造成的不必要电能消耗。由于水温的降低,两个池子出水氨氮均在 1～1.5mg/L,略高于夏季,但 1 号池出水 NO_3^--N 和 NH_4^+-N 总和仍小于 10mg/L,NH_4^+-N 和 TN 充分满足一级 A 标准。

经计算,按照此阶段的运行方式可节省单池鼓风机耗电量约 17%。

6.3　C 城市污水处理厂 ICEAS 工艺提标改造

6.3.1　工艺概况

6.3.1.1　工艺流程

C 城市污水处理厂采用序批式循环延时曝气活性污泥法（ICEAS）工艺实现有机物、氮、磷的同时去除,工艺流程图见图 6-35。

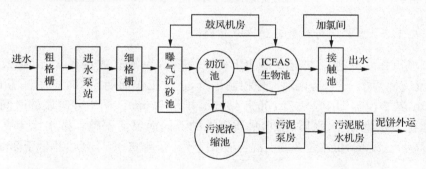

图 6-35　C 城市污水处理厂工艺流程图

ICEAS 法是将 SBR 反应器沿长度方向分为两个部分,前部为预反应区,后部为主反应区。一般来说,反应器为长方形,近似平流沉淀池,长宽比一般为 2∶1～4∶1;预反应区容积占整个池子的 10% 左右。反应器内水流呈一个推流状态,其中好氧/缺氧/厌氧交替运行,达到去除污水中营养物的目的。C 城市污水处理厂主要生产构筑物包括粗格栅、污水提升泵房、细格栅、曝气沉砂池、辐流式初沉池、ICEAS 生物池、污泥浓缩池、鼓风机房、污泥泵房、污泥脱水机房、加氯间、接触池等。

6.3.1.2　工艺设计参数

C城市污水处理厂污水由生活污水和工业废水组成,其中工业废水所占比例为60%,处理水量为5万m³/d,进水BOD_5/COD_{Cr}比不小于0.35,可生化性较好。设计进、出水水质指标如表6-5所示,设计出水需达到《城镇污水处理厂污染物排放标准》(GB18918-2002)一级A标准。

表6-5　设计进、出水水质表

水质指标	进水水质	出水水质
悬浮物(SS)/(mg/L)	430	≤10
生化需氧量(BOD_5)/(mg/L)	240	≤10
化学需氧量(COD_{Cr})/(mg/L)	550	≤50
总氮(以N计)/(mg/L)	50	≤15
氨氮(以N计)/(mg/L)	35	≤5(8)
总磷(以P计)/(mg/L)	8.5	≤0.5
pH	6~9	6~9
粪大肠菌群数/(个/L)		10^3

注:括号外数值为水温>12℃时的控制指标,括号内数值为水温≤12℃时的控制指标。

6.3.1.3　工艺运行参数及进水水质特征

C城市污水处理厂共有8座ICEAS反应池,单池有效直径38m,有效池深6m。反应池两个一组,分四对时序控制运行,正常工作周期6h,时序图见图6-36。进水6h,其中搅拌1h,曝气3h,沉淀48min,排水72min。图中各阶段的时间长短可以根据进水量、进水水质、出水水质要求的不同而灵活调整。排水比为0.30~0.35,高水位5.2m,低水位3.8m,混合液浓度不小于4000mg/L,DO不低于3mg/L。

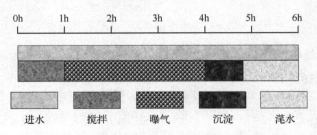

图6-36　ICEAS工艺运行时序图

图6-37为2008.01~2010.11连续31个月进水各项指标的化验数据月平均值趋势图。可以看出,C城市污水处理厂进水COD月变化及季节性变化较大,每

年的冬季和春季原水 COD 各月均值在 550～660mg/L；BOD$_5$ 比较稳定，波动较小，平均在 200mg/L 上下；原水中的 NH$_4^+$-N 和 TP 浓度相对稳定，季节变化不明显。由于在测定 COD 前原水并不进行过滤，SS 和 COD 的变化趋势有很好的相关性。

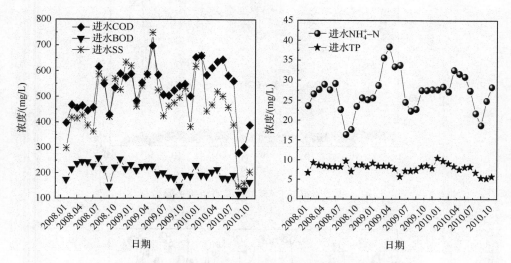

图 6-37　C 城市污水处理厂进水水质各月监测均值分布图

6.3.1.4　改造前工艺系统对污染物去除性能

C 城市污水处理厂采用圆形利浦罐生物反应池作为 ICEAS 工艺的结构装置，从空间上来看这种池型相对地削弱了原有长方形反应池内推流流态的优势，容积使用率降低。改造前该工艺系统对污染物的去除效能如下：

（1）对 COD 的去除效率较高，有机物去除充分

选取 2010 年 6、7 月的连续出水监测数据进行分析（见图 6-38），连续 61 天的监测数据显示原水中 COD 平均为 612mg/L，出水 COD 平均在 39mg/L，平均去除率为 93.44%。原有 ICEAS 工艺对 COD 的去除效率较高，有机物去除充分，出水 COD 达到城市污水排放一级 A 标准。

（2）水力停留时间短，硝化不完全，出水 NH$_4^+$-N 偏高

SBR 及其变形工艺总水力停留时间与充水比有关。该污水厂单池每周期进水深度为 1.4m，有效水深为 5.0m，则充水比为 0.28，好氧 HRT 为 10.7h，系统好氧反应时间过短，不能满足系统内微生物对有机物及 NH$_4^+$-N 的降解，硝化反应进行不完全。图 6-39 为连续两个月的 NH$_4^+$-N 去除情况，原水中 NH$_4^+$-N 偏小，两月平均值为 29.14mg/L。出水 NH$_4^+$-N 波动较大，平均值为 4.64mg/L，平均去除率只能达到 84.2%。

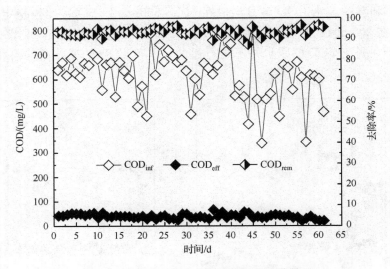

图 6-38　原有 ICEAS 工艺的有机物去除效果

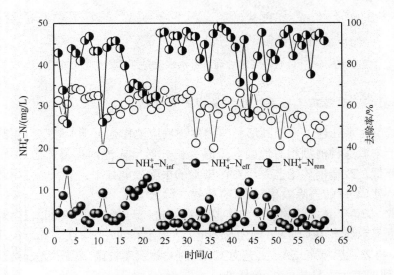

图 6-39　原有 ICEAS 工艺的 NH_4^+-N 去除效果

　　根据运行方式可知,系统采用连续进水,序批排水的运行模式,3h 曝气的同时也在进水。从生物降解的步骤来看,一般来说,在好氧阶段如果同时存在有机物和 NH_4^+-N 时,由于硝化菌得不到充足的溶解氧,系统内总是先进行有机物的好氧降解,当有机物降解至一定低浓度时才开始 NH_4^+-N 的氧化反应(即硝化反应),从而导致系统出水中的 NH_4^+-N 较高。

（3）系统除磷效果较差，出水总磷偏高

图 6-40 总结了该厂传统 ICEAS 工艺连续一年（2009.07 ～2010.06）的 TP 去除情况。可以看出，污水 TP 浓度全年平均在 7.1～10.5mg/L 范围，每年的 10 月份到来年的 4 月份进水 TP 浓度偏高大于 8mg/L，经 ICEAS 工艺处理后出水 TP 较稳定，在 2.22mg/L 左右，基本上不能达到城市污水排放一级 A 标准。

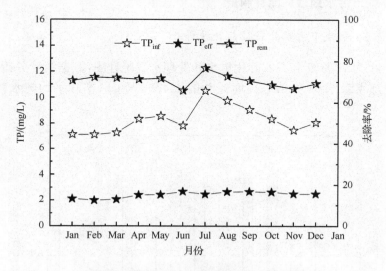

图 6-40　原有 ICEAS 工艺的 TP 去除效果

传统生物除磷包括厌氧释磷和好氧吸磷两个过程。聚磷菌必须在厌氧条件下先行放磷，才能在下一阶段进行好氧吸磷。根据污水厂原有运行方式可知，ICEAS 工艺缺氧搅拌时间较短，反应池内长期处于好氧/缺氧状态且无污泥回流系统。因此，在反应期间无论是预反应区还是主反应区内都残留大量的硝态氧或者 O_2，系统内无法创造出一个理想的厌氧条件，不利于厌氧释磷，进而影响下一阶段的好氧吸磷。而在曝气阶段，与异养菌及硝化菌相比，聚磷菌对 O_2 的竞争力十分低下，好氧吸磷性能受限。这两种原因共同造成了系统除磷性能较差。

（4）缺少污泥回流系统，碳源浪费，脱氮效率较低

根据污水处理厂不连续 TN 检测数据，出水 TN 值很难控制在 20mg/L 以内。该 ICEAS 工艺曝气阶段为 3h，而搅拌阶段仅为 1h。因此，进水中 50％的碳源在曝气阶段被氧化降解，而并非用做反硝化碳源。这种运行方式不仅导致了碳源利用率低，系统反硝化受限，脱氮效率较低，还增加了曝气阶段系统的有机物负荷，造成了不必要的能源浪费。同时，由于工艺无污泥回流系统且采用连续进水，容易造成预反应区内污泥浓度偏低，反硝化菌比重小，影响反硝化效果。并且，也由于缺少污泥回流，在进水搅拌阶段，主反应区内产生的硝态氮大量积累在反应池末端，

无法充分利用进水中的有机碳源进行反硝化。此外,硝化作用的不完全同样导致了出水 TN 的偏高。

故要想提高系统的 TN 去除率,就必须首先强化反应池的硝化效果,并且有效利用预反应区进行充分的反硝化作用。

6.3.2 C 城市污水处理厂能耗调查

6.3.2.1 C 城市污水处理厂能耗统计

图 6-41 为 2008 年各月实际用电量和处理水量统计图,数据统计分析可知,08 年日均处理水量 5.67 万 m³,日均耗电量 14472kW·h,实际平均吨水耗电量为 0.26kW·h/m³。

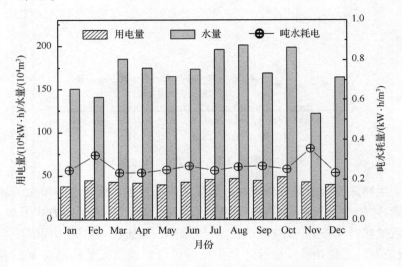

图 6-41 C 城市污水处理厂 2008 年各月用电量与水量统计图

6.3.2.2 各处理单元能耗统计

C 城市污水处理厂各处理单元能耗分布见图 6-42。鼓风机房和生化池电耗共占总电耗的 56.4%,生化处理单元是整个污水处理厂主要能耗节点;进水泵房电耗占总电耗的 29.8%,是第二大耗能单元;污泥脱水机房电耗占总电量的 11.4%,是第三大耗能单元;其他污水处理单元包括粗格栅间、细格栅间、沉砂池、初沉池以及浓缩池电耗共占总能耗的 5.25%。

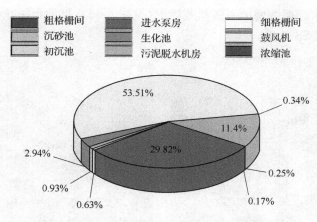

图 6-42　C 城市污水处理厂各处理单元能耗分布

6.3.3　工程提标改造

6.3.3.1　生化池设备改造

在仔细分析 C 城市污水处理厂原有工艺运行效果的基础上,结合该工艺处理效果的优缺点,将原 ICEAS 工艺变为改良 SBR 工艺并优化工艺运行参数,以期提高出水水质,同时达到节能降耗的目的。具体改造措施为:

(1) 在原生化反应池的主反应区内增加 2 台低速推流器,主要作用是加强生化池中缺氧搅拌阶段的泥水混合作用,强化系统脱氮除磷能力。通过合理的调配周期运行时间,在不影响有机物和氨氮去除效果的情况下最大程度地延长搅拌时间,提高系统对实际进水中碳源的利用率。同时随着反硝化作用的加强,$NO_3^- \text{-N}$浓度会大大降低,在生物池中能够为聚磷菌 PAOs 创造很好的厌氧环境,有利于PAOs 充分释磷。运行中,为防止高速旋转的叶轮对填料造成切割损坏,在原有的高速搅拌器周围布置一道拦截筛网(见图 6-43)。

(2) 在主反应区投加悬浮填料,富集生物菌群特别是世代时间较长的硝化菌群,增强系统的硝化能力,加快硝化反应速率,使得硝化反应在有限的水力停留时间内进行完全。同时,填料对气泡有切割作用,可提高氧的利用率 3%～5%,使充氧能耗降低。

(3) 增设一台污泥回流泵,将生物池末端滗水区域的污泥回流至预反应区前端,充分发挥预反应区生物选择器的功能,强化预反应区中反硝化功能。同时使活性污泥先经历一个高负荷的吸附阶段(基质积累),随后在主反应区经历一个较低负荷的基质降解阶段,选择出适应废水中有机物降解、絮凝能力更强的微生物,防止产生污泥膨胀。

（4）在滗水器前端增加一道拦截筛网（见图 6-44），目的是防止填料随滗水器排出，保证出水 SS 效果。

图 6-43　高速搅拌器的保护网　　　　　图 6-44　拦截筛网

6.3.3.2　系统运行方式优化

（1）运行模式优化第一阶段

相对于原 ICEAS 工艺，改良 SBR 工艺在运行时序上做了逐步的改进和优化，第一阶段的运行模式见图 6-45。仍采用 6h 周期的运行模式，搅拌 1h，曝气 3h，沉淀 48min，滗水 72min；调整原来的 6h 连续进水为 3h 序批进水，在沉淀初期即开始进水，搅拌末进水结束，整个曝气阶段不进水；新增污泥回流系统，回流时间为滗水结束前 0.5h，搅拌的 1h，曝气开始前 0.5h，共为 2h。

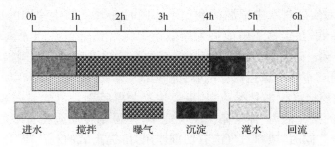

图 6-45　第一阶段改造方案时序图

（2）运行模式优化第二阶段

第一阶段运行持续近一个月，系统处理效果稳定后调整运行模式如图 6-46，此阶段为阶段二。由于系统的硝化效果较好，反硝化效果略微差一些，分析原因主要是由于反硝化时间不足，而且搅拌后期进入到生物池中的原水来不及进行缺氧反硝化反应，原水中碳源利用不充分。故在此阶段延长搅拌时间至 1.5h，相应地缩短曝气时间至 2.5h,进一步强化系统的反硝化能力;同时调整 3h 序批进水为 2h,原水中有机碳源在搅拌阶段能够被最大程度地用作缺氧反硝化和厌氧释磷,提高碳源利用率,强化脱氮除磷性能。

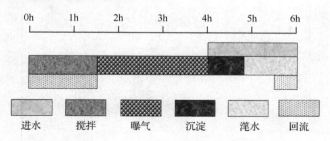

图 6-46　第二阶段改造方案时序图

（3）运行模式优化第三阶段

第三阶段对上一阶段运行进一步作了优化,运行模式见图 6-47。

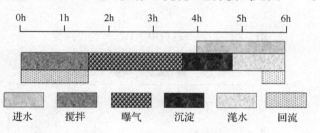

图 6-47　第三阶段改造方案时序图

由于上一阶段运行中有少量的活性污泥在滗水时流失,出现"跑泥"现象,污泥沉降时间不足,因此继续缩短曝气时间 17min,延长沉淀时间至 65min,其中有 17min 为不进水的静止沉淀时间。此阶段中提高污泥浓度为 4500～5900mg/L,较高的污泥浓度加强了系统的硝化反硝化速率,强化了系统对污染物的去除性能。

6.3.3.3　改造效果分析

图 6-48 反映了第三阶段改良 SBR 生物池对 NH_4^+-N 的去除情况。可以看出,进水 NH_4^+-N 浓度为 20.22～52.18mg/L,平均值为 35.87mg/L,出水 NH_4^+-N 平均值为 1.69mg/L,平均去除率为 95.3%,一级 A 达标率为 100%。经分析可知,出水 NH_4^+-N 较为稳定的原因有两点,首先,采用序批进水的运行方式后,进水中的碳源大部分是在反硝化中被利用,曝气时只进行硝化反应,延长了硝化的时间,为 NH_4^+-N 的彻底氧化提供了有利条件;其次,在系统中投加悬浮性填料后,硝化能力得到了提高。

图 6-49 反映了第三阶段改良 SBR 生物池对 TN 的去除情况。可以看出,进

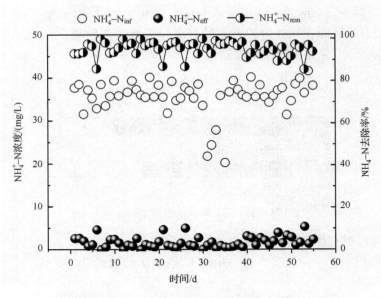

图 6-48　阶段 3 运行中 NH_4^+-N 的去除情况

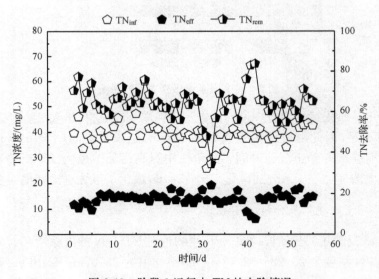

图 6-49　阶段 3 运行中 TN 的去除情况

水 TN 浓度为 $25.83 \sim 54.18$mg/L,平均值为 39.59mg/L,出水 TN 平均值为 13.97mg/L,平均去除率为 64.72%,一级 A 达标率为 91%。COD/TN 比是影响 TN 去除的主要因素之一,反硝化菌以有机碳源为电子供体,NO_3^--N 为电子受体完成生物反硝化反应,碳源不足则反硝化速率较低,反硝化进行不完全,而在实际污水处理厂中受到设备运转以及池体结构的限制,进一步造成了有机碳源的短缺。本升级改造中,在缺氧搅拌之前集中进水,有机碳源可最大程度地用作反硝化反应,提高了碳源的有效利用率;同时延长搅拌时间,为反硝化的彻底反应创造有利条件。

图 6-50 反映了第三阶段改良 SBR 生物池对 COD 的去除情况。可以看出,进水 COD 浓度为 167～560mg/L,平均值为 346mg/L,出水 COD 平均值为35mg/L,平均去除率为 90.01%,一级 A 达标率为 100%。

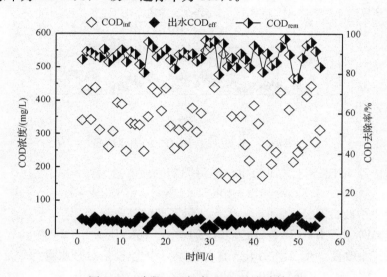

图 6-50 阶段 3 运行中 COD 的去除情况

图 6-51 反映了第三阶段改良 SBR 生物池对 TP 的去除情况。可以看出,进水 TP 浓度为 3.02～11.96mg/L,波动性较大,平均值为 5.99mg/L,出水 TP 平均值为 0.62mg/L,平均去除率为 89.65%。通过在三级深度脱氮除磷系统中辅助投加少量的氯化铁进一步强化系统对 TP 的去除效果,使出水 TP 也达到一级 A 排放标准。

6.3.3.4 节能降耗分析

SBR 生化池中鼓风机的功率为 315kW,原搅拌器功率为 10kW,新增潜水推流器功率为 4kW,混合液回流泵的功率为 15kW。与原运行模式相比,三个阶段的运行中,曝气搅拌以及回流时间都有了调整,而生化池中最大的耗电单元为鼓风机房,系统运行方式优化后,通过对碳源利用率以及硝化能力的提高,使系统对曝气量的需求减小,并且对曝气时间的需求也减小,优化运行后,达到了节能降耗的目的。

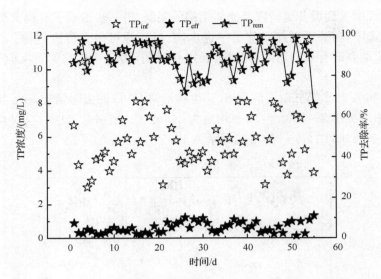

图 6-51　阶段 3 运行中 TP 的去除情况

改造前原 ICEAS 工艺 1 组生化池每周期的耗电量为：
$$315kW×3\ h+10kW×1\ h×2=965kW·h$$
阶段三中改良 SBR 工艺 1 组生化池每周期的耗电量为：
$$315kW×2.2\ h+(10+4)kW×1.5\ h×2+15kW×2\ h×2=795kW·h$$
阶段三中改良 SBR 工艺每天节省电量为（8 个生化池，处理水量为 5 万 m³/d）：
$$(965-795)kW·h×4×4=2720kW·h$$
阶段三改良 SBR 工艺每周期节省电耗为：
$$100×(965-795)kW·h÷965kW·h=17.62\%$$

6.3.3.5　改良 SBR 工艺的主要优点

本工程针对传统 ICEAS 工艺存在的限制性问题进行了工艺优化，新工艺主要有以下优点：

（1）充分利用原水中的有机物

由于原 ICEAS 工艺无污泥回流系统且采用连续进水，造成预反应区内污泥浓度偏低，原水中的有机物得不到充分利用。从选择区进入主反应区的泥水混合物由于搅拌不充分只停留在主反应区的沉淀污泥层底部，并不能与主反应区中的水层充分混合，水层中上一周期的 NO_3^--N 由于不能与原水中的有机物充分接触，限制了反硝化的进行。而曝气开始时，尽管泥水可以充分混合，但是有机物被异养菌好氧消耗掉，没有得到有效利用。通过在主反应区增加推流器，可以使搅拌期间主反应区中泥水充分混合，可以在缺氧阶段将有机物充分利用，减轻曝气阶段有机负荷。增加污泥回流系统,使预反应区变为高污泥负荷的生物选择区,在进水阶段,进水中的有机物被高浓度的污泥吸附,在反硝化细菌的作用下利用从主反应区回流过来的大量的硝态氮进行反硝化作用,从而既增强了脱氮效果,又充分利用了原水中的有机物。

(2) 促进硝化过程进行

悬浮填料上富集有大量世代时间比较长的硝化菌群,提高单位体积系统的硝化能力即相当于延长了反应时间,保证了硝化能够充分进行。同时,由于改进后的工艺增强了反硝化作用,可以为接下来的硝化反应补充更多的碱度,也有利于硝化反应的进行。

(3) 促进反硝化过程

增加污泥回流系统,可以优先在预反应区中利用进水中的有机碳源和回流过来的硝态氮进行反硝化反应。同时,由于在沉淀、滗水阶段也是在进水,此阶段开启预反应区的搅拌器,可以在预反应区中延长反硝化时间,提高生化池的容积利用率;搅拌阶段中泥水充分混合,进水在主反应区中停留时间远远超过在选择区中的停留时间,反硝化菌可以较充分地进行反硝化,有利于提高 TN 去除率。

(4) 强化聚磷菌的竞争优势

生物除磷过程是聚磷菌厌氧释磷和好氧吸磷过程的循环,通过排放剩余污泥实现污水中磷的去除。在原有 ICEAS 工艺这种单一污泥悬浮生长系统中,异养菌、聚磷菌、硝化细菌和反硝化细菌存在泥龄、碳源、溶解氧等多方面竞争,彼此影响相当严重。而优化后的工艺缩短了曝气时间,曝气过程中负荷相应增加,微生物增长加快,污泥龄会比原有工艺缩短,长期运行有利于增强世代时间较短的聚磷菌的竞争优势。就某一周期而言,由于搅拌期间泥水混合更加充分,也更有利于聚磷菌的释磷作用,相当于强化了选择区的释磷效果。此外,强化反硝化作用会使回流液中的 NO_3^--N 浓度减小,对聚磷菌释磷的抑制作用减轻,同样利于聚磷菌的厌氧代谢。

(5) 防止污泥膨胀

污泥膨胀中的丝状菌是一类好氧菌,在没有 DO 的条件下不能够正常代谢繁殖。生物池前端的生物选择区可以保证菌胶团细菌最大程度地吸附进水中的有机物,同时改进后的工艺在主反应区实现缺氧/好氧交替运行,都能够抑制丝状菌的生长,预防污泥膨胀。

(6) 节省电耗

C 污水处理厂的主要能耗单元为鼓风机房,节省能耗的关键在于合理控制鼓风机用量及用时。通过主反应区的设备改进,合理调整曝气时间,可以减少鼓风机用时,保证出水水质的前提下最大程度地节省电耗。

水处理科学与技术

SBR 法污水生物脱氮除磷及过程控制

彭永臻 著

科学出版社

北 京

内 容 简 介

本书以作者二十多年的研究成果和工程实践为基础,对 SBR 法脱氮除磷与过程控制的基本理论、试验研究和应用等内容进行了较系统的归纳和总结,并通过大量的试验和实践数据,重点论述了 SBR 法的脱氮除磷新理论、新技术以及过程控制理论与方法在 SBR 法中的应用。还列举了 SBR 法节能降耗关键技术在城市污水处理提标改造工程中的具体应用实例。

本书还把当前国内外污水处理领域关注的重点和热点融入 SBR 法研究,全面总结了 SBR 法的关键技术要点和最新研究进展,既可作为污水处理领域设计和运行人员的培训教材,也可作为相关科研人员以及高等院校给水排水工程和环境工程专业师生的参考书。

图书在版编目 CIP 数据

SBR 法污水生物脱氮除磷及过程控制/彭永臻著 . —北京:科学出版社,2012

ISBN 978-7-03-033329-2

Ⅰ.①S… Ⅱ.①彭… Ⅲ.①污水处理-SBR 工艺 Ⅳ.①X703

中国版本图书馆 CIP 数据核字(2012)第 005035 号

责任编辑:朱 丽 / 责任校对:包志虹
责任印制:张 伟 / 封面设计:铭轩堂

科 学 出 版 社 出版
北京东黄城根北街 16 号
邮政编码:100717
http://www.sciencep.com

北京虎彩文化传播有限公司 印刷
科学出版社发行 各地新华书店经销

*

2012 年 1 月第 一 版 开本:B5(720×1000)
2021 年 7 月第四次印刷 印张:30 插页:1
字数:586 000

定价: 198.00元
(如有印装质量问题,我社负责调换)

序

　　SBR 法即序批式活性污泥法。早在 1914 年,活性污泥法在产生之初就是采用间歇进水、排水的方式运行的,但由于其运行操作繁琐,当时又缺乏自动控制设备和技术,它很快被连续式活性污泥法所取代,并几乎被淘汰与遗忘。直到 20 世纪 80 年代以后,自动监测与控制的硬件设备与软件技术,特别是电子计算机的飞速发展,为 SBR 法的应用与发展注入了新的活力。目前,由于该工艺具有工艺流程简单、处理效率高、运行方式灵活和不易发生污泥膨胀等优点,已成为中小型污水处理厂的首选工艺,并在全世界广泛应用。在我国,有 30%～40% 日处理 5 万吨以下的污水处理厂都采用 SBR 法。近年来,随着城镇污水处理厂排放标准的日趋严格,对于出水氮磷的排放提出了更高的要求。如何提高 SBR 工艺的脱氮除磷效率,并在此基础上节能降耗,对于该工艺的应用与发展具有重要意义,同时出版一本关于 SBR 法运行、控制和优化方面的专著是很必要的。

　　彭永臻教授是国内最早系统开展 SBR 法污水处理理论研究与应用的研究者之一,围绕着 SBR 法的基础研究、技术研发、设备集成、过程控制、推广应用等,先后完成了 10 余项国家和省部级的科研项目,取得了一些创新性的研究成果。2009 年"SBR 法污水处理工艺与设备及实时控制技术"还荣获了国家科学技术进步二等奖和省部级自然科学二等奖;他培养的博士生关于 SBR 法脱氮除磷和过程控制的博士学位论文,有 2 篇获得"全国百篇优秀博士学位论文"奖,1 篇获得提名奖。该书总结了作者二十多年来的研究成果和实践以及近年来 SBR 工艺的发展,对 SBR 的基础理论、脱氮除磷、运行优化、过程控制和实践应用等做了较系统的归纳和分析。相信该书的内容不仅对水污染控制的研究人员有所借鉴,对污水处理领域的工程技术人员也会有很好的参考价值。

中国工程院院士　　钱　易
清华大学教授
2011 年 11 月

前　言

近年来,虽然我国污水处理率不断提高,但是由氮和磷污染引起的水体富营养问题不仅没有解决,而且有日益严重的趋势。这就要求我们在提高污水处理率的同时,进一步严格控制污水处理厂氮和磷的排放。因此,在我国污水处理工艺中应用脱氮除磷新技术,并应用过程控制系统,实现污水厂稳定、高效、低耗运行至关重要。

SBR(Sequencing Batch Reactor)法是一种序批式运行的活性污泥法,具有工艺流程简单、运行方式灵活、可控性好、不易发生污泥膨胀与抗污水水质水量的冲能力强等优点,已经成为中小城镇污水及工业废水的首选处理工艺。目前,国内40%左右的中小城镇污水及20%左右的工业废水处理都采用SBR法。

为了加强与同行的交流,向我国污水处理领域的设计、运行、管理和研究人员介绍SBR法污水处理工艺的最新理论、研究进展和应用经验等情况,提高污水处理技术人员的操作水平、增强其常见问题的分析能力,从理论层次上提出基本的解决方法,出版一本关于SBR法运行、控制和优化方面的专著是很必要的。

笔者自20世纪80年代末就开始从事SBR法的研究和实践,围绕SBR法的基础理论、技术研发、设备集成、推广应用等,先后完成了20余项国家和省部级的科研项目。本书是在笔者主持的国家自然科学基金重点项目、国家自然科学基金国际重大合作项目以及国家"863计划"等项目研究的归纳与总结基础上完成的,并融入了多年来对SBR法的理解和分析。希望本书的出版能够对促进我国污水处理领域理论和技术的进步做一点贡献,特别是能为SBR法的稳定高效运行提供一些借鉴。

全书共分为6章。第1章SBR法的发展和理论基础,由序批式反应器的基本原理引出SBR法,介绍了SBR法的产生与发展沿革,并对SBR法的基本原理、流程、运行模式、优缺点做了分析与归纳。第2章SBR法生化反应动力学,主要从动力学角度分析了SBR工艺硝化反硝化和除磷等过程的反应机理与影响因素。第3章SBR法的控制理论和方法,是本书的重点章节之一,详细介绍了SBR法控制理论与研究进展,归纳了实时控制技术在SBR法处理生活污水、啤酒废水、含盐废水及垃圾渗滤液等中的应用研究成果,给出了其控制参数DO、ORP和pH的变化规律。第4章SBR法污水生物脱氮除磷新理论和新方法,是本书的又一重点章节,主要介绍了目前国内外生物脱氮除磷新理论新技术在SBR法中的应用,涉及短程硝化反硝化与实时控制策略、SBR法反硝化除磷原理与影响因素、同步硝化反硝化和好氧反硝化以及厌氧氨氧化等基本理论与技术方法。第 5 章 SBR 法的研究新进展,以近年来 SBR 法的试验研究为基础,介绍了 SBR 法在运行方式、好氧颗粒污泥技术和活性污泥种群优化等方面的研究新进展。第 6 章 SBR 法脱氮除磷提标改造工程案例,本章结合多年的研究成果,通过三个典型示范工程,详细介绍了 SBR 法运行时序的优化和鼓风机的节能变频控制等节能降耗关键技术在提标改造中的应用。

北京工业大学水污染控制研究团队的学术骨干杨庆、张为堂、顾升波、孙洪伟、张树军、刘秀红、张良长、吴蕾、张宇坤、王希明、郭春艳、王赛、刘甜甜及其他研究生参加了相关课题的研究及书稿的部分编辑、图表制作与文献整理等工作,杨庆和张为堂对全书进行了校对,在此深表谢意! 多年来,本团队的 40 余名博士和硕士研究生先后参与了相关的科研工作和工程应用实践,发表了大量学术论文,积累了宝贵的 SBR 法运行与调试的经验,为本书的出版做出了重要的贡献,对此一并表示感谢!

还要感谢国家自然科学基金委员会、科技部、教育部、住建部、北京市科学技术委员会、北京市教育委员会、北京城市排水集团有限责任公司和安徽国祯环保节能科技股份有限公司等部门与单位多年来的资助、帮助、支持和合作!

能够得到中国科学院科学出版基金及时和重要的资助,深表谢意! 同时要感谢哈尔滨工业大学李圭白院士、张杰院士和清华大学蒋展鹏教授积极推荐本书申请中国科学院科学出版基金! 感谢科学出版社朱丽编辑为书稿的修改和出版所付出的辛勤劳动!

在此,还要特别感谢清华大学钱易院士为拙作作序,并为书稿的内容、编排和技术术语等的修改提出了宝贵的意见!

由于笔者才疏学浅,书中不足和错漏之处难免,恳请同行专家与广大读者不吝指教。

彭永臻

2011 年 11 月于北京工业大学

目　　录

通过实时控制实现SBR法短程生物脱氮的工艺流程

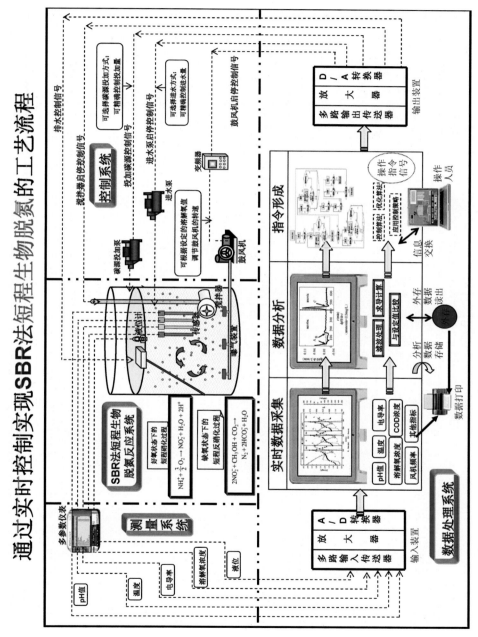

图 4-40　SBR法短程深度脱氮过程控制系统流程图

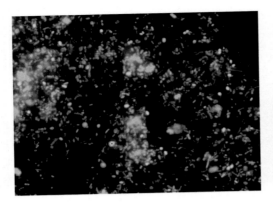

图 4-56　AOB Fish 检测结果

FITC 标记 EUB$_{mix}$，目标为 *Eubacteria*（绿色）；

Cy3 标记 NSO1225，目标为 β-AOB（黄色）

图 4-80　Dokhaven 污水厂 Anammox

反应器及其颗粒污泥照片

图 4-82　SBR 中深红色的 Anammox 菌

图 4-83　MBR 中深红色的 Anammox 菌

图 4-84　RBC 中深红色的 Anammox 菌

图 4-85　UASB 中深红色的 Anammox 菌